"十二五"江苏省高等学校重点教材
编号：2015-1-085

传感器
原理及其应用 第二版

俞阿龙　李　正　孙红兵　孙华军　编著

南京大学出版社

图书在版编目(CIP)数据

传感器原理及其应用 / 俞阿龙等编著. —2 版.
—南京:南京大学出版社,2017.6(2019.6 重印)
ISBN 978-7-305-18706-3

Ⅰ. ①传… Ⅱ. ①俞… Ⅲ. ①传感器—高等学校—教材 Ⅳ. ①TP212

中国版本图书馆 CIP 数据核字(2017)第 112463 号

出版发行 南京大学出版社
社　　址 南京市汉口路 22 号　　　邮　编 210093
出 版 人 金鑫荣

书　　名 传感器原理及其应用
编　　著 俞阿龙　李　正　孙红兵　孙华军
责任编辑 贾　辉　吴　汀　　　编辑热线 025-83686531

照　　排 南京理工大学资产经营有限公司
印　　刷 南京京新印刷有限公司
开　　本 787×1 092　1/16　印张 20.75　字数 518 千
版　　次 2017 年 6 月第 2 版　2019 年 6 月第 2 次印刷
ISBN 978-7-305-18706-3
定　　价 49.80 元

网　　址:http://www.njupco.com
官方微博:http://weibo.com/njupco
微信服务号:njuyuexue
销售咨询:(025)83594756

第二版前言

传感器技术是新技术革命和信息社会的重要技术基础，是现代科技的开路先锋，也是当代科学技术发展的一个重要标志，它与通信技术、计算机技术构成信息产业的三大支柱。如果说计算机是人类大脑的扩展，那么传感器就是人类五官的延伸。传感器是将电子系统无法处理的各种物理、化学、生物等非电量转换为电信号的主要器件。对于测量与控制系统而言，传感器是构成对各种物理、化学、生物等非电量加以检测的前端器件；没有它，就没有信息的传输、处理和应用，也就没有信息化。因此在当今世界，传感器技术已是涉及国民经济和国防科研的最重要技术之一，各发达国家都将传感器技术作为重点技术加以发展。

本书在第一版的基础上进行了重新修订。本教材在修订过程中，仍以应用型本科人才培养为改革思路，注重实用性、先进性和应用性。注重吸取近年来出版的国内外一些较为优秀的同类教材的成功经验，从应用的角度介绍各种传感器的工作原理及特性，同时加强对光纤传感器、生物传感器、智能传感器及传感器网络等新知识介绍；增加传感器工程应用案例，以突出工程应用，突出读者工程实践能力的培养与训练；增加传感器基础性、设计性、综合性三个层次的实验，以期提高读者理论联系实际和动手能力。

全书共分 15 章，除对原版的十四章内容修订外，增加了一章(即第 15 章)传感器实验。第 1 章介绍传感器的一般特性；第 2 章介绍电阻应变式传感器；第 3 章介绍电感式传感器；第 4 章介绍电容式传感器；第 5 章介绍压电式及超声波传感器；第 6 章介绍磁电式传感器；第 7 章介绍热电式传感器；第 8 章介绍光电式传感器；第 9 章介绍光纤传感器；第 10 章介绍磁敏传感器；第 11 章介绍气体传感器；第 12 章介绍湿度传感器；第 13 章介绍生物传感器；第 14 章介绍智能传感器；第 15 章为实验部分。除实验部分外，每章都配有一定数量的习题。

该书在编写过程中，参考了大量的国内外有关方面的书刊，编者在这里向被选用书刊文章的原作者表示感谢。

本书于 2013 年被评为江苏省高等学校精品教材，2015 年被评为“十二五”江苏省高等学校重点教材。本书可供高等院校测空技术与仪器、电气工程、自动化、电子信息工程等专业和其他相关专业的的本科生提供教材或参考书，也可供工程技术人员参考。

由于传感器技术涉及的学科众多，加之编者水平有限，出现错误在所难免，恳切希望读者批评指正。

编　者

2017 年 3 月

目 录

第1章 传感器的一般特性 …… 1

1.1 传感器的组成和分类 …… 1

1.1.1 传感器的定义和组成 …… 1

1.1.2 传感器的分类 …… 1

1.2 传感器的地位和作用 …… 2

1.3 传感器的发展方向 …… 2

1.4 传感器的静态与动态特性 …… 4

1.4.1 静态特性 …… 4

1.4.2 动态特性 …… 5

1.5 传感器的标定与校准 …… 10

1.5.1 传感器的标定 …… 10

1.5.2 传感器的校准 …… 11

第2章 电阻应变式传感器及其应用 …… 12

2.1 应变式传感器 …… 12

2.1.1 金属电阻应变片工作原理 …… 12

2.1.2 应变计的主要特性 …… 14

2.1.3 温度误差及其补偿 …… 18

2.1.4 应变片式电阻传感器的测量电路 …… 20

2.2 压阻式传感器 …… 23

2.2.1 半导体应变计 …… 23

2.2.2 工作原理 …… 24

2.2.3 测量桥路及温度补偿 …… 25

2.3 电阻应变式传感器的应用 …… 27

2.3.1 应变式测力与称重传感器 …… 27

2.3.2 应变式压力传感器 …… 30

2.3.3 应变式加速度传感器 …… 31

2.3.4 压阻式压力传感器 …… 32

2.3.5 压阻式加速度传感器 …… 33

第3章 电感式传感器及其应用 …… 35

3.1 自感式传感器 …… 35

3.1.1 自感式传感器结构与工作原理 …… 35

3.1.2 自感式传感器灵敏度及特性分析 …… 36
3.1.3 差动式自感传感器 …… 37
3.1.4 自感式传感器的测量电路 …… 39
3.2 互感式传感器 …… 40
3.2.1 差动变压器式传感器结构与工作原理 …… 40
3.2.2 差动变压器式传感器输出特性 …… 41
3.3 电涡流式传感器 …… 46
3.4 电感式传感器应用 …… 47
3.4.1 自感式传感器的应用 …… 47
3.4.2 差动变压器式传感器的应用 …… 48
3.4.3 电涡流式传感器的应用 …… 49

第4章 电容式传感器及其应用 …… 53

4.1 电容式传感器的工作原理及类型 …… 53
4.1.1 电容式传感器的工作原理 …… 53
4.1.2 电容式传感器的类型 …… 53
4.2 电容传感器的等效电路和测量电路 …… 55
4.2.1 电容式传感器等效电路 …… 55
4.2.2 电容式传感器测量电路 …… 55
4.3 电容传感器的主要性能、特点与设计要点 …… 59
4.3.1 主要性能 …… 59
4.3.2 特点 …… 61
4.3.3 设计要点 …… 62
4.4 电容式传感器的应用 …… 65
4.4.1 电容式加速度传感器 …… 66
4.4.2 电容式差压传感器 …… 66

第5章 压电式和超声波传感器及其应用 …… 70

5.1 压电式传感器 …… 70
5.1.1 晶体的压电效应及压电材料 …… 70
5.1.2 压电式传感器等效电路和测量电路 …… 72
5.2 超声波传感器 …… 75
5.2.1 超声检测的物理基础 …… 75
5.2.2 超声波传感器原理与种类 …… 76
5.2.3 超声波传感器基本应用电路 …… 79
5.3 压电式和超声波传感器的应用 …… 81
5.3.1 压电式加速度传感器 …… 81
5.3.2 压电式压力传感器 …… 82
5.3.3 超声波测厚度 …… 82

5.3.4 超声波测液位 …… 83

第6章 磁电式传感器及其应用 …… 86

6.1 磁电式传感器的工作原理 …… 86
6.2 磁电式传感器的结构 …… 88
6.2.1 动钢型磁电式传感器 …… 88
6.2.2 动圈型磁电式传感器 …… 88
6.2.3 磁电式传感器设计要点 …… 89
6.3 磁电式传感器的应用 …… 91
6.3.1 磁电式传感器测量电路 …… 91
6.3.2 磁电式速度传感器 …… 94
6.3.3 磁电式转速传感器 …… 95

第7章 热电式传感器及其应用 …… 97

7.1 热电偶 …… 97
7.1.1 热电偶的工作原理 …… 97
7.1.2 热电偶的种类和结构 …… 99
7.1.3 热电偶的冷端处理及补偿 …… 102
7.1.4 热电偶的主要特性 …… 105
7.1.5 热电偶安装注意事项 …… 106
7.1.6 热电偶热电势测量及其误差分析 …… 106
7.2 热电阻 …… 107
7.2.1 金属热电阻 …… 107
7.2.2 热敏电阻 …… 111
7.3 热电式传感器的应用 …… 114
7.3.1 热电偶测温系统 …… 114
7.3.2 PT100 热电阻测温系统 …… 116

第8章 光电式传感器及其应用 …… 119

8.1 光电器件 …… 119
8.1.1 光电管 …… 119
8.1.2 光电倍增管 …… 121
8.1.3 光敏电阻 …… 123
8.1.4 光电二极管和光电三极管 …… 126
8.1.5 光电池 …… 129
8.2 光电数字式传感器 …… 131
8.2.1 数字式传感器分类和特点 …… 131
8.2.2 光电角度编码器 …… 132
8.2.3 直线位移编码器 …… 133

8.2.4 光电数字式传感器系统使用注意事项 …… 135
8.2.5 光电数字式传感器测量技术 …… 135
8.3 电荷耦合器件(CCD)图像传感器原理及其应用 …… 138
8.3.1 CCD的工作原理 …… 138
8.3.2 CCD的基本特性参数 …… 141
8.4 光电传感器应用实例 …… 141
8.4.1 光控开关电路 …… 141
8.4.2 照相机电子测光电路 …… 142
8.4.3 加工件一维尺寸的测量 …… 143
8.4.4 电机转速测量 …… 144
第9章 光纤传感器及其应用 …… 147
9.1 光导纤维的基本知识 …… 147
9.1.1 光导纤维结构和导光原理 …… 147
9.1.2 光纤的几个重要参数 …… 148
9.2 光纤传感器的工作原理 …… 149
9.2.1 强度调制型光纤传感器 …… 150
9.2.2 相位调制型光纤传感器 …… 152
9.2.3 频率调制型光纤传感器 …… 161
9.2.4 偏振调制型光纤传感器 …… 162
9.2.5 光纤布拉格光栅传感器 …… 164
9.3 光纤传感器应用实例 …… 166
9.3.1 光纤传感器在石油测井中的应用 …… 166
9.3.2 光纤传感器在电力系统的应用 …… 168
9.3.3 光纤传感器在医学方面的应用 …… 169
9.3.4 光纤传感器在土木工程中的应用 …… 170
第10章 磁敏传感器及其应用 …… 172
10.1 霍尔传感器 …… 172
10.1.1 霍尔传感器原理 …… 172
10.1.2 霍尔组件的外形和构造 …… 174
10.1.3 霍尔组件主要技术指标 …… 175
10.1.4 基本误差和补偿 …… 176
10.1.5 霍尔组件电路 …… 178
10.1.6 霍尔集成传感器 …… 180
10.2 磁阻组件 …… 183
10.2.1 磁阻效应 …… 183
10.2.2 磁阻组件 …… 184

10.3　结型磁敏管 …… 185
10.3.1　磁敏二极管 …… 186
10.3.2　磁敏三极管 …… 188
10.4　超导量子干涉器件 …… 190
10.4.1　约瑟夫森效应 …… 190
10.4.2　超导量子干涉器件检测装置 …… 191
10.5　磁通门式磁敏传感器 …… 193
10.5.1　磁通门式基本原理、结构和特点 …… 193
10.5.2　磁通门式传感器测磁方法 …… 194
10.6　磁敏传感器及其应用 …… 198
10.6.1　霍尔传感器的应用 …… 198
10.6.2　磁阻组件的应用 …… 201
10.6.3　磁敏管的应用 …… 202
10.6.4　磁通门式传感器应用 …… 203

第11章　气体传感器及其应用 …… 206

11.1　热导式气体传感器 …… 206
11.1.1　热线式气体传感器 …… 206
11.1.2　热敏电阻气体传感器 …… 207
11.2　接触燃烧式气敏传感器 …… 207
11.3　半导体气体传感器 …… 208
11.3.1　半导体气体传感器及其分类 …… 208
11.3.2　半导体电阻型气敏器件 …… 209
11.3.3　非电阻控制型半导体气敏器件 …… 211
11.3.4　半导体气敏传感器的气敏选择性 …… 213
11.3.5　纳米技术及MEMS技术在半导体气体传感器中的应用 …… 213
11.3.6　半导体气敏传感器测试电路 …… 215
11.4　红外气敏传感器 …… 216
11.4.1　Beer-Lambert定律 …… 216
11.4.2　热释电红外气体传感器 …… 216
11.5　光纤气敏传感器 …… 218
11.5.1　光谱吸收型气敏传感器 …… 218
11.5.2　折射率变化型气敏传感器 …… 219
11.5.3　渐逝场光纤气体传感器 …… 219
11.5.4　光纤荧光气体传感器 …… 220
11.6　气敏传感器的应用实例 …… 220
11.6.1　家用气体报警电路 …… 221
11.6.2　煤气(CO)安全报警电路 …… 222
11.6.3　火灾烟雾报警器 …… 222

11.6.4 酒精探测器…… 223

第12章 湿敏传感器及其应用 …… 225

12.1 湿敏传感器概述…… 225
12.1.1 湿度及其表示…… 225
12.1.2 湿敏传感器分类及其特性…… 225
12.2 电解质湿敏传感器…… 228
12.2.1 氯化锂电解质湿敏传感器…… 228
12.2.2 高分子电解质湿敏传感器…… 229
12.3 有机物及高分子聚合物湿敏传感器…… 231
12.3.1 胀缩性有机物湿敏元件…… 231
12.3.2 高分子聚合物薄膜湿敏元件…… 232
12.4 半导体湿敏传感器…… 233
12.4.1 元素半导体湿敏器件…… 233
12.4.2 金属氧化物半导体陶瓷湿敏器件…… 233
12.4.3 MOSFET 湿敏器件 …… 236
12.4.4 结型湿敏器件…… 236
12.4.5 集成湿敏器件…… 237
12.5 湿敏传感器的应用实例…… 239
12.5.1 直读式湿度计…… 240
12.5.2 微波炉湿度检测控制系统…… 240
12.5.3 汽车玻璃挡板结露控制电路…… 241
12.5.4 粮仓湿度控制器…… 242
12.5.5 鸡、鸭雏室湿度控制器…… 243

第13章 生物传感器及其应用 …… 245

13.1 生物传感器简介…… 245
13.1.1 生物传感器概念…… 245
13.1.2 生物传感器的基本结构和原理…… 245
13.1.3 生物传感器的分类…… 247
13.1.4 生物传感器的特点…… 247
13.2 生物传感器的敏感元件…… 248
13.2.1 酶及酶传感器…… 248
13.2.2 电化学免疫传感器…… 249
13.2.3 组织传感器…… 251
13.2.4 电化学 DNA 传感器 …… 251
13.2.5 微生物传感器…… 252
13.3 生物传感器的信号转换器…… 252
13.3.1 电位型电极…… 252

13.3.2　电流型电极…… 253
13.3.3　氧电极…… 253
13.3.4　离子敏场效应晶体管…… 253
13.4　生物传感器的应用实例…… 254
13.4.1　在食品工业中的应用…… 254
13.4.2　在环境监测中的应用…… 257
13.4.3　在医疗领域的应用…… 259
13.4.4　在酒精测试上的应用…… 259
13.4.5　在军事上的应用…… 259
13.4.6　生物传感器未来发展趋势…… 259

第14章　智能传感器及其应用 …… 261

14.1　智能传感器概述…… 261
14.1.1　智能传感器的概念…… 261
14.1.2　智能传感器的功能…… 261
14.1.3　智能传感器的特点…… 262
14.2　智能传感器的实现技术…… 263
14.2.1　非集成化智能传感器…… 263
14.2.2　集成化智能传感器…… 264
14.2.3　混合式智能传感器…… 265
14.3　传感信号的采集…… 265
14.3.1　敏感元件及其调理电路…… 266
14.3.2　数据采集电路的配置…… 267
14.3.3　采样周期的选择…… 268
14.3.4　A/D转换器的选择…… 268
14.4　智能传感器的信号处理技术…… 269
14.4.1　非线性补偿技术…… 269
14.4.2　自校零与自动校准技术…… 272
14.4.3　数字滤波技术…… 273
14.4.4　时域分析法…… 275
14.4.5　频域分析法…… 276
14.5　典型的智能传感器及其应用…… 276
14.5.1　混合集成压力智能式传感器…… 276
14.5.2　集成智能式湿度传感器…… 277
14.5.3　智能电机转速测量系统…… 278
14.5.4　发动机多参数智能测试系统…… 279
14.5.5　无线智能传感器及其应用…… 281

第 15 章 传感器实验 ………………………………………… 287

15.1 THSRZ-1 型传感器系统综合实验装置简介 ………………… 287
15.2 实验项目………………………………………………………… 288
15.2.1 金属箔式应变片-单臂电桥性能实验 ……………………… 288
15.2.2 压阻式压力传感器的压力测量实验………………………… 290
15.2.3 差动变压器性能实验………………………………………… 292
15.2.4 差动变压器测试系统的标定………………………………… 293
15.2.5 电涡流传感器的位移特性实验……………………………… 294
15.2.6 电容式传感器的位移特性实验……………………………… 296
15.2.7 霍尔传感器的位移特性实验………………………………… 297
15.2.8 铂电阻温度特性实验………………………………………… 299
15.2.9 集成温度传感器的温度特性实验…………………………… 300
15.2.10 热电偶测温性能实验 ……………………………………… 301
15.2.11 光纤传感器位移特性实验 ………………………………… 303
15.2.12 气敏传感器实验 …………………………………………… 305
15.2.13 湿敏传感器实验 …………………………………………… 306
15.2.14 直流全桥的应用——电子秤实验 ………………………… 307
15.2.15 压电式传感器振动实验 …………………………………… 309
15.2.16 磁电式传感器的测速实验 ………………………………… 310
15.2.17 霍尔测速实验 ……………………………………………… 311
15.2.18 差动变压器的应用——振动测量实验 …………………… 312
15.2.19 转速控制实验 ……………………………………………… 313
15.2.20 光电转速传感器的转速测量实验 ………………………… 315
15.2.21 光纤传感器测量振动实验 ………………………………… 316

参考文献……………………………………………………………… 317

第1章　传感器的一般特性

传感器技术是现代信息技术的主要内容之一，信息技术包括计算机技术、通信技术和传感器技术等，其中计算机相当于人的大脑，通信相当于人的神经，而传感器就相当于人的感官。传感器就是能感受外界信息并能按一定规律将这些信息转换成可用信号的装置，它能够把自然界的各种物理量和化学量等非电量精确地变换为电信号，再经电子电路或计算机进行处理，从而对这些量进行监测或控制。

1.1　传感器的组成和分类

1.1.1　传感器的定义和组成

传感器又称变换器、探测器或检测器，是获取信息的工具。在国家标准《传感器通用术语》中，传感器的定义为：能感受（或响应）规定的被测量并按照一定规律转换成可用输出信号的器件或装置。传感器通常由直接响应于被测量的敏感元件和产生可用输出的转换元件以及相应的基本转换电路所组成，如图1-1所示。

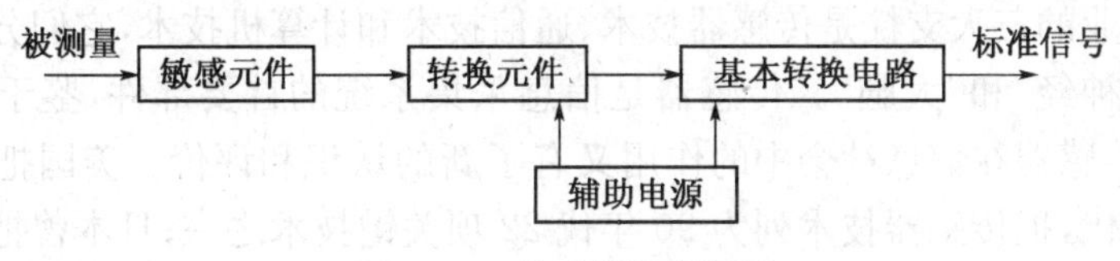

图1-1　传感器组成框图

1. 敏感元件

直接感受被测量，并以确定关系输出某一物理量。如弹性敏感元件将力转换为位移或应变输出。

2. 转换元件

将敏感元件输出的非电物理量（如位移、应变、光强等）转换成电路参数（如电阻、电感等）或电量。

3. 基本转换电路

将电路参数转换成便于测量的电量，如电压、电流、频率等。

通常，传感器输出信号一般都很微弱，需要有信号调节与转换电路将其放大或变换为容易传输、处理、记录和显示的形式。随着半导体器件与集成技术在传感器中的应用，传感器的信号调节与转换可以安装在传感器的壳体里或与敏感元件一起集成在同一芯片上。因此，信号调节与转换电路以及所需电源都应作为传感器的组成部分。

1.1.2　传感器的分类

传感器种类繁多，按照不同的划分标准，具有不同的分类方式。目前采用较多的传感器分类方法主要有：

1. 按能量供给形式分类

按能量供给形式分无源传感器和有源传感器。无源传感器只是被动地接收来自被测物体的信息；有源传感器则可以有意识地向被测物体施加某种能量，并将来自被测物体的信息变换为便于检测的能量后再进行检测。

2. 从功能角度分类

可将传感器分为：电传感器、磁传感器、位移传感器、压力传感器、振动传感器、声传感器、速度传感器、加速度传感器、流量传感器、流速传感器、真空度传感器、温度传感器、湿度传感器、光传感器、射线传感器、分析传感器、仿生传感器、气体传感器和离子传感器等。

3. 从使用材料分类

可将传感器分为：陶瓷传感器、半导体传感器、复合材料传感器、金属材料传感器、高分子材料传感器。

4. 从技术特点分类

可将传感器分为：电传送、气传送或光传送、位式作用或连续作用、有触点或无触点、模拟式或数字式、常规式或灵巧式、接触式或非接触式、普通型、隔爆型或本安型(本质安全型)等传感器。

1.2 传感器的地位和作用

现代信息产业的三大支柱是传感器技术、通信技术和计算机技术，它们分别构成了信息系统的“感官”、“神经”和”大脑”。传感器是信息采集系统的首要部件，鉴于传感器的重要性，发达国家对传感器在信息社会中的作用又有了新的认识和评价。美国把 20 世纪 80 年代看做传感器时代，把传感器技术列为 90 年代 22 项关键技术之一；日本曾把传感器列为十大技术之首；我国的“863”计划、科技攻关等计划中也把传感器研究放在重要的位置。传感器还是测控系统获得信息的重要环节，在很大程度上影响和决定了系统的功能。

不仅工程技术领域中如此，就是在基础科学研究中，由于新机理和高灵敏度检测传感器的出现，也会导致该领域的突破，例如约瑟夫逊效应器件的出现，不仅解决了对于 10^{-13} T 超弱磁场的检测，同时还解决了对 10^{-12} A 及 10^{-23} J 等物理量的高精度检测，还发现和证实了磁单极子的存在，对于多种基础科学的研究和精密计量产生了巨大的影响。所以，20 世纪 80 年代以来，世界各国都将传感器技术列为重点发展的高新技术，备受关注。

1.3 传感器的发展方向

在人类文明史的历次产业革命中，感受、处理外部信息的传感技术一直扮演着一个重要角色。在 18 世纪产业革命以前，传感技术由人的感官实现：人观天象而仕农耕，察火色以冶铜铁。从 18 世纪产业革命以来，特别是在 20 世纪信息革命中，传感技术越来越多地由人造感官，即工程传感器来实现。

传感器技术所涉及的知识非常广泛，渗透到各个学科领域。但是它们的共性是利用物理定律和物质的物理、化学和生物特性，将非电量转换成电量。所以如何采用新技术、新工艺、新材料以及探索新理论达到高质量的转换，是总的发展途径。

当今，传感器技术的主要发展动向：一是开展基础研究，重点研究传感器的新材料和新工艺；二是实现传感器的微型化、阵列化、集成化和智能化。

1. 发现和应用新现象

利用物理现象、化学反应和生物效应设计制作各种用途的传感器，这是传感器技术的重要基础工作。因此，发现和应用新现象，其意义极为深远。

2. 开发新材料

传感器材料是传感器技术的重要基础，随着物理学和材料科学的进步，人们也有可能通过自由地控制制造出来的材料成分，从而设计制造出用于各种传感器的材料。

3. 发展微机械加工技术

微机械加工技术除全面继承氧化、光刻、扩散、淀积等微电子技术外，还发展了平面电子工艺技术、各向异性腐蚀、固相键合工艺和机械分断技术。当今平面电子工艺技术中引人注目的是利用薄膜制作快速响应传感器，其中用于检测 NH_3 和 H_2S 的快速响应传感器已较成熟。

4. 发展多功能传感器

研制能同时检测多种信号的传感器，已成为传感器技术发展的一个重要方面。例如，日本丰田研究所开发实验室研制成功了同时检测 Na^+ 和 H^+ 的多离子传感器。

5. 仿生传感器

化学和生物战可能是这种传感器的主要应用领域，它在出现生物攻击时可瞬时识别可疑的病原体，食品工业也可利用它监视变质和污染的食品。例如，检验员只要将传感器在肉上擦一下，就可探测出是否存在大肠杆菌等危险的病原体。此外，还可在食品包装袋上附上这样的传感器条，顾客可以根据颜色的变化判断食品是否变质。

6. 智能化传感器

智能化传感器是一种具有判断能力、学习能力的传感器。实际上是一种带微处理器的传感器，它具有检测、判断和信息处理功能。

智能化传感器的代表是美国霍尼威尔公司的 ST－3000 型智能传感器，它是一种带有微处理器的兼有检测和信息处理功能的传感器。

同一般传感器相比，智能式传感器有以下几个显著特点：

(1) 精度高。由于智能式传感器具有信息处理的功能，因此通过软件不仅可以修正各种确定性系统误差（如传感器输入输出的非线性误差、温度误差、零点误差、正反行程误差等），而且还可以适当地补偿随机误差，降低噪声，从而使传感器的精度大大提高。

(2) 稳定、可靠性好。它具有自诊断、自校准和数据存储功能，对于智能结构系统还有自适应功能。

(3) 检测与处理方便。它不仅具有一定的可编程自动化能力，可根据检测对象或条件的改变，方便地改变量程及输出数据的形式等，而且输出数据可通过串行或并行通讯线直接送入远程计算机进行处理。

(4) 功能广。不仅可以实现多传感器多参数综合测量，扩大测量与使用范围，而且可以有多种形式输出（如 RS232 串行输出，PIO 并行输出，IEEE－488 总线输出以及经 D/A 转换后的模拟量输出等）。

（5）性能价格比高。在相同精度条件下，多功能智能式传感器与单一功能的普通传感器相比，其性能价格比高，尤其是在采用比较便宜的单片机后更为明显。

1.4 传感器的静态与动态特性

传感器是实现传感功能的基本部件，传感器的输入-输出关系特性是传感器的基本特性，也是传感器的内部参数作用关系的外部特性表现，不同的传感器内部结构参数决定了它具有不同的外部特性。

传感器所测量的物理量基本上有两种形式：稳态（静态或准静态）和动态（周期变化或瞬态）。前者的信号不随时间变化（或变化很缓慢）；后者的信号是随时间变化而变化的。传感器就是要尽量准确地反映输入物理量的状态，因此传感器所表现出来的输入-输出特性也就不同，即存在静态特性和动态特性。

不同的传感器有不同的内部参数，因此它们的静态特性和动态特性就表现出不同的特点，对测量结果也产生不同的影响。一个高精度的传感器，必须要有良好的静态特性和动态特性，从而确保检测信号（或能量）的无失真转换，使检测结果尽量反映被测量的原始特征。

1.4.1 静态特性

传感器的静态特性是在稳态信号作用下的输入-输出特性。即输入量是静态量，输出量是输入量的确定函数。

1. 静态特性的表示方法

（1）代数多项式

如果不考虑传感器特性中的迟滞及蠕变等性质，或者传感器虽然有迟滞及蠕变等但仅考虑其理想的平均特性时，其特性方程在多数情况下可以写成如下的代数多项式形式：

$$Y = a_0 + a_1 x + a_2 x^2 + \cdots + a_n x^n \tag{1-1}$$

（2）曲线表示

曲线能表示出传感器特性的变化趋势以及何处有最大或最小的输出，何处传感器灵敏度高，何处低。当然，也能通过其特性曲线，粗略地判别出是线性或非线性传感器。

（3）列表表示

列表法就是把传感器的输入-输出数据按一定的方式顺序地排列在一个表格之中。列表的优点是：简单易行、形式紧凑、数据易于进行数量上的比较、便于进行其他处理，如绘制曲线、进行曲线拟合、进行插值计算，或求一组数据的差分或差商等。

2. 静态性能指标

（1）灵敏度

传感器在静态工作条件下，其单位输入所产生的输出，称为灵敏度，或更严格地说为静态灵敏度（S），图 1-2 所示。

$$S = \lim_{\Delta x \to 0}\left(\frac{\Delta Y}{\Delta X}\right) = \frac{dY}{dX} \tag{1-2}$$

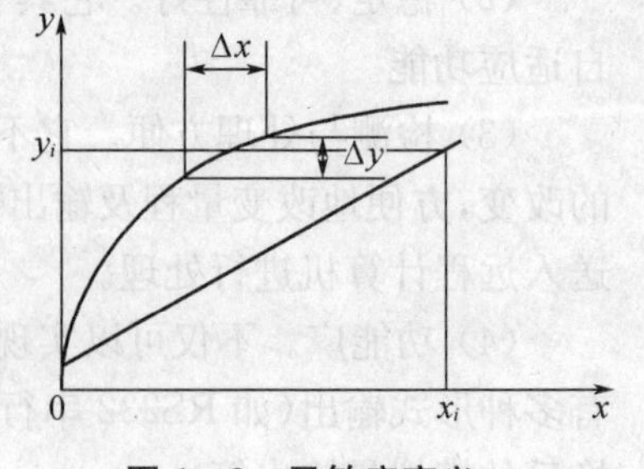

图 1-2 灵敏度定义

(2) 线性度

人们总是希望传感器的输出与输入关系具有线性特性,但实际上由于传感器存在着迟滞、蠕变、摩擦、间隙和松动等各种因素,以及外界条件的影响,使其输入-输出特性总是具有不同程度的非线性。

传感器的输入-输出校准曲线与理论拟合直线之间的最大偏离与传感器满量程输出之比,称为该传感器的"非线性误差"或"线性度",通常用相对误差 δ_L 表示其大小,即

$$\delta_L = \pm \frac{\Delta_{max}}{Y_{FS}} \times 100\% \tag{1-3}$$

式中:Δ_{max} 为校准曲线与理想拟合直线之间的最大偏差;Y_{FS} 为传感器满量程输出平均值。

线性度又可分为:

① 绝对线性度:有时又称理论线性度,为传感器的实际平均输出特性曲线对在其量程内事先规定好的理论直线的最大偏差,以传感器的满量程输出的百分比来表示。

② 端基线性度:传感器实际平均输出特性曲线对端基直线的最大偏差,以传感器的满量程输出的百分比来表示。端基直线则定义为由传感器量程所决定的实际平均输出特性首、末两端点的连线。

③ 零基线性度:传感器实际、平均输出特性曲线对零基直线的最大偏差,以传感器的满量程输出的百分比来表示。而零基直线则定义为这样一条直线,它位于传感器的量程内,但可通过或延伸通过传感器的理论零点,并可改变其斜率,以把最大偏差减至最小。

④ 独立线性度:作两条与端基直线平行的直线,使之恰好包围所有的标定点,以与二直线等距离的直线作为拟合直线。

⑤ 最小二乘线性度:用最小二乘法求得校准数据的理论直线。

(3) 迟滞

对于某一输入量,传感器在正行程时的输出量不同于其在反行程时在同一输入量下的输出量,这一现象称为迟滞,如图1-3所示。

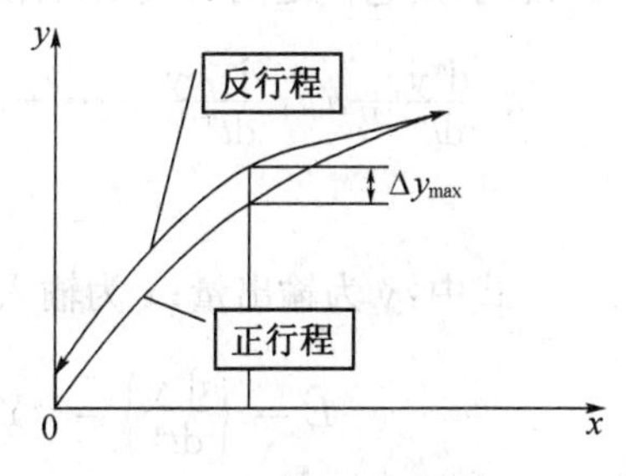

图1-3　迟滞特性示意图

(4) 重复性

在相同的工作条件下,在一段短的时间间隔内,输入量从同一方向作满量程变化时,同一输入量值所对应的连续先后多次测量所得的一组输出量值,它们之间相互偏离的程度称为传感器的重复性。

(5) 稳定性

稳定性表示传感器在一个较长的时间内保持其性能参数的能力。理想的情况是,不管什么时候传感器的灵敏度等特性参数不随时间变化。但实际上,随着时间的推移,大多数传感器的特性会改变。这是因为传感元件或构成传感器部件的特性随时间发生变化,产生一种经时变化的现象。

1.4.2　动态特性

传感器的动态特性是指其输出对于随时间变化的输入量的响应特性。当被测量的变化是时

间的函数时，则传感器的输出量也是时间的函数，其时间关系要用动态特性来表示。

实际上大量的被测量信号是动态信号，这时传感器的输出能否良好地追随输入量的变化是一个很重要的问题。有的传感器尽管其静态特性非常好，但不能很好地追随输入量的快速变化而导致严重误差。一个动态特性好的传感器，其输出将再现输入量的变化规律，即具有相同的时间函数。实际上除了具有理想的比例特性外，输出信号将不会与输入信号具有完全相同的时间函数，这种输入与输出间的差异就是所谓的动态误差。

我们以动态测温的问题来简要说明传感器的动态特性。在被测温度随时间变化或传感器突然插入被测介质中，以及传感器以扫描方式测量某温度场的温度分布等情况下，都存在动态测温问题。如把一支热电偶从温度为 t_0℃环境中迅速插入一个温度为 t℃的恒温水槽中（插入时间忽略不计），这时热电偶测量的介质温度从 t_0℃突然上升到 t℃，而热电偶反映出来的温度从 t_0℃变化到 t℃需要经历一段时间，即有一段过渡过程，如图 1-4 所示。热电偶反映出来的温度与介质温度的差值就称为动态误差。

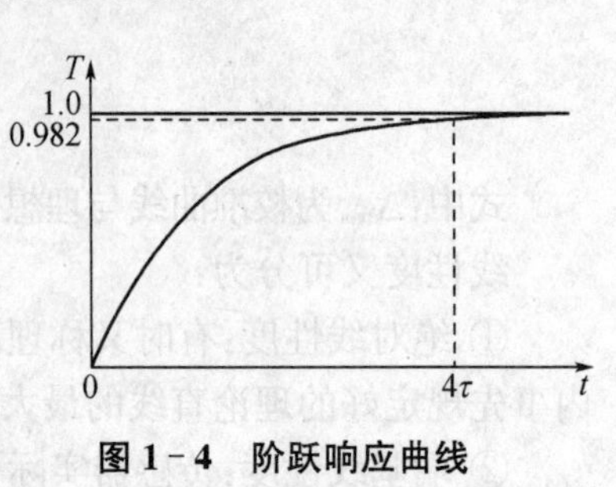

图 1-4 阶跃响应曲线

造成热电偶输出波形失真和产生动态误差的原因，是因为温度传感器有热惯性和传热热阻，使得在动态测温时传感器输出总是滞后于被测介质的温度变化。如带有套管的热电偶的热惯性要比裸热电偶大得多。这种热惯性是热电偶固有的，这种热惯性决定了热电偶测量快速温度变化时，会产生动态误差。影响动态特性的"固有因素"任何传感器都有，只不过它们的表现形式和作用程度不同而已。

1. 传递函数

假设传感器在输入-输出存在线性关系（即传感器是线性的，特性不随时间变化）的范围内使用，则它们之间的关系可用高阶常系数线性微分方程表示：

$$a_n \frac{\mathrm{d}^n y}{\mathrm{d}t^n} + a_{n-1} \frac{\mathrm{d}^{n-1} y}{\mathrm{d}t^{n-1}} + \cdots + a_1 \frac{\mathrm{d}y}{\mathrm{d}t} + a_0 y = b_m \frac{\mathrm{d}^m x}{\mathrm{d}t^m} + b_{m-1} \frac{\mathrm{d}^{m-1} x}{\mathrm{d}t^{m-1}} + \cdots + b_1 \frac{\mathrm{d}x}{\mathrm{d}t} + b_0 x \tag{1-4}$$

式中：y 为输出量；x 为输入量；a_i，b_i 为常数。对上式进行拉普拉斯变换，由

$$L = \left\{ \frac{\mathrm{d}^n y}{\mathrm{d}t^n} \right\} = s^n Y(s) - s^{n-1} y(0) - s^{n-2} \frac{\mathrm{d}y}{\mathrm{d}t}(0) - \cdots - \frac{\mathrm{d}^{n-1} y}{\mathrm{d}t^{n-1}}(0) \tag{1-5}$$

并设 $t = 0$ 时，$\frac{\mathrm{d}^i y}{\mathrm{d}t^i}, \frac{\mathrm{d}^i x}{\mathrm{d}t^i}$（$i = 0, 1, \cdots$）全部为 0，得到

$$\frac{Y(s)}{X(s)} = G(s) = \frac{b_m s^m + b_{m-1} s^{m-1} + \cdots + b_1 s + b_0}{a_n s^n + a_{n-1} s^{n-1} + \cdots + a_1 s + a_0} \tag{1-6}$$

式中：$X(\mathrm{s})$为输入的拉氏变换；$Y(\mathrm{s})$为输出的拉氏变换；$G(\mathrm{s})$称为拉氏形式的传递函数，或简称传递函数。即输出的拉氏变换等于输入的拉氏变换乘以传递函数。

传递函数在数学上的定义是：初始条件为零时，输出量（响应函数）的拉氏变换与输入量（激励函数）的拉氏变换之比。

传递函数表示系统本身的传输、转换特性，与激励及系统的初始状态无关。同一传递函

数可能表征着两个完全不同的物理(或其他)系统,但说明它们有相似的传递特性。

虽然传感器的种类和形式很多,但它们一般可以化简为一阶或二阶系统(高阶可以分解成若干个低阶环节)。因此,一阶和二阶传感器是基本的。传感器的输入量随时间变化的规律是各种各样的,下面在对传感器动态特性进行分析时,采用最典型、最简单、易实现的正弦信号和阶跃信号作为标准输入信号。对于正弦输入信号,传感器的响应称为频率响应或稳态响应;对于阶跃输入信号,则称为阶跃响应或瞬态响应。

2. 瞬态响应特性

传感器的瞬态响应是时间响应,应采用时域分析法即从时域中对传感器的响应和过渡过程进行分析,传感器对所加激励信号响应称为瞬态响应。下面以传感器的单位阶跃响应来评价传感器的动态性能指标。

(1) 一阶系统的阶跃响应

一个起始静止的传感器若输入一单位阶跃信号:

$$u(t)=\begin{cases}0, t\leqslant 0\\ 1, t>0\end{cases} \tag{1-7}$$

其输出信号称为阶跃响应。因为

$$L[u(t)]=\frac{1}{s} \tag{1-8}$$

$$Y(s)=G(s)\cdot X(s)=\frac{k}{\tau}\cdot\frac{1}{(s+1/\tau)s} \tag{1-9}$$

由拉氏反变换得

$$y(t)=k(1-\mathrm{e}^{-\frac{1}{\tau}t}) \tag{1-10}$$

其响应曲线如图1-5所示。

(2) 二阶系统的阶跃响应

二阶传感器的传递函数为

$$H(s)=\frac{Y(s)}{X(s)}=\frac{\omega_n^2}{s^2+2\xi\omega_n s+\omega_n^2} \tag{1-11}$$

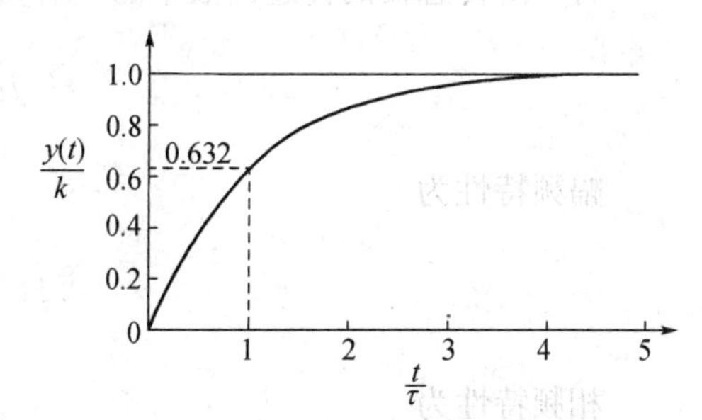

图1-5　一阶系统的阶跃响应曲线

式中:ω_n 为传感器的固有频率;ξ 为传感器的阻尼比。

在单位阶跃信号的作用下,传感器的输出拉氏变换为

$$Y(s)=X(s)\cdot\frac{\omega_n^2}{s^2+2\xi\omega_n s+\omega_n^2}=\frac{\omega_n^2}{s(s^2+2\xi\omega_n s+\omega_n^2)} \tag{1-12}$$

二阶传感器对阶跃信号的响应在很大程度上取决于阻尼比 ξ 和固有频率 ω_n。固有频率 ω_n 由传感器的主要结构参数所决定,ω_n 越高,传感器的响应速度越快。固有频率 ω_n 为常数时,传感器的响应主要取决于阻尼比 ξ。

图1-6是二阶系统的阶跃响应曲线。由图可知,阻尼比直接影响超调量和震荡次数。$\xi=0$ 时为临界阻尼,超调量为100%,产生等幅震荡,达不到稳态;$\xi>1$ 时为过阻尼,无超调和震

荡,但是达到稳态所需时间较长;$\xi<1$ 时为欠阻尼,衰减震荡,达到稳态值所需时间随 ξ 的减小而加长;$\xi=1$ 时响应时间最短。实际使用中常按稍欠阻尼调整,$\xi=0.7\sim0.8$ 最好。

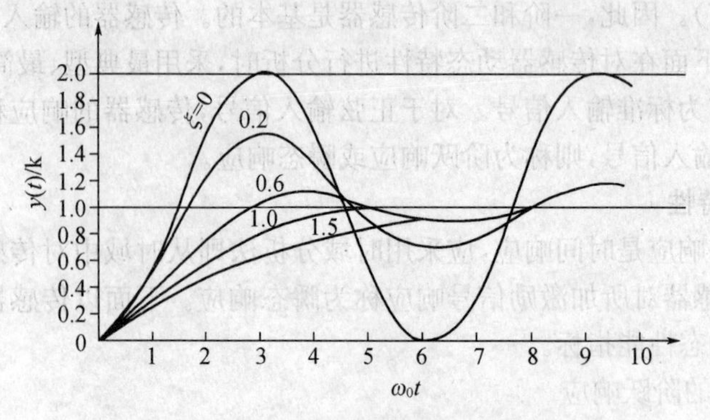

图 1-6 二阶系统的阶跃响应曲线

(3) 瞬态响应特性指标

① 时间常数 τ:一阶传感器时间常数 τ 越小,响应速度越快。

② 延时时间 t_p:传感器输出达到稳态值的 50%所需时间。

③ 上升时间 t_r:传感器输出达到稳态值的 90%所需时间。

④ 超调量 σ:传感器输出超过稳态值的最大值。

3. 频率响应特性

传感器对正弦输入信号的响应特性称为频率响应特性。频率响应法是从传感器的频率特性出发研究传感器的动态特性的方法。

(1) 一阶系统的频率响应

将一阶传感器的传递函数中的 s 用 $j\omega$ 代替后,即可获得频率特性表达式为

$$H(j\omega)=\frac{Y(j\omega)}{X(j\omega)}=\frac{1}{j\omega\tau+1}$$

幅频特性为

$$|H|=\frac{1}{\sqrt{1+\omega^2\tau^2}} \tag{1-13}$$

相频特性为

$$\Phi(\omega)=-\arctan(\omega\tau) \tag{1-14}$$

一阶系统的幅频特性和相频特性曲线如图 1-7 所示,图中纵坐标增益采用分贝值,横坐标 ω 也是对数坐标,但直接标注 ω 值,这种图又称为伯德(Bode)图。

由图可知,时间常数 τ 越小,频率响应特性越好。一阶系统只有在 τ 很小时才近似于零阶系统特性(即 $H(\omega)=k,\Phi(\omega)=0$)。当 $\omega\tau=1$ 时,传感器输入-输出为线性关系,且相位差很小,输出 $y(t)$ 比较真实地反映输入 $x(t)$ 的变化规律。

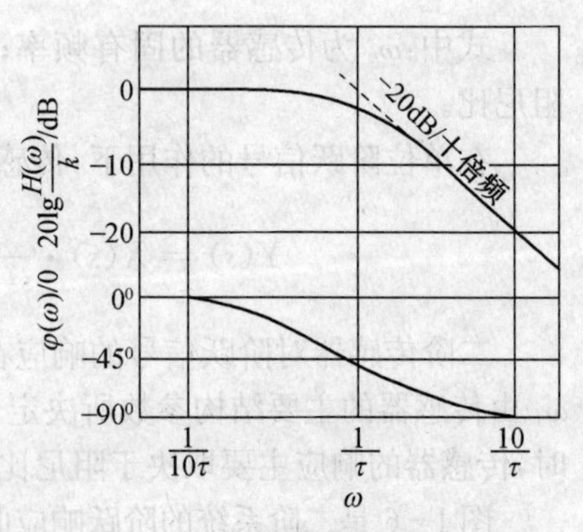

图 1-7 一阶系统的伯德(Bode)图

综上所述，用一阶系统描述的传感器，其动态响应特性的优劣也主要取决于时间常数τ。τ越小越好，τ小时，则阶跃响应的上升过程快，而频率响应的上截止频率高。

（2）二阶系统的频率响应

二阶传感器的频率特性表达式、幅频特性、相频特性分别为

$$H(j\omega)=\frac{1}{1-\left(\frac{\omega}{\omega_n}\right)^2+2j\xi\frac{\omega}{\omega_n}} \tag{1-15}$$

$$|H|=\frac{1}{\sqrt{\left[1-\left(\frac{\omega}{\omega_n}\right)^2\right]^2+\left(2\xi\frac{\omega}{\omega_n}\right)^2}} \tag{1-16}$$

$$\Phi(\omega)=-\arctan\left[\frac{2\xi\frac{\omega}{\omega_n}}{1-\left(\frac{\omega}{\omega_n}\right)^2}\right] \tag{1-17}$$

二阶传感器的伯德图如图1-8所示。当$\xi<1/\sqrt{2}$时，在ω_n附近振幅具有峰值，即产生共振现象，ξ越小峰值越高。$\omega=\omega_n$时，相位有90°滞后，最大相位滞后为180°，ξ越大，相位滞后变化越平稳。

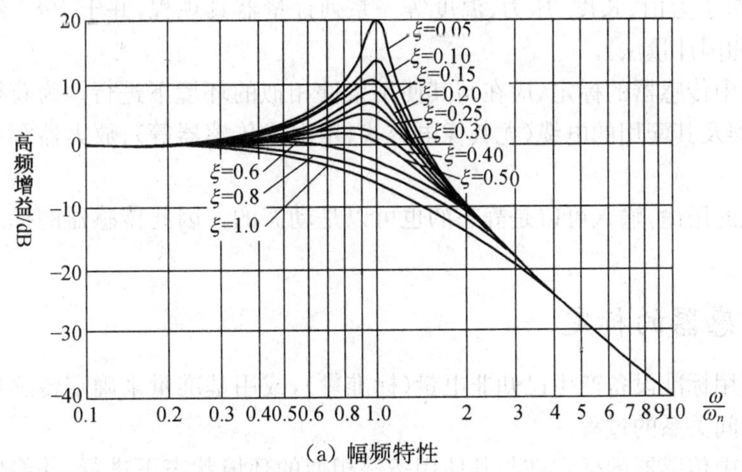

(a) 幅频特性

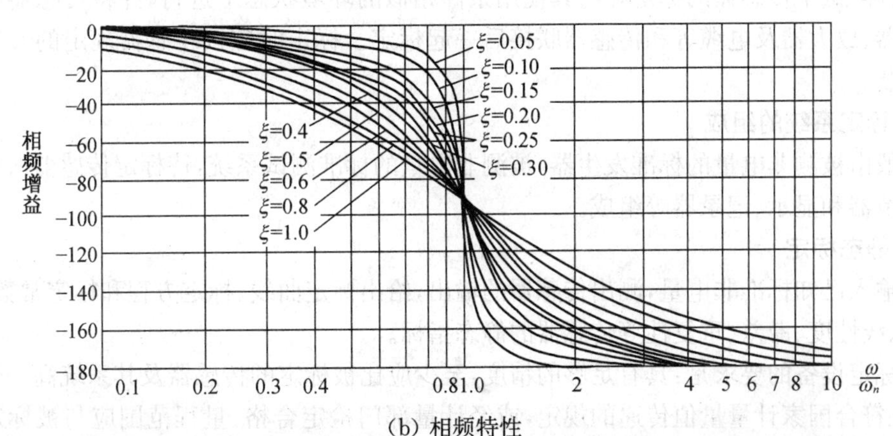

(b) 相频特性

图1-8 二阶系统的伯德图

(3) 频率响应特性指标

① 频带:传感器增益保持在一定值内的频率范围为传感器频带或通频带,对应有上、下截止频率。

② 时间常数 τ:用时间常数来表征一阶传感器的动态特性。τ 越小,频带越宽。

③ 固有频率 ω_n:二阶传感器的固有频率 ω_n 表征了其动态特性。

1.5 传感器的标定与校准

任何一种传感器在装配完后都必须按设计指标进行全面严格的性能鉴定。使用一段时间后(中国计量法规定一般为 1 年)或经过修理,也必须对主要技术指标进行校准试验,以便确保传感器的各项性能指标达到要求。

传感器标定就是利用精度高一级的标准器具对传感器进行定度的过程,从而确立传感器输出量和输入量之间的对应关系。同时也确定不同使用条件下的误差关系。

为了保证各种被测量值的一致性和准确性,很多国家都建立了一系列计量器具(包括传感器)检定的组织、规程和管理办法。我国由国家计量局、中国计量科学研究院和部、省、市计量部门以及一些企业的计量站进行制定和实施。国家计量局(1989 年后由国家技术监督局)制定和发布了力值、长度、压力、温度等一系列计量器具规程,并于 1985 年 9 月公布了《中华人民共和国计量法》。

工程测量中传感器的标定,应在与其使用条件相似的环境下进行。为获得高的标定精度,应将传感器及其配用的电缆(尤其像电容式、压电式传感器等)、放大器等测试系统一起标定。

根据系统的用途,输入可以是静态的也可以是动态的。因此传感器的标定有静态和动态标定两种。

1.5.1 传感器的标定

标定指利用标准设备产生已知非电量(标准量),或用基准量来确定传感器输出电量与非输入电量之间关系的过程。

工程测试中传感器的标定在与其使用条件相似的环境状态下进行,并将传感器所配用的滤波器、放大器及电缆等和传感器联接后一起标定。标定时应按传感器规定的安装条件进行安装。

1. 标定系统的组成

一般由被测非电量的标准发生器,被测非电量的标准测试系统,待标定传感器所配接的信号调节器和显示、记录器等组成。

2. 静态标定

指输入已知标准非电量,测出传感器的输出,给出标定曲线、标定方程和标定常数,计算灵敏度、线性度、滞差、重复性等传感器的静态指标。

对标定设备的要求是:具有足够的精度,至少应比被标定的传感器及其系统高一个精度等级,且符合国家计量量值传递的规定,或经计量部门检定合格,量程范围应与被标定的传感器的量程相适应,性能稳定可靠,使用方便,能适用多种环境。

静态标定用于检测传感器(或系统)的静态特性指标。

3. 动态标定

用于确定动态性能指标。通过确定其线性工作范围(用同一频率不同幅值的正弦信号输入传感器,测量其输出)、频率响应函数、幅频特性和相频特性曲线、阶跃响应曲线来确定传感器的频率响应范围、幅值误差和相位误差、时间常数、阻尼比、固有频率等。

传感器动态标定设备主要是指动态激振设备,低频下常使用激振器,如电磁振动台、低频回转台、机械振动台、液压振动台等,一般采用振动台产生简谐振动来作为传感器的输入量。对某些高频传感器的动态标定,采用正弦激励法标定时,很难产生同频激励信号,一般采用瞬变函数激励信号,这时就要用激波管来产生激波。

1.5.2　传感器的校准

传感器需定期检测其基本性能参数,判定是否可继续使用,如能继续使用,则应对其有变化的主要指标(如灵敏度)进行数据修正,确保传感器的测量精度的过程,称之为传感器的校准。

校准与标定的内容是基本相同的。

1. 传感器在检测系统中有什么作用和地位?
2. 简述传感器的组成及其各部分的功能。
3. 对某传感器进行特性测定所得到的一组输入-输出数据如下:

   输入 x:0.1　0.2　0.3　0.4　0.5　0.6　0.7　0.8　0.9

   输出 y:2.2　4.8　7.6　9.9　12.6　15.2　17.8　20.1　22.1

试计算该传感器的非线性度和灵敏度。

4. 何为传感器的静态特性? 静态特性的主要技术指标有哪些?
5. 何为传感器的动态特性? 动态特性的主要技术指标有哪些?
6. 传感器的动态特性常用什么方法进行描述? 你认为这种描述方法能否充分反映传感器的动态特性,为什么?
7. 一阶传感器的传递函数和频率响应函数是什么?
8. 传感器实现不失真测量的条件是什么? 在实际工作中如何具体运用?
9. 为什么要对传感器进行校验,其实质是什么?
10. 传感器的发展趋势主要有哪些?

第2章　电阻应变式传感器及其应用

电阻式传感器的基本原理是将被测的非电量转变成电阻值，通过测量电阻值达到测量非电量的目的。这类传感器的种类很多，大致可分为电阻应变式、压阻式和热电阻式传感器。利用电阻式传感器可以测量形变、压力、力、位移、加速度和温度等非电量参数。本章介绍电阻应变片和压阻式传感器的原理和应用，热电阻式传感器在第7章介绍。

2.1　应变式传感器

2.1.1　金属电阻应变片工作原理

电阻应变片的工作原理是基于金属的应变效应。金属丝的电阻值随着它所受的机械形变(拉伸或压缩)的大小而发生相应变化的现象称为金属的电阻应变效应。

1. 金属电阻应变效应

长为l、截面积为A、电阻率为ρ的金属或半导体丝，电阻$R=\rho\frac{l}{A}$，如图2-1。若导电丝在轴向受到应力的作用，其阻值将发生变化。假设其长度变化Δl，截面积变化ΔA，电阻率变化$\Delta\rho$，而引起电阻变化ΔR，对$R=\rho\frac{l}{A}$作全微分，则

$$\frac{\Delta R}{R}=\frac{\Delta l}{l}-\frac{\Delta A}{A}+\frac{\Delta\rho}{\rho} \tag{2-1}$$

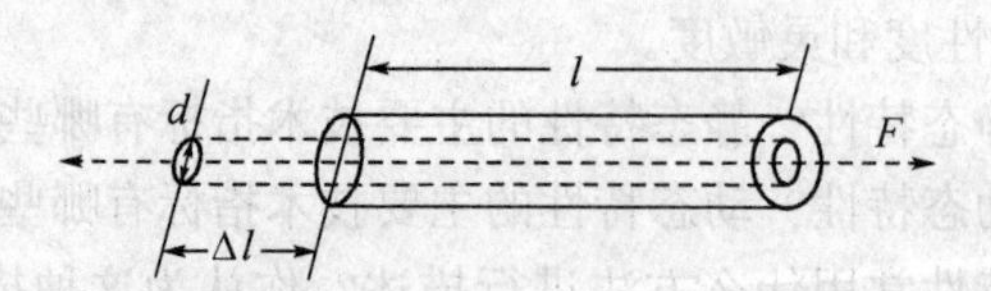

图2-1　金属导线的电阻应变效应

设电阻丝为圆形截面，直径为d，则

$$\frac{\Delta A}{A}=\frac{2\Delta d}{d} \tag{2-2}$$

$$\frac{\Delta R}{R}=\frac{\Delta l}{l}(1+2\mu)+\frac{\Delta\rho}{\rho}=k_0\frac{\Delta l}{l} \tag{2-3}$$

$$\mu=-\frac{\Delta d/d}{\Delta l/l}\text{(材料的泊松系数)} \tag{2-4}$$

式中：

$$k_0=\frac{\Delta R/R}{\Delta l/l}=1+2\mu+\frac{\Delta\rho/\rho}{\Delta l/l} \tag{2-5}$$

k_0为单根导电丝的灵敏系数，表示当发生应变时，其电阻变化率与其应变的比值。k_0的大小由两个因素引起：一个是由于导电丝的几何尺寸的改变所引起，由 $(1+2\mu)$ 项表示；另一个是导电丝受力后，材料的电阻率 ρ 发生变化而引起，由 $(\Delta\rho/\rho)/(\Delta l/l)$ 项表示。

引用 $\frac{\Delta\rho}{\rho}=\pi T$，其中应力 $T=E\varepsilon=E\frac{\Delta l}{l}$，$\pi$ 表示压阻系数，$\varepsilon=\Delta l/l$ 为应变，则有

$$k_0=\frac{\Delta R/R}{\varepsilon}=1+2\mu+\pi E \tag{2-6}$$

对金属来说，πE 很小，可忽略不计，$\mu=0.25\sim0.5$，故 $k_0=1+2\mu\approx1.5\sim2$。对半导体而言，$\pi E$ 比 $1+2\mu$ 大得多，压阻系数 $\pi=(40\sim50)\times10^{-11}\ \mathrm{m^2/N}$，杨氏模量 $E=1.67\times10^{11}\ \mathrm{Pa}$，则 $\pi E\approx50\sim100$，故 $(1+2\mu)$ 可以忽略不计。可见，半导体灵敏度要比金属大 50～100 倍。

2. 应变计的结构与分类

电阻应变片种类繁多，但基本构造大体相同，如图 2-2 所示，图中 l 称为应变计的标距，也称(基)栅长，a 称为(基)栅宽，$l\times a$ 称为应变计的使用面积。

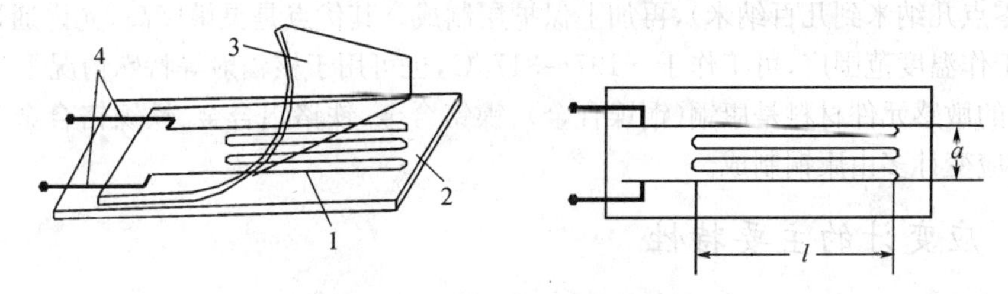

图 2-2　电阻应变计构造简图

1—敏感栅；2—基片；3—盖片(即保护片)；4—引线

敏感栅是应变片的核心部分，它粘贴在绝缘的基片上，其上再粘贴起保护作用的覆盖层，两端焊接引出导线。常用金属应变片的敏感栅有丝式、箔式、薄膜式等。

(1) 丝式应变计

丝式应变计是最早应用的品种。金属丝弯曲部分可做成圆弧、锐角或直角，如图 2-3 所示。弯曲部分做成圆弧(U)型是最早常用的一种形式，制作简单但横向效应较大。直角(H)型两端用较粗的镀银铜线焊接，横向效应相对较小，但制作工艺复杂，将逐渐被横向效应小、其他方面性能更优越的箔式应变计所代替。

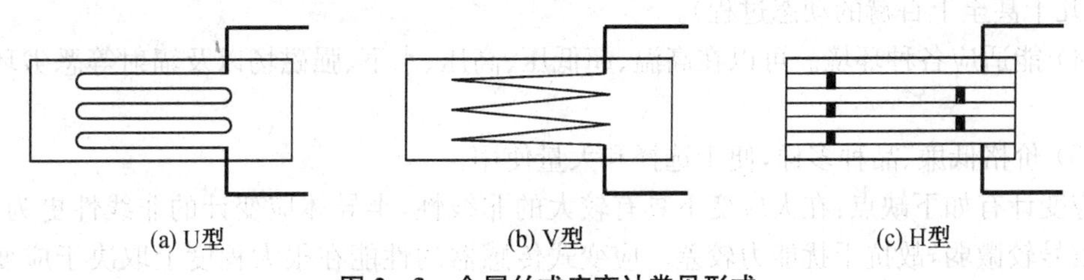

图 2-3　金属丝式应变计常见形式

(2) 箔式应变计

箔式应变计的线栅是通过光刻、腐蚀等工艺制成很薄的金属薄栅(厚度一般在 0.003～0.01 mm)。图 2-4 画出了几种箔式应变计。

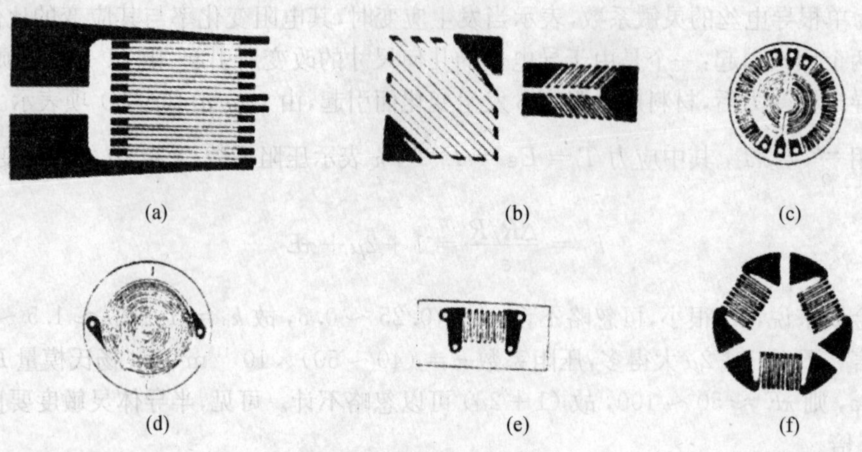

图 2-4　几种箔式应变计

(3) 薄膜式应变计

薄膜式应变计是采用真空溅射或真空沉积技术，在薄的绝缘基片上蒸镀金属电阻薄膜（厚度在零点几纳米到几百纳米），再加上保护层制成。其优点是灵敏度高，允许通过的电流密度大，工作温度范围广，可工作于－197～317 ℃，也可用于核辐射等特殊情况下。

常用的敏感元件材料是康铜（铜镍合金）、镍铬合金、铁铬铝合金、铁镍铬合金等。常温下使用的应变计多由康铜制成。

2.1.2　应变计的主要特性

应变计是一种重要的敏感元件。首先，它在实验应力分析中是测量应变和应力的主要传感元件；其次，某些其他类型的传感器，如膜片式压力传感器、加速度计、线位移传感器等，也经常使用应变计作为机电转换元件或敏感元件，广泛地应用于工程测量和科学实验中。应变计之所以成为重要的敏感元件，主要由于具有如下优点：

(1) 测量应变的灵敏度和精确度高。能测 1～2 微应变（1×10^{-6} mm/mm），误差一般可小于 1%，精度可达 0.015%FS（普通精度可达 0.05%FS）。

(2) 测量范围大。从弹性变形一直可测至塑性变形。变形范围从 1%～20%。

(3) 尺寸小（超小型应变计的敏感栅尺寸为 0.2 mm×2.5 mm），质量轻，对试件工作状态和应力分布影响很小。既可用于静态测量，又可用于动态测量，且具有良好的动态响应（可测几十甚至上百赫的动态过程）。

(4) 能适应各种环境。可以在高温、超低压、高压、水下、强磁场以及辐射等恶劣环境下使用。

(5) 价格低廉、品种多样，便于选择和大量使用。

应变计有如下缺点：在大应变下具有较大的非线性，半导体应变计的非线性更为明显；输出信号较微弱，故抗干扰能力较差。应变式传感器的性能在很大程度上取决于应变计的性能。

下面就来讨论应变计的主要特性：

1. 应变计的灵敏度系数

金属电阻丝的电阻相对变化与它所感受的应变之间具有线性关系，2.1.1 节中已用灵

敏度系数 k_0 表示这种关系。金属丝做成应变计后，由于基片、粘合剂以及敏感栅的横向效应，电阻应变特性与单根金属丝将有所不同，必须重新用实验来测定。实验是按规定的统一标准进行的，电阻应变计贴在一维力作用下的试件上，例如受轴向拉压的直杆、纯弯梁等。

试件材料用泊松系数 $\mu=0.285$ 的钢。用精密电阻电桥或其他仪器测出应变计相对电阻变化，再用其他测应变的仪器测定试件的应变，得出电阻应变计的电阻-应变特性。实验证明，电阻应变计的电阻相对变化 $\Delta R/R$ 与应变 $\Delta l/l=\varepsilon$ 之间在很大范围内是线性的，即

$$\frac{\Delta R}{R}=K\varepsilon \tag{2-7}$$

$$K=\frac{\Delta R/R}{\varepsilon} \tag{2-8}$$

式中：K 为电阻应变计的灵敏度系数。

因一般应变计粘贴到试件上后不能取下再用，只能在每批产品中提取一定百分比（如 5%）的产品进行测定，取其平均值作为这一批产品的灵敏度系数。这就是产品包装盒上注明的灵敏度系数，或称"标称灵敏度系数"。

2. 横向效应

实验表明，应变计的灵敏度 k 恒小于金属线材的灵敏度系数 k_0，其原因除了粘合剂、基片传递变形失真外，主要是由于存在横向效应。

敏感栅由许多直线及圆角组成，如图 2-5 所示。拉伸被测试件时，粘贴在试件上的应变计，被沿应变计长度方向拉伸，产生纵向拉伸应变 ε_x，应变计直线段电阻将增加。但是在圆弧段上，沿各微段（圆弧的切向）的应变并不是 ε_x，与直线段上同样长的微段所产生的电阻变化不同。

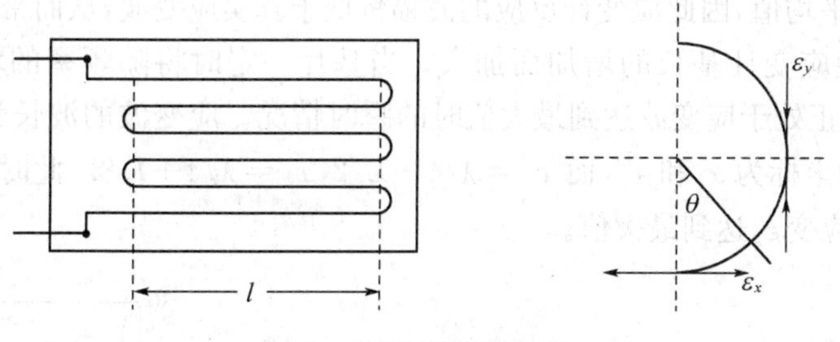

图 2-5　敏感栅的组成

最明显的是在 $\theta=\pi/2$ 垂直方向的微段，按泊松比关系产生压应变 $-\varepsilon_y$。该微段电阻不仅不增加，反而减少。在圆弧的其他各微段上，感受的应变是由 $+\varepsilon_x$ 变化到 $-\varepsilon_y$ 的。这样，圆弧段的电阻变化，显然将小于同样长度沿 x 方向的直线段的电阻变化。

因此，将同样长的金属线材做成敏感栅后，对同样应变，应变计敏感栅的电阻变化较小，灵敏度有所降低。这种现象称为应变计的横向效应。

3. 应变计的动态特性

在测量频率较高的动态应变时，应考虑到它的动态响应特性。在动态情况下，应变以波动形式在材料中传播，传播速度为声速。钢材声速为 5 000 m/s，胶层声速为 1 000 m/s。应力波从试件通过胶层、基片传到敏感栅需要一定时间，沿应变计长度方向经过敏感栅需要更

长一些的时间。敏感栅电阻的变化是对某一瞬时作用于其上应力的平均值的反应。胶层和基片的总厚度约为 0.05 mm，由试件经过胶层和基片传到敏感栅的时间约为 5×10^{-8} s，可以忽略不计。然而，应变波沿敏感栅长度方向传播的影响，应加以考虑。

图 2-6(a)的阶跃波沿敏感栅轴向传播时，由于应变波通过敏感栅需要一定时间，当阶跃波的跃起部分通过敏感栅全部长度后，电阻变化才达到最大值。应变计的理论响应特性如图 2-6(b)所示。由于应变计粘合层对应变中高次谐波的衰减作用，实际波形如图 2-6(c)所示。如以输出从最大值的 10%上升到 90%的这段时间为上升时间，则 $t_k = 0.8\dfrac{L}{v}$。可测频率 $f=\dfrac{0.35}{t_k}$，则

$$f=\frac{0.35v}{0.8L}=0.44\frac{v}{L} \tag{2-9}$$

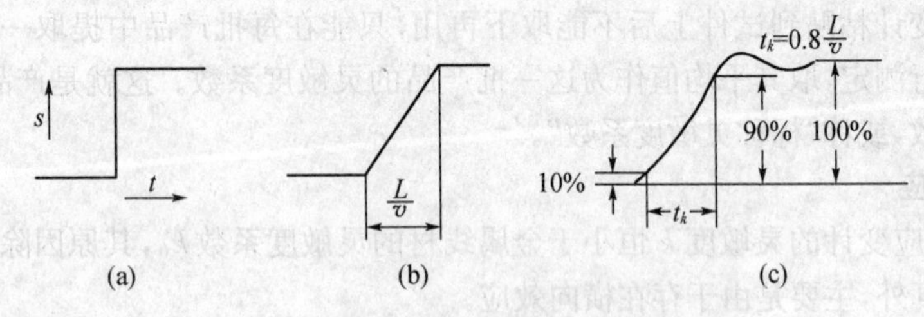

图 2-6 阶跃应变波通过敏感栅及其波形图

实际上 t_k 值是很小的。例如，应变计基长 $L=20$ mm，波速 $v=5\,000$ m/s 时，$t_k=3.2\times10^{-6}$ s，$f=110$ kHz。

当测量按正弦规律变化的应变波时，由于应变计反映的应变波形，是应变计线栅长度内所感受应变量的平均值，因此应变计反应的波幅将低于真实应变波，从而带来一定误差。显然，这种误差将随应变计基长的增加而加大。当基片一定时将随频率的增加而加大。图 2-7 表示应变计正处于应变波达到最大值时的瞬时情况。应变波的波长为 λ，应变计的基长为 L，两端点的坐标为 x_1 和 x_2，而 $x_1=\lambda/4-L/2$，$x_2=\lambda/4+L/2$，此时应变计在其基长 L 内测得的平均应变 ε_p 达到最大值。

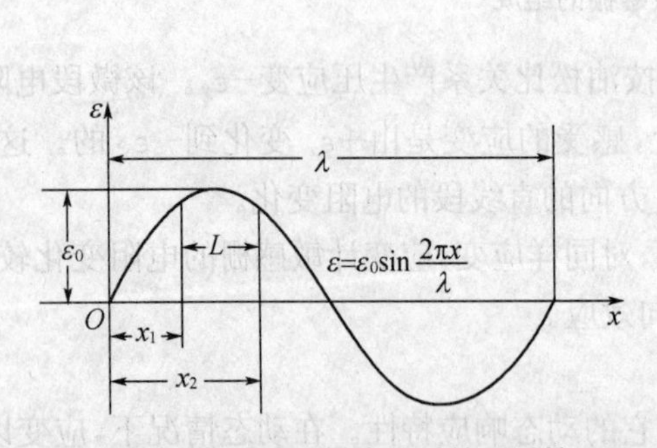

图 2-7 应变波达到最大值时的瞬时情况图

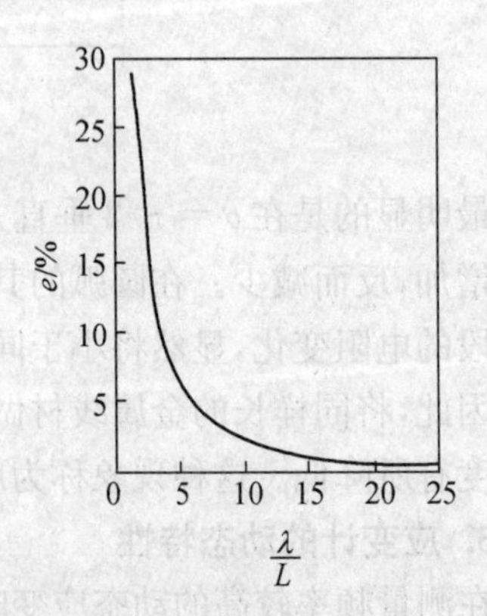

图 2-8 e 与 n 的关系曲线

对于钢材 $v=5\,000$ m/s，若要 $e=1\%$ 时，对 $L=1$ mm 的应变计，其允许的最高工作

频率为

$$f = \frac{5 \times 10^6}{\pi \times 1} \sqrt{6 \times 0.01} = 390(\text{kHz}) \tag{2-10}$$

由上式可知，测量误差 e 与应变波长对基长的相对比值 $n = \lambda/L$ 有关，其关系曲线如图 2-8 所示。λ/L 愈大，误差 e 愈小。一般可取 $\lambda/L = 10 \sim 20$，其误差 e 小于 1.6%～0.4%。又有 $f = v/(nL)$，即 n 愈大，工作频率愈高。

4. 其他特性参数

(1) 线性度

试件的应变 ε 和电阻的相对变化 $\Delta R/R$，在理论上呈线性关系。但实际上，在大应变时，会出现非线性关系。应变计的非线性度一般要求在 0.05%或 1%以内。

(2) 应变极限

粘贴在试件上的应变计所能测量的最大应变值称为应变极限。在一定的温度(室温或极限使用温度)下，对试件缓慢地施加均匀的拉伸载荷，当应变计的指示应变值对真实应变值的相对误差大于 10%时，就认为应变计已达到破坏状态，此时的真实应变值就作为该批应变计的应变极限。

(3) 机械滞后和热滞后

贴有应变计的试件进行加载和卸载时，其 $\Delta R/R \sim \varepsilon$ 特性曲线不重合。把加载和卸载特性曲线的最大差值 δ，称为应变计的机械滞后值，如图 2-9 所示。

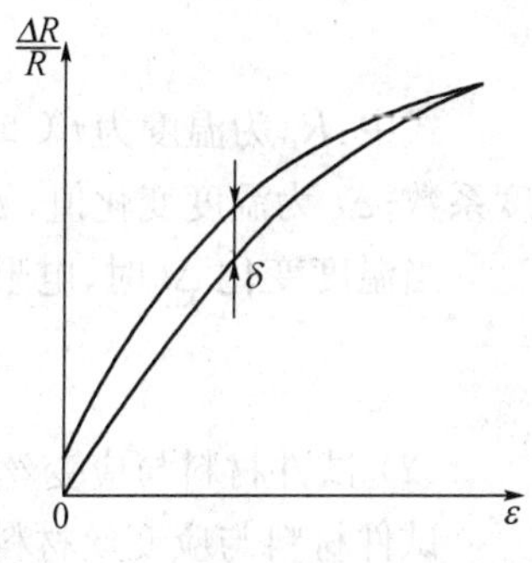

图 2-9　应变计的机械滞后

(4) 零漂和蠕变

恒定温度下，粘贴在试件上的应变计，在不承受载荷的条件下，电阻随时间变化的特性称为应变计的零漂。零漂的主要原因是，敏感栅通过工作电流后的温度效应，应变计的内应力逐渐变化，粘结剂固化不充分等。

(5) 疲劳寿命

已安装的应变计，在恒定幅值的交变应力作用下，可以连续工作而不产生疲劳损坏的循环次数。所谓疲劳损坏是指应变计指示应变的变化超过规定误差，或者应变计的输出波形上出现毛刺，或者应变计完全损坏而无法工作。疲劳寿命反映应变计对动态应变的适应能力。应变计疲劳寿命的循环次数一般可达 10^6 次。

(6) 最大工作电流

最大工作电流是指允许通过应变计而不影响其工作的最大电流值。工作电流大，应变计输出信号就大，因而灵敏度高。但过大的工作电流会使应变计本身过热，使灵敏系数变化，零漂、蠕变增加，甚至烧坏应变计。工作电流的选取，要根据散热条件而定，主要取决于敏感栅的几何形状和尺寸、截面的形状和大小、基底的尺寸和材料、粘合剂的材料和厚度以及试件的散热性能等。通常允许电流值在静态测量时约取 25 mA 左右，动态测量时可高一些，箔式应变计可取更大些。在测量塑料、玻璃、陶瓷等导热性差的材料时，工作电流要取小些。

(7) 绝缘电阻

绝缘电阻是指应变计的引线与被测试件之间的电阻值，一般以兆欧计。绝缘电阻过低，会造成应变计与试件之间漏电而产生测量误差。

(8) 应变计电阻

应变计电阻是应变计在未安装也不受外力的情况下,在室温时测得的电阻值。这是使用应变计时应知道的一个参数。国内应变计系列习惯上选用 120 Ω、175 Ω、350 Ω、500 Ω、1 000 Ω、1 500 Ω。

(9) 几何尺寸

圆弧敏感栅应变计敏感栅基长 L 从圆弧顶部算起,箔式应变计则从横向粗线的内沿算起。通常应变计 L 约为 2～30 mm,箔式应变计最小可达 0.2 mm,长的达 100 mm 或更长。

2.1.3 温度误差及其补偿

1. 温度误差产生的原因

把应变计安装在自由膨胀的试件上,即使试件不受任何外力作用,如果环境温度发生变化,应变计的电阻也将发生变化,这种变化叠加在测量结果中将产生很大误差。这种由于环境温度改变而带来的误差,称为应变计的温度误差。产生温度误差的主要原因有:

(1) 电阻温度系数的影响

敏感栅金属丝电阻本身随温度发生变化的关系可用下式表示:

$$R_t = R_0(1 + \alpha_0 \Delta t) \tag{2-11}$$

式中:R_t 为温度为 t℃时的电阻值;R_0 为温度为 t_0℃时的电阻值;α_0 为金属丝的电阻温度系数;Δt 为温度变化值,$\Delta t = t - t_0$。

当温度变化 Δt 时,电阻丝的电阻的变化值为

$$\Delta R_t = R_t - R_0 = R_0 \alpha_0 \Delta t \tag{2-12}$$

(2) 试件材料与应变丝材料膨胀系数的影响

试件材料与应变丝材料线膨胀系数不一,使应变丝产生附加变形而造成电阻变化。

当试件与电阻丝材料的线膨胀系数相同时,不论环境温度如何变化,电阻丝的变形仍和自由状态一样,不会产生附加变形。但是当试件与电阻丝材料的线膨胀系数不同时,由于环境温度的变化,电阻丝会产生附加变形,从而产生附加电阻。

2. 温度补偿方法

(1) 电桥补偿法

这是一种常用和效果较好的补偿法。在被测试件上安装一工作应变计,另外一个与被测试件的材料相同,但不受力的补偿件上安装一补偿应变计。补偿件与被测试件处于完全相同的温度场内。测量时,使两者接入电桥的相邻臂上,如图 2-10 所示。由于补偿片 R_B 是与工作片 R_1 完全相同的,且都贴在同样材料的试件上,并处于同样温度下,这样,由于温度变化使工作片产生的电阻变化 ΔR_{1t} 与补偿片的电阻变化 ΔR_{Bt} 相等,因此,电桥输出 U_{sc} 与温度无关,从而补偿了应变计的温度误差。

有时根据被测试件的应变情况,亦可不专门设补偿件,而将补偿片亦贴在被测试件上,使其既能起到温度补偿作用,又能提高灵敏度。例如,构件作纯弯曲形变时,构件面上部的应变为拉应变,下部为压应变,且两者绝对值相等符号相反。测量时可将 R_B 贴在被测试件的下面(如图 2-11 所示),接入图 2-10 的电桥中。由于在外力矩 M 作用下,R_B 与 R_1 的变

化值大小相等符号相反，电桥的输出电压增加一倍。此时 R_B 既起到了温度补偿作用，又提高了灵敏度，而且可补偿非线性误差。

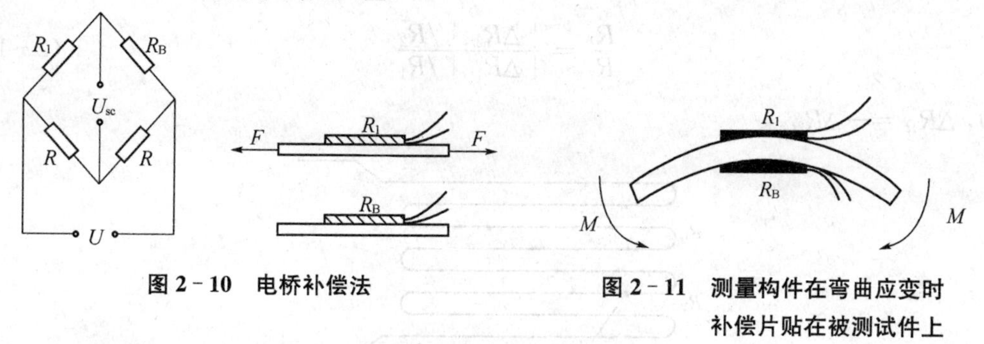

图 2-10　电桥补偿法

图 2-11　测量构件在弯曲应变时补偿片贴在被测试件上

(2) 辅助测温元件微型计算机补偿法

该方法的基本思想是在传感器内靠近敏感测量元件处安装一个测温元件，用以检测传感器所在环境的温度。常用的测温元件有半导体热敏电阻以及 PN 结二极管等。测温元件的输出经放大及 A/D 转换送到计算机，如图 2-12 所示。

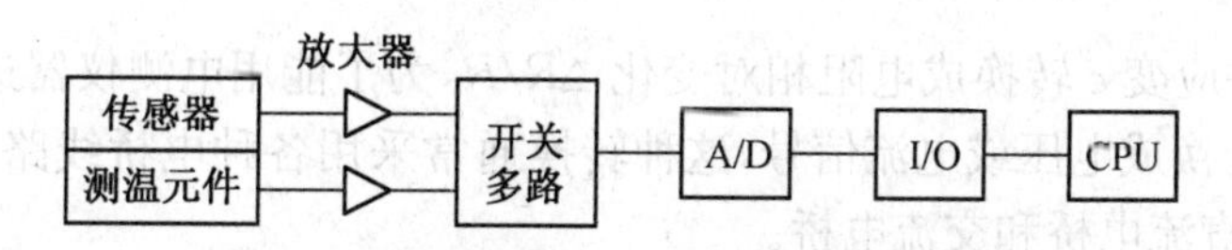

图 2-12　辅助测温元件微型计算机补偿法

图中传感器把非电量转变成电量，并经放大，转换成统一信号。测温元件的变化经放大也转换成统一信号。然后经过多路开关，A/D 转换，分别把模拟量变成数字量，并经 I/O 接口读入计算机。计算机在处理传感器数据时，即可把此测温元件温度变化对传感器的影响加以补偿，以达到提高测量精度的目的。

(3) 应变计自补偿法

自补偿应变计是一种特殊的应变计，当温度变化时，产生的附加应变为零或相互抵消。用自补偿应变计进行温度补偿的方法叫做应变计自补偿法。

下面介绍两种自补偿应变计。

① 温度自补偿应变计

利用自身具有温度补偿作用进行温度补偿的应变片，称之为温度自补偿应变片。实现温度补偿的条件为

$$\alpha_0 \Delta t + k(\beta_g - \beta_s)\Delta t = 0 \tag{2-13}$$

则

$$\alpha_0 = -k(\beta_g - \beta_s) \tag{2-14}$$

上式表明，被测试件的线膨胀系数 β_g 已知时，就可以选择合适的敏感栅材料满足式(2-14)，不论温度如何变化，均有 $\Delta R_t / R_0 = 0$，达到温度自补偿的目的。这种方法的缺点是一种 α_0 值的应变计只能用在一种材料上，因此局限性很大。

② 双金属敏感栅自补偿应变计

这种应变计也称组合式自补偿应变计。它是利用两种电阻丝材料的电阻温度系数符号不同(一个为正，一个为负)的特性，将二者串联绕制成敏感栅，如图 2-13 所示。若两段敏

感栅 R_1 和 R_2 由于温度变化而产生的电阻变化为 ΔR_{1t} 和 ΔR_{2t}，大小相等且符号相反，就可以实现温度补偿。ΔR_1 与 ΔR_2 的关系可由下式决定：

$$\frac{R_1}{R_2} = \frac{|\Delta R_{2t}|/R_2}{|\Delta R_{1t}|/R_1} \tag{2-15}$$

其中，$\Delta R_{1t} = -\Delta R_{2t}$。

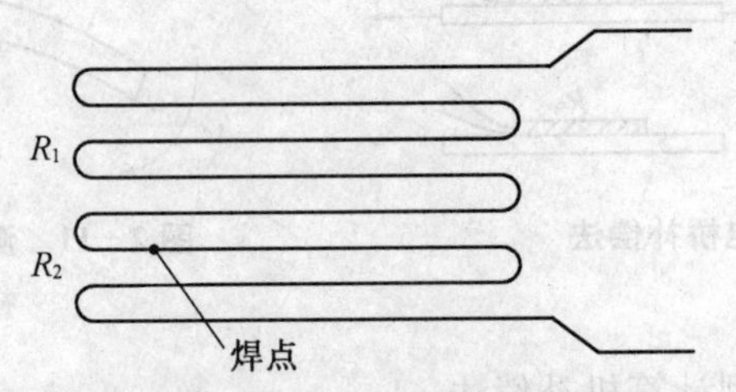

图 2-13 电阻温度系数符号不同的双金属敏感栅自补偿应变计

这种补偿效果较前者好，在工作温度范围内通常可达到 ±0.14$\mu\varepsilon$/℃。

2.1.4 应变片式电阻传感器的测量电路

应变片将试件应变 ε 转换成电阻相对变化 $\Delta R/R$，为了能用电测仪器进行测量，还必须将 $\Delta R/R$ 进一步转换成电压或电流信号，这种转换通常采用各种电桥线路。根据电源的不同，可将电桥分为直流电桥和交流电桥。

1. 直流电桥的特性方程及平衡条件

图 2-14 为由桥臂 R_1、R_2、R_3、R_4 组成的直流电桥。

直流电桥的特性方程是指电桥对角端负载电流 I_f 与各桥臂参数和电源电压的关系式。利用等效电源定理，a、b 两端的开路电压和内阻分别为

$$e = U\frac{R_4R_1 - R_2R_3}{(R_3+R_4)(R_1+R_2)} \tag{2-16}$$

$$R = \frac{R_1R_2(R_3+R_4)+R_4R_3(R_1+R_2)}{(R_1+R_2)(R_3+R_4)} \tag{2-17}$$

平衡时有 $R_1R_4 - R_2R_3 = 0$，上式称为直流电桥平衡条件，它说明欲使电桥达到平衡，其相邻两臂的比值应相等，即

$$\frac{R_1}{R_2} = \frac{R_3}{R_4} \tag{2-18}$$

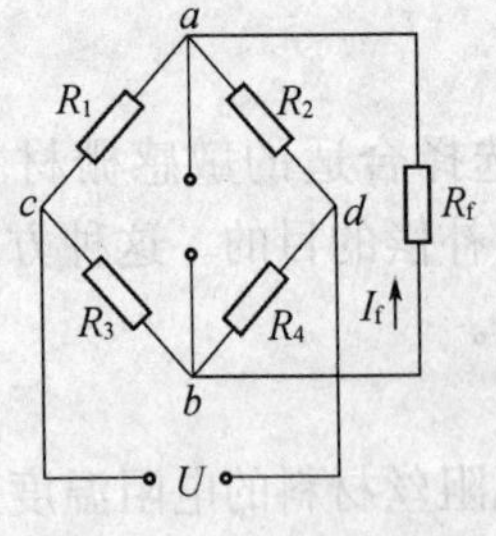

图 2-14 直流电桥

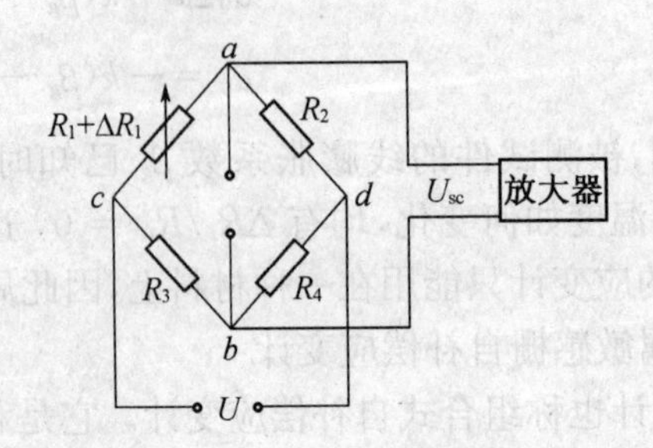

图 2-15 R_1 为工作臂时的直流电桥

2. 直流电桥的电压灵敏度

电阻应变计工作时，其电阻变化很微小。例如，一片 $k=2$，初始电阻 120 Ω 的应变计，受到 1 000 微应变时，其电阻变化仅 0.24 Ω。引起的不平衡电压极小，不能用它来直接推动指示仪表，故需加以放大。这时感兴趣的是电桥输出电压。一般放大器的输入阻抗较电桥的内阻要高得多，可认为电桥输出端处于开路状态。如图 2-15 所示，设 R_1 为电桥工作臂，受应变时，其电阻变化为 ΔR_1，R_2、R_3、R_4 均为固定桥臂。在起始时，电桥处于平衡状态，此时 $U_{sc}=0$。当有 ΔR_1 时，电桥输出电压为

$$U_{sc}=U\frac{\frac{R_4}{R_3}\cdot\frac{\Delta R_1}{R_1}}{\left(1+\frac{\Delta R_1}{R_1}+\frac{R_2}{R_1}\right)\left(1+\frac{R_4}{R_3}\right)} \tag{2-19}$$

设 $n=R_2/R_1$，考虑到起始平衡条件，并略去分母中的 $\frac{\Delta R_1}{R_1}$ 项，得

$$U_{sc}=U\frac{n}{(1+n)^2}\cdot\frac{\Delta R_1}{R_1} \tag{2-20}$$

$$K_u=\frac{U_{sc}}{\frac{\Delta R_1}{R_1}}=U\frac{n}{(1+n)^2} \tag{2-21}$$

K_u 称为电桥的电压灵敏度。K_u 愈大，说明应变计电阻相对变化相同的情况下，电桥输出电压愈大，电桥愈灵敏。由上式知，欲提高 K_u，必须提高电源电压，但它受应变计允许功耗的限制。另外就是选择适当的桥臂比 n。

当 $n=1$ 时，K_u 为最大。这就是说，在电桥电压一定，当 $R_1=R_2$，$R_3=R_4$ 时，电桥的电压灵敏度最高。通常这种情况称为电桥的第一种对称形式。而 $R_1=R_3$，$R_2=R_4$ 则称为电桥的第二种对称形式。第一种对称形式有较高的灵敏度，第二种对称形式线性较好。等臂电桥是其中的一个特例，由 $U_{sc}=\frac{1}{4}U\frac{\Delta R}{R_1}$ 可知，当电源电压及电阻相对变化一定时，电桥的输出电压及其电压灵敏度将与各桥臂阻值的大小无关。当 $R_1=R_2=R_3=R_4$ 时，为全等臂电桥。全等臂电桥是 $n=1$ 时的一种特例，是应变式传感器中常采用的形式。

全等臂直流电桥单臂、双臂、全桥工作时的情况讨论如下：

(1) 单臂电桥

图 2-16 中，$R_1=R_2=R_3=R_4=R$，$\Delta R=\Delta R_1$，单臂工作时，只有一臂工作，即 $R+\Delta R_1$，可得

$$U_{sc}\approx\frac{U}{4}\cdot\frac{\Delta R}{R} \tag{2-22}$$

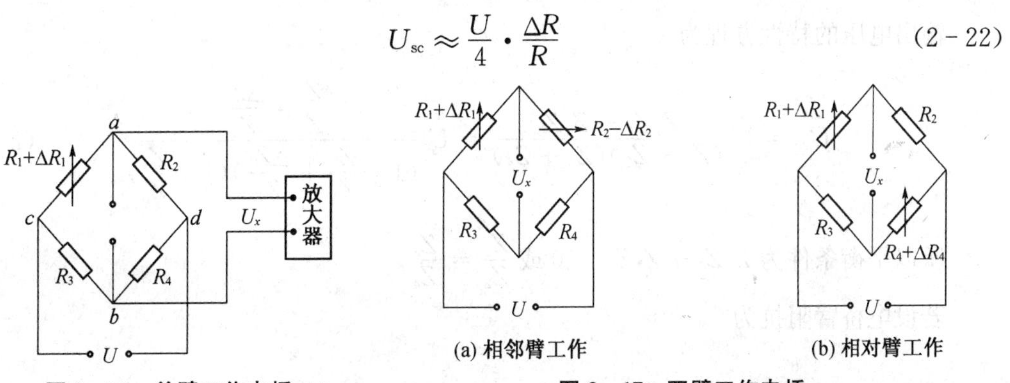

图 2-16　单臂工作电桥

图 2-17　双臂工作电桥

(2) 双臂电桥

当相邻臂工作时，如图 2－17 所示，一臂为 $R_1 + \Delta R_1$，另一臂为 $R_2 + \Delta R_2$，由于 $R_1 = R_2 = R_3 = R_4 = R$，而 $\Delta R_1 = \Delta R_2 = \Delta R$，所以

$$U_{sc} = \frac{U}{2} \cdot \frac{\Delta R}{R} \tag{2-23}$$

同理相对臂工作时，一臂为 $R_1 + \Delta R_1$，另一臂为 $R_4 + \Delta R_4$ 时，也可导出

$$U_{sc} \approx \frac{U}{2} \cdot \frac{\Delta R}{R} \tag{2-24}$$

(3) 全桥

全桥工作时，电路如图 2－18 所示，可推出

$$U_{sc} = U \frac{\Delta R}{R} \tag{2-25}$$

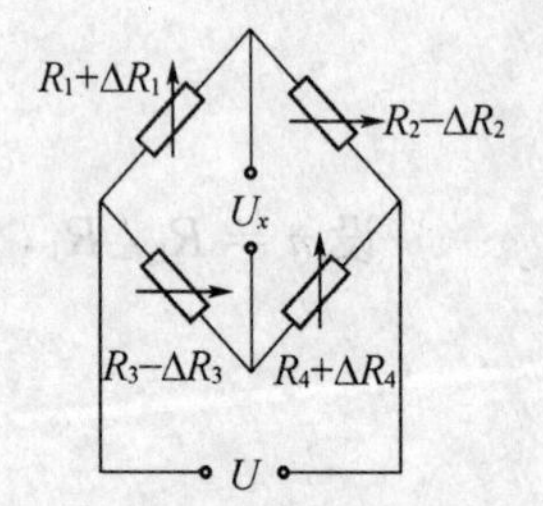

图 2－18　全桥电路

比较三种结构，全桥灵敏度最高，双臂工作的差动电桥灵敏度次之，单臂电桥灵敏度最低。

3. 交流电桥的平衡条件和电压输出

当采用交流供桥载波放大时，应变电桥也需交流电源供电。应变电桥各臂一般是由应变计或无感精密电阻组成，是纯电阻电桥。但在交流电源供电时，需要考虑分布电容的影响，这相当于应变计并联一个电容，如图 2－19(a)所示。此时桥臂已不是纯电阻性的，这就需要分析各桥臂均为复阻抗时一般形式的交流电桥。交流电桥的一般形式如图 2－19(b)所示，其中 Z_1、Z_2、Z_3、Z_4 为复阻抗。其电源电压、输出电压均应用复数表示。

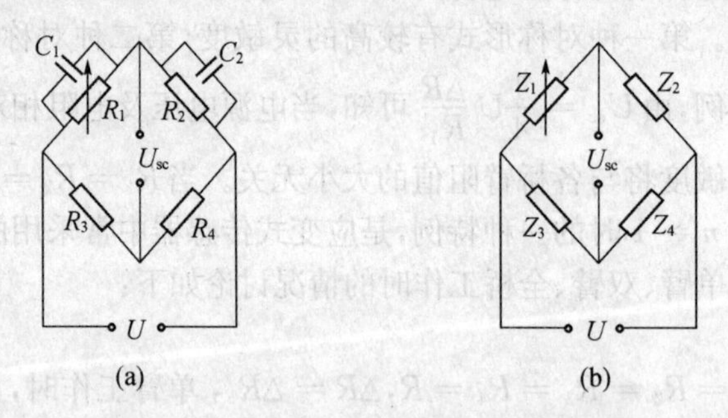

图 2－19　复阻抗时一般形式的交流电桥

输出电压的特性方程为

$$\dot{U}_{sc} = \dot{U} \frac{Z_1 Z_4 - Z_2 Z_3}{(Z_1 + Z_2)(Z_3 + Z_4)} = \dot{U} \frac{\dfrac{Z_4}{Z_3} \cdot \dfrac{\Delta Z_1}{Z_1}}{(1 + \dfrac{Z_2}{Z_1} + \dfrac{\Delta Z_1}{Z_1})(1 + \dfrac{Z_4}{Z_3})} \tag{2-26}$$

所以平衡条件为 $Z_1 Z_4 - Z_2 Z_3 = 0$ 或 $\dfrac{Z_1}{Z_2} = \dfrac{Z_3}{Z_4}$。

若设电桥臂阻抗为

$$
\begin{aligned}
Z_1 &= r_1 + jX_1 = z_1 e^{j\varphi_1} \\
Z_2 &= r_2 + jX_2 = z_2 e^{j\varphi_2} \\
Z_3 &= r_3 + jX_3 = z_3 e^{j\varphi_3} \\
Z_4 &= r_4 + jX_4 = z_4 e^{j\varphi_4}
\end{aligned}
\tag{2-27}
$$

则交流平衡条件可以写为

$$
\begin{cases}
\dfrac{z_1}{z_2} = \dfrac{z_3}{z_4} \\
\varphi_1 + \varphi_4 = \varphi_2 + \varphi_3
\end{cases}
\tag{2-28}
$$

交流电桥的平衡条件与直流电桥的不同，需要满足两个方程式，即不仅各桥臂复阻抗的模必须满足一定的比例关系，而且相对桥臂的幅角和必须相等。

考虑到电桥的起始平衡条件并略去分母中含 ΔZ_1 项，得

$$
\begin{cases}
\dot{U}_{sc} = \dfrac{1}{4}\dot{U}\dfrac{\Delta Z_1}{Z_1} \\
Z_1 = \dfrac{R_1}{1 + j\omega R_1 C_1} \\
\Delta Z_1 = \dfrac{\Delta R_1}{(1 + j\omega R_1 C_1)^2}
\end{cases}
\tag{2-29}
$$

2.2　压阻式传感器

2.2.1　半导体应变计

半导体应变片的工作原理是基于半导体晶体材料的电阻率随作用应力而变化的所谓“压阻效应”。所有材料在某种程度上都呈现压阻效应，但半导体材料的这种效应特别显著，能直接反映出微小的应变。半导体压阻效应现象可解释为：由应变引起能带变形，从而使能带中的载流子迁移率及浓度也相应地发生相对变化，因此导致电阻率变化，进而引起电阻变化。

半导体应变计应用较普遍的有体型、薄膜型、扩散型、外延型等。

体型半导体应变计是将晶片按一定取向切片、研磨、再切割成细条，粘贴于基片上制作而成。几种体型半导体应变计示意图如图 2-20 所示。

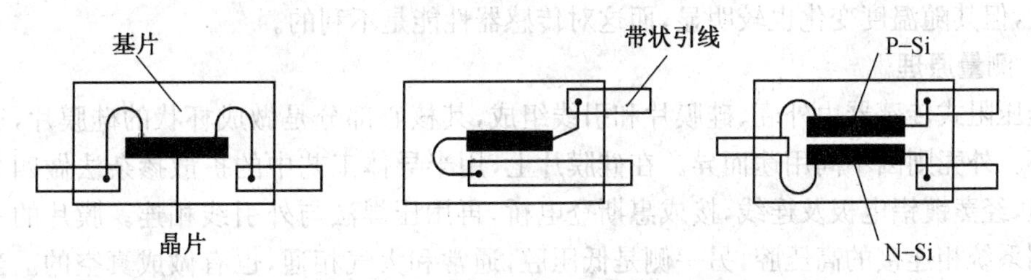

图 2-20　体型半导体应变计示意图

薄膜型半导体应变计是利用真空沉积技术将半导体材料沉积于绝缘体或蓝宝石基片上制成的。

扩散型半导体应变计是将P型杂质扩散到高阻的N型硅基片上，形成一层极薄的敏感层制成的。

外延型半导体应变计是在多晶硅或蓝宝石基片上外延一层单晶硅制成的。

半导体应变计有如下优点：

(1) 灵敏度高。比金属应变计的灵敏度约大50～100倍。工作时，不必用放大器就可用电压表或示波器等简单仪器记录测量结果。

(2) 体积小，耗电省。

(3) 由于具有正、负两种符号的应力效应(即在拉伸时P型硅应变计的灵敏度系数为正值，而N型硅应变计的灵敏度系数为负值)。

(4) 机械滞后小，可测量静态应变、低频应变等。

2.2.2 工作原理

1. 压阻效应与压阻系数

半导体材料受到应力作用时，其电阻率会发生变化，这种现象就称为压阻效应。

前面式(2-3) $\frac{\Delta R}{R}=(1+2\mu)\varepsilon+\frac{\Delta\rho}{\rho}$ 同样适用于半导体材料，但这时因几何变形而引起的电阻变化可以忽略，电阻的变化率主要是由第二项决定，即

$$\frac{\Delta R}{R}\approx\frac{\Delta\rho}{\rho}=\pi\sigma \tag{2-30}$$

式中：π为压阻系数；σ为应力。

实际情况并非如此简单。当硅膜片承受外应力时，必须同时考虑其纵向(扩散电阻长度方向)压阻效应和横向(扩散电阻宽度方向)压阻效应。由于扩散型力敏传感器的扩散电阻厚度(即扩散深度)只有几微米，其垂直于膜片方向的应力远比其他两个分量小而可忽略。此时，在扩散电阻长度方向上的电阻变化率与给定点应力的关系变为

$$\frac{\Delta R}{R}=\pi_l\sigma_l+\pi_t\sigma_t \tag{2-31}$$

式中：σ_l、σ_t分别为纵向应力和横向应力；π_l反映纵向应力引起纵向电阻的变化，称为纵向压阻系数；π_t反映横向应力引起横向电阻的变化，称为横向压阻系数。

压阻系数除了与晶向有关外，还与材料的掺杂浓度有关，掺杂浓度较低时，虽然压阻系数较大，但其随温度变化也较明显，而这对传感器性能是不利的。

2. 测量原理

硅压阻式传感器由外壳、硅膜片和引线组成，其核心部分是做成杯状的硅膜片，通常叫做硅杯。外壳则因不同用途而异。在硅膜片上，用半导体工艺中的扩散掺杂法做四个相等的电阻，经蒸镀铝电极及连线，接成惠斯登电桥，再用压焊法与外引线相连。膜片的一侧是和被测系统相连接的高压腔，另一侧是低压腔，通常和大气相通，也有做成真空的。当膜片两边存在压力差而发生形变时，膜片各点产生应力，从而使扩散电阻的阻值发生变化，电桥失去平衡，输出相应的电压，其电压大小就反映了膜片所受的压力差值。

通常硅膜片在受压时的形变非常微小，其弯曲挠度远小于硅膜片的厚度，并且膜片常取

圆形。因而求膜片上的应力分布,可以归结为弹性力学中的小挠度圆薄板应变问题。

设均布压力为 P,则薄板上各点的径向应力 σ_r 和切向应力 σ_t 与其作用半径 r 有如下关系:

$$\sigma_r = \frac{3P}{8h^2}[r_0^2(1+\mu) - r^2(3+\mu)] \tag{2-32}$$

$$\sigma_t = \frac{3P}{8h^2}[r_0^2(1+\mu) - r^2(1+3\mu)] \tag{2-33}$$

式中:r、h 为膜片的工作面半径、厚度;μ 为泊松比(硅取 $\mu = 0.35$)。

均布压力 P 产生的应力是不均匀的,且有正应力区和负应力区。利用这一特性,选择适当的位置布置电阻,使其接入电桥的四臂中,两两电阻在受力时一增一减,且阻值增加的两个电阻和阻值减小的两个电阻分别对接。这样既提高输出灵敏度,又部分地消除阻值随温度而变化的影响。因此,压阻式传感器广泛采用全等臂差动桥路。

2.2.3　测量桥路及温度补偿

压阻式传感器的输出方式是将集成在硅片上的四个等值电阻连成平衡电桥,当被测量作用于硅片上时,电阻值发生变化,电桥失去平衡,产生电压输出。但是,由于制造、温度影响等原因,电桥存在失调、零位温漂、灵敏度温度系数和非线性等问题,影响传感器的准确性。因此,必须采取有效措施,减少与补偿这些因素影响带来的误差,提高传感器测量的准确性。

1. 恒压源供电

假设四个扩散电阻的起始阻值都相等且为 R,当有应力作用时,两个电阻的阻值增加,增加量为 ΔR,两个电阻的阻值减小,减小量为 $-\Delta R$;另外由于温度影响,使每个电阻都有 ΔR_i 的变化量。根据图 2-21,电桥的输出为

$$U_0 = U_{BD} = \frac{U(R+\Delta R+\Delta R_i)}{R-\Delta R+\Delta R_i+R+\Delta R+\Delta R_i} - \frac{U(R-\Delta R+\Delta R_i)}{R+\Delta R+\Delta R_i+R-\Delta R+\Delta R_i} \tag{2-34}$$

整理得

$$U_0 = U\frac{\Delta R}{R+\Delta R_i} \tag{2-35}$$

此式说明电桥输出与 U 成正比,这是说电桥的输出与电源的大小、精度都有关。同时电桥输出 U_0 与 ΔR 有关,即与温度有关,而且与温度的关系是非线性的,所以用恒压源供电时,不能消除温度的影响。

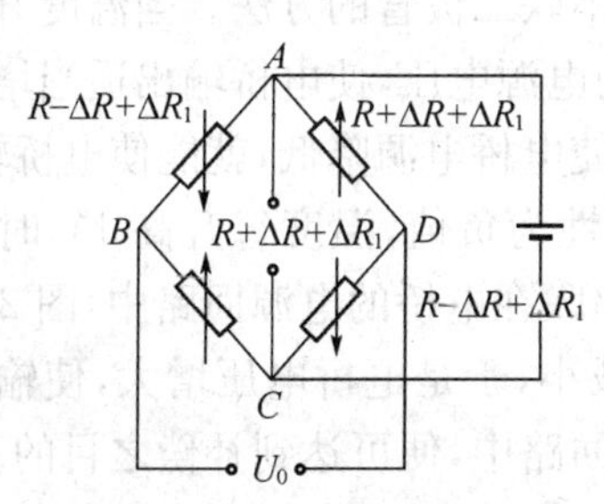

图 2-21　恒压源供电

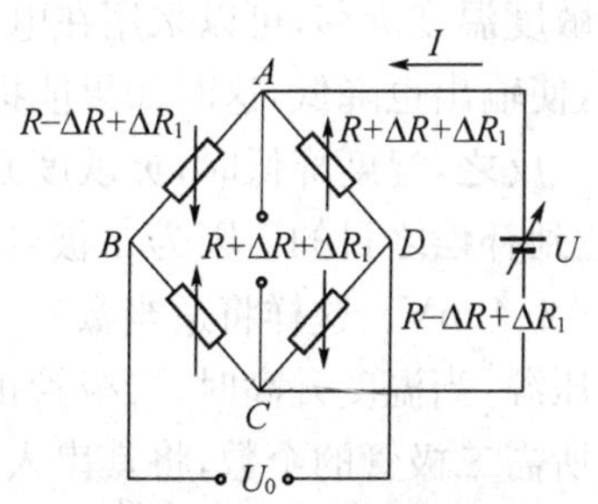

图 2-22　恒流源供电

2. 恒流源供电电桥

图 2-22 所示，恒流源供电时，假设电桥两个支路的电阻相等，即 $R_{ABC}=R_{ADC}=2(R+\Delta R_i)$，故有 $I_{ABC}=I_{ADC}=\dfrac{I}{2}$，因此电阻的输出为

$$U_0=U_{BD}=\frac{I}{2}(R+\Delta R+\Delta R_i)-\frac{I}{2}(R-\Delta R+\Delta R_i) \tag{2-36}$$

整理得

$$U_0=I\Delta R \tag{2-37}$$

电桥的输出与电阻的变化量成正比，即与被测量成正比，当然也与电源电流成正比，即输出与恒流源供给的电流大小、精度有关。但是电桥的输出与温度无关，不受温度影响，这是恒流源供电的优点。缺点是，恒流源供电时，一个传感器最好配备一个恒流源，这在使用中有时是不方便的。

3. 温度补偿

当压阻式传感器受到温度影响后，会引起零位漂移和灵敏度漂移，因而会产生温度误差。在压阻式传感器中，扩散电阻的温度系数较大，电阻值随温度变化而变化，故引起传感器的零位漂移。传感器灵敏度的温漂是由于压阻系数随温度变化而引起的。

(1) 零点温度补偿

当温度升高压阻系数减小，传感器的灵敏度要减小；反之灵敏度增大，零位温度一般可用串联电阻的方法进行补偿，如图 2-23 所示。串联电阻 R_s 主要起调节作用，并联电阻 R_p 则主要起补偿作用。

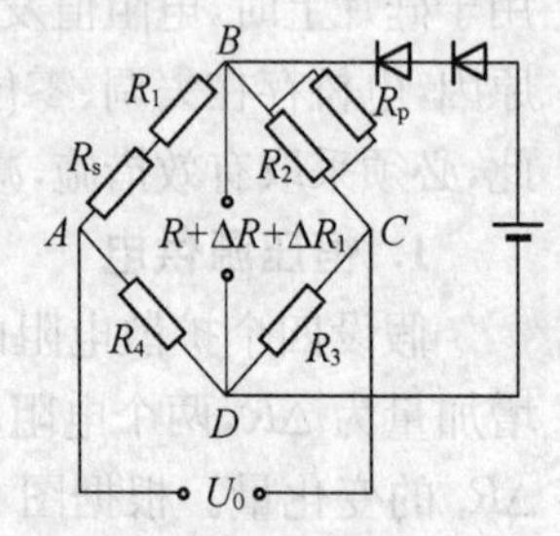

图 2-23 温漂补偿电路

例如：温度上升，R_s 的增量较大，则 A 点电位高于 C 点电位，V_A-V_C 就是零位漂移。在 R_2 上并联一负温度系数的阻值较大的电阻 R_p，可约束 R_s 的变化，实现补偿，以消除此温度差。

当然如果在 R_3 上并联一个正温度系数的阻值较大的电阻也可以。电桥的电源回路中串联的二极管电压是补偿灵敏度温漂的。二极管的 PN 结为负温度特性，温度升高，压降减小。这样当温度升高时，二极管正向压降减小，因电源采用恒压源，则电桥电压必然提高，使输出变大，以补偿灵敏度的下降。

(2) 灵敏度温度补偿

灵敏度温度漂移是由压阻系数随温度变化而引起的，当温度上升时，压阻系数变小；温度降低时，压阻系数变大，说明传感器的温度系数为负值。

补偿灵敏度温度漂移，可以采用在电源回路中串联二极管的方法。当温度升高时，由于灵敏度降低，使输出也降低，这时如果能提高电桥的电源电压，使电桥输出适当增大，便可达到补偿目的。反之，温度降低时，灵敏度升高，如果使电桥电源降低，就能使电桥输出适当减小，同样可达到补偿之目的。因为二极管的温度特性为负值，温度每升高 1℃时，正向压降约减小 1.9～2.4 mV。这样将适当数量的二极管串联在电桥的电源回路中，图 2-23 所示，电源采用恒压源，当温度升高时，二极管正向压降减小，于是电桥电压增大，使输出也增大，只要计算出所需二极管的个数，将其串入电桥电源回路中，便可达到补偿之目的。

2.3 电阻应变式传感器的应用

电阻应变丝、片，除直接用来测定试件的应变和应力外，还广泛用作传感元研制成各种应变式传感器，用来测定其他物理量，如力、压力、扭矩、加速度等。

2.3.1 应变式测力与称重传感器

应变式测力传感器由弹性体、应变计和外壳组成。弹性体是测力传感器的基础，应变计是传感器的核心。根据弹性体结构形式的不同可分为：柱式、轮辐式、梁式、环式等。

1. 柱式传感器

柱式传感器是称重（或测力）传感器应用较普遍的一种形式。它分为圆筒形和柱形两种。图 2-24 为传感器的结构示意图，其结构是在圆筒或圆柱上按一定方式贴上应变计。圆筒或圆柱在外力 F 作用下产生的应变为

$$\varepsilon = \frac{T}{E} = \frac{F}{AE} \tag{2-38}$$

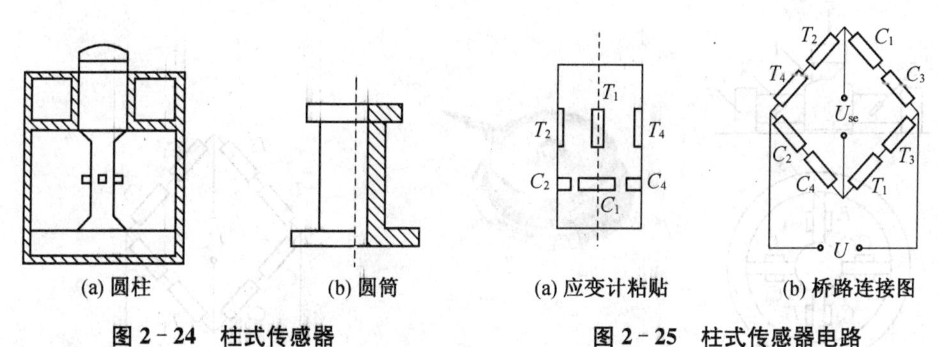

图 2-24　柱式传感器　　　图 2-25　柱式传感器电路

一般将应变计对称地贴在应力均匀的圆柱表面的中间部分，如图 2-25(a)所示，并连接成图 2-25(b)所示的桥路：T_1 和 T_3，T_2 和 T_4 分别串联，放在相对臂内。当一方受拉时，则另一方受压。由此引起的电阻应变计阻值的变化大小相等、符号相反，从而减小弯矩的影响。横向粘贴的应变计作为温度补偿片。

横向粘贴的应变计既作为温度补偿，也起到提高灵敏度的作用。

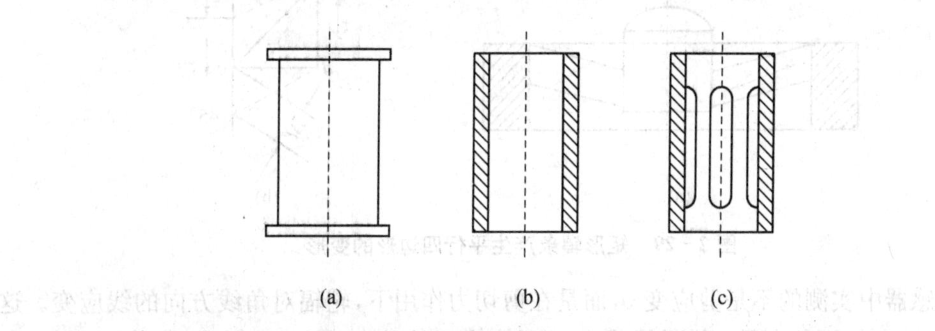

图 2-26　筒式传感器弹性体的不同剖面

柱式的不足是截面积随载荷改变所导致的非线性，但对此可以进行补偿。

筒式结构可使分散在端面的载荷集中到筒的表面上来，改善了应力线分布；在筒壁上还能开孔，如图 2－26(c)所示，形成许多条应力线，从而与载荷在端面的分布无关，并可减少偏心载荷、非均布载荷的影响，使引起的误差更小。

2. 轮辐式传感器

轮辐式传感器是一种剪切力传感器，其结构示意图如图 2－27 所示，由轮轱 1、轮圈 2、轮辐条 3、承压应变计 4 和拉伸应变计 5 等组成。轮辐条成对地连接在轮圈和轮轱之间，可为四根或八根(图中为四根)。采用钢球传递重力，因为圆球压头有自动定中心的功能。测量桥路如图 2－28 所示。当外力 F 作用在轮轱的上端面和轮圈下端面时，使矩形辐条产生平行四边形的变形，如图 2－29 所示。当两个轮辐条互相垂直时，其最大剪应力及剪应变分别为

$$\tau_{\max}=\frac{3F}{8bh},\ v_{\max}=\frac{3F}{8bhG},\ G=\frac{E}{2(1+\mu)} \tag{2-39}$$

式中：b 为轮辐宽度；h 为轮辐高度；G 为剪切模量；E 为杨氏模量；μ 为泊松系数。

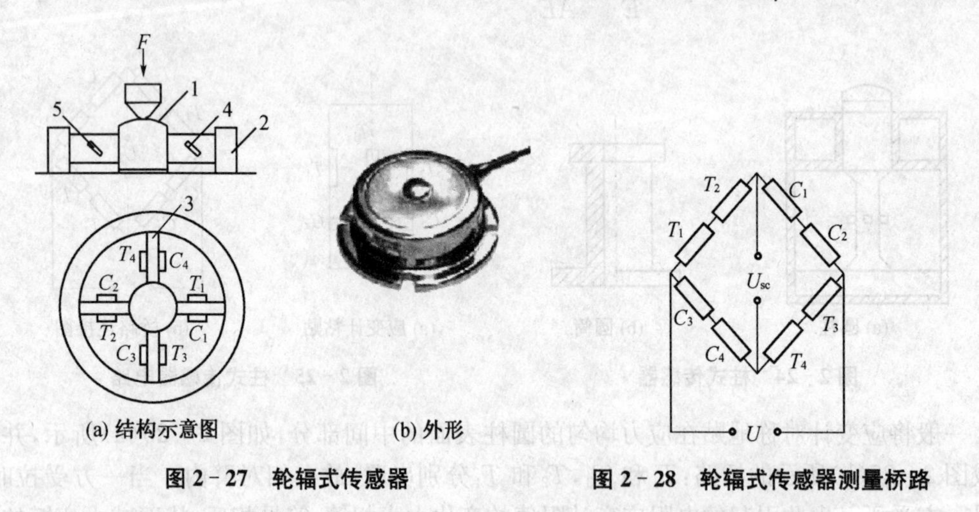

(a) 结构示意图　　(b) 外形

图 2－27　轮辐式传感器　　**图 2－28　轮辐式传感器测量桥路**

(a)

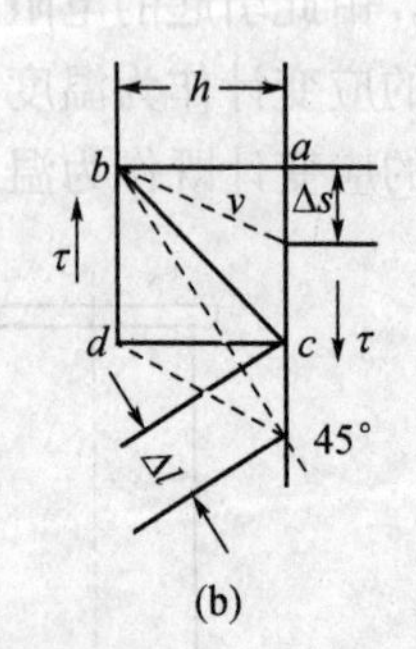

(b)

图 2－29　矩形辐条产生平行四边形的变形

在传感器中实测的不是剪应变 v，而是在剪切力作用下，轮辐对角线方向的线应变。这时，将应变计在与辐条水平中心轴线成±45°的方向上粘贴。八片应变计分别贴在四根辐条的正反两面，并组成全桥电路，以检测线应变。

在矩形条幅面上取一正方形面元，在剪切力作用下发生形变而成平行四边形，如图2-29(b)所示。由图可得线应变为

$$(\frac{\Delta l}{bc})=\varepsilon=\frac{\Delta s}{h}\cos 45°\sin 45°=\frac{\nu_{\max}}{2}=\frac{3F}{16bhG} \tag{2-40}$$

八片应变计的连接方法如图2-27、图2-28所示。当受外力作用时，使辐条对角线缩短方向粘贴的应变计C受压，对角线伸长方向粘贴的应变计T受拉。每对轮辐的受拉片和受拉片串联成一臂，受压片和受压片串联组成相邻臂。

这样有助于消除载荷偏心对输出的影响。加在轮轱和轮圈上的侧向力，若使一根轮辐受拉，其相对的一根则受压。由于两轮辐截面是相等的，其上应变计阻值变化大小相等、方向相反，每个臂的总阻值无变化，对输出无影响。全桥电路的输出为

$$U_{sc}=\frac{3KF(1+\mu)}{16bhG}\left(1-\frac{l_j^2+b_j^2}{6h^2}\right)U \tag{2-41}$$

式中：U为供桥电压；K为应变计灵敏度系数。

3. 悬臂梁式传感器

悬臂梁式传感器是一种低外形、高精度、抗偏、抗侧性能优越的称重测力传感器。采用弹性梁及电阻应变计作敏感转换元件，组成全桥电路。当垂直正压力或拉力作用在弹性梁上时，电阻应变计随金属弹性梁一起变形，其应变使电阻应变计的阻值变化，因而应变电桥输出与拉力(或压力)成正比的电压信号。配以相应的应变仪、数字电压表或其他二次仪表，即可显示或记录重量(或力)。

悬臂梁有两种，一种为等截面梁，另一种为等强度梁。

等截面梁就是悬臂梁的横截面处处相等的梁，如图2-30(a)所示。

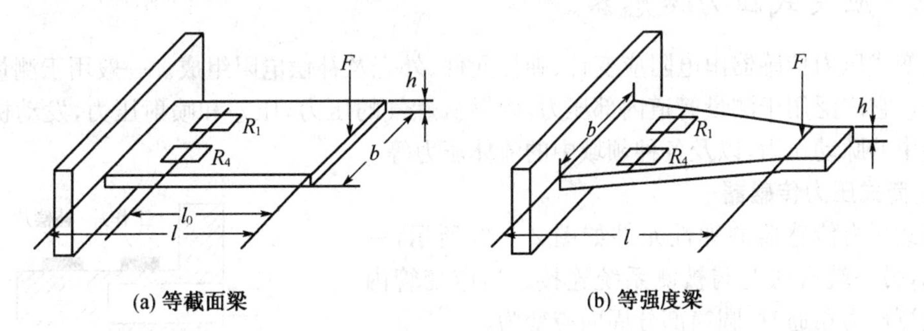

(a) 等截面梁　　(b) 等强度梁

图2-30　悬臂梁

当外力F作用在梁的自由端时，在固定端产生的应变最大，粘结应变计处的应变为

$$\varepsilon=\frac{6Fl_0}{6h^2E} \tag{2-42}$$

因此，在距固定端较近的表面顺着梁的长度方向分别贴上R_1、R_2和R_3、R_4(R_2、R_3在底部，图中未画出)四个电阻应变计。若R_1、R_4受拉力，则R_2、R_3将受到压力，两者应变相等，但极性相反。将它们组成差动全桥，则电桥的灵敏度为单臂工作时的4倍。

等强度梁的结构如图2-30(b)所示，是一种特殊形式的悬臂梁。其特点是：沿梁长度

方向的截面按一定规律变化，当集中力 F 作用在自由端时，距作用点任何距离截面上的应力相等。在自由端有力 F 作用时，在梁表面整个长度方向上产生大小相等的应变。应变大小可由下式：$\varepsilon=\dfrac{6Fl}{6h^2E}$ 计算。这种梁的优点是在长度方向上粘贴应变计的要求不严格。

除等截面梁和等强度梁传感器外，还有剪切梁式传感器、两端固定梁传感器等。图 2-31为几种梁式传感器外形。

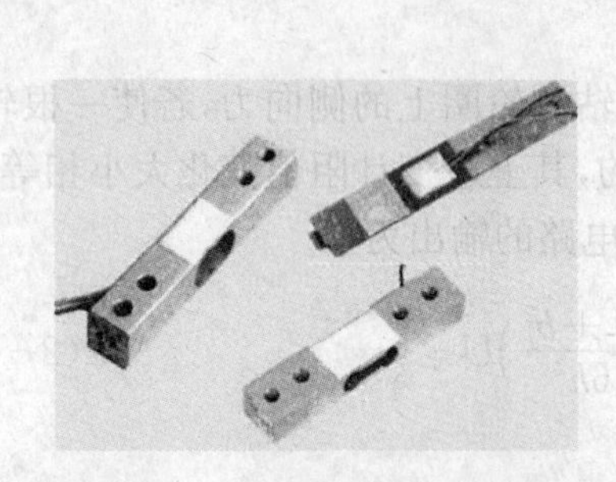

图 2-31　几种梁式传感器外形

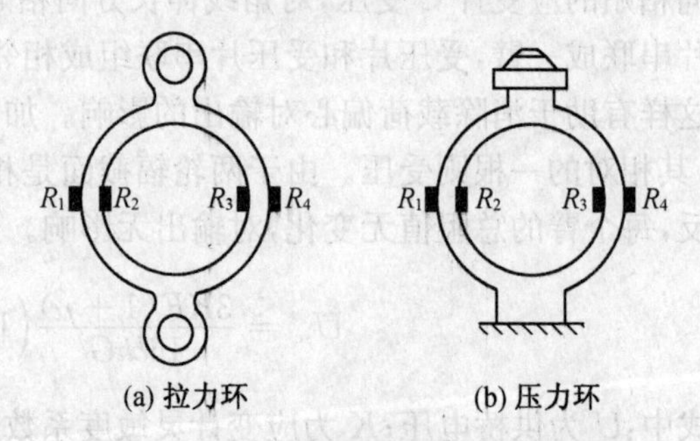

图 2-32　圆环式传感器弹性元件结构

悬臂梁式传感器一般可测 0.5 kg 以下的载荷，最小可测几十克。悬臂梁式传感器也可达到很大的量程，如钢制工字悬臂梁结构传感器量程为 0.2～30 t，精度可达 0.02% FS。悬臂梁式传感器具有结构简单，应变计容易粘贴，灵敏度高等特点。

4. 环式传感器

圆环式传感器弹性元件的结构，如图 2-32 所示。环式常用于测几十千克以上的大载荷，与柱式相比，它的特点是应力分布变化大，且有正有负，便于接成差动电桥。

2.3.2　应变式压力传感器

应变式压力传感器由电阻应变计、弹性元件、外壳及补偿电阻组成。一般用于测量较大的压力。它广泛用于测量管道内部压力，内燃机燃气的压力，压差和喷射压力，发动机和导弹试验中的脉动压力，以及各种领域中的流体压力等。

1. 筒式压力传感器

筒式压力传感器的弹性元件如图 2-33 所示，一端盲孔，另一端有法兰与被测系统连接。当应变管内腔与被测压力相通时，圆筒部分周向应变为

$$\varepsilon=\frac{p(2-\mu)}{E\left(\dfrac{D^2}{d^2}-1\right)} \tag{2-43}$$

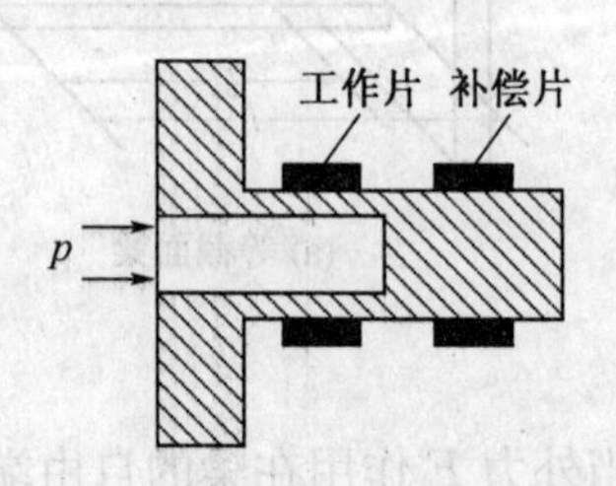

图 2-33　筒式压力传感器的弹性元件

式中：p 为被测压力；D 为圆筒外径；d 为圆筒内径。在薄壁筒上贴有两片应变计作为工作片，实心部分贴有两片应变计作为温度补偿片。

2. 膜片式压力传感器

该类传感器的弹性敏感元件为一周边固定的圆形金属平膜片，如图 2-34(a)所示。当膜片一面受压力 p 作用时，膜片的另一面(应变计粘贴面)上的径向应变 ε_r 和切向应变 ε_t 为

$$
\begin{cases}
\varepsilon_{\mathrm{r}} = \dfrac{3p}{8Eh^2}(1-\mu^2)(R^2-3x^2) \\
\varepsilon_{\mathrm{t}} = \dfrac{3p}{8Eh^2}(1-\mu^2)(R^2-x^2)
\end{cases}
\tag{2-44}
$$

式中：R 为平膜片工作部分半径；h 为平膜片厚度；E 为膜片的弹性模量；μ 为膜片的泊松系数；x 为任意点离圆心的径向距离。

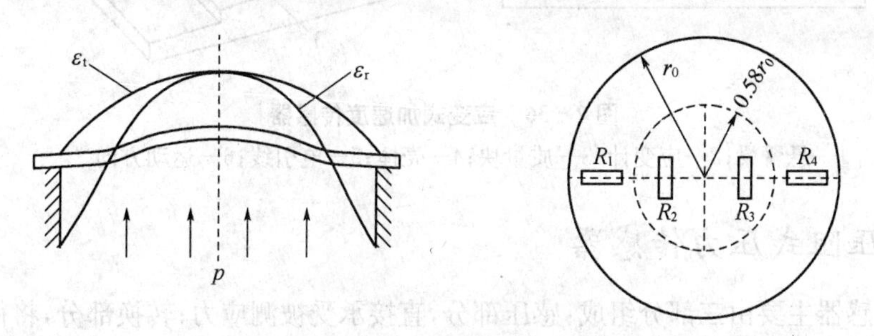

图 2-34　膜片受力时的应变分布和应变计粘贴

在膜片中心即 $x=0$ 处，ε_{r} 和 ε_{t} 均达到正的最大值，即

$$
\varepsilon_{\mathrm{rmax}} = \varepsilon_{\mathrm{tmax}} = \frac{3p(1-\mu^2)}{8Eh^2}R^2 \tag{2-45}
$$

而在膜片边缘，即 $x=R$ 处，$\varepsilon_{\mathrm{t}}=0$，而 ε_{r} 达到负的最大值(最小值)，即

$$
\varepsilon_{\mathrm{rmin}} = -\frac{3p(1-\mu^2)}{4Eh^2}R^2 \tag{2-46}
$$

3. 组合式压力传感器

如图 2-35 所示，组合式压力传感器通常用于测量小压力。波纹膜片、膜盒、波纹管等弹性敏感元件感受压力后，推动推杆使梁变形。电阻应变计粘贴于梁的根部感受应变。因为悬臂梁刚性较大，所以这种组合可以克服稳定性较差，滞后较大的缺点。

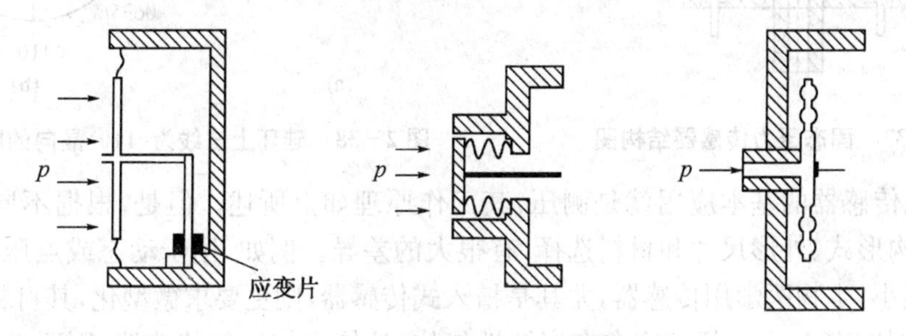

图 2-35　组合式压力传感器

2.3.3　应变式加速度传感器

应变式加速度传感器如图 2-36 所示。在一悬臂梁的自由端固定一质量块。当壳体与待测物一起作加速运动时，梁在质量块惯性力的作用下发生形变，使粘贴于其上的应变计阻值变化。检测阻值的变化可求得待测物的加速度。若梁的上下各贴两片应变计，组成全桥，

则灵敏度是原来的 2 倍。

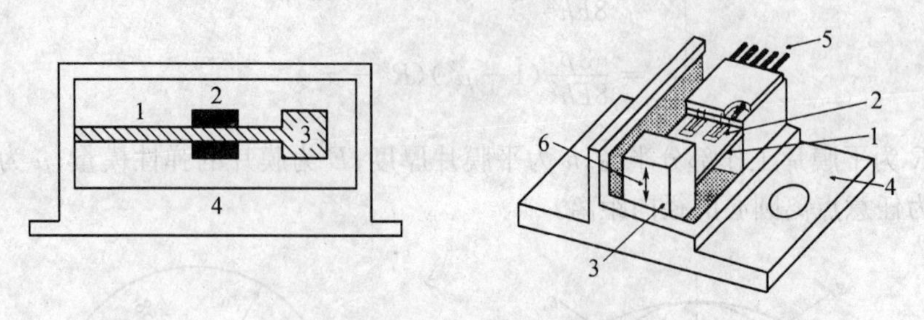

图 2-36　应变式加速度传感器

1—悬臂梁；2—应变计；3—质量块；4—壳体；5—电引线；6—运动方向

2.3.4　压阻式压力传感器

压力传感器主要由三部分组成：感压部分，直接承受被测应力；转换部分，将待测应力转换为电信号；激励部分，外加的激励电源。在硅弹性膜片上，用半导体器件制造技术在确定晶向上制作相同的四个感压电阻，将它们连接成惠斯登电桥，接上外加电源，就构成了基本的压力传感器。

图 2-37 所示为硅压阻式压力传感器结构图，主要由外壳、硅膜片及引线等组成，其核心部分是一块圆形膜片，在膜片上利用集成电路的成形工艺方法设置了四个阻值相同的电阻，构成平衡电桥的四个桥臂。膜片的四周用一圆环(硅环)固定，如图 2-38 所示。膜片的两边有两个压力腔：一个是和被测系统相连接的高压腔；另一个是低压腔，通常与大气相通。

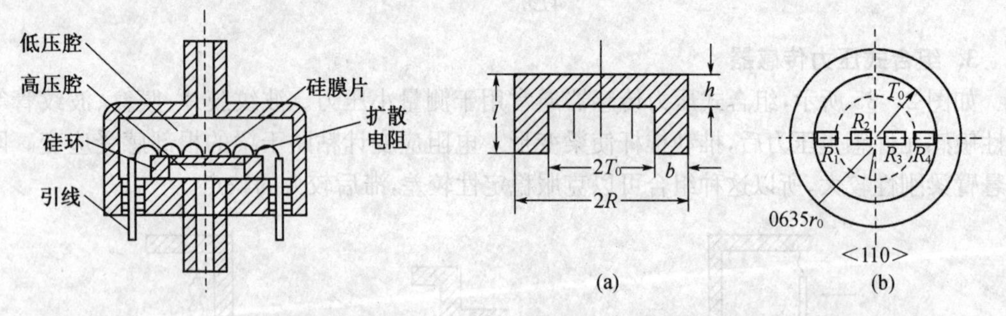

图 2-37　固态压力传感器结构图　　**图 2-38　硅环上法线为〈110〉晶向的膜片**

压阻式传感器的基本应用就是测压，其工作原理如上所述。但是，根据不同的使用要求，它的结构形式、外形尺寸和材料选择，有很大的差异。例如，用于动态或点压力测量，则要求体积很小，生物医学用传感器，尤其是植入式传感器，则更要求微型化，其材料选取还应考虑与生物体相容；化工领域或在有腐蚀性气体、液体中使用的传感器，则要求防爆、防腐蚀；在岩土力学研究中使用的传感器，则应考虑岩土与传感器材料的匹配，以及由于传感器的埋入而对原有应力场的影响等问题；气象部门要用绝对压力传感器，它在结构及形式上要考虑真空腔的设计；石油勘探部门不仅要求量程能达 600 大气压，而且温度要求在 200℃下使用，如此等等。用户应根据自己的需要，选用合适的产品。

压阻式压力传感器的性能指标主要有：

(1) 量程：目前最高量程达 6×10^5 Pa；

(2) 精度：一般在0.2%～0.5% FS之间，最高达0.1% FS；

(3) 满量程输出：通常不低于几十毫伏；

(4) 零点温漂：每摄氏度引起零位输出漂移，一般要求小于 5×10^{-3}FS/℃；

(5) 零点时漂：要求小于0.3% FS/ 4 h；

(6) 阻抗：从几十欧到几千欧不等，用户可根据阻抗匹配及功耗要求进行选择；

(7) 工作电压：一般5～10 V；

(8) 工作温度：一般不高于80℃，但专门设计制造的高温传感器可达400℃。

目前，国内生产扩散硅压力传感器的厂家很多，选用时可参考厂家说明书。

2.3.5　压阻式加速度传感器

压阻式加速度传感器的原理结构如图2-39所示。它采用〈100〉晶面的N型硅单晶作为悬臂梁。在其根部沿〈110〉和〈110〉晶向各扩散两个P型电阻，并接成电桥。当悬臂梁自由端的质量块受加速度作用时，悬臂梁受弯矩作用产生应力，其方向为梁的长度方向。从而使四个电阻中两个电阻的应力方向与电流一致，另两个电阻的应力方向与电流垂直。

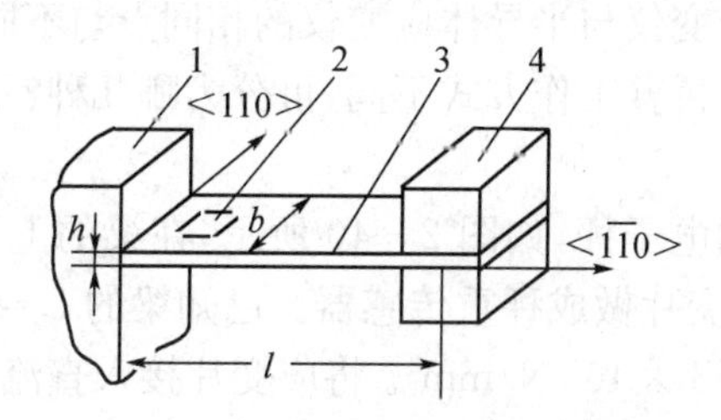

图2-39　压阻式加速度传感器原理结构

1—基座；2—扩散电阻；3—硅梁；4—质量块

当加速度作用于悬臂梁自由端质量块时，悬臂梁受到弯矩作用产生应力，其应变 ε 为

$$\varepsilon=\frac{\Delta L}{L}=\frac{\sigma}{E} \tag{2-47}$$

式中：σ 为应力；E 为杨氏模量；L 为悬臂梁长度。

压阻式加速度传感器用来测量振动加速度时，其固有频率按下式计算：

$$f_0=\frac{1}{2\pi}\sqrt{\frac{Ebh^3}{4ml^3}} \tag{2-48}$$

式中：E 为材料的弹性模量。只要正确选择尺寸和阻尼，就可以用来测量低频加速度。例如图2-39所示的一量程为100 m/s^{2}的加速度传感器，其参数如下：

$l=1$ cm，$b=0.3$ cm，$h=0.015$ cm，质量块 $m=0.76$ g，固有频率 $f_0=100$ Hz。当使用6 V的恒压源供电时，满量程输出为60 mV；其体积约为5 mm×5 mm×12 mm；质量只有1.5 g。

压阻式加速度传感器结构简单，外形小巧，性能优越，尤其可测量低频加速度。它除了航空部门用于飞行器风洞试验和飞行试验等多种过载与振动参数的测试外，在工业部门可用于发动机试车台各段振动参数的测试。特别是对于从零赫兹开始的低频振动，是前述压电式加速度传感器难于测得的。在高速自动绘图仪的笔架上装有消振器，其核心元件就是两只小型压阻式加速度传感器。它在感受抖动信号后可以进行前置控制，从而有效地消除了抖动。在建筑行业，可用它来监测高层建筑在风力作用下顶端的晃动，以及大跨度桥梁的摆动。在体育运动和生物医学等部门，也需要大量的小型加速度传感器。随着自动化技术和微处理机技术深入到各个领域，对低频振动和过载测试的需要日益广泛。这将促使微小型压阻式加速度传感器更快地发展，得到更广泛的应用。

1. 何谓电阻式传感器？主要分为哪几种？它们在输出的电信号上有何不同？

2. 什么叫电阻应变效应？什么叫压阻效应？

3. 金属应变片与半导体应变片在工作原理上有何不同？何为金属的电阻应变效应？怎样利用这种效应制成应变片？

4. 试比较金属丝电阻应变仪与半导体应变仪的相同点与不同点？

5. 何为直流电桥？若按桥臂工作方式不同，可分为哪几种？各自的输出电压及电桥灵敏度如何计算？

6. 一台采用等强度梁的电子秤，如图 2-40 所示，在梁的上下两面各贴有两片灵敏系数均为 $k=2$ 的金属箔式应变片做成秤重传感器。已知梁的 $L=100\ \text{mm}$，$b=11\ \text{mm}$，$h=3\ \text{mm}$，梁的弹性模量 $E=2.1\times10^4\ \text{N/mm}^2$。将应变片接入直流四臂电路，供桥电压 $U_{sr}=6\ \text{V}$。试求：

(1) 秤重传感器的灵敏度(V/kg)？

(2) 当传感器的输出为 68 mV 时，物体的荷重为多少？

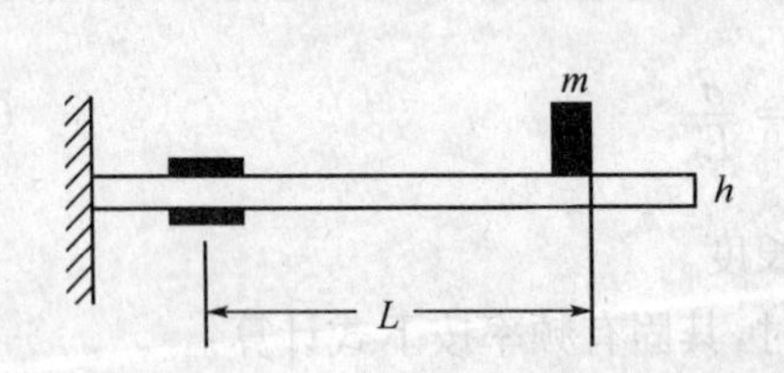

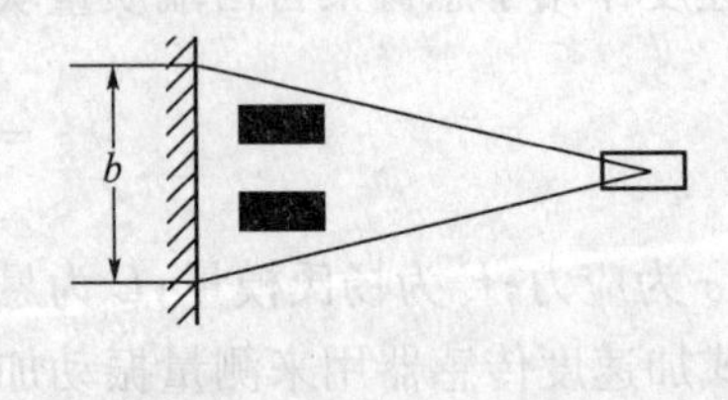

图 2-40

7. 图 2-41 为应变式力传感器的钢质圆柱体弹性元件，其直径 $d=40\ \text{mm}$，钢的弹性模量 $E=2.1\times10^5\ \text{N/mm}^2$，泊松比 $\mu=0.29$，在圆柱体表面粘贴四片阻值均为 120 Ω、灵敏系数 $K=2.1$ 的金属箔式应变片（不考虑应变片的横向灵敏度），并接入惠斯顿电桥。若供桥电压 $U_{sr}=6\ \text{V(DC)}$，试求：该力传感器的灵敏度(V/N)？

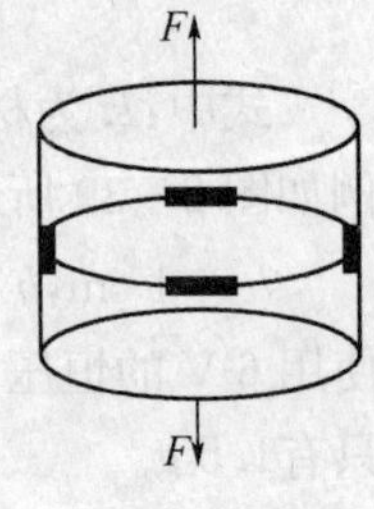

图 2-41

第3章　电感式传感器及其应用

电感式传感器是以电和磁为媒介，利用电磁感应原理将被测非电量如压力、位移、流量等非电量转换成线圈自感量L或互感量M的变化，再由测量电路转换为电压或电流的变化量输出的装置。电感式传感器具有结构简单、工作可靠、测量精度高等优点，常用来检测位移、振动、力、加速度、应变、流量等物理量，是应用较广的一类传感器。这种传感器能实现信息的远距离传输、记录、显示和控制，在工业自动控制系统中得到广泛采用。电感式传感器种类很多，本章主要介绍自感式、互感式和电涡流式三种。

3.1　自感式传感器

3.1.1　自感式传感器结构与工作原理

自感式传感器结构如图3-1所示。它由线圈、铁芯和衔铁三部分组成，铁芯和衔铁由导磁材料如硅钢片等材料制成，在铁芯和衔铁之间留有空气隙δ。被测物与衔铁相连，当衔铁移动时，气隙厚度δ发生改变而引起磁路中磁阻变化，从而导致电感线圈的电感值变化，只要能测出这种电感量的变化，就能确定衔铁位移量的大小和方向。电感量的变化通过测量电路转换为电压、电流或频率的变化，从而实现对被测物位移的检测。

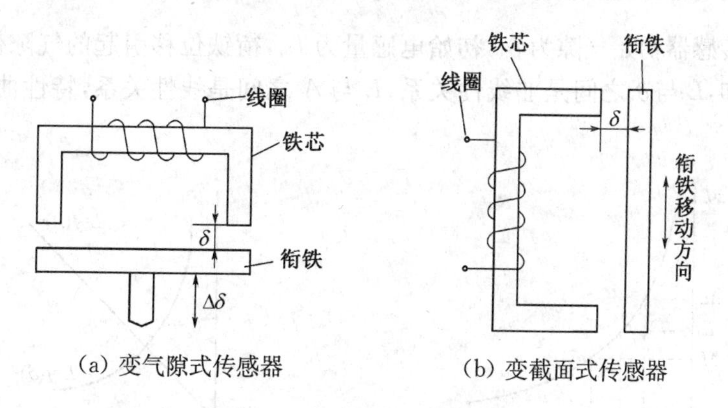

(a) 变气隙式传感器　　(b) 变截面式传感器

图3-1　自感式传感器结构图

当线圈的匝数为N，流过线圈的电流为I(A)，磁路磁通为Φ(Wb)，则根据电磁感应原理，可得电感量表达式为

$$L=\frac{\Psi}{I}=\frac{N\Phi}{I} \tag{3-1}$$

式中：Ψ为线圈总磁链；I为通过线圈的电流；N为线圈的匝数；Φ为穿过线圈的磁通。

由磁路欧姆定律得$\Phi=\dfrac{NI}{R_m}$，R_m为磁路总磁阻，因而有

$$L = \frac{N^2}{R_m} \tag{3-2}$$

磁阻 R_m 包括铁芯、衔铁和气隙中的磁阻三部分。对于变隙式传感器，因为气隙很小，所以可以认为气隙中的磁场是均匀的，若忽略磁路磁损，则磁路总磁阻为

$$R_m = \frac{L_1}{\mu_1 A_1} + \frac{L_2}{\mu_2 A_2} + \frac{2\delta}{\mu_0 A} \tag{3-3}$$

式中：μ_1 为铁芯材料的导磁率；μ_2 为衔铁材料的导磁率；L_1 为磁通通过铁芯的长度；L_2 为磁通通过衔铁的长度；A_1 为铁芯的截面积；A_2 为衔铁的截面积；A 为气隙的截面积；μ_0 为空气的导磁率，$\mu_0 = 4\pi \times 10^{-7}$ H/m；δ 为气隙的厚度。

对于一般导磁体，它的导磁率远大于空气的导磁率，即有：$\frac{2\delta}{u_0 A} \gg \frac{L_1}{u_1 A_1}$，$\frac{2\delta}{u_0 A} \gg \frac{L_2}{u_2 A_2}$，式(3-3)简写为 $R_m = \frac{2\delta}{u_0 A}$，从而可得

$$L = \frac{N^2 \mu_0 A}{2\delta} \tag{3-4}$$

上式表明当线圈匝数 N 为常数时，电感 L 仅仅是磁路中磁阻 R_m 的函数。如果 A 保持不变，则 L 为 δ 的单值函数，构成变气隙式自感传感器，如图 3-1(a)所示。若保持 δ 不变，使 A 随被测量(如位移)变化，则构成变截面式自感传感器，如图 3-1(b)所示。前者常用来测量线位移，后者常用于测量角位移。使用最广泛的是变气隙厚度 δ 式电感传感器。

3.1.2 自感式传感器灵敏度及特性分析

设自感式传感器初始气隙为 δ_0，初始电感量为 L_0，衔铁位移引起的气隙变化量为 $\Delta\delta$，从式(3-4)可知，L 与 δ 之间是非线性关系，L 与 A 之间是线性关系，特性曲线如图 3-2 所示。

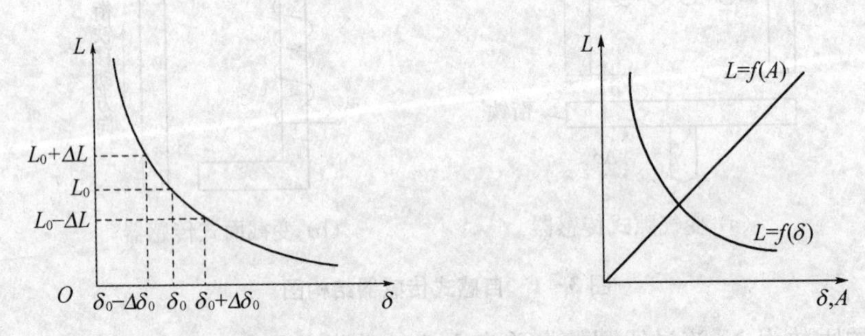

图 3-2 电感式传感器的 L-δ 特性

下面对自感式传感器的灵敏度进行讨论。对图 3-1(a)所示变气隙式传感器，初始电感量为

$$L_0 = \frac{\mu_0 A N^2}{2\delta_0} \tag{3-5}$$

当衔铁上移 $\Delta\delta$ 时，传感器气隙减小 $\Delta\delta$，即 $\delta = \delta_0 - \Delta\delta$，则此时输出电感为 $L = L_0 +$

ΔL，代入式(3-4)并整理得

$$L = L_0 + \Delta L = \frac{N^2 \mu_0 A}{2(\delta_0 - \Delta\delta)} = \frac{L_0}{1 - \frac{\Delta\delta}{\delta_0}} \tag{3-6}$$

$$\Delta L = L_0 \frac{\Delta\delta}{\delta_0 - \Delta\delta} \tag{3-7}$$

当 $\frac{\Delta\delta}{\delta_0} \ll 1$ 时，有

$$\frac{\Delta L}{L_0} = \frac{\Delta\delta}{\delta_0} + \left(\frac{\Delta\delta}{\delta_0}\right)^2 + \left(\frac{\Delta\delta}{\delta_0}\right)^3 + \cdots \tag{3-8}$$

忽略高次项得

$$\frac{\Delta L}{L_0} = \frac{\Delta\delta}{\delta_0} \tag{3-9}$$

同理，当衔铁下移 $\Delta\delta$ 时，传感器气隙增大 $\Delta\delta$，即 $\delta = \delta_0 + \Delta\delta$，则此时输出电感为 $L = L_0 - \Delta L$，代入式(3-4)并整理，得到相对变化量为

$$\Delta L = L - L_0 = \frac{\mu_0 A N^2}{2(\delta_0 + \Delta\delta)} - \frac{\mu_0 A N^2}{2\delta_0} = L_0 \frac{-\Delta\delta}{\delta_0 + \Delta\delta} \tag{3-10}$$

$$\frac{\Delta L}{L_0} = \frac{-\Delta\delta}{\delta_0 + \Delta\delta} = \frac{1}{1 + \frac{\Delta\delta}{\delta_0}} \cdot \left(\frac{-\Delta\delta}{\delta_0}\right) \tag{3-11}$$

当 $\frac{\Delta\delta}{\delta_0} \ll 1$ 时，有

$$\frac{\Delta L}{L_0} = -\frac{\Delta\delta}{\delta_0} + \left(\frac{\Delta\delta}{\delta_0}\right)^2 - \left(\frac{\Delta\delta}{\delta_0}\right)^3 + \cdots \tag{3-12}$$

忽略高次项得

$$\frac{\Delta L}{L_0} = -\frac{\Delta\delta}{\delta_0} \tag{3-13}$$

综上所述，设气隙式传感器的灵敏度为 K，则有

$$K = \left|\frac{\Delta L}{\Delta\delta}\right| = \left|\frac{L_0}{\delta_0}\right| = \frac{N^2 \mu_0 A}{2\delta^2} \tag{3-14}$$

由上式可知，变气隙式传感器的输出特性是非线性的。欲增大灵敏度，应减小 δ，但受到工艺和结构的限制。为保证一定的测量范围与线性度，对于变气隙式传感器，常取 $\delta = 0.1 \sim 0.5$ mm，$\Delta\delta = (1/5 \sim 1/10)\delta$。

3.1.3　差动式自感传感器

自感式传感器也可以做成差分形式。在实际使用中，常采用两个相同的自感线圈共用一个衔铁，构成差动式自感传感器，两个线圈的电气参数和几何尺寸要求完全相同，图

3-3(a)为结构示意图。在固定铁芯上安装两组线圈，调整可动铁芯，使之在没有被测量输入时两组线圈的电感值相等；当有被测量输入时，一组自感增大，而另一组将减小。差动式自感传感器又可以分为变气隙型、变面积型及螺管型三种类型，见图 3-3(b)～图 3-3(d)。当衔铁移动时，一个线圈的电感量增加，另一个线圈的电感量减少，形成差动形式。

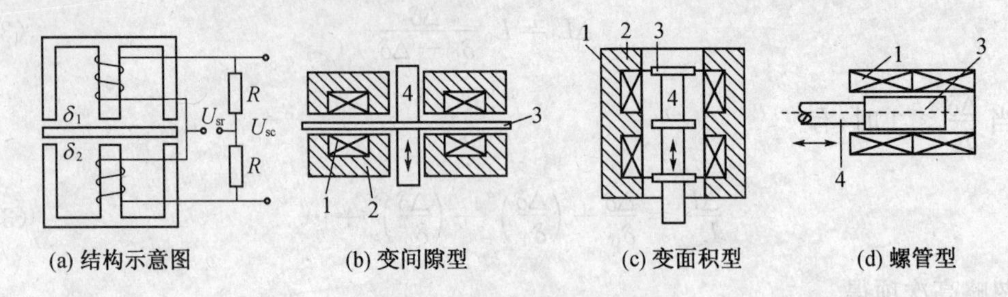

图 3-3 差分式自感传感器

1—线圈；2—铁芯；3—衔铁；4—导杆

对于图 3-3(a)所示的变气隙型差动式自感传感器，当衔铁下移时，有

$$L_1 = \frac{\mu_0 A N^2}{2(\delta_0 + \Delta\delta)} \tag{3-15}$$

$$L_2 = \frac{\mu_0 A N^2}{2(\delta_0 - \Delta\delta)} \tag{3-16}$$

$$L_1 = L_0\left[1 - \frac{\Delta\delta}{\delta_0} + \left(\frac{\Delta\delta}{\delta_0}\right)^2 - \left(\frac{\Delta\delta}{\delta_0}\right)^3 + \cdots\right] \tag{3-17}$$

$$L_2 = L_0\left[1 + \frac{\Delta\delta}{\delta_0} + \left(\frac{\Delta\delta}{\delta_0}\right)^2 + \left(\frac{\Delta\delta}{\delta_0}\right)^3 + \cdots\right] \tag{3-18}$$

$$\Delta L = L_2 - L_1 = 2L_0\left[\frac{\Delta\delta}{\delta_0} + \left(\frac{\Delta\delta}{\delta_0}\right)^3 + \left(\frac{\Delta\delta}{\delta_0}\right)^5 + \cdots\right] \tag{3-19}$$

$$\frac{\Delta L}{L_0} = \frac{L_2 - L_1}{L_0} = 2\left[\frac{\Delta\delta}{\delta_0} + \left(\frac{\Delta\delta}{\delta_0}\right)^3 + \left(\frac{\Delta\delta}{\delta_0}\right)^5 + \cdots\right] \tag{3-20}$$

上式中不存在偶次项，显然差动式自感传感器的非线性误差在$\pm\Delta\delta$工作范围内要比单个自感传感器的小得多。

忽略高次项，得

$$K = \left|\frac{2L_0}{\delta_0}\right| = \frac{N^2 \mu_0 A}{\delta^2} \tag{3-21}$$

可见灵敏度提高一倍。

差动式与单线圈电感式传感器相比，具有下列优点：

(1) 线性好；

(2) 灵敏度提高一倍，即衔铁位移相同时，输出信号大一倍；

(3) 温度变化、电源波动、外界干扰等对传感器精度的影响，由于能互相抵消而减小；

(4) 电磁吸力对测力变化的影响也由于能相互抵消而减小。

变气隙型自感传感器灵敏度高，它的主要缺点是非线性严重，为了限制线性误差，示值范围只能较小；它的自由行程小，因为衔铁在运动方向上受铁芯限制，制造装配困难。变截面型自感传感器灵敏度较低，变截面型的优点是具有较好的线性，因而，范围可取大些。螺管型自感传感器的灵敏度比截面型的更低，但示值范围大，线性也较好，得到广泛应用。

3.1.4　自感式传感器的测量电路

1. 交流电桥式测量电路

图3-4所示为交流电桥测量电路，把传感器的两个线圈作为电桥的两个桥臂 Z_1 和 Z_2，另外二个相邻的桥臂用纯电阻代替。在起始位置时，衔铁处于中间位置，两边的气隙相等，两只线圈的电感量相等，电桥处于平衡状态，电桥的输出电压 $U_o=0$。

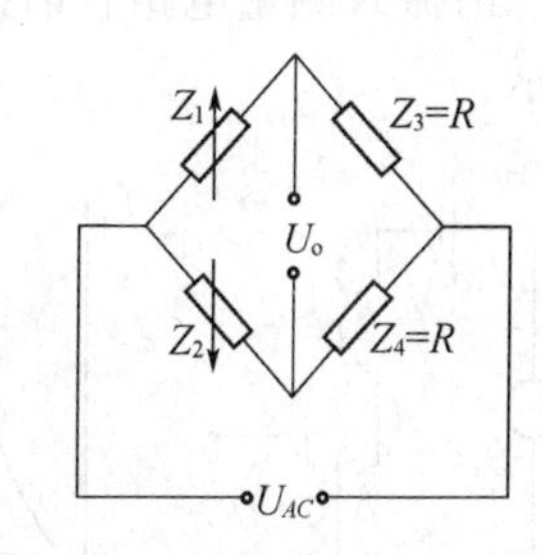

图3-4　交流电桥测量电路

当衔铁偏离中间位置向上或向下移动时，两边气隙不等，两只电感线圈的电感量一增一减，电桥失去平衡。电桥输出电压的幅值大小与衔铁移动量的大小成比例，其相位则与衔铁移动方向有关。假定向上移动时输出电压的相位为正，而向下移动时相位将反向180°为负。因此，如果测量出电压的大小和相位，就能决定衔铁位移量的大小和方向。对于高 Q 值（$Q=\omega L/R$）的差动式电感传感器，其输出电压为

$$\dot{U}_o=\frac{\dot{U}_{AC}}{2}\frac{\Delta Z_1}{Z_1}=\frac{\dot{U}_{AC}}{2}\frac{j\omega\Delta L}{R_0+j\omega L_0}\approx\frac{\dot{U}_{AC}}{2}\frac{\Delta L}{L_0}\tag{3-22}$$

式中：L_0 为衔铁在中间位置时单个线圈的电感；ΔL 为单线圈电感的变化量。

将 $\Delta L=L_0(\Delta\delta/\delta_0)$ 代入式(3-22)得

$$\dot{U}_o=\frac{\dot{U}_{AC}}{2}\frac{\Delta\delta}{\delta_0}\tag{3-23}$$

可见电桥输出电压与 $\Delta\delta$ 有关。

2. 变压器式交流电桥

变压器式交流电桥测量电路如图3-5所示，电桥两臂 Z_1、Z_2 为传感器线圈阻抗，另外两桥臂为交流变压器次级线圈的1/2阻抗。当负载阻抗无穷大时，桥路输出电压为

$$\dot{U}_o=\frac{Z_1\dot{U}}{Z_1+Z_2}-\frac{\dot{U}}{2}=\frac{Z_1-Z_2}{Z_1+Z_2}\frac{\dot{U}}{2}\tag{3-24}$$

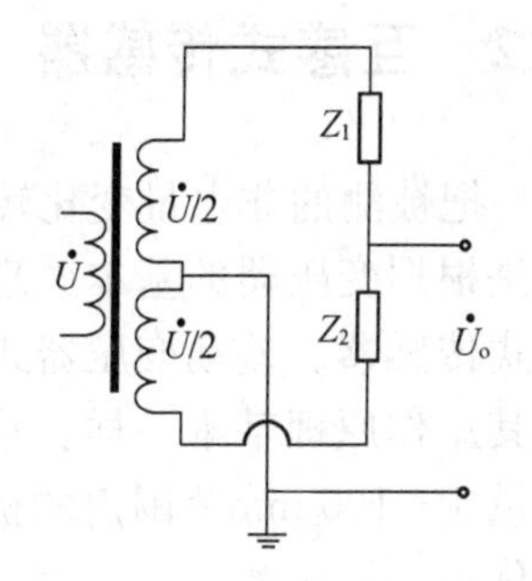

图3-5　变压器式交流电桥

当传感器的衔铁处于中间位置，即 $Z_1=Z_2=Z$ 时，有 $\dot{U}_o=0$，电桥平衡。

当传感器衔铁上移时，即 $Z_1=Z+\Delta Z Z_2=Z-\Delta Z$，此时

$$\dot{U}_o=\frac{\dot{U}}{2}\frac{\Delta Z}{Z}=\frac{\dot{U}}{2}\frac{\Delta L}{L}\tag{3-25}$$

当传感器衔铁下移时，则 $Z_1 = Z - \Delta Z Z_2 = Z + \Delta Z$，此时

$$\dot{U}_o = -\frac{\dot{U}}{2}\frac{\Delta Z}{Z} = -\frac{\dot{U}}{2}\frac{\Delta L}{L} \tag{3-26}$$

从式(3-25)及式(3-26)可知，衔铁上下移动相同距离时，输出电压的大小相等，但方向相反，由于 U_o 是交流电压，输出指示无法判断位移方向，必须配合相敏检波电路来解决。

3. 谐振式测量电路

谐振式测量电路有谐振式调幅电路，如图 3-6 所示；也有谐振式调频电路，如图 3-7 所示。

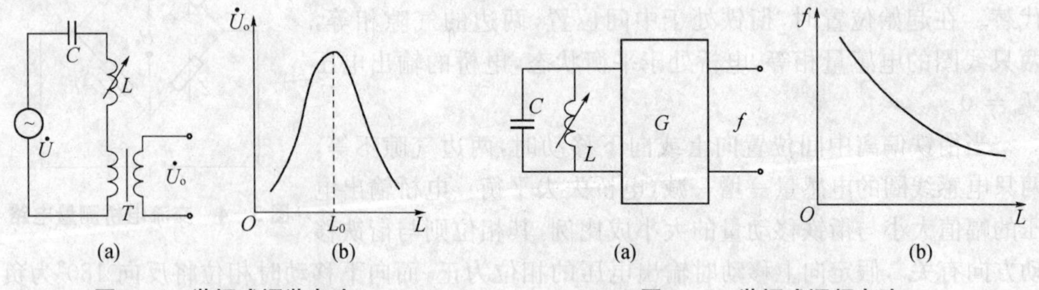

图 3-6 谐振式调谐电路 **图 3-7 谐振式调频电路**

在调幅电路中，传感器电感 L 与电容 C 及变压器原边串联在一起，接入交流电源变压器副边，将有电压 $\dot{U}_o$ 输出，输出电压的频率与电源频率相同，而幅值随着电感 L 而变化，图 3-6(b)为输出电压 $\dot{U}_o$ 与电感 L 的关系曲线，其中 L_0 为谐振点的电感值，此电路灵敏度很高，但线性差，适用于线性要求不高的场合。

调频电路的基本原理是传感器电感 L 变化将引起输出信号频率的变化，一般是把传感器电感 L 和电容 C 接入一个振荡回路中，其振荡频率 $f = 1/2\pi\sqrt{LC}$。当 L 变化时振荡频率随之变化，根据 f 的大小即可测出被测量的值。图 3-7(b)表示 f 与 L 的特性，它具有明显的非线性关系。

3.2 互感式传感器

把被测的非电量变化转换为线圈互感量变化的传感器称为互感式传感器。这种传感器是根据变压器的基本原理制成的，并且次级绕组都用差动形式连接，故也称差动变压器式传感器。差动变压器式传感器的结构形式较多，有变隙式、变面积式和螺线管式等，但其工作原理基本一样。在非电量测量中，应用最多的是螺线管式差动变压器，它可以测量 1～100 mm范围内的机械位移，并具有测量精度高、灵敏度高、结构简单、性能可靠等优点。

3.2.1 差动变压器式传感器结构与工作原理

图 3-8 为一基本差动变压器式传感器的基本结构。它是一个有可动铁芯和两个次级线圈的变压器。传感器的可动铁芯和待测物相连，两个次级线圈接成差动形式，可动铁芯的

位移利用线圈的互感作用转换成感应电动势的变化，从而得到待测位移。

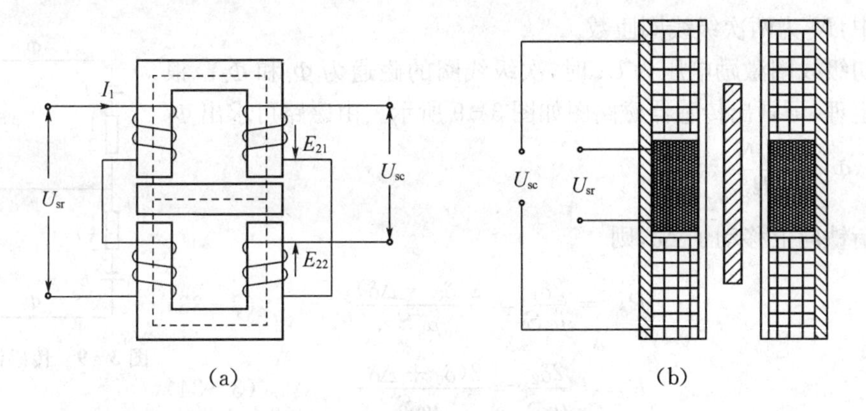

图 3-8　差动变压器式传感器

由于互感，初级线圈的交流信号在两个次级线圈上分别产生感应电动势 E_{21} 和 E_{22}，又因接成差动形式，即两个感应电动势反向串联，则输出电压为

$$U_{sc}=E_{21}-E_{22} \tag{3-27}$$

设两个次级线圈完全相同，当铁芯处在中间位置时，感应电动势 $E_{21}=E_{22}$，此时

$$U_{sc}=E_{21}-E_{22}=0 \tag{3-28}$$

当铁芯向上移动时，次级线圈 2 中穿过的磁通减少，感应电动势 E_{22} 也减少，而次级线圈 1 中穿过的磁通增多，感应电动势 E_{21} 也增大，则

$$U_{sc}=E_{21}-E_{22}>0 \tag{3-29}$$

反之，当铁芯向下移动时，则

$$U_{sc}=E_{21}-E_{22}<0 \tag{3-30}$$

可见，输出电压的大小和符号反映了铁芯位移的大小和方向。

差动变压器有多种结构形式。图 3-8(a)为 Π 形结构，衔铁为平板形，灵敏度较高，但测量范围较窄，一般用于测量几微米到几百微米的机械位移。图 3-8(b)是衔铁为圆柱形的螺管形差动变压器，可测 1 mm 至上百毫米的位移。此外还有衔铁旋转的用来测量转角的差动变压器，通常可测到几角秒的微小角位移。

3.2.2　差动变压器式传感器输出特性

1. Π 型差动变压器式传感器输出特性

图 3-8(a)所示的 Π 形差动变压器，当不考虑铁损、漏感且忽略铁芯和衔铁的磁阻，在次级线圈开路时有

$$E_{21}=-\frac{d\psi_1}{dt},\ E_{22}=-\frac{d\psi_2}{dt} \tag{3-31}$$

式中：ψ_1 和 ψ_2 分别为次级线圈 1 和 2 的磁通匝链数，$\psi_1=N_2\Phi_1$，$\psi_2=N_2\Phi_2$，则

$$U_{sc} = E_{21} - E_{22} = -j\omega N_2(\Phi_1 - \Phi_2) \tag{3-32}$$

式中：N_2为两次级线圈匝数。

当初级线圈激励电压为U_{sr}时，次级线圈的磁通为Φ_1和Φ_2。根据磁路定理，可画出传感器磁路图如图 3-9 所示。由磁路可求出$\Phi_1 = \dfrac{I_1 N_1}{R_{\delta_1}}$，$\Phi_2 = \dfrac{I_1 N_1}{R_{\delta_2}}$。

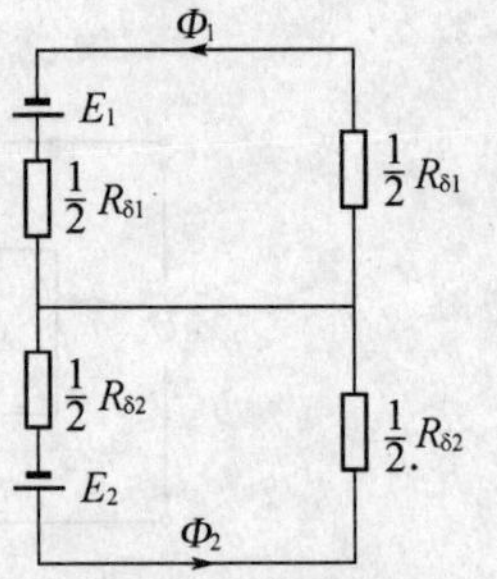

图 3-9 传感器磁路图

设衔铁向上移动了$\Delta\delta$，则

$$R_{\delta_1} = \frac{2\delta_1}{\mu_0 S} = \frac{2(\delta_0 - \Delta\delta)}{\mu_0 S} \tag{3-33}$$

$$R_{\delta_2} = \frac{2\delta_2}{\mu_0 S} = \frac{2(\delta_0 + \Delta\delta)}{\mu_0 S} \tag{3-34}$$

$$U_{sc} = -j\omega N_1 N_2 I_1 \frac{\mu_0 S}{2}\left(\frac{2\Delta\delta}{\delta_0^2 - \Delta\delta^2}\right) \tag{3-35}$$

其中，除I_1外均为已知，为此，需要求出初级线圈中的励磁电流I_1。当次级线圈中无电流时（负载为无穷大），则

$$I_1 = \frac{U_{sr}}{Z_{11} + Z_{12}} \tag{3-36}$$

式中：$Z_{11} = R_{11} + j\omega L_{11}$；$Z_{12} = R_{12} + j\omega L_{12}$。$R_{11}$、$R_{12}$，$L_{11}$、$L_{12}$，$Z_{11}$、$Z_{12}$分别表示上、下初级线圈的铜电阻、电感和复阻抗，其中

$$L_{11} = \frac{N_1^2 \mu_0 S}{2\delta_1},\ L_{12} = \frac{N_1^2 \mu_0 S}{2\delta_2} \tag{3-37}$$

代入式(3-37)，得

$$U_{sc} = -j\omega N_1 N_2 \frac{\mu_0 S}{2}\left(\frac{2\Delta\delta}{\delta_0^2 - \Delta\delta^2}\right)\frac{U_{sr}}{R_{11} + R_{12} + j\omega N_1^2 \dfrac{\mu_0 S}{2}\left(\dfrac{2\delta_0}{\delta_0^2 - \Delta\delta^2}\right)} \tag{3-38}$$

式中含有$\Delta\delta$的 2 次项，这是引起非线性的因素。如果忽略$\Delta\delta^2$项，并设$R_{11} = R_{12} = R_1$，上式可改写为

$$U_{sc} = -j\omega \frac{N_2}{N_1} \frac{N_1^2}{\dfrac{2\delta_0}{\mu_0 S}}\left(\frac{\Delta\delta}{\delta_0}\right)\frac{U_{sr}}{R_1 + j\omega \dfrac{N_1^2}{\dfrac{2\delta_0}{\mu_0 S}}} \tag{3-39}$$

把$L_0 = N_1^2 / \dfrac{2\delta_0}{\mu_0 S}$代入上式，整理后得

$$U_{sc} = -U_{sr} \frac{N_2}{N_1} \frac{j\dfrac{1}{Q} + 1}{\dfrac{1}{Q^2} + 1} \frac{\Delta\delta}{\delta_0} \tag{3-40}$$

其中，$Q=\omega L_0/R$ 为品质因数。

由上式可知，输出电压中包含与电源电压 U_{sr} 同相的基波分量和相位差 90°的正交分量。这两个分量都同气隙的相对变化量 $\Delta\delta/\delta_0$ 有关。Q 值提高，正交分量将减小。因此，希望差动变压器具有高的 Q 值。Q 值很高时，$R_1 \ll \omega L_0$，上式可简化成

$$U_{sc}=-U_{sr}\frac{N_2}{N_1}\frac{\Delta\delta}{\delta_0} \tag{3-41}$$

上式表明，输出电压 U_{sc} 与衔铁位移 $\Delta\delta$ 之间是成比例的，其输出特性曲线如图 3-10 所示。由图可见，单一线圈的感应电动势 E_{21} 或 E_{22} 与铁芯的位移不成线性，两个线圈差接以后，输出电压就与铁芯的位移成线性关系了。上式中负号表示当 $\Delta\delta$ 向上为正时，输出电压 U_{sc} 与电源电压 U_{sr} 反相；当 $\Delta\delta$ 向下为负时，两者同相。

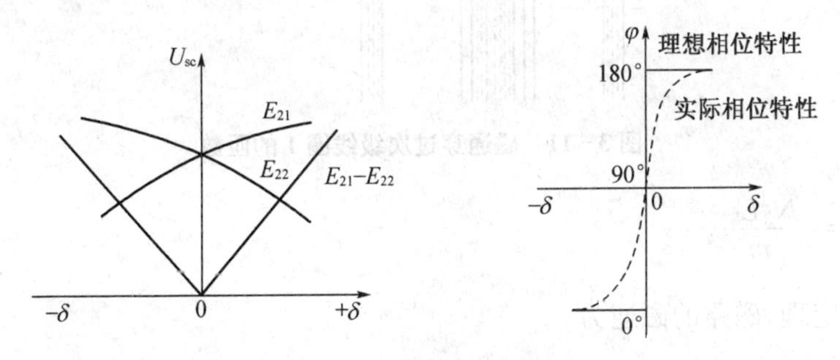

图 3-10　输出特性曲线

由差动变压器的灵敏度表达式

$$K=\frac{U_{sc}}{\Delta\delta}=\frac{U_{sr}}{\delta_0}\frac{N_2}{N_1} \tag{3-42}$$

可知，传感器的灵敏度将随电源电压 U_{sr} 和变压比 N_2/N_1 的增大而提高，随起始间隙增大而降低。一般情况下取 $N_2/N_1=1\sim2$，太大时，次级线圈的输出阻抗过高，易受外部干扰的影响。必须注意，位移量要限制在一定范围内，δ_0 一般在 0.5 mm 左右。δ_0 过大，灵敏度要降低，而且边缘磁通将增大到不能忽略的程度，从而使非线性增大。在实际输出特性中，当 $\delta_0=0$ 时，还存在着零位电压 U_0。

2. 螺管型差动变压器式传感器输出特性

如图 3-8(b)所示，螺管型差动变压器的中间是初级线圈，两边是对称的两个次级线圈。下面来分析该差动变压器的输出特性。对符号规定如下：b 为初级线圈的长度，N_1 为初级线圈的匝数，m 为次级线圈的长度，N_2 为每个次级线圈的匝数，L 为活动衔铁的长度，r_1 为螺线管的内径，r_2 为螺线管的外径，L_{21} 为衔铁伸入次级线圈 1 的长度，L_{22} 为衔铁伸入次级线圈 2 的长度。

根据法拉第电磁感应定律，次级线圈 1 和 2 感应电动势为

$$E_{21}=-\frac{\mathrm{d}\psi_1}{\mathrm{d}t}=-j\omega\psi_1=-j\omega N_{21}\Phi_1 \tag{3-43}$$

$$E_{22}=-\frac{\mathrm{d}\psi_2}{\mathrm{d}t}=-j\omega\psi_2=-j\omega N_{22}\Phi_2 \tag{3-44}$$

式中：N_{21}和N_{22}分别为磁通穿过次级线圈1和2的匝数；Φ_1、Φ_2和ψ_1、ψ_2分别为穿过次级线圈1和2的磁通和磁通匝链数。由图3-11知，磁通穿过次级线圈1的匝数为

$$N_{21}=\frac{N_2(\pi r_2^2-\pi r_1^2)L_{21}}{(\pi r_2^2-\pi r_1^2)m}=\frac{N_2L_{21}}{m} \tag{3-45}$$

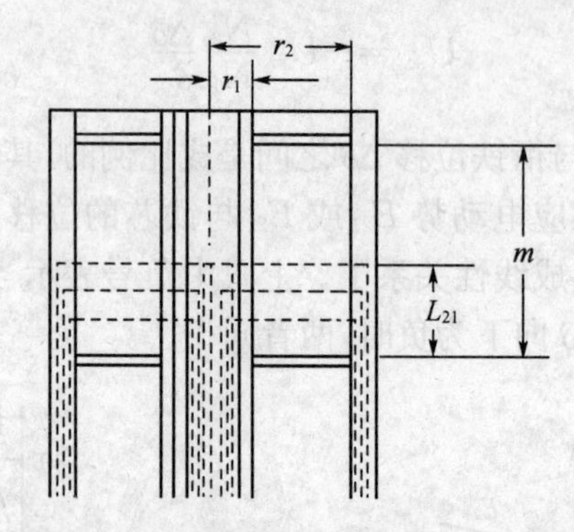

图3-11　磁通穿过次级线圈1的匝数

同理$N_{22}=\dfrac{N_2L_{22}}{m}$。

根据磁路定理，磁路的磁通为

$$\Phi=\frac{N_1I}{R_X+R_Y+R_{21}+R_{22}} \tag{3-46}$$

式中：R_X、R_Y、R_{21}和R_{22}分别为铁芯、衔铁棒、衔铁伸入次级线圈1和衔铁伸入次级线圈2的磁阻，因为$R_X+R_Y\ll R_{21}+R_{22}$，所以

$$\Phi=\frac{N_1I}{R_{21}+R_{22}} \tag{3-47}$$

R_{21}和R_{22}为同心圆环的磁阻，可由积分求得。

$$R_{21}=\int_{r_1}^{r_2}\frac{\mathrm{d}r}{\mu_0 2\pi rL_{21}}=\frac{1}{\mu_0 2\pi L_{21}}\int_{r_1}^{r_2}\frac{\mathrm{d}r}{r}=\frac{\ln\frac{r_2}{r_1}}{\mu_0 2\pi L_{21}} \tag{3-48}$$

$$R_{22}=\frac{\ln\frac{r_2}{r_1}}{\mu_0 2\pi L_{22}} \tag{3-49}$$

代入(3-47)式得

$$\Phi=\frac{N_1I_1}{\dfrac{\ln\frac{r_2}{r_1}}{\mu_0 2\pi L_{21}}+\dfrac{\ln\frac{r_2}{r_1}}{\mu_0 2\pi L_{22}}}=\frac{N_1I_1}{\dfrac{\ln\frac{r_2}{r_1}}{\mu_0 2\pi}\left(\dfrac{1}{L_{21}}+\dfrac{1}{L_{22}}\right)} \tag{3-50}$$

由于磁路是串联的，所以$\Phi_1=\Phi_2=\Phi$，则

$$E_{21} = -j\omega \frac{N_2 L_{21}}{m} \times \frac{N_1 I_1 2\pi\mu_0}{\ln \frac{r_2}{r_1}\left(\frac{1}{L_{21}} + \frac{1}{L_{22}}\right)} \tag{3-51}$$

$$E_{22} = -j\omega \frac{N_2 L_{22}}{m} \times \frac{N_1 I_1 2\pi\mu_0}{\ln \frac{r_2}{r_1}\left(\frac{1}{L_{21}} + \frac{1}{L_{22}}\right)} \tag{3-52}$$

输出电压为

$$E = E_{21} - E_{22} = -j\omega \frac{N_2}{m}(L_{21} - L_{22}) \frac{N_1 I_1 2\pi\mu_0 L_{21} L_{22}}{\ln \frac{r_2}{r_1}(L_{21} + L_{22})} \tag{3-53}$$

设某一时刻衔铁向上移动 $\Delta\delta$，则

$$L_{21} = L_{20} + \Delta\delta, L_{22} = L_{20} - \Delta\delta \tag{3-54}$$

$$L_{21} - L_{22} = (L_{20} + \Delta\delta) - (L_{20} - \Delta\delta) = 2\Delta\delta \tag{3-55}$$

$$L_{21} + L_{22} = (L_{20} + \Delta\delta) + (L_{20} - \Delta\delta) = 2L_{20} \tag{3-56}$$

$$L_{21} L_{22} = (L_{20} + \Delta\delta) \times (L_{20} - \Delta\delta) = L_{20}^2 - \Delta\delta^2 = L_{20}^2\left[1 - \left(\frac{\Delta\delta}{L_{20}}\right)^2\right] \tag{3-57}$$

则得

$$\begin{aligned} e &= -j\omega \frac{2\pi\mu_0 N_1 N_2 I_1}{m \ln \frac{r_2}{r_1}} \frac{2\Delta\delta L_{20}^2\left[1 - \left(\frac{\Delta\delta}{L_{20}}\right)^2\right]}{2L_{20}} \\ &= -j \frac{4\pi^2\mu_0 f N_1 N_2 I_1 L_{20}}{m \ln \frac{r_2}{r_1}} \Delta\delta\left[1 - \left(\frac{\Delta\delta}{L_{20}}\right)^2\right] \end{aligned} \tag{3-58}$$

记 $K = \dfrac{4\pi^2\mu_0 f N_1 N_2 I_1 L_{20}}{m \ln \frac{r_2}{r_1}}$，为差动变压器的灵敏度。

可见，差动变压器的灵敏度与激励频率成正比，通常在中频（400 Hz～10 kHz）应用，其电压灵敏度可达 0.1～5 V/mm。由于灵敏度高，在测量大位移时可不用放大器，因此测量线路简单。差动变压器的非线性决定于最后一项，一般测±9 mm 的差动变压器，线性范围约±(5～6)mm。活动衔铁的直径在允许的条件下尽可能粗些，这样有效磁通较大。在不影响线性度的情况下，初级线圈的输入电压（电流）尽可能高些。

当铁芯处于线圈中心时，次级线圈的输出电压应为零。但是由于实际结构不完全对称，激磁电流与铁芯磁通的相位差不为零以及寄生电容的综合影响等，使得输出电压不为零，此值称为零点电压。通常为几毫伏到几十毫伏，它决定传感器的精度。为了消除零点电压值，通常在测量电路中采取补偿措施。

差动变压器输出的交流信号，其波形是调幅波，无法鉴别被测位移的方向。为了观察衔铁的实际运动规律，可采用差动相敏整流电路。差动变压器除测量位移外，还可以用来测量振动、加速度及压力。差动变压器从供电方式可分为交流式和直流式两种。直流式差动变

压器是将直流电通过振荡器变为交流电，并将电子电路与差动变压器封装在一起，如图3-12所示。这种传感器，供给稳定的直流电，就能获得与位移成正比的直流电压输出。

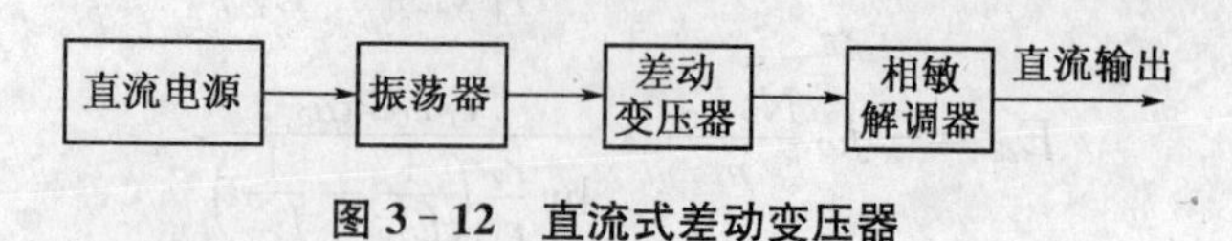

图3-12 直流式差动变压器

3.3 电涡流式传感器

根据法拉第电磁感应定律，块状金属导体置于变化的磁场中或在磁场中做切割磁力线运动时，导体内将产生呈涡旋状的感应电流，此电流叫做电涡流，以上现象称为电涡流效应。

根据电涡流效应制成的传感器称为电涡流式传感器。按照电涡流在导体内的贯穿情况，此传感器可分为高频反射式和低频透射式两类，但从基本工作原理上来说仍是相似的。电涡流式传感器最大的特点是能对位移、厚度、表面温度、速度、应力、材料损伤等进行非接触式连续测量，另外还具有体积小、灵敏度高、频率响应宽等特点，应用极其广泛。

如图3-13所示，金属板置于一只线圈的附近，它们之间相互的间距为 x，当传感器线圈通以正弦交变电流 i_1 时，线圈周围空间必然产生正弦交变磁场 H_1，金属板在此交变磁场中会产生感应电流 i_2，这种电流在金属体内是闭合的，所以称之为“涡电流”或“涡流”。i_2 又产生新的交变磁场 H_2。根据愣次定律，H_2 的作用将反抗原磁场 H_1，导致传感器线圈的等效阻抗发生变化。由上可知，线圈阻抗的变化完全取决于被测金属导体的电涡流效应。而电涡流效应既与被测体的电阻率 ρ、磁导率 μ 以及几何形状有关，又与线圈几何参数、线圈中激磁电流频率有关，还与线圈及导体间的距离 x 有关。因此，传感器线圈受电涡流影响时的等效阻抗 Z 的函数关系式为

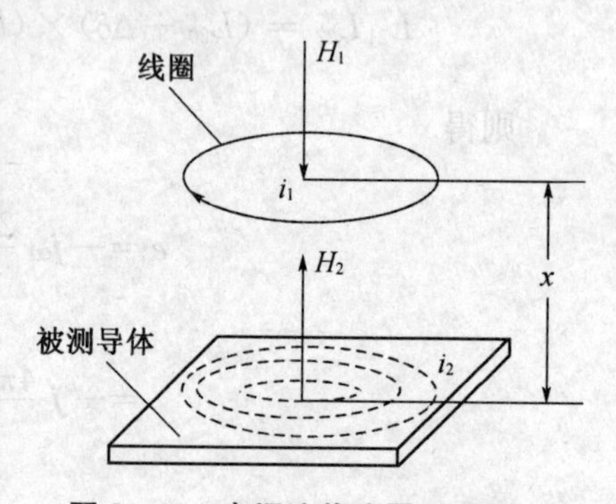

图3-13 电涡流传感器原理图

$$Z = f(\rho, \mu, x, \omega) \tag{3-59}$$

若改变其中的某两项参数，而固定其他参数不变，就可根据涡流的变化测量该参数。图3-14为电涡流式传感器的等效电路。

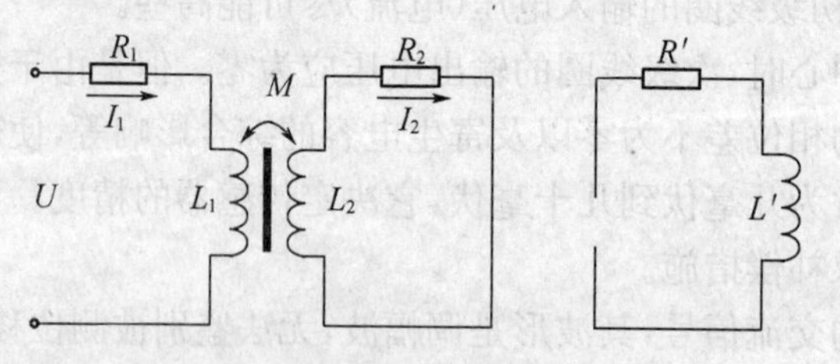

图3-14 电涡流传感器等效电路图

由基尔霍夫定律，可列出电压平衡方程为

$$R_1\dot{I}_1 + j\omega L_1\dot{I}_1 - j\omega M\dot{I}_2 = \dot{U} \tag{3-60}$$

$$R_2\dot{I}_2 + j\omega L_2\dot{I}_2 - j\omega M\dot{I}_1 = 0 \tag{3-61}$$

求解方程得

$$\dot{I}_1 = \frac{\dot{U}}{\left[R_1 + \frac{\omega^2 M^2}{R_2^2 + (\omega L_2)^2}R_2\right] + j\omega\left[L_1 - L_2\frac{\omega^2 M^2}{R_2^2 + (\omega L_2)^2}\right]} = \frac{\dot{U}}{Z_{eq}} \tag{3-62}$$

$$\dot{I}_2 = j\omega\frac{M\dot{I}_1}{R_2 + j\omega L_2} = \frac{M\omega^2 L_2 \dot{I}_1 + j\omega M R_2 \dot{I}_1}{R_2^2 + (\omega L_2)} \tag{3-63}$$

由此可以求得线圈受金属导体影响后的等效阻抗为

$$Z_{eq} = \left[R_1 + \frac{\omega^2 M^2}{R_2^2 + (\omega L_2)^2}R_2\right] + j\omega\left[L_1 - L_2\frac{\omega^2 M^2}{R_2^2 + (\omega L_2)^2}\right] \tag{3-64}$$

线圈的等效电阻及等效电感为

$$R' = \left[R_1 + \frac{\omega^2 M^2}{R_2^2 + (\omega L_2)^2}R_2\right] \tag{3-65}$$

$$L' = L_1 - L_2\frac{\omega^2 M^2}{R_2^2 + (\omega L_2)^2} \tag{3-66}$$

由此可见，由于涡流的影响，线圈阻抗的实数部分增大，虚数部分减小，因此线圈的品质因数 Q 下降。

$$Q = Q_0\left(1 - \frac{L_2}{L_1}\cdot\frac{\omega^2 M^2}{Z_2^2}\right)\Big/\left(1 + \frac{R_2}{R_1}\cdot\frac{\omega^2 M^2}{Z_2^2}\right) \tag{3-67}$$

式中：$Q_0 = \dfrac{\omega L_1}{R_1}$ 为无涡流影响时的 Q 值；$Z_2 = \sqrt{R_2^2 + \omega^2 L_2^2}$ 为短路环的阻抗。

Q 值的下降是由于涡流损耗所引起的，并与金属材料的导电性和距离 x 有关。当金属材料是磁性材料时，影响 Q 值的还有迟滞损耗与磁性材料对等效电感的作用。

由式(3-64)可知，线圈-金属导体的阻抗、电感和品质因数都是该系统互感系数平方的函数。而互感系数又是距离 x 的非线性函数，因此当构成电涡流式位移传感器时，$Z = f_1(x)$，$L = f_2(x)$，$Q = f_3(x)$ 都是非线性函数。但在一定范围内，可以将这些函数近似地用线性函数来表示，于是在该范围内通过测量 Z、L 或 Q 的变化就可以线性地获得位移的变化。

3.4 电感式传感器应用

3.4.1 自感式传感器的应用

图 3-15 所示是变气隙电感式压力传感器的结构图，由膜盒、铁芯、衔铁及线圈等组成，

衔铁与膜盒的上端连在一起。

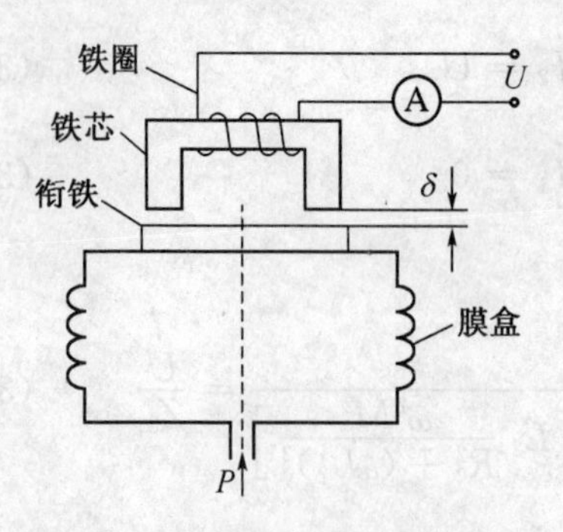

图 3－15　变气隙电感式压力传感器

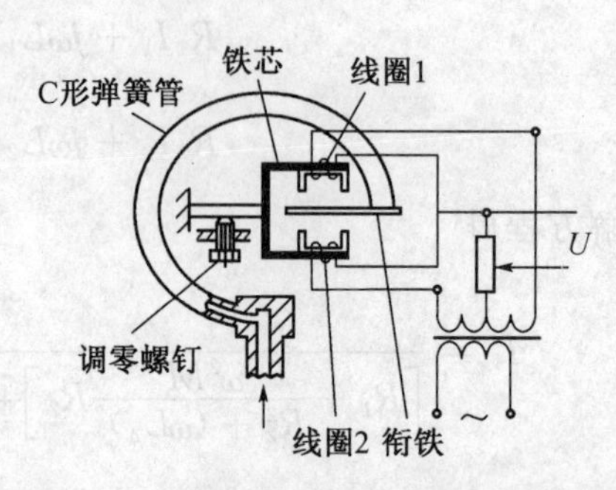

图 3－16　变气隙式差动电感压力传感器

当液体/气体进入膜盒时，膜盒的顶端在压力 P 的作用下产生与压力 P 大小成正比的位移，于是衔铁也发生移动，从而使气隙发生变化，流过线圈的电流也发生相应的变化，电流表指示值就反映了被测压力的大小。

图 3－16 所示为变气隙式差动电感压力传感器，它主要由 C 形弹簧管、衔铁、铁芯和线圈等组成。当被测压力进入 C 形弹簧管时，C 形弹簧管产生变形，其自由端发生位移，带动与自由端连接成一体的衔铁运动，使线圈 1 和线圈 2 中的电感发生大小相等、符号相反的变化，即一个电感量增大，另一个电感量减小。电感的这种变化通过电桥电路转换成电压输出。由于输出电压与被测压力之间成比例关系，所以只要用检测仪表测量出输出电压，即可得知被测压力的大小。

3.4.2　差动变压器式传感器的应用

差动变压器式传感器可以直接用于位移测量，也可以测量与位移有关的任何机械量，如振动、加速度、应变、比重、张力和厚度等。

1. 位移的测量

差动变压器仍以位移测量为其主要用途，它可以作为精密测量仪的主要部件，对零件进行多种精密测量工作，如内径、外径、不平行度、粗糙度、不垂直度、振摆、偏心和椭圆度等；作为轴承滚动自动分选机的主要测量部件，可以分选大、小钢球、圆柱、圆锥等；用于测量各种零件膨胀、伸长、应变等。

图 3－17 为测量液位的原理图。当某一设定液位使铁芯处于中心位置时，差动变压器输出信号 $U_o = 0$；当液位上升或下降时，$U_o \neq 0$。通过相应的测量电路便能确定液位的高低。

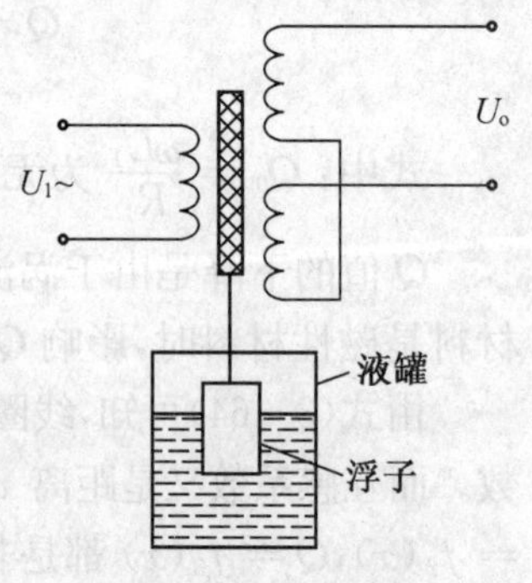

图 3－17　液位测量

2. 振动和加速度测量

利用差动变压器加上悬臂梁弹性支承可构成加速度计。图 3－18(a)为差动变压器式加速度传感器的结构示意图，由悬臂梁和差动变压器构成。测量时，将悬臂梁底座及差动变压器的线圈骨架固定，而将衔铁的 A 端与被测振动体相连。当被测体带动衔铁以 $\Delta x(t)$ 振动时，导致差动变压器的输出电压也按相同规律变化。

为了满足测量精度，加速度计的固有频率 ($\omega_n = \sqrt{k/m}$) 应比被测频率上限大 3～5 倍。

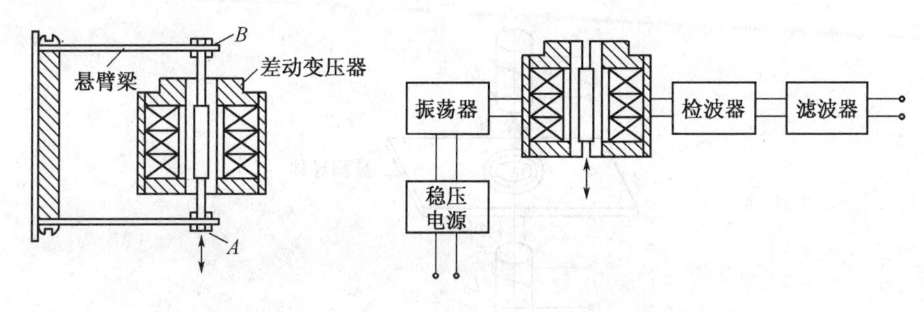

(a) 差动变压器加速度传感器　　(b) 测量电路框图

图3-18　差动变压器加速度传感器结构及测量电路框图

由于运动系统质量 m 不可能太小，而增加弹性片刚度 k 又使加速度计灵敏度受到影响，因此系统固有频率不可能很高。所以，能测量的振动频率上限就受到限制，一般在150 Hz以下。图3-18(b)是这种形式的加速度计的测量电路示意图。高频时加速度测量用压电式传感器。

3. 压力测量

差动变压器和弹性敏感元件组合，可以组成开环压力传感器。由于差动变压器输出是标准信号，常称为变送器。图3-19是微压力变送器结构示意图及测量电路框图。

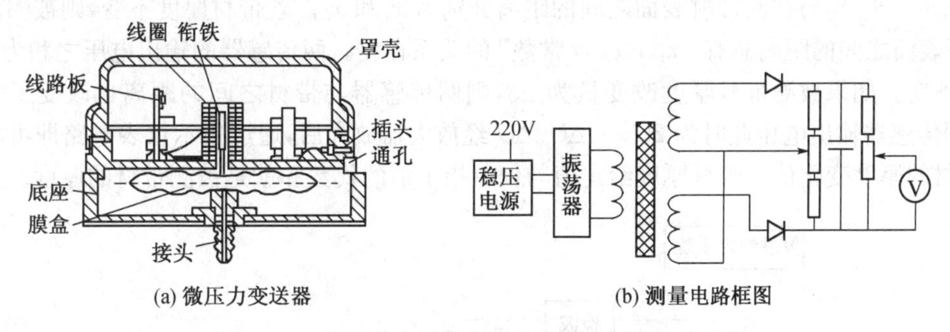

(a) 微压力变送器　　(b) 测量电路框图

图3-19　微压力变送器结构示意图及测量电路框图

3.4.3　电涡流式传感器的应用

电涡流式传感器的特点是结构简单，易于进行非接触的连续测量，灵敏度较高，适用性强，广泛应用于电力、石油、化工、冶金等行业和一些科研单位。电涡流式电感传感器主要用于位移、振动、转速、距离、厚度等参数的测量，它可实现非接触测量，实现对汽轮机、水轮机、鼓风机、压缩机、空分机、齿轮箱、大型冷却泵等大型旋转机械轴的径向振动、轴向位移、键相器、轴转速、胀差、偏心、以及转子动力学研究和零件尺寸检验等进行在线测量和保护。下面分别举例加以说明：

1. 低频透射式涡流厚度传感器

图3-20所示为透射式涡流厚度传感器结构原理图。在被测金属的上方设有发射传感器线圈 L_1，在被测金属板下方设有接收传感器线圈 L_2。当在 L_1 上加低频电压 U_1 时，则 L_1 上产生交变磁通 Φ_1，若两线圈间无金属板，则交变磁场直接耦合至 L_2 中，L_2 产生感应电压 U_2。如果将被测金属板放入两线圈之间，则 L_1 线圈产生的磁通将导致在金属板中产生电涡流。

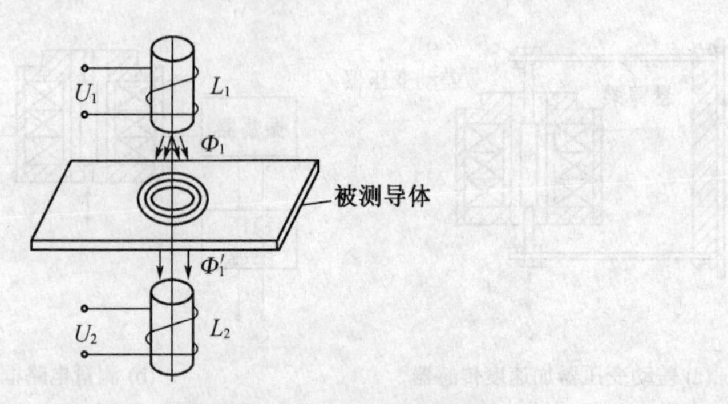

图 3-20 透射式涡流厚度传感器结构原理图

此时磁场能量受到损耗，到达 L_2 的磁通将减弱为 Φ'_1，从而使 L_2 产生的感应电压 U_2 下降。金属板越厚，涡流损失就越大，U_2 电压就越小。因此，可根据 U_2 电压的大小得知被测金属板的厚度，透射式涡流厚度传感器检测范围可达 1～100 mm，分辨率为 0.1 μm，线性度为 1%。

2. 高频反射式涡流厚度传感器

图 3-21 所示是高频反射式涡流测厚仪测试系统原理图。为了克服带材不够平整或运行过程中上下波动的影响，在带材的上、下两侧对称地设置了两个特性完全相同的涡流传感器 S_1、S_2。S_1、S_2 与被测带材表面之间的距离分别为 x_1 和 x_2。若带材厚度不变，则被测带材上、下表面之间的距离总有“$x_1+x_2=$ 常数”的关系存在。两传感器的输出电压之和为 $2U_o$ 数值不变。如果被测带材厚度改变量为 $\Delta\delta$，则两传感器与带材之间的距离也改变了一个 $\Delta\delta$，两传感器输出电压此时为 $2U_o+\Delta U$。ΔU 经放大器放大后，通过指示仪表电路即可指示出带材的厚度变化值。带材厚度给定值与偏差指示值的代数和就是被测带材的厚度。

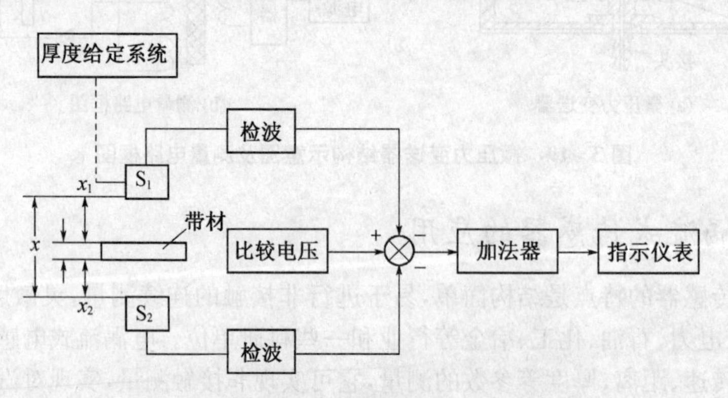

图 3-21 高频反射式涡流测厚仪测试系统图

3. 电涡流式转速传感器

对于所有旋转机械而言，都需要监测旋转机械轴的转速，转速是衡量机器正常运转的一个重要指标。而电涡流传感器测量转速的优越性是其他任何传感器测量没法比的，它既能响应零转速，也能响应高转速，抗干扰性能也非常强。

图 3-22 所示为电涡流式转速传感器工作原理图。在软磁材料制成的输入轴上加工一键槽，在距输入表面 d_0 处设置电涡流传感器，输入轴与被测旋转轴相连。

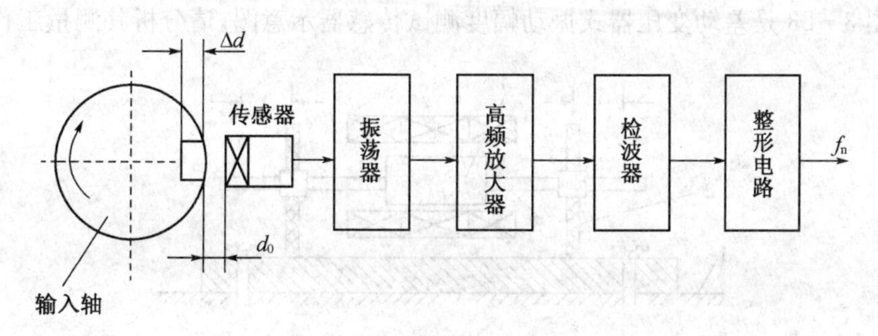

图 3-22　电涡流式转速传感器工作原理图

当被测旋转轴转动时，输出轴的距离发生 $d_0+\Delta d$ 的变化。由于电涡流效应，这种变化将导致振荡谐振回路的品质因数变化，使传感器线圈电感随 Δd 的变化也发生变化，它们将直接影响振荡器的电压幅值和振荡频率。因此，随着输入轴的旋转，从振荡器输出的信号中包含有与转数成正比的脉冲频率信号。该信号由检波器检出电压幅值的变化量，然后经整形电路输出脉冲频率信号 f_n。该信号送单片机或其他装置便可得到被测转速。

这种转速传感器可实现非接触式测量，抗污染能力很强，可安装在旋转轴近旁，实现长期对被测转速进行监视。最高测量转速可达 600 000 r/min(转/分)。

1. 电感传感器(自感型)的灵敏度与哪些因素有关？要提高灵敏度可采取哪些措施？采取这些措施会带来什么样的后果？

2. 电感式传感器有几大类？各有何特点？

3. 电感式传感器的测量电路起什么作用？变压器电桥电路和带相敏整流的电桥电路哪个能更好地起到测量转换作用？为什么？

4. 简述差动变隙式电压传感器的主要组成、工作原理和基本特性。

5. 变隙式电感传感器的输出特性与哪些因素有关？怎样改善其非线性？怎样提高其灵敏度？

6. 差动变压器式传感器有几种结构形式？各有什么特点？

7. 差动变压器式传感器的等效电路包括哪些元件和参数？各自的含义是什么？

8. 差动变压器式传感器的零点残余电压产生的原因是什么？怎样减小和消除它的影响？

9. 已知变气隙电感传感器的铁芯截面积 $S=1.5\ \text{cm}^2$，磁路长度 $L=20\ \text{cm}$，相对磁导率 $\mu=5\,000$，气隙 $\delta_0=0.5\ \text{cm}$，$\Delta\delta=\pm 0.1\ \text{mm}$，真空磁导率 $\mu_c=4\pi\times 10^{-7}\ \text{H/m}$，线圈匝数 $w=3\,000$，求单端式传感器的灵敏度 $\Delta L/\Delta\delta$，若做成差动结构形式，其灵敏度将如何变化？

10. 何谓涡流效应？怎样利用涡流效应进行位移测量？简述电涡流式传感器的工作原理及主要特点，可能的应用场合有哪些？

11. 电涡流式传感器能否进行金属探伤？若可以，试设计其结构原理图。

12. 图 3 - 23 是差动变压器式振动幅度测试传感器示意图，请分析其测量工作原理。

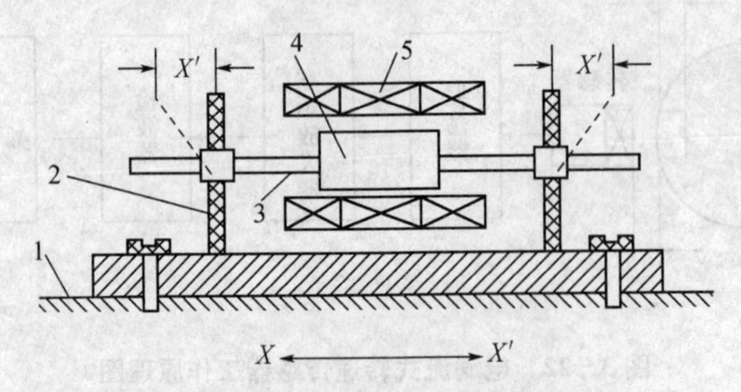

图 3 - 23　差动变压器式振幅传感器

1—振动体；2—弹簧片；3—连接杆；4—衔铁；5—差动变压器

13. 分析电感传感器出现非线性的原因，并说明如何改善？

14. 气隙型电感传感器，衔铁截面积 $S = 4\ \text{mm} \times 4\ \text{mm}$，气隙总长度 $\delta = 0.8\ \text{mm}$，衔铁最大位移 $\Delta\delta = \pm 0.08\ \text{mm}$，激励线圈匝数 $W = 2\,500$ 匝，导线直径 $d = 0.06\ \text{mm}$，电阻率 $\rho = 1.75 \times 10^{-6}\ \Omega \cdot \text{cm}$，当激励电源频率 $f = 4\,000\ \text{Hz}$ 时，忽略漏磁及铁损，求：

(1) 线圈电感值；

(2) 电感的最大变化量；

(3) 线圈的直流电阻值；

(4) 线圈的品质因数；

(5) 当线圈存在 200 pF 分布电容与之并联后其等效电感值。

15. 试用差动变压器式传感器设计液罐内液体液位测量系统，作出系统结构图，并分析工作原理。

16. 有一只差动电感位移传感器，已知电源电压 $U=4\ \text{V}$，$f=400\ \text{Hz}$，传感器线圈电阻与电感分别为 $R=40\ \text{W}$，$L=30\ \text{mH}$，用两只匹配电阻设计成四臂等阻抗电桥，如图 3 - 24 所示。试求：

(1) 匹配电阻 R_3 和 R_4 的值为多少时才能使电压灵敏度达到最大。

(2) 当 $\Delta Z=10\ \Omega$ 时，分别接成单臂和差动电桥后的输出电压值。

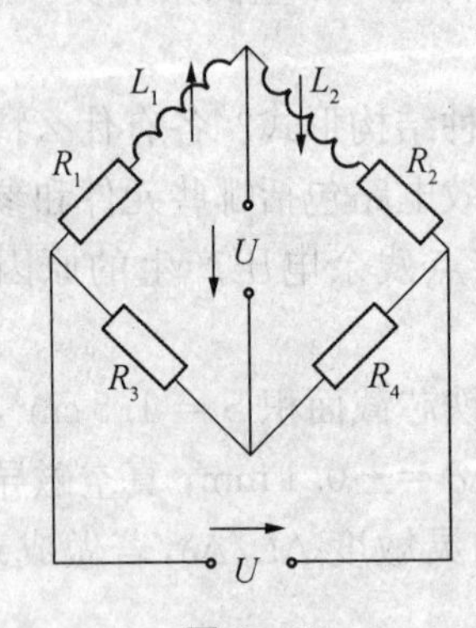

图 3 - 24

第4章 电容式传感器及其应用

电容器是电子技术的三大类无源元件(电阻、电感和电容)之一,利用电容器的原理,将非电量转化为电容量,进而实现非电量到电量的转化器件,称为电容式传感器。电容式传感器已在位移、压力、厚度、物位、湿度、振动、转速、流量及成分分析的测量等方面得到了广泛的应用。电容式传感器的精度和稳定性也日益提高,高达0.01%精度的电容式传感器国外已有商品供应。一种250 mm量程的电容式位移传感器,精度可达5 μm。电容式传感器作为频响宽、应用广、非接触测量的一种传感器,是很有发展前途的。

4.1 电容式传感器的工作原理及类型

4.1.1 电容式传感器的工作原理

由物理学可知,两个平行金属极板组成的电容器,如果不考虑其边缘效应,其电容为

$$C=\frac{\varepsilon S}{d} \tag{4-1}$$

式中:ε为两个极板间介质的介电常数;S为两个极板相对有效面积;d为两个极板间的距离。

由上式可知,改变电容C的方法有三种:一是为改变介质的介电常数ε;二是改变形成电容的有效面积S;三是改变两个极板间的距离d。从而得到电参数的输出为电容值的增量ΔC,这就组成了电容式传感器。

4.1.2 电容式传感器的类型

根据上述原理,在应用中电容式传感器可以有三种基本类型——变极距(或称变间隙)型、变面积型和变介电常数型。而它们的电极形状又有平板形、圆柱形和球平面形三种。

1. 变极距型电容传感器

图4-1是变极距型电容传感器的结构原理图。图中1、3为固定极板;2为可动极板,其位移是被测量变化而引起的。当可动极板向上移动Δd,图4-1(a)和图4-1(b)结构的电容增量为

$$\Delta C=\frac{\varepsilon S}{d-\Delta d}-\frac{\varepsilon S}{d}=\frac{\varepsilon S}{d}\frac{\Delta d}{d-\Delta d}=C_0\frac{\Delta d}{d-\Delta d} \tag{4-2}$$

式中:C_0为极距为d时的初始电容值。

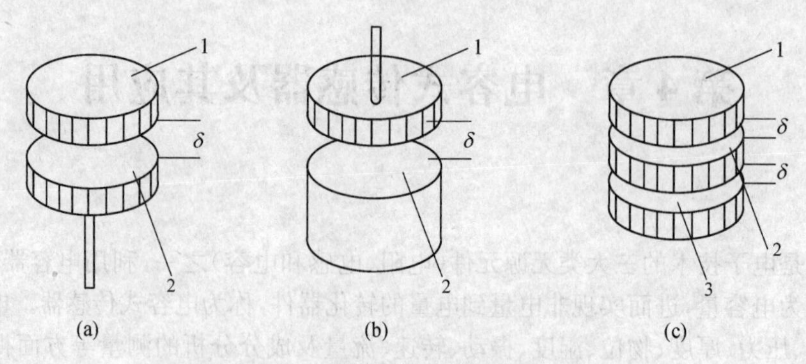

图 4-1 变极距型电容传感器结构原理

式(4-2)说明 ΔC 与 Δd 不是线性关系。但当 $\Delta d \ll d$(即量程远小于极板间初始距离)时,可以认为 ΔC-Δd 是线性的。因此这种类型传感器一般用来测量微小变化的量,如 0.01 μm 至零点几毫米的线位移等。

在实际应用中,为了改善非线性、提高灵敏度和减少外界因素(如电源电压、环境温度等)的影响,电容传感器也和电感传感器一样常常做成差分形式,如图 4-1(c)所示。当可动极板向上移动 Δd 时,上电容量增加,下电容量减小。

2. 变面积型电容传感器

图 4-2 是变面积型电容传感器的一些结构示意图,其中图 4-2(d)为差分式。与变极距型相比,它们的测量范围大。可测较大的线位移或角位移。图中 1 为固定极,2 为可动极。当被测量变化使可动极 2 位移时,就改变了电极间的遮盖面积,电容量 C 也就随之变化。对于电容间遮盖面积由 S 变为 S' 时,则电容量为

$$\Delta C = \frac{\varepsilon S}{d} - \frac{\varepsilon S'}{d} = \frac{\varepsilon(S-S')}{d} = \frac{\varepsilon \cdot \Delta S}{d} \tag{4-3}$$

式中:$\Delta S = S - S'$。由上式可见,电容的变化量与面积的变化量成线性关系。

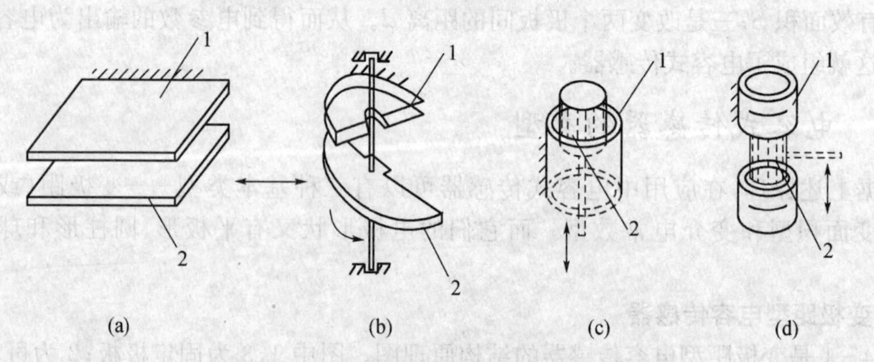

图 4-2 变面积型电容传感器结构原理图

3. 变介电常数型电容传感器

变介电常数型电容传感器的结构原理如图 4-3 所示,这种传感器大多用来测量电介质的厚度(图 4-3(a))、位移(图 4-3(b))、液位、液量(图 4-3(c)),还可根据极间介质的介电常数随温度、湿度、容量改变来测量温度、湿度、容量(图 4-3(d))等。以图 4-3(c)测液面高度为例,其电容量与被测量的关系为

$$C=\frac{2\pi\varepsilon_0 h}{\ln(r_2/r_1)}+\frac{2\pi(\varepsilon-\varepsilon_0)h_x}{\ln(r_2/r_1)} \tag{4-4}$$

式中：h 为极筒高度；r_1、r_2 为内极桶外半径和外极桶内半径；h_x、ε 为被测液面高度和它的介电常数；ε_0 为间隙内空气的介电常救。

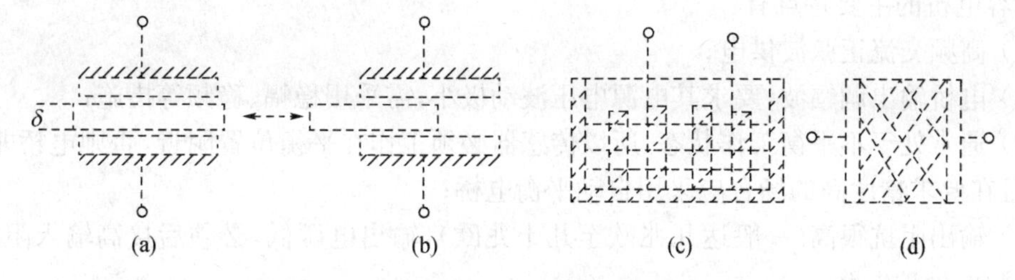

图 4-3　变介电常数电容传感器结构原理图

4.2　电容传感器的等效电路和测量电路

电容式传感器的转换电路就是将电容式传感器看成一个电容并转换成电压或其他电量的电路。

4.2.1　电容式传感器等效电路

上节对电容传感器的特性分析是在纯电容条件下进行的。这在可忽略传感器附加损耗的一般情况下也是可行的。若考虑电容传感器在高温、高湿及高频励磁条件下工作而不可忽视其附加损耗和电效应影响时，其等效电路如图 4-4 所示。

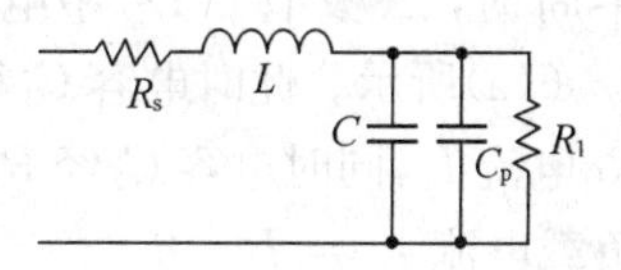

图 4-4　电容传感的等效电路

图 4-4 中 C 为传感器电容，R_1 为低频损耗并联电阻，它包含极板间漏电和介质损耗；R_s 为高温、高湿和高频励磁工作时的串联损耗电阻，它包含导线、极板间和金属支座等损耗电阻；L 为电容器及引线电感；C_p 为寄生电容，消灭寄生电容影响是电容传感器实用的关键。在实际应用中，特别是在高频激励时，尤需考虑 L 的存在，其存在会使传感器有效电容 $C_e=C/(1-\omega^2LC)$ 变化，从而引起传感器有效灵敏度的改变，即

$$S_e=S/(1-\omega^2LC)^2 \tag{4-5}$$

在此情况下，每当改变励磁频率或者更换传输电缆时都必须对测量系统重新进行标定。

电容式传感器的等效电路存在谐振频率，通常为几十兆赫兹。供电电源频率必须低于该谐振频率，一般为其 1/3～1/2，传感器才能正常工作。

4.2.2　电容式传感器测量电路

1. 电桥电路

将电容式传感器接入交流电桥作为电桥的一个臂（另一个臂为固定电容）或两个相邻

臂，另两个臂可以是电阻或电容或电感，也可以是变压器的两个次级线圈。其中另两个臂是紧耦合电感臂的电桥，具有较高的灵敏度和稳定性，且寄生电容影响极小，大大简化了电桥的屏蔽和接地，适合于高频电源下工作。而变压器式电桥使用元件最少，桥路内阻最小，因此目前较多采用。

电容电桥的主要特点有：

(1) 高频交流正弦波供电；

(2) 电桥输出调幅波，要求其电源电压波动极小，需采用稳幅、稳频等措施；

(3) 通常处于不平衡工作状态，所以传感器必须工作在平衡位置附近，否则电桥非线性增大，且在要求精度高的场合应采用自动平衡电桥；

(4) 输出阻抗很高(一般达几兆欧至几十兆欧)，输出电压低，必须后接高输入阻抗、高放大倍数的处理电路。

2. 二极管双 T 型电路

图 4-5 为双 T 二极管交流电桥原理图。它利用电容充放电原理组成，其中 U_i 为一对方波的高频电源电压，C_1 和 C_2 为差动电容传感器的电容，VD_1、VD_2 为两只理想二极管，R_1、R_2 为固定电阻，且 $R_1=R_2=R$，R_L 为负载电阻。

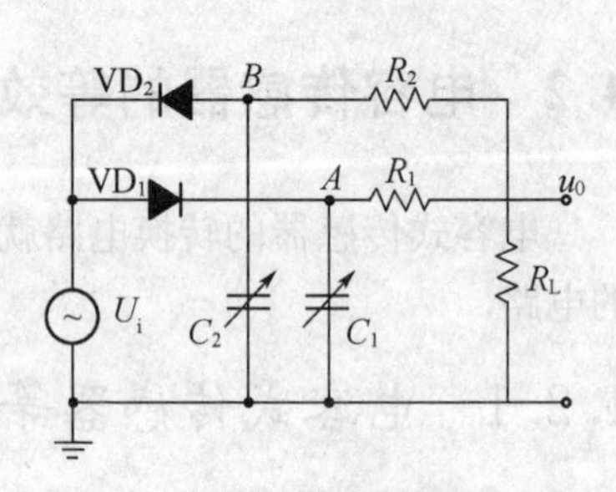

图 4-5 双 T 二极管交流电桥

电路工作原理：供电电压是幅值为 $\pm U_E$、周期为 T、占空比为 50% 的方波。若将二极管理想化，则当电源为正半周时，二极管 VD_1 导电、VD_2 截止，等效电路如图 4-6(a)所示。此时电容 C_1 很快充电至 U_i 值，U_i 供给 R_1、R_L 电流 I_1，同时电容 C_2 经 R_L、R_2 放电，其电流为 I_2。此时负载电流 $I_L=I_1-I_2$。

当电源为负半周时，二极管 VD_1 截止、VD_2 导电，等效电路如图 4-6(b)所示。此时电容 C_2 很快充电至 U_i 值，U_i 供给 R_2、R_L 电流 I_2，同时电容 C_1 经 R_L、R_1 放电，其电流为 I_1，方向如图所示。此时负载电流 $I_L=I_2-I_1$。传感器未作测量时，因电源输出以及电路和参数对称，因此负载 R_L 上的电流平均值为零。R_L 上无电压输出，电桥处于平衡状态。

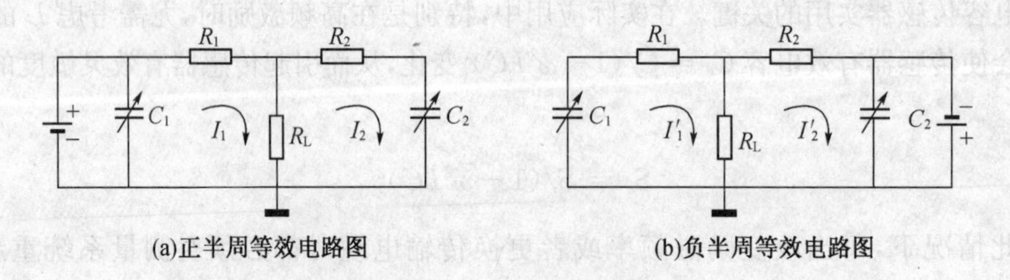

图 4-6 双 T 二极管等效电路

根据一阶电路时域分析的三要素法，可直接得到电容 C_2 的电流 i_{C_2} 如下

$$i_{C_2}=\left[\frac{U_E+\dfrac{R_L}{R+R_L}U_E}{R+\dfrac{RR_L}{R+R_L}}\right]e^{\left[\frac{-t}{\left(R+\frac{RR_L}{R+R_L}\right)C_2}\right]} \tag{4-6}$$

在 $R+(RR_L)/(R+R_L)C_2T/2$ 时，电流 i_{C_2} 的平均值 I_{C_2} 可以写成

$$I_{C_2}=\frac{1}{T}\int_0^{\frac{T}{2}}i_{C_2}\,dt\approx\frac{1}{T}\int_0^{\infty}i_{C_2}\,dt=\frac{1}{T}\frac{R+2R_L}{R+R_L}U_EC_2 \tag{4-7}$$

同理，可得负半周时电容 C_1 的平均电流 I_{C_1} 为

$$I_{C_1}=\frac{1}{T}\frac{R+2R_L}{R+R_L}U_EC_1 \tag{4-8}$$

故在负载 R_L 上产生的电压为

$$U_o=\frac{RR_L}{R+R_L}(I_{C_1}-I_{C_2})=\frac{RR_L(R+2R_L)}{(R+R_L)^2}\frac{U_E}{T}(C_1-C_2) \tag{4-9}$$

该电路的特点是：

(1) 线路简单，可全部放在探头内，大大缩短了电容引线，减小了分布电容的影响；

(2) 电源周期、幅值直接影响灵敏度，要求它们高度稳定；

(3) 输出阻抗为 R，而与电容无关，克服了电容式传感器高内阻的缺点；

(4) 适用于具有线性特性的单组式和差动式电容式传感器。

3. 差动脉冲调宽电路

差动脉冲调宽电路也称为差动脉宽(脉冲宽度)调制电路，利用对传感器电容的充放电使电路输出脉冲的宽度随传感器电容量变化而变化。通过低通滤波器就能得到对应被测量变化的直流信号。

图4-7为差动脉冲调宽电路原理图，图中 C_1、C_2 为差动式传感器的两个电容，若用单组式，则其中一个为固定电容，其电容值与传感器电容初始值相等；A_1、A_2 是两个比较器，U_r 为其参考电压。设接通电源时，双稳态触发器的 Q 端(即 A 点)为高电位，$\overline{Q}$ 端为低电位。因此 A 点通过 R_1 对 C_1 充电，直至 F 点的电位等于参考电压 U_r 时，比较 A_1 输出脉冲，使双稳态触发器翻转，Q 端变为低电位，$\overline{Q}$ 端(即 B 点)变为高电位。此时 F 点电位 U_r 经二极管 VD_1 迅速放电至零，同时 B 点高电位经 R_2 向 C_2 充电，当 G 点电位充至 U_r 时，比较器 A_2 输出脉冲，使双稳态触发器再一次翻转，Q 端又变为高电位，$\overline{Q}$ 端变为低电位。如此周而复始，则在 A、B 两点分别输出宽度受 C_1、C_2 调制的矩形脉冲。当 $C_1=C_2$ 时，各点的电压波形如图4-8(a)所示，输出电压 U_{AB} 的平均值为零。

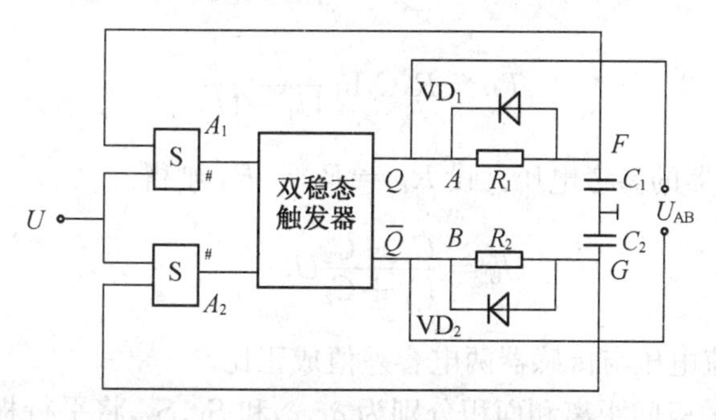

图4-7　差动脉冲调宽电路原理图

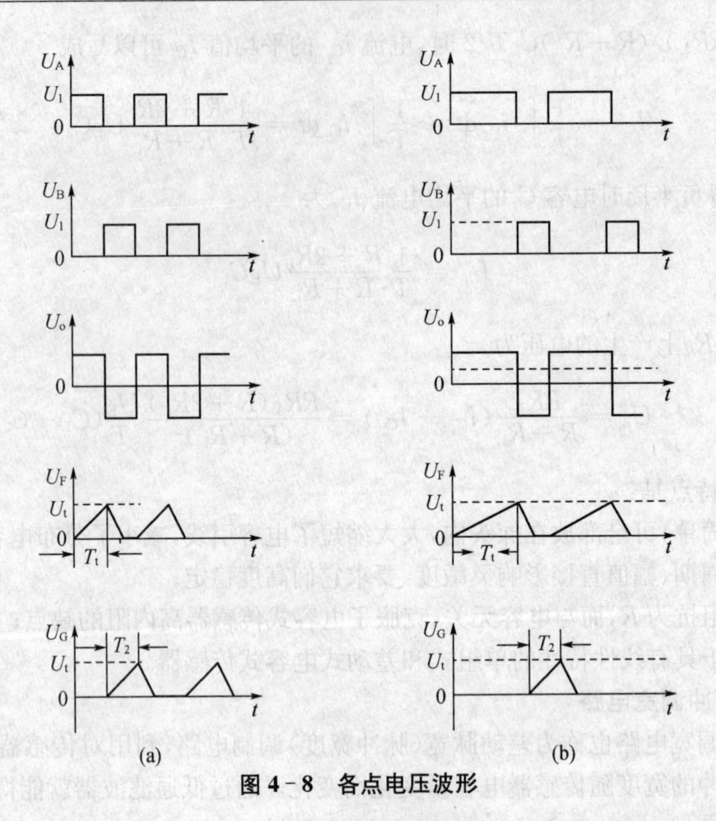

图 4-8　各点电压波形

但当 C_1、C_2 值不相等时，C_1、C_2 充电时间常数就发生改变，若 $C_1=C_2$，则各点电压波形如图 4-8(b)所示，输出电压 U_{AB} 的平均值不为零。U_{AB} 经低通滤波后，就可得到一直流电压 U_o 为

$$U_o=U_A-U_B=\frac{T_1}{T_1+T_2}U_1-\frac{T_2}{T_1+T_2}U_1=\frac{T_1-T_2}{T_1+T_2}U_1 \tag{4-10}$$

式中：U_A、U_B 为 A 点和 B 点的矩形脉冲的直流分量；T_1、T_2 分别为 C_1 和 C_2 的充电时间；U_1 为触发器输出的高电位。

C_1、C_2 的充电时间 T_1、T_2 为

$$T_1=R_1C_1\ln\frac{U_1}{U_1-U_r} \tag{4-11}$$

$$T_2=R_2C_2\ln\frac{U_1}{U_1-U_r} \tag{4-12}$$

式中：U_r 为触发器的参考电压。设 $R_1=R_2=R$，则得

$$U_o=\frac{C_1-C_2}{C_1+C_2}U_r \tag{4-13}$$

因此，输出的直流电压与传感器两电容差值成正比。

设电容 C_1 和 C_2 的极间距离和面积分别为 δ_1、δ_2 和 S_1、S_2，将平行板电容公式代入上式，对差动式变极距型和变面积型电容式传感器可得

$$U_o = \frac{\delta_1 - \delta_2}{\delta_1 + \delta_2} U_E \tag{4-14}$$

$$U_o = \frac{S_1 - S_2}{S_1 + S_2} U_E \tag{4-15}$$

可见差动脉冲调宽电路能适用于任何差动式电容式传感器,并具有理论上的线性特性。这是十分可贵的性质。在此指出:具有这个特性的电容测量电路还有差动变压器式电容电桥和由二极管T型电路经改进得到的二极管环形检波电路等。另外,差动脉冲调宽电路采用直流电源,其电压稳定度高,不存在稳频、波形纯度的要求,也不需要相敏检波与解调等;对元件无线性要求;经低通滤波器可输出较大的直流电压,对输出矩形波的纯度要求也不高。

4. 运算放大器式电路

该电路的最大特点是能够克服变极距型电容式传感器的非线性,图4-9为其原理图。C_x是传感器电容,C是固定电容,u_o是输出电压信号。

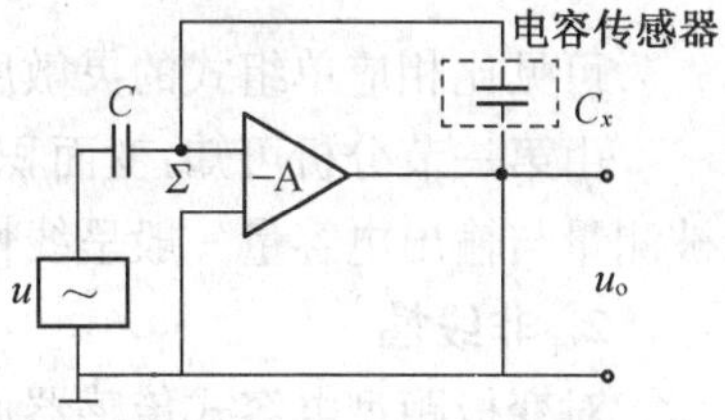

图4-9　运算放大器式电路原理图

由运算放大器工作原理可知

$$u_o = -\frac{1/(j\omega C_x)}{1/(j\omega C)} u = -\frac{C}{C_X} u \tag{4-16}$$

将 $C_x = (\varepsilon S)/\delta$ 代入上式得

$$u_o = -\frac{uC}{\varepsilon S}\delta \tag{4-17}$$

式中,负号表明输出电压与电源电压反相。显然,输出电压与电容极板间距成线性关系,这就从原理上保证了变极距型电容式传感器的线性。

4.3　电容传感器的主要性能、特点与设计要点

4.3.1　主要性能

1. 静态灵敏度

静态灵敏度是被测量缓慢变化时传感器电容变化量与引起其变化的被测量变化之比。

对于变极距型,由式(4-2)可知,其静态灵敏度 K_g 为

$$K_g = \frac{\Delta C}{\Delta \delta} = \frac{C_0}{\delta}\left(\frac{1}{1-\Delta\delta/\delta}\right) \tag{4-18}$$

因为 $\Delta\delta/\delta < 1$,将上式展开成泰勒级数得

$$K_g = \frac{C_0}{\delta}\left[1 + \frac{\Delta\delta}{\delta} + \left(\frac{\Delta\delta}{\delta}\right)^2 + \left(\frac{\Delta\delta}{\delta}\right)^3 + \left(\frac{\Delta\delta}{\delta}\right)^4 + \cdots\right] \tag{4-19}$$

可见其灵敏度是初始极板间距 δ 的函数,同时还随被测量而变化。减小 δ 可以提高灵敏度。但 δ 过小易导致电容器击穿(空气的击穿电压为3 kV/mm)。可在极间加一层云母

片(其击穿电压大于 10^3 kV/mm)或塑料膜来改善电容器耐压性能。

对于圆柱形变面积型电容式传感器,由式(4-4)可知其静态灵敏度为常数,即

$$K_g = \frac{\Delta C}{\Delta l} = \frac{C_0}{l} = \frac{2\pi\varepsilon}{\ln (r_2/r_1)} \tag{4-20}$$

灵敏度取决于 r_2/r_1,r_2 与 r_1 越接近,灵敏度越高。虽然内外极筒原始覆盖长度 l 与灵敏度无关,但 l 不可太小,否则边缘效应将影响到传感器的线性。

另外,变极距型和变面积型电容式传感器还可采用差动结构形式来提高静态灵敏度,一般能提高一倍。例如,对图 4-1 中变面积型差动式线位移电容式传感器,由式(4-3)和式(4-4)可得其静态灵敏度为

$$K_g = \frac{\Delta C}{\Delta l} = \left[\frac{2\pi\varepsilon(l+\Delta l)}{\ln (r_2/r_1)} - \frac{2\pi\varepsilon(l-\Delta l)}{\ln (r_2/r_1)}\right]/\Delta l = \frac{4\pi\varepsilon}{\ln (r_2/r_1)} \tag{4-21}$$

可见比相应单组式的灵敏度提高一倍。

由第一节分析可知:变面积型和变介电常数型电容式传感器在忽略边缘效应时,其输入被测量与输出电容量一般呈线性关系,因而其静态灵敏度为常数。

2. 非线性

对变极距型电容式传感器而言,当极板间距 δ 变化 $\pm\Delta\delta$ 时,其电容量随之变化,根据式(4-2)有

$$\Delta C = C_0 \frac{\Delta\delta}{\delta \pm \Delta\delta} = C_0 \frac{\Delta\delta}{\delta}\left(\frac{1}{1 \pm \Delta\delta/\delta}\right) \tag{4-22}$$

因为 $\Delta\delta/\delta < 1$,所以

$$\Delta C = C_0 \frac{\Delta\delta}{\delta}\left[1 \mp \frac{\Delta\delta}{\delta} + \left(\frac{\Delta\delta}{\delta}\right)^2 \mp \left(\frac{\Delta\delta}{\delta}\right)^3 + \cdots\right] \tag{4-23}$$

显然,输出电容 ΔC 与被测量 $\Delta\delta$ 之间是非线性关系。只有当 $\Delta\delta/\delta \ll 1$ 时,略去各非线性项后才能得到近似线性关系为 $\Delta C = C_0(\Delta\delta/\delta)$。由于 δ 取值不能大,否则将降低灵敏度,因此变极距型电容式传感器常工作在一个较小的范围内(0.01 m 至零点几毫米),而且最大 $\Delta\delta$ 应小于极板间距 δ 的 1/5~1/10。关于其非线性误差与最大量程问题可应用式(3-15)的结论。

采用差动形式,并取两电容之差为输出量 ΔC,容易得到

$$\Delta C = 2C_0 \frac{\Delta\delta}{\delta}\left[1 + \left(\frac{\Delta\delta}{\delta}\right)^2 + \left(\frac{\Delta\delta}{\delta}\right)^4 + \cdots\right] \tag{4-24}$$

相比之下,差动式的非线性得到了很大的改善,灵敏度也提高了一倍。

如果采用容抗 $X_C = 1/(\omega C)$ 作为电容式传感器输出量,那么被测量 $\Delta\delta$ 就与 ΔX_C 成线性关系,不一定要满足 $X_C = 1/(\omega C)$,$\Delta\delta \ll \delta$ 这一要求了。

变面积型和变介电常数型(测厚除外)电容式传感器具有很好的线性,但这是以忽略边缘效应为条件的。实际上由于边缘效应引起极板(或极筒)间电场分布不均匀,导致非线性问题仍然存在,且灵敏度下降,但比变极距型好得多。

4.3.2　特点

1. 优点

电容式传感器与电阻式、电感式等传感器相比有如下一些优点：

(1) 温度稳定性好

电容式传感器的电容值一般与电极材料无关，有利于选择温度系数低的材料，又因本身发热极小，影响稳定性甚微。

(2) 结构简单、适应性强

电容式传感器结构简单，易于制造，易于保证高的精度；可以做得非常小巧，以实现某些特殊的测量；电容式传感器一般用金属作电极、以无机材料(如玻璃、石英、陶瓷等)作绝缘支承，因此能工作在高低温、强辐射及强磁场等恶劣的环境中，可以承受很大的温度变化，承受高压力、高冲击、过载等；能测超高压和低压差，也能对带磁工件进行测量。

(3) 动态响应好

电容式传感器由于极板间的静电引力很小，需要的作用能量极小，又由于它的可动部分可以做得很小很薄，即质量很轻，因此其固有频率很高，动态响应时间短，能在几兆赫的频率下工作，特别适合动态测量。又由于其介质损耗小可以用较高频率供电，因此系统工作频率高。它可用于测量高速变化的参数，如测量振动、瞬时压力等。

(4) 可以实现非接触测量、具有平均效应

例如非接触测量回转轴的振动或偏心、小型滚珠轴承的径向间隙等。当采用非接触测量时，电容式传感器具有平均效应，可以减小工件表面粗糙度等对测量的影响。

电容式传感器除上述优点之外，还因带电极板间的静电引力极小，因此所需输入能量极小，所以特别适宜用来解决输入能量低的测量问题，例如测量极低的压力、力和很小的加速度、位移等，可以做得很灵敏，分辨率非常高，能感受 0.001 m 甚至更小的位移。

2. 缺点

电容式传感器存在如下不足之处：

(1) 输出阻抗高、负载能力差

电容式传感器的电容量受其电极几何尺寸等限制，一般为几十到几百皮法，使传感器的输出阻抗很高，尤其当采用音频范围内的交流电源时，输出阻抗高达 $10^6 \sim 10^8$。因此传感器负载能力差，易受外界干扰影响而产生不稳定现象，严重时甚至无法工作，必须采取屏蔽措施，从而给设计和使用带来不便。容抗大还要求传感器绝缘部分的电阻值极高(几十兆欧以上)，否则绝缘部分将作为旁路电阻而影响传感器的性能如灵敏度降低，为此还要特别注意周围环境如温湿度、清洁度等对绝缘性能的影响。高频供电虽然可降低传感器输出阻抗，但放大、传输远比低频时复杂，且寄生电容影响加大，难以保证工作稳定。

(2) 寄生电容影响大

电容式传感器的初始电容量很小，而传感器的引线电缆电容(1～2 m 导线可达 800 pF)、测量电路的杂散电容以及传感器极板与其周围导体构成的电容等“寄生电容”却较大，这一方面降低了传感器的灵敏度；另一方面这些电容(如电缆电容)常常是随机变化的，将使传感器工作不稳定，影响测量精度，其变化量甚至超过被测量引起的电容变化量，致使传感器无法工作。因此对电缆的选择、安装、接法都要有要求。

上述不足直接导致电容式传感器测量电路复杂的缺点。但随着材料、工艺、电子技术，特别是集成电路的高速发展，电容式传感器的优点得到发扬而缺点不断得到克服，成为一种大有发展前途的传感器。

4.3.3 设计要点

电容式传感器的高灵敏度、高精度等独特的优点是与其正确设计、选材以及精细的加工工艺分不开的。在设计传感器的过程中，在所要求的量程、温度和压力等范围内，应尽量使它具有低成本、高精度、高分辨率、稳定可靠和高的频率响应等。对于电容式传感器，设计时可以从下面几个方面予以考虑：

1. 减小环境温度、湿度等变化所产生的影响，保证绝缘材料的绝缘性能

温度变化使传感器内各零件的几何尺寸和相互位置及某些介质的介电常数发生变化，从而改变传感器的电容量，产生温度误差。湿度也影响某些介质的介电常数和绝缘电阻值。因此必须从选材、结构、加工工艺等方面来减小温度等误差并保证绝缘材料具有高的绝缘性能。

电容式传感器的金属电极的材料以选用温度系数低的铁镍合金为好，但较难加工。也可采用在陶瓷或石英上喷镀金或银的工艺，这样电极可以做得极薄，对减小边缘效应极为有利。

传感器内电极表面不便经常清洗，应加以密封，用以防尘、防潮。若在电极表面镀以极薄的惰性金属（如铑等）层，则可代替密封件起保护作用，可防尘、防湿、防腐蚀，并在高温下可减少表面损耗、降低温度系数，但成本较高。

传感器内，电极的支架除要有一定的机械强度外还要有稳定的性能。因此选用温度系数小和几何尺寸长期稳定性好，并具有高绝缘电阻、低吸潮性和高表面电阻的材料，例如石英、云母、人造宝石及各种陶瓷等做支架。虽然这些材料较难加工，但性能远高于塑料、有机玻璃等。在温度不太高的环境下，聚四氟乙烯具有良好的绝缘性能，可以考虑选用。

尽量采用空气或云母等介电常数的温度系数几近为零的电介质（也不受湿度变化的影响）作为电容式传感器的电介质。若用某些液体如硅油、煤油等作为电介质，当环境温度、湿度变化时，它们的介电常数随之改变，产生误差。这种误差虽可用后续电路加以补偿（如采用与测量电桥相并联的补偿电桥），但无法完全消除。

在可能的情况下，传感器内尽量采用差动对称结构，再通过某些类型的测量电路（如电桥）来减小温度等误差。可以用数学关系式来表达温度等变化所产生的误差，作为设计依据，但比较烦琐。

尽量选用高的电源频率，一般为 50 kHz 至几兆赫，以降低对传感器绝缘部分的绝缘要求。

传感器内所有的零件应先进行清洗、烘干后再装配。传感器要密封以防止水分侵入内部而引起电容值变化和绝缘性能下降。传感器的壳体刚性要好，以免安装时变形。

2. 消除和减小边缘效应

边缘效应不仅使电容式传感器的灵敏度降低而且产生非线性，因此应尽量减小、消除它。适当减小极间距，使电极直径或边长与间距比很大，可减小边缘效应的影响，但易产生击穿并有可能限制测量范围。电极应做得极薄使之与极间距相比很小，这样也可减小边缘电场的影响。此外，可在结构上增设等位环来消除边缘效应，如图 4－10 所示。

等位环与电极 2 在同一平面上并将电极 2 包围，且与电极 2 电绝缘但等电位，这就能使电极 2 的边缘电力线平直，电极 1 和 2 之间的电场基本均匀，而发散的边缘电场发生在等位环外周不影响传感器两极板间电场。

应该指出，边缘效应所引起的非线性与变极距型电容式传感器原理上的非线性恰好相反，因此在一定程度上起了补偿作用，但传感器灵敏度同时下降。

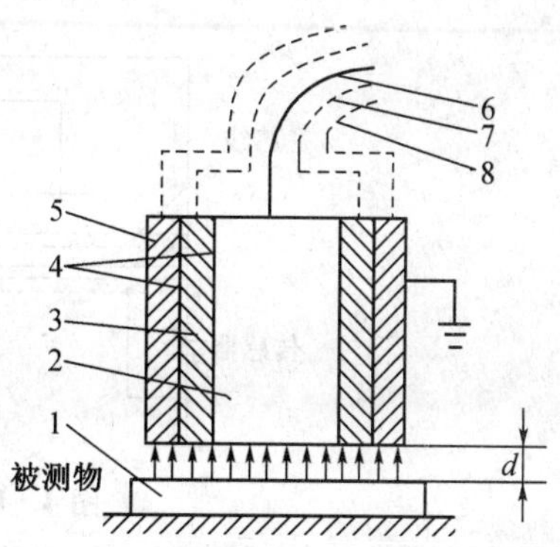

图 4－10　带有等位环的平板电容传感器原理图

1、2—电极；3—等位环；4—绝缘层；5—套筒；6—芯线；7、8—内、外屏蔽层

3. 减小和消除寄生电容的影响

由前述可知，寄生电容与传感器电容相并联影响传感器灵敏度，而它的变化则为虚假信号，影响传感器的精度。为减小和消除它，可采用如下方法：

(1) 增加传感器原始电容值。采用减小极片或极筒间的间距(平板式间距为 0.2～0.5 mm，圆筒式间距为 0.15 mm)，增加工作面积或工作长度来增加原始电容值，但受加工及装配工艺、精度、示值范围、击穿电压、结构等限制。一般电容值变化在 10^{-3}～10^{3} pF 范围内。

(2) 注意传感器的接地和屏蔽。图 4－10 为采用接地屏蔽的圆筒形电容式传感器。图中可动极筒与连杆固定在一起随被测量移动，并与传感器的屏蔽壳(良导体)同为地。因此当可动极筒移动时，它与屏蔽壳之间的电容值将保持不变，从而消除了由此产生的虚假信号。

引线电缆也必须屏蔽在传感器屏蔽壳内。为减小电缆电容的影响，应尽可能使用短的电缆线，缩短传感器至后续电路前置级的距离。

(3) 集成化。将传感器与测量电路本身或其前置级装在一个壳体内，这样寄生电容大为减小、变化也小，使传感器工作稳定。但因电子元器件的特点而不能在高、低温或环境差的场合工作。

(4) 采用“驱动电缆”技术。当电容式传感器的电容值很小，而因某些原因(如环境温度较高)，测量电路只能与传感器分开时，可采用“驱动电缆”技术，如图 4－11 所示。传感器与测量电路前置级间的引线为双屏蔽层电缆，其内屏蔽层与信号传输线(即电缆芯线)通过 1∶1放大器而为等电位，从而消除了芯线与内屏蔽层之间的电容。由于屏蔽线上有随传感器输出信号变化而变化的电压，因此称为“驱动电缆”。采用这种技术可使电缆线长达 10 m 之远也不影响传感器的性能。外屏蔽层接大地(或接仪器地)用来防止外界电场的干扰。内外屏蔽层之间的电容是 1∶1 放大器的负载。1∶1 放大器是一个输入阻抗要求很高、具有容性负载、放大倍数为 1(准确度要求达 1/1 000)的同相(要求相移为零)放大器。因此“驱动电缆”技术对 1∶1 放大器要求很高，电路复杂，但能保证电容式传感器的电容值小于1 pF 时，也能正常工作。

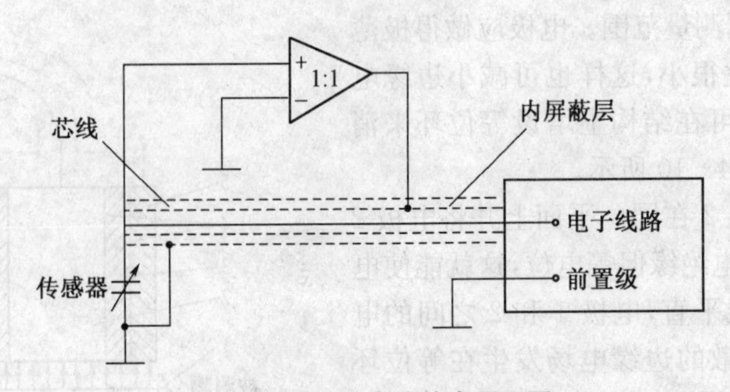

图 4-11　驱动电缆技术原理图

(5) 采用运算放大器法。它是利用运算放大器的虚地来减小引线电缆寄生电容 C_p 的影响,其原理如图 4-12 所示。电容式传感器的一个电极经引线电缆芯线接运算放大器的虚地点,电缆的屏蔽层接仪器地,这时与传感器电容相并联的为等效电容 $C_p/(1+A)$,因而大大地减小了电缆电容的影响。外界干扰因屏蔽层接传感器地而对芯线不起作用。传感器的另一电极经传感器外壳(最外面的屏蔽层)接大地,以防止外电场的干扰。若采用双屏蔽层电缆,其外屏蔽层接大地,则干扰影响更小。实际上,这是一种不完全的电缆"驱动技术",其电路要比图 4-11 中电路简单得多。尽管仍存在电缆寄生电容的影响,但选择 A 足够大时,可得到所需的测量精度。

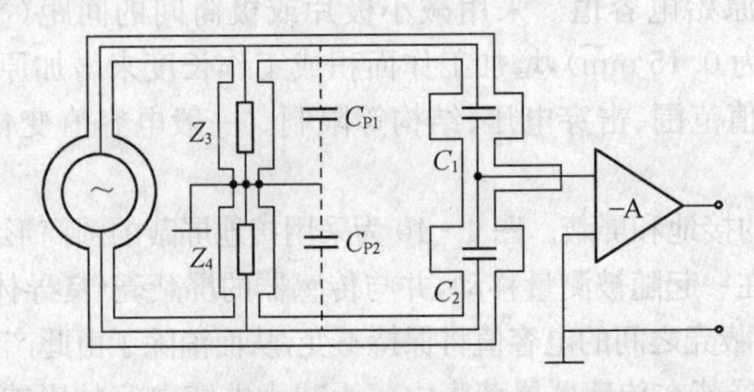

图 4-12　差动电容式传感器交流电桥整体屏蔽系统

(6) 整体屏蔽。将电容式传感器和所采用的转换电路、传输电缆等用同一个屏蔽壳屏蔽起来,正确选取接地点可减小寄生电容的影响和防止外界的干扰。

图 4-12 所示是差动电容式传感器交流电桥所采用的整体屏蔽系统,屏蔽层接地点选择在两固定辅助阻抗臂 Z_3 和 Z_4 中间,使电缆芯线与其屏蔽层之间的寄生电容 C_{p1} 和 C_{p2} 分别与 Z_3 和 Z_4 相并联。如果 Z_3 和 Z_4 比 C_{p1} 和 C_{p2} 的容抗小得多,则寄生电容 C_{p1} 和 C_{p2} 对电桥的平衡状态的影响就很小。

最易满足上述要求的是变压器电桥,这时 Z_3 和 Z_4 是具有中心抽头并相互紧密耦合的两个电感线圈,流过 Z_3 和 Z_4 的电流大小基本相等但方向相反。因 Z_3 和 Z_4 在结构上完全对称,所以线圈中的合成磁通近于零,Z_3 和 Z_4 仅为其绕组的铜电阻及漏感抗,它们都很小。结果寄生电容 C_{p1} 和 C_{p2} 对 Z_3 和 Z_4 的分路作用即可被削弱到很低的程度而不致影响交流电桥的平衡。还可以再加一层屏蔽,所加外屏蔽层接地点则选在差动式电容传感器两电容 C_1 和 C_2 之间。

这样进一步降低了外界电磁场的干扰,而内外屏蔽层之间的寄生电容等效作用在测量电路前置级不影响电桥的平衡，因此在电缆线长达 10 m 以上时仍能测出 1 pF 的电容。当电容式传感器的原始电容值较大(几百皮法)时，只要选择适当的接地点仍可采用一般的同轴屏蔽电缆。电缆长达 10 m 时，传感器也能正常工作。

4. 防止和减小外界干扰

电容式传感器是高阻抗传感元件，易受外界干扰的影响。当外界干扰(如电磁场)在传感器上和导线之间感应出电压并与信号一起输送至测量电路时就会产生误差，甚至使传感器无法正常工作。此外，接地点不同所产生的接地电压差也是一种干扰信号，也会带来误差和故障。防止和减小干扰的某些措施已在上面有所讨论，现归纳如下：

(1) 屏蔽和接地。用良导体做传感器壳体，将传感元件包围起来，并可靠接地；用金属网套住导线彼此绝缘(即屏蔽电缆)，金属网可靠接地；用双层屏蔽线可靠接地；用双层屏蔽罩且可靠接地；传感器与测量电路前置级一起装在良好屏蔽壳体内并可靠接地等等。

(2) 增加原始电容量，降低容抗。

(3) 导线间的分布电容有静电感应，因此导线和导线之间要离的远，线要尽可能短，最好成直角排列，若必须平行排列时可采用同轴屏蔽电缆线。

(4) 尽可能一点接地，避免多点接地。地线要用粗的良导体或宽印制线。

(5) 尽量采用差动式电容传感器，可减小非线性误差，提高传感器灵敏度，减小寄生电容的影响和温度、湿度等其他环境因素导致的测量误差。

4.4　电容式传感器的应用

电容式传感器可用来测量直线位移、角位移、振动振幅，尤其适合测量高频振动振幅、精密轴系回转精度、加速度等机械量。变极距型的适用于较小位移的测量，量程在 0.01 m 至数百微米、精度可达 0.01 m、分辨率可达 0.001 m。变面积型的能测量较大的位移，量程为零点几毫米至数百毫米之间、线性优于 0.5%、分辨率为 0.01～0.001 m。电容式角度和角位移传感器的动态范围为 0.1″至几十度，分辨率约 0.1″，零位稳定性可达角秒级，广泛用于精密测角，如用于高精度陀螺和摆式加速度计。电容式测振幅传感器可测峰值为 0～50 m、频率为 10～2 kHz，灵敏度高于 0.01 m，非线性误差小于 0.05 m。

电容式传感器还可用来测量压力、压差、液位、料面、成分含量(如油、粮食中的含水量)、非金属材料的涂层、油膜等的厚度，测量电介质的湿度、密度、厚度等等，在自动检测和控制系统中也常常用来作为位置信号发生器。差动电容式压力传感器测量范围可达 50 MPa，精度为±0.25%～±0.5%。电容式传感器厚度测量范围为几百微米，分辨率可达 0.01 m。电容式接近开关不仅能检测金属，而且能检测塑料、木材、纸、液体等其他电介质，但目前还不能达到超小型，其动作距离约为 10～20 mm。静电电容式电平开关是广泛用于检测储存在油罐、料斗等容器中各种物体位置的一种成熟产品。当电容式传感器测量金属表面状况、距离尺寸、振动振幅时，往往采用单边式变极距型，这时被测物是电容器的一个电极，另一个电极则在传感器内。这类传感器属非接触测量，动态范围比较小，约为十分之几毫米左右，测量精度超过 0.1 m，分辨率为 0.01～0.001 m。

4.4.1 电容式加速度传感器

电容式加速度传感器的结构示意图如图 4－13 所示。质量块由两根簧片支承置于壳体内，弹簧较硬使系统的固有频率较高，因此构成惯性式加速度计的工作状态。当测量垂直方向上的直线加速度时，传感器壳体固定在被测振动体上，振动体的振动使壳体相对质量块运动，因而与壳体固定在一起的两固定极板 1、5 相对质量块运动，致使上固定极板 5 与质量块的 A 面(磨平抛光)组成的电容 C_{x1} 以及下固定极板 1 与质量块的 B 面(磨平抛光)组成的电容 C_{x2} 随之改变，一个增大，一个减小，它们的差值正比于被测加速度。固定极板靠绝缘体与壳体绝缘。由于采用空气阻尼，气体粘度的温度系数比液体的小得多，因此这种加速度传感器的精度较高，频率响应范围宽，量程大，可以测很高的加速度。

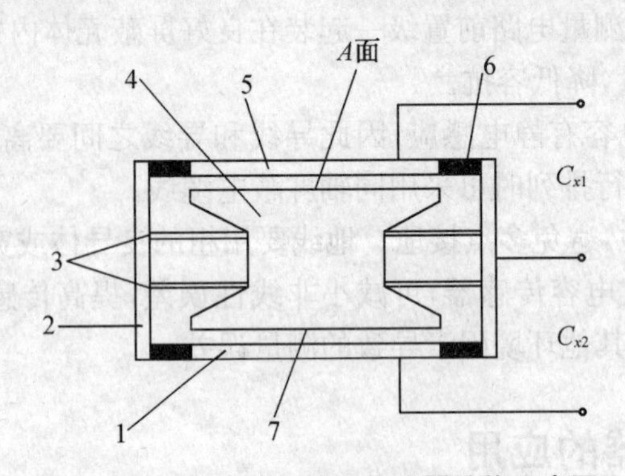

图 4－13 电容式加速度传感器结构示意图

1、5—固定极板；2—壳体；3—簧片；4—质量块；6—绝缘体

4.4.2 电容式差压传感器

图 4－14 是电容式差压传感器结构示意图。这种传感器结构简单、灵敏度高、响应速度快(约 100 ms)、能测微小压差(0～0.75 Pa)。它是由两个玻璃圆盘和一个金属(不锈钢)膜片组成。两玻璃圆盘上的凹面深约 25 mm，其上镀金属以作为电容式传感器的两个固定极板，而夹在两凹圆盘中的膜片则为传感器的可动电极，则形成传感器的两个差动电容 C_1、C_2。当两边压力 p_1、p_2 相等时，膜片处在中间位置与左、右固定电容间距相等，因此两个电容相等；当 $p_1 > p_2$ 时，膜片弯向 p_2，那么两个差动电容一个增大、一个减小，且变化量大小相同；当压差反向时，差动电容变化量也反向。这种差压传感器也可以用来测量真空或微小绝对压力，此时只要把膜片的一侧密封并抽成高真空(10^{-5} Pa)即可。

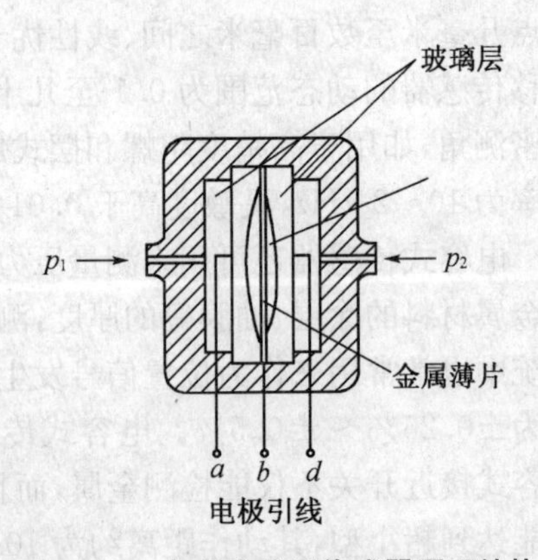

图 4－14 电容式差压传感器原理结构

1. 简述电容式传感器的工作原理。

2. 推导差动式电容传感器的灵敏度，并与单极式电容传感器相比较。

3. 总结电容式传感器的优缺点，主要应用场合以及使用中应注意的问题。

4. 简述电容式传感器用差动脉冲调宽电路的工作原理及特点。

5. 为什么高频工作时电容式传感器的连接电缆的长度不能任意改变？

6. 试计算图 4 - 15 所示各电容传感元件的总电容表达式。

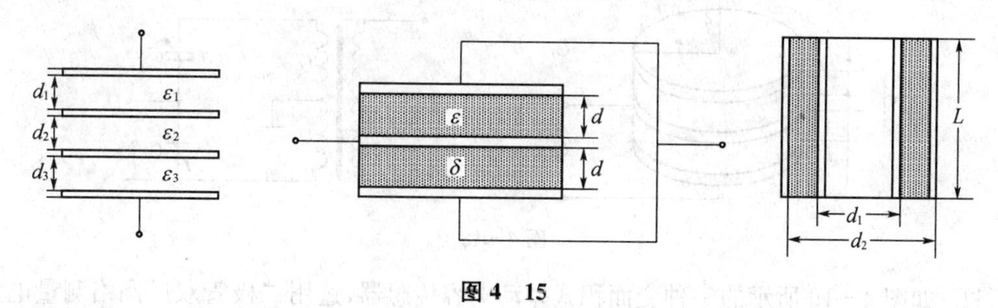

图 4 - 15

7. 试推导图 4 - 16 所示变电介质电容式位移传感器的特性方程 $C=f(x)$。设真空的介电系数为 ε_0，$\varepsilon_2>\varepsilon_1$，以及极板宽度为 W，其他参数如图 4 - 16 所示。

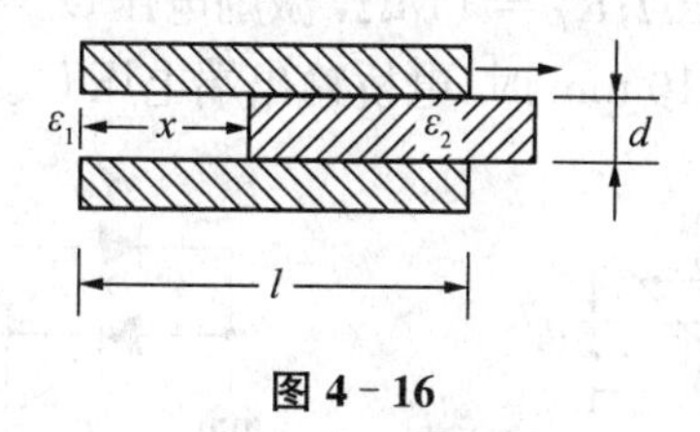

图 4 - 16

8. 在压力比指示系统中采用差动式变间隙电容传感器和电桥测量电路，如图 4 - 17 所示。已知：$\delta_0=0.25\,\text{mm}$；$D=38.2\,\text{mm}$；$R=5.1\,\text{k}\Omega$；$U_{sr}=60\,\text{V}$(交流)，频率 $f=400\,\text{Hz}$。试求：

(1) 该电容传感器的电压灵敏度 K_u(V/μm)；

(2) 当电容传感器的动极板位移 $\Delta\delta=10\,\mu\text{m}$ 时，输出电压 U_{sc} 值。

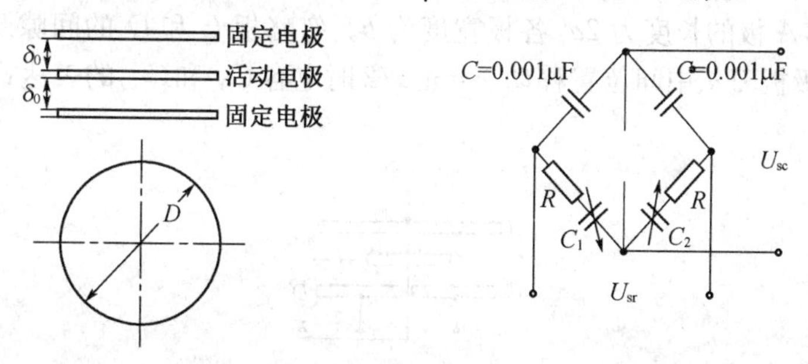

图 4 - 17

9. 有一台变间隙非接触式电容测微仪，其传感器的极板半径 $r = 4\ \mathrm{mm}$，假设与被测工件的初始间隙 $d_0 = 0.3\ \mathrm{mm}$。试求：

(1) 如果传感器与工件的间隙变化量 $\Delta d = \pm 10\ \mu\mathrm{m}$，电容变化量为多少？

(2) 如果测量电路的灵敏度 $K_u = 100\ \mathrm{mV/pF}$，则在 $\Delta d = \pm 1\ \mu\mathrm{m}$ 时的输出电压为多少？

10. 有一变间隙式差动电容传感器，其结构如图 4 - 18 所示。选用变压器交流电桥作测量电路。差动电容器参数：$r = 12\ \mathrm{mm}$；$d_1 = d_2 = d_0 = 0.6\ \mathrm{mm}$；空气介质，即 $\varepsilon = \varepsilon_0 = 8.85 \times 10^{-12}\ \mathrm{F/m}$。测量电路参数：$u_{\mathrm{sr}} = u = 3\sin \omega t(\mathrm{V})$。试求当动极板上输入位移(向上位移) $\Delta x = 0.05\ \mathrm{mm}$ 时，电桥输出端电压 U_{sc} 的值。

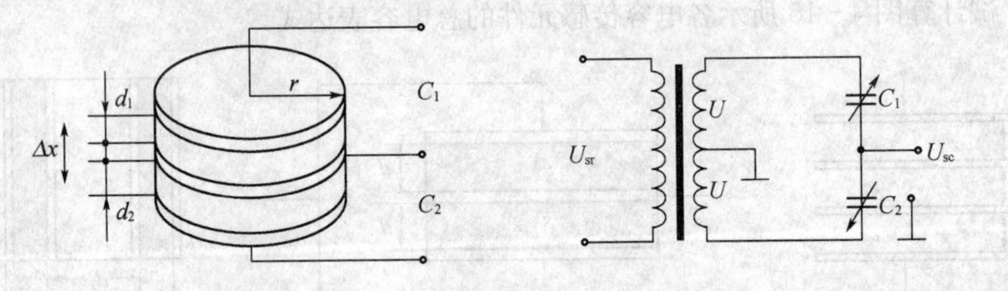

图 4 - 18

11. 如图 4 - 19 所示的一种变面积式差动电容传感器，选用二极管双厂网络测量电路。差动电容器参数为：$a = 40\ \mathrm{mm}$，$b = 20\ \mathrm{mm}$，$d_1 = d_2 = d_0 = 1\ \mathrm{mm}$；起始时动极板处于中间位置，$C_1 = C_2 = C_0$，介质为空气，$\varepsilon = \varepsilon_0 = 8.85 \times 10^{-12}\ \mathrm{F/m}$。测量电路参数：$D_1$、$D_2$ 为理想二极管；$R_1 = R_2 = R = 10\ \mathrm{k\Omega}$；$R_f = 1\ \mathrm{M\Omega}$，激励电压 $U_i = 36\ \mathrm{V}$，变化频率 $f = 1\ \mathrm{MHz}$。试求当动极板向右位移 $\Delta x = 10\ \mathrm{mm}$ 时，电桥输出端电压 U_{sc} 的值。

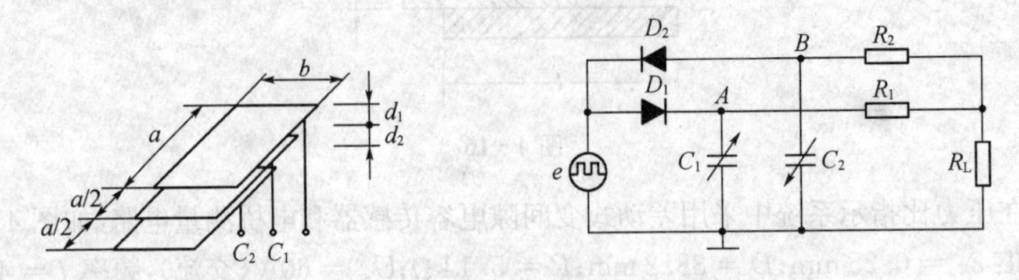

图 4 - 19

12. 一只电容位移传感器如图 4 - 20 所示，由四块置于空气中的平行平板组成。板 A、C 和 D 是固定极板；板 B 是活动极板，其厚度为 t，它与固定极板的间距为 d。B、C 和 D 板的长度均为 a，A 板的长度为 $2a$，各板宽度为 b。忽略板 C 和 D 的间隙及各板的边缘效应，试推导活动极板刀从中间位置移动 $x = \pm a/2$ 时电容 C_{AC} 和 C_{AD} 的表达式($x = 0$ 时为对称位置)。

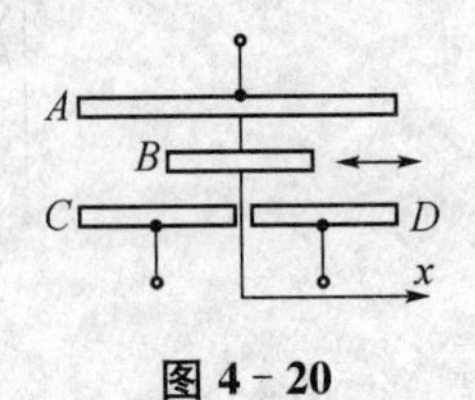

图 4 - 20

13. 已知平板电容传感器极板间介质为空气，极板面积 $S = a \times a = (2 \times 2)\text{cm}^2$，间隙 $d_0 = 0.1\ \text{mm}$。求：传感器的初始电容值；若由于装配关系，使传感器极板一侧间隙 d_0，而另一侧间隙为 $d_0 + b(b = 0.01\ \text{mm})$，此时传感器的电容值。

14. 有一个直径为 2 m、高 5 m 的铁桶，往桶内连续注水，当注水数量达到桶容量的 80%时就应当停止，试分析用应变片式传感器或电容式传感器来解决该问题的途径和方法。

第5章 压电式和超声波传感器及其应用

压电式传感器是一种有源传感器，它是以某些材料的压电效应为基础，在外力作用下，这些材料的表面上产生电荷，从而实现非电量到电量的转换。因此压电式传感器是力敏元件，它能测量最终能变换为力的那些物理量，例如压力、应力、加速度等，在工程上有着广泛的应用。

5.1 压电式传感器

5.1.1 晶体的压电效应及压电材料

1. 压电效应

某些晶体，当沿着一定方向受到外力作用时，内部就产生极化现象，同时在某两个表面上产生符号相反的电荷；当外力去掉后，又恢复到不带电状态；当作用力方向改变，电荷的极性也随着改变；晶体受力所产生的电荷量与外力的大小成正比，上述现象称为正压电效应。反之，如对晶体施加一交变电场，晶体本身将产生机械变形，这种现象称为逆压电效应（电致伸缩效应）。

利用压电效应的可逆性，可以实现机电能量的相互转换，如图5-1所示。

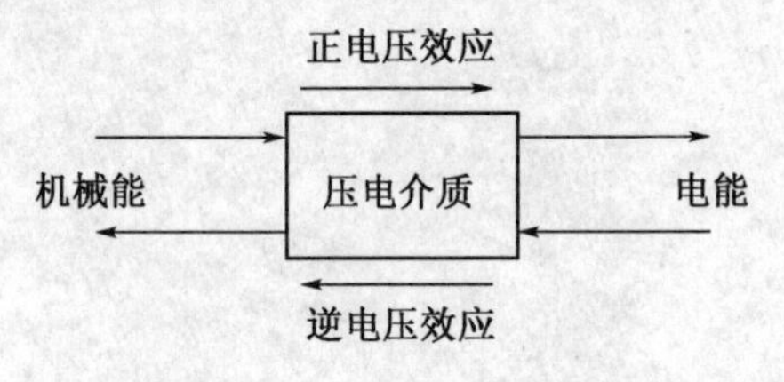

图5-1 压电效应示意图

压电传感器大都是利用压电材料的正压电效应制成的。在电声和超声工程中也有利用逆压电效应制作的传感器。

2. 压电材料

压电材料的主要特性参数有：

(1) 压电系数：衡量材料压电效应强弱的参数，直接关系到压电输出灵敏度。

(2) 弹性常数（刚度）：决定着压电器件的固有频率和动态特性。

(3) 介电常数：压电元件的固有电容与之有关，而固有电容又影响着传感器的频率下限。

(4) 机电耦合系数：衡量压电材料机电能量的转换效率，定义为输出与输入能量比值的平方根。

(5) 电阻：压电材料的绝缘电阻将减小电荷泄漏，从而改善压电传感器的低频特性。

(6) 居里点:压电材料开始丧失压电性的温度。

迄今出现的压电材料分为三大类,即压电晶体、压电陶瓷及新型压电材料,它们都具有较好的特性。如具有较大的压电常数,机械性能优良(强度高、固有振荡频率稳定),时间稳定性好,温度稳定性好等,所以它们是比较理想的压电材料。

石英晶体是最早应用的压电材料,至今石英仍是最重要的也是用量最大的振荡器、谐振器和窄带滤波器等元件的压电材料。随着压电传感器的大量应用,在石英之后研制出了许多人造晶体,如罗息盐、ADP、KDP、EDT、DKT 和 LH 等压电单晶体。但由于它们的性能存在某些缺陷,后来随着人造压电石英的大量生产和压电陶瓷性能的提高,这些人造单晶体已逐渐被取代了。

现今压电传感器的材料大多用压电陶瓷。压电陶瓷的压电机理与单晶不同,是利用多晶压电陶瓷的电致伸缩效应。极化后的压电陶瓷可以当作压电晶体来处理。当前常用的压电陶瓷是锆钛酸铅(PZT)。另外,铌酸锂和钽酸锂大量用作声表面波(SAW)器件。此外,氧化锌和氮化铝等压电薄膜已是当今微波器件的关键材料。

压电单晶和压电陶瓷都是脆性材料。而以聚偏二氟乙烯(PVDF)为代表的压电高聚物薄膜,压电性强,柔性好,特别是声阻抗与水和生物组织接近,是制作传感器的良好材料。用压电陶瓷和高聚物复合而成的压电复合材料也已在压电传感器领域中得到应用。

3. 压电方程和压电常数

一般采用数字下脚标表示压电晶体平面或受力方向,即用 1、2、3,分别表示 X、Y、Z 三个轴的方向,而以 4、5、6 表示围绕 X、Y、Z 三个轴向方向的切向作用。下标符号的顺序,如 d_{ij} 表示 j 方向受力而在 i 方向上得到电场。图 5-2 为压电晶体转换元件坐标系的表示方法。

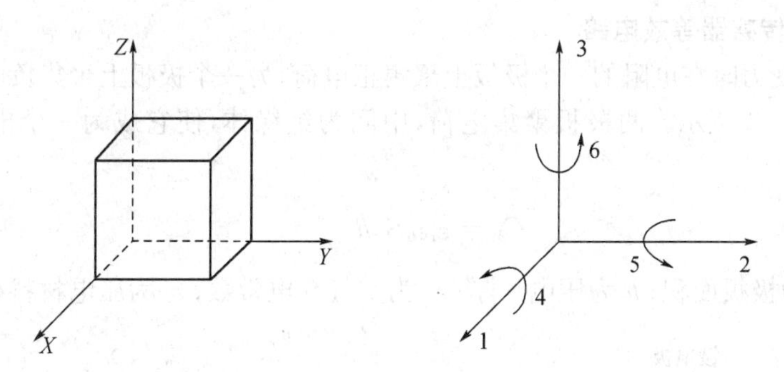

图 5-2　压电元件的坐标系表示法

根据压电效应原理,当一个平行于 x 轴的力 F_x 作用在压电转换元件的平面上时,压电元件表面的电荷密度 δ 为

$$\delta = d_{11}\sigma_1 = d_{11}\frac{F_x}{A_x} \tag{5-1}$$

式中:d_{11} 为压电系数,晶体承受单位力作用时所产生的电荷量;σ_1 为 A_x 面上的应力。

由式(5-1)可知,在压电晶体弹性变形的范围之内,电荷密度与作用力之间的关系是线性的。如果同时对压电转换元件的 X、Y、Z 三个轴的方向上用拉(压)力,对 YZ、XY、XZ 平面上作用切向应力,则各平面的电荷密度可用数学式表示如下:

$$\left.\begin{aligned}\delta_1 = d_{11}\sigma_1 + d_{12}\sigma_2 + d_{13}\sigma_3 + d_{14}\sigma_{23} + d_{15}\sigma_{31} + d_{16}\sigma_{12} \\ \delta_2 = d_{21}\sigma_1 + d_{22}\sigma_2 + d_{23}\sigma_3 + d_{24}\sigma_{23} + d_{25}\sigma_{31} + d_{26}\sigma_{12} \\ \delta_3 = d_{31}\sigma_1 + d_{32}\sigma_2 + d_{33}\sigma_3 + d_{34}\sigma_{23} + d_{35}\sigma_{31} + d_{36}\sigma_{12}\end{aligned}\right\} \tag{5-2}$$

式中：δ_1、δ_2、δ_3 为 A_x、A_y、A_z 各对平面上的电荷密度；σ_1、σ_2、σ_3 为 A_x、A_y、A_z 平面上作用的轴向应力；σ_{23}、σ_{31}、σ_{12} 为切向应力；d_{ij} 为压电系数。

若将式(5-2)以矩阵表示，则可写为

$$\begin{bmatrix}\delta_1\\ \delta_2\\ \delta_3\end{bmatrix} = [D]\begin{bmatrix}\sigma_1\\ \sigma_2\\ \sigma_3\\ \sigma_4\\ \sigma_5\\ \sigma_6\end{bmatrix} \tag{5-3}$$

式中：$\sigma_4 = \sigma_{23}$；$\sigma_5 = \sigma_{31}$；$\sigma_6 = \sigma_{12}$；$[D]$ 的表达式为

$$[D] = \begin{bmatrix}d_{11} & d_{12} & d_{13} & d_{14} & d_{15} & d_{16}\\ d_{21} & d_{22} & d_{23} & d_{24} & d_{25} & d_{26}\\ d_{31} & d_{32} & d_{33} & d_{34} & d_{35} & d_{36}\end{bmatrix} \tag{5-4}$$

式(5-4)称为压电系数矩阵。

5.1.2 压电式传感器等效电路和测量电路

1. 压电式传感器等效电路

当压电片受力时在电阻的一个极板上聚集正电荷，另一个极板上聚集负电荷，两种电荷量相等，如图 5-3 所示。两极板聚集电荷，中间为绝缘体，使它成为一个电容器，其电容量为

$$C_a = \varepsilon_r \varepsilon_0 S/h \tag{5-5}$$

式中：S 为极板面积；h 为压电片厚；ε_0 为空气介电常数；ε_r 为压电材料相对介电常数。

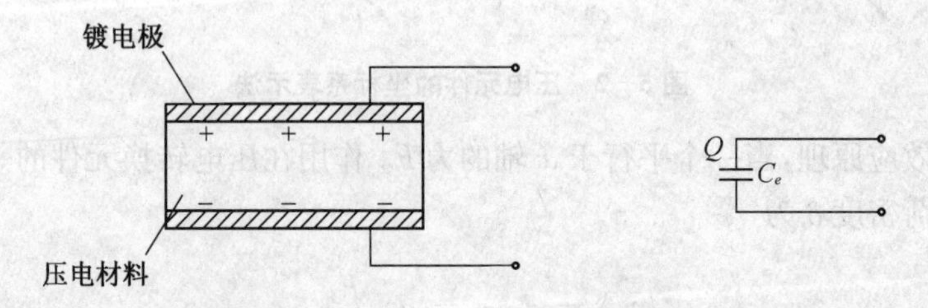

图 5-3 压电式传感器的等效电路

压电元件是压电式传感器的敏感元件。当它受到外力作用时，就会在电极上产生电荷，因此，可以把压电式传感器等效为一个电荷源与一个电容并联的电荷发生器，等效电路如图 5-4(a)所示。由于电容上的(开路)电压为

$$U = \frac{q}{C_d} \tag{5-6}$$

因此压电式传感器也可以等效为一个电压源和一个电容串联的电压源，等效电路如图5-4(b)所示。

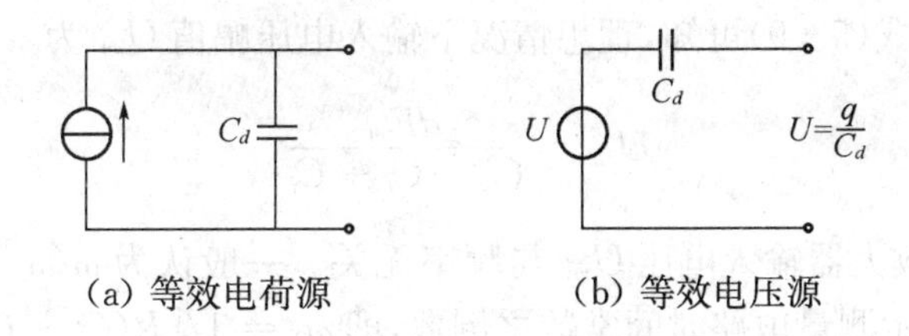

图5-4　压电加速度传感器的等效电路

2. 压电式传感器测量电路

压电传感器本身的内阻抗很高，而输出能量较小，因此它的测量电路通常需要接入一个高输入阻抗的前置放大器，其作用为：一是把它的高输出阻抗变换为低输出阻抗；二是放大传感器输出的微弱信号。压电传感器的输出可以是电压信号，也可以是电荷信号，因此前置放大器也有两种形式：电压放大器和电荷放大器。

(1) 电压放大器(阻抗变换器)

图5-5(a)和图5-5(b)是电压放大器电路原理图及其等效电路。

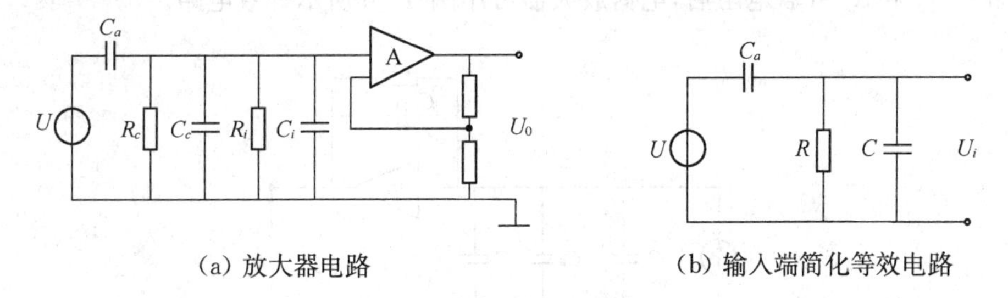

图5-5　电压放大器电路原理及其等效电路图

在图5-6(b)中，电阻 $R = R_aR_i/(R_a + R_i)$，电容 $C = C_a + C_c + C_i$，而 $u_a = q/C_a$，若压电元件受正弦力 $f = F_m \sin \omega t$ 的作用，则其电压为

$$u_a = \frac{dF_m}{C_a} \cdot \sin wt = U_m \sin wt \tag{5-7}$$

式中：U_m 为压电元件输出电压幅值 $U_m = dF_m/C_a$；d 为压电系数。

由此可得放大器输入端电压 U_i，其复数形式为

$$\dot{U}_i = df \frac{jwR}{1 + jwR(C_i + C_a)} \tag{5-8}$$

幅值为

$$U_{im} = \frac{dF_m \omega R}{\sqrt{1 + \omega^2 R^2 (C_a + C_c + C_i)}} \tag{5-9}$$

输入电压和作用力之间相位差为

$$\Phi = \frac{\pi}{2} - \arctan\left[\omega(C_a + C_c + C_i)R\right] \tag{5-10}$$

在理想情况下，传感器的 R_a 电阻值与前置放大器输入电阻 R_i 都为无限大，即 $\omega(C_a + C_c + C_i)R \gg 1$，那么由式(5-9)可知，理想情况下输入电压幅值 U_{im} 为

$$U_{im} = \frac{dF_m}{C_a + C_c + C_i} \tag{5-11}$$

式(5-11)表明前置放大器输入电压 U_{im} 与频率无关。一般认为 $\omega/\omega_0 > 3$ 时，就可以认为 U_{im} 与 ω 无关，ω_0 表示测量电路时间常数之倒数，即 $\omega_0 = 1/[R(C_a + C_c + C_i)]$。

这表明压电传感器有很好的高频响应，但是，当作用于压电元件力为静态力 ($\omega = 0$) 时，则前置放大器的输入电压等于零，因为电荷会通过放大器输入电阻和传感器本身漏电阻漏掉，所以压电传感器不能用于静态力测量。

当 $\omega(C_a + C_c + C_i)R \ll 1$ 时，放大器输入电压 U_{im} 如式(5-11)所示。式中 C_c 为连接电缆电容，当电缆长度改变时，C_c 也将改变，因而 U_{im} 也随之变化。因此，压电传感器与前置放大器之间连接电缆不能随意更换，否则将引入测量误差。

(2) 电荷放大器

电荷放大器常作为压电传感器的输入电路，由一个反馈电容 C_f 和高增益运算放大器构成，当略去 R_a 和 R_i 并联电阻后，电荷放大器可用图 5-6 所示等效电路。

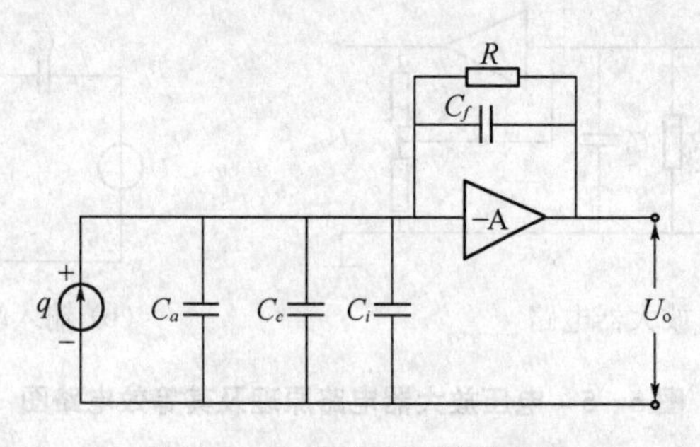

图 5-6 电荷放大器等效电路

图中 A 为运算放大器增益。由于运算放大器输入阻抗极高，放大器输入端几乎没有分流，其输出电压 U_o 为

$$U_o \approx U_{C_f} = -\frac{q}{C_f} \tag{5-12}$$

式中：U_o 为放大器输出电压；U_{C_f} 为反馈电容两端电压。

由运算放大器基本特性，可求出电荷放大器的输出电压为

$$U_o = -\frac{Aq}{C_a + C_c + C_i} \tag{5-13}$$

通常 $A = 104 \sim 106$，因此若满足 $(1 + A)C_f \ll C_a + C_c + C_i$ 时，式(5-12)可表示为

$$U_o \approx -\frac{q}{C_f} \tag{5-14}$$

由式(5-14)可见,电荷放大器的输出电压 U_o 与电缆电容 C_c 无关,且与 q 成正比,这是电荷放大器的最大特点。

5.2 超声波传感器

5.2.1 超声检测的物理基础

振动在弹性介质内的传播称为波动,简称波。频率在 $16\sim2\times10^4$ Hz 之间,能为人耳所闻的机械波,称为声波;低于 16 Hz 的机械波,称为次声波;高于 2×10^4 Hz 的机械波称为超声波。

当超声波由一种介质入射到另一种介质时,由于在两种介质中的传播速度不同,在异质界面上会产生反射、折射和波型转换等现象。

1. 波的反射和折射

由物理学知,当波在界向上产生反射时,入射角 α 的正弦与反射角 α' 的正弦之比等于波速之比。当入射波和反射波的波型相同时,波速相等,入射角 α 即等于反射角 α',如图 5-7 所示;当波在界面外产生折射时,入射角 α 的正弦与折射角 β 的正弦之比,等于入射波在第一介质中的波速 c_1 与折射波在第二介质中的波速 c_2 之比,即

$$\begin{cases}\alpha'=\alpha\\ \dfrac{\sin\alpha}{\sin\beta}=\dfrac{c_1}{c_2}\end{cases}\tag{5-15}$$

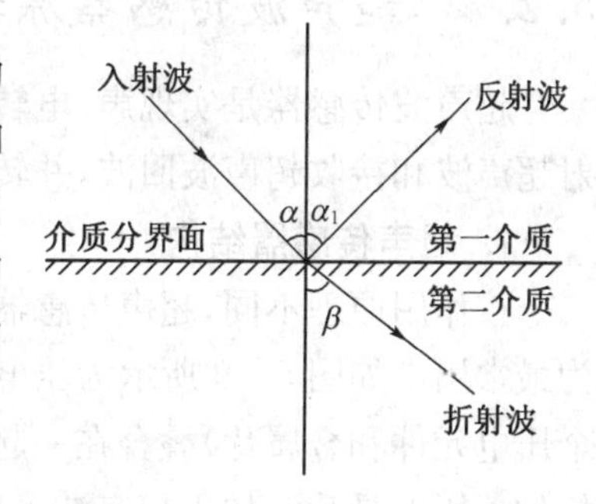

图 5-7　波的反射与折射

2. 超声波的波型及其转换

当声源在介质中的施力方向与波在介质中的传播方向不同时,声波的波形也有所不同。质点振动方向与传播方向一致的波称为纵波,它能在固体、液体和气体中传播。质点振动方向垂直于传播方向的波称为横波,它只能在固体中传播。质点振动介于纵波和横波之间,沿着表面传播,振幅随着深度的增加而迅速衰减的波称为表面波。它只在固体的表面传播。

当声波以某一角度入射到第二介质(固体)的界面上时,除有纵波的反射、折射以外,还会发生横波的反射和折射,如图 5-8 所示。在一定条件下,还能产生表面波,各种波形均符合几何光学中的反射定律,即

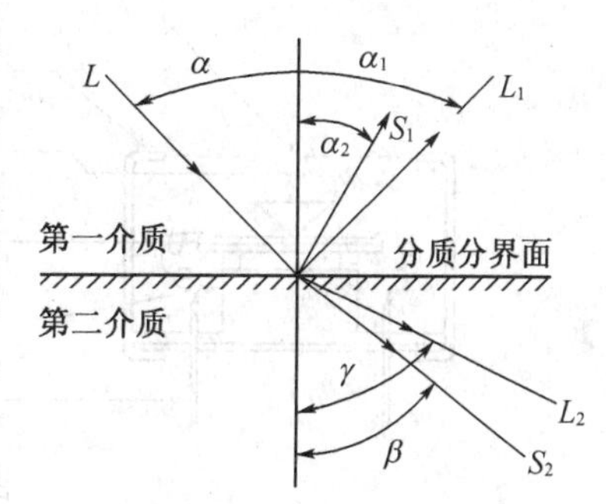

图 5-8　波形转换图

L—入射纵波;L_1—反射纵波;L_2—折射纵波;S_1—反射横波;S_2—折射横波

$$\frac{C_L}{\sin\alpha}=\frac{C_{L_1}}{\sin\alpha_1}=\frac{C_{S_1}}{\sin\alpha_2}=\frac{C_{L_2}}{\sin\gamma}=\frac{C_{S_2}}{\sin\beta}\tag{5-16}$$

式中:α 为入射角;α_1、α_2 为纵波与横波的反射角;γ、β 为纵波与横波的折射角;C_L、C_{L_1}、C_{L_2} 为入射介质、反射介质和折射介质内的纵波速度;C_{S_1}、C_{S_2} 为反射介质与折射介质内的横波速度。

如果介质为液体或气体，则仅有纵波。

3. 声波的衰减

声波在介质中传播时，随着传播距离的增加，能量逐渐衰减，其衰减程度与声波的扩散、散射、吸收等因素有关。

在平面波的情况下，距离声源 x 处的声压 p 和声强 I 的衰减规律如下：

$$p = p_0 e^{-\alpha x} \tag{5-17}$$

$$I = I_0 e^{-2\alpha x} \tag{5-18}$$

式中：p_0、I_0 为距声源 $x=0$ 处的声压和声强；e 为自然对数的底；α 为衰减系数，Np/cm（奈培/厘米）。

5.2.2 超声波传感器原理与种类

超声波传感器是实现声、电转换的装置，又称超声换能器或超声波探头。这种装置能发射超声波和接收超声波回波，并转换成相应电信号。

1. 超声传感器结构

按作用原理不同，超声传感器可分为压电式、磁致伸缩式、电磁式等数种，其中以压电式为最常用。如图 5-9 所示为压电陶瓷振子的超声波传感器结构。它由两个压电元件（或一个压电元件和金属片）叠合在一起构成。两个压电元件结构称双压电晶片，一个压电元件结构称单压电晶片。如果超声波入射到压电晶片上，压电元件就会振动向产生电压。反之，把电压加到压电元件上也会产生超声波。

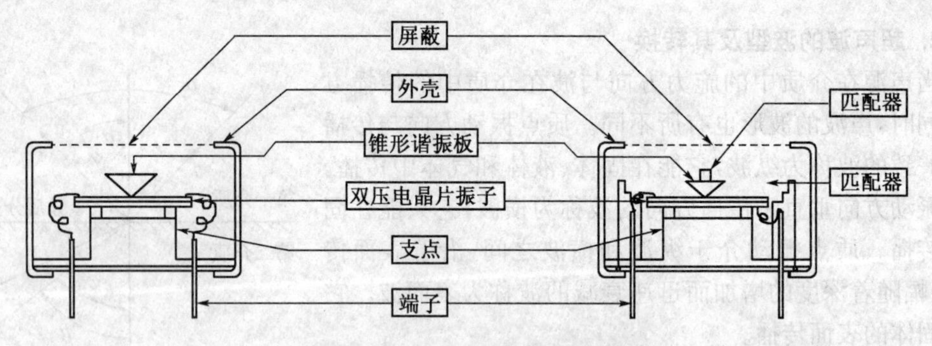

图 5-9 超声波传感器的结构

2. 超声波传感器等效电路

超声波传感器等效电路与电抗特性如图 5-10 所示。图 5-10(a)是等效 LCR 串并联谐振电路，图 5-10(b)是超声波传感器的电抗特性，图的下半部分表示容性，可看作电容，而上半部分是感性，可看作电感。这种元件具有较高的 Q 值。利用此特性可构成超声波传感器的特有电路。超声波传感器有两种谐振频率，低端谐振频率称为串联谐振频率 f_r，它是 LRC 串联电路的谐振频率，此处传感器阻抗最低，如图 5-11 所示。高端谐振频率称为并联谐振频率 f_a，它是 LCC′并联电路的谐振频率。

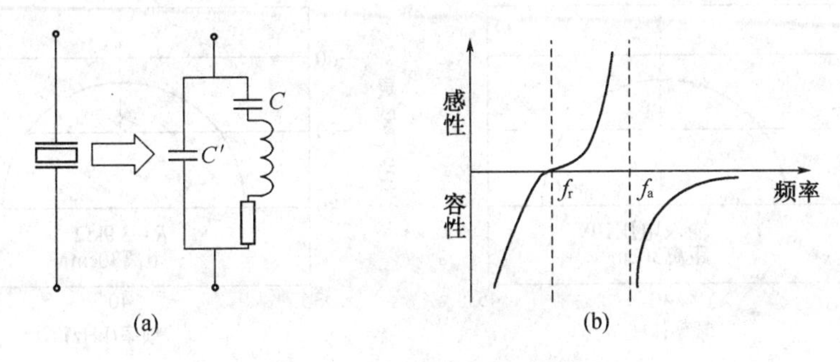

图 5-10　超声波传感器等效电路与电抗特性

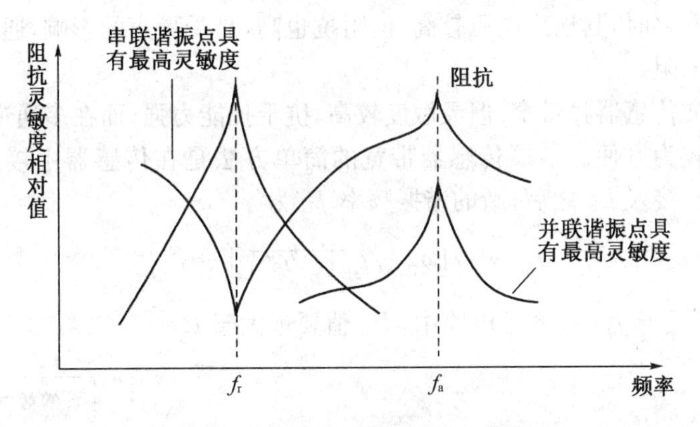

图 5-11　阻抗特性与灵敏度曲线

通常,超声波发送器和发送灵敏度是用串联谐振频率 f_r 来表示的。例如 MA40A3S 超声发送传感器的串联谐振频率 f_r 为 41.25 kHz,并联谐振频率 f_a 为 44.875 kHz。而标称频率为 40 kHz,它是指串联谐振频率 f_r,在串联谐振频率 f_r 处发送灵敏度最高。

MA40A3R 超声接收传感器的串联谐振频率 f_r 为 37.625 kHz,而并联谐振频率 f_a 为 40.875 kHz,标称频率为 40 kHz,它是指并联谐振频率 f_a,在并联谐振频率 f_a 处接收灵敏度最高。

由于超声波传感器具有谐振特性,因此即使超声波发送传感器的输入为方波,接收传感器的输出仍为正弦波。

在 MA40A3R 超声波传感器等效电路中,各元件参数求法如下:

已知 $f_r = 37.625\ \text{kHz}, f_a = 40.875\ \text{kHz}$

因为

$$f_r = 1/(2\pi\sqrt{LC}), f_a \doteq f_r(1 + C/2C') \tag{5-19}$$

若 $C' = 1\,300\ \text{pF}$,则由上式得 $C = 230\ \text{pF}$,由此 $L = 78\ \text{mH}$。

3. 超声波传感器类型

(1) 通用型超声波传感

超声波传感器的带宽一般为几千赫兹,并具有适频特性。

MA40A3S 和 MA40A3R 的频率特性如图 5-12 所示。

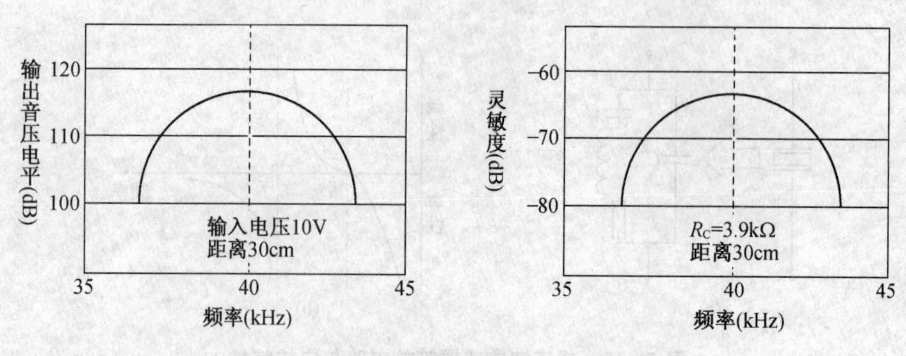

图 5－12 MA40A3S 和 MA40A3R 的频率特性

传感器输出开路时，其输出电压较高，但阻抗也高，易受噪声的影响，通常要接入几千欧姆到几百千欧的电阻。

通用型超声波传感器频带窄，但灵敏度较高，抗干扰能力强，而在多通道通信使用时，采用宽频带传感器较为方便。扩展传感器带宽的简单方法是在传感器中接入电感负载 L_E，如图 5－13 所示。接入 L_E 之后，新的谐振频率 f_L 为

$$f_L = 1/\left[2\pi\sqrt{L_E(C/C')}\right] < f_r \tag{5-20}$$

则新谐振频率 f_L 低于 f_r；在图示电路中，R_L 值要远大于 R。

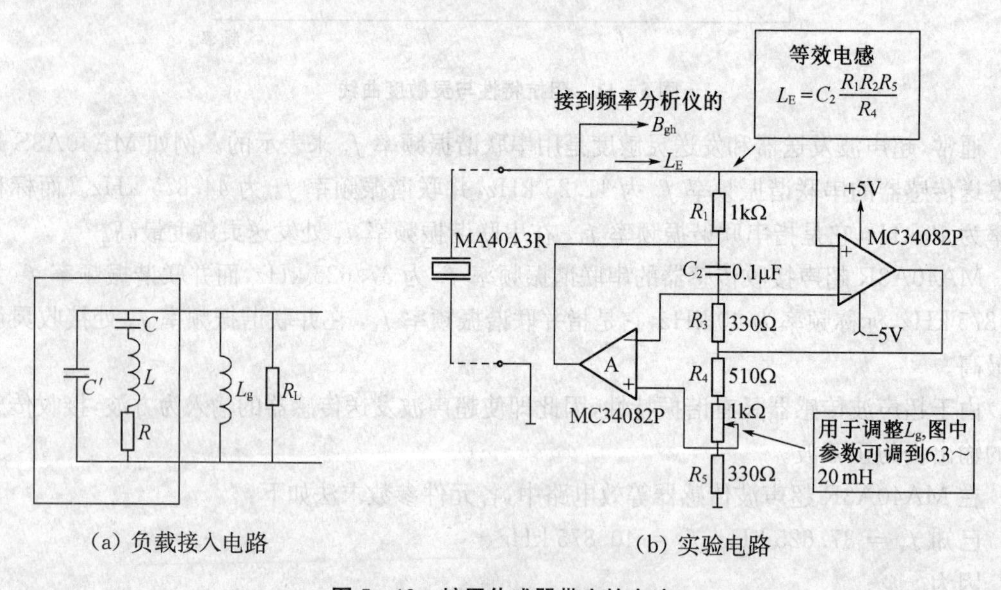

图 5－13 扩展传感器带宽的方法

通用型接收传感器与发送传感器是分开使用的。由于宽带传感器具有两个谐振点，所以，一个传感器可兼作接收传感器与发送传感器。

(2) 宽带型超声波传感器

宽带型超声波传感器在工作带宽内具有两个谐振频率，其频率特性相当于两种传感器的组合。因此，在很宽频带范围内具有较高灵敏度。

(3) 密封型超声波传感器

密封型超声波传感器对环境的适应性较强，可应用于汽车后方检测物体的装置及待时

计算器等。

(4) 高频型超声波传感器

前述各种类型传感器的中心频率只有数十千赫兹，但中心频率高于100 kHz的传感器近来也有售。如MA200AL接收与发送共用型传感器其中心频率高达200 kHz，可进行较高分辨率的测量。如图5－14表示MA200AL传感器的方向性，它的方向性较窄(也即较强)。

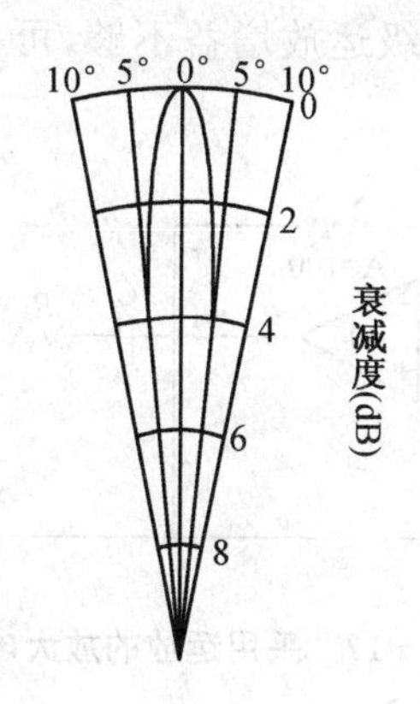

图5－14　MA200AL的方向性

5.2.3　超声波传感器基本应用电路

1. 超声波传感器驱动电路

发送传感器的驱动方式有自励式振荡和他励式振荡两种。

(1) 自动式振荡驱动电路

自励式振荡电路与晶体振荡一样。它是利用传感器本身的谐振特性在谐振频率附近产生振荡的电路。如图5－15所示是采用运放构成的振荡电路；电路振荡频率接近于串联谐振频率，效率很高。

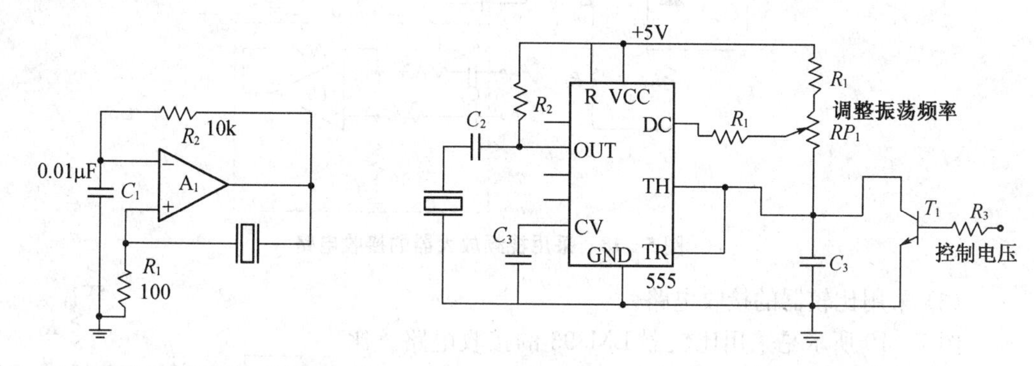

图5－15　采用运放的自励式震荡电路　　图5－16　采用NE555的他励式震荡电路

(2) 他励式振荡驱动电路

图5－16是采用NE555定时器的他励式振荡电路，这种振荡电路的频率可自由选择，但频率稳定性较差。10 kHz以下频率时NE555振荡频率的温度系数为0.005% ℃$^{-1}$，频率越高，温度系数越差。

2. 超声波传感器接收电路

(1) 采用运放的接收电路

超声波传感器一般用于检测反射波、超声波从产生发射到接收要经过一段距离，能量衰减较大，超声传感器接收到的信号极其微弱，转换成电压后一般最大约 1 V，最小约 1 mV。因此一般要接几十分贝以上的高增益放大器。

图 5－17 所示是采用运放的放大电路，频率高达 40 kHz，因此必须采用高速运放，精度与失真度也有一定的要求。如果一级运放增益不够，可再增加一级，每级运放的增益小于 100 倍即可。

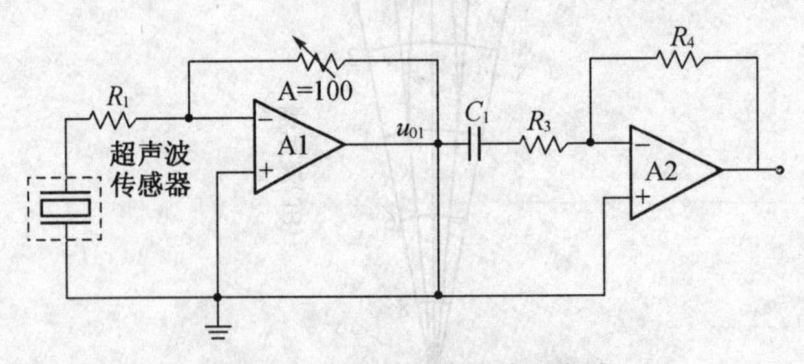

图 5－17　采用运放的放大电路

(2) 采用视频放大器的接收电路

如图 5－18 所示是采用 LM733 视频放大器的接收电路。LM733 的增益，可设定为 10、100、400 倍，但增益越高，输入阻抗越低，一般使用设为 100 倍。LM733 的输入、输出都为差动式，为把差动输出电压变为单端输出电压，采用了增益为 20 倍的变压器 T_1。电路中 VD1、VD2 及稳压管 VD3、VD4 用于保护。电路中 T_1 也可用运放替代。

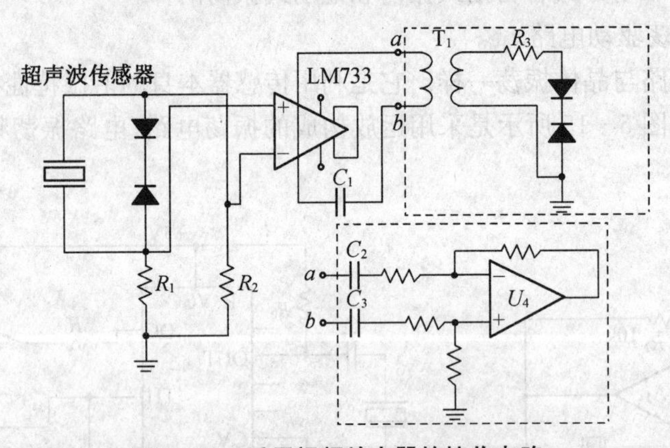

图 5－18　采用视频放大器的接收电路

(3) 采用比较器的接收电路

图 5－19 所示是采用比较器 LM393 的接收电路。比较器不用相位补偿，工作速度可以很高。作为比较器工作，输出电压只有＋5 V 和－5 V 两种，易与数字电路接口。另外加有正反馈，电路具有迟滞特性，可提高抗干扰性能。

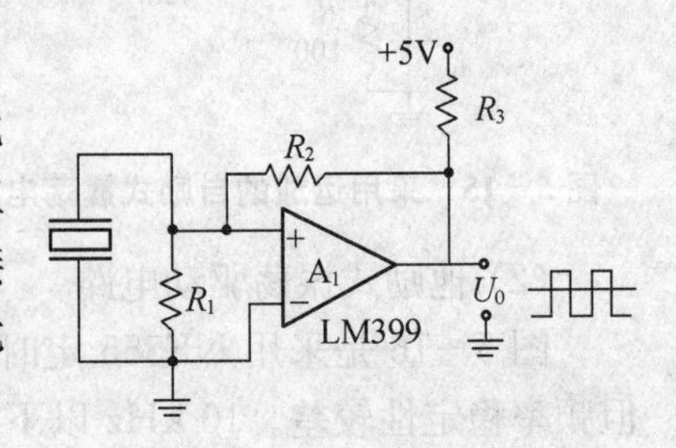

图 5－19　采用比较器的接收电路

(4) 发送接收两用电路

如图5-20所示是一个发送接收两用电路。它用一个超声波传感器发送信号的同时还可接收信号。

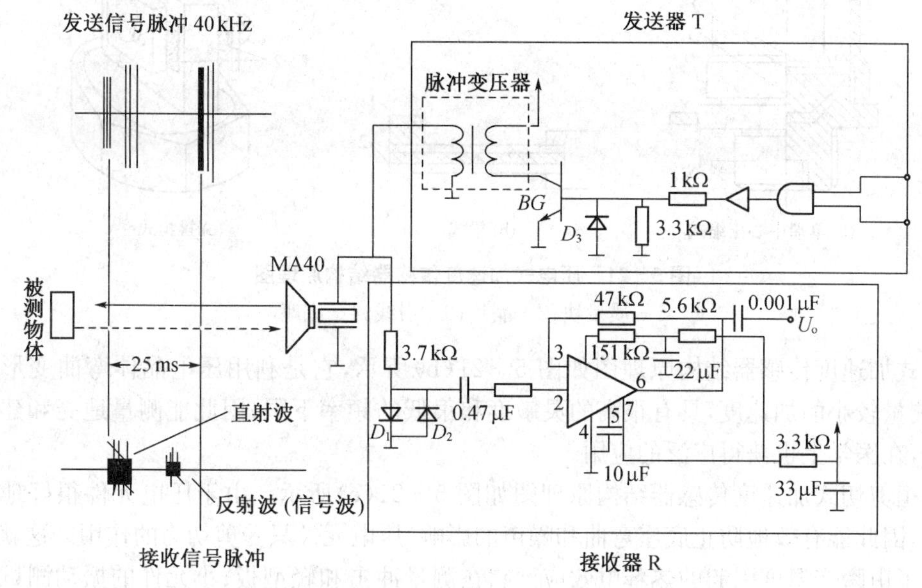

图5-20　收发信号两用电路

发送器T由门电路、缓冲器以及脉冲变压器的升压电路组成。用20 Hz调制40 kHz的高频信号加到脉冲变压器上，经脉冲变压器升压，得到较高的脉冲电压供给超声波传感器，传感器获得的能量以声能形式辐射出去。

接收器R由二极管钳位电路以及交流放大器等组成，发送接收信号共用一个超声传感器，因而收发信号之间要产生干扰，较大的发送信号能量有可能直接进入接收电路。直接进入的能量会比反射波大得多，因此，前级放大器全饱和，电路不稳定，为此，接收信号放大器的输入端需接入二极管钳位电路。

5.3　压电式和超声波传感器的应用

根据压电传感器所检测的非电量种类，压电传感器的典型结构有压电式力传感器、压电式压力传感器、压电式加速度传感器以及压电式声发射传感器等。

5.3.1　压电式加速度传感器

压电式传感器的高频响应好，如配备合适的电荷放大器，低频段可低至0.3 Hz。所以常用来测量动态参数，如振动、加速度等。压电式加速度传感器还具有体积小、质量轻等优点。

单端中心压缩式加速度传感器结构原理图如图5-21(a)所示。其中惯性质量块1安装在双压电晶体片2上，后者与引线都用导电胶粘结在底座4上。测量时，底部螺钉与被测件刚性固联，传感器感受与试件相同频率的振动，质量块便有正比于加速度的交变力作用在晶片上。由于压电效应,压电晶片便产生正比于加速度的表面电荷。

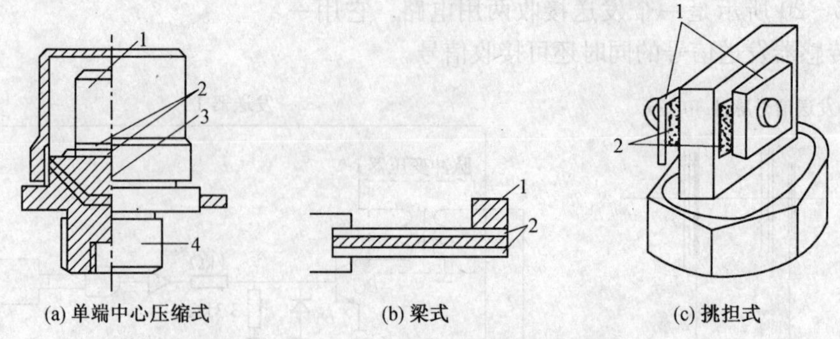

图 5-21 压电式加速度传感器结构原理图

1—质量块;2—晶片;3—引线;4—底座

梁式加速度传感器结构原理图如图 5-21(b)所示,它是利用压电晶体弯曲变形的方案,能测量较小的加速度,具有很高的灵敏度和很低的频率下限,因此能测量地壳和建筑物的振动,在医学上也获得广泛的应用。

挑担剪切式加速度传感器结构原理图如图 5-21(c)所示。由于压电元件很好地与底座隔离,因此能有效地防止底座弯曲和噪声的影响,压电元件只受剪切力的作用。这就有效地削弱了由瞬变温度引起的热释电效应。它在测量冲击和轻型板、小元件的振动测试中得到广泛的应用。

5.3.2 压电式压力传感器

如图 5-22 所示为压电式压力传感器结构图。它主要由石英晶片、膜片、薄壁管、外壳等组成。石英晶片由多片叠放在薄壁管内,并由拉紧的薄壁管对石英晶片加预载力。感受外部压力的是位于外壳和薄壁管之间的膜片,它由挠性很好的材料制成。膜片式压力传感器的优点是动静态特性好,结构紧凑。

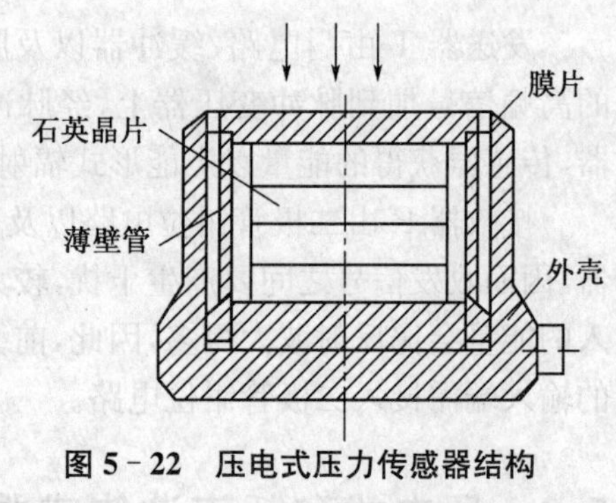

图 5-22 压电式压力传感器结构

5.3.3 超声波测厚度

超声波测厚度的方法有共振法、干涉法、脉冲回波法等。如图 5-23 所示为脉冲回波法检测厚度的工作原理。

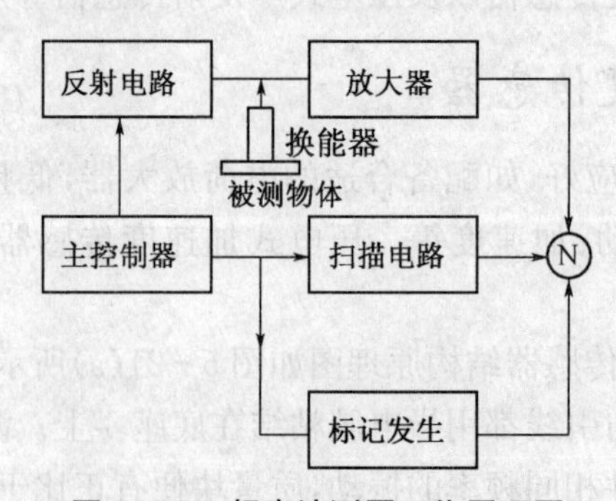

图 5-23 超声波测厚工作原理图

超声探头与被测体表面接触，主控制器控制发射电路，使探头发出的超声波到达被测物体底面反射回来，该脉冲信号又被探头接收，经放大器放大加到示波器垂直偏转板上。标记发生器输出时间标记脉冲信号，同时加到该垂直偏转板上。而扫描电压则加在水平偏转板上。因此，在示波器上可直接读出发射与接收超声波之间的时间间隔 t。被测体的厚度 h 为

$$h = ct/2 \tag{5-21}$$

式中：c 为超声波的传播速度。

5.3.4　超声波测液位

在化工、石油、水电行业，超声波广泛用于油位、水位等的液位测量。

如图 5-24 所示为脉冲回波式测量液位的工作原理图。探头发出的脉冲通过介质到达液面，经液面反射后又被探头接收。测量发射与接收超声脉冲的时间间隔和介质中的传播速度，即可求出探头与液面间的距离。根据传声方式和使用探头数量的不同，可分为如图 5-24 所示的几种形式。

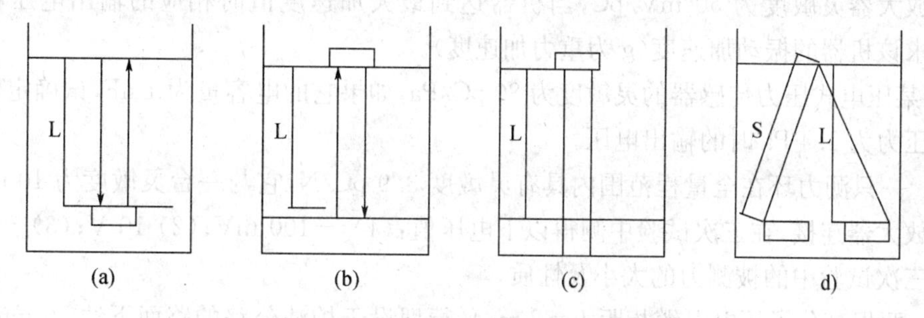

图 5-24　脉冲回波式超声波液位测量

生产实践中有的只需知道液面是否升到或降到某个或几个固定高度。则可采用如图 5-25 所示的超声波定点式液位计。由于气体和液体的声阻抗差别很大，当探头发射面分别与气体或液体接触时，发射电路中通过的电流也明显不同。因此利用一个处于谐振状态的超声波探头，如图 5-25(a)和图 5-25(b)所示连续波阻抗式液位计，就能通过指示仪表判断出探头前是气体还是液体。如图 5-25(c)和图 5-25(d)所示为连续波透射式液位计示意图。图中相对安装两探头，一发一收。当发射头发出频率较高的超声波时，只有在两探头之间有液体时，探头才能收到透射波，由此可判断出液面是否达到探头的高度。

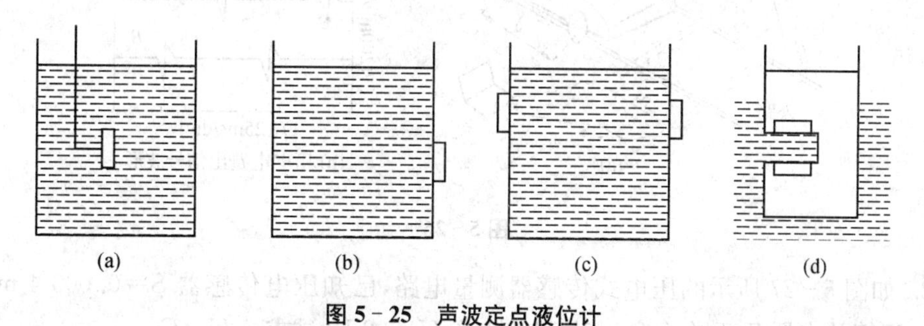

图 5-25　声波定点液位计

习 题

1. 简述压电效应与电致伸缩效应，说明它们适用于制作什么器件？

2. 常用的压电材料有哪几种？试比较它们的优缺点及适用范围。

3. 为什么压电式传感器不能用于静态测量，只能用于动态测量中？

4. 画出压电元件的两种等效电路图。

5. 分析对比电压放大器与电荷放大器的电路特点，指出电荷放大器的最主要的优点是什么？

6. 压电式传感器在使用之前为什么必须施加预紧力？

7. 试述压电式加速度传感器的工作原理。

8. 用石英晶体加速度计及电荷放大器测量机器的振动，已知：加速度计灵敏度为 5 pC/g，电荷放大器灵敏度为 50 mV/pC，当机器达到最大加速度值时相应的输出电压幅值为 2 V，试求该机器的振动加速度（g 为重力加速度）。

9. 某压电式压力传感器的灵敏度为 80 pC/Pa，如果它的电容量为 1 nF，试确定传感器在输入压力为 1.4 Pa 时的输出电压。

10. 一只测力环在全量程范围内具有灵敏度 3.9 pC/N，它与一台灵敏度为 10 mV/pC 的电荷放大器连接，在三次试验中测得以下电压值：(1) －100 mV；(2) 10 V；(3) －75 V。试确定三次试验中的被测力的大小及性质。

11. 两根高分子压电电缆相距 $L=2$ m，平行埋设于柏油公路的路面下约 50 mm，如图 5-26(a)所示。现有一辆超重汽车以较快的车速压过测速传感器，两根 PVDF 压电电缆的输出信号如图 5-26(b)所示。求：

(1) 估算车速为多少 km/h。

(2) 估算汽车前后轮间距 d。

(3) 说明载重量 m 以及车速 v 与 A、B 压电电缆输出信号波形的关系。

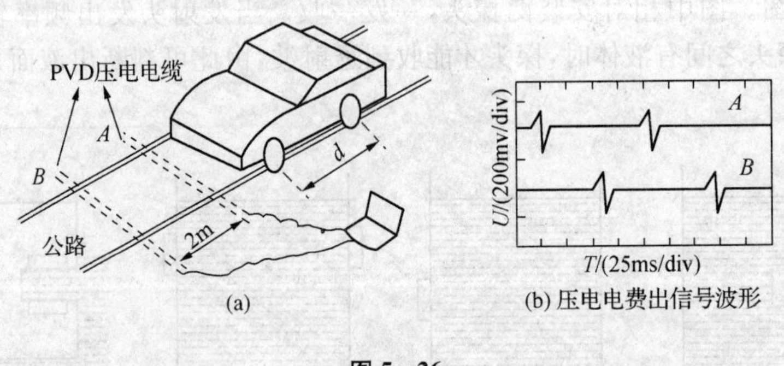

图 5-26

12. 如图 5-27 所示的压电式传感器测量电路，已知压电传感器 $S=0.0004\ \mathrm{m}^2$，$h=0.02$ m，运算放大器开环增益 $k=10^4$，输出电压 $U_{sc}=2$ V，试求 q、U_{sr}、C_a。

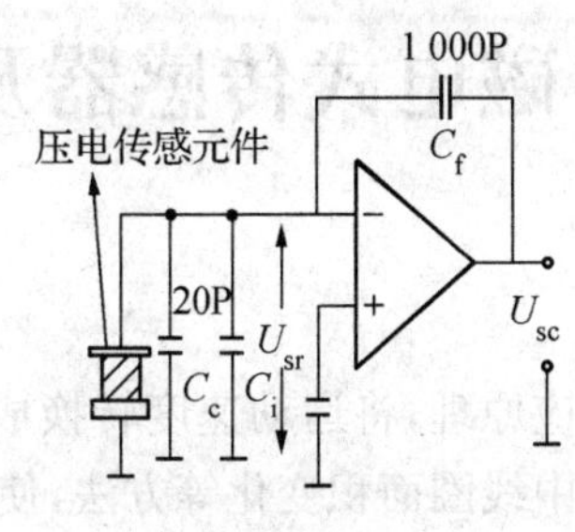

图 5－27

13. 压电式加速度传感器与电荷放大器联接，电荷放大器又与函数记录仪联接。已知：传感器的电荷灵敏度 $k_q=100(\mathrm{pC/g})$，反馈电容 $C_f=0.01(\mu\mathrm{F})$，被测加速度 $a=0.5\ \mathrm{g}$。求：

(1) 电荷放大器的输出电压是多少？电荷放大器的灵敏度是多少？

(2) 若函数记录仪的灵敏度 $k_g=2\ \mathrm{mm/mV}$，求测量系统总灵敏度 k_0。

第6章　磁电式传感器及其应用

磁电式传感器是利用电磁感应原理，将运动速度转换成电势输出。它通过磁铁与线圈之间的相对运动、磁阻变化、磁场中线圈面积变化等方法，使其线圈中磁通量发生变化，而产生感应电动势，工作时不需要外加电源，直接将被测物体机械能量转换成电能，是一种典型的发电型传感器。它具有电路简单、性能稳定、输出信号强、输出阻抗小和一定的频率响应范围等优点，适于振动、转速、扭矩等测量。但该传感器的尺寸和质量都较大。

6.1　磁电式传感器的工作原理

以惯性式速度传感器为例，如图 6-1 所示，它是一种典型的二阶系统传感器，可以用一个由集中质量 m，集中弹簧 k 和集中阻尼器 c 组成的二阶系统来表示，如图 6-2 所示。

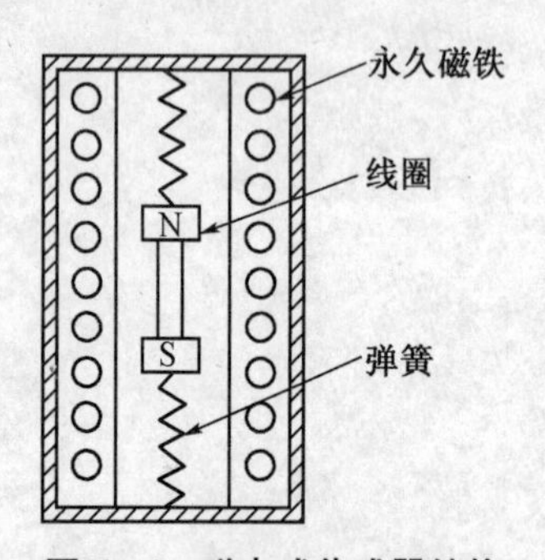

图 6-1　磁电式传感器结构

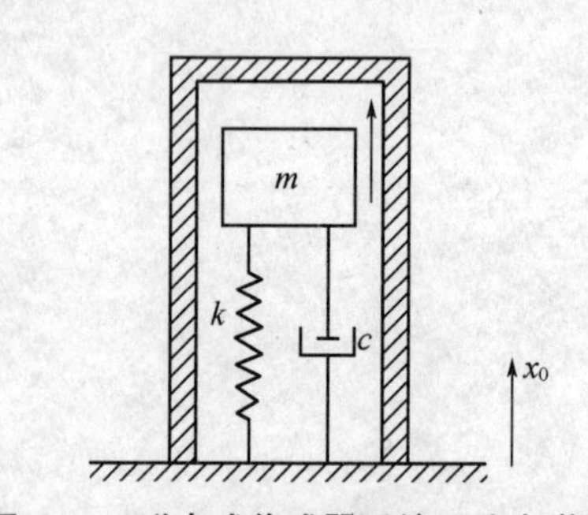

图 6-2　磁电式传感器系统二阶力学模型

永久磁铁相当于二阶系统中的质量块 m，阻尼 c 大多是由金属线圈骨架在磁场中相对运动产生的电磁阻尼提供的，有的传感器还兼有空气阻尼器。在测量振动时，传感器壳体固定在振动物体上，壳体随物体一起振动。当质量块 m 较大，弹簧常数 k 较小，物体的振动频率足够高时，可以认为质量块的惯性很大，来不及跟随物体一起振动，近似于静止不动，弹簧的伸缩量和振动物体的振幅成正比。

在图 6-2 所示的系统中，x_0 为振动物体的绝对位移，x_m 为质量块的绝对位移，则质量块与振动物体之间的相对位移 x_i 为

$$x_i = x_m - x_0 \tag{6-1}$$

由牛顿第二定律可得到质量块的运动方程为

$$m\frac{\mathrm{d}^2 x_m}{\mathrm{d}t^2} + c\frac{\mathrm{d}x_m}{\mathrm{d}t} + kx_m = c\frac{\mathrm{d}x_0}{\mathrm{d}t} + kx_0 \tag{6-2}$$

由上式即可以求出相对于输入 x_0 的输出 x_i。

当物体作简谐振动时，其复频响应函数为

$$\frac{x_m - x_0}{x_0}(j\omega) = \frac{(\omega/\omega_0)^2}{1-(\omega/\omega_0)^2 + j2\xi(\omega/\omega_0)^2} \tag{6-3}$$

其振幅比为

$$\left|\frac{x_i}{x_0}\right| = \frac{(\omega/\omega_0)^2}{\sqrt{[1-(\omega/\omega_0)^2]^2 + [2\xi(\omega/\omega_0)]^2}} \tag{6-4}$$

其相位比为

$$\varphi = -\arctan\frac{2\xi(\omega/\omega_0)^2}{1-(\omega/\omega_0)^2} \tag{6-5}$$

以上各式中 $\omega_0 = \sqrt{k/m}$ 称为固有频率，$\xi = c/(2\sqrt{mk})$ 称为阻尼系数。系统的幅频特性如图6-3所示。

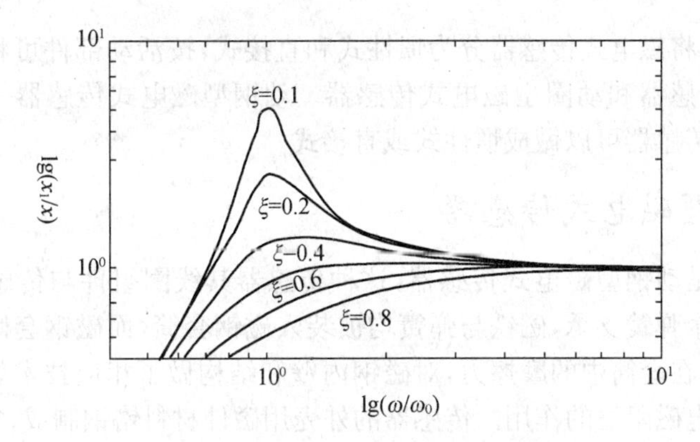

图6-3　磁电式传感器的幅频特性

由图可见，当 ω 远远大于 ω_0 时，则振幅比就接近于1，也就是说，质量块与振动物体之间的相对位移 x_i 就接近等于振动物体的绝对位移 x_0。因此，在这种情况下，传感器的质量块可以看作是静止的，即相当于一个静止的参照物。

在图6-1中，由于线圈与传感器的壳体固定在一起，而永久磁铁是通过柔软的弹簧与外壳相连，当振动物体的频率远远高于传感器的固有频率时，永久磁铁就接近静止不动，而线路则跟随振动物体一起振动。这样，永久磁铁与线圈之间的相对位移就十分接近振动物体的绝对位移，其相对运动速度接近振动物体的振动速度。由法拉第电磁感应原理可知，线圈中的感应电势 U 为

$$U = B_i L_0 N_i v_0 (\mathrm{V}) \tag{6-6}$$

式中：B_i 为工作气隙磁感应强度(T)；L_0 为每匝线圈的平均长度(m)；N_i 为工作气隙中线圈绕组的匝数；v_0 为振动物体的振动速度(ms^{-1})。

从式(6-6)可以看出，对于结构已确定的传感器，$B_i L_0 N_i$ 可看作是一个常数，传感器的输出电势正比于振动速度，可以绘成图6-4的理想直线(图中虚线所示)。但是，传感器的实际输出特性并非完全线性，而是一条偏离理想直线的曲线(图中实线所示)。

从图6-4可以看出，当振动速度小于 v_A 时，在振动频率一定的情况下，振动加速度就很小，质量块的惯性力不足以克服传感器活动部件的静摩擦力，线圈与永久磁铁之间不存在

相对运动,传感器没有电压信号输出。当振动速度在 v_A 和 v_B 之间时,惯性力增大,克服了静摩擦力,线圈与永久磁铁之间存在相对运动,传感器就有电压信号输出。但由于摩擦阻尼的作用,输出特性为非线性。当振动速度在 v_B 和 v_C 之间,这时与速度成正比的粘性阻尼大于摩擦阻尼,其输出特性的线性度为最好。当振动速度超过 v_C 以后,由于惯性力太大,超过弹簧的弹性变形范围,此时作用在弹簧上的力与弹簧的变形量不再成线性关系,输出电压出现了饱和现象。

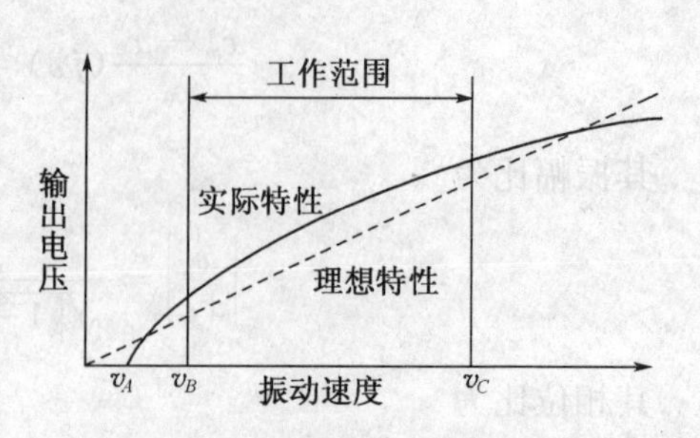

图 6-4 传感器的实际输出特性偏离理想直线的曲线

6.2 磁电式传感器的结构

按力学原理可将磁电式传感器分为惯性式和直接式,按活动部件可将磁电式传感器分为动钢型磁电式传感器和动圈型磁电式传感器。动钢型磁电式传感器一般都做成惯性式的,动圈型磁电式传感器可以做成惯性式或直接式。

6.2.1 动钢型磁电式传感器

图 6-1 所示是动钢型磁电式传感器,这种传感器其线圈组件与传感器壳体固定在一起,磁铁由上下两个弹簧支承,磁铁与弹簧均被装入磁钢套筒,而磁钢套筒与传感器壳体固定。为了减小磁钢在套筒中的摩擦力,对磁钢内壁和结构做了相应技术处理。线圈的骨架是不锈钢圆筒,起电磁阻尼的作用。传感器的外壳用磁件材料铬钢制成,它既是磁路的一部分,又起着磁屏蔽作用。永久磁铁的磁力线从其一端穿过磁钢套筒、线圈骨架和螺管线圈,并经过壳体回到磁钢的另一端,构成一个完整的闭合磁路。当传感器感受振动时,线圈与永久磁铁之间有相对运动,线圈切割磁力线,传感器就输出正比于振动速度的电压信号。

6.2.2 动圈型磁电式传感器

1. 惯性式传感器

图 6-5 所示是惯性式传感器,传感器的磁钢与壳体固定在一起。芯轴位于磁钢的孔内,并用弹簧片支撑在壳体上。芯轴的一端固定着一个线圈,另一端固定一个圆筒形钢杯(阻尼杯)。组成传感器的惯性组件(质量块)是线圈组件、阻尼杯和芯轴,相对于被测量物,运动的是线圈,所以称为动圈式。当振动频率远远高于传感器的固有频率时,线圈接近静止不动,而磁钢跟随物体一起振动,在线圈与磁钢之间产生了相对运动,其速度等于物体的振动速度。对于线圈而言,切割磁力线,产生电压信号,信号的大小正比于振动速度。

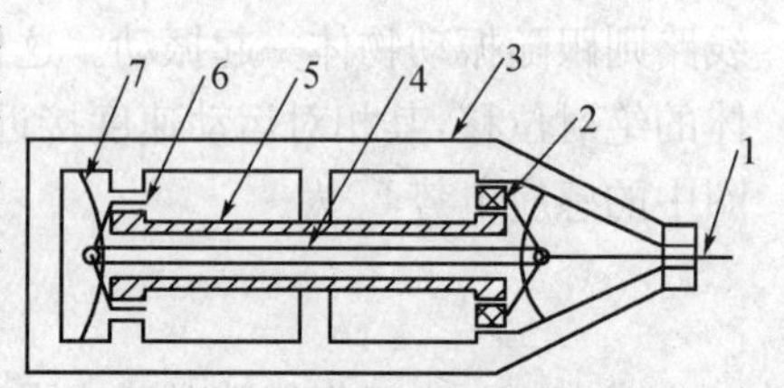

图 6-5 动圈式传感器示意图

1—引线;2—线圈;3—壳体;4—芯轴;5—磁钢;6—铜杯;7—弹簧片

由于线圈组件、阻尼杯和芯轴的质量 m 较小,阻尼杯具有一定的阻尼系数 c,传感器的阻尼比 ξ 较大,系统低频范围的幅频特性有所改善,低频时的共振峰降低,提高了低频范围的测量精度。由于动件质量较小，传感器的固有频率增加，使得低频响应受到限制。为此，在传感器中采用倔强系数较小的薄片弹簧，降低系统的固有频率，延伸低频段的测量范围。

动圈型传感器的高频特性较好，低频特性较差(与动钢型磁电式传感器相比较)。

2. 直接式传感器

为了改善动圈型磁电式传感器低频响应特性，在结构上采用直接式。直接式传感器的结构如图6-6所示，磁铁固定在传感器壳体上，顶杆与线圈相连，形成一体。在使用时，传感器被固定在待测物体上，顶杆要与固定不动的参考面相顶，或者传感器被固定在与固定不动的参考面，顶杆要与待测物体相顶。当物体振动时，顶杆在弹簧恢复力的作用下跟随振动物体一起振动，线圈和磁钢之间就有了相对运动，其相对运动的速度等于物体的振动速度。线圈以相对速度切割磁力线，传感器就输出正比于振动速度的电压信号。与惯性式传感器相比，弹簧片的倔强系数不能太小，要根据测量对象的不同，可以选用不同k值的弹簧。这种传感器的使用频率上限，取决于弹簧片的k的大小。倔强系数k值大，可测量频率范围就高，k值小，可测量频率范围就低，该传感器的频率下限可从零频开始。此类传感器适应于低频振动速度的测量。

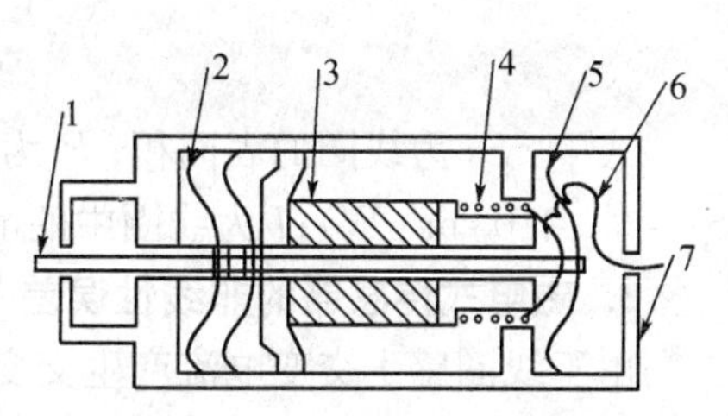

图6-6　直接式传感器结构

1—顶杆；2—弹簧片；3—磁铁；4—线圈；5—弹簧片；6—引出线；7—壳体

6.2.3　磁电式传感器设计要点

磁电式传感器系统可以分为磁路系统、线圈、运动机构(动圈和或动铁)几个基本部分。对于恒磁通磁电式传感器其灵敏度为

$$K = \frac{\varepsilon}{v} = NB_0 l_0 \tag{6-7}$$

式中：K为灵敏度；B_0为磁感强度；N为线圈匝数；l_0为每匝线圈平均长度。

磁电式传感器的设计工作主要有两个部分：一是磁路系统设计，即根据传感器灵敏度的要求，确定磁感强度B_0的值，设计线圈，确定线圈的有关参数；二是运动系统设计，即根据系统的固有振动频率和动态误差，来确定阻尼系数和刚度等参数。

在进行磁路系统设计时，尽量选用B值大的磁性材料和体积较大的磁铁。根据磁路和灵敏度分别计算出气隙中磁感强度B_0和线圈导线总长度Nl_0。根据气隙尺寸，确定线圈平均周长l_0、线圈的匝数N和导线的直径。此外，在设计时必须考虑以下问题：

1. 线圈电阻与负载电阻匹配问题

磁电式传感器直接输出电信号，相当于一个电源。其内阻为线圈直流电阻R(略去线圈电抗)，如果与传感器相连的信号处理电路(指示器或放大电路)输入阻抗为R_1。由最大功率传输原理可知

$$R = R_1 = N\rho\frac{l_0}{S} \tag{6-8}$$

式中：N 为传感器线圈的匝数；ρ 为线圈导线的电阻率；l_0 为每匝线圈的长度，S 为导线截面积。可以依据式(6-8)，根据具体情况选择相关参数。

2. 线圈发热检查

由线圈匝数 N 和散热条件，计算线圈的表面积，使线圈的温升在允许的温升范围内。线圈的表面积可按式(6-9)进行计算：

$$S_0 \geqslant I^2 R S_t \tag{6-9}$$

式中：S_0 为线圈的表面积；R 为线圈的电阻；S_t 为每瓦功率所需的散热面积(一般取 $S_t = 9 \sim 10\ \text{cm}^2/\text{W}$)；$I$ 为线圈中的电流。

3. 磁电式传感器的非线性误差

由于线圈感生交变电流产生交变磁场将叠加在原气隙中永久磁铁的恒定磁场上，使实际工作磁通减弱，给测量结果带来一定误差。当传感器线圈相对于永久磁铁磁场运动速度不同，减弱磁场的作用也不同，这种叠加使传感器输出感应电动势信号发生畸变，使得信号基波能量降低，谐波能量增加(即正、负半周波形不同)，产生非线性失真。传感器的灵敏度越高，信号畸变越大，非线性失真越严重。

为了补偿非线性失真，可以在传感器上另外增加一个补偿线圈，补偿线圈的电流由测量电路供给，补偿线圈的电流与动圈电流成正比，使补偿线圈建立在磁场与动圈本身所产生的磁场相互抵消。此外，设计时应使线圈中的电流尽可能小一些，使线圈中电流产生的磁场远小于永磁铁的恒定磁场。

如果传感器采用电磁阻尼器，则传感器的非线性和波形失真都将增大，所以高精度的磁电式传感器不能使用电磁阻尼。

4. 温度误差

温度误差也是设计需要考虑的问题，传感器输出电流为

$$i = \frac{\varepsilon}{R_L + R_i} \tag{6-10}$$

式中：R_L、R_i 分别为传感器的内阻和负载阻抗。图 6-7 为永磁性材料磁感应强度与温度的关系，由图可知，磁铁的磁感应强度随温度的升高而减小，所以线圈中的感应电势也随温度升高而减小；而传感器线圈电阻 R_i 和指示器(或测量电路)的电阻 R_L 都具有正温度系数，其电阻值均随温度升高而增加。分子和分母都随温度而变，且变化方向相反，这种由温度所产生的误差在 0.5 t℃%左右。

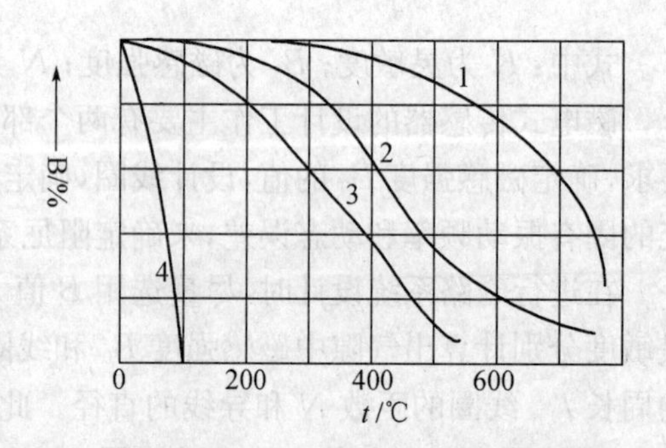

图 6-7　永磁性材料磁感应强度与温度的关系

1—镍铝钴合金；2—钛钢；3—钨钢；4—热磁合金

温度误差的补偿方法可以在磁系统的两个极靴上添加一热磁合金磁分路，当温度升高时，热磁合金分路的磁通急剧减少，使正常工作气隙中的磁通量相应得到了补偿。

6.3　磁电式传感器的应用

6.3.1　磁电式传感器测量电路

1. 测量电路原理

磁电感应式传感器直接输出感应电动势，对于一般具有一定工作频带的电压表或示波器都可采用。并且由于该传感器通常具有较高的灵敏度，所以一般不需要增益放大器。磁电感应式传感器输出的是速度测量的信号，如用于测量位移或加速度，就需采用积分电路或微分电路，对于速度的信号进行处理。

图 6－8 所示为测量位移、速度或加速度测量电路的方框图。选择开关置于下端测量的是速度量，置于中端测量的是位移量，置于上端测量的是加速度量。将微分或积分电路置于两级放大器的中间，以利于级间的阻抗匹配。

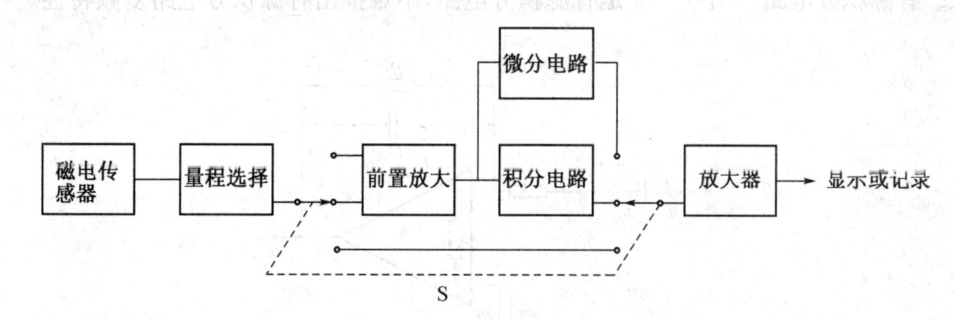

图 6－8　磁电感应式传感器测量电路框图

2. 测量电路对测量结果的影响

(1) 积分电路

① 无源积分电路。图 6－9 为测量位移量实际使用的无源积分电路，电路的传递函数为

$$G(s) = \frac{1}{\tau_c s + 1} \tag{6-11}$$

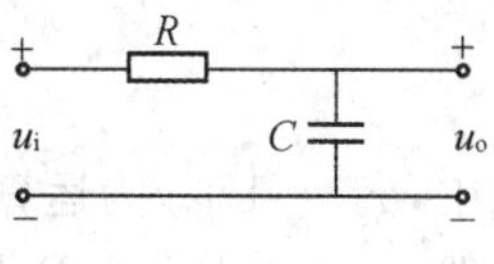

图 6－9　无源积分电路

复频特性为

$$G(j\omega) = \frac{1}{j(\omega/\omega_c) + 1} \tag{6-12}$$

式中：$\tau_c = 1/RC$；$\omega_c = 1/\tau_c$。

理想的积分特性为

$$G'(j\omega) = \frac{1}{j(\omega/\omega_c)} \tag{6-13}$$

从式(6－12)和式(6－13)可以看出，实际使用电路与理想电路之间的存在误差。

幅值误差 r 为

$$r=\frac{|G_1(j\omega)|-|G'_1(j\omega)|}{|G'_1(j\omega)|}=\frac{1}{\sqrt{1+(\omega_c/\omega)^2}}=-1 \tag{6-14}$$

当 $\omega_c/\omega \ll 1$ 时,式(6-14)近似等于

$$r\approx-\frac{1}{2}(\omega_c/\omega)^2=-\frac{1}{2(\omega RC)^2} \tag{6-15}$$

相角误差 φ 为

$$\varphi=\angle G_1(j\omega)-\angle G'_1(j\omega)=\pi-\arctan(\omega RC) \tag{6-16}$$

从式(6-15)和式(6-16)可以看出,ω 越大,幅值误差和相角误差越小,最大误差出现在低频端。可以通过增大 RC,减小误差,但是增大 RC,造成输出信号衰减。为解决这一问题,有些仪器采用分频段积分的办法,即把全部工作频带分成几段,对每个频段使用不同的积分电路。

② 有源积分电路。图 6-10 是有源积分电路,不难推出有源积分电路复频特性。

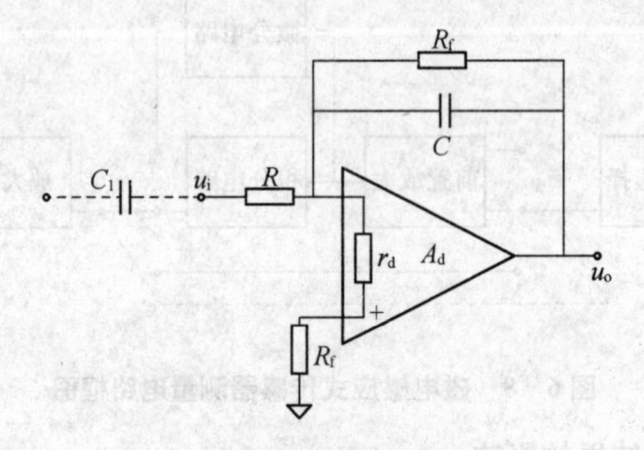

图 6-10 有源积分电路

$$G(j\omega)=\frac{-A_d(j\omega)}{\left(1+\frac{A_dR}{R_f}\right)+j\omega(\tau_0+A_dRC)} \tag{6-17}$$

式中,$\tau_0=1/\omega_0$ 为运算放大器开环渐近幅频特性的转角频率 ω_0 所代表的时间常数。一般 $\tau_0 \ll A_dRC$、$A_dR/R_f \gg 1$,式(6-17)可以简化为

$$G(j\omega)=\frac{R_f/R}{j\omega R_fC+1} \tag{6-18}$$

参照无源积分电路推导方法,有源积分电路的幅值误差和相角误差为

$$r\approx-\frac{1}{2(\omega R_fC)^2} \tag{6-19}$$

$$\varphi=\angle G_1(j\omega)-\angle G'_1(j\omega)=\pi-\arctan(\omega R_fC) \tag{6-20}$$

为了比较无源和有源积分电路,选择相同时间常数 RC,画出两个电路的对数渐近幅频特性图 6-11。图中 $\omega_0=1/RC$,$\omega_f=1/R_fC=\frac{1}{10}\omega_0$。当 $R_f/R=10$ 时,无源和有源积分电路的对数渐近幅频特性。允许信号衰减 20 dB 时,有源积分电路的工作频段将较无源电路

高一个数量级左右。但有源电路同时存在着在低频非工作频段内具有较高增益的特点，这使得电路的低频 $1/f$ 噪声毫无抑制能力。在电路输入端加接一个输入电容 C_1，可以解决这一问题。

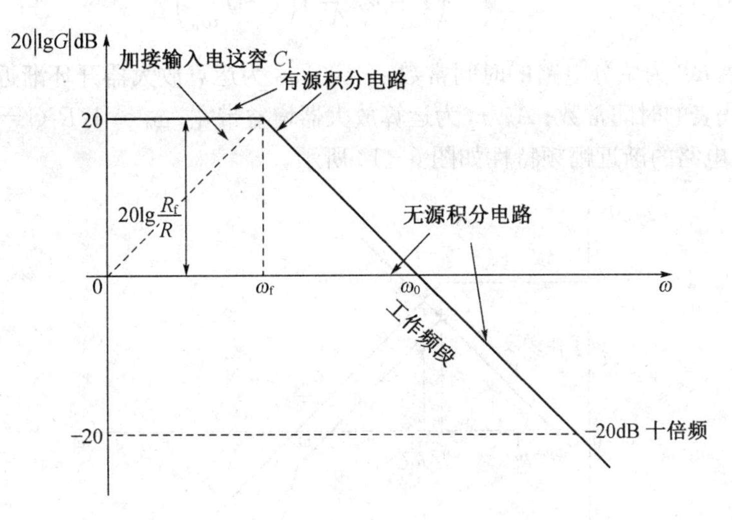

图 6-11　无源和有源积分电路对数渐进幅频特性

(2) 微分电路

① 无源微分电路。无源微分电路如图 6-12 所示，电路的复频特性为

$$D(j\omega)=\frac{j\omega RC}{j\omega RC+1} \tag{6-21}$$

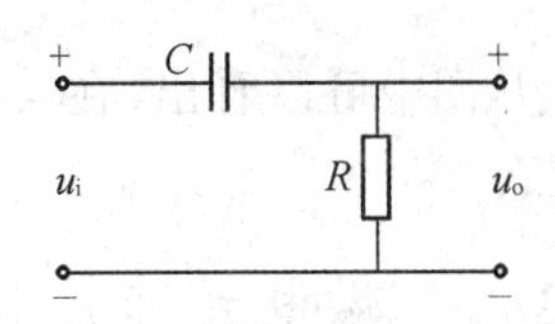

图 6-12　无源微分电路

理想的微分特性为 $D'(j\omega)=j\omega RC$，可以推出，电路的幅值误差和相角误差为

$$r\approx-\frac{1}{2}(\omega RC)^2 \tag{6-22}$$

$$\varphi\approx-\arctan(\omega RC) \tag{6-23}$$

与积分电路相反，最大微分误差将在工作频段的高端出现；最大的输出幅度衰减将限制工作频段的下限值。

② 有源微分电路。为了克服无源微分电路的缺陷，采用有源微分电路，理想有源微分电路存在着输入阻抗低、噪声大、稳定性差等缺点。在实际应用时，总是加以改进，改进电路如图 6-13 所示。

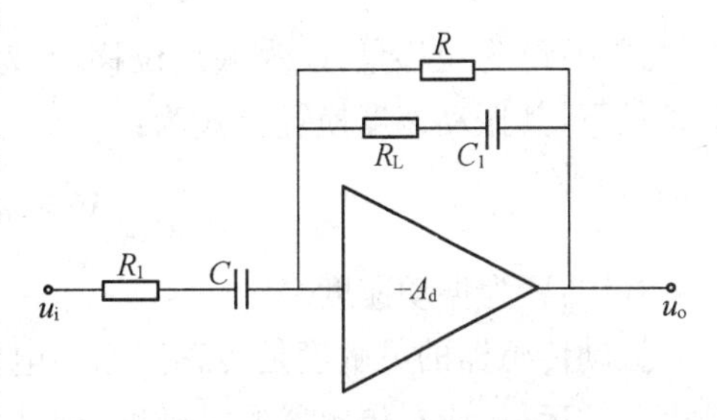

图 6-13　实用有源微分电路

在输入端增加输入端电阻，可以提高输入阻抗和增加阻尼比。合适选择 R_1 值可以使电路的阻尼比近似为 0.7，电路幅频特性将不产生大的峰值，电路趋于稳定。在反馈电阻 R 两端，并联

C_1、R_L 则可以有效地抑制高频噪声。改进电路的幅频特性可近似表示为

$$D(j\omega)=\frac{j\omega\tau}{\left(1+j\omega\ \dfrac{\tau_0}{A_d}\right)\left(1+j\ \dfrac{\omega}{\omega_n}\right)^2} \tag{6-24}$$

式中：$\tau=RC$ 为微分电路的时间常数；$\tau=1/\omega_0$ 为运算放大器开环渐近幅频特性的转角频率 ω_0 所代表的时间常数；A_d/τ_0 为运算放大器增益带宽；$\omega_n\approx 1/R_1C=1/RC_1$ 为电路的谐振频率。电路的渐近幅频特性如图 6-14 所示。

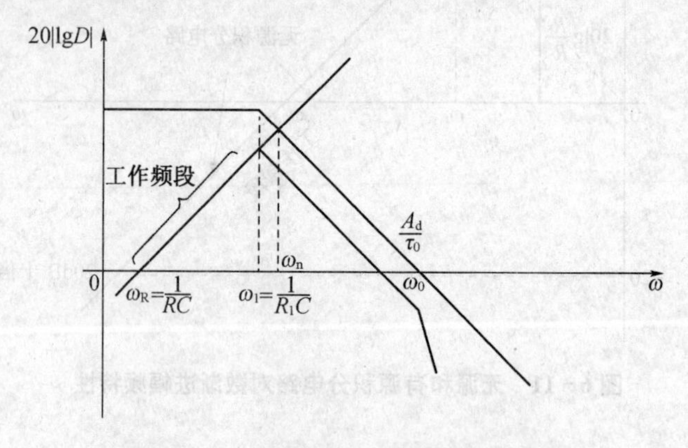

图 6-14 有源微分电路渐近幅频特性

从图中可以看出，在 $\omega<\omega_n$ 的工作频率段，接近于理想的微分特性，即 $D'(j\omega)\approx j\omega RC$。

6.3.2 磁电式速度传感器

机组振动的大小可用振动参量如位移、速度和加速度等不同量值表征，目前测量机组轴承振动（瓦振）常用磁电式速度传感器。磁电式速度传感器是利用磁感应电动势将机械振动转换成电信号输出的换能装置，即在传感器线性范围内其电压输出与机组振动速度成正比，适用于测量汽轮发电机组轴承盖上的轴瓦或机壳振动。

机械振动根据振动的规律可以分为周期振动和非周期振动两大类。周期振动有一种特殊形式为简谐振动，各参量之间有固定的数学关系，其运动规律为：

$$D=A\sin(2\pi ft+\varphi) \tag{6-25}$$

式中：D 为位移量；A 为振动位移；f 为振动频率；t 为时间；φ 为初始相位角。在正弦振动条件下，其振动速度换算公式为：

$$V=\omega A=2\pi fA \tag{6-26}$$

式中：V 为振动速度。

振动传感器的灵敏度是传感器输出电量与输入振动机械量之比。为确认振动监测系统是否正常运行，应对传感器的灵敏度 S_V 进行定期检测。

速度传感器有两种型式，即相对式和惯性式，电力系统常选用惯性式磁电传感器，其基本结构由弹簧支架、测量线圈、永久磁钢、外壳和输出引线端等部分构成，图 6-15 为结构示意图。

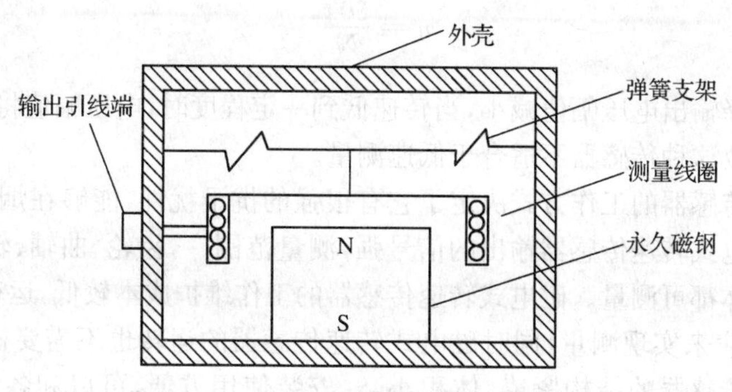

图6-15 磁电式速度传感器结构示意图

传感器由永久磁钢产生恒定的直流磁场，软弹簧一端与测量线圈连接，另一端与外壳连接。传感器紧固在汽轮发电机组轴承盖上并随轴承座一起振动时，永久磁钢和外壳随被测物体同时上下振动，由于测量线圈有软弹簧支撑，保持相对静止不动，这样测量线圈切割磁力线产生感应电动势，该电动势与机组的振动速度成正比。

传感器工作频率范围为5～1 000 Hz，在使用频率范围内能输出较强的电压信号，且不易受电磁场和声场的干扰，测量电路较简单，传感器输出信号与电缆长度没有特定的要求。振动传感器按照信号输出方向可分为单向型(重直或水平向)和通用型(重直或水平向均可使用)两类，现场安装时应注意传感器的使用方向和系列号说明。

6.3.3 磁电式转速传感器

磁电式转速传感器是利用磁电感应来测量物体转速的，属于非接触式转速测量仪表。图6-16为磁电式转速传感器结构示意图，图6-16(a)为旋转磁铁型转速计，图6-16(b)为磁阻变化型转速计，图6-16(c)为磁性齿轮型转速计。磁电式转速传感器可用于表面有缝隙的物体转速测量，有很好的抗干扰性能，多用于发动机等设备的转速监控，在工业生产中有较多应用。

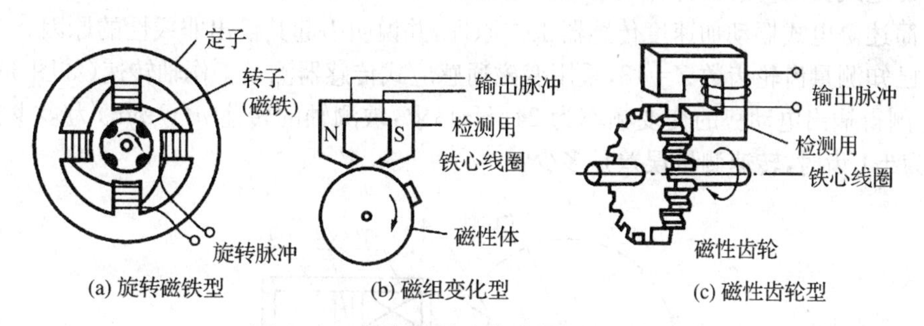

图6-16 磁电式转速传感器结构示意图

以图6-16(c)磁性齿轮型转速计为例，当安装在被测转轴上的齿轮(导磁体)旋转时，其齿依次通过永久磁铁两磁极间的间隙，使磁路的磁阻和磁通发生周期性变化，从而在线圈上感应出频率和幅值均与轴转速成比例的交流电压信号。若安装在被测转轴上的齿轮的齿数为N，则转轴旋转时，每转一圈将在线圈输出端产生N个脉冲，测量出脉冲信号的频率f就可求得转速值n。

$$n = \frac{60f}{N} \tag{6-27}$$

随着转速下降输出电压幅值减小，当转速低到一定程度时，电压幅值将会减小到无法检测出来的程度。故这种传感器不适合于低速测量。

磁电式转速传感器的工作方式决定了它有很强的抗干扰性，能够在烟雾、油气、水汽等环境中工作。磁电式转速传感器输出的信号强，测量范围广，齿轮、曲轴、轮辐等部件，及表面有缝隙的转动体都可测量。磁电式转速传感器的工作维护成本较低，运行过程无需供电，完全是靠磁电感应来实现测量，同时磁电式转速传感器的运转也不需要机械动作，无需润滑。磁电式转速传感器的结构紧凑、体积小巧、安装使用方便，可以和各种二次仪表搭配使用。

习　题

1. 试述磁电式传感器的基本结构及工作原理。
2. 简述变磁通式和恒磁通式磁电传感器的工作原理。
3. 简述动钢型磁电式传感器和动圈型磁电式传感器的工作原理。
4. 动圈式速度传感器弹簧系统的刚度 $k = 5\,200$ N/m，测得其固有频率为 50 Hz，使用同样质量的传感器测量频率减小为 20 Hz，问弹簧刚度应为多大？
5. 已知恒磁通磁电式速度传感器的固有频率为 10 Hz，质量块重 2.08 N，气隙磁感应强度为 1 T，单匝线圈长度为 4 mm，线圈总匝数 1 500 匝，试求弹簧刚度 k 值和电压灵敏度 Ku 值(mV/(m/s))。
6. 某磁电式传感器要求在最大允许幅值误差 2% 以下工作，若其相对阻尼系数 $\xi = 0.6$，试求 ω/ω_n 的范围。
7. 磁电式振动传感器为什么必须满足 $\omega/\omega_n \geqslant 1$ 的条件？
8. 简述磁电式振动加速度传感器工作原理，并说明引起其输出非线性的原因。
9. 已知测量齿轮齿数 $Z=18$，采用变磁通感应式传感器测量工作轴转速(如图 6-17 所示)。若测得输出电动势的交变频率为 24(Hz)，求：被测轴的转速 n(r/min)为多少？当分辨误差为±1 齿时，转速测量误差是多少？

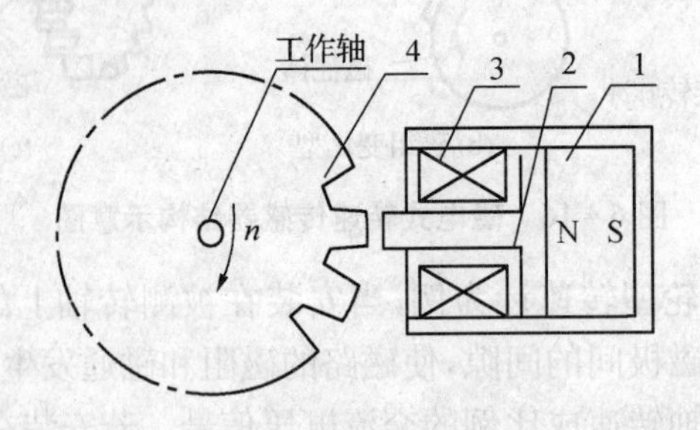

图 6-17

1—永久磁铁；2—软铁；3—感应线圈；4—齿轮

第 7 章　热电式传感器及其应用

热电式传感器是测量温度的装置或器件，它利用材料或组件与温度有关的物理特性，将温度变化转换为电信号变化，在工业测量中常用的温度传感器有热电偶和热电阻。热电偶是将温度变化转换为电势变化；而热电阻是将温度变化转换为电阻值变化。此外，半导体温度传感器也得到迅速的发展和广泛的使用。

7.1　热电偶

热电偶是将温度量转换为电势量的传感器。热电偶具有结构简单、使用方便、精度高、热惯性小、可测局部温度和便于远程传送等优点。使用不同材质制成的热电偶系列，可以满足－200℃至近 3 000℃温度测量的需要。

7.1.1　热电偶的工作原理

1. 热电效应

两种不同导体 A 与 B 串接成一闭合回路，如图 7－1 所示，如果两结合点存在温差 $(T-T_0)$，在回路中就有电流产生，即回路有电动势产生，该现象称为热电效应。回路中的温差电动势是由两种导体的接触电势和单一导体的温差电势所组成。又把接触电势称为珀尔帖电势，单一导体的温差电势称为汤姆逊电势。

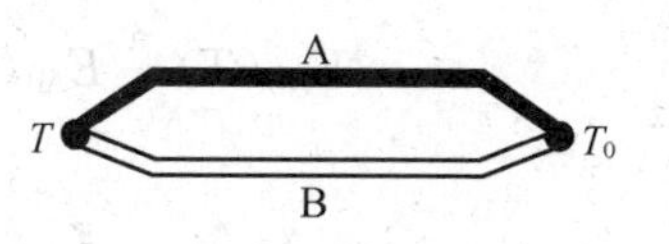

图 7－1　热电偶结构

(1) 珀尔帖电势(接触电势)

当两种不同电子密度的金属接触在一起时，在两金属接触处会产生自由电子的扩散现象。电子将从密度大的 A 金属扩散到密度小的 B 金属，使 A 金属失去电子带正电，B 金属得到电子带负电。从而在接点处形成一个电场，如图 7－2 所示。此电场又阻止电子扩散，当电场作用和扩散作用动态平衡时，在两种不同金属的接触处就产生接触电势，其电动势由接点温度和两种金属的特性所决定。在温度为 T 和 T_0 的两接点处的接触电势 $E'_{AB}(T)$ 和 $E'_{AB}(T_0)$ 分别为

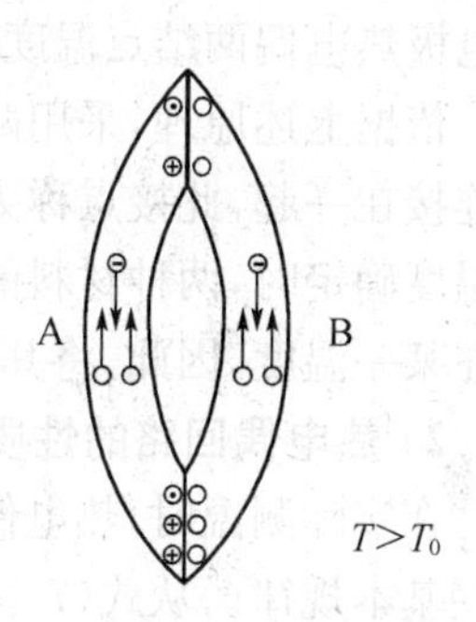

图 7－2　珀尔帖电势

$$E'_{AB}(T)=\frac{kT}{e}\ln\frac{n_A}{n_B} \tag{7-1}$$

$$E'_{AB}(T_0)=\frac{kT_0}{e}\ln\frac{n_A}{n_B} \tag{7-2}$$

式中：$k=1.38\times10^{-23}$ J/K；$e=1.60\times10^{-19}$ 为电子电荷量；n_A、n_B 分别为电极 A、B 材

料的自由电子密度。

回路总接触电势为

$$E_{AB}(T)-E_{AB}(T_0)=\frac{k}{e}(T-T_0)\ln\frac{n_A}{n_B} \tag{7-3}$$

(2) 温差电势

对一根均质的金属导体,如果两端温度不同,分别为 T、$T_0(T>T_0)$,则在两端也会产生电动势 $E_A(T,T_0)$,这个电势叫做单一导体的温差电势,也称汤姆逊电势,如图 7-3 所示。电势计算公式为

$$E''_A(T,T_0)=\int_{T_0}^{T}\sigma_A\mathrm{d}T \tag{7-4}$$

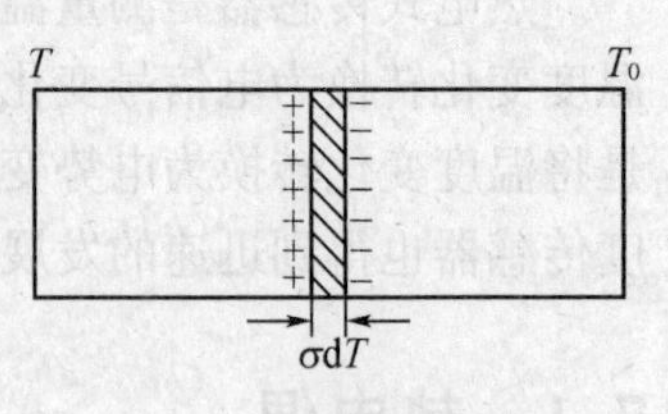

图 7-3 汤姆逊电势

式中:σ_A 为汤姆逊系数。

对于 A、B 导体构成的闭合回路,总的汤姆逊电势将为

$$E''_A(T,T_0)-E''_B(T,T_0)=\int_{T_0}^{T}(\sigma_A-\sigma_B)\mathrm{d}T \tag{7-5}$$

这个电势的大小只与 A、B 材料和两结点温度 (T,T_0) 有关。由 A、B 金属导体组成的回路的电势为

$$\begin{aligned}E_{AB}(T)-E_{AB}(T_0)&=E'_{AB}(T)-E'_{AB}(T_0)+E''_{AB}(T)-E''_{AB}(T_0)\\&=\frac{k}{e}(T-T_0)\ln\frac{n_A}{n_B}+\int_{T_0}^{T}(\sigma_A-\sigma_B)\mathrm{d}T\end{aligned} \tag{7-6}$$

由式(7-5)可以得出以下结论:当两电极材料相同时,即 $\sigma_A=\sigma_B$,$n_A=n_B$,尽管两端温度不同 $(T\neq T_0)$,但总输出电势仍为零。因此,必须由两种不同的材料才能构成热电偶;当电极热电偶两结点温度相同 $(T=T_0)$ 时,回路中的总电势等于零。

依据上述原理,采用两种不同导体的组合成为热电偶。采用焊接方法将两种材料的接点连接在一起,此接点称为测温端或工作端。在测温时,将其置入被测温场中。当被测温场的温度确定时,两种材料的未连接端的温度确定热电偶电势的大小。一般要求未连接端恒定在某一温度,因此,将其称为参考端。

2. 热电偶回路的性质

在实际测温时,热电偶回路中必然要引入显示仪表和连接导线,因此还要掌握热电偶的一些基本规律。从式(7-6)出发,不难导出以下定律。

(1) 均质材料定律

由一种均质导体组成的闭合回路,不论导体的截面和长度如何,都不能产生热电势。反之,如果回路中有电势存在则材料必为非均质。

这条规律要求组成热电偶的两种材料必须各自都是均质的,否则会由于温度梯度存在,产生附加电动势。

(2) 中间导体定律

在热电偶回路中插入第三种(或多种)均质材料,只要所插入的材料两端接点温度相同,

则所插入的第三种材料不影响原回路热电势。

表明根据这个定律，我们可采取任何方式焊接导线，可以将热电动势通过导线接至测量仪表进行测量，且不影响测量精度。

(3) 连接导体定律和中间温度定律

在热电偶回路中，如果热电偶 A、B 分别与导线 A′、B′接，接点温度分别为 T、T_n、T_0，那么回路的热电势将等于热电偶的热电势 $E_{AB}(T,T_n)$ 与连接导线 A′、B′在温度 T、T_0 时热电势 $E_{A'B'}(T_n,T_0)$ 的代数和，如图 7-4 所示，即

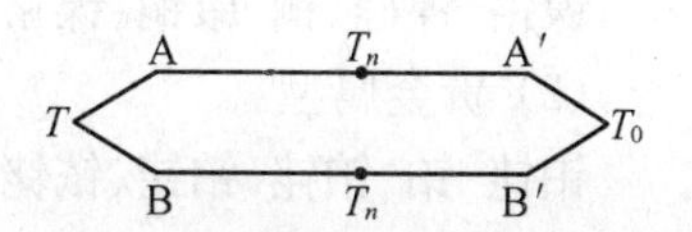

图 7-4 用连接导线热电偶回路

$$E_{ABA'B'}(T,T_n,T_0) = E_{AB}(T,T_n) + E_{A'B'}(T_n,T_0) \tag{7-7}$$

当 A′与 A、B 与 B′材料分别相同，且接点温度为 T、T_n、T_0 时，根据连接导体定律可得该回路的热电势为

$$E_{AB}(T,T_n,T_0) = E_{AB}(T,T_n) + E_{AB}(T_n,T_0) \tag{7-8}$$

式(7-8)表明，热电偶在接点温度为 T、T_n、T_0 时的热电势 $E_{AB}(T,T_0)$，等于热电偶在 $(T$、$T_n)$、$(T_n$、$T_0)$ 时相应的热电势量 $E_{AB}(T,T_n)$ 与 $E_{AB}(T_n,T_0)$ 的代数和，这就是中间温度定律。其中，T_n 称为中间温度。

同一种热电偶，当其两接点温度 T、T_n 不同，其产生的热电势也不同。工具书仅给出参考温度为 0℃时的热电势-温度关系，对于参考端温度不等于 0℃时的热电势都可按式(7-6)求出。连接导体定律和中间温度定律也是工业热电偶测温中应用补偿导线的理论依据。

(4) 参考电极定律

参看图 7-5，当两种导体(A、B)分别与第三种导体 C 组合成热电偶的热电势确定时，则由这两种导体(A、B)组成的热电偶的热电势为

$$E_{AB}(T,T_0) = E_{AC}(T,T_0) - E_{BC}(T,T_0) \tag{7-9}$$

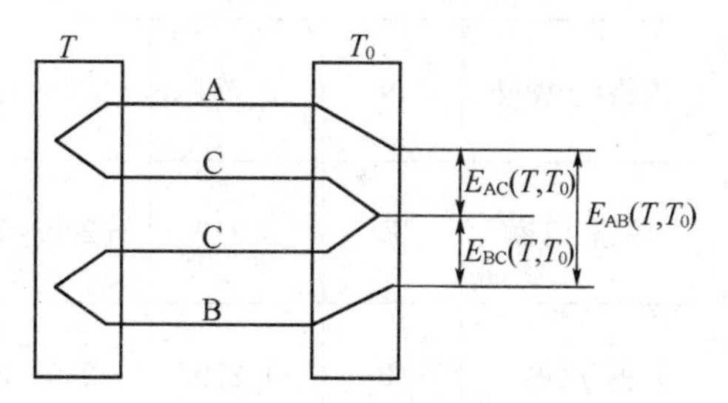

图 7-5 参考电极回路

依据参考电极定律，可以方便地确定各种材料的热电特性，大大简化热电偶的选配工作。一般选取纯度高的铂丝 ($R_{100}/R_0 > 1.392\,0$) 作为参考电极，确定出其他各种电极对铂电极的热电特性，便可以确定这些电极相互组成热电偶的热电势大小。如 $E_{铜,铂}(100,0) = 0.76\ \mathrm{mV}$，$E_{康铜,铂}(100,0) = -3.5\ \mathrm{mV}$，则 $E_{铜,康铂}(100,0) = E_{铜,铂}(100,0) - E_{康铜,铂}(100,0) = 4.26\ \mathrm{mV}$。

7.1.2 热电偶的种类和结构

1. 热电偶类型

热电极(偶丝)是热电偶的主要组件。对于实用测温组件的热电偶，需要其热电极材料有较大的输出热电势，且热电势与温度有良好的线性关系；能在较宽的温度范围内应用和有稳定的化学及物理性能；电阻温度系数小，电导率高；材料要有一定的韧性，以利

于制作等特点。

根据不同测温需要，现在常用热电偶类型有：

(1) 一般金属型

镍铬-镍硅、铜-康铜、镍铬-康铜等。

(2) 贵金属型

铂铑-铂、铂铑-铂铑、铱铑-铱等。

(3) 准熔金属型

钨铼-钨铼等热电偶。

部分标准化热电偶的技术数据见表 7-1。

表 7-1　部分标准化热电偶的技术数据

名称	分度号	$E(100,0)$ (mV)	测温范围(℃)		允许偏差(℃)		
			长期	短期	等级	使用温度	允差
铂铑$_{10}$-铂	S	0.646	0～1 300	1 600	Ⅲ	≤600	±1.5
						>600	±0.25%t
铂铑$_{13}$-铂	R	0.467	0～1 300	1 600	Ⅱ	<600	±1.5
						>1 100	±0.25%t
铂铑$_{20}$-铂铑	B	0.033	0～1 600	1 800	Ⅲ	600～900	±4
						>800	±0.5%t
镍铬-镍硅	K	4.096	0～1 200	1 300	Ⅱ	−40～1 300	±0.75%t
					Ⅲ	−200～40	±1.5%t
镍铬硅-镍硅	N	2.774	−200～1 200	1 300	Ⅰ	−40～1 100	±0.4%t
					Ⅱ	−40～1 300	±0.75%t
镍铬-康铜	E	6.319	−200～760	850	Ⅱ	−40～900	±0.75%t
					Ⅲ	−200～40	±1.5%t
铜-康铜	T	4.279	−200～350	400	Ⅱ	−40～350	±0.75%t
					Ⅲ	−200～40	±1.5%t
铁-康铜	J	5.269	−40～600	750	Ⅱ	−40～750	±0.75%t

2. 热电偶结构

将两热电极的一个端点紧密地焊接在一起组成接点就构成热电偶。焊接可采用直流电弧焊、直流氧弧焊、交流电弧焊、乙炔焊、盐浴焊、盐水焊和激光焊等方法。对接点焊接要求焊点具有金属光泽、表面圆滑、无沾污、夹渣和裂纹；焊点的形状通常有对焊、点焊、绞纹焊等；焊点尺寸应尽量小，一般为偶丝直径的 2 倍。在热电偶的两电极之间应用耐高温材料绝缘，如图 7-6 所示。

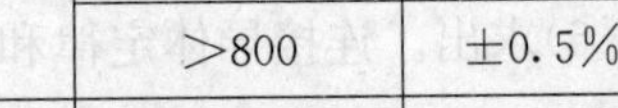

图 7-6　热电偶两电极之间绝缘结构

工业用热电偶必须长期工作在恶劣环境下，根据被测对象不同，热电偶的结构形式是多种多样的，下面介绍几种比较典型的结构形式：

(1) 普通型热电偶

如图 7-7 所示，这种热电偶在测量时将测量端插入被测对象的内部，主要用于测量容器或管道内气体、流体等介质的温度。其结构主要包括：热电极、绝缘子、保护管套、接线盒和安装法兰等。

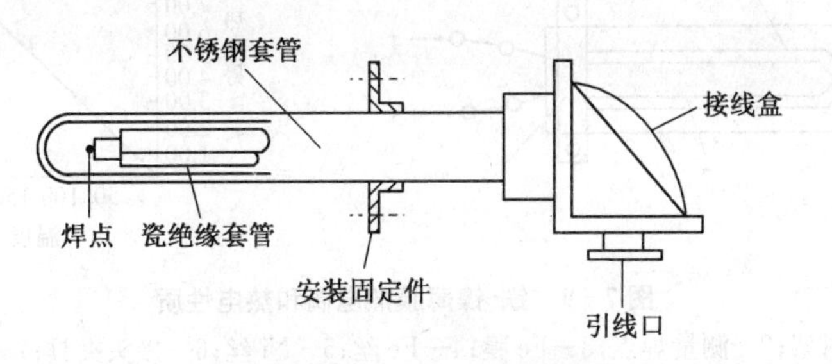

图 7-7　普通热电偶的结构

对保护材料的要求是：气密性好，可有效地防止有害介质渗入而侵蚀结点和热电极；应有足够的强度及刚度，耐振、耐热冲击；物理化学性能稳定，在长时间工作中不至于与介质、绝缘材料和热电极互相作用，也不产生对热电极有害的气体。导热性能好，使接点与被测介质有良好的热接触。常用的有铝、钢、铜合金、碳钢、不锈钢、镍基高温合金及贵金属。

(2) 铠装热电偶

铠装热电偶是由热电极、绝缘材料和金属套管组合加工而成的坚实组合体，它是将热电偶丝与电熔氧化镁绝缘物熔铸在一起，外表再套不锈钢管等，称为套管热电偶。铠热电偶的主要特点是：动态响应快；铠装热电偶外径很细(1 mm)，因此测量端热容量小；绝缘材料和金属套管经过退火处理，有良好的柔性；铠装热电偶结构坚实，机械强度高，耐压、耐强烈震动和冲击，适于多种工作条件使用。

从铠装热电偶的测量端形式，将电偶分为碰底型、不碰底型、露头型和帽型。如图 7-8 所示。碰底型，热电偶测量端和套管焊在一起，其动态响应比露头型慢，但比不碰底型快；不碰底型，测量端已焊成并封闭在套管内，热电极与套管之间相互绝缘，这是一种最常用的形式；露头型，其测量端暴露在套管外面，动态响应好，仅在干燥的非腐蚀性的介质中使用；帽型，在露头型的测量端，套上一个保护帽，用银焊密封起来。

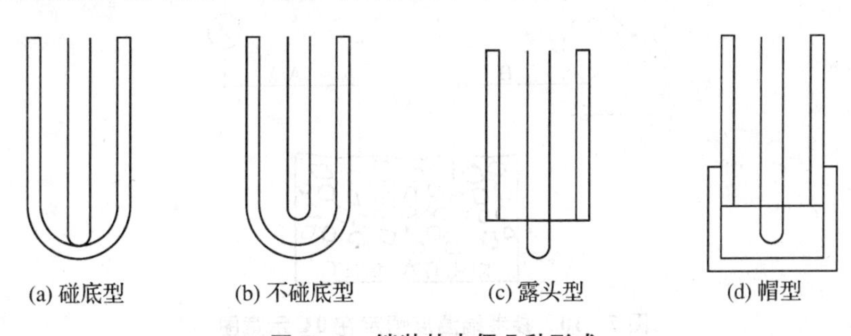

图 7-8　铠装热电偶几种形式

(3) 薄膜热电偶

采用真空镀膜技术，将电偶材料沉积在绝缘材料表面，构成的热电偶称为薄膜热电偶，如图 7－9 所示。测量范围为－200～500℃，热电极材料多采用铜-康铜、镍铬-铜、镍铬-镍硅等，用云母作绝缘基片，主要适用于各种表面温度的测量。当测量范围为 500～1 800 ℃时，热电极材料多用镍铬-镍硅、铂铑-铂等，用陶瓷作基片。

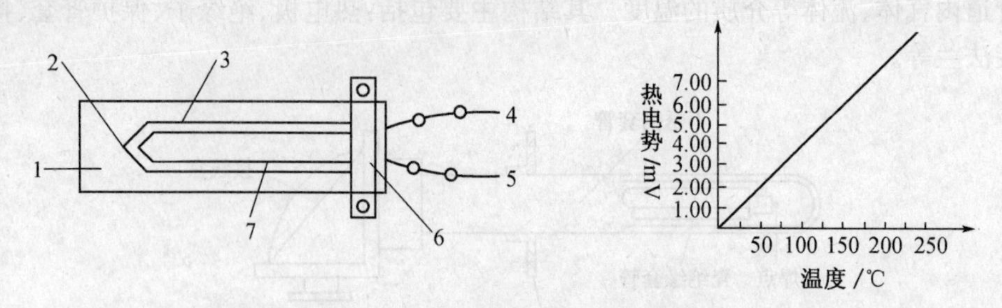

图 7－9　铁-镍薄膜热电偶和热电性质

1—衬架；2—测量焊点；3—Fe 膜；4—Fe 丝；5—Ni 丝；6—接头夹具；7—Ni 膜

电偶的薄膜，其厚度约为 0.01～0.1 mm，测量端的热惯性很小，反应快，可以用于测量瞬间的表面温度和微小面积上的温度。热电极采用铜-康铜、镍铬-镍硅等，绝缘基板材料用云母，它们适用于各种表面温度测量以及汽轮机叶片等温度；用镍铬-镍硅，铂铑-铂等，绝缘基片材料采用陶瓷，常用于火箭发动机喷嘴的温度测量，以及钢锭、轧辊等表面温度测量等。还可以将热电极材料点接镀在被测绝缘体表面上而制成薄膜热电偶，不用衬架和保护管，因此响应极快，热惯性可到微秒量级。

7.1.3　热电偶的冷端处理及补偿

热电偶的分度表及根据分度表刻度的直读式仪表，都是以热电偶参考端温度等于 T_0℃为条件的。在一般工程测量中参考端处于室温或波动的温区，此时要测得真实温度就必须进行修正或采取补偿等措施。

1. 用冰点器使参考端温度恒定在 0℃

在实验室中通常把参考端置于盛有水与冰屑的容器中，将参考端温度恒定在 0℃。有的采用半导体致冷器件，将恒定参考端在 0℃上，如图 7－10 所示。

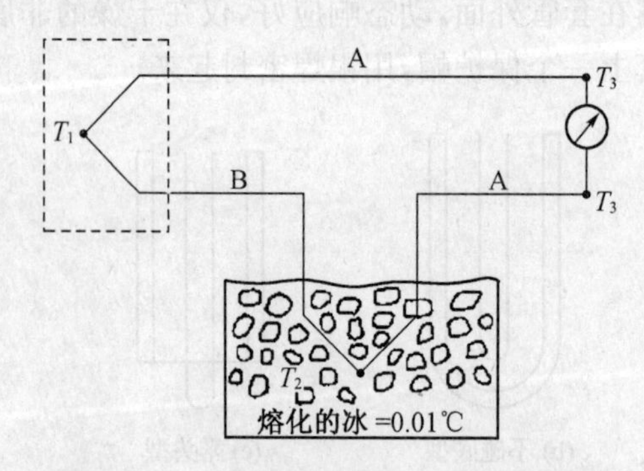

图 7－10　参考端温度恒定在 0℃示意图

2. 热电偶参考端温度为 T_n 时的补正方法

(1) 热电势补正法

当 $T_n \neq 0$℃ 时，热电偶输出的热电势是 $E_{AB}(T, T_n)$，可以测量出热电偶自由端的温度，再由热电偶分度表查出 $(T_n, 0℃)$ 所对应热电势是 $E_{AB}(T_n, 0℃)$。根据中间温度定律，取这两热电势值代数和，最后再由热电偶分度表查出被测介质的真实温度。例如用 K 型(镍铬-镍硅)热电偶测炉温时，参考端温度 $T_n = 30℃$，由热电偶分度表可查得 $E_{AB}(30℃, 0℃) = 1.203\ mV$，若测得 $E_{AB}(T, 30℃) = 28.344\ mV$，则可得 $E_{AB}(T, 0℃) = E_{AB}(30℃, 0℃) + E_{AB}(T, 30℃) = 28.344\ mV + 1.203\ mV = 29.547\ mV$，再查分度表可知 $T = 710\ ℃$。

(2) 温度修正法

如果 T' 为仪表指示温度(即由仪表测得的热电势 $E_{AB}(T, T_n)$，查分度表所得的温度)，T_n 为冷端温度，则被测真实温度 T 为

$$T = T' + kT_0 \tag{7-9}$$

式中：k 为热电偶的修正系数，决定于热电偶种类和所测温度范围，如表 7－2 所示。

表 7－2　几种常用热电偶 k 值表

测量端温度(℃)	热电偶类别				
	铜-康铜	镍铬-康铜	铁-考铜	镍铬-镍硅	铂铑$_{10}$-铂
0	1.00	1.00	1.00	1.00	1.00
20	1.00	1.00	1.00	1.00	1.00
100	0.86	0.90	1.00	1.00	0.82
200	0.77	0.83	1.00	1.00	0.72
300	0.70	0.81	0.99	0.98	0.69
400	0.68	0.83	0.99	0.98	0.66
500	0.65	0.78	0.98	1.00	0.63
600	0.65	0.78	1.02	1.00	0.62
700	—	0.80	1.00	0.96	0.60
800	—	0.80	0.91	1.00	0.59
900	—	—	0.82	1.00	0.56
1 000	—	—	0.84	1.07	0.55
1 100	—	—	—	1.11	0.53
1 200	—	—	—	—	0.53
1 300	—	—	—	—	0.52
1 400	—	—	—	—	0.52
1 500	—	—	—	—	0.53
1 600	—	—	—	—	0.53

例如上例，参考端在室温环境 $T_n = 30℃$ 中，仪表测得的热电势为 $E_{AB}(T, 30℃) = 28.344\ mV$，查此热电偶分度表知，温度 $T' = 681℃$，冷端温度 $T_n = 30℃$，查表得 $k = 1$，则真实温度为

$$T = 681 + 1 \times 30 = 711(℃)$$

与热电势修正法所得几乎结果一致。因此，这种方法在工程上应用较为广泛。

3. 参考端温度 T_n 为波动值时的补正法

在工程中的很多情况下，热电偶参考端的温度是波动的，可采用下面方法进行补正。

(1) 补偿导线

根据连接导线定律，热电偶回路的热电势为

$$E_{ABA'B'}(T,T_n,T_0) = E_{AB}(T,T_n) + E_{A'B'}(T_n,T_0) \quad (7-10)$$

如果 $E_{AB}(T_n,T_0) = E_{A'B'}(T_n,T_0)$，则 $E_{ABA'B'}(T,T_n,T_0) = E_{AB}(T,T_0) + E_{A'B'}(T_n,T_0)$。即当热电极 A、B 与导线 A′、B′连接后，仍然可以看作仅由热电极组成的回路。选择导线 A′和 B′的热电性能与热电偶 A 和 B 相似，替代热电偶 A 和 B，将参考端从 T_n 延伸到 T_0 处。这种导线称热电偶的补偿导线。在使用热电偶补偿导线时，要注意型号相配，极性不能接错，如图 7-11 所示。热电偶与补偿导线连接端的温度不应超过规定稳定范围。

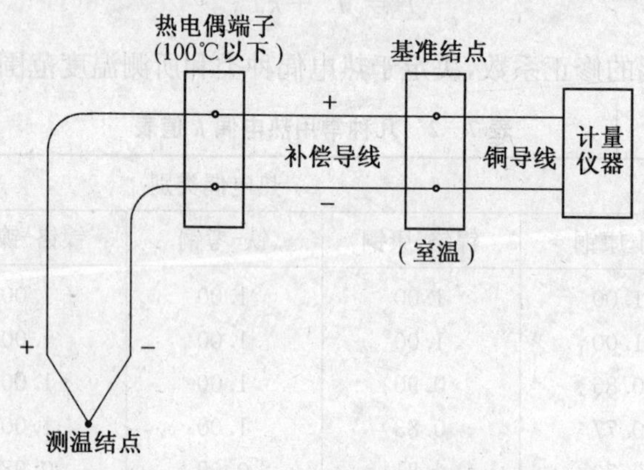

图 7-11　接有补偿导线的测量电路

(2) 补偿热电偶补正法

补偿热电偶补正法就是在热电偶回路中，反串一支同型号的热电偶。连接时注意极性：正接正，负接负。

(3) 冷端温度补偿器

热电偶冷端补偿本质上就是一电压发生器，如图 7-12 所示是冷端温度补偿器，它是补偿电桥。补偿电桥的 4 个桥臂中有一个臂是铜电阻作为感温组件，其余 3 个臂由阻值恒定的锰铜电阻制成。将它串接在热电偶回路中。

电桥输出的直流信号和参考端温度 T_n 的关系应与配用的热电偶的热电特性一致。不平衡的电桥产生的电势正好为 $E_{AB}(T_n,T_0)$，输出的电压使参考端不是 0℃时，得到自动补偿。冷端温度补偿器的直流应随参考端温度 T_n 的变化而变化，并且在补偿温度范围内。

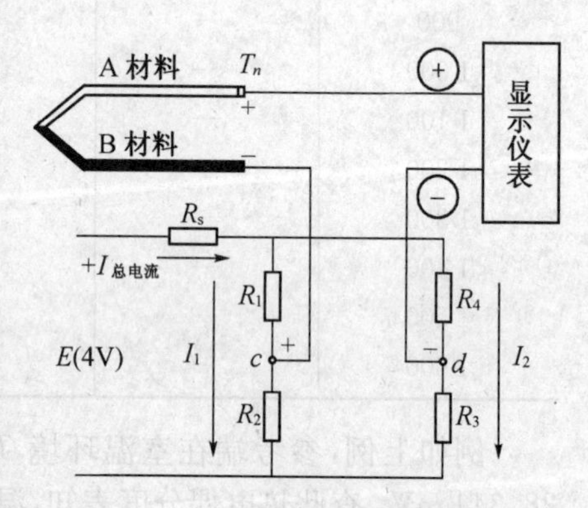

图 7-12　冷端温度补偿器

4. 参考端温度不需要补正的热电偶

有些热电偶在一定温度范围内，不产生热电势或热电势很小。例如，镍铬-镍硅热电偶在 0～200℃时的热电势非常小，在 300℃时也只有 0.38 mV；镍铁-镍铜热电偶在 0～50℃以下的热电势几乎等于零；如果参考温度在这一温度范围内变化，将不改变热电偶输出的热电势，所以就不需要对参考端进行温度补正。

7.1.4　热电偶的主要特性

国家标准规定了标准化工业用的普通热电偶技术条件及测试方法，而非标准热电偶的技术条件则根据实际使用要求而定，可以参考标准技术条件来规定。

1. 热电势稳定性

热电偶的热电特性通常会随测温时间长短而变化，如果变化显著，则失去使用意义。热电偶稳定性就是描述热电偶的热电特性相对稳定的重要参数，短期稳定性是用现场测温前后的热电势变化值来表示。一般是在实验室里对热电偶加热，测量在某一温度下(一般为上限温度)加热前后的热电势变化值。长期稳定性是指热电偶使用一段时间(一个月、二个月、半年甚至几年)后，在实验室里测得的该热电偶在同一温度下热电势变化值。

2. 均匀性

均匀性是指热电极材料的均匀程度。若热电极材料是不均质的，两热电极又处于温度梯度中，热电偶回路中产生一个附加热电势——不均匀电势。不均匀电势降低了测温的准确度，有时引起的附加误差高达 30℃左右，严重影响热电偶的稳定性和互换性。均匀性是评定热电极质量的重要参数之一。

3. 热响应时间

热响应时间是指被测介质从某一温度跃变到另一温度时，热电偶的输出变化至该跃变的某个规定百分数所需的时间。工业用普通型热电偶的响应时间，是对由室温到沸腾的水所规定的热交换条件而言的(特殊产品例外)。相同构造的热电偶在不同的热交换条件下(包括使用介质及工况)，其时间常数是不相等的。

4. 绝缘电阻

绝缘电阻包括常温绝缘电阻和上限温度绝缘电阻。

5. 热偶丝电阻率

热偶丝电阻率应符合表 7-3 的规定。

表 7-3　热电偶电阻率

偶丝名称	20℃电阻率($\Omega mm^2 \cdot m^{-1}$)	偶丝名称	20℃电阻率($\Omega mm^2 \cdot m^{-1}$)
铂铑	0.196	考铜	0.47
铂	0.098	铁	0.13
镍铬	0.68	康铜	0.45
镍硅(镍铬)	0.25(0.33)		

6. 绝缘强度

当周围空气温度为 20℃±5℃，相对湿度不大于 80%时，热电偶的热电极与保护管之间，两热电极(测量端开路时)之间，应能承受频率为 50 Hz、电压 500 V 的正弦交流电 60 ms 的绝缘强度试验。

7. 允差

热电偶的热电动势-温度关系偏离分度表的允许范围。热电偶的允差应符合国家标准的规定。

其他参数，由于具体使用条件不同可特别提出要求，如抗疲劳、耐振性、抗湿性等。

7.1.5　热电偶安装注意事项

热电偶主要用于工业生产中，用做集中显示、记录和控制用的温度检测。在现场安装时要注意以下问题：

1. 插入深度要求

安装时热电偶的测量端应有足够的插入深度，管道上安装时应使保护套管的测量端超过管道中心线 5～10 mm。

2. 注意保温

为防止传导散热产生测温附加误差，保护套管露在设备外部的长度应尽量短，并需保温。

3. 防止变形

为防止高温下保护套管变形，应尽量垂直安装。在有流速的管道中必须倾斜安装，如有条件应尽量在管道的弯管处安装，并且安装的测量端要迎向流速方向。需要水平安装时，则应有支架支撑。

7.1.6　热电偶热电势测量及其误差分析

1. 热电偶热电势的测量

使用标准化热电偶测温时，可以用定型温度仪表，显示被测温度。在工业上常用温度表有自动电子电位差计、数字式温度表。

(1) 自动电子电位差计

图 7－13 是自动电子电位差计工作原理线路图，电子放大器对微小的不平衡的电压进行放大，然后驱动可逆电动机，通过一套机械装置调节 R_p 滑动点，使 $\Delta E = 0$。可逆电动机同步驱动温度指针。温度指针的位置与 R_p 滑动点是连续对应的。自动电子电位差计的精度等级为 0.5 级，它可以自动显示和自动记录温度。

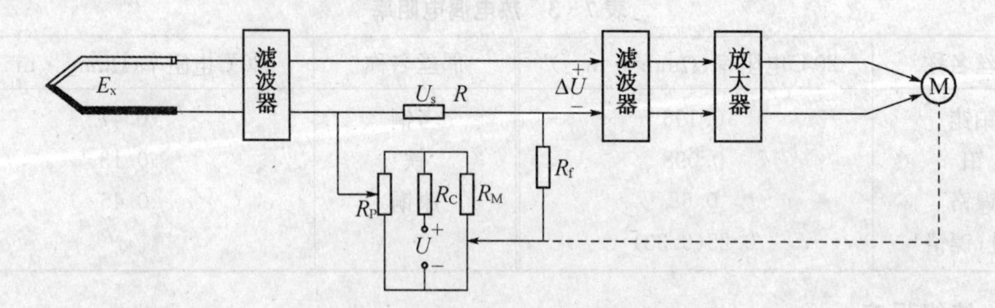

图 7－13　自动电子电位差计工作原理

(2) 数字式温度表

数字式温度表由前置放大、线性化电路、A/D 转换器和显示电路部分组成。热电偶输出的热电势信号一般都很小(mV 数量级)，必须经过高增益的直流放大，常用数据放大器。热电偶的热电特性，一般来讲都是非线性的。欲使显示数或输出脉冲数与被测温度直接相对应，必须采取措施进行非线性校正，通常采用硬件校正法。实现温度的数字测量和显示。如向计算机过程控制系统提供温度信号，在前置放大后，可以将电信号变换标准信号(0～5 V,4～20 mA),非线性校正(和冷端补偿)工作,都直接由计算机进行软件校正。

2. 误差分析

测量基本误差主要为分度误差、冷端处理误差、补偿导线误差和仪表误差。

(1) 分度误差

工业上常用的热电偶都用标准分度表分度,因此造成每个具体使用的热电偶与标准分度之间的误差。即使对非标准化热电偶采用单独分度,由于被分度的热电偶热电特性的波动,分度时所采用的标准仪器及装置的误差亦会造成分度误差。

(2) 冷端处理误差

前述冷端处理方法中,若恒温法和温度修正法中有温度波动,自动补偿法中有补偿误差及延伸导线热电特性的不一致都会造成误差。

(3) 补偿导线误差

与热电偶配用的如果是动圈式电气指示仪表,这时由于线圈内阻较低,因此接线电阻波动对输出有影响。为消除这一影响,可设法使热电偶电阻、接线电阻与仪表内阻之和为常数或选用高内阻仪表。

(4) 仪表误差

热电偶测温必须和记录仪表配合使用,因此仪表的误差将引入测量结果。

例:采用镍铬-镍硅热电偶测温。仪表的量程为0～1 000℃,仪表显示温度为800℃时,分度允许误差为±0.75t%(0.75×8℃),冷端处理误差±0.16 mV(±3.7℃),补偿导线误差范围为±0.16 mV(±3.7℃),仪表误差为1%(10℃)。系统最大误差为

$$\Delta = \pm\sqrt{(0.75\times 8)^2 + 3.7^2 + 3.9^2 + 10^2} = \pm 13(℃)$$

7.2 热电阻

热电阻是利用物质的电阻率随温度变化的特性制成的电阻式测温系统,由纯金属热敏组件制作的热电阻称为金属热电阻,由半导体材料制作的热电阻称为半导体热敏电阻。

7.2.1 金属热电阻

1. 工作原理、结构和材料

(1) 工作原理

大多数金属导体的电阻都随温度变化(电阻-温度效应),其变化特性方程为

$$R_t = R_0(1 + At + Bt^2 + Ct^3) \tag{7-11}$$

式中:R_t、R_0分别为金属导体在t℃和0℃时的电阻值;A、B、C是金属导体电阻温度系数。在一定的温度范围内,A、B、C可近似地视为一个常数。作为感温组件的金属材料必须有以下特性:材料的电阻温度系数要大;材料的物理、化学性质稳定;电阻温度系数线性度特性要好;具有比较大的电阻率;特性复现性好。基本具有这些特性的材料有:铂、铜和镍等。

(2) 几种常用的热电阻

① 铂热电阻

在国际实用温标中，铂电阻作为−259.34～630.74℃温度范围内的温度基准的物理、化学性质非常稳定，是目前制造热电阻的最好材料。铂电阻除用作一般工业测温外，主要作为标准电阻温度计，广泛地应用于温度的基准、标准的传递。它的长时间稳定的复现性可达10^{-4}K。在国际温标中，铂电阻作为−259.34～630.74℃温度范围内的温度基准。

铂热电阻的测温精度与铂的纯度有关，通常用R_{100}/R_0表示铂的纯度，R_{100}和R_0分别表示100℃和0℃条件下的电阻值。R_{100}/R_0越高，表示铂电阻丝纯度越高，测温精度也越高。国际实用温标规定：作为基准器的铂热电阻，$R_{100}/R_0>1.392\,56$，与之相应的铂纯度为99.999 5%，测温精度可达±0.001℃，最高可达0.000 1℃；作为工业用标准铂热电阻，$R_{100}/R_0>1.391$，其测温精度在−200～0℃间为±1℃，在0～100℃间为±0.5℃，在100～650℃之间为±(0.5%) t。铂丝的电阻值与温度之间的关系，即特性方程如下：

当温度t为−200℃<t<0℃时，则

$$R_t=R_0[1+At+Bt^2+C(t-100)t^3] \tag{7-12}$$

当温度t为0℃<t<650℃时，则

$$R_t=R_0[1+At+Bt^2] \tag{7-13}$$

式中：R_t、R_0为温度分别为t℃和0℃时的铂电阻值；A、B、C为常数，对$R_{100}/R_0=1.391$，$A=3.968\,47\times10^{-3}/℃$，$B=-5.847\times10^{-7}/℃^2$，$C=-4.22\times10^{-12}/℃^4$。

国内标准化的工业用标准铂电阻，其$R_{100}/R_0>1.391$，分为50 Ω和100 Ω两种，分度号分别为Pt50和Pt100，其分度表(给出阻值和温度的关系)可查阅相关资料。在实际测量中，只要测得铂热电阻的阻值即可从分度表中查出对应的温度值。

② 铜热电阻

由于铂是贵重金属，因此，在一些测量精度要求不高且温度较低的场合，普遍采用铜热电阻进行温度的测量，测量范围一般为−50℃～150℃。在此温度范围内线性关系好，灵敏度比铂电阻高，容易提纯、加工，价格便宜，复现性能好。但是铜易于氧化，一般只用于150℃以下的低温测量和没有水分及无侵蚀性介质的温度测量。与铂相比，铜的电阻率低，所以铜电阻的体积较大。铜电阻的阻值与温度之间的关系为

$$R_t=R_0(1+At) \tag{7-14}$$

式中：A为铜的温度系数，$A=(4.25\sim4.28)\times10^{-3}/℃$。由上式可知，铜电阻与温度的关系是线性的。

国内工业上使用的标准化铜热电阻的统一设计为50 Ω和100 Ω两种，分度号分别为Cu50和Cu100，相应的分度表可查阅相关资料。

(3) 热电阻的结构

热电阻的结构比较简单，一般将电阻丝绕在云母、石英、陶瓷、塑料等绝缘骨架上，经过

固定，外面再加上保护套管。普通工业用热电阻温度传感器的结构如图7-14所示。

传感器内热电阻的结构随用途不同而各异。铜电阻体是一个铜丝绕组，其结构形式如图7-15所示。铂电阻体一般由直径为0.05～0.07 mm的铂丝绕在片形云母骨架上，铂丝的引线采用银线。

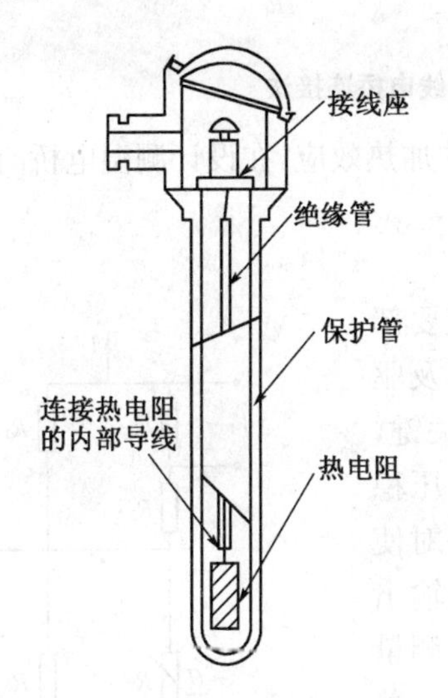

图7-14　普通工业热电阻结构

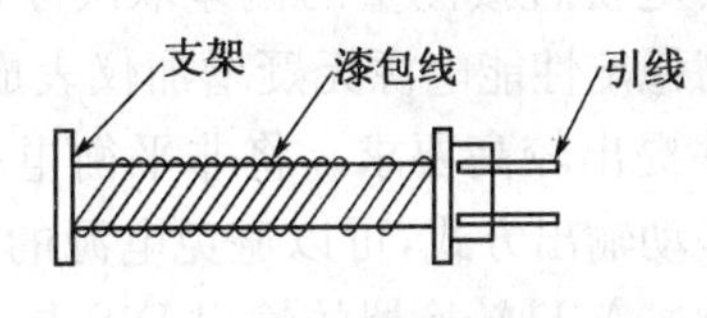

图7-15　铜热电阻结构

2. 热电阻测量线路及测量误差

(1) 热电阻与测量电路的连接方法

热电阻温度计的测量线路最常用的是电桥电路，由于热电阻的阻值较小，连接导线的电阻值，会产生的误差。为了消除导线电阻的影响，一般采用三线或四线电桥连接法。

① 三线电桥连接法

图7-16是三线连接法原理图。G为检流计，R_1、R_2、R_3为固定电阻，R_a为零位调节电阻。热电阻R_t通过电阻为r_1、r_2、r_3三根导线和电桥连接，r_1和r_2分别接在相邻的两臂内，当温度变化时，只要它们的长度和电阻温度系数相同，它们的电阻变化就不会影响电桥的状态。电桥在零位调整时，使$R_4 = R_a + R_{t0}$，R_{t0}为热电阻在参考温度(如0℃)时的电阻值。r_3不在桥臂上，对电桥平衡状态无影响，但电桥的零点不稳定。

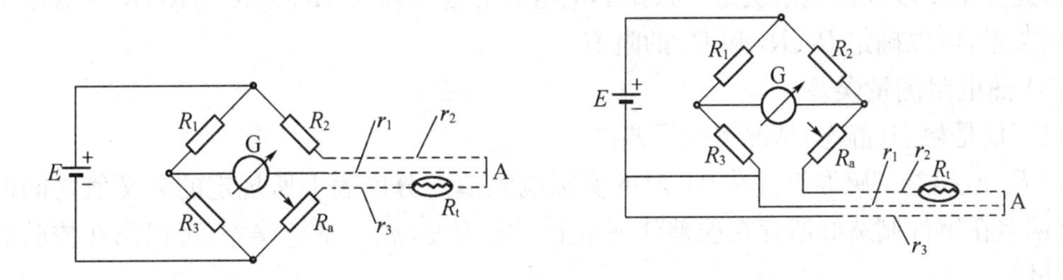

图7-16　热电阻测温电桥的三线连接方法

② 四线电桥连接法

图7-17为四线连接法。调零电位器R_a的接触电阻和检流计串联，这样，接触电阻的不稳定不会破坏电桥的平衡和正常工作状态。

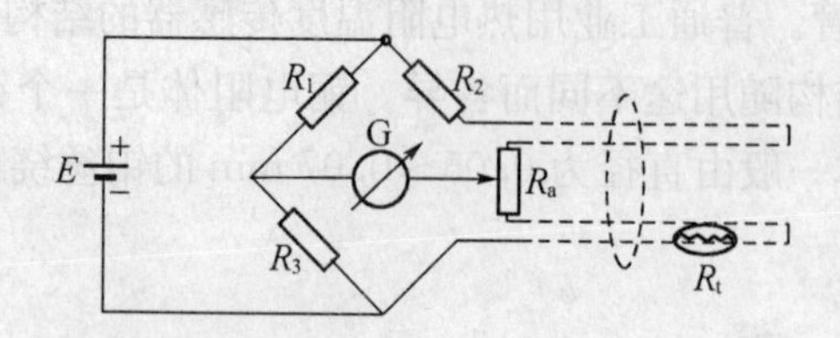

图 7-17　三线或四线电桥连接法

为了避免在测量过程中流过热电阻的电流的加热效应，在设计测温电桥时，要使流过热电阻的电流尽量小，一般小于 10 mA。

(2) 测量电桥设计

目前热电阻数字温度计的电路比较简单，主要部分是非平衡电桥测量电路、A/D 转换器、显示器及驱动电路。非平衡电桥测量电路是数字温度计的关键，使用非平衡电桥直接测量的偏差取决于电源电压稳定度。而高稳定性能电源无疑增加仪表成本，并对使用环境条件提出较高要求。将非平衡电桥直接输出改为采用差动输出方式，可以避免电源的波动对测量结果的影响。A/D 转换器的输出 DIS 与 V_{REF}、V_{IN} 关系为

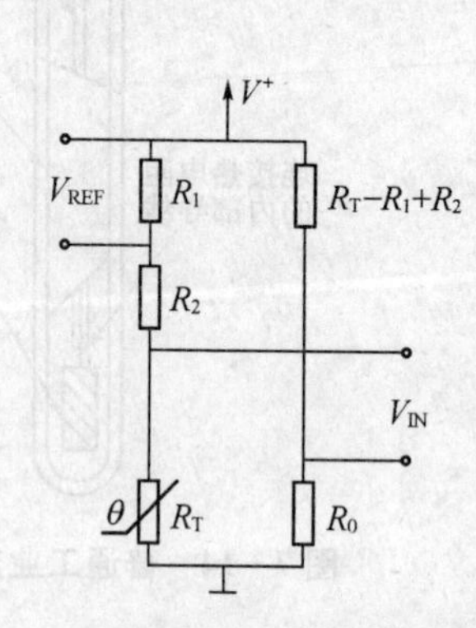

图 7-18　热电阻的非平衡电桥测量电路

$$DIS = 1\,000 \times (V_{IN}/V_{REF}) \tag{7-15}$$

从图 7-18 不难得到

$$V_{REF} = V^{+} R_1/(R_1 + R_2 + R_T) = V^{+} R_1/(R_3 + R_T)$$

$$\begin{aligned} V_{IN} &= V^{+}[R_T/(R_1 + R_2 + R_T) - R_0/(R_1 + R_2 + R_0)] \\ &= V^{+}[R_3/(R_3(R_T - R_0)/[(R_3 + R_T)(R_3 + R_0)] \end{aligned} \tag{7-16}$$

将式(7-16)代入式(7-15)可得

$$DIS = 1\,000 \times [R_3(R_T - R_0)/R_1(R_3 + R_0)] \tag{7-17}$$

因此显示精度仅由电阻决定。根据热电阻的分度号和 $R_3(R_T - R_0)/R_1(R_3 + R_0)$ 的显示温度关系，可以确定 R_1、R_2 和 R_3 的阻值。

(3) 热电阻测量误差

以下仅是稳态(静态)情况下的误差：

① R_0 值误差。感温组件在 0℃时的实际电阻值与分度表上所规定的名义值之间的偏差，此偏差在组件制造好所存在误差就基本上固定不变，属于系统误差，可以用在校验后修正或补偿。

② 分度表的误差。同一分度号的热电阻的温度电阻关系曲线与分度表规定的曲线有一定的偏离，此偏离所引起的测量误差是不定系统误差。

③ 组件自热效应引入的误差。当测量电流通过热电阻时，其自身就要发热，这就是热电阻的自热效应。在测量时由于所使用的仪器、仪表的不同，要求通过热电阻的电流大小也

不同,因而引起的自热效应误差也不同。可通过测试来加以修正。

④ 热电阻稳定性误差。由于感温组件材料的纯度、所受机械应力及热冲击等的影响,感温组件的阻值在使用过程中,随着时间的推移会发生变化。影响这一变化的因素很多,又无一定规律,因而无法减小和消除。

⑤ 绝缘不良引入的误差。用热电阻在高温或低温进行测量时,由于两根引线或感温丝匝之间的绝缘不良,会引起较大误差,有时甚至无法测量。在低温(低于室温)测量时,绝缘的破坏一般来自外因,即接线端子处或引线的凝结露水造成绝缘下降或短路。由此引入的误差是极大误差,可用防护和加绝缘措施的方法解决;在高温下绝缘电阻的破坏主要来源于绝缘材料本身的性能。

⑥ 引线误差。由于引线与连接线本身都有电阻,当采用两线制线路测量时,对这部分电阻值处理得是否正确有时会带来相当大的误差。

⑦ 动态响应误差。由于热电阻在测温过程中自身要吸热,且具有一定的惰性,在用热电阻来测量随时间变化的温度时,将有动态响应误差。

7.2.2 热敏电阻

热敏电阻是一种用半导体材料制成的敏感组件,其特点是电阻随温度变化而显著变化能将温度转换为电量的变化。热敏电阻具有灵敏度高、体积小、较稳定、制作简单、寿命长易于维护、便于实现远距离测量和控制等特点。

1. 热敏电阻分类

热敏电阻按其热电性能。可分为三类:

(1) 正温度系数热敏电阻(PTC)

它主要采用$BaTiO_3$系列材料加入少量Y_2O_3和Mn_2O_3烧结而成,当温度超过某一数值时,其电阻值随温度升高而迅速增大。其主要用途是各种电器设备的过热保护,发热源的定温控制,也可作为限流组件使用。

(2) 临界温度系数(CTR)热敏电阻

它采用VO_2系列材料在弱还原气氛中形成的烧结体,在某个温度上其电阻值急剧变化,其主要用途是温度开关组件。

(3) 负温度系数(NTC)热敏电阻

它具有很高的负温度系数,特别适用于−100~300℃之间测温,在点温、表面温度、温差、温场等测量中得到日益广泛的应用,同时也广泛地应用于自动控制及电子线路热补偿线路中。

2. 热敏电阻器主要特性

由于PTC、CTR特性的局限性,作为测量传感器很少使用。由此在本节仅讨论NTC热敏电阻。

(1) 温度特性

负温度系数电阻器电阻-温度关系如图7-19所示,在较小的温度范围内,电阻-温度特性符合负指数规律,其一般数学表达式为

$$R_T = R_0 e^{B\left(\frac{1}{T}-\frac{1}{T_0}\right)} \tag{7-18}$$

式中：R_T、R_0 为热敏电阻在绝对温度 T、T_0 时的阻值(Ω)；T_0 为介质的起始温度；T 为变化温度(K)；B 为热敏电阻材料常数，一般为 2 000～6 000 K，其大小取决于热敏电阻的材料。

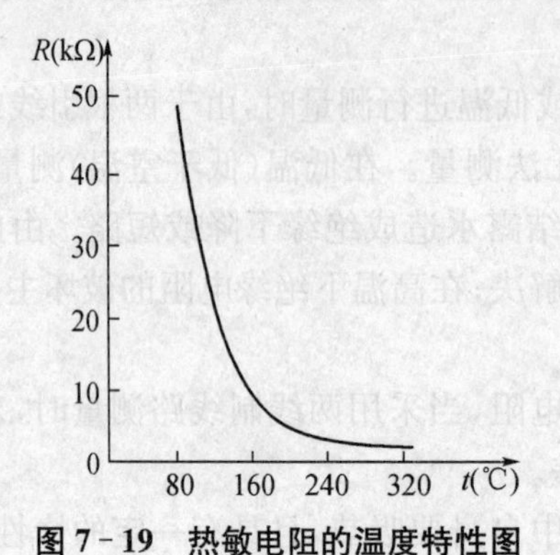

图 7-19　热敏电阻的温度特性图

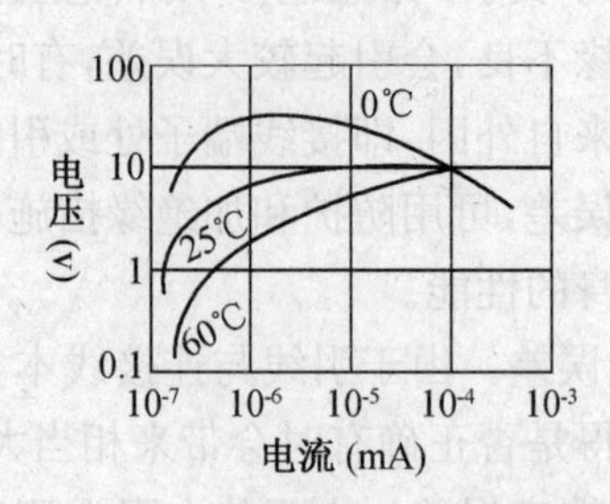

图 7-20　热敏电阻的伏安特性

(2) 伏安特性

在稳态情况下，通过热敏电阻的电流 I 与其两端的电压 U 之间的关系称为热敏电阻的伏安特性，如图 7-20 所示。

由图可见，当流过热敏电阻的电流很小时，不足以使之加热，电阻值只决定于环境温度，伏安特性是直线，遵循欧姆定律，主要用来测温。当电流增大到一定值时，流过热敏电阻的电流使之加热，本身温度升高，出现负阻特性。因电阻减小，即使电流增大，端电压反而下降。其所能升高的温度与环境条件(周围介质温度及散热条件)有关。当电流和周围介质温度一定时，热敏电阻的电阻值取决于介质的流速、流量、密度等散热条件。根据这个原理，可用它来测量流体速度和介质密度等。

3. 热敏电阻的结构

热敏电阻主要由热敏探头、引线、壳体等构成。一般做成二端器件，但也有做成二端或四端器件的。二端和三端器件为直热式，即热敏电阻直接由连接的电路获得功率，四端器件则是旁热式的。

根据不同的使用要求，可以把热敏电阻做成不同的形状和结构，其典型结构如图 7-21 所示。

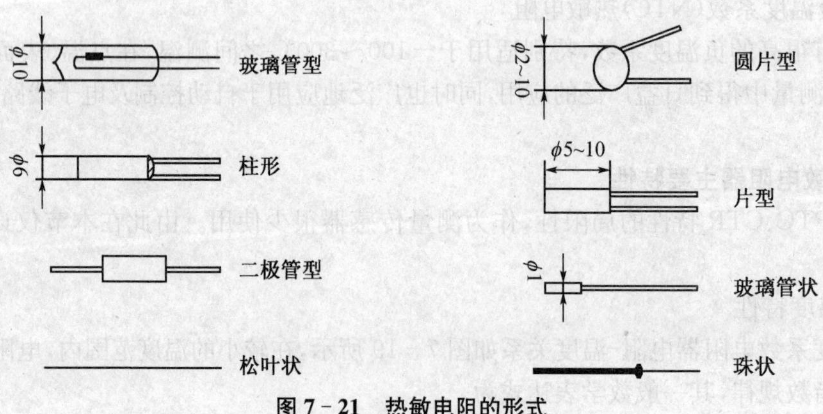

图 7-21　热敏电阻的形式

随着工艺技术的进步，热敏电阻体积趋于超小型化得以实现，现在已可以生产出直径在 $\Phi 5$ mm以下的珠状和松叶状热敏电阻，它们在水中的时间常数仅为0.1～0.2 s。

4. 热敏电阻的主要参数

除了已介绍的热敏电阻的温度系数以外，还有以下几个主要参数：

(1) 标称电阻值 R_H

在环境温度为(25±0.2℃)时测得的电阻值，又称冷电阻，其大小取决于热敏电阻的材料和几何尺寸。

(2) 耗散系数 H

指热敏电阻的温度与周围介质的温度相差1℃时热敏电阻所耗散的功率，单位为mW/℃。

(3) 容量 C

热敏电阻的温度变化1℃所需吸收或释放的热量，单位为J/℃。

(4) 能量灵敏度G

使热敏电阻的阻值变化1%所需耗散的功率，单位为W。

(5) 时间常数 τ

温度为 T_0 的热敏电阻突然置于温度为 T 的介质中，热敏电阻的温度增量 $\Delta T = 0.63(T - T_0)$ 时所需的时间。即热容量 C 与耗散系数 H 之比，$\tau = C/H$。

(6) 额定功率 P_E

额定功率 P_E 是指热敏电阻在规定的技术条件下，长期连续使用所允许的耗散功率，单位为W。在实际使用时，热敏电阻所消耗的功率不得超过额定功率。

5. 热敏电阻应用电路

(1) 热敏电阻连接方式

图7-22是热敏电阻的基本连接方式。一个热敏电阻 R_T 与一个电阻 R_S 的并联方式，这可简单构成线性电路，若在50℃以下的范围内，其非线性可抑制在±1%以内，并联电阻 R_S 的阻值为热敏电阻 R_T 的阻值的0.35倍。图7-22(b)和图7-22(c)为合成电阻方式，温度系数小，适用于宽范围的温度测量，测量精度也较高。图7-22(d)为比率式电路，构成简单，具有较好的线性。

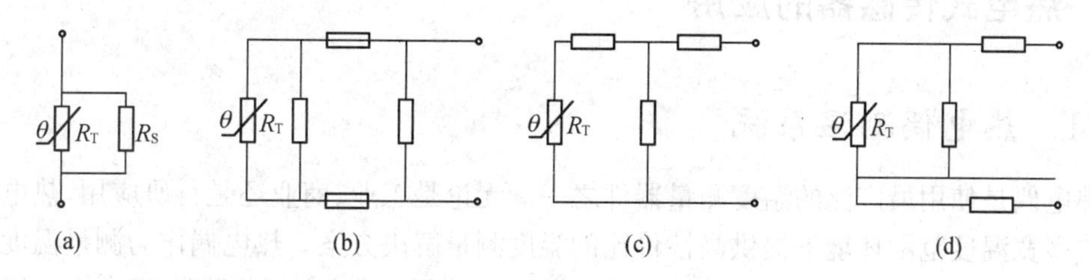

图7-22　热敏电阻的基本连接方式

(2) 热敏电阻应用

图7-23是正温度系数热敏电阻用作功率晶体管的保护电路，电路中正温度系数热敏电阻 R_T 接在晶体管的基极电路，若功率晶体管 VT_2 异常发热时，当其温度传到 R_T 后，R_T 的阻值增大，基极电流就减小，从而抑制 VT_2 的集电极电流增大，VT_2 得到保护。

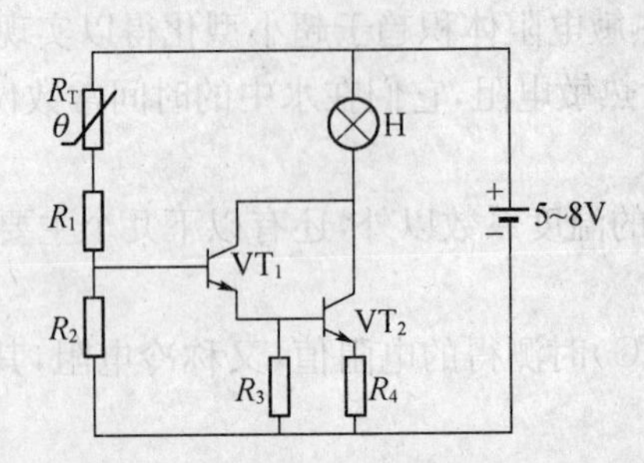

图 7-23 正温度系数热敏电阻用作功率晶体管的保护电路

图 7-24 为半导体点温计电原理图。它由热敏电阻、测量电阻和显示电表组成。图中 R_2 是桥路固定锰铜电阻，能对热敏电阻的非线性起补偿作用；R_3 是锰铜电阻，阻值等于点温计起始刻度时的热敏电阻的阻值；R_M 是锰铜电阻，其阻值等于点温计满刻度时热敏电阻的阻值；R_T 是半导体热敏电阻（测温组件），R_4 和 R_W 的作用是调节桥路工作电压；开关 S 置于"1"时是调整，置于"2"时是测量；P 是指示仪表。

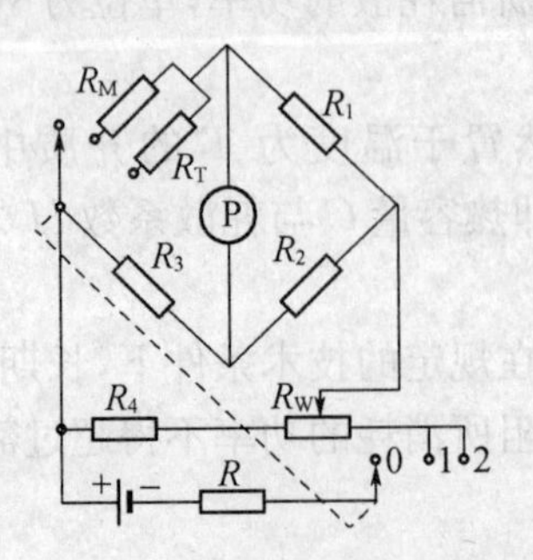

图 7-24 半导体点温计电原理图

电路为不平衡电桥使用时，先把开关置于"1"位置，调节电位器 R_W 使电表满刻度，然后将开关置于"2"位置即可测量。半导体点温计的测量范围为－50～300℃，误差小于 0.5℃，反应时间不大于 6 s。

7.3 热电式传感器的应用

7.3.1 热电偶测温系统

热电偶是使用最广泛的温度测量器件之一。无论是工业、商业还是科研应用，热电偶都能在许多宽温度范围环境下提供高性价比的温度测量解决方案。热电偶作为测量温度的变送器，通常与显示仪表、记录仪表和电子调节器配套使用，同时亦可作为装配式热电偶的感温元件。它可以直接测量各种生产过程中从 0～800℃范围内的液体、蒸汽和气体介质以及固体表面的温度。由于热电偶只产生毫伏级输出，考虑到单片机的采样要求，要对输出信号采取线性放大。因此热电偶测温系统主要由热电偶、测量放大电路、A/D 转换电路、单片机等组成。图 7-25 采用 AD594 的热电偶放大电路，为热电偶信号的采集及基本放大电路，图 7-26 为单片机控制的 A/D 转换及显示电路部分。

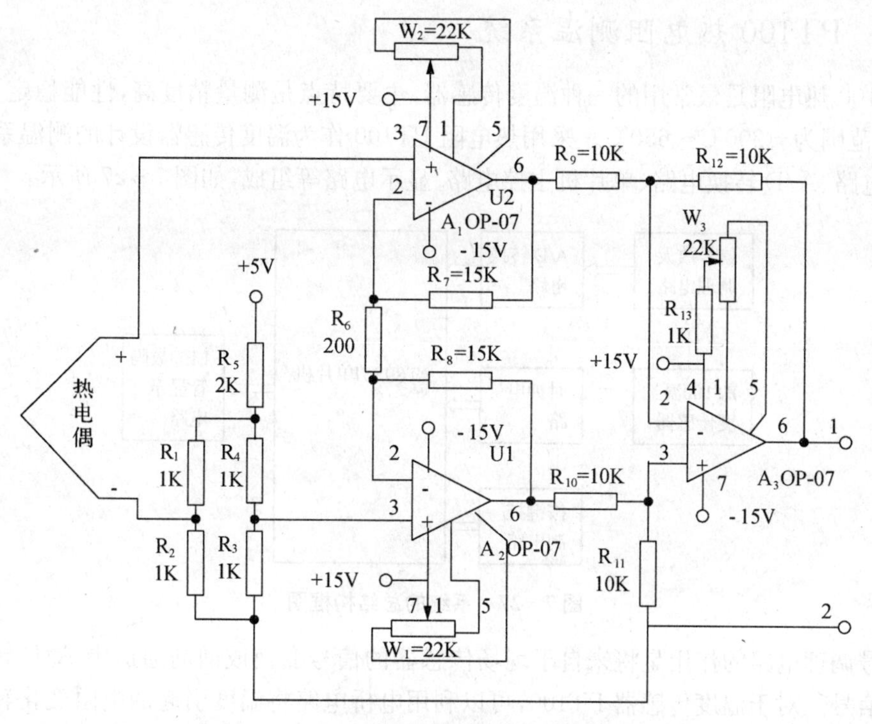

图 7－25　热电偶信号的采集及基本放大电路

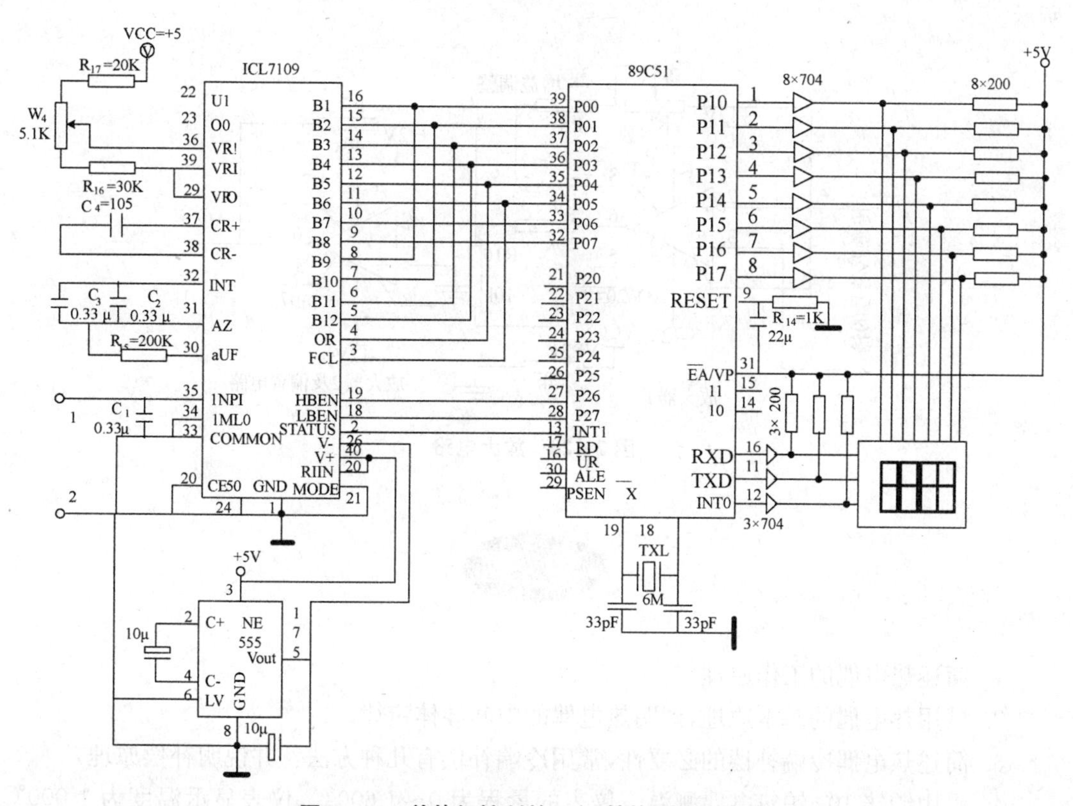

图 7－26　单片机控制的 A/D 转换及显示电路

7.3.2 PT100热电阻测温系统

PT100热电阻是最常用的一种温度传感器，主要特点是测量精度高，性能稳定，使用方便，测量范围为−200℃～650℃。采用热电阻PT100作为温度传感器设计的测温系统由信号调理电路、A/D转换电路、单片机主控电路、显示电路等组成，如图7-27所示。

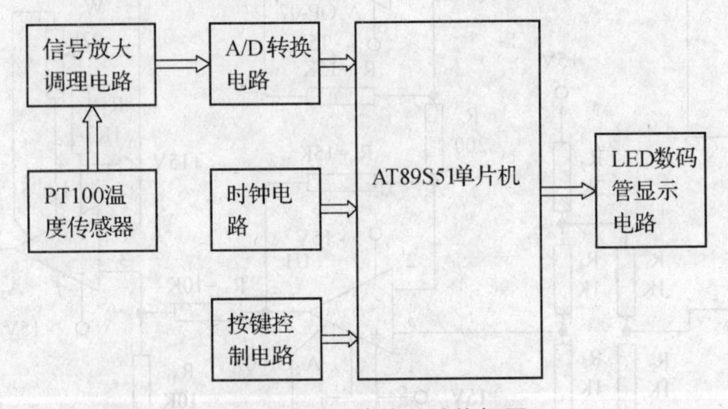

图7-27 系统的总结构框图

信号调理电路的作用是将来自于现场传感器的信号变换成前向通道中A/D转换器能识别的信号。对于温度传感器PT100，可以利用电桥电路将温度引起的电阻变化转换为电压变化，再利用AD620作为信号放大器变换成与A/D转换匹配的电压值，如图7-28所示。

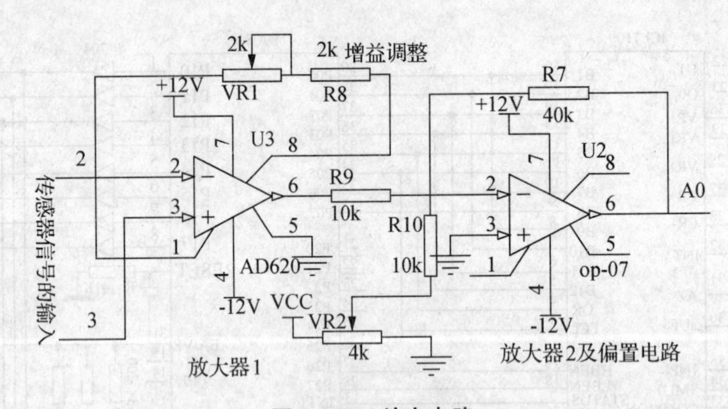

图7-28 放大电路

1. 简述热电偶的工作原理。
2. 试用热电偶的基本原理，证明热电偶的中间导体定律。
3. 简述热电偶冷端补偿的必要性，常用冷端补偿有几种方法？并说明补偿原理。
4. 采用铂铑10-铂热电偶测温。仪表的量程为0～1 600℃，仪表显示温度为1 000℃

时，分度允许误差为 $\pm 0.75t\%$，冷端处理误差 ± 4℃，补偿导线误差范围为 ± 2℃，仪表误差为 1%℃。求系统最大误差。

5. 简述电阻温度计的三线制连接，并画出连接图，它们有何优点？

6. 铂铑 10 -铂热电偶测炉温时，参考端温度 $T_n = 27$℃，仪表测得的热电势为 $E_{AB}(T, 27℃) = 6.191\ \mathrm{mV}$，查此热电偶分度表知，温度 $T = 693$℃，求炉的真实温度。

7. 制造热电阻体的材料应具备哪些特点？常用的热电阻材料有哪几种？

8. 标准铂电阻分为几种？在 400℃的温度环境下，Pt_{100} 铂电阻的电阻为多少？

9. 使用 Cu_{100} 电阻测温度，100℃时，铜电阻的阻值为多少？

10. 使用热电阻设计测温电桥时，通过电阻的电流一般小于多少，为什么？

11. PTC、CTR 和 NTC 各代表什么？它们各有什么材料特性？

12. 某热敏电阻温度与电阻的关系，符合图 7－19 特性曲线，求出热敏电阻材料常数。

13. 请设计一热电偶冷端温度自动补偿电路。画出测量电路，并简述其补偿原理。

14. 半导体和金属的电阻率与温度关系有何差别？原因是什么？

15. 欲测量变化迅速的 200℃的温度应选用何种传感器？测量 2 000℃的高温又应选用何种传感器？

16. 将一灵敏度为 0.08 mV/℃的热电偶与电位计相连接测量其热电势，电位计接线端是 30℃，若电位计上读数是 60 mV，热电偶的热端温度是多少？

17. 试利用集成温度传感器 AD590 设计温度测量电路，要求实现的为摄氏温度，画出原理图，并简述工作原理。

18. 如图 7－29 为实验室常采用的冰浴法热电偶冷端温度补偿接线图，则

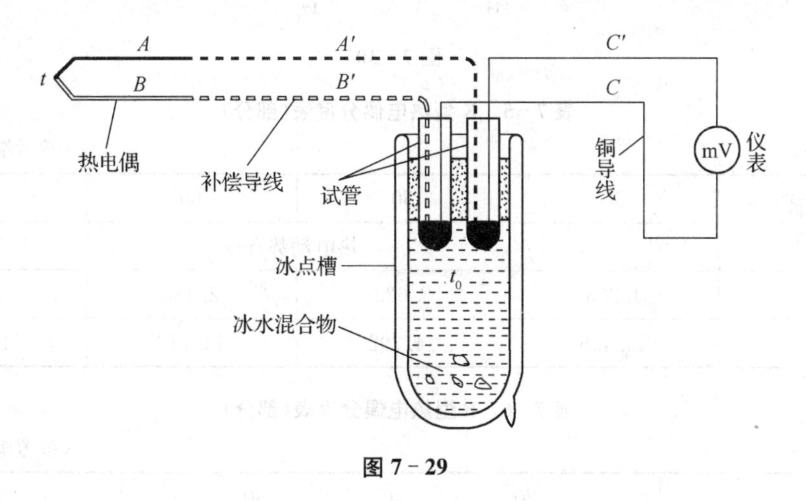

图 7－29

(1) 图中依据了热电偶两个基本定律，分别指出并简述其内容；

(2) 将冷端置于冰水槽的主要原因是什么？

(3) 对补偿导线有何要求？

19. 已知某热电偶的分布如表 7－4 所示。利用该热电偶进行温度测量，如果冷端放置在 0℃的环境里，仪表显示 358℃。试问若热端温度不变，设法使冷端温度保持在 83℃，此时显示仪表指示会是多少？

表 7-4 热电偶分布

温度/℃	0	10	20	30	40	50	60	70	80	90
	热电动势/mV									
0	0.000	0.397	0.798	1.203	1.611	2.022	2.436	2.850	3.266	3.681
100	4.095	4.508	4.919	5.327	5.733	6.137	6.539	6.939	7.338	7.737
200	8.137	8.537	8.938	9.341	9.745	10.151	10.560	10.969	11.381	11.793
300	12.207	12.623	13.039	13.456	13.874	14.292	14.712	15.132	15.552	15.974
400	16.395	16.818	17.241	17.664	18.088	18.513	18.938	19.363	19.788	20.214
500	20.640	21.066	21.493	21.919	22.346	22.772	23.198	23.624	24.050	24.476

20. 某测量者想用两只 K 型热电偶测量两点温度，其连接线路如图 7-30 所示，已知 $t_1=420℃$，$t_0=30℃$，测得两点的温度电势为 15.132 mV。但后来经检查发现 t_1 温度下的那只热电偶错用 E 型热电偶，其他都正确，试求两点实际温差？（可能用到的热电偶分度表数据见表 7-5 和表 7-6，最后结果可以只保留到整数位）

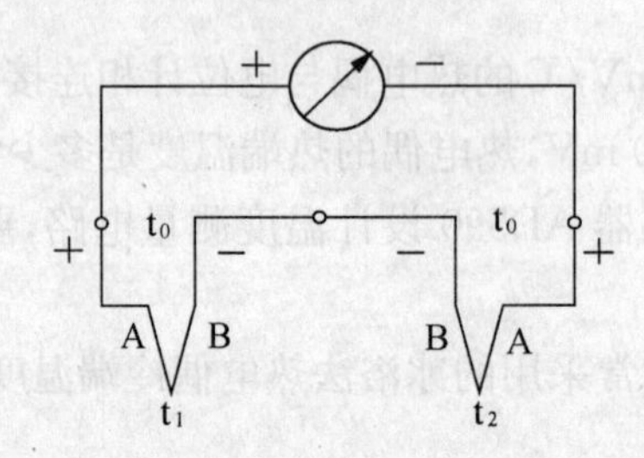

图 7-30

表 7-5 K 型热电偶分度表(部分)

分度号:K （参考端温度为 0℃）

测量端温度/℃	30	50	60	70
	热电动势/mv			
+0	1.203	2.022	2.436	2.850
300	13.456	14.292	14.712	15.132

表 7-6 E 型热电偶分度表(部分)

分度号:E （参考端温度为 0℃）

测量端温度/℃	20	30	40
	热电动势/mv		
+0	1.192	1.801	2.419
400	30.546	31.350	32.155

第8章　光电式传感器及其应用

光电式传感器是一种将被测量转换成电量的传感器。光电式传感器系统一般由光源、敏感组件和光电组件三部分组成。光源发射的光经过被测量的环境，通过传感组件感知光的某个物理量变化，由光电组件接收检测。其输出的电量可以是模拟量，也可以是数字量。光电式传感器分为光电传感器、光数字传感器和电荷耦合器件三大类。

8.1　光电器件

光电器件工作原理主要基于外光电效应、光电导效应和光生伏特效应。其器件有光电管、光电阻、光电池和光敏晶体管。

8.1.1　光电管

1. 光电管工作原理和结构

(1) 外光电效应

光电材料在光照射下，电子逸出物体表面向外发射的现象称为外光电效应。根据量子理论，光是许多光子组成的。每个光子具有的能量为

$$E = h\nu \tag{8-1}$$

式中：h 为普朗克常数，$h = 6.626 \times 10^{-34}$ J·s；ν 为光的频率。物体在光照射下，电子吸收了入射的光子能量后，一部分用于克服物质的束缚，另一部分转化为电子的动能。当光子的能量 E 大于物质材料电子的脱出功 A，则电子逸出物质。

(2) 工作原理

光照射物体时，光子轰击物体，物体中的电子吸收入射光子能量后，一部分能量用于克服物体的逸出功 A_0，另一部分变成动能 $\frac{1}{2}mv_0^2$，根据爱因斯坦光电效应方程得

$$h\nu = \frac{1}{2}mv_0^2 + A_0 \tag{8-2}$$

式中：m 为电子质量；v_0 为逸出电子的初速度。依据此原理，选择合适探测的光波长和材料逸出功，设计收集逸出电子的装置，即可以做成光电传感器。

(3) 光电管的结构

光电管分为真空光电管和充气光电管两类，两者结构基本相同，其两者区别在于管是否充气体。如图 8-1(a)所示，光电管是在玻璃泡内装有两个电极，即阴极和阳极。阴极所用材料是低逸出功光电材料，其结构有的是涂在玻璃泡内壁，有的是涂在半圆筒形的金属片上，阴极对光敏感的一面是向内的。线状或环状阳极安装在玻璃管的中央。当阴极受到适当波长的光线照射时发射光电子，带正电位的阳极吸引所逸出的电子，在光电管内就有电子

流，在外电路中便产生电流 I，光电管的等效电路如图 8-1(b)所示。

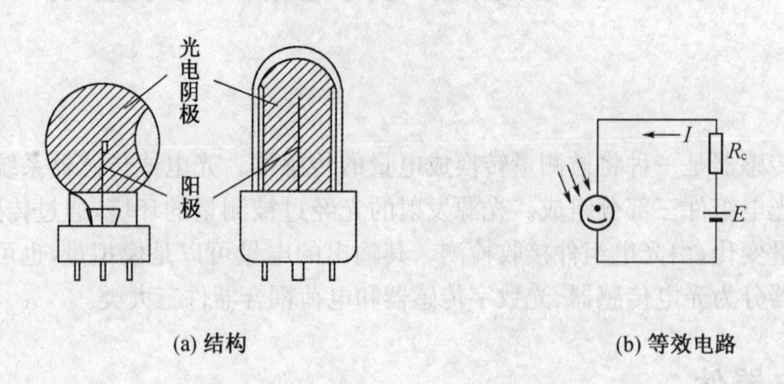

图 8-1 光电管的结构和等效电路

2. 光电管的特性

(1) 伏安特性

当入射光的频率和通量确定时，阳极电压与电流之间的关系称为伏安特性。图 8-2(a)和 8-2(b)分别为真空光电管和充气光电管的伏安特性。当阳极电压比较低时，阴极所发射的电子只有一部分到达阳极，其余部分受光电子在真空中运动时所形成的负电场作用，回到阴极。随着阳极电压的增高，光电流随之增大。当阴极发射的电子能全部到达阳极时，阳极电流便很稳定，称为饱和状态。

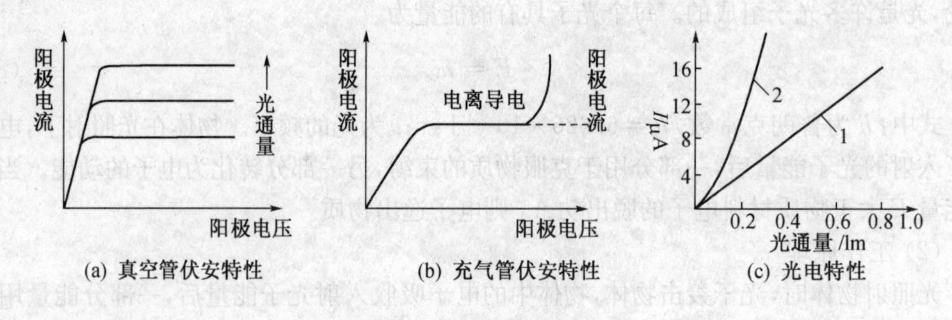

图 8-2 光电管的特性

(2) 光电特性

光电特性描述的是当光电管阳极与阴极间所加电压和入射光频谱一定时，阳极电流 I 与入射光在阴极上的光通量 φ 之间的关系。在阳极电压足够大，使光电管工作在饱和电流状态下，光电管正常工作在直线区域，如图 8-2(c)所示。

在图 8-2(c)中，曲线 1 和曲线 2 分别为在金属基底上使用银氧铯材料的阴极和玻璃壳基底上使用锑铯阴极的光电性质，显然前者的特性好于后者。需要指出是，当入射光太大时，光电性质会出现非线性。光电特性曲线的斜率称为光电管的灵敏度，单位为 A/lm，其意义是单位光通量下所产生的饱和光电流。

在应用时，光源很少是单色光，其谱线有一定的线宽，器件所产生的光电流是所有光波共同作用的结果，所以光电管的灵敏度应为积分灵敏度。同一个光电器件对不同的光源进行测量时，光电特性或光电灵敏度不同。器件说明书所给出的积分灵敏度是相对于标准辐射源的积分灵敏度。另外，对于不同类型光电器件的积分灵敏度，采用不同的标准辐射源进行标定。光电灵敏度是应用光电传感器的一个重要特性参数。

（3）光谱特性

光电管所使用的不同阴极材料，具有不同红限频率，所测量光的频率都应高于红限频率。随着入射光频率的不同，即使强度相同的光，阴极发射的光电子数量也会不同，即同一光电管对于不同频率的光，具有不同的灵敏度，这就是光电管的光谱特性。对于测量不同波长区域的光，选用不同材料的光电阴极的器件。锑铯（Cs_3Sb）材料（红限波长为0.7 μm）所制成的器件，测量可见光范围的入射光灵敏度比较高，转换效率可达25%～30%，被广泛地应用于各种光电式自动检测仪表中。银氧铯阴极（Ag－O－Cs）（其红外波长1.2 μm），可以用于红外探测器，其在近红外区（0.75～0.80 μm）的灵敏度有极大值，但其灵敏度是所有光电阴极中最低的一种。锑钾钠铯阴极是一种新型的光电阴极，其光谱范围较宽（0.3～0.85 μm），灵敏度也较高，与人眼的视觉光谱特性很接近。有些光电管的光谱特性与人的视觉光谱特性有很大差异，此类光电管常用在人的视觉不能胜任的测量和控制技术工作中。

（4）光电管的频率响应

一般光电管在从光子射入阴极到在阳极上获得光电子的时间间隔仅有几纳秒，但由于电极间的分布电容和负载电阻构成RC回路关系，使光电管工作响应时间延长至10^{-4}量级，在使用时，可以通过降低负载电阻和减少分布电容方法，提高频率响应。

（5）光电管的疲劳和衰老

光电管短期工作的稳定性是良好的，随着使用时间的变长，性能将逐渐变差，将会出现灵敏度降低和频谱特性向短波方向偏移的现象。光电管的衰老还与使用和存放条件有关，辐射通量越强，波长越短，阳极电压越高，则光电管衰老速度越快；光电管停止使用时存放在黑暗的地方，可使其性能部分恢复。

（6）光电管的温度稳定性

环境温度的变化对光电管的灵敏度有一定影响，对于氧铯阴极不管温度较高还是较低，灵敏度都要降低，而且无一定规律。对于锑铯阴极，温度高到150℃时，灵敏度会显著降低，甚至下降50%，尤其在阈值波长附近。

8.1.2　光电倍增管

一般光电管的噪声为确定值。在检测很弱光时，信噪比很小，信号被淹没在噪声之中。为了克服这个缺点，在光电管结构上，增加倍增结构。

1. 光电倍增管的结构和工作原理

图8－3为光电倍增管原理图，它由光电阴极、若干倍增极和阳极三部分组成。光电阴极由锑铯材料制成，倍增极是在镍或铜的衬底上涂上锑铯材料而形成的，倍增极数为10～30级，阳极所收集电子在外电路形成电流输出。光电倍增管在各个倍增极和阳极均加上电压，阴极K电位最低，倍增极D_1、D_2、D_3……的电位依次升高，阳极A电位最高。

射在阴极上的光激发出光电子，由于倍增极D_1电位存在高于阴极电位，因此这些光电子被进行加速，并轰击倍增极D_1，倍增极D_1受到一定能量的电子轰击后，能放出更多的电子（称为二次电子）。由于每个倍增极设计成能充分接受前一极的二次电子的几何形状和在

各个倍增极 D_{i+1} 和倍增极 D_i 之间都存在正电压，每一次轰击都会产生更多的二次电子。设第一倍增极有 σ 个二次电子发出，这 σ 个电子经过 n 次加速和轰击加速后，产生的电子数为 σ^n。构成倍增极的材料的 $\sigma = 3 \sim 6$，设 $\sigma = 4$，当 $n = 20$ 时，则放大倍数为 4^{20}，可见光电倍增管的放大倍数是很高的。

光电倍增管常用的供电电路如图 8-3(c)所示，各倍增极的电压由分压电阻 R_1、R_2、R_3… 上获得，总的外加电压一般在 700～3 000 V 之间，相邻倍增电极间电压为 50～100 V。

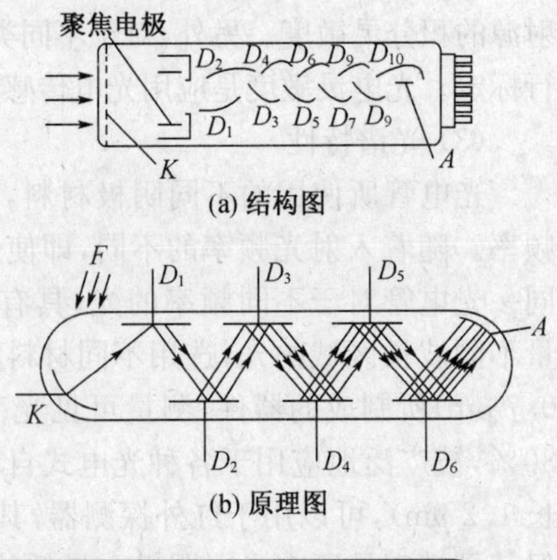

(a) 结构图

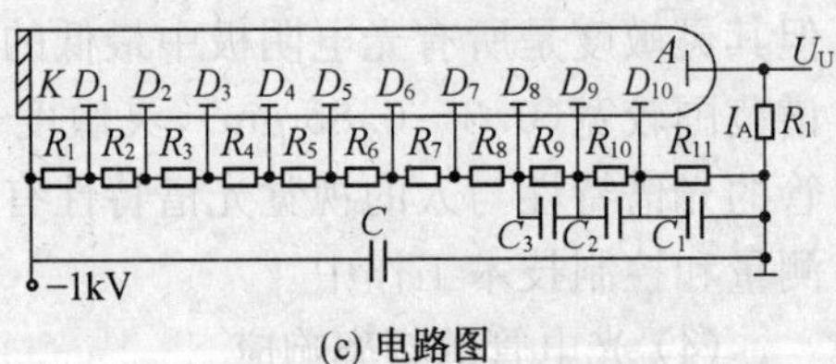

(b) 原理图

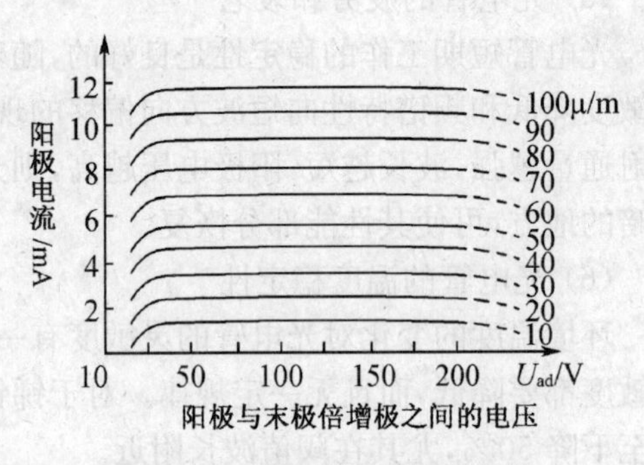

(c) 电路图

图 8-3　光电倍增管

2. 光电倍增管的基本特性

(1) 光电特性

光电特性反映了光电倍增管的阳极输出电流与照射在光电阴极上的光通量之间的函数关系，图 8-4 所示是光电倍增管的光电特性，在入射光通量小于 10^{-4} lm 时，有较好的线性关系。当光通量再增大时，将呈现非线性特性。

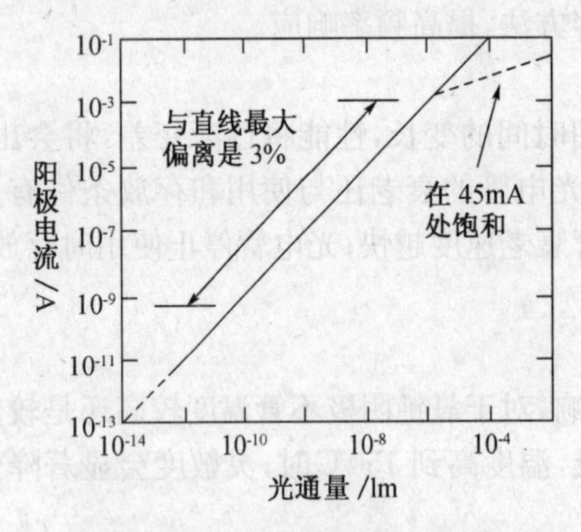

图 8-4　光电倍增管的光电特性

图 8-5　典型的阳极特性曲线

(2) 阳极特性

它指光电倍增管阳极电流与阳极和最后一级之间的电压 U_{ad} 的关系，如图 8-5 所示，典型阳极特性曲线有饱和区域，阳极电流的饱和值随照射到阴极上的光通量的增大而提高，并且达到饱和值所需的电压也提高。这是因为光通量越大，管内阳极区域的空间电荷越多，所以使阳极电流达到饱和的电压就越高。

(3) 积分灵敏度和光谱灵敏度

光电阴极对于一定波长的辐射光的灵敏度称为光谱灵敏波，而对复合光(或称白光)的灵敏度称为积分灵敏度。积分灵敏度可用光照灵敏度来表示，即以光电流与光源入射于阴极的光通量之比来定义。

(4) 放大倍数(电流增益)

在一定的工作电压下，光电倍增管的阳极电流和阴极电流的比称为光电倍增管的放大倍数(或电流增益),参看图8-6,放大倍数还可以用在一定的工作电压下,阳极灵敏度S_A和阴极灵敏度S_k的比值来确定,图中,1—最大灵敏度;2—典型放大倍数;3—典型灵敏度;4—最小灵敏度。

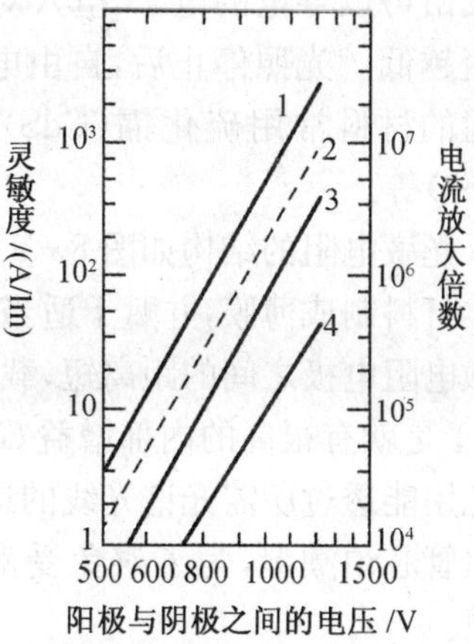

(5) 暗电流

光电倍增管在没有光照的情况下,在加上工作电压后,阴极仍有电流输出,其输出电流的直流成分称为光电倍增管的暗电流。由于暗电流的存在,限定了光电倍增管可测光通量的最小值。

产生暗电流因素主要有,倍增系统放大的光电阴极和阳极的热电子发射电流,极间漏电流,场致发射电流,反馈电流。

图8-6　倍增管灵敏度与工作电压关系

(6) 时间特性

光电子由光电阴极发射经过倍增极而达到阳极的时间,称为光电倍增管的渡越时间。由于电子在倍增过程中的统计性质以及电子的初速效应和轨道效应,从阴极同时发射的电子并不是同时到达阳极的。当输入δ函数的光脉冲信号时,阳极输出的电脉冲是展宽的,如图8-7所示。在闪烁记数应用中,入射射线之间的时间间隔极短,则因光电倍增管的渡越时间使输出脉冲发生重叠,而不能分辨。因此,光电倍增管的输出脉冲波形的时间特性,也是一项重要指标。

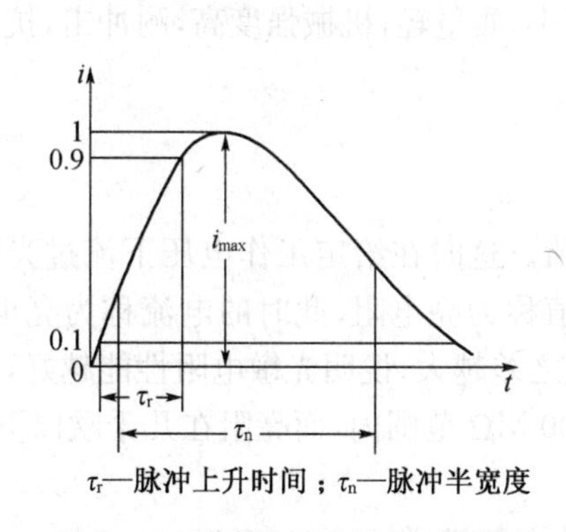

图8-7　输出脉冲波形的时间特性

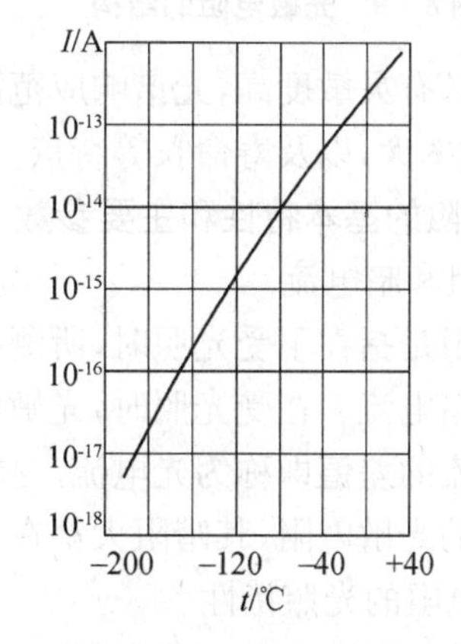

图8-8　光电倍增管的温度与暗电流的关系

(7) 温度特性

光电倍增管的温度升高将引起暗电流的增加,光电倍增管的暗电流温度关系曲线如图8-8所示。

8.1.3　光敏电阻

1. 光敏电阻的结构原理

光敏电阻的工作原理是基于光电导效应:在无光照时,光敏电阻具有很高的阻值;在有光照时,当光子的能量大于材料禁带宽度,价带中的电子吸收光子能量后跃迁到导带,激发出可以导电的电子-空穴对，使电阻降低。光线愈强，激发出的电子-空穴对越多，电阻值越低。光照停止后，自由电子与空穴复合，导电性能下降，电阻恢复原值。制作光敏电阻的材料常用硫化镉（CdS）、硒化镉（CdSe）、硫化铅（PbS）、硒化铅（PbSe）和锑化铟（InSb）等。

光敏电阻的结构如图 8-9 所示，由于光电导效应只限于光照表面的薄层，一般都把半导体材料制成薄膜，并赋予适当的电阻值，电极构造通常做成梳形，如图 8-10 所示。这样，光敏电阻电极之间的距离短，载流子通过电极的时间 T_c 少。而材料的载流子寿命 τ 又比较长，于是就有很高的内部增益 G，从而可获得很高的灵敏度。为了避免外来干扰，外壳的入射孔用能透过所需光谱光线的透明保护窗（如玻璃），有时用专门的滤光片作保护窗。光敏电阻管芯怕潮湿，为了避免受潮，光电半导体严密封装在壳体中或在其表面涂防潮树脂涂料。

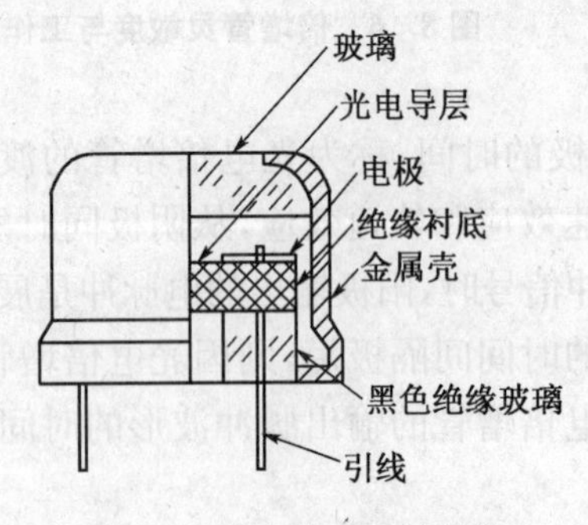

图 8-9 光敏电阻的结构

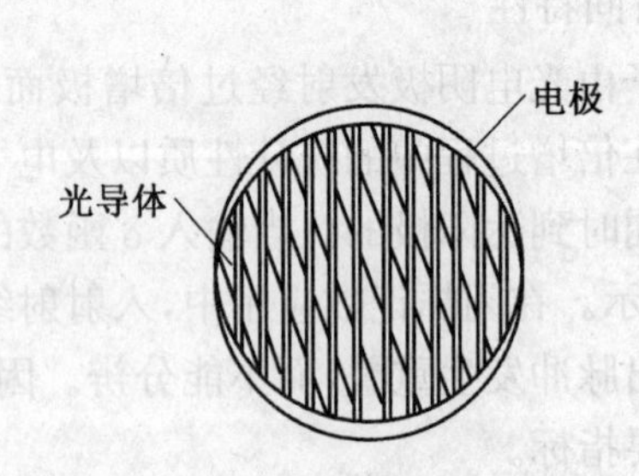

图 8-10 光敏电阻电极的结构

光敏电阻具有灵敏度高，光谱响应范围宽，体积小，质量轻，机械强度高，耐冲击，抗过载能力强，耗散功率大，以及寿命长等特点。

2. 光敏电阻的基本特性和主要参数

(1) 暗电阻和暗电流

所谓暗电阻是指在不受光照时，所测得的电阻值。这时在给定工作电压下流过光敏电阻的电流称为暗电流。在受光照时，光敏电阻的阻值称为亮电阻，此时的电流称为亮电流。亮电流和暗电流的差值即称为光电流。亮阻与暗阻之差越大，说明光敏电阻性能越好，灵敏度高。实际用的光敏电阻，其暗阻大都在 1 MΩ～100 MΩ 范围内，而亮阻在几千欧以下。

(2) 光敏电阻的光照特性

光敏电阻中，光电流 I_φ 和外加直流电压 U 以及入射光通量的关系为

$$I_\varphi = cU^a \varphi^\beta \tag{8-3}$$

式中：c 为比例参数；a 为电压指数，一般近似于 1；φ 为照度；β 为照度指数，通常小于 1。常用 PbS 光敏电阻光照特性见图 8-11。

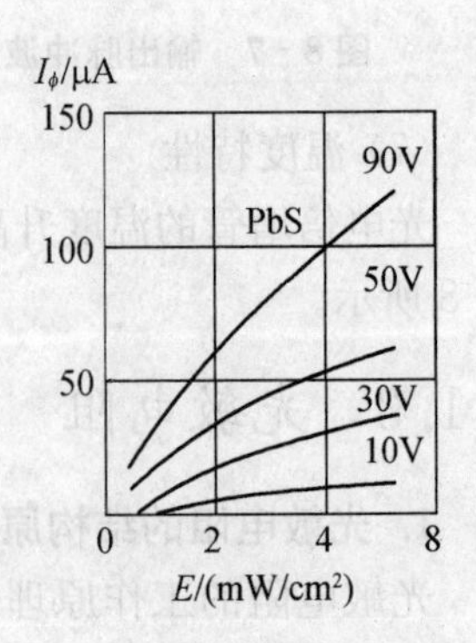

图 8-11 光敏电阻光照特性

(3) 光谱特性

光敏电阻对不同波长的光，其相对光谱灵敏度不同，而且各种光敏电阻的响应峰值波长也不相同，所以在选用光敏电

阻时，把组件和光源的光谱特性结合起来考虑，才能得到较为满意的匹配，图8-12是两种光敏电阻的光谱特性。

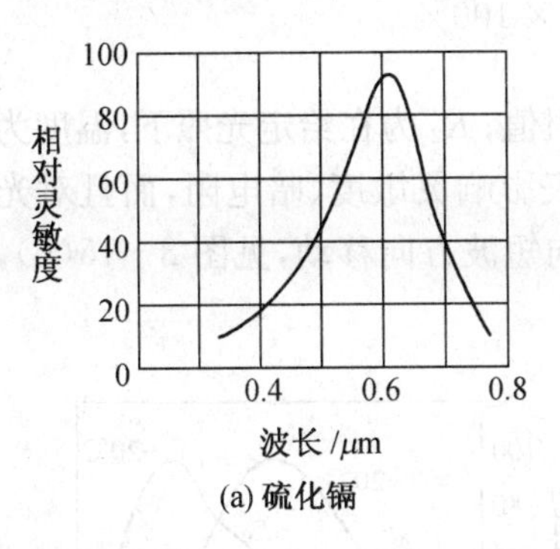

(a) 硫化镉

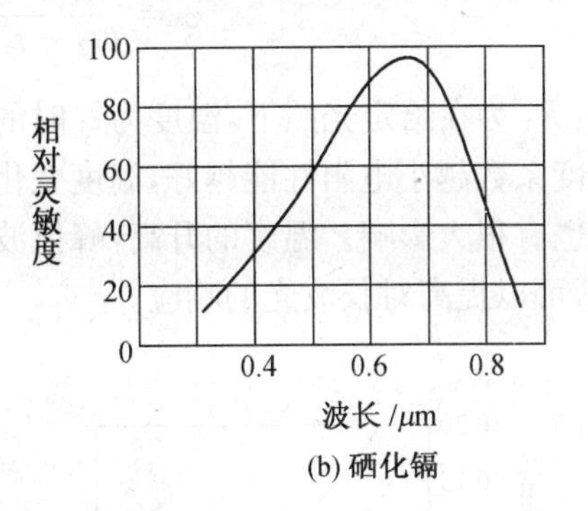

(b) 硒化镉

图8-12　光敏电阻的光谱特性

(4) 伏安特性

图8-13所示为硫化镉光敏电阻的伏安特性曲线，由图可见，不同照度曲线的斜率不同，这表明电阻值随照度而改变。在照度一定时，电压增大时，光电流也大，而且没有饱和现象。同普通电阻一样，光敏电阻也有最大额定功率，当光敏电阻两端的电压超过到最高工作电压值时，电阻的电流超过最大额定电流，就可能造成光敏电阻的永久性损坏。

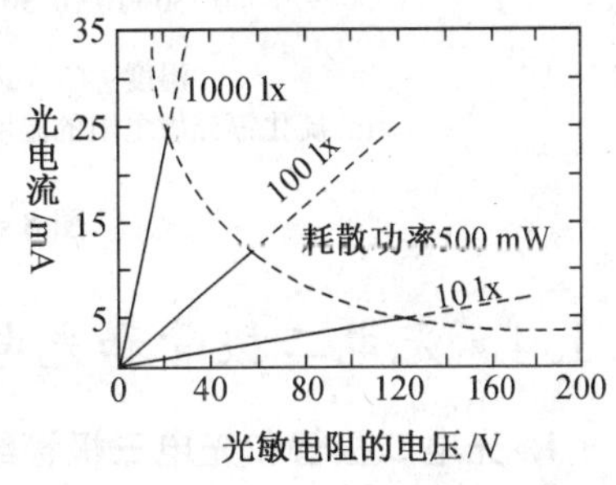

图8-13　硫化镉电阻的伏安特性

(5) 频率特性和响应时间

当光敏电阻受到脉冲光作用时，光电流并不立刻上升到最大值，而需要经历一段时间。光照停止后，光电流也不会立刻下降为零，也要一段时间。这种响应时间用时间常数τ来表示。多数光敏电阻时间常数在$10^{-2}\sim10^{-6}$ s数量级。图8-14(a)是光敏电阻响应时间曲线，由图可见，响应时间长短与照度有关，照度越大，响应时间越短。不同材料的光敏电阻具有不同的时间常数，因而它们的频率特性也就不相同；图8-14(b)所示为两种材料光敏电阻的频率特性。

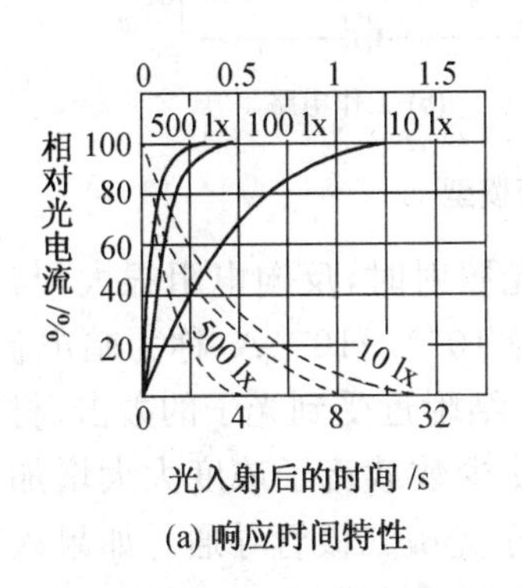

(a) 响应时间特性

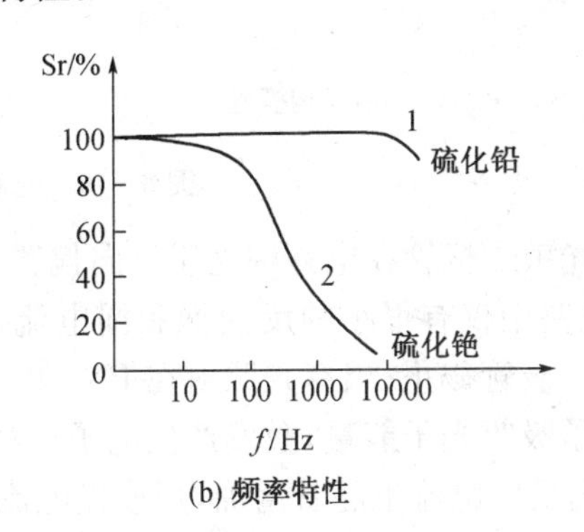

(b) 频率特性

图8-14　光敏电阻响应时间曲线

(6) 温度特性

光敏电阻对温度影响比较敏感，温度升高将导致暗电阻和灵敏度下降。因此光电流随温度升高而减小，见图 8－15(a)。反映光敏电阻的温度特性可用温度系数 α 表示：

$$\alpha=\frac{R_2-R_1}{(t_2-t_1)R_2}\times 100\% \tag{8-4}$$

式中：R_1 为在给定光照下，温度为 t_1 时的电阻值；R_2 为在给定光照下，温度为 t_2 时的电阻值。温度系数越小电阻性能越好，温度变化不仅影响灵敏度、暗电阻，而且对光敏电阻的光谱特性也有很大影响。温度的升高，峰值波长向短波方向移动，见图 8－15(b)，降低光敏电阻温度，可以提高对长波光的响应。

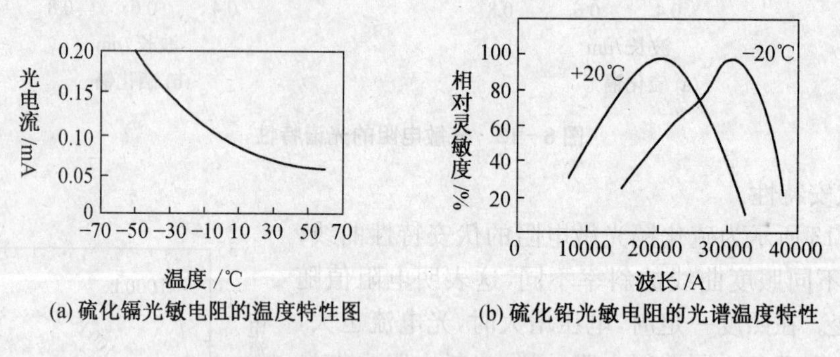

(a) 硫化镉光敏电阻的温度特性图　(b) 硫化铅光敏电阻的光谱温度特性

图 8－15　不同材料的光谱温度特性

8.1.4　光电二极管和光电三极管

1. 光电二极管和光电三极管结构原理

光敏二极管的管芯是一个具有光敏特性的 PN 结，PN 结装在管顶部，在上面有一个透镜制成的窗口，以便使入射光集中在 PN 结的敏感面上。光敏二极管在电路中处于反向工作状态，如图 8－16 所示。

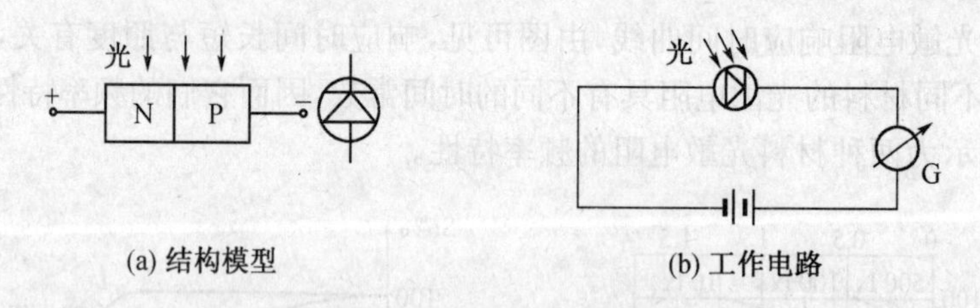

(a) 结构模型　(b) 工作电路

图 8－16　光敏二极管模型

由于光敏二极管在电路中处于反向偏置，当无光照射时，反向电阻很大，与普通二极管一样，电路中仅有很小的反向饱和漏电流，一般为 $10^{-8}\sim10^{-9}$ A，称为暗电流，此时相当于光敏二极管截止；当有光照射在 PN 结上时，PN 结附近受到光子的轰击，材料中被束缚的价电子吸收光子能量，激发产生电子-空穴对，使少数载流子浓度大大增加。因此通过 PN 结的反向电流也随着增加，形成光电流，相当于光敏二极管导通。如果入射光照度变化，电子-空穴对的浓度也相应变化，通过电路的电流强度也随之变化。可见光敏二极管具有将光信号转换为电信号输出的功能，即光电转换功能，故光敏二极管也称为光电二极管。

光敏三极管与光敏二极管的结构相似，内部具有两个 PN 结，通常只有两个引出极，如图 8-17(a)所示。光敏三极管可以看成普通三极管的集电结用光敏二极管替代的结果。

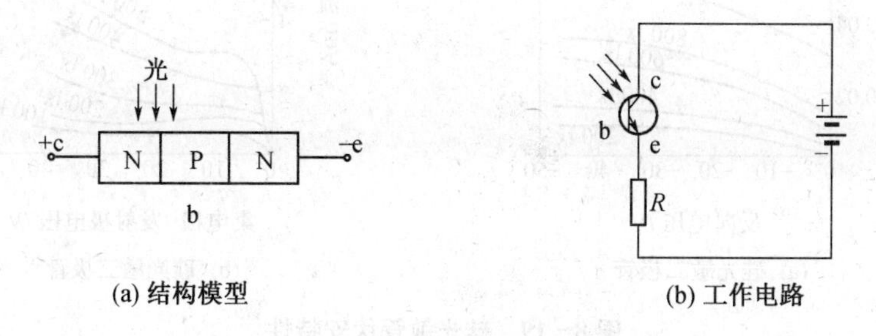

(a) 结构模型　　(b) 工作电路

图 8-17　NPN 型光敏管模型

将光敏三极管接在图 8-17(b)电路中，其中电源极性的接法与普通三极管相同。这时管基极反向饱和电流 I_{cbo}，该电流流入发射结放大，使集电极与发射极之间有穿透电流 $I_{ceo} = (1+\beta)I_{cbo}$，此即光敏三极管的暗电流。当有光照射光敏二极管集电结附近的基区时，与光敏二极管受光照一样，产生电子-空穴对，使集电结反向饱和电流大大增加，此即光敏三极管集电结的光电流。该电流流入发射结进行放大，成为集电极与发射极间电流，即为光敏三极管的光电流，对照普通二极管来说，就是光敏三极管的穿透电流。由此看出，光敏三极管是利用类似普通三极管的放大作用，将光敏二极管的光电流放大了 $(1+\beta)$ 倍，所以它比光敏二极管具有更高的灵敏度。也正因为光敏三极管中对光敏感的部分是光敏二极管，所以它们的特性也基本一样，只是反应程度差 $(1+\beta)$ 倍。

2. 光敏管的基本特性

(1) 光谱特性

光敏管(含光敏二极管、三极管，以下同)在恒定电压作用和恒定光通量照射下，光电流(用相对值或相对灵敏度表示)与入射光波长的关系，称为光敏管的光谱特性，如图 8-18所示。从图中可以看出，硅光敏管的光谱响应波段为 400～1 300 nm范围，峰值响应波长约为900 nm；锗光敏管的光谱响应波段为 500～1 300 nm，峰值波长约为 1 500 nm。光敏管的光谱特性在应用设计中有重要意义，根据光谱特性选择光敏器件和光源。一种是根据被测光的光谱，选择光谱合适的光敏器件；另一种是光敏器件的光谱特性与光源相配合，提高光电传感器的灵敏度和效率。在实际中，对可见光或赤热状态物体探测时，一般都用硅管，但对红外光进行探测时，则锗管较为适宜。

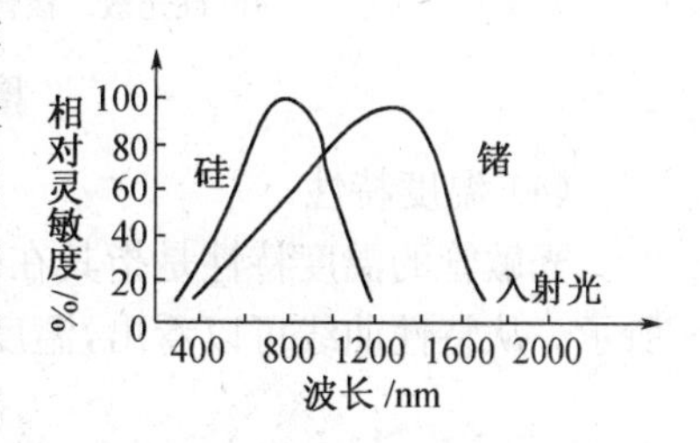

图 8-18　光敏管的光谱特性

(2) 伏安特性

图 8-19 为硅光敏管在不同照度下的伏安特性曲线，从图中可见，光敏三极管的光电流比相同管型的光敏二极管的光电流大上百倍。此外，在零偏压时，二极管仍有光电流输出，而三极管则没有。

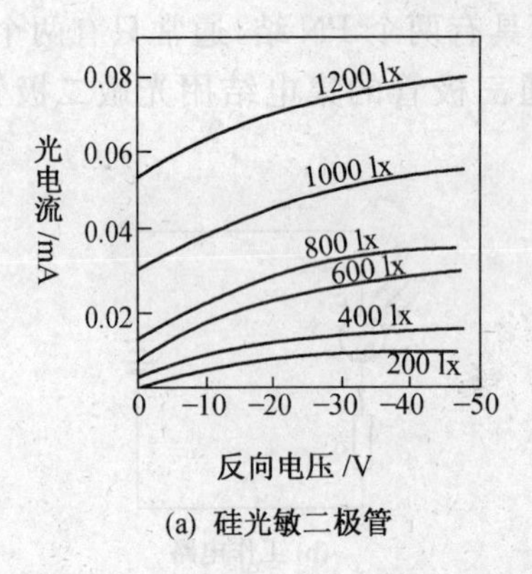

(a) 硅光敏二极管

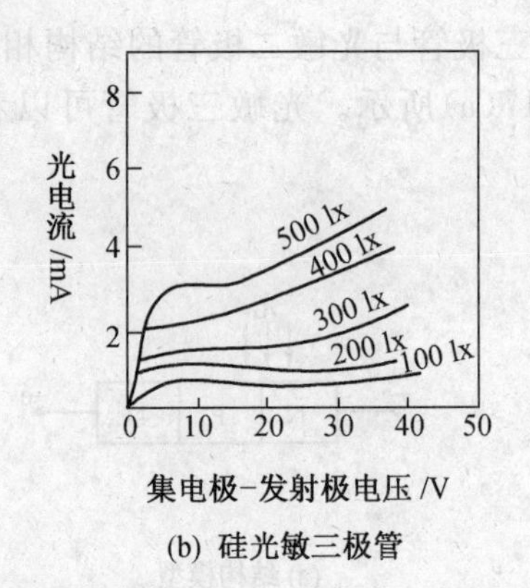

(b) 硅光敏三极管

图 8－19 硅光敏管伏安特性

(3) 光照特性

图 8－20 为硅光敏管的光照特性曲线，由图看出，光敏二极管的光照特性的线性较好，适合作检测组件。光敏三极管在照度较小时，光电流随照度增加较小，而在大电流(光照度为几千 lx)时有饱和现象，因此三极管的电流放大倍数在小电流和大电流两种情况下都要降低，光敏三极管一般不用于弱光和强光的检测。

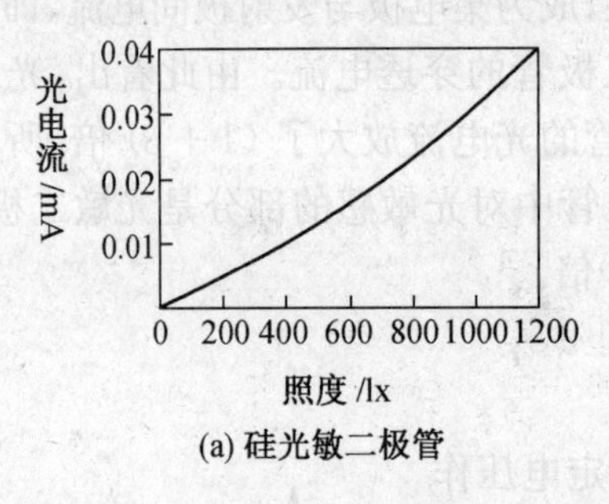

(a) 硅光敏二极管

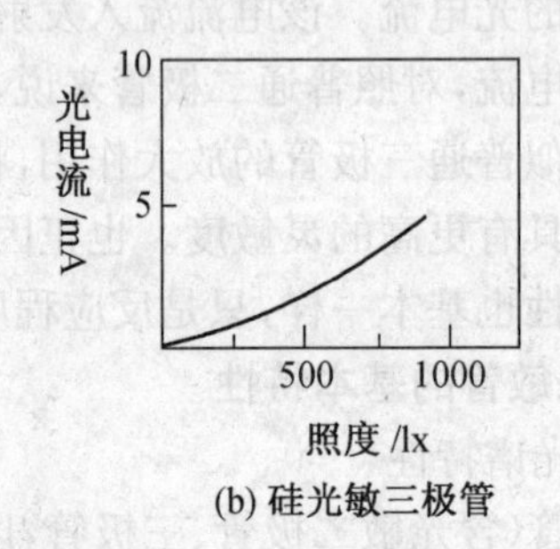

(b) 硅光敏三极管

图 8－20 硅光敏管的光照特性

(4) 温度特性

光敏管的温度特性是指其在确定偏置电压下暗电流及光电流与温度的关系，如图8－21所示。从特性曲线可以看出，温度变化对光电流影响较小，对暗电流影响很大。

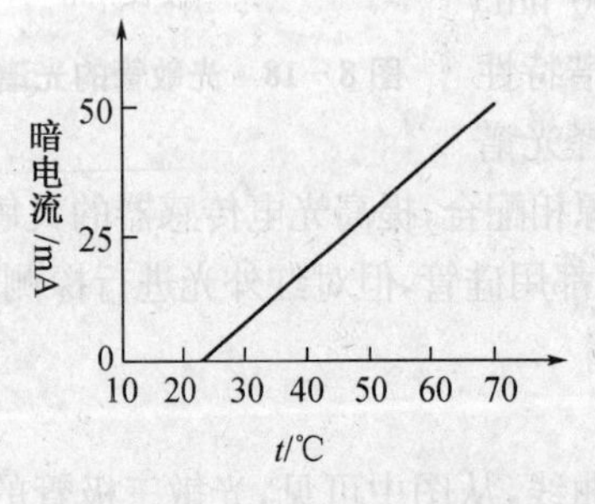

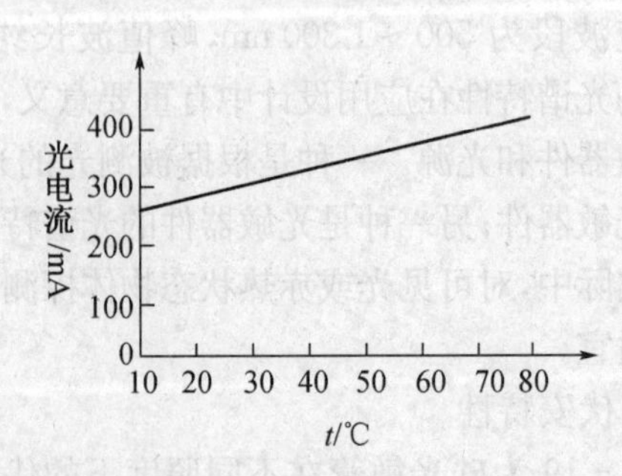

图 8－21 光敏管的温度特性

(5) 频率响应和相时间常数

光电管的频率响应是指一定频率的调制光照射时，光电管输出的光电流(或负载上的电压)随频率的变化关系。光电管的频率响应与其物理结构、工作状态、负载以及入射光波长等因素有关，图8-22为硅光电三极管的频率响应曲线。

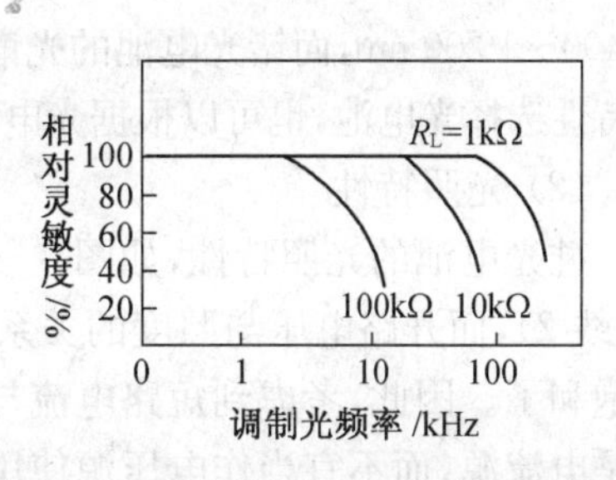

图8-22　硅光电三极管的频率响应特性

光电管的时间常数一般在10^{-10}～10^{-4} s之间，硅管时间常数较小，响应频率高。有些特殊用途的光电管，如硅PIN光电二极管其响应频率高达几百兆赫兹，暗电流小到1 nA。

8.1.5　光电池

光电池的工作原理是基于光生伏特效应，光电池的种类很多，有硒光电池、氧化亚铜光电池、锗光电池、硅光电池、砷化镓光电池等。其中，硅光电池的光电转换效率高，寿命长，价格便宜，适合红外波长工作，是最受重视的光电池。硒光电池出现最早，工艺较成熟，工作于可见光波段，尽管光电转换效率低，寿命短，但仍是照度计的适宜组件。砷化镓光电池的光谱响应与太阳光谱吻合，工作温度高，且耐宇宙射线辐射，在宇航电源方面得到应用。光电池是形式最简单的光探测器，它能在仅几伏的偏置电压下工作，并具有稳定性好、光谱范围宽、频率特性好、换能效率高、耐高温辐射等优点。

1. 光电池工作原理

硅光电池是在N型硅片中掺入P型杂质形成一个大面积的PN结，如图8-23所示，光电池结构与光电二极管类似，它们的不同之处是硅光电池用的衬底材料电阻率低，而硅光电二极管衬底材料的电阻率高。电池的上电极是梳状受光电极，下电极是衬底铝电极。梳状电极可以减少电极与光敏面的接触电阻，增加透光面积，其上还镀上增透膜，起到减少反射损失和光电池双重作用。当光照射在两电极接负载电阻的光电池的PN结上时，电路中便产生了电流，如图8-24所示。

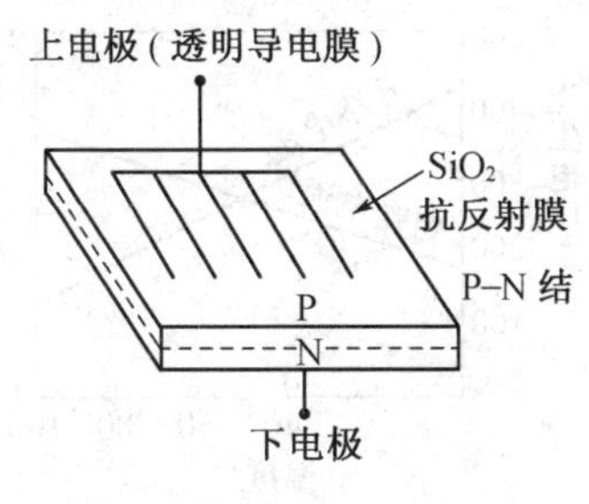

图8-23　硅光电池结构

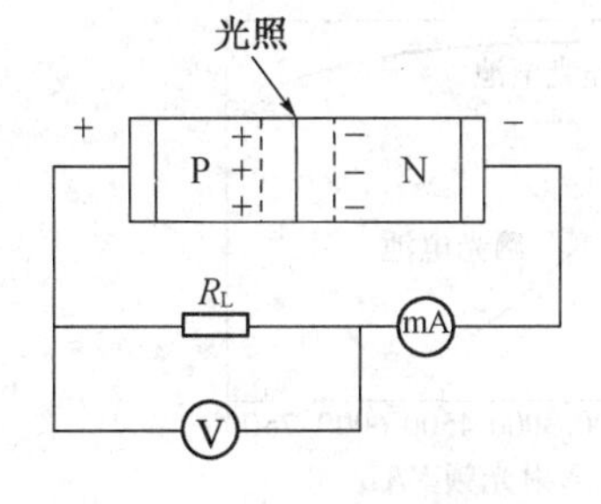

图8-24　硅光电池电原理

2. 光电池的基本特性

(1) 光谱特性

光电池的光谱特性如图8-25所示，从图中可知，不同材料的光电池，峰值波长不同。硒光电池的峰值波长约540 nm，硅光电池的峰值波长约840 nm，而锗光电池的峰值波长约1 500 nm。硒光电池光谱响应波长范围为380～650 nm，硅光电池的光谱响应波长范围

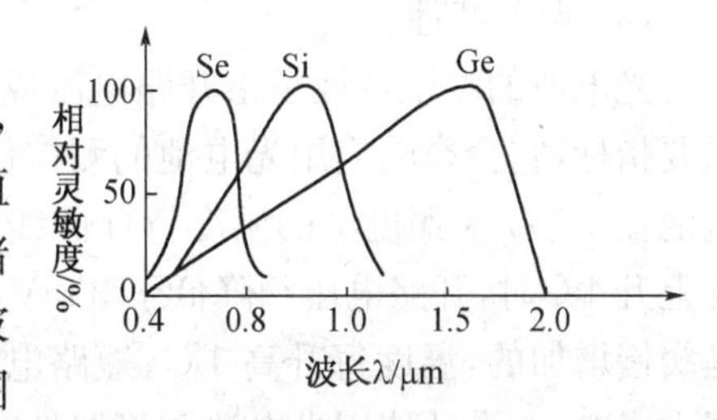

图8-25　光电池的光谱特性

为 400～1 200 nm，而锗光电池的光谱响应波长范围为 400～2 000 nm。使用中可根据光源光谱特性选择光电池，也可以根据光电池的光谱特性确定应该使用的光源。

(2) 光照特性

硅光电池的光照特性，如图 8－26 所示，硅光电池的短路电流与光照有较好的线性关系(曲线 2)，而开路电压与照度的关系是呈对数关系(曲线 1)，而且在光照度 2 000 lx 时就趋向饱和了。因此，考虑到短路电流与照度有较好线性关系的特点，光电池充当测量组件时，应是电流源，而不宜当作电压源使用。对于光电池而言，短路是指外接负载电阻远小于电池内阻。参看图 8－27，光电池负载越小，光电流与照度之间的线性关系越好，而且线性范围越宽。负载在 100 Ω 以下，线性还是比较好的，负载电阻太大，则线性变坏。

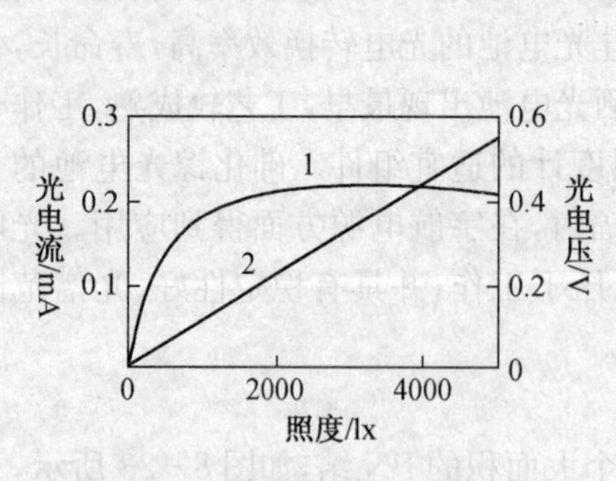

图 8－26 硅光电池光照特性

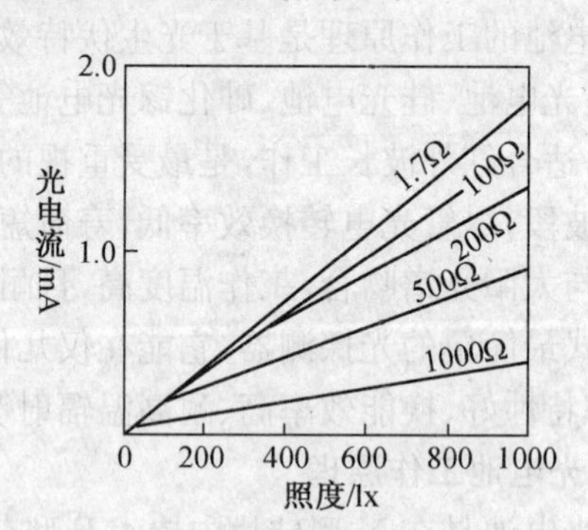

图 8－27 硅光电池光照特性与负载关系

(3) 频率特性

当光电池作为测量、计算和接收器件时，常用调制光作为输入信号。光电池的频率特性是指输出电流随调制光频率变化的关系，图 8－28 为光电池的频率响应曲线，硅光电池具有较高的响应频率，而硒光电池则较差。因此，在高速计数的光电转换中一般采用硅光电池。

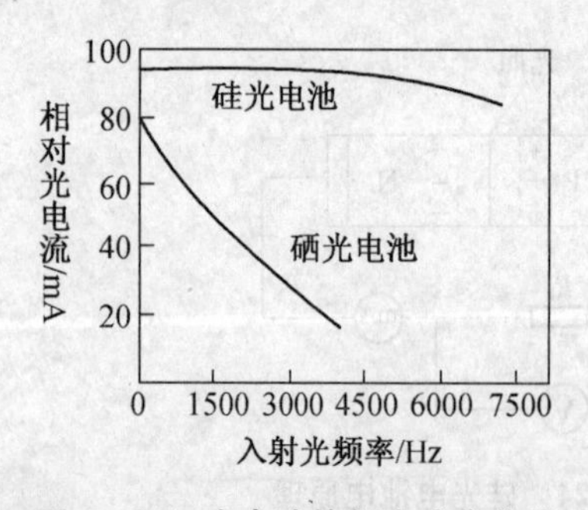

图 8－28 光电池的频率响应曲线

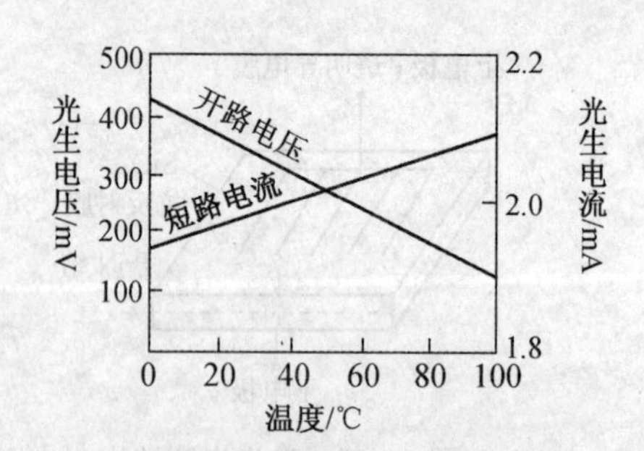

图 8－29 在 1 000 lx 照度下，硅光电池温度特性曲线

(4) 温度特性

光电池的温度特性是指开路电压或短路电流与温度变化的关系。温度特性是光电池的重要指标，它会影响应用光电池的测控仪器设备的测量精度或控制精度。图 8－29 为硅光电池在 1 000 lx 照度下的温度特性曲线，由图可知，开路电压随温度上升而下降很快，当温度上升 1℃时，开路电压约降低了 3 mV，这个变化是比较大的，但短路电流随温度的变化却是缓慢增加的，温度每升高 1℃，短路电流只增加 2×10^{-6} A。由于温度对光电池的工作有很大影响，在设计使用光电池测量器件时，必须考虑温度恒定或温度补偿措施。

(5) 稳定性

当光电池密封良好、电极引线可靠、应用合理时，光电池的性能是相当稳定的，使用寿命长，硅光电池性能的稳定性优于硒光电池。光电池的性能和寿命与使用环境条件有密切关系，在高温和强光照射下，光电池的性能变坏，使用寿命缩短，在使用时应特别注意。

8.2 光电数字式传感器

8.2.1 数字式传感器分类和特点

1. 数字式传感器分类及工作原理

数字式传感器，是把输入量转换成数字量输出的传感器，它有以编码方式产生数字信号的代码型和将输出的连续信号经过处理输出离散脉冲信号的计数型两种。

(1) 代码型数字式传感器

代码型数字式传感器又称为编码器，其工作原理如图 8-30(a)所示，它输出的信号数字代码，每一个代码相当于一个定量的输入值。例如，图中输入量的值为 K_1 时，输出代码为 1010；而输入量为 K_2 时，输出代码为 1011。代码的"1"为高电平，"0"为低电平。高低电平可用光电组件输出。常用来检测执行组件的位置或速度，如绝对式光电脉冲编码器、接触式码盘等。

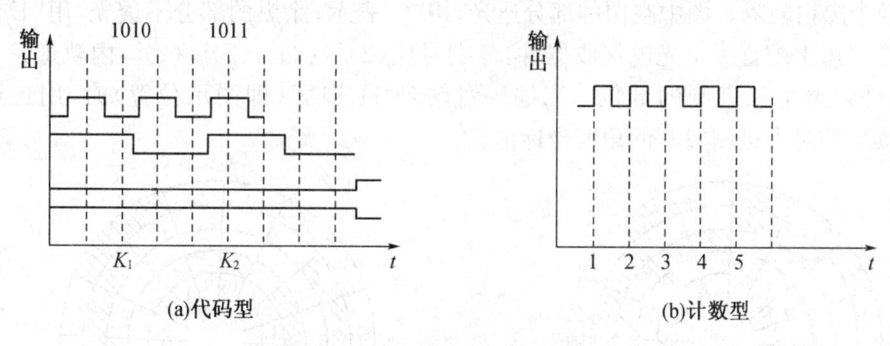

图 8-30　数字式传感器工作原理

(2) 计数型数字式传感器

计数型数字式传感器也称脉冲数字式传感器，其工作原理如图 8-30(b)所示。它可以是任何一种脉冲发生器，所发生脉冲数与输入量成正比，加上计数器就可对输入量进行计数，可用来检测通过输送带上的产品个数，也可用来检测执行机构的位移量。这时执行机构每移动一定距离或转动一定角度，传感器就会发生一个脉冲信号，如增量式光电脉冲编码器和光栅传感器。

2. 数字式传感器特点

数字式传感器具有高测量精度、高分辨率、高信噪比等特点，特别适宜在恶劣环境下和远距离传输情况下使用。另外，数字式传感器很容易和其他各种数字电路对接，容易实现积木化，从而容易为非专业人员所熟悉和使用。所以，数字式传感器近年来发展很快，它是测量技术、计算技术和微电子技术的综合产物，它成为传感器技术发展的方向。

8.2.2 光电角度编码器

角度数字编码器又叫码盘,码盘是个薄的圆盘,码道的数目决定了系统分辨率,若码道数目为 n 则分辨率为 $1/2^n$。码道的宽度由敏感组件的几何参数和物理特性确定。角度数字编码器有两种基本类型:绝对式编码器和增量式编码器。前者由于所用的码道多、结构较复杂,所以响应速度慢,只能用于角位置或低的角速度测量,而增量式编码器由于码少、结构简单,响应速度快,可用于较高速度的角位移测量。

1. 绝对式编码器

绝对式编码器将被测转角转收成相应的代码,这种编码器是通过读取编码器的图案来表示数字的。图 8-31 所示为绝对式编码器的工作原理,光源发射的光线经柱体面透镜变成一束平行光照射入编码盘上。编码盘上有一环间距不同的,并按一定编码规律刻画的透光和不透光的扇形区域,这一环刻画区称为码道。光电组件排列与码道一一对应。通过编码盘的透光区的光线经狭缝板上的狭缝形成一束细光照在光电组件上,光电组件把光信号转换电信号输出,电信号是转角位置相对应的扇区的一组代码。

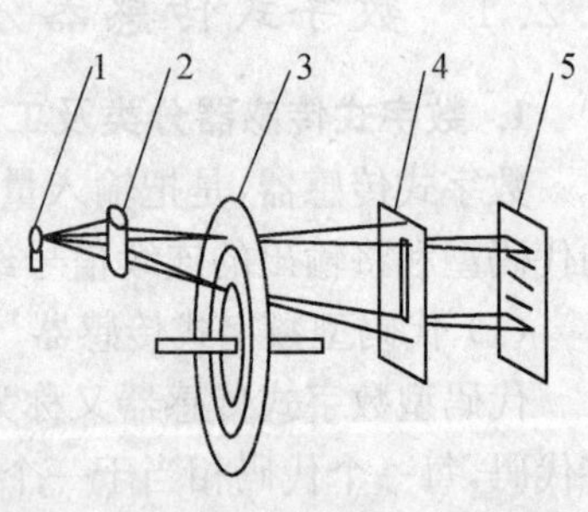

图 8-31 绝对式编码器工作原理

1—光源;2—透镜;3—码盘;4—狭缝;5—光电组件

图 8-32 所示为一个四位二进制编码盘,有 4 个码道。16(=2^4)个黑白间隔。图中空白的部分透光,用"0"表示;涂黑的部分不透光,用"1"'表示。在每一个码道上配置一个光电接收器件,分别对比$(2)^0$,$(2)^1$,$(2)^2$,$(2)^3$,内轨道是二进制的高位,外轨道是二进制的低位。当编码盘转到 11 扇区(即图示位置)时,用二进制的"1101"读出的是十进制"13"的角度坐标值。

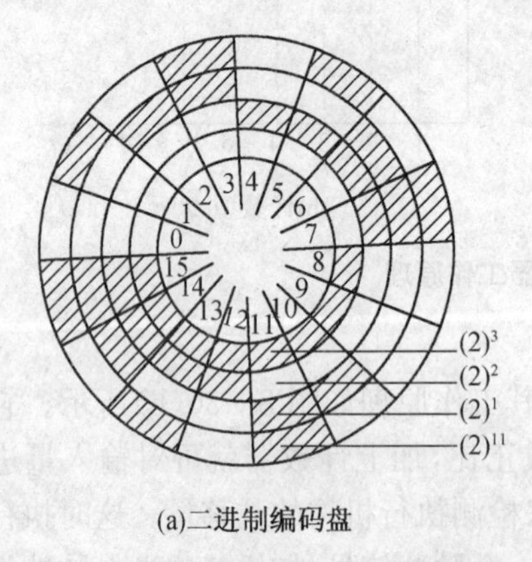

(a)二进制编码盘

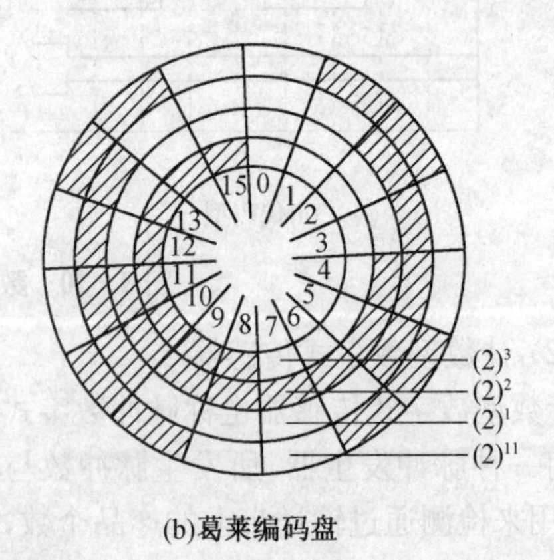

(b)葛莱编码盘

图 8-32 四位二进制编码盘

普通二进制编码盘相邻两扇区图案变化,易产生较大误码率,因而在实际中大都采用葛莱编码盘。如图 8-32(b)所示,葛莱编码盘的特点是编码盘从一个计数状态转到下一个计数状态时。只有一位二进制码改变,所以能把误读控制一个计数单位内,提高了可靠性。

2. 增量式编码器

和绝对式编码器相对应的是增量式编码器,增量式编码器以数字形式,确定轴相对于某个基准点的瞬时角位置,可以测量轴转动的角速度。

图8-33是增量式编码器，它与绝对数字编码器系统主要不同点，是有一个计数和辨向系统，主要区别是编码盘不同，增量式编码器设立了内轨道和外轨道，外轨道有两个轨道，如图8-34所示第一个外轨道是增量计数轨道，它根据分辨率的大小设置扇形区，亦即只有一位轨道，第二个外轨道是方向轨道，它和计数轨道有相同数目的扇形区，只是移动了半个扇形区。如果一个周期是两个扇形区（透光-不透光），那么这两个轨道的输出相差90°，或超前，或滞后，用以识别是顺时针旋转，还是逆时针旋转，从而确定计数器是做减法计数，还是做加法计数。内轨道称基准轨道，它只有一个单独标志的扇形区，用于提供基准点。其输出脉冲将用于计数器归零。

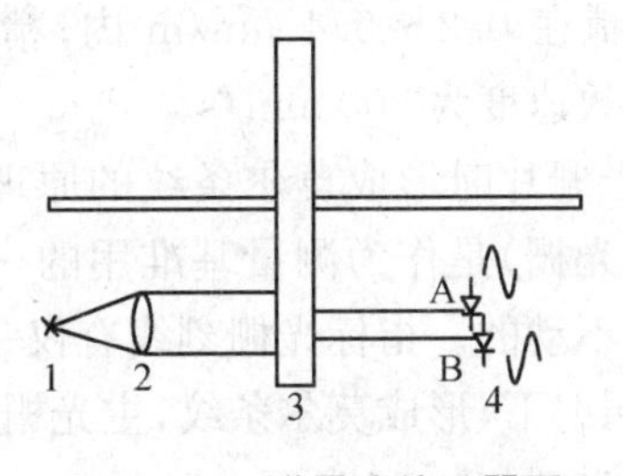

图8-33　增量式编码器图

1—光源；2—准直透镜；3—码盘；4—光敏组件

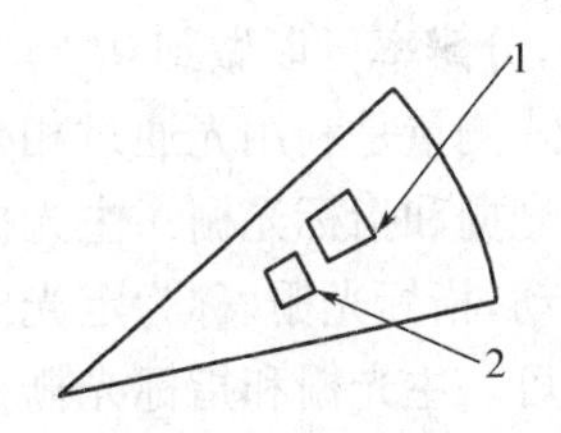

图8-34　码盘

1—外码道；2—内码道

8.2.3　直线位移编码器

所谓直线位移，是指线位移。用编码器把线位移转换成数字量输出有多种方法，可间接转换输出，也可以直接转换输出。

1. 间接直线位移编码器

所谓间接直线位移编码器，就是通过机械转换装置，把被测体的直线位移转换成角位移。这样，可以用角度数字编码器直接测量线位移。图8-35所示为一种典型的间接线位移编码器结构。

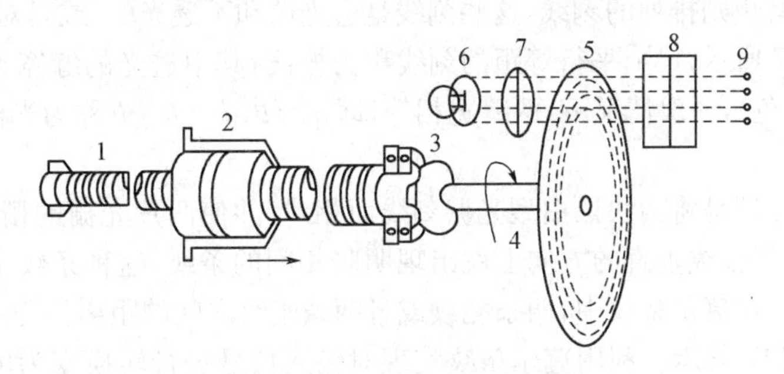

图8-35　间接线位移编码器

1—滚珠丝杠；2—预紧螺母；3—连接轴；4—编码轴；

5—码盘；6—光源；7—透镜；8—光电管；9—输出

间接线位移编码器常用在机床和类似的设备中，轴的旋转将引起螺母的直线位移，被测体就装在这个螺母上，轴上装有标准的编码盘。如果码盘采用增量式编码器，则可测得位移的方向和相对于基准位置的大小，行程范围比较大，这种系统的精度可在1 m行程上达到0.003 mm。如果采用绝对式编码器的码盘，则码盘的分辨率将限制可测的范围，若需增大测量范围,则需要采用码盘组。

需要指出的是,在这类系统中如增加了直线旋转的机械转换机构,若要保持高的精度,除了注意角度编码器的许多技术问题外,还必须注意机械系统元部件的精度。

2. 直接直线位移编码器

为了避免使用旋转式编码器所带来的问题,人们已经研究出多种直接绝对式直线位移编码器和增量式直线编码器。这种编码器通常有一个长标尺和沿标尺运动的扫描点,用于感受和测量任何相对位移。这种编码器的优点是避免了一套直线旋转转换的机械装置,也避免了由此产生的变换误差。光栅直接增量式直线位移传感器就是一种高精度、高速线位移传感器。目前,最好的长光栅误差可控制在 0.2～0.4 μm/m 内;精度为 0.5～3 μm/1 500 mm,分辨率可以做到 0.1 μm,允许计数速度为 200 mm/s。

光栅式测量是利用光通过相叠的两片光栅片时形成莫尔条纹的原理进行的,光栅光学系统有主光栅和指标光栅。主光栅(又称动光栅)是作为测量基准用的,一般情况下随工作台一起运动,指标光栅(称为定光栅)是固定不动的。指标光栅刻线有仅一小块,覆盖光电接收组件即可。主光栅和指标光栅在平行光照射下,形成莫尔条纹,主光栅是光栅式测量的主要部件,测量的精度主要取决于主光栅,系统如图 8-36 所示。

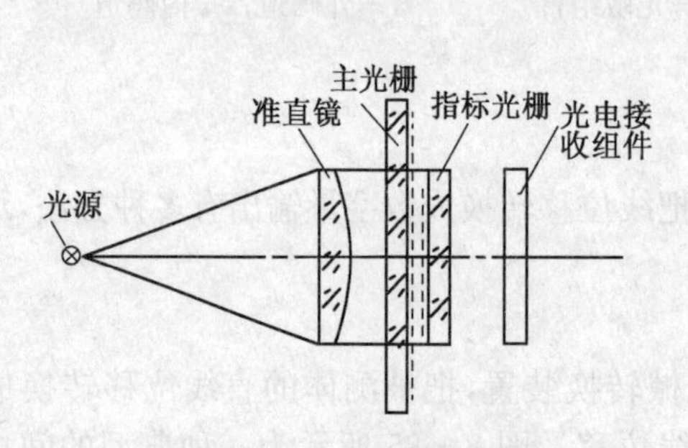

图 8-36　光栅式测量系统

图 8-37　光栅尺的尺面

光栅尺面是有规则排列的刻线,这些刻线是透光的和不透光的,或是对光反射的和不反射的。如图 8-37 所示,尺上平行等距的刻线称为栅线,其中透光的缝宽为 a(白色),不透光的缝宽为 b(黑色),一般情况下,两缝宽相等,即 $a=b$,$d=a+b$ 称为光栅的栅距,亦可称为光栅常数。

光栅尺测量原理是将两块黑白型光栅刻线面相对,并使两片光栅的栅线之间形成一个小的角度 α,在近于栅线垂直的方向上就出现明暗相间的条纹,这种条纹也称作莫尔条纹,如图 8-38 所示。在莫尔条纹中,两条亮纹或者两条暗纹之间的距离称为莫尔条纹的宽度,称为条纹间距,用 W 表示。利用莫尔条纹实现对输入信号进行转换变为电信号,莫尔条纹间距具有对光栅栅距的放大作用。在两光栅栅线夹角 α 较小的情况下,有下列近似关系:

$$W \approx d/\alpha \tag{8-5}$$

如当 $d=0.02$ mm、$\alpha=0.001\,745\,32$ rad(0.1°) 时,$W=11.459\,2$ mm,即光栅移过 0.02 mm,莫尔条纹移过一个条纹宽度 11.459 2 mm。光电接收组件直接放置在莫尔条纹宽度范围内。若在不同位置上安放几个光电组件,由于莫尔条纹亮度的变化,可以测量出不同初相位的同步信号。

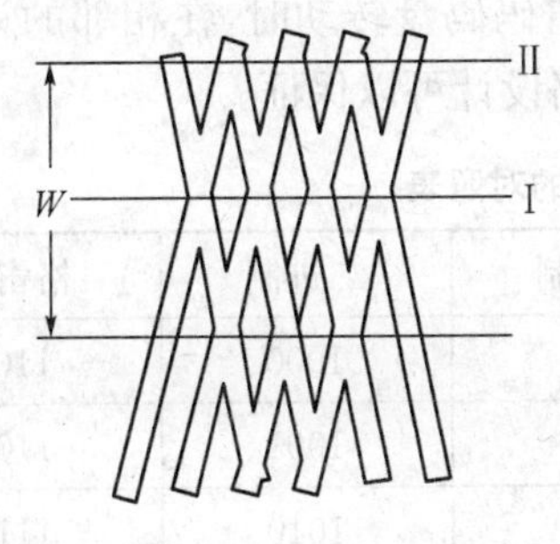

图 8-38　莫尔条纹

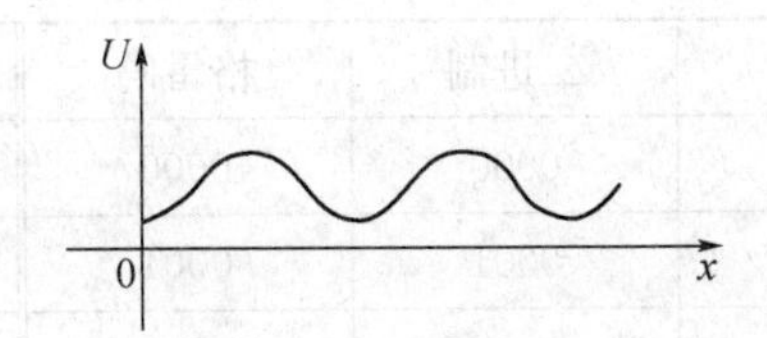

图 8-39　光栅尺输出的光通量与位移关系

当系统中主光栅相对于动光栅沿着垂直栅线的方向相对运动时，莫尔条纹便沿着与栅线方向相应的位置移动。两片光栅相对移过一个栅距，莫尔条纹移过一个条纹间距。在光的衍射和干涉作用之下，莫尔条纹的光通量的分布将是一个近似的正弦形，如图 8-39 所示。相应地，置于某一固定位置的光电组件接收到的光能量随着相对位置的变化而变化，其输出的电信号也是按正弦形规律变化。变化周期数与两片光栅相对移过的栅距数同步，即每移过一个栅距，莫尔条纹移过一个条纹间距，光电组件输出信号变化一个周期。

8.2.4　光电数字式传感器系统使用注意事项

1. 编码盘

光学编码器的码盘是在以一个基体上形成透明和不透明的码区，其制成方法也是利用一个精密加工出来的码盘，通过照相方法，生产出使用的码盘。光学式编码器除了要求透明和不透明区的转接处有较高的精度外，还要求转接处有陡峭的边缘，否则敏感组件中会引起噪声。

2. 光源

光源是光学式编码器的重要组成部件之一，对光源的选择应当考虑以下几点：首先，光源的光谱要和光电敏感组件相适应。如采用的是对红外线敏感光电组件，光源多为白炽灯泡和发光二极管。其次，要考虑光源的工作温度范围，因为光源的输出功率和温度有关，图 8-40 是白炽灯、发光二极管以及通常的光电管敏感组件的工作温度函数的相对性能比。从图中可以看出白炽灯-光电管组合的温度范围（－40～130℃），比发光二极管-光电管组合（－40～100℃）更宽。再次，为了减少故障，应当考虑灯泡的寿命。一般来说发光二极管的寿命比白炽灯泡要长，也能在较为恶劣的条件下工作。

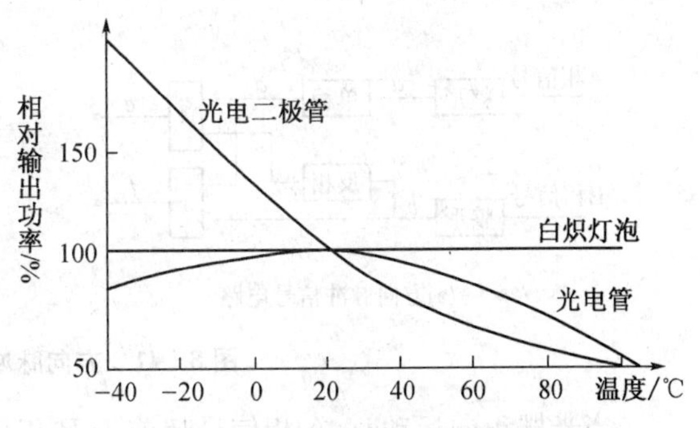

图 8-40　几种灯泡工作温度与输出功率关系

8.2.5　光电数字式传感器测量技术

1. 编码技术

当有两个或多个状态同时发生改变，而输出跟不上这种变化时，输出的值将出现所谓的“误码”。这种“误码”的原因是普通二进制编码在码盘位置变化时，可能出现多个状态的变化，采用格雷码能有效的防止这种“误码”出现。当格雷码码盘转动时，在相邻的计数位置，每次只有一个码道上的光电状态发生了改变，通过电路设计可以保证。

表 8-1 格雷码和二进制码的对照表

十进制	二进制	格雷码	十进制	二进制	格雷码
0	0000	0000	8	1000	1100
1	0001	0001	9	1001	1101
2	0010	0011	10	1010	1111
3	0011	0010	11	1011	1110
4	0100	0110	12	1100	1010
5	0101	0111	13	1101	1011
6	0110	0101	14	1110	1001
7	0111	0100	15	1111	1000

格雷码解决了直接二进制的错码问题，使读码的精度始终保持在最小码道的一个单位，但由于格雷码有一个变“权”码，所以读出处理装置需作相应的改变。

2. 方向脉冲电路

增量式编码器需要进行方向辨别，在电信号处理电路上所对应的是方向脉冲电路。图 8-41 是方向脉冲信号输出电路。

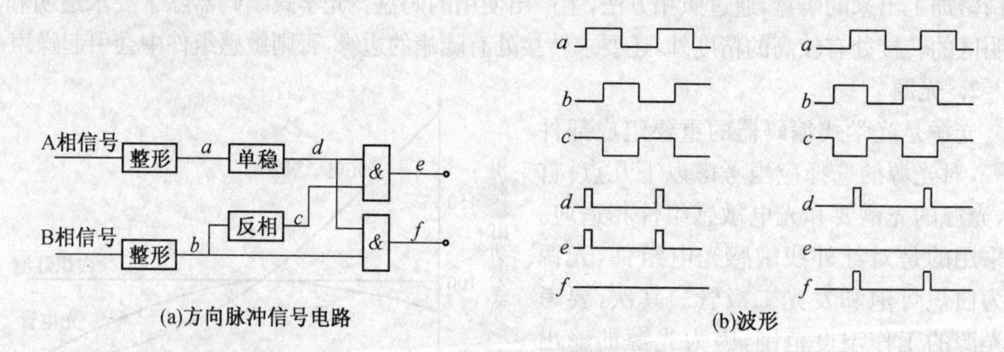

(a)方向脉冲信号电路 (b)波形

图 8-41 方向脉冲信号输出电路

当光栅正向运动时，A 相信号超前于 B 相信号，经过单稳电路变成电路中 d 点的窄脉冲，与 B 相经反相后 c 点的信号相与，由 e 点输出正向的计数脉冲；而 f 点由于在窄脉冲出现时，b 点信号为低电平，所以 f 点也保持低电平。当光栅反向运动时，B 相信号超前于 A 相信号，在 d 点窄脉冲出现时，因为 c 点是低电平，所以 c 点保持低电平；而 f 点输出窄脉冲。这样就实现了不同运动方向时数字脉冲由不同通道输出。e 点信号作正向加法计数，f 点信号作反向减法计数。

3. 细分技术

在要求高分辨率的情况下，不可能仅靠栅线的密度来实现，一般长光栅栅距大多在 4 μm 以上，这样必须采用莫尔条纹的细分技术来提高光栅系统的分辨率。莫尔条纹的细分方法有光学细分法和电子细分法等，但是对于伺服控制系统中的传感器来说，应用得最多的是电子细分法。

电子细分是将一个周期的信号内插进许多个计数脉冲，所以也把细分称为内插，从重复频率角度来说，称作倍频。电子细分法可分为幅度调制信号细分、相位调制细分和锁相倍频细分等几种。另外，利用微处理机进行细分，目前得到很好的应用。实际上，微处理机进行细分是幅度调制信号细分的延伸。细分的倍数可以做到几倍到数十倍、数百倍，最高可做到数千倍。

电子细分法是在莫尔条纹信号是正弦形的基础上建立的，当两光栅相对移动时，莫尔条纹信号的光强将随着光栅的移动作周期性的正弦形变化，光电接收组件所转换的电信号也作相应的正弦变化。

$$u = U\sin(2\pi x/d) \tag{8-6}$$

式中：U 为信号电压幅值；x 为光栅位移；d 为光栅栅距。

如果采用四倍频直接细分，在一个莫尔条纹宽度内，按一定间隔适当放置四个光电组件，使得这四个光电组件的输出信号彼此相差 90°，即 0°、90°、180°、270°。四路输出电信号如下式所示：

$$u_1 = U\sin(2\pi x/d) \tag{8-7}$$

$$u_2 = U\cos(2\pi x/d) \tag{8-8}$$

$$u_3 = -U\sin(2\pi x/d) \tag{8-9}$$

$$u_4 = -U\cos(2\pi x/d) \tag{8-10}$$

这四路信号分别送至各自的鉴零、整形电路。鉴零器鉴取过零信号，并产生相应的方波 A、$\overline{A}$、B、$\overline{B}$，经过单稳电路，方波变成窄脉冲信号 P_1、P_2、P_3、P_4。在光栅移动一个栅距后，莫尔条纹变化一个周期，电子细分电路输出四个计数脉冲信号，实现了四倍频，四细分信号处理电路如图 8-42 所示。

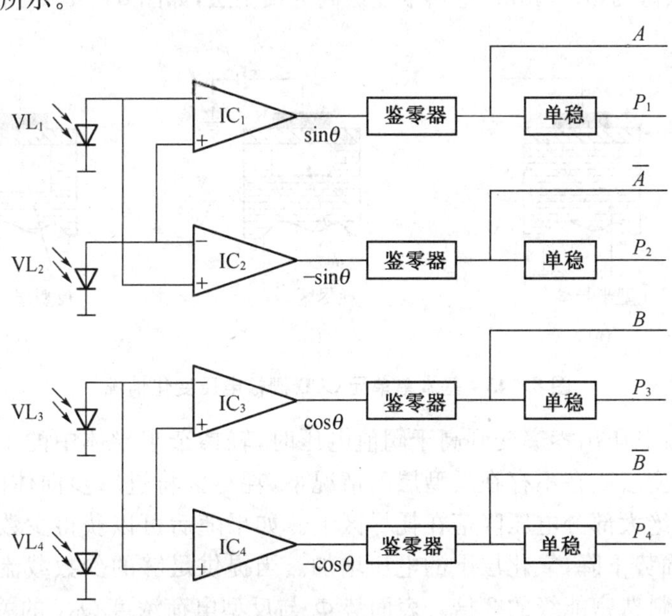

图 8-42　四细分信号处理电路

8.3 电荷耦合器件(CCD)图像传感器原理及其应用

电荷耦合器件(CCD)具有光电转换、信息存储、集成度高、功耗低等功能，是图像采集及数字化处理必不可少的关键器件，广泛应用于科学、教育、医学、商业、工业、军事和消费领域。

8.3.1 CCD的工作原理

CCD是按一定规则排列的MOS电容器阵列，它可以把光信号转换成电脉冲信号，每一个脉冲只反映一个光敏元的受光情况，脉冲幅度的高低反映该光敏元受光的强弱，输出脉冲的顺序反映了光敏元的位置，起到了图像传感器的作用。

与大多数以电流或者电压为检测信号的传感器不同的是电荷耦合器件是以电荷作为信号的传感器，因此，对CCD工作原理的研究，也就是CCD信号电荷的产生、存储、传输和检测研究。CCD有两种基本类型：电荷包存储在半导体与绝缘体之间的界面，并沿界面传输，称为表面沟道CCD(SCCD)；电荷包存储在离半导体表面一定深度的体内，并在半导体体内沿一定方向传输，称为体沟道或埋沟道器件(BCCD)。下面在SCCD基础上，讨论CCD的工作原理。

1. 电荷存储

CCD的基本单元是MOS(金属-氧化物-半导体)结构。在栅极G未施加偏压前，P型半导体中空穴(多数载流子)的分布是均匀的，如图8-43(a)所示，当栅极施加小于P型半导体的阈值电压正偏压U_G时，空穴被排斥，产生耗尽区，如图8-43(b)所示。当栅极施加大于P型半导体的阈值电压正偏压U_G时，耗尽区将进一步向半导体体内延伸，因为，半导体与绝缘体界面的电势(常称为表面势)非常大，将半导体体内的电子(少数载流子)吸引到表面，形成一层极薄的($10^{-2}\mu$m)、电荷浓度极高的反型层，如图8-43(c)所示。

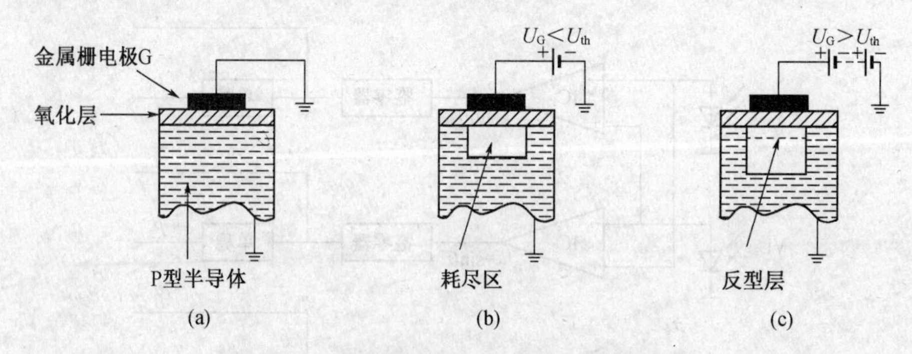

图8-43 基本单单元CCD栅极电压变化情况

然而，当栅极电压出零突变到高于阈值电压时，轻掺杂半导体中的少数载流子很少、不能立即建立反型层。在不存在反型层的情况下，耗尽区将进一步向体内延伸，而且，栅极和衬底之间的绝大部分电压降落在耗尽区上。如果随后可以获得少数载流子，那么耗尽区将收缩，表面势下降，氧化层上的电压增加。当提供足够的少数载流子时，表面势可降低到半导体材料费密能级的2倍。表面势Φ_s与反型电荷浓度Q_{INV}的关系，可以用半导体的“势阱”概念描述，电子趋于势能最低之处，在没有反型层电荷时，势阱的“深度”与栅极电压 U_G 的关系是线性的，如图 8-44(a)空势阱的情况。图 8-44(b)为反型层电荷填充 1/3 势阱时，表面势收缩。如图 8-44(a)所示，当反型层电荷足够多，使势阱被填满时，Φ_s 降到 $2\Phi_s$。此时，表面势不再束缚多余的电子，电子将产生“溢出”现象。这样，表面势可作为势阱深度的量度，表面势又与栅极电压 U_D、氧化层的厚度 d_{OX} 有关，即与 MOS 电容容量 C_{OX} 与 U_G 的乘积有关。势阱的横截面积取决于栅极电极的面积 A。MOS 电容存储信号电荷的容量为

$$Q = C_{OX}U_GA \tag{8-11}$$

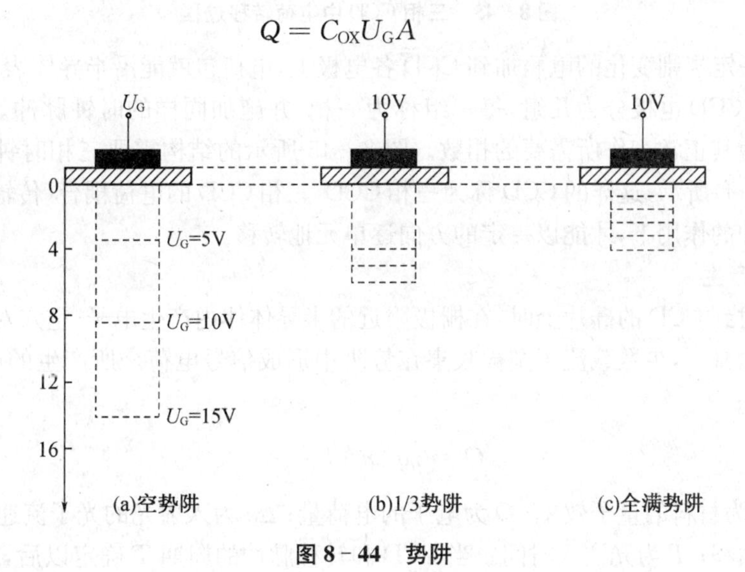

图 8-44　势阱

2. 电荷耦合

CCD 的电荷耦合是指一个势阱中电荷移到另一个势阱中，在图 8-45 中，四个彼此靠得很近的电极，假定开始时有一些电荷存储在偏压为 10V 的第一个电极下面的深势阱里，其他电极上均加有大于阈值的较低电压(例如 2V)。设图 8-45(a)为零时刻(初始时刻)，经过 t_1 时刻后，各电极上的电压变为如图 8-45(b)所示，第一个电极仍保持为 10 V，第二个电极上的电压由 2 V 变到 10 V，因这两个电极靠得很紧(间隔只有几微米)，它们各自的对应势阱将合并在一起，原来在第一个电极下的电荷变为这两个电极下势阱所共有，如图 8-45(b)和图 8-45(c)所示。此后，第一个电极电压由 10V 变为 2V 电极，第二个电极电压仍为 10V，则共有的电荷转移到第二个电极下面的势阱中，如图 8-45(d)和图 8-45(e)。由此可见，深势阱及电荷包向右移动了一个位置。

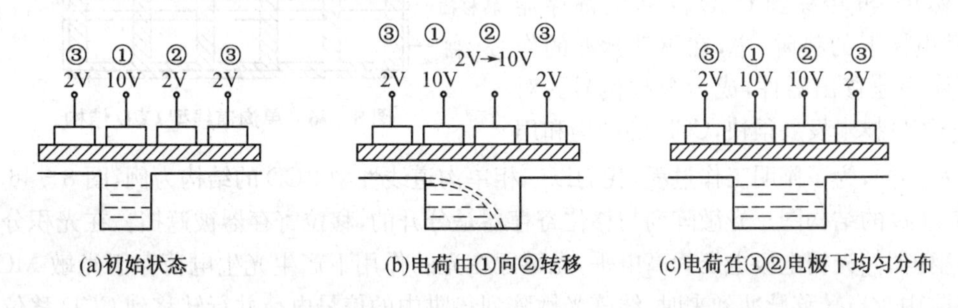

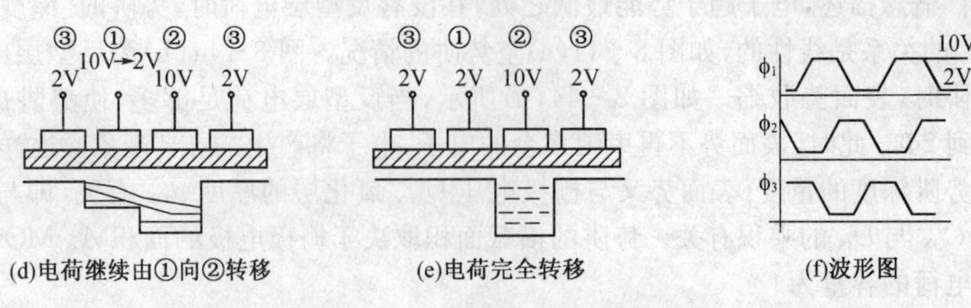

图 8-45 三相 CCD 中电荷转移过程

通过将一定规则变化的电压加到 CCD 各电极上,电荷包就能沿半导体表面按一定方向移动;通常把 CCD 电极分为几组,每一组称为一相,并施加同样的时钟脉冲。CCD 的内部结构决定了使其正常工作所需要的相数。图 8-45 所示的结构需要三相时钟脉冲,其波形图如图 8-45(f)所示,这样的 CCD 称为三相 CCD:三相 CCD 的电荷耦合(传输)方式必须在三相交叠脉冲的作用下,才能以一定的方向逐单元地转移。

3. 电荷产生

当光照射到 CCD 的硅片上时,在栅极附近的半导体体内产生电子-空穴对,其多数载流子被栅极电压排开,少数载流子则被收集在势阱中形成信号电荷。所产生的电荷与入射光的关系式为

$$Q = \eta q \Delta n A T \tag{8-12}$$

式中:η 为材料的量子效率;Q 为电子的电荷量;Δn 为入射光的光子流速率;A 为光敏单元的受光面积;T 为光注入时间。当 CCD 和转移脉冲的周期 T 确定以后,式中的 η、q、A 和 T 为常数;在单色入射辐射时,入射光的光子流速率与入射光谱辐通量的关系为 $\Delta n = \Phi/h\nu$,h 为普朗克常量,ν 为光的频率,均为常数。在这种情况下,光注入的电荷量与入射的光谱辐量度 Φ 成正比关系。

4. 工作过程

CCD 的主要用途是摄像,它们将把二维光学图像信号转变成一维视频信号输出,用光学成像系统将景物图像成像在 CCD 的像敏面上,像敏面将照在每一个像敏单元上的图像照度信号转变为少数载流子密度信号存储在像敏单元(MOS 电容)中。然后,再转移到 CCD 的移位寄存器(转移电极下的势阱)中,在驱动脉冲的作用下顺序地移出器件,成为视频信号。对由于 CCD 技术发展很快,CCD 的结构和用途多种多样,为了阐明工作过程,我们以三相单沟道线性型 CCD 的结构为例,图 8-46 所示为该 CCD 的结构图。光敏阵列与移位寄存器是分开的,移位寄存器被遮挡。在光积分周期里,这种器件光栅电极电压为高电平,光敏区在光的作用下产生光生电荷存于光敏 MOS 电容势阱中。当转移脉冲到来时,线阵光敏阵列势阱中的信号电荷并行转移到 CCD 移位寄存

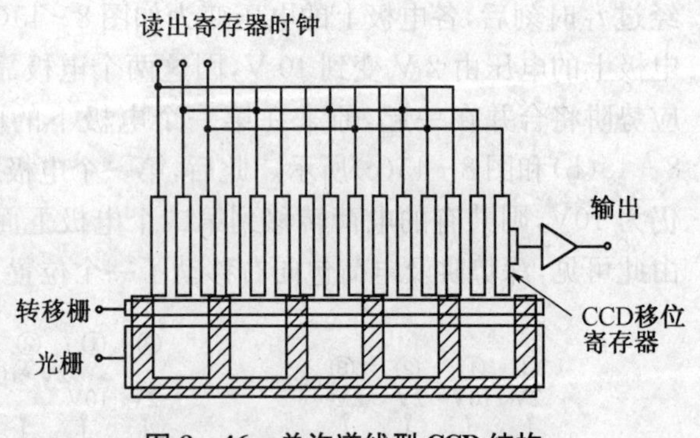

图 8-46 单沟道线型 CCD 结构

器中，最后在时钟脉冲的作用下一位一位地移出器件，形成视频脉冲信号。

8.3.2 CCD的基本特性参数

1. 光电转换特性

在CCD中，电荷包是入射光子被硅衬底吸收产生的少数载流子形成的，因此，光电转换特性是CCD重要特性。CCD的光电转换因子可达99.7%。

2. 光谱响应

CCD接受光的方式有正面光照和背面光照两种，正面光照由于正面很多电极，使得正面照射的光谱灵敏度比背面照射时低，即使是透明的多晶硅电极，也会因为电极的吸收以及在整个硅-二氧化硅界面上的多次反射，引起某些波长的光产生干涉现象，出现若干个明暗条，使光谱响应曲线出现若干个峰与谷，信号发生起伏。因此，CCD常采用背面照射方法。采用硅衬底的CCD的光谱响应范围为0.3～1.1 μm，平均量子效率为25%。

3. 动态范围

动态范围由势阱中可存储的最大电荷量和噪声决定的最小电荷量之比决定。CCD势阱中可容纳的最大信号电荷量取决于CCD的电极面积、器件结构、时钟驱动方式及驱动脉冲电压的幅度等因素。CCD中噪声产生于电荷注入器件、电荷转移过程(电荷量的变化)和检测时产生。主要噪声有光子噪声、暗电流噪声、归零噪声、俘获噪声和输出噪声。由于光子发射是随机过程，因而势阱中收集的光电荷也是随机的，这就成为光子噪声源。这种噪声源与CCD传感器无关，仅取决于光子的性质，是成为摄像器件的基本限制因素，这种噪声对于低光强摄像有影响。暗电流是一个随机过程，而且，每个CCD中暗电流不一样，在摄像时会产生图像噪声。归零噪声有光学归零噪声和电子归零噪声，光学归零噪声由使用时的偏置光的大小决定，电子归零噪声是由电子归零机构决定的。俘获噪声取决于材料的缺陷。输出噪声起因于输出电路复位过程中产生的热噪声。

4. 暗电流

在正常工作情况下，MOS电容处于未饱和的非平衡态。然而随着时间的推移，由于热激发而产生的少数载流子使系统趋向平衡。即使在没有光照的情况下，也会产生暗电流，暗电流是判断一个摄像器件好坏的重要标准。

5. 分辨率

分辨率是图像传感器的重要特性。线阵CCD器件常用的分辨率有256×1、1 024×1、5000×1、10 550×1，像元位数越高的器件具有更高的分辨率。二维面阵CCD在水平方向和垂直方向上分辨率是不同的。水平分辨率要高于垂直分辨率。常使用面阵CCD的像元数有512×500、795×596、1 024×1 024、2 048×2 048、5 000×5 000。

8.4 光电传感器应用实例

8.4.1 光控开关电路

图8-47所示是一种光控开关电路，这一光控开关电路可以用在一些楼道、路灯等公共场所。通过光敏电阻器，它在天黑时会自动开灯，天亮时自动熄灭。电路中，VS1是晶闸

管，Rl 是光敏电阻器。当光线亮时，光敏电阻器 Rl 阻值小，220 V 交流电压经 VD1 整流后的单向脉冲性直流电压在 RP1 和 Rl 分压后的电压小，加到晶闸管 VS1 控制极的电压小，这时晶闸管 VS1 不能导通，所以灯 HL 回路无电流，灯不亮。当光线暗时，光敏电阻器 Rl 阻值大，RP1 和 Rl 分压后的电压大，加到晶闸管 VS1 控制极的电压大，这时晶闸管 VS1 进入导通状态，所以灯 HL 回路有电流流过，灯点亮。

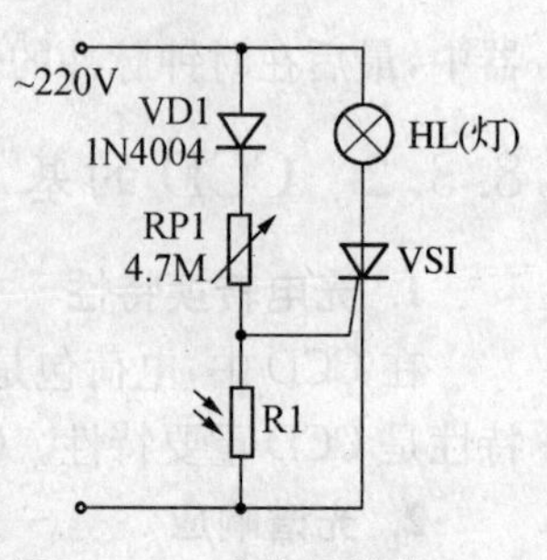

图 8-47 光控开关电路

图 8-48 所示是灯光亮度自动调节电路，这一电路能根据外界光线的强弱来自动调节灯光亮度。电路中，VS1 是晶闸管，N 是氖管，HL 是灯，R3 是光敏电阻器。

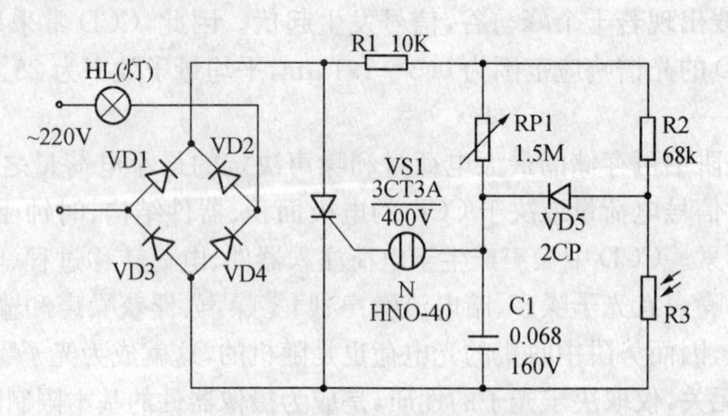

图 8-48 灯光亮度自动调节电路

电路中，晶闸管 VS1 和二极管 VD1～VD4 组成全波相控电路，用氖管 N 作为 VS1 的触发管。220 V 交流电通过负载 HL 加到 VD1～VD4 桥式整流电路中，整流后的单向脉冲直流电压加到晶闸管 VS1 阳极和阴极之间，VS1 导通与截止受控制极上的电压控制。整流后的电路还加到各电阻和电容上。直流电压通过 Rl 和 RP1 对电容 Cl 进行充电，Cl 上充到的电压通过氖管 N 加到晶闸管 VS1 控制极上，当 Cl 上电压上升到一定程度时，氖管 N 启辉，将电压加到晶闸管 VS1 控制极上，使晶闸管 VS1 导通，灯 HL 点亮。电容 Cl 上平均电压大小决定了晶闸管 VS1 交流电一个周期内平均导通时间长短，从而决定了灯的亮度。当外界亮度高时，光敏电阻器 R3 阻值小，Cl 的充电电压低，晶闸管 VS1 平均导通时间短，HL 灯光就暗。当外界亮度低时，光敏电阻器 R3 阻值大，Cl 的充电电压高，晶闸管 VS1 平均导通时间长，HL 灯光就亮。由于 R3 的阻值是随外界光线强弱自动变化的，所以灯 HL 的亮度也是受外界光线强弱自动控制的。调节可变电阻器 RP1 阻值可以改变对电容 Cl 的充电时间常数，即改变 VS1 的导通角，调节 HL 灯光的亮度。

8.4.2 照相机电子测光电路

图 8-49 所示是照相机电子测光电路，在中档照相机中，采用光敏电阻器作为电子测光元件。电路中，Rl 是光敏电阻器，R2 是热敏电阻器，VD1 和 VD2 是发光二极管。从电路中可以看出，VT1 是 VD1 的驱动管，VT2 是 VD2 的驱动管，VT1 和 VT2 两端的电路对称，但是基极偏置电路有所不同。VT2 基极由固定电阻 R6、R7 构成分压式偏置电路，而 VT1 基极则由 R1、RP1 和 R2 构成分压式偏置电路。

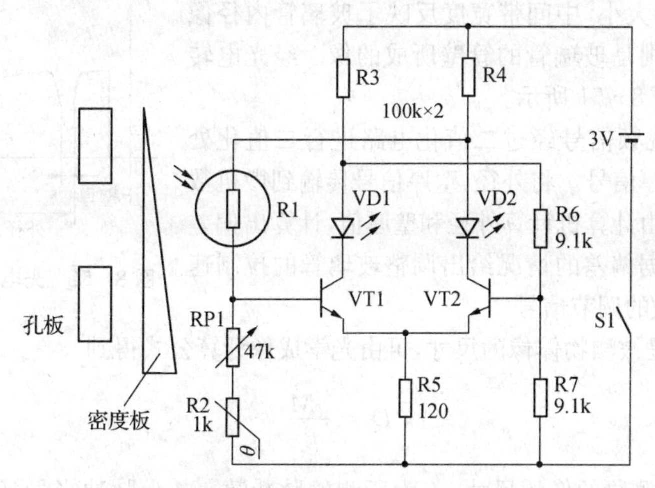

图 8-49　照相机电子测光电路

光线从孔板照射在光敏电阻器上，ITR9707 移动密度板时可以改变光线照射到光敏电阻器 Rl 上的强弱，从而可以改变 Rl 的阻值大小，改变 Rl、RP1 和 R2 分压电路输出电压，即改变了加到 VT1 基极的直流电压，进而改变了发光二极管 VD1 发光强弱，达到正确曝光的目的。电路中的热敏电阻 R2(1 kΩ)起温度补偿作用，以补偿光敏电阻器 Rl 的温度变化而引起的误差。

8.4.3　加工件一维尺寸的测量

CCD 用于尺寸测量的技术是非常有效的非接触测量技术，被广泛地应用于各种加工件的在线检测和高精度、高速度的检测技术领域。由 CCD 像传感器、光学系统、计算机数据采集和处理系统构成的 CCD 光电尺寸检测仪器的优越性是现有机械式、光学式、电磁式测量仪器都无法比拟的。这种测量方法往往无须配置复杂的机械运动机构，从而减少产生误差来源，使测量更准确、更方便。

玻璃管壁厚测量控制仪的系统原理方框图如图 8-50 所示。整个系统由照明系统、被测物、成像物镜、光电检测系统和计算机测控系统构成。玻璃管径被稳定的照度光源照射，经成像物镜成像在线阵 CCD 的光敏陈列面上。由于透射率的不同，玻璃管的像在上下边缘处形成两条暗带，中间部分的透射光相对较强，形成亮带，两条暗带最外边的边界距离为玻

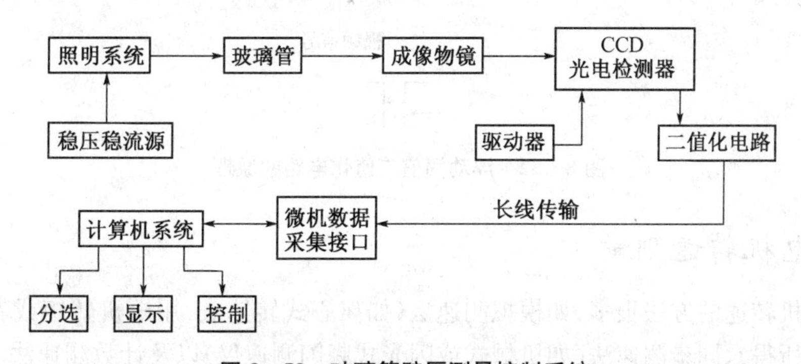

图 8-50　玻璃管壁厚测量控制系统

璃管外径所成像的大小,中间带宽度反映了玻璃管内径像的大小,而暗带宽则是玻璃管的管壁所成的像。经光电转换的视频信号如图 8-51 所示。

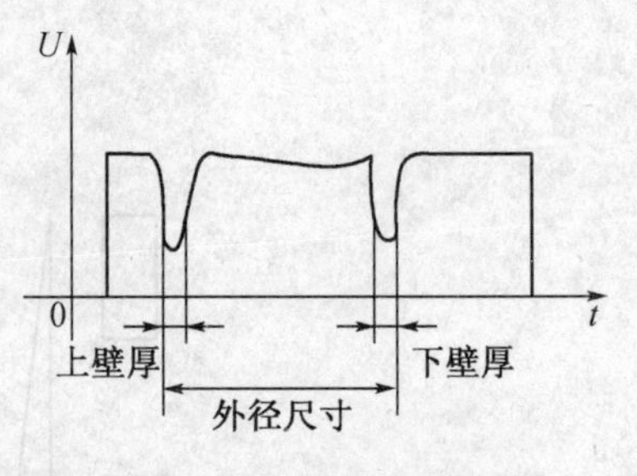

图 8-51 光电转换的视频信号

CCD 输出的视频信号经过二值化电路进行二值化处理,分出外径和壁厚信号。将外径、壁厚信号传输到微机数据采集接口电路,由计算机计算外径和壁厚值,计算出偏差量,并由计算机根据偏差的情况给出调整玻璃管的拉制速度和吹气量等参数的调节信号。

CCD 测出的是被测物体像的尺寸,可由光学成像计算公式得到

$$D=\frac{nM}{\beta} \tag{8-13}$$

式中:D 为被测物的像的尺寸;n 为所测的脉冲数;M 为脉冲当量(CCD 的像元中心距);β 为光学成像系统的放大倍率。

光学系统影响到测量可靠性和准确性,在设计时,应考虑到照度的均匀问题、减小成像误差和视场与 CCD 像元的匹配等问题。

二值化电路将视频信息以数字方式提取出来形成玻璃管的外径值和壁厚,在二值化电路设计时,为了确保测量精度和提高系统的稳定性,除了采用精密稳流电源为照明系统的电源外,还采用浮动阈值对光强进行二值化采样。浮动阈值二值化电路的原理如图 8-52 所示,用二个单稳态触发器产生采样脉冲、采样脉冲采得的信号为线阵 CCD 在还没有输出玻璃管外径之前的输出信号。采样后经保持电路保持到行周期结束,采样脉冲所采的信号随着照明光源的变化而上下浮动交化,使得输出的二值化信号稳定。

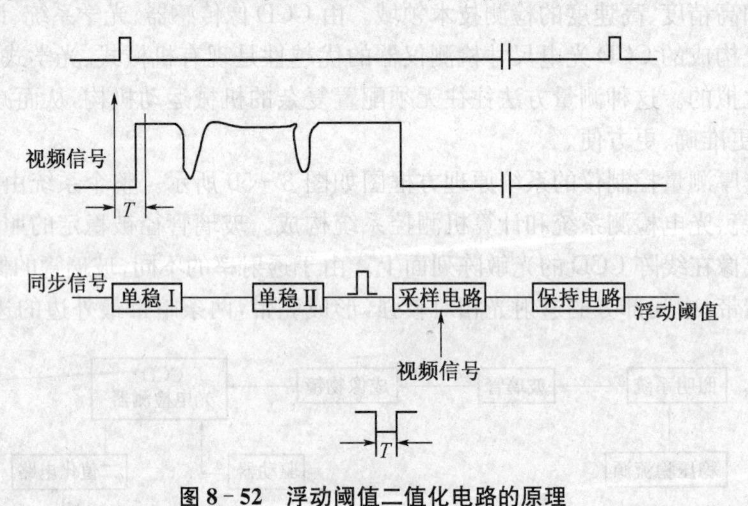

图 8-52 浮动阈值二值化电路的原理

8.4.4 电机转速测量

测量电机转速的方法很多,如模拟测速法(如离心式转速表、用电机转矩或者电机电枢电动势计算所得)、同步测速法(如机械式或闪光式频闪测速仪)以及计数测速法。传统的电机转速检测多采用测速发电机或光电数字脉冲编码器。图 8-53 为利用光电传感器设计的

电机转速测量系统结构，利用光电开关管做电机转速的信号拾取元件，在电机的转轴上安装一个圆盘，在圆盘上开 N 个小孔或齿状物，圆盘两侧对应着光发射器件和光电传感器，圆盘转动一圈即光电传感器导通 N 次，对此信号进行放大与整形得到矩形脉冲信号，经过单片机内部的计数器和定时器进行计数和定时即可测出该信号的频率 f，进而得到电机转速。采用光电传感器的电机转速测量系统具有测量准确度高、采样速度快、测量范围宽和测量精度与被测转速无关等优点，具有广阔的应用前景。

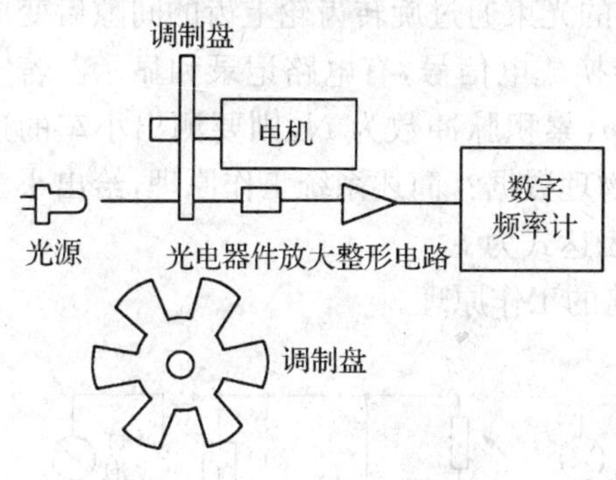

图 8－53　电机转速测量原理

习　题

1. 光电传感器的特点是什么？采用光电传感器可能测量的物理量有哪些？

2. 光电效应有哪几种？与之对应的光电元件各有哪些？

3. 试述光电管的简单结构及其光谱特性、伏安特性、光电特性和暗电流的特点。

4. 试述光电倍增管的结构和工作原理，它与光电管的异同点。若入射光子为 10^3 个，1 个光子撞击倍增极，产生 1 个电子。电子撞击倍增极平均产生 1.4 个新电子。共有 16 个倍增极。求阳极电流。

5. 采用波长为 600 nm 的光源时，在硫化镉和硒化镉光敏电阻中宜采用哪种？为什么？

6. 光信号的频带在 MHz 量级以上，是否可以采用光敏电阻进行信号检测？为什么？

7. 硅光敏管和锗光敏管光谱响应波段分布为多少？如果使用这两种光敏管作为传感器时，要使传感器的灵敏度最高，选择光源波长分别为多少？

8. 利用光敏二极管设计出转速传感器。说明测速原理。

9. 二进制码与循环码各有何特点？并说明它们的互换原理。

10. 光栅传感器的基本原理是什么？莫尔条纹是如何形成的？有何特点？

11. 试解释光电式编码器的工作原理。

12. 叙述增量式编码器需要进行方向辨别的工作原理。

13. 计量光栅中为何要引入细分技术？细分的基本原理是什么？

14. 常用的电荷耦合器件分为几类？分辨率 795×596 是什么意思？

15. 什么叫 CCD 势阱？论述 CCD 电荷转移过程。

16. 使用 CCD 作为传感器时，测量动态特性与 CCD 的什么因素有关？

17. 利用光敏器件制成的产品计数器，具有非接触、安全可靠的特点，可广泛应用于自动化生产线的产品计数，如机械零件加工、输送线产品、汽水、瓶装酒类等，还可以用来统计出入口人员的流动情况。试利用所学知识，选用合适的光敏传感器，设计一个生产线产品的自动化计数系统，画出系统框图，简要说明工作原理。

18. 如图 8-54 所示为利用光电脉冲测量车速和行程的示意图，A 为光源，B 为光电接收器，A、B 均固定在小车上，C 为小车的车轮。车轮转动时，A 发出的光束通过旋转齿轮上齿的间隙后变成脉冲光信号，被 B 接收并转换成电信号，有电路记录和显示。若实验显示单位时间的脉冲数 n，累积脉冲数为 N，则要测出小车的速度和行程还必须测量哪些物理数据？简述系统工作原理，给出小车速度的表达式 v 和行程的表达式为 s。

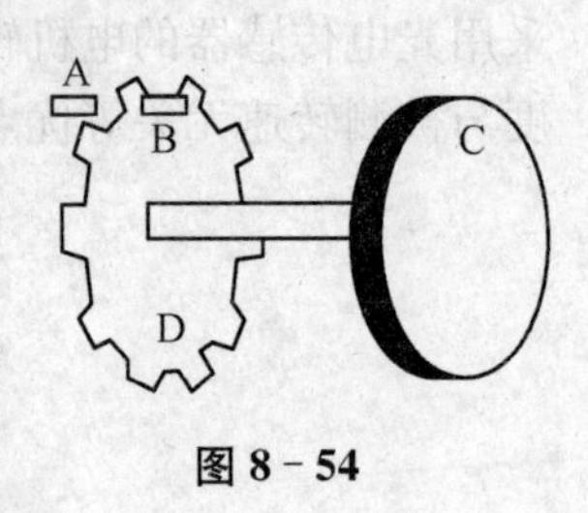

图 8-54

19. 简述下列控制电路的工作原理。

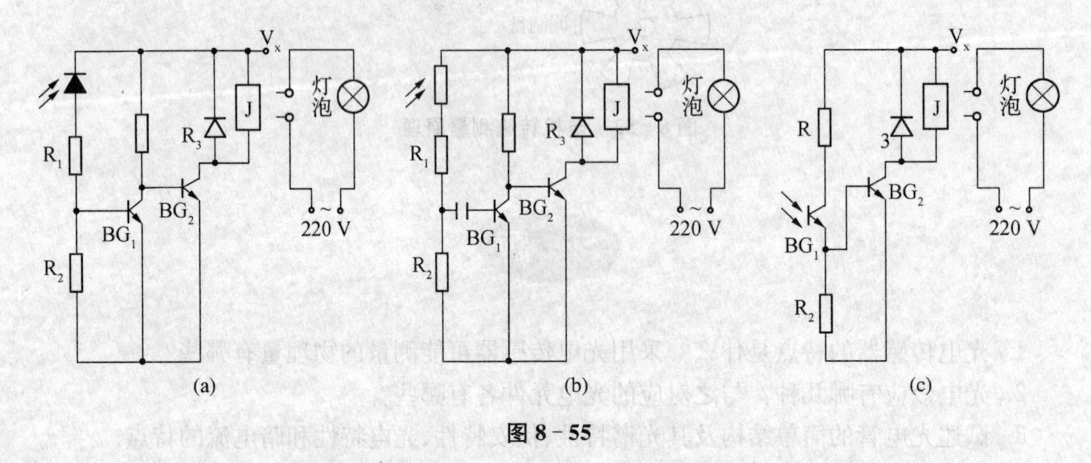

图 8-55

20. 一个 8 位光电码盘的最小分辨率是多少？如果要求每个最小分辨率对应的码盘圆弧长度至多为 0.01 mm，则码盘半径应有多大？

21. 已知某计量光栅的栅线密度为 100 线/mm，栅线夹角 $\theta=0.1°$。试求：

(1) 该光栅形成的莫尔条纹间距为多少？

(2) 若采用该光栅测量线位移，已知指示光栅上的莫尔条纹移动了 15 条，则被测线位移为多少？

第 9 章　光纤传感器及其应用

光纤传感器具有许多优点：灵敏度较高；几何形状具有多方面的适应性，可以制成任意形状的光纤传感器；可以制造传感各种不同物理信息（声、磁、温度、旋转等）的器件；光纤传感器可以用于高压、电气噪声、高温、腐蚀等恶劣环境。光纤传感器广泛地用于磁、声、压力、温度、加速度、陀螺、位移、液面、转速、光声、电流和应变等物理量的测量。

9.1　光导纤维的基本知识

9.1.1　光导纤维结构和导光原理

光导纤维是用比头发丝还细的石英玻璃丝制成的，每一根光导纤维由一个圆柱形内芯和包层组成，内芯的折射率略大于包层的折射率，如图 9-1 所示。众所周知，真空中光是沿直线传播的，然而入射到光导纤维小的光线都能限制在光导纤维中，随光导纤维弯曲而走弯曲的路线，并能传送很远的距离。在光导纤维中，传输信息的载体是光，当光导纤维的直径比光的波长大得多时，可以用几何光学的方法，说明光在光线内的传播。

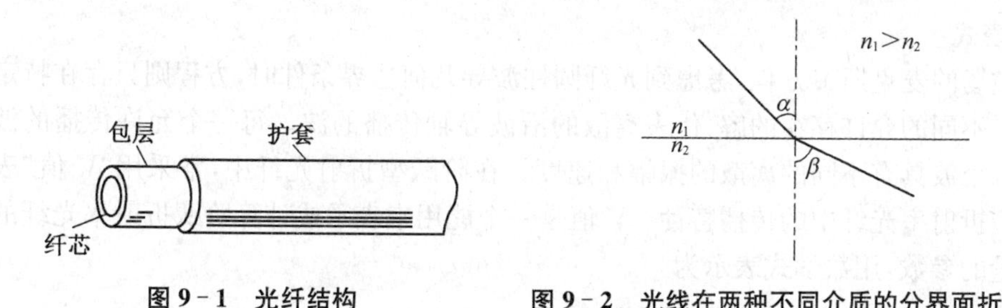

图 9-1　光纤结构　　**图 9-2　光线在两种不同介质的分界面折射现象**

根据斯涅尔定律，光线在两种不同介质的分界面上会产生折射现象，折射定律为

$$n_1 \sin \theta_1 = n_2 \sin \theta_2 \tag{9-1}$$

其中，θ_1、θ_2 分别为入射角和折射角，如图 9-2 所示。n_1 和 n_2 分别为介质 1 和介质 2 的折射率。当光线由光的密媒质（折射率大）的介质向光的疏媒质（折射率小）的介质传播时将发生全内反射，即反射光将不再离开介质 1。

图 9-3 表示光在光纤中传播的原理。根据全内反射原理，设计光纤纤芯的折射率 n_1 要大于包层的折射率 n_2。图中所示的两根光线，其中一根代表掠射角（入射角的余角）$\theta>\theta_c$（临界角）的一些光线，这些光线由于从纤芯折射到包层中，不能传播很远。另外一根代表掠射角 $\theta<\theta_c$（临界角）的一些光线。每当这些光线入射到纤芯一包层分界面时，都发生全反射，所以这些光线一直被截留在光纤中，在界面上产生多次的全内反射，以锯齿形的路线在纤芯中传播。在理想情况下，将无损耗地通过光纤纤芯传输，直到它到达光纤的另一个端面为止。

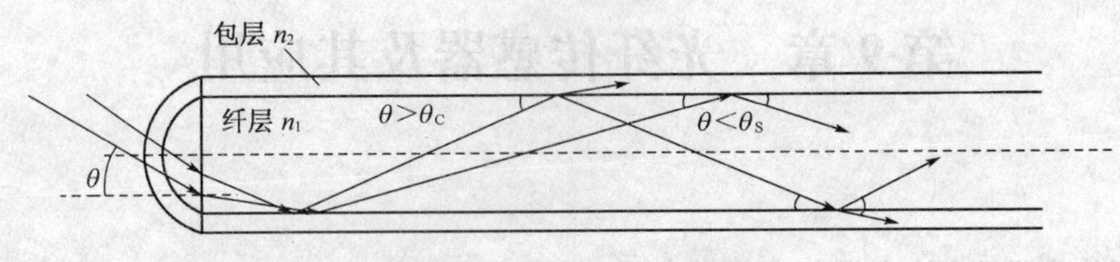

图 9-3 光在光纤中传播

9.1.2 光纤的几个重要参数

1. 数值孔径(NA)

数值孔径是反映纤芯接收光量的多少,标志光纤接收光性能的一个重要参数。定义为光从空气入射到光纤输入端面时,处在某一角锥内的光线一旦进入光纤,就将被截留在纤芯中,此光锥半角 (θ) 的正弦标为数值孔径。可导出

$$NA = \sqrt{n_1^2 - n_2^2} \tag{9-2}$$

式中:n_1为纤芯折射率;n_2为包层折射率。数值孔径的意义是无论光源发射功率有多大,只有 2θ 张角之内的光被光纤接受传播。较大的数值孔径光纤有利于耦合效率的提高,但数值孔径大,光信号将产生大的"模色散",入射光能分布在许多个模式,各模式的速度不同,导致各个能量分量到达光纤远端的时间不同,信号将发生严重畸变,一般的光纤 $\theta \approx 10°$。

2. 传播模式

根据电磁场的麦克斯韦方程,考虑到光纤圆柱波导几何边界条件时,方程则只存在特定(离散)的解。不同的允许存在的解,代表离散的沿波导轴传播的波。每一个允许传播的波称为模式。每个波具有不同的离散的振幅和速度。在阶跃型折射光纤中,常采用"V 值"表述光在阶跃型折射率光纤中的传播特性。V 值是一个能用来表示或计算阶跃折射率光纤的传播模式数量的参数,用数学式表示为

$$V = \frac{2\pi a}{\lambda} \sqrt{n_1^2 - n_2^2} \tag{9-3}$$

式中:a 为纤芯半径;λ 为入射光在真空(空气)中的波长。光纤 V 值越大,允许传输的模式(不同的离散波)数越多。当 V 值低于 2.404 时,只允许一个波或模式在光纤中传输。即"单模条件"是 $V < 2.404$。

在光导纤维中传播模式很多对信息传输是不利的,因为同一光信号采取很多模式传播,就会使这一光信号分为不同时间到达接收端的多个小信号,从而导致合成信号的畸变。在信息传输中一般希望模式数量越少越好,即希望 V 小。减小 V,即代表纤芯直径不能太大,一般为几个微米不超过几十微米;还需要 n_1 与 n_2 之差很小,一般要求 n_2 与 n_1 之差不大于 1.4%~6.2%。

3. 传播损耗

由于光纤纤芯材料的吸收、散射,光纤弯曲处的辐射损耗等的影响,光信号在光纤中的传播不可避免地要有损耗。用 A 来表示传播损耗(单位为 dB),则

$$A = al = 10\lg \frac{I_o}{I_i} \tag{9-4}$$

式中：l 为光纤长度；a 为单位长度的衰减；I_o为光导纤维输出端光强；I_i为光导纤维输入端光强。

9.2　光纤传感器的工作原理

光纤传感器是一种把被测量的状态转变为可测的光信号的装置，由光发送器、敏感组件（光纤或非光纤的）、光接收器、信号处理系统以及光纤构成，如图 9-4 所示。由光发送器发出的光经光纤引导至敏感组件。在这里，光的某一性质受到被测量的调制，被调制光经接收光纤耦合到光接收器，使光信号变为电信号，经信号处理系统得到所期待的被测量。下面简单地分析光纤传感器光学测量的基本原理。

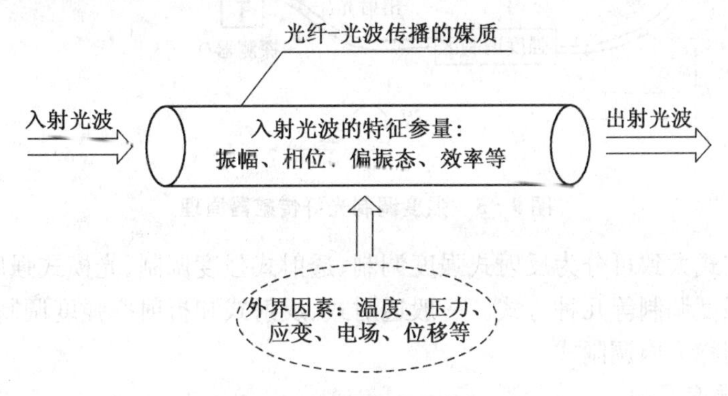

图 9-4　光纤传感器基本原理

从本质上分析，光就是一种电磁波，其波长范围从极远红外的 10^{-8} m 到极远紫外的 10^{-4} m。电磁波的物理作用和生物化学作用主要因其中的电场而引起。因此，在讨论光的敏感测量时，必须考虑光的电矢量 E 的振动。通常用下式表示

$$\boldsymbol{E} = \boldsymbol{B}\sin(\omega t + \varphi) \tag{9-5}$$

式中：$\boldsymbol{B}$ 为电场 $\boldsymbol{E}$ 的振幅矢量；ω 为光波的振动频率；φ 为光相位；t 为光的振动时间。

由式(9-5)可见，只要使光的强度、偏振态（矢量 $\boldsymbol{B}$ 的方向）、频率和相位等参量之一随被测量状态的变化而变化，或者说受被测量调制，那么就有可能通过对光的强度调制、偏振调制、频率调制或相位调制等进行解调，就得所需要的被测量的信息。

按光纤传感器原理可分为功能型和非功能型。功能型光纤传感器是利用光纤本身的特性把光纤作为敏感组件，所以也称传感型光纤传感器，或全光纤传感器。非功能型光纤传感器是利用其他敏感组件感受被测量的变化，光纤仅作为传输介质，传输来自远外或难以接近场所的光信号，所以也称为传光型传感器或混合型传感器。

光纤传感器按被调制的光波参数不同又可分为强度调制光纤传感器、相位调制光纤传感器、频率调制光纤传感器、偏振调制光纤传感器和波长（颜色）调制光纤传感器。

光纤传感器可以探测的物理量很多，已实现的光纤传感器所测量的物理量达 70 余种。然而，无论是探测哪种物理量，其工作原理都是用被测量的变化调制传输光波的某一参数，

使其随之变化，然后对已调制的光信号进行检测，从而得到被测量。因此，光调制技术是光纤传感器的核心技术。

9.2.1 强度调制型光纤传感器

强度调制光纤传感器的基本原理是待测物理量引起光纤中的传输光强变化，通过检测光强的变化实现对待测量的测量，其原理如图 9-5 所示。一恒定光源发出的强度为 I_i 的光注入传感头，在传感头内，光在被测信号的作用下其强度发生变化，即受到了外场的调制，使得输出光强 I_0 的包络线与被测信号的形状一样，信号处理电路再检测出调制信号，就得到了被测信号。强度调制的特点是简单、可靠、经济。

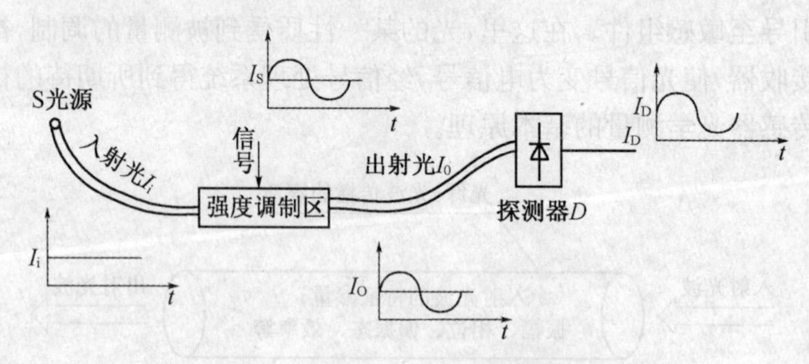

图 9-5 强度调制光纤传感器原理

强度调制方式大致可分为反射式强度调制、透射式强度调制、光模式强度调制以及折射率和吸收系数强度调制等几种方式。一般透射式、反射式和折射率强度调制称为外调制式，光模式强度调制称为内调制式。

1. 反射式强度调制

这是一种非功能型光纤传感器，光纤本身只起着传光作用。光纤分为两部分，即输入光纤和输出光纤，亦可称为发送光纤和接收光纤。这种传感器的调制机理是输入光纤将光源的光射向被测物体表面，再从被测面反射到另一根输出光纤中，其光强的大小随被测表面与光纤间的距离而变化。

图 9-6(a)中，在距光纤端面 d 的位置放有类似于平面反射镜物体，它垂直于输入和输出光纤轴移动，故在平面反射镜之后相距 d 处形成一个输入光纤的虚像。设输出光纤与输入光纤的间距为 a，且都具有阶跃型折射率分布，芯径为 $2r$，数值孔径为 NA。耦合到输出光纤的光通量，由输入光纤的像发出的光锥底面与输出光纤相重叠部分的面积所决定，重叠部分如图 9-6(b)所示。如果 δ 是光锥边缘与输出光纤重叠的距离，如图 9-6(c)所示。经

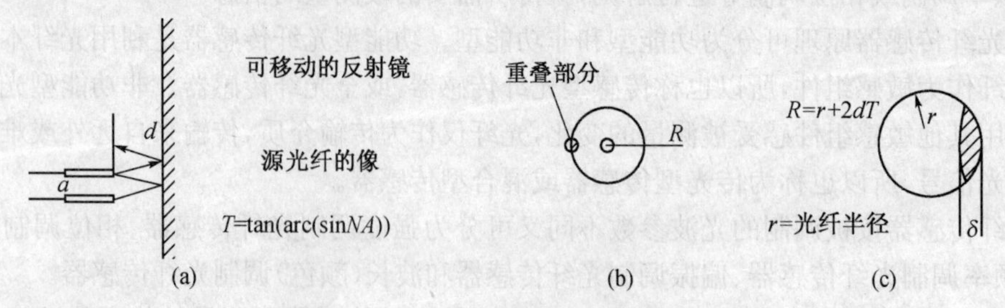

图 9-6 输出光纤与输入光纤耦合关系

过一些近似处理，可以得到输出光纤端面与受光照射的表面所占的百分比为

$$\alpha=\frac{1}{\pi}\left\{\arccos\left(1-\frac{\delta}{r}\right)-\left(1-\frac{\delta}{r}\right)\sin\left[\arccos\left(1-\frac{\delta}{r}\right)\right]\right\} \tag{9-6}$$

由式(9-6)所示的几何关系，可以推导出 δ/r 的值为

$$\frac{\delta}{r}=\frac{2dT-a}{r} \tag{9-7}$$

被输出光纤接收的入射光功率百分数为

$$F=a\left(\frac{\delta}{r}\right)\left(\frac{r}{2dT}\right)^2\times 100\% \tag{9-8}$$

图 9-7 表示一对光纤的耦合效率 F 与反射位置 d 的关系曲线，当接收光纤端面紧贴被测件时，由于光纤数值孔径一定，接收光纤中未耦合进光信号。当被测表面逐渐远离光纤时，发射光纤照亮被测表面的面积变大，接收光纤端面上被照区也变大，有一个线性增长的输出信号；当接收光纤的端面全部被照亮，输出信号就达到了 $F\sim d$ 曲线上的最大值。当被测表面继续远离时，反射光光斑的面积继续变大，耦合进接收光纤的光强度逐渐变小，输出信号逐渐减弱。

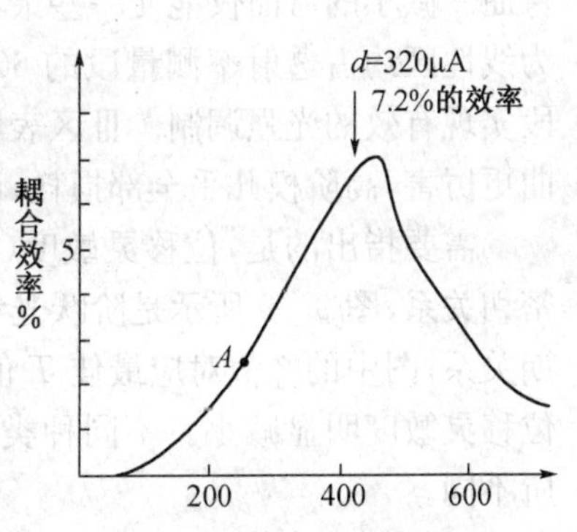

图 9-7　光强的大小随被测表面与光纤间的距离关系

例：已知光纤芯直径为 $2r=200\ \mu\text{m}$，数值孔径 $NA=0.5$，光纤间距 $a=100\ \mu\text{m}$。若取函数的最大斜率处(图中 A 点，距离 d 为 200 μm）确定为该系统的灵敏度，则耦合功率随 d 变化速率近似为 0.005%/μm。当 $d=320\ \mu\text{m}$ 时，最大耦合系数 $F_{\max}=7.2\%$。假设采用 LED 做光源，探测器在 10 kHz 带宽范围内能获得的总功率为 10 μW，并设探测器的负载电阻为 10 kΩ，该传感器的固有分辨率将优于 1 nm。

2. 光模式强度调制

当光纤弯曲时，会引起光纤中的模式相互耦合，其中有些导波模变成了辐射模，从而引起损耗，可以精确地把它与引起微弯的器件位置及压力等物理量联系起来，构成各种功能的传感器。图 9-8 为光模式损耗强度调制原理图，微弯变形器是由夹在两块具有周期性波纹微弯板之间的多模光纤构成的。

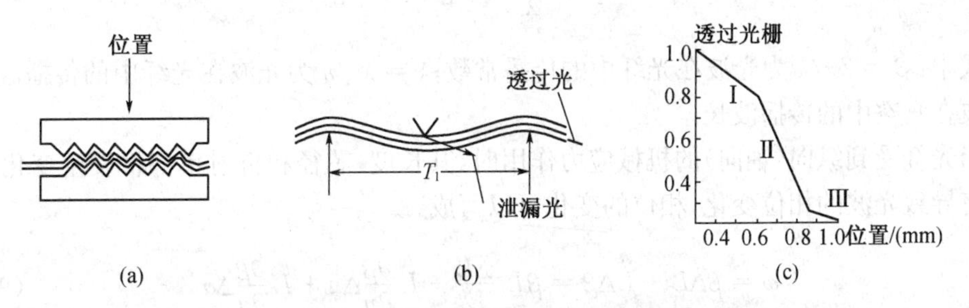

图 9-8 光模式微弯损耗强度调制原理

光纤模式耦合理论指出，在周期性微弯作用下，当微弯的空间周期为 T(空间频率为 $2\pi/T$)与两个模的 β 与 β' 传播常数之差满足以下关系时，即

$$\Delta\beta = |\beta - \beta'| = 2\pi/T \tag{9-9}$$

则这两个模将发生能量耦合。在上式中，如 β、β' 分别是导模和辐射模，在它们之间发生能量耦合时，输出光强度将发生变化。光纤的微弯曲程度决定了辐射模出现的个数。弯曲度越大，辐射模出现的个数越多，输出光强度将变小。

其中，图 9-8(c)为微弯器位移与透射光强的关系，即强度调制的响应曲线。它有三个性质不同的区域。Ⅰ区表明，光纤柔性包层承受了起初的位移运动，从而减缓了光纤弯曲。微小的弯曲仅能使一些最易泄漏模发生辐射。Ⅱ区为线性区约占透射率测量段的 60%，通常也正是利用这一段实现有效的光强调制。Ⅲ区表明，位移量再加大，光纤弯曲更厉害，高阶模几乎全部损耗，调制灵敏度大幅度下降。

需要指出的是，位移灵敏度($\Delta T/\Delta x$)与微弯周期 Λ 有密切关系，图 9-9 所示是阶跃光纤的位移灵敏度与微弯周期关系，图中的峰值对应最佳 T 值，当周期偏离最佳 T 时，位移灵敏度明显减小。不同种类的光纤，最佳微弯周期有所不同。

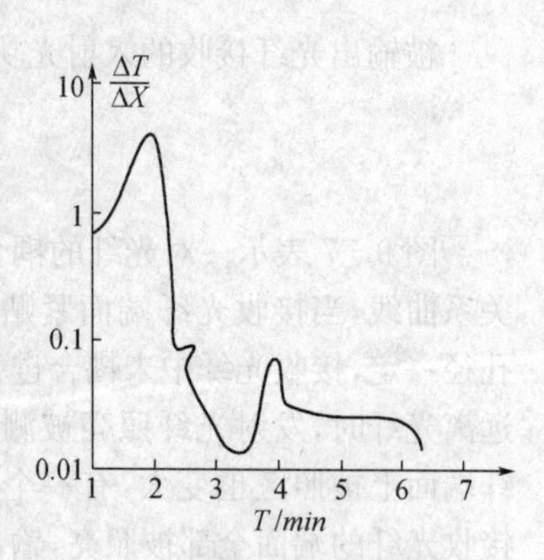

图 9-9 阶跃光纤的位移灵敏度与微弯周期关系

9.2.2 相位调制型光纤传感器

相位调制光纤传感器的传感原理是通过被测物理场的作用，使光纤内传播的光波相位发生变化，再用干涉测量技术把相位变化转换为光强变化，从而检测出待测的物理量。在光纤中，传播光的相位是由光纤的光学长度、折射率及其分布、光纤的横向尺寸等参数决定。应力、应变、温度和角速度等外界物理量能直接改变这些参数，产生相位变化，实现光纤的相位调制。

1. 相位调制原理和检测方法

(1) 应力应变效应

当光波通过长度为 L 的光纤后，出射光波的相位延迟为

$$\varphi = \frac{2\pi}{\lambda}L = \beta L \tag{9-10}$$

式中：$\beta = 2\pi/\lambda$ 为光波在光纤中的传播常数；$\lambda = \lambda_0/n$ 为光波在光纤中的传播波长；λ_0 为光波在真空中的传播波长。

当光纤受到纵向(轴向)的机械应力作用时，其长度、芯径和折射率都将发生变化，这些变化将导致光波的相位变化，相位的变化可以写成

$$\varphi = \beta\Delta L + L\Delta\beta = \beta L\frac{\Delta L}{L} + L\frac{\partial\beta}{\partial n}\Delta n + L\frac{\partial\beta}{\partial a}\Delta a \tag{9-11}$$

式中：a 为光纤芯的半径；第一项表示由长度变化引起的相位延迟(应变效应)；第二项

表示折射率变化引起的相位延迟；第三项则表示半径改变所产生的相位延迟(泊松效应)。

根据弹性力学原理，对各向同性材料，其折射率的变化与对应的应变 ε_i 有如下关系：

$$\begin{bmatrix}\Delta B_1\\\Delta B_2\\\Delta B_3\\\Delta B_4\\\Delta B_5\\\Delta B_6\end{bmatrix}=\begin{bmatrix}p_{11} & p_{12} & p_{12} & 0 & 0 & 0\\p_{12} & p_{11} & p_{21} & 0 & 0 & 0\\p_{12} & p_{12} & p_{11} & 0 & 0 & 0\\0 & 0 & 0 & p_{44} & 0 & 0\\0 & 0 & 0 & 0 & p_{44} & 0\\0 & 0 & 0 & 0 & 0 & p_{44}\end{bmatrix}\begin{bmatrix}\varepsilon_1\\\varepsilon_2\\\varepsilon_3\\0\\0\\0\end{bmatrix} \tag{9-12}$$

式中：p_{11}、p_{12}、p_{44} 为光弹系数，其中 $p_{44}=(p_{11}-p_{12})/2$；ε_1 和 ε_2 为横向应变；ε_3 为纵向应变。$\Delta n_i=-\frac{1}{2}n_i^3\Delta B_i(i=1,2,3)$。

假设光纤芯为各向同性材料，有 $\varepsilon_1=\varepsilon_2$，且 $n_1=n_2=n_3=n$，则有

$$\Delta n_1=-\frac{1}{2}n^3[(p_{11}+p_{12})\varepsilon_1+p_{12}\varepsilon_3)] \tag{9-13}$$

$$\Delta n_2=-\frac{1}{2}n^3[(p_{11}+p_{12})\varepsilon_1+p_{12}\varepsilon_3)] \tag{9-14}$$

$$\Delta n_2=-\frac{1}{2}n^3[2p_{12}\varepsilon_1+p_{11}\varepsilon_3] \tag{9-15}$$

在式(9-11)中，此时第三项比前两项小的多，可以忽略。且设 $\beta=nk_0$，$\partial\beta=\partial n=k_0=2\pi/\lambda_0$，$\varepsilon_3=\Delta L/L$，则

$$\Delta\varphi=k_0nL\varepsilon_3+k_0L\Delta n \tag{9-16}$$

当只有纵向应变时，$\varepsilon_1=\varepsilon_2=0$，由于光纤中光的传播是沿横向偏振的，仅考虑折射率的径向变化，将式(9-13)代入式(9-16)得

$$\Delta\varphi=\frac{1}{2}nk_0L(2-n^2p_{12})\varepsilon_3 \tag{9-17}$$

当径向应变引起的相位变化时，$\varepsilon_3=0$；对于轴向对称的径向应变 $\varepsilon_1=\varepsilon_2=\Delta a/a$，考虑泊松效应时，由式(9-16)得相位变化为

$$\Delta\varphi=nk_0L\left[\frac{a}{nk_0}\left(\frac{\mathrm{d}\beta}{\mathrm{d}a}\right)-\frac{1}{2}n^2(p_{11}+p_{12})\right]\varepsilon_1 \tag{9-18}$$

式中：$\mathrm{d}\beta/\mathrm{d}a$ 为传播常数的应变因子。

不考虑泊松效应时有

$$\Delta\varphi=-\frac{1}{2}k_0Ln^3(p_{11}+p_{12})\varepsilon_1 \tag{9-19}$$

光弹效应引起的相位变化，此时，纵、横向效应同时存在，将式(9-13)代入式(9-16)得相位变化为

$$\Delta\varphi = nk_0 L\left[\varepsilon_3 - \frac{1}{2}n^2(p_{11} + p_{12})\varepsilon_1 - \frac{1}{2}n^2 p_{12})\right]\varepsilon_1 \quad (9-20)$$

对于单模光纤而言，泊松效应引起的相位变化与相位变化总量的比是10^{-4}数量级，相位变化可以表达为

$$\Delta\varphi = nk_0 L\left\{1 - \frac{1}{2}n^2[(1-\nu)p_{12})\varepsilon_1 - \nu p_{11})]\right\}\varepsilon_3 = \frac{2\pi n\xi\Delta L}{\lambda_0} \quad (9-21)$$

$$\xi = 1 - \frac{1}{2}n^2[(1-\nu)p_{12})\varepsilon_1 - \nu p_{11})] \quad (9-22)$$

式中：$\nu = \varepsilon_1/\varepsilon_3$ 为泊松比；ξ 称为光纤应变系数。式(9-21)就是单模光纤常用的应变公式。

(2) 萨格奈克效应

萨格奈克效应原理如图 9-10 所示，来自光源的光被分束器分成两束，分别从光纤环的两端耦合进入到光纤环，沿顺时针和逆时针方向传播，从光纤环两端出来的两束光，再经过光分叠加产生干涉。当光纤环静止不动时，从光纤环两端出来的两束光的光程差为零。当光纤环以角速度 ω 旋转时，由于萨格奈克效应，沿顺时针和逆时针方向传播的两束光光程差 ΔL 可表示为

$$\Delta L = 2LR\omega/c \quad (9-23)$$

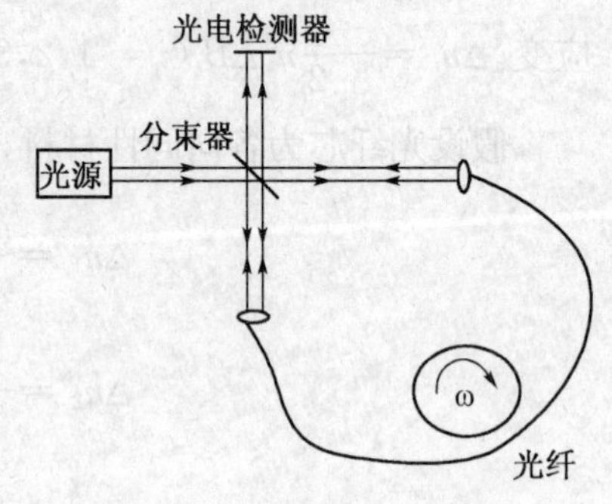

图 9-10 光纤陀螺的原理

相位差可表示为

$$\Delta\Phi = 4\pi LR\omega/c\lambda \quad (9-24)$$

式中：L、R、c 和 λ 分别表示光纤圈的长度、光纤圈半径、光速和光波波长。根据式(9-24)，可以检测相位差 $\Delta\Phi$ 来获得角速度 ω 的值，这就是光纤陀螺的基本原理。

(3) 光相位的变化检测方法

光探测器响应频率小于光的频率，它们不能直接探测出光相位的变化。因此，对于光相位变化量的测量，可以采用光的干涉方法。光纤相位传感器要求用相应的干涉仪来完成相位检测过程。

在光波的干涉测量中，传播的光波可能是两束或多束相干光。例如，设有光振幅分别为 A_1 和 A_2 的两个相干光束。如果其中一束光的相位出于某种因素的影响受到调制，则在干涉域中产生干涉。干涉场中各点的光强可表示为

$$A^2 = A_1^2 + A_2^2 + 2A_1A_2\cos(\Delta\varphi) \quad (9-25)$$

式中：$\Delta\varphi$ 是相位调制引起的两相干光之间的相位差。如果检测出干涉光强的变化，则确定两光束间相位的变化，从而得到待测物理量的大小。

① 迈克尔逊光纤干涉仪

图 9-11 是普通光学迈克尔逊干涉仪的原理图。激光器输出的单色光由分束器分成光强相等的两束光。其中一束射向固定反射镜，然后反射回到分束器，被分束器透射的那一部分光由光探测器接收，被分束器反射的那一部分返回到激光器。激光器输出的经分束器透

射的另一束光入射到可移动反射镜上，然后反射回分束器上，经分束器反射的一部分光传至光探测器上，而另一部分经由分束器透射，返回到激光器。当两反射镜到分束器间的光程差小于激光器的相干长度时，射到光探测器上的两相干光束便产生干涉，干涉光强由式(9-25)确定。两相干光的相位差为

$$\Delta\varphi = 2k_0\Delta L \tag{9-26}$$

式中：k_0 为光在空气中的传播常数；$\Delta\varphi$ 为两相干光的光程差。由式(9-25)和式(9-26)可知，可动反射镜每移动 $\Delta L = \lambda/2$ 长度，光探测器的输出就从最大值变到最小值，再变到最大值，即变化一个周期。如果使用 He-Ne 激光器，这种技术能检测 10^{-7} 级的位移。

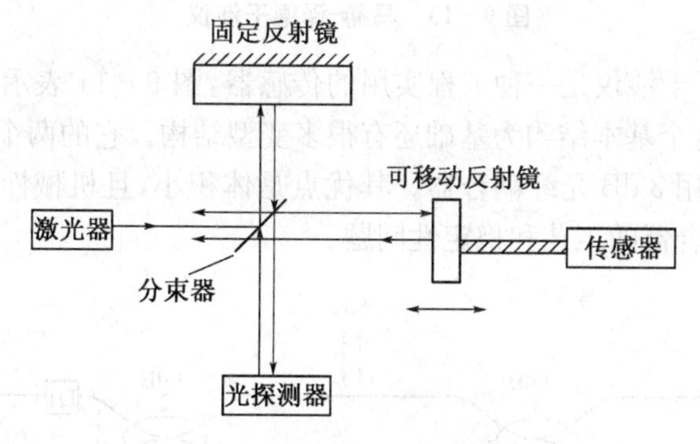

图 9-11　迈克尔逊干涉仪

图 9-12 表示迈克尔逊全光纤干涉仪的结构，图中以一个 3 dB 耦合器取代了分束器，光纤光程取代了空气光程，而且以敏感光纤作为相位调制组件。这种全光纤结构不仅避免了非待测场的干扰影响，而且免除了每次测量要调光路准直等繁琐的工作，使其更适于现场测量，更接近实用化。

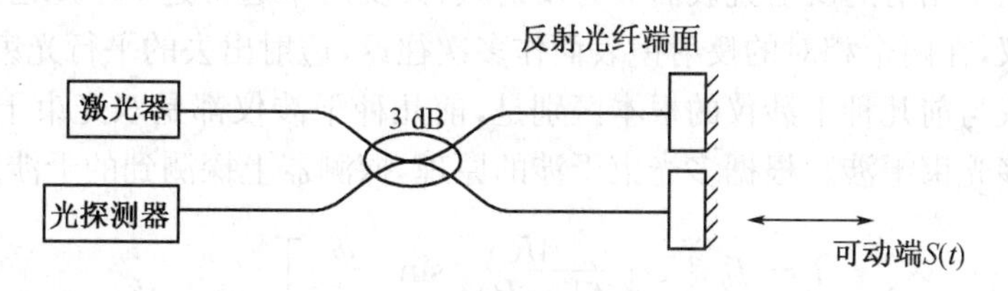

图 9-12　迈克尔逊全光纤干涉仪

② 马赫-泽德光纤干涉仪

图 9-13 是马赫-泽德干涉仪的原理图，它与迈克尔逊干涉仪有一些相同之处。同样，从激光器输出的光束先分后合，两束光由可动反射镜的位移引起相位差，并在光探测器上产生干涉。这种干涉仪也能探测小至 10^{-13} m 的位移，具有与迈克尔逊干涉仪不同的独特优点，它没有或很少有光返回到激光器。返回到激光器的光会造成激光器的不稳定噪声，对干涉测量不利。此外，由图 9-13 可以看到，从分束器 2 向上还有另外两束光，一束是上面水平光束的反射部分，另一束是垂直光束的透射部分，如果需要，也可以用这两束光的干涉光强获得第二个输出信号，这在一些应用上是很方便的。

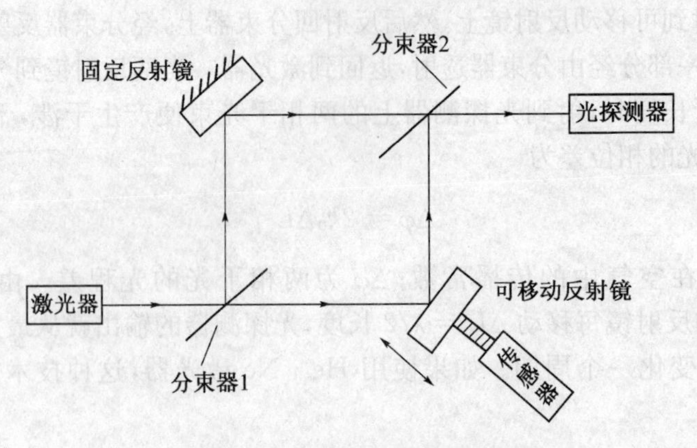

图 9-13　马赫-泽德干涉仪

马赫-泽德全光纤干涉仪是一种工程实用的传感器，图 9-14 表示马赫-泽德全光纤干涉仪的基本结构，以这个基本结构为基础还有很多变型结构。它的两个臂都使用光纤，且光的分路与合路也都是用 3 dB 光纤耦合器。其优点是体积小，且机械性能稳定。当然，重要的是要解决好光纤耦合器的工艺和稳定性问题。

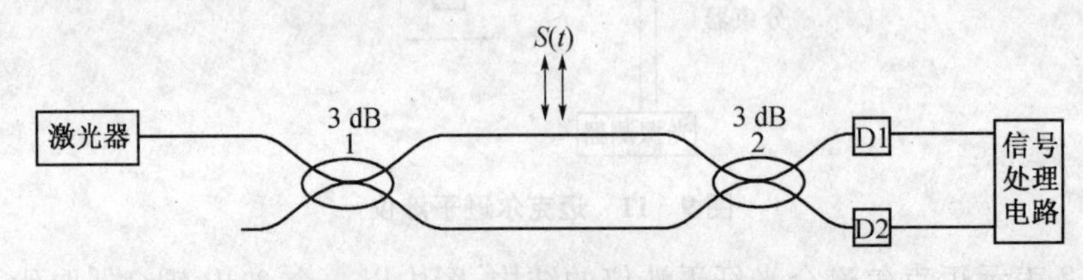

图 9-14　马赫-泽德全光纤干涉仪

③ 法布里-珀罗光纤干涉仪(F-P)

图 9-15 是法布里-珀罗干涉仪的原理图，它由两块部分反射、部分透射、平行放置的反射镜组成。在两个相对的反射镜表面镀有反射膜，其反射率通常达 95%以上。激光器的光束入射到干涉仪，在两个相对的反射镜表面作多次往返，透射出去的平行光束由光探测器接收。这种干涉仪与前几种干涉仪的根本区别是，前几种干涉仪都是双光束干涉，而法布里-珀罗干涉仪是多光束干涉。根据多光束干涉的原理，探测器上探测到的干涉光强的变化为

$$I = I_0 / \left[1 + \frac{4R}{(1-R)^2} \sin^2\left(\frac{\varphi}{2}\right) \right] \tag{9-27}$$

式中：R 为反射镜的反射率；φ 为相邻光束间的相位差。由上式可知，当反射镜的反射率 R 值一定时，透射的干涉光强随 φ 变化。当 $\varphi = 2n\pi$(n 为整数)时，干涉光强有最大值 I_0，当 $\varphi = (2n+1)\pi$(n 为整数)时，干涉光强有最小值 $\left(\frac{1-R}{1+R}\right)^2 I_0$。这样透射的干涉光强的最大值与最小值之比为 $\left(\frac{1-R}{1+R}\right)^2$。可见，反射率 R 越大，干涉光强变化越显著，即有高的分辨率，这是法布里-珀罗干涉仪最突出的特点。通常，可以通过提高反射镜的反射率来提高干涉仪的分辨率，从而使干涉测量有极高的灵敏度。

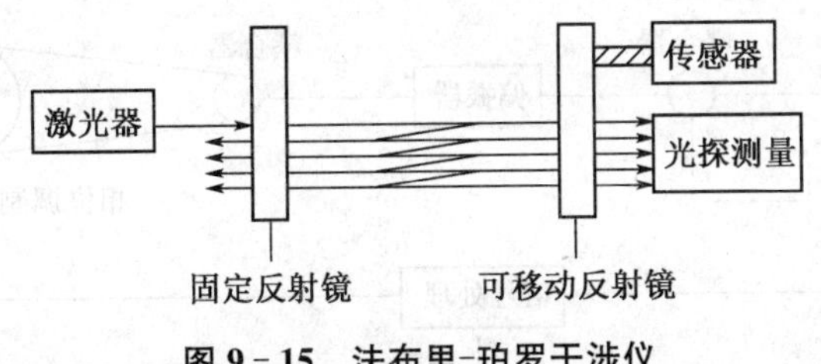

图 9-15　法布里-珀罗干涉仪

法布里-珀罗光纤干涉仪，如图 9-16 所示。光纤法布里-珀罗干涉仪与一般法布里-珀罗干涉仪的区别在于以光纤光程代替了空气光程，以光纤特性交化来调制相位代替了以传感器控制反射镜移动实现了调相。

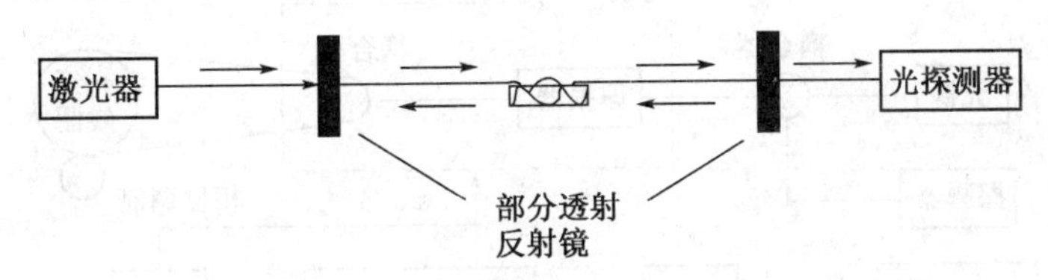

图 9-16　法布里-珀罗光纤干涉仪

2. 相位调制型传感器应用

(1) 干涉型光纤陀螺

陀螺作为角位移和角速度测量的传感器，用于测量载体的姿态角和角速度。与其他陀螺相比，光纤陀螺具有许多优点：无机械旋转部件，不存在磨损问题，具有较长的使用寿命；零部件少，具有较强的耐冲击和抗加速运动的能力；无需超高精度光学加工和高性能气体密封，制造成本低；根据使用对象的要求，具有高、中、低不同精度的产品；具有较宽的动态范围；质量轻，体积小。目前，光纤陀螺广泛用于诸多领域，比如，机器人的控制、高速列车、大地测量、石油钻井、雷达、舰艇、导弹、飞机的导航和制导等。由于光纤陀螺具有的诸多优点，其在武器装备上的应用具有很大的发展潜力，光纤陀螺将成为军事领域惯性技术的发展方向。

① 干涉型光纤陀螺

干涉型光纤陀螺的特点是利用萨格奈克效应，通过检测旋转造成的顺、逆时针两行波的相位差来测量角速度，它主要是通过改变线圈的面积和匝数来改变萨格奈克效应，改变光纤陀螺的工作范围，得到不同精度的产品。干涉型光纤陀螺的光纤元器件一般采用单模光纤或保偏光纤制作，长度一般为几百米到数千米。干涉型光纤陀螺技术已经非常成熟，目前使用的产品几乎都是干涉型光纤陀螺。

根据干涉型光纤陀螺检测信号的不同又可以分为开环式和闭环式两种，结构分别如图 9-17 和图 9-18 所示。开环式光纤陀螺直接检测干涉条纹的相移，结构简单，价格便宜，但是线性度差，动态范围小，检测精度也低，因此中低精度光纤陀螺基本采用这种结构；闭环式光纤陀螺精度高，结构复杂，中高精度光纤陀螺采用这种结构。它采用相位补偿的方法，实时抵消萨格奈克相移，使陀螺始终工作在零相移状态，通过检测补偿相位移来测量角速度，动态范围大，检测精度高，并且这种结构对振动不敏感，是研制高精度光纤陀螺的理想结构。

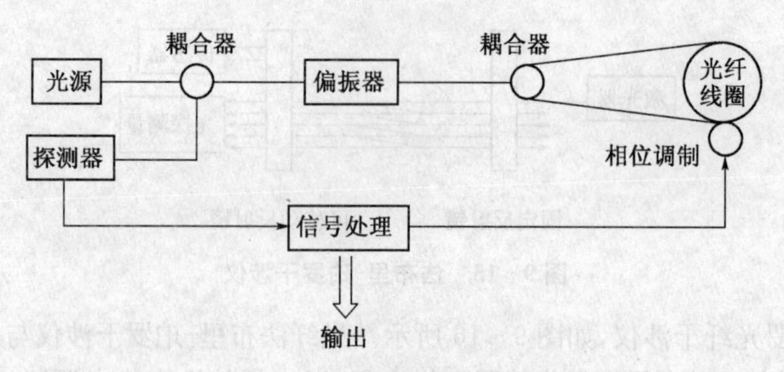

图 9-17 开环式光纤陀螺

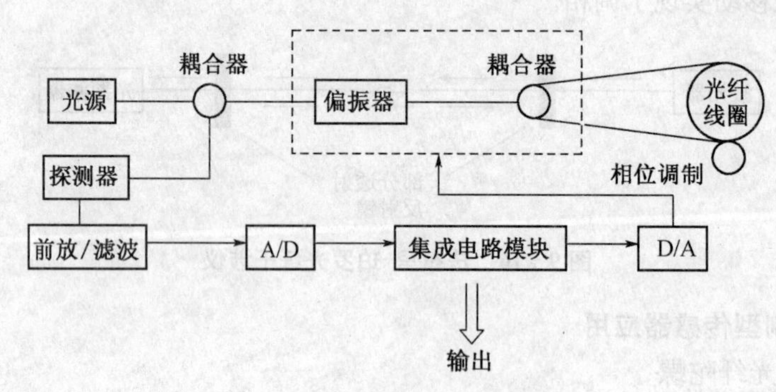

图 9-18 闭环式光纤陀螺

② 谐振型光纤陀螺

谐振型光纤陀螺的特点是利用萨格奈克效应，通过检测旋转造成的顺、逆时针造成两行波的相位差来进行测量角速度，如图 9-19 所示。从激光器发出的光通过光纤耦合器分成两路，进入光学谐振腔，在其中形成方向相反传播的两路谐振光，谐振腔静止时，这两束光的谐振频率相等，当谐振腔以角速度 ω 旋转时，它们的谐振频率将不再相等，当谐振腔满足谐振条件并达到稳态时，谐振腔中的光强达到最大。根据萨格奈克效应，可以推导出这两束谐振光的频率差为

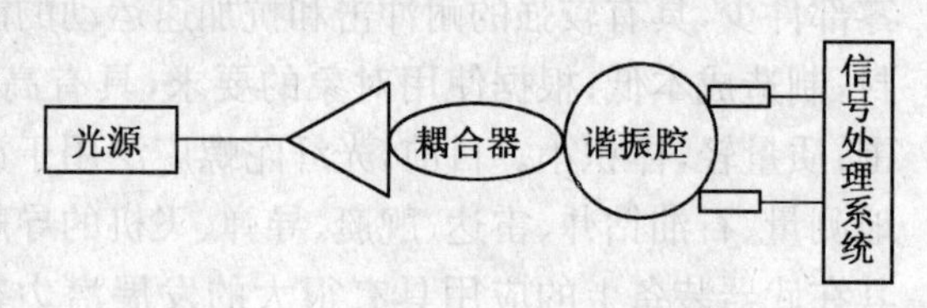

图 9-19 谐振型光纤陀螺原理

$$\Delta f = \frac{4A}{\lambda L}\omega \tag{9-28}$$

式中：A 为环行谐振腔包含的面积；L 为光纤的长度；λ 为光波的波长；ω 为谐振腔旋转角速度。从公式(9-28)中可以看出，通过测量两束谐振光的谐振频率差就可以测量出旋转角速度 ω。

(2) 干涉型光纤微压传感器

干涉型光纤水听器是基于光学干涉仪的原理构造，图 9-20 是基于典型光学干涉仪的光纤水听器的原理示意图，图 9-20(a)是基于迈克尔逊干涉仪的光纤水听器的原理示意图。由激光器发出的激光经 3 dB 光纤耦合器分为两路：一路构成光纤干涉仪的传感臂，接受声波的调制，另一路则构成参考臂，提供参考相位。两束波经后端反射膜反射后返回光纤

耦合器,发生干涉,干涉的光信号经光电探测器转换为电信号,经过信号处理就可以拾取声波的信息。图 9-20(b)是基于马赫-泽德干涉仪光纤水听器的原理示意图。激光经 3 dB 光纤耦合器分为两路,分别经过传感臂与参考臂,由另一个耦合器合束发生干涉,经光电探测器转换后拾取声信号。图 9-20(c)是基于法布里-珀罗干涉仪光纤水听器的原理示意图。由两个反射镜或一个光纤布拉格光栅等形式构成一个 Fabry-Perot 干涉仪,激光经该干涉仪时形成多光束干涉,通过解调干涉的信号得到声信号。图 9-20(d)是基于萨格奈克干涉仪光纤水听器的原理示意图。该型光纤水听器的核心是由一个 3×3 光纤耦合器构成的萨格奈克光纤环,顺时针或逆时针传播的激光经信号臂时,对称性被破坏,形成相位差,返回耦合器时干涉,解调干涉信号得到声信号。

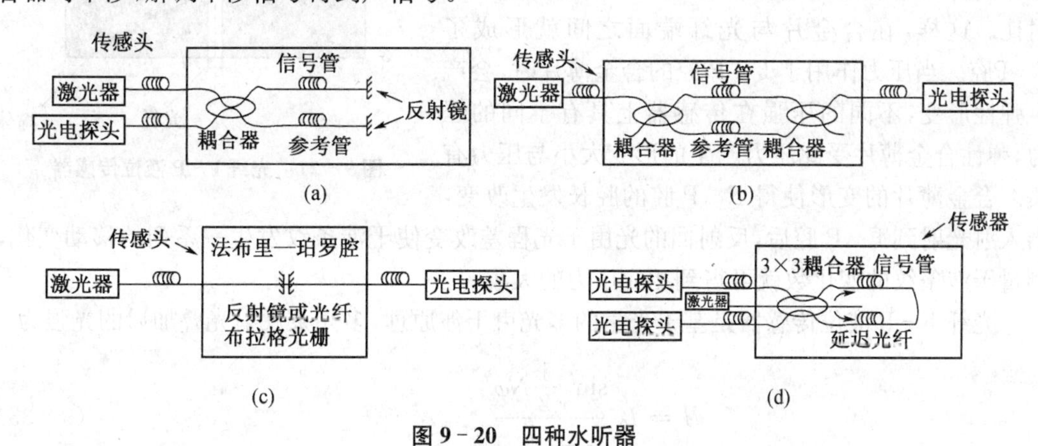

图 9-20　四种水听器

以双光束干涉为例,干涉后的信号经光电转换后可以写成

$$V_0 = V[1 + k\cos(\varphi_s + \varphi_n)] + V_n \tag{9-29}$$

式中:V_0为输出的电压信号;V 为信号幅度;k 为干涉仪的可视度;V_n为电路附加噪声;φ_s为水中声波引起的干涉仪两臂相位差;φ_n为外界环境变化引起的相位差。

光纤干涉仪输出光波相位差为

$$\varphi = \frac{2\pi nl\nu}{c} \tag{9-30}$$

式中:c 为真空中光速;n 为光纤纤芯的有效折射率;l 为光纤轴向长度;ν 为光频。若光源相干长度为 L,相干理论要求 $L \geqslant nl$。由式(9-30)可得,各种因素引起的相位差变化为

$$\Delta\varphi = \frac{2\pi nl\nu}{c}\left(\frac{\Delta n}{n} + \frac{\Delta l}{l} + \frac{\Delta\nu}{\nu}\right) \tag{9-31}$$

由上式看出,相位差的变化包括三部分:① 由光弹效应产生有效折射率改变引起的光相位变化;② 光纤轴向长度的变化导致的光相位变化;③ 光频的抖动引起的光相位变化。其中前两种变化可以由声压调制因素产生,第三部分则构成系统的光相位噪声。

一般光纤水听器探头都经过增敏处理。最简单的增敏方法是将传感臂缠绕在声压弹性体上,这样声压变化时,弹性体随声压受迫振动,传感光纤长度被调制,这样声压对光纤水听器的调制主要表现为光纤轴向长度的调制。经过理论分析,这种光纤轴向长度的变化与声压的变化成正比,于是有

$$\Delta\varphi \approx \frac{2\pi nl\nu}{c}\frac{\Delta l}{l} = kp \tag{9-32}$$

其中，k 为比例系数。式(9－32)说明干涉仪由水声引起的相位差变化与声压变化成正比，该式是干涉型光纤水听器拾取声信号的理论基础。

(3) 光纤 F－P 压力传感器

F－P 腔传感器结构如图 9－21 所示，弹性合金薄片作为 F－P 腔的一个端面，并将其抛光的一面作为反射面，光纤对准弹性合金片的中心，光纤端面直接作为另一个反射面，并且，选择 2 个面的合适的反射比。这样，在合金片与光纤端面之间就形成了 F－P腔。当压力作用于 F－P 腔的合金薄片时，会产生弹性形变，不同的压强在传感器上具有不同的压力，弹性合金薄片受此压力产生的形变大小与压力有关。合金薄片的变形使得 F－P 腔的腔长发生改变，当入射光射到 F－P 腔后，反射回的光由于光程差改变使干涉条纹发生一系列的移动变化，测量干涉条纹的变化数就可得到相应压力的大小。

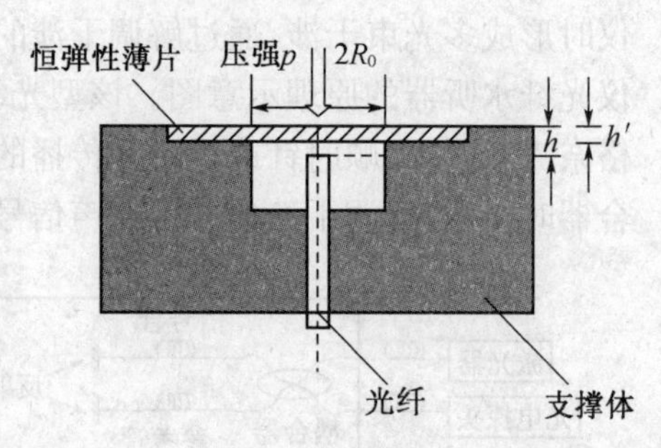

图 9－21　光纤 F－P 液位传感器

光纤 F－P 液位传感器是基于光学的多光束干涉原理，多光束反射光叠加后的光强为

$$I = I_0 \frac{\sin^2 \frac{1}{2}N\varphi}{\sin^2 \frac{1}{2}\varphi} \tag{9-33}$$

式中：I_0 为每束光的振幅；N 为光束的总数；φ 为各相邻光束之间的相位差。

设 $\Delta\varphi$ 为激光在 F－P 腔内反射一次后因光程差引起的相位差，那么，弹性片微位移引起的相位为

$$\Delta\varphi = 2\pi(2n\Delta L)/\lambda \tag{9-34}$$

式中：ΔL 为 F－P 腔的腔长变化量。

光程差引起的干涉条纹移动的条数为

$$N = \Delta\varphi/2\pi = 2n\Delta L/\lambda \tag{9-35}$$

式中：n 为空气的折射率；λ 为入射光的波长。由式(9－33)、式(9－34)和式(9－35)可以看出：输出光强 I 是腔长 L 的周期变化的正弦函数，其变化周期为 $\lambda/2$，即弹性薄片的形变量 ΔL 每变化 $\lambda/2$，则相位变化一个周期。当弹片在压力的作用下连续做微小的位移，在光纤的输出就可以观察到干涉条纹的移动，通过对移动条纹的计数，可以得到弹性片的位移大小，也就是可以得到压力的变化情况。

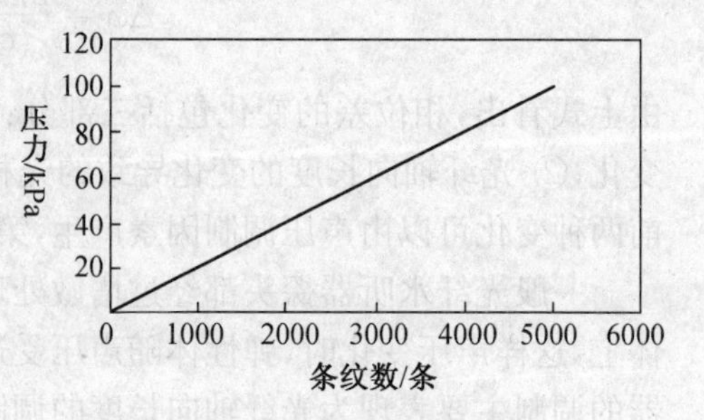

图 9－22　压力与条纹的关系

传感器选择高弹性合金片 3J53 为感应材料，其杨氏模量 $E = 1.85 \times 10^{11}\ \mathrm{N/m^2}$，泊松比 $\gamma = 0.3$，弹性薄片厚度 $h = 0.4\ \mathrm{mm}$，弹性薄片的圆半

径 $R=28.9$ mm 时，条纹数与压力值关系如图9－22 所示。

9.2.3　频率调制型光纤传感器

频率调制型光纤传感器是一种利用被测对象引起光频率的变化来进行检测的传感器，工作原理是运动物体反射光和散射光的多普勒效应。频率调制型光纤传感器可以测量速度、流速、振动、压力、加速度物理量。

1. 频率调制机理

当光源和观察者作相对运动时，观察者接收到的光频率与光源发射的频率是不同的，这种现象称为多普勒效应。设光源和观察者处于同一位置。如果频率为 f 的光照射在相对光速度为 v 的运动物体上，那么观察者接收的运动物体反射光频率 f_1 为

$$f_1 \approx f\left[1+\left(\frac{v}{c}\right)\right]\cos\theta \tag{9-36}$$

式中：c 为真空中的光速；θ 为光源至观察者方向与运动方向的夹角。

当光源和观察者处于相对静止的二个位置时，可当作双重多普勒效应来考虑。先考虑从光源到运动体，再考虑从运动体到观察者，图 9－23 所示，其中 S 为光源，P 为运动物体，而 Q 是观察者。

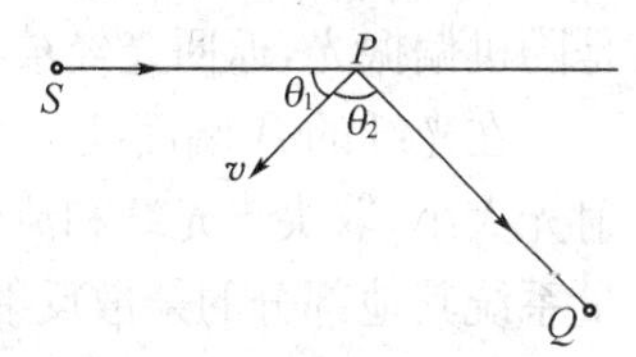

图 9－23　多普勒效应

物体 P 相对于光源 S 运动时，在 P 点所观察到的光频率 f_1 为

$$f_1 \approx f\left[1+\left(\frac{v}{c}\right)\cos\theta_1\right] \tag{9-37}$$

频率 f_1 的光通过物体 P 的散射重新发出来，在 Q 处所观察到的光频率 f_2 为

$$f_2 \approx f_1\left[1+\left(\frac{v}{c}\right)\cos\theta_2\right] \tag{9-38}$$

根据上述两式，并考虑 $v \ll c$，可近似把双重多普勒频率方程表示为

$$f_2 \approx f\left[1+\left(\frac{v}{c}\right)(\cos\theta_1+\cos\theta_2)\right] \tag{9-39}$$

多普勒效应广泛应用于雷达、气象、光学、声学以及核物理学等领域，大多用于测量物体运动速度，液体的流量、流速等。光学多普勒位移检测方法，具有高的测量灵敏度。采用 He－Ne激光器作光源，物体运动速度为 1 m/s 时，频移达 1.6 MHz，可测速度范围为 1 μm/s～100 m/s。

2. 光纤多普勒计

光纤多普勒计采用激光作为光源的测量技术，主要用于测量流体流动。其优点是空间分辨率高，光束不干扰流动性，并具有跟踪快速变化的能力。在许多特殊场合下，例如在测量密封容器中流体速度和生物系统中血流速时，不能安装普通的多普勒装置，必须采用光纤组成的具有微型探头的测量系统。另外，发射和接收光学组件不需要重新定线就可调整测量区的位置。如图 9－24 所示是光纤多普勒液体测速装置。

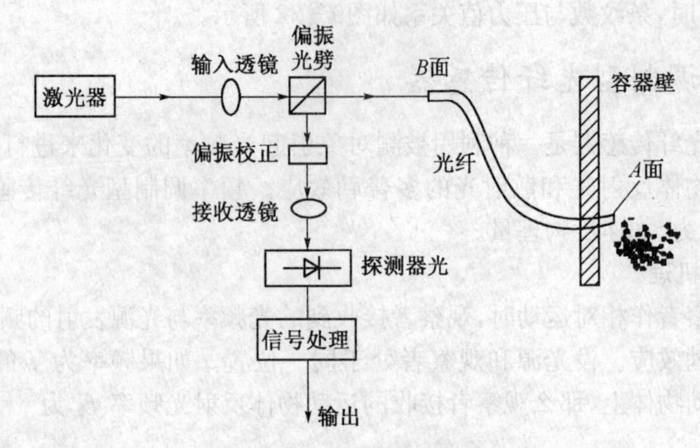

图 9-24 光纤多普勒效应测速

激光通过偏振分束器和输入光学装置进入多模光纤，光纤的另一端插入流体中，以便测量流体的运动速度。光在流体中散射，其中一部分散射光被光纤收集，沿光纤返回，散射光是随机偏振光，返回光经被偏振分束器，一部分反射到光探测器。

在光纤的 A 端面处，大部分光进入流体，约占入射功率百分之几的光反射回来，部分反射光大小，取决于光纤和流体媒质的折射率之差，作为光频差测量干涉的参考光。由于所测量系统其他部分的杂散反射所产生的干涉信号非常小，这个参考信号的强度还是足够的。

检出 A 端面反射的参考光和流体反射的光频差，即可得到流体速度。

9.2.4 偏振调制型光纤传感器

偏振调制型光纤传感器是一种利用光的偏振态的变化，来传递被测对象信息的传感器。常见的有基于光在磁场的法拉第效应做成电流、磁场传感器，基于光在电场中的压电晶体内传播的珀克效应做成的电场、电压传感器，利用物质的光弹效应构成的压力、振动或声传感器；以及利用光纤的双折射性构成的温度、压力、振动等传感器。这些传感器可以避免光源强度变化的影响，有较高的灵敏度。

1. 电光效应

对于一个入射偏振光，施加的电场强度 E 对折射率 n 的影响可用 E 的泰勒级数表示为

$$n' = n + \alpha E + \beta E^2 \tag{9-40}$$

式中：α 和 β 分别为线性电光效应和二阶电光效应的数，更高阶项的影响很小，可以略去不计。由 E 引起 n 的变化 $\Delta n = \alpha E$，称为珀克(Pockel) 效应；E 引起 n 的变化 $\Delta n = \beta E^2$ 称为克尔(Kerr) 效应。珀克电光效应是各向异性的，并严格取决于输入光相对于材料轴线的取向。对于某个方向，$\beta = 0$，称为线性电光效应。传感器通常利用线性电光效应。在这种情况下，施加电场值所引起的折射率变化为

$$\Delta n = \frac{n_0^3}{2}\gamma_{ij}E_j \tag{9-41}$$

式中：n_0 为 $E = 0$ 时材料的折射率；γ_{ij} 为线性电光系数；i、j 对应于在适当坐标系统中各向异性材料的轴线。由此得到偏振光的相位差 $\Delta\varphi$ 和电场强度 E 的关系为

$$\Delta\varphi = \frac{2\pi}{\lambda}\Delta nL = \frac{\pi}{\lambda}L\gamma_{ij}n_0^3 E_j = \frac{\pi}{\lambda}\gamma_{ij}n_0^3 \frac{L}{d}V \tag{9-42}$$

式中:L 为电场作用偏振光的长度。通过测量偏振光相位差的变化,可以测量出电场强度或电压的大小。

2. 法拉第(Faraday)效应

加在光学介质上的外部磁场会使通过光学介质的偏振光发生偏振面的旋转,其旋转角和外加磁场的关系为

$$\Omega = \int_l VH\mathrm{d}l \tag{9-43}$$

式中:V 为光学介质的 Verdet(韦尔代)常数;l 为光波在介质中传播的距离,即磁场与光线之间相互作用的长度。测出偏振面转角 Ω 和磁场中的光路长度 l,即可由上式测出外界磁场 H,若磁场 H 是由电流 I 产生,则可由 Ω 之测量值求出电流 I 的大小,载流导线在周围空间产生的磁场遵守安培环路定律,例如:对于长直导线有

$$H = I/2\pi R \tag{9-44}$$

式中:R 为光学介质中光路中某一点离电流导线中心的距离。测量出 Ω、L、R 等值,由

$$\Omega = VLI/(2\pi R) \tag{9-45}$$

可以求出长直导线中的电流 I。

3. 偏振调制型光纤传感器

(1) 全光纤型电流传感器

全光纤型电流传感器的装置简图如图 9-25 所示。由光源 L 发出的单色光,经透镜 L_1 变成平行光,通过起偏器 P_1 再由透镜 L_2 输入光纤。光纤围绕在电流导线周围构成敏感单元。被电流磁场调制的光波由透镜 L_3 准直后经检偏器 P_2(图中用沃拉斯顿棱镜)分成两正交分量,分别输入光探测器 D_1 和 D_2,经计算可得被测电流 I 的瞬时值。

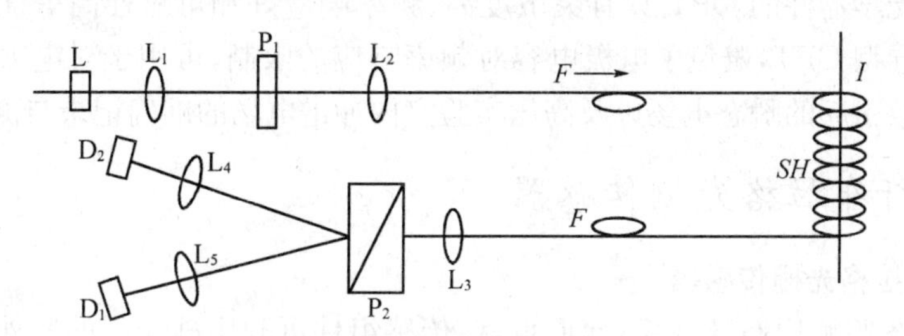

图 9-25　全光纤型电流传感器

全光纤型电流传感器的优点是结构简单、成本低、电绝缘性好,而其弱点则是光纤中的双折射,使测量误差大大增加,系统稳定性被削弱。光纤中的双折射起因有二:光纤本身固有和外界因索引起,前者是光纤制造中引入,后者则是构成光纤圈和环境因素引起,为消除光纤中的双折射还要在光纤制造、敏感单元制作工艺和信号处理采取一些补偿措施。

(2) 光纤电压传感器(OPT)

光纤电压传感器(OPT)的基本工作原理基本是依据存在于某些功能材料中的物理效

应,如珀克(Pockel)效应、电光克尔(Kerr)效应以及逆压电效应等。

某些晶体在外加电场作用下导致其入射光折射率改变的一种线性电光效应,其表达式为

$$\Delta n = KE \tag{9-46}$$

式中:n 为入射光的折射率;E 为外加电场强度;K 为常数。这种折射率的变化将使沿某一方向入射晶体的偏振光产生电光相位延迟,且延迟量与外加电场强度成正比,具有这种效应的晶体称为 Pockels 晶体或线性电光晶体。常用于 OPT 的 Pockels 晶体主要有铌酸锂($LiNbO_3$,简称 LN)、硅酸铋($Bi_{12}SiO_{20}$,简称 BSO)和锗酸铋($Bi_4Ge_3O_{12}$,简称 BGO)。

一种带有天线和电极 OPT 传感头的结构如图 9-26(a),被测电场由平板型金属天线引入调制器电极,作用于光波导上从而产生光传感信号。它可用于频率为 60 Hz~100 kHz 电场的光学传感,其场强测量范围是 0.1~60 V/cm,测量灵敏度与天线形状有关。当采用 10 mm×10 mm 平板天线时,对于 60 Hz,0.1 V/cm 的被测电场,可获得 0.01 mV 的传感信号输出电压。此外,一种没有天线和电极的光波导型 OPT,其传感头结构如图 9-26(b)所示,这种 OPT 的频率响应不受电极电容的影响,而只取决于光波导的渡越时间。其理论频率响应上限为 6.8 GHz,实际测量的频率响应为 1 GHz,测量灵敏度为 0.22 $Vm^{-1}Hz^{-0.5}$。

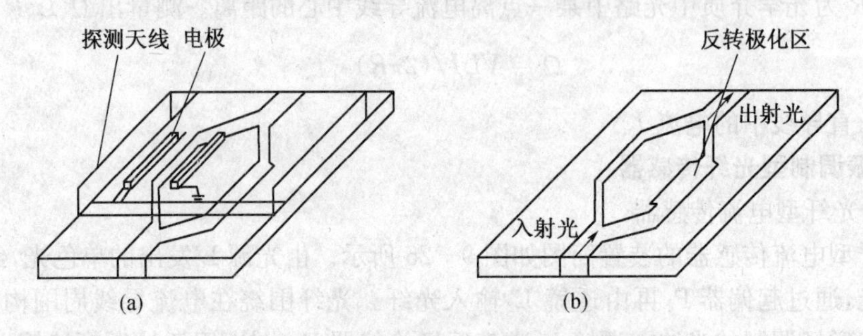

图 9-26 基于集成光学器件 OPT 传感器

基于集成光学器件的 OPT 具有灵敏度高、频率响应好和可靠性高等优点。特别是没有电极的光波导型 OPT,避免了电极电容对频率响应的限制,可用于对电力系统中因各种开关操作及事故引起的瞬态电场以及高压实验室内冲击电场的准确记录与测量。

9.2.5 光纤布拉格光栅传感器

1. 光纤布拉格光栅传感器

光纤布拉格光栅 FBG 于 1978 年问世,该传感组件可利用硅光纤的紫外光敏性写入光纤芯内。常见的 FBG 传感器通过测量布拉格波长的漂移实现对被测量的检测,光栅布拉格波长(λ_B)条件可以表示为

$$\lambda_B = 2n\Lambda \tag{9-47}$$

式中:Λ 为光栅周期;n 为光纤的折射率。当宽谱光源入射到光纤中,光栅将反射其中以布拉格波长 λ_B 为中心波长的窄谱分量。在透射谱中,这一部分分量将消失,λ_B 随应力与温度的漂移为

$$\Delta\lambda_B = 2n\Lambda\left\{\left\{1-\left(\frac{n^2}{2}\right)[P_{12}-\upsilon(P_{11}+P_{12})]\right\}\varepsilon+\left[\alpha+\frac{1}{n}\frac{\Delta n}{\Delta T}\right]\Delta T\right\} \tag{9-48}$$

式中：ε 为外加应力；$P_{i,j}$ 为光纤的光弹张量系数；ν 为泊松比；α 为光纤材料（如石英）的热膨胀系数；ΔT 为温度变化量。在上式中，$\left(\frac{n^2}{2}\right)[P_{12}-\upsilon(P_{11}+P_{12})]$ 因子典型值为 0.22。因此，可以推导出在常温和常应力条件下的 FBG 应力和温度响应条件如下

$$\frac{1}{\lambda_B}\frac{\delta\lambda}{\delta\varepsilon} = (0.78\times10^{-6}\mu\varepsilon)^{-1} \tag{9-49}$$

$$\frac{1}{\lambda_B}\frac{\delta\lambda}{\delta T} = (6.67\times10^{-6})^{-1} \tag{9-50}$$

1 pm 的波长分辨率大致对应于 1.3 m 处 0.1℃或 1 $\mu\varepsilon^{-1}$ 的温度和应力测量精度。光纤光栅除了具备光纤传感器的全部优点之外，还拥有自定标和易于在同一根光纤内集成多个传感器复用的特点。光栅传感器可拓展的应用领域有许多，如将分布式光纤光栅传感器嵌入材料中形成智能材料，可对大型构件的载荷、应力、温度和振动等参数进行实时安全监测；光栅也可以代替其他类型结构的光纤传感器，用于化学、压力和加速度传感中。

2. 光纤光栅加速度传感器

光纤光栅加速度传感器原理结构如图 9-27 所示，该传感器是由梁长为 L 的悬臂梁、质量为 m 的质量块以及相关的结构构成，采用回复性与弹性均较好的钢材料制作悬臂梁。根据弹性力学的原理，当悬臂梁自由端受垂直作用力，而使梁发生弯曲时，悬臂梁将产生一个与施力方向相反的弹性回复力。

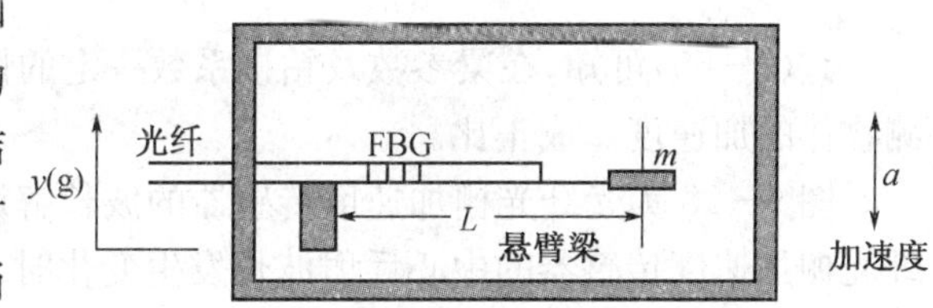

图 9-27　光纤加速度传感器

将传感用光纤光栅粘贴于悬臂梁靠近固定端的表面上，整个加速度传感器与被测物体紧密相连。当被测物体的加速度沿 y 方向的分量为 a 时，质量块 m 上所受惯性力的大小为 ma。由于惯性力的作用，悬臂梁将发生弯曲，带动传感光纤光栅伸长或压缩，中心波长也随之产生漂移。通过检测光纤光栅中心波长的漂移量大小，即可推知加速度 a 的大小。为了保证在测量范围内传感光纤光栅波长漂移的线性度，采用了等强度悬臂梁结构，并将传感光纤光栅粘贴于接近梁的固定端的位置，如图 9-27 所示。质量块 m 被滑杆限制只能沿 y 方向移动。悬臂梁与质量块 m 之间通过滚珠柔性连接，以保证在悬臂梁仅沿 y 方向受惯性力作用，使传感光纤光栅的形变不受剪切、扭转等力的影响。

对于等强度悬臂梁，受荷载 P 的作用而弯曲，当挠度 Y 不大时，等强度梁的曲率半径 Q 可为一常量。根据材料力学知识，由荷载 P、梁的性质（杨氏模量 E）及几何尺寸，可求得等强度悬臂梁上各点的应变为

$$\varepsilon = \frac{6l}{Ebh^2}|P| \tag{9-51}$$

式中：L、b、h 分别为梁长、梁固定端宽度和厚度。则对于粘贴在梁上的光纤光栅，其波

长漂移为

$$\frac{\Delta\lambda}{\lambda_B}=\eta(1-P_\varepsilon)\varepsilon \tag{9-52}$$

其中，P_ε 为光纤光栅的弹光系数，一般为 0.22。G 为粘接系数，与选取的粘接剂及粘接效果有关，则有

$$\frac{\Delta\lambda}{\lambda_B}=\eta(1-P_\varepsilon)\frac{6L}{Ebh^2}|P| \tag{9-53}$$

进行加速度测量时，将该传感器以某种连接方式刚性连接到被测物体的测试点上，因此，若被测物体沿传感器 y 方向的加速度分量为 a，则施加在质量块 m 的惯性力大小为

$$F=ma \tag{9-54}$$

且力 F 的方向与加速度方向一致。此时，相当于在等强度悬臂梁自由端施加了大小为 F 的荷载而引起梁弯曲。由于各矢量均沿 y 方向，因此，只取其模进行计算，而用正负号表示其方向。将式(9-54)代入式(9-53)可得

$$\frac{\Delta\lambda}{\lambda_B}=\eta(1-P_\varepsilon)\frac{6L}{Ebh^2}ma \tag{9-55}$$

式(9-55)可知，在梁参数及粘接系数一定的情况下，传感光纤光栅的波长漂移 Δλ 与被测物体的加速度 a 成正比。

图 9-28 为光纤光栅加速度传感器的波长解调系统，系统采用边沿滤波解调方案，当光纤光栅加速度传感器的中心反射波长发生变化时，将使入射到光电检测器的光强 I_1 和 I_2 的比例 I_2/I_1 发生变化，由此，可以通过检测 I_2/I_1 达到波长检测的目的。实验时采用长周期光纤光栅作为滤波器件。其线性波长范围为 1 549～1 554 nm，透射率变化为 75%(6 dB)。该传感器具有很高的测量精度，测量范围为±10 g，响应频率最大为 100 Hz。

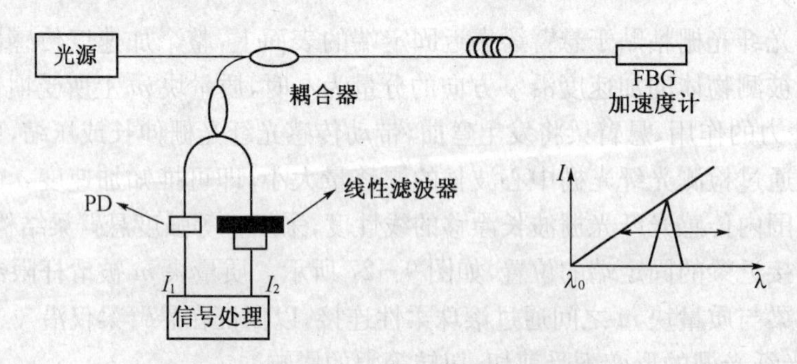

图 9-28 光纤光栅加速度传感器的波长解调系统

9.3 光纤传感器应用实例

9.3.1 光纤传感器在石油测井中的应用

石油测井是石油工业最基本和最关键的环节之一，压力、温度、流量等参量是油气井下

的重要物理量，通过先进的技术手段对这些量进行长期的实时监测，及时获取油气井下信息，对石油工业具有极为重要的意义。

利用光纤传感器可以进行井下流量测量、温度测量、压力测量、含水(气)测量、密度测量、声波测量等。

1. 流量流速测量

由于光的强度、相位、频率、波长等特性在光纤传输的过程中会受到流量的调制，利用一定的光检测方法把调制量转换成电信号，就可以求出流体的流量，光纤流量计结构如图 9-29所示。

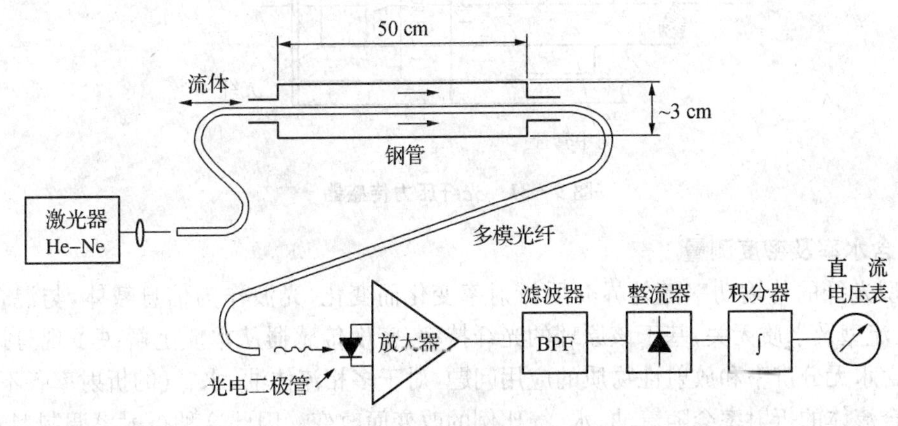

图 9-29　光纤流量计结构示意图

2. 温度及压力测量

光纤测温技术是一种新技术，光纤温度传感器是工业中应用最多的光纤传感器之一。按调制原理分为相干型和非相干型两类。在相干型中有偏振干涉、相位干涉以及分布式温度传感器等；在非相干型中有辐射温度计、半导体吸收式温度计、荧光温度计等。图 9-30 所示为双光纤参考基准通道法半导体吸收式光纤温度传感器的结构框图。光源为 GaAlAs 发光二极管，测温介质为测量光纤上的半导体材料 CdTe。参考光纤上面没有敏感材料。采用除法器消除外界干扰，提高测量精度。测温范围在 40℃～120℃之间，精度为±1℃。

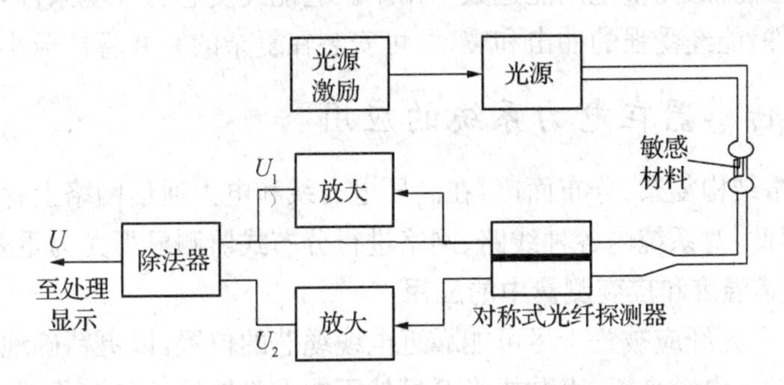

图 9-30　双光纤半导体吸收式光纤温度传感器结构图

光纤热色温度传感器是由白光源、多模光纤组成的反射式温度传感器；光纤辐射式温度传感器利用黑体辐射能量，其非接触，可测瞬间温度，响应速度快，不需要热平衡时间，可用于高温测量。

在光纤位移传感器探头前加上一个膜片即可构成光纤压力传感器，如图 9－31 所示。光源发出的光束进入发射光纤并投射到膜片上，当膜片两侧压力发生变化时，引起膜片位移发生变化，进入接收光纤的光强发生变化，在接收光纤一端放置光电传感器，即可将光强变化转换为电学量变化，最终得到压力。

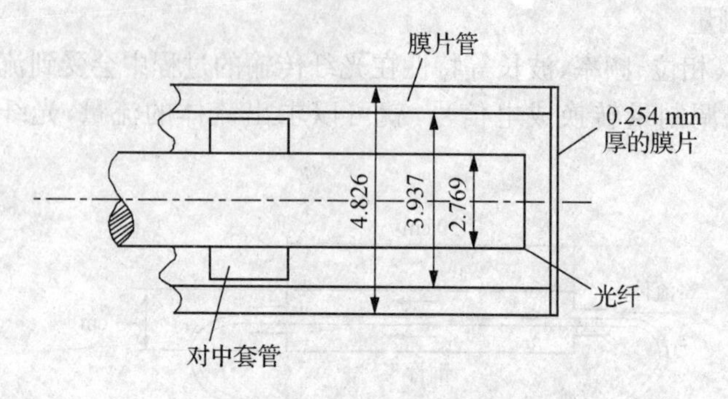

图 9－31 光纤压力传感器

3. 含水率及密度测量

U 型光纤的传输功率随外界介质折射率变化而变化，光波作为信息载体，与混合流体电阻率、流型及水质无关，基于该原理的光纤持率/密度传感器从本质上解决了现有持率存在的高含水无分辨率和放射性物质的应用问题，对于多相流体油、水、气的折射率各不相同，因而混合流体的折射率会随着油、水、气比例的改变而改变。因此这种折射率调制型光纤传感器不仅能测流体持率，可同时测流体密度，其精度较高。

4. 声波测量

地震波在不同的介质中传播，接收到的地震波波形就会不同，根据不同的地震波形态，可识别地层沉积序列和沉积构造，为储层定位、判断窜槽、检测套管破损及断裂、射孔层位及确定流体流量等。VSP 地震测井，就是把检波器放入井中，通过地面击发的地震波或利用井中流体流动等产生的微震动，由井中的检波器接收地震信号。永久井下光纤三分量地震测量具有高的灵敏度和方向性，能产生高精度的空间图像，不仅能提供近井眼图像，而且能提供井眼周围地层图像，测量范围能达数千千米。它能经受恶劣环境条件，且没有可移动部件和井下电子器件，能经受强的冲击和震动，可安装在复杂的完井管柱极小的空间。

9.3.2 光纤传感器在电力系统的应用

电力系统网络结构复杂、分布面广，在高压电力线和电力通信网络上存在着各种各样的隐患，因此，对系统内各种线路、网络进行分布式监测显得尤为重要。

1. 在高压电缆温度和应变测量中的应用

在理想情况下，光纤应被置于尽可能靠近电缆缆芯的位置，以更精确地测量电缆的实际温度。对于直埋动力电缆来说，表贴式光纤虽然不能准确地反映电缆负载的变化，但是对电缆埋设处土壤热阻率的变化比较敏感，而且能够减少光纤的安装成本。

2. 在电功率传感器中的应用

电功率是反映电力系统中能量转换与传输的基本电量，电功率测量是电力计量的一项重要内容。光纤电功率传感器的主要特点是：由于电功率传感同时涉及电压、电流两个电量，因而通常需要同时考虑电光、磁光效应，同时利用两种传感介质或一种多功能介质作为敏感元件，这使得光纤电功率传感头的结构相对复杂；光纤电功率传感器的光传感信号中有时同时包含电压、电流信号，因此其信号检测与处理方法也将比较复杂。

3. 在电力系统光缆监测中的应用

通过测量沿光纤长度方向的布里渊散射光的频移和强度，可得到光纤的温度和应变信息，且传感距离较远，所以有深远的工程研究价值。

基于布里渊光时域反射（BOTDR）的分布式光纤传感系统，采用相干检测技术，系统原理如图 9－32 所示。

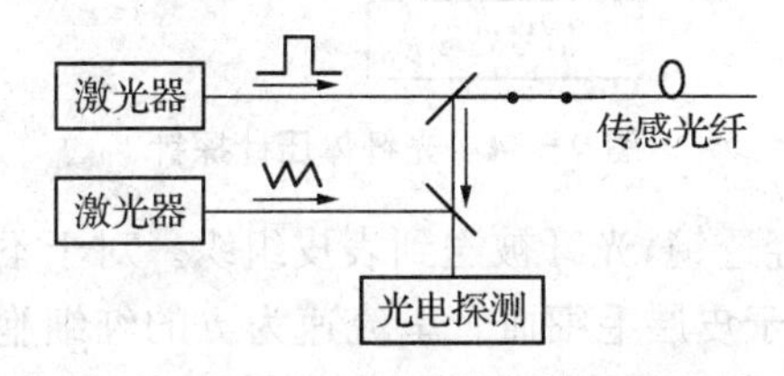

图 9－32　基于 BOTDR 传感系统原理

BOTDR 光纤传感系统测量的是光纤的自发布里渊散射信号，其信号强度非常微弱，但可以采用相干检测技术提高系统信噪比。这种方案可单光源、单端工作，系统简单，实现方便，而且可同时监测光纤断点、损耗、温度和应变。

9.3.3　光纤传感器在医学方面的应用

在医学中应用的医用光纤传感器目前主要是传光型的。以其小巧、绝缘、不受射频和微波干扰、测量精度高及与生物体亲合性好等优点备受重视。

1. 压力测量

目前临床上应用的压力传感器主要用来测量血管内的血压、颅内压、心内压、膀胱和尿道压力等。用来测量血压的压力传感器示意如图 9－33。其中对压力敏感的部分是在探针导管末端侧壁上的一块防水薄膜，一面带有悬臂的微型反射镜与薄膜相连，反射镜对面是一束光纤，用来传递入射光到反射镜，同时也将反射光传送出来。当薄膜上有压力作用时，薄膜发生形变且能带动悬臂使反射镜角度发生改变，从光纤传来的光束照射到反光镜上，再反射到光纤的端点。由于反射光的方向随反射镜角度的变化而改变，因此光纤接收到的反射光的强度也随之变化。这一变化通过光纤传到另一端的光电探测器变成电信号，这样通过电压的变化便可知探针处的压力大小。

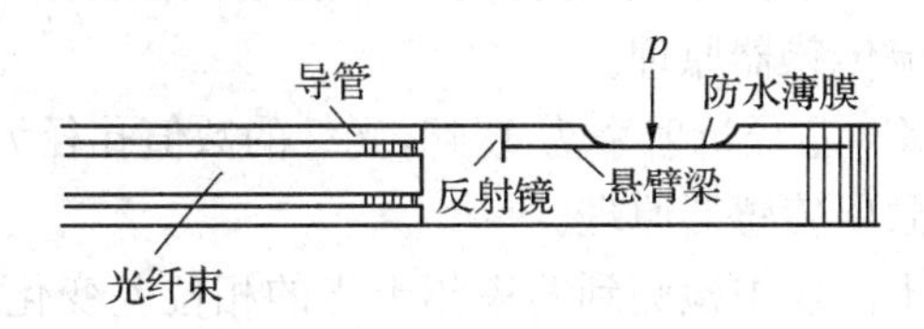

图 9－33　光纤体压计探针

2. 血流速度测量

多普勒型光纤速度传感器测量皮下组织血流速度的示意见图 9－34。此装置利用了光纤的端面反射现象，测量系统结构简单。

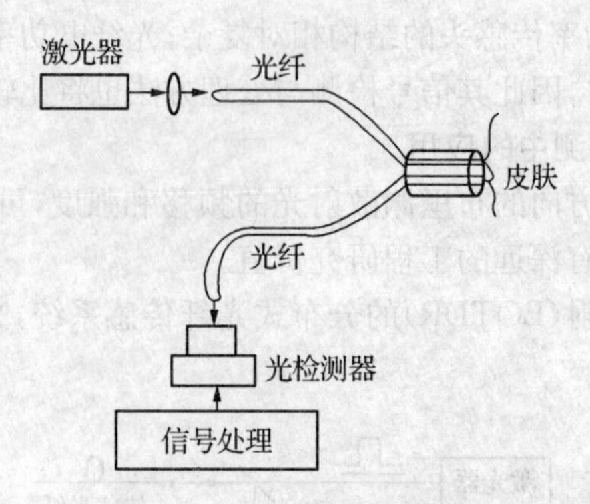

图 9－34　光纤体压计探针

发光频率为 f 的激光经透镜，光纤被送到表皮组织。对于不动的组织，例如血管壁，所反射的光不产生频移；而对于皮层毛细血管里流速为 v 的红细胞，反射光要产生频移，其频率变化为 Δf；发生频移的反射光强度与红细胞的浓度成比例，频率的变化值可与红细胞的运动速度成正比。发射光经光纤收集后，先在光检测器上进行混频，然后进入信号处理仪，从而得到红细胞的运动速度和浓度。

9.3.4　光纤传感器在土木工程中的应用

在大型土木工程中如果发生事故，极易造成重大的经济损失和人员伤亡，所以工程安全性成为工程设计者及科研人员极为关注和重视的问题。利用光纤本身特征的功能型光纤可构成性能优良的分布式光纤传感器，特别适于需要同时监测在光纤通过的路途上大量位置处连续变化的物理量，如建筑物、桥梁、水坝等大型结构中应力、应变、振动、温度分布的实时监测等。国内外研究和工程实践表明，光纤传感器能够满足土木工程测量的高精度、远距离、分布式和长期性的技术要求，为解决上述关键问题提供了良好的技术手段。

1. 光纤的直径 1.5 μm，包层折射率为 1.46，芯径折射率为 1.48，在光纤中传播的光波长大于多少时传播的是单模光？

2. 入射光纤的光强为 5 单位，出射光强为 1 单位，该光纤的损耗为多少？

3. 简述全光纤型电流传感器原理。

4. 包层折射率为 1.42，芯径折射率为 1.48，光纤的数值孔径为多少？

5. 叙述干涉型光纤微压传感器原理。

6. 在迈克尔逊光纤干涉仪中检测到两束相干光的相位差变化 $\pi/4$，问两束相干光的光程差变化多少？

7. 叙述萨格奈克效应原理。

8. 干涉型光纤陀螺的环行谐振腔包含的面积 $0.2\ m^2$，激光源波长为 1.33，光纤长度为 50 m，两束谐振光的谐振频率差为 5×10^5，陀螺旋转角速度 ω 为多少？

9. 推导干涉型光纤陀螺的灵敏度表达式。

10. 用 He－Ne 激光器作为多普勒速度测量仪的光源，物体运动方向与光线方向成 30°，物体运动方向与观察方向成 45°，物体的运动速度为 120 m/s，问观察到的光频率为多少？

11. 叙述分布式光纤传感技术的特点。

12. 全光纤型电流传感器在磁场中的光纤长度为 50 m，韦尔代常数为 4.68×10^{-6}，光纤介质中离电流导线中心的距离为 0.01 m，偏振面转角为 1 rad，求测量电流的强度。

13. 推导全光纤型电流传感器的灵敏度表达式。

14. 推导激光器多普勒速度测量仪的灵敏度表达式。

15. 图 9－35 为反射型光纤位移传感器组成框图，试说明工作原理。

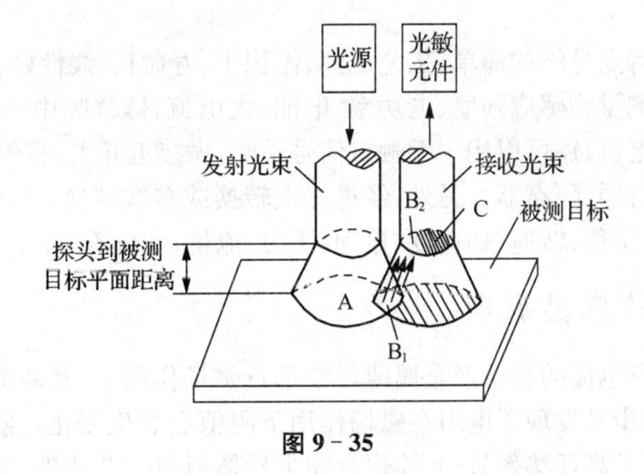

图 9－35

16. 图 9－36 所示为光纤加速度传感器原理图，简要分析其工作原理。

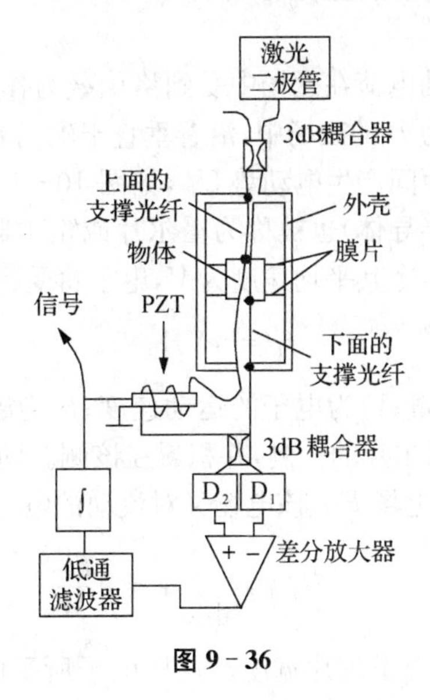

图 9－36

第 10 章　磁敏传感器及其应用

磁敏传感器是一种对磁感应强度、磁场强度和磁通量敏感的，并能把磁学物理量转换成电信号的传感器，它们被广泛应用于自动控制、信息传递、电磁测量、生物医学等各个领域。本章主要介绍霍尔传感器、磁敏电阻、结磁敏管、超导量子干涉器件和磁通门。

10.1　霍尔传感器

霍尔传感器的特点是结构简单、工艺成熟、体积小、寿命长、线性好、频带宽，因而得到广泛应用。它们用于测量磁感应强度、电功率、电能、大电流、微气隙中的磁场；也可以制成磁读头、磁罗盘、无刷电机；还可以用于无触点信号检测，做接近开关、霍尔电键；还可以用于制作微波电路中的环行器、隔离器。另外，经过二次转换或多次转换，还可以用于非磁量的检测和控制，如测量微位移、转速、加速度、振动、压力、流量、液位等等。

10.1.1　霍尔传感器原理

霍尔效应是通有电流的长条形金属薄片在垂直磁场作用下，其两侧会产生微弱电位差物理现象，人们进一步又发现了电阻在磁场作用下阻值会发生变化。随着半导体材料及加工工艺的发展，特别是高迁移率Ⅵ-Ⅴ族化合物半导体材料工艺成熟，得到了具有很强霍尔效应的材料，磁敏器件进入了实用化阶段。

1. 霍尔效应

霍尔效应实质是物质运动电荷在磁场中受到洛伦兹力作用现象，当把一块薄片金属或半导体垂直放在磁感应强度为 B 的磁场中，沿着垂直于磁场方向通过电流 I，就会在薄片的垂直于磁场和电流 I 方向侧面间产生电动势 U_H，如图 10-1 所示，所产生的电动势称为霍尔电动势，这种薄片（一般为半导体）也被称为霍尔片或霍尔器件。假设薄片中的载流子是电子，则与电流相反方向运动，令其平均速度为 V，电子将受到洛伦兹力 f_{L} 为

$$f_{\mathrm{L}} = eVB \tag{10-1}$$

式中：e 为电子所带电荷量；V 为电子的运动速度；B 为磁感应强度。运动的电子在洛伦兹力 f_{L} 作用下，便偏转至霍尔片的一侧，并积累在该侧。同时，使其相对的一侧形成正电荷的积累，在这两侧形成霍尔电场 E_{H}，该电场又对流动的电子施加一电场力 f_{H} 为

$$f_{\mathrm{H}} = eE_{\mathrm{H}} = e\frac{U_{\mathrm{H}}}{W} \tag{10-2}$$

式中：U_{H} 为霍尔电势；W 为霍尔片宽度。这样电子所受的洛伦兹力 f_{L} 与电场力 f_{E} 方向相反，当两个力平衡时有以下关系：

$$e\frac{U_{\mathrm{H}}}{W} = eVB \tag{10-3}$$

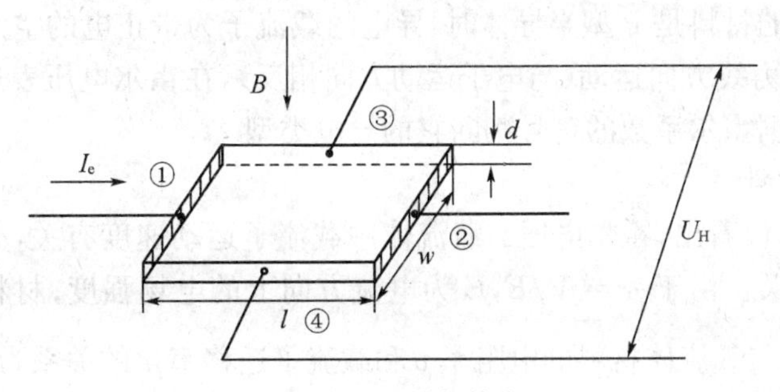

图10-1　霍尔效应

由式(10-3)可得

$$U_H = VBW \tag{10-4}$$

设霍尔器件的电子浓度为 n 时，则器件中的电流强度为

$$I_e = -neWdV \tag{10-5}$$

由式(10-5)可得

$$V = -\frac{I_e}{neWd} \tag{10-6}$$

将式(10-6)代入式(10-4)，得

$$U_H = -\frac{1}{ned} I_e B \tag{10-7}$$

对于N型的半导体，定义霍尔系数 R_H 和霍尔灵敏度 K_H 分别为

$$R_H = -\frac{1}{ne} \tag{10-8}$$

$$K_H = -\frac{1}{ned} \tag{10-9}$$

式(10-7)可以分别写为

$$U_H = R_H \frac{I_e B}{d} \tag{10-10}$$

$$U_H = K_H I_e B \tag{10-11}$$

R_H 和 K_H 的物理意义非常明确，从式(10-8)可以看出，R_H 意义表征的是材料的霍尔效应的性质，即材料的霍尔效应的强弱与其电子浓度 n 成反比。从式(10-11)可以看出，K_H 表征的是整体器件的霍尔效应的性质。

根据式(10-11)，若电流为恒定值，霍尔电压与磁感应强度成正比，磁感应强度改变方向时，霍尔电压也改变符号。因此，霍尔器件可以作为测量磁场大小和方向的传感器。

在一般情况下，磁感应强度 B 与器件平面法线 n 有一个夹角 θ，这时式(10-11)应写为

$$U_H = K_H I_e B\cos\theta \tag{10-12}$$

对于组件使用的材料是P型半导体时，导电的载流子为带正电的空穴，空穴带正电，在电场E作用下沿电力线方向运动(与电子运动方向相反)，在霍尔电压表达式中的霍尔系数为正。因而可以根据霍尔系数的符号判断它的导电类型。

2. 霍尔组件材料

由式(10-4)可以看出，霍尔电压与载流体中载流子运动速度有关，亦即与载流体中载流子的迁移率μ有关。由于$\mu = V/E$，E为电流方向上的电场强度；材料的电阻率为$\rho = \frac{1}{ne\mu}$，所以霍尔系数与载流体材料的电阻率ρ和载流子迁移率μ的关系为

$$R_{\mathrm{H}} = \rho\mu \tag{10-13}$$

因此，只有ρ和μ都大的材料才适合于制造霍尔组件，才能获得较大的霍尔电压。金属导体的载流子迁移率很大，但其电阻中低(或自由电子浓度N大)；绝缘体电阻率很高(或N小)，但其载流子迁移率低。因此，金属导体和绝缘体均不能作成霍尔组件材料，只有半导体可以作为霍尔组件的材料，表10-1列出了一些霍尔组件材料特性。

表10-1　部分霍尔组件材料特性

材料	迁移率μ/(cm^2/V·s)		霍尔系数R_{H}
	电子	空穴	
Ge_1	3 600	1 800	4 250
Ge_2	3 600	1 800	1 200
Si	1 500	425	2 250
InAs	28 000	200	570
InSb	75 000	750	380
GaAs	10 000	450	1 700

10.1.2　霍尔组件的外形和构造

1. 封装形式

霍尔组件的外形和结构如图10-2所示，霍尔组件是由霍尔片、四极引线和壳体组成。在霍尔片的长度方向两端面上焊有两根引线(图中a、b线)，称为控制电流端引线，通常用红色导线。在薄片的另两侧端面的中间以点的形式对称地焊有两根霍尔输出端引线(图中c、d线)，通常用绿色导线。霍尔组件是用非导磁金属、陶瓷或环氧树脂封装。

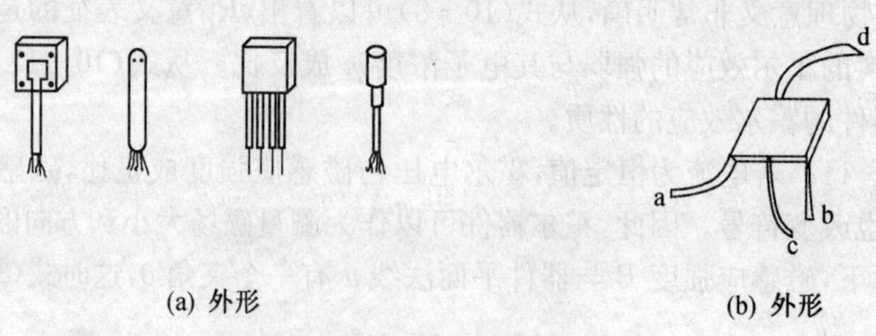

图10-2　霍尔组件

2. 工艺

硅霍尔片的制造采用平面工艺，对于硅片的加工，采用切割、二面抛光，经氧化、光刻、扩散、蒸铝、合金化等工序，对测试合格的基片，通过研磨减薄到需要的厚度即成霍尔片，粘贴到绝缘的玻璃或陶瓷片上就是霍尔器件。由于霍尔片的电阻率较高，一般要在 N^+ 区上蒸镀 Ni 或 Au，以减小压焊电阻，便于形成良好的欧姆接触。

InSb 霍尔组件有单晶和多晶两种。基本结构如图 10-3，由真空蒸发方法在衬底上淀积 InSb 薄膜，可以将 In 和 Sb 分别作为蒸发源，同时向衬底上蒸发以形成 InSb 多晶薄膜。也可将 InSb 多晶作为蒸发源，通过高温蒸发淀积即形成 InSb 多晶膜。蒸发的质量由源温，衬底温度等参数控制。

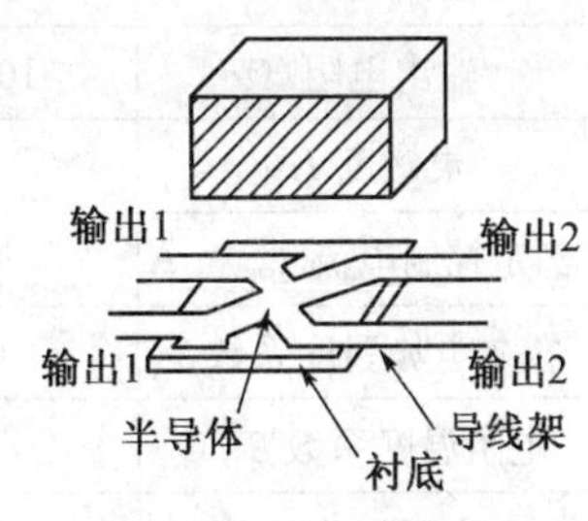

图 10-3　霍尔组件结构

GaAs 霍尔组件的整体结构有台面和平面两种，在半绝缘衬底上，用外延的方法形成 n 型 GaAs 膜层，然后通过腐蚀的方法加工成十字形台面结构，做上电极即成。平面结构可用离子注入方法形成 N-GaAs 层。因减少了腐蚀工艺，可降低器件尺寸和对称度分散性。

10.1.3　霍尔组件主要技术指标

1. 额定控制电流 I_{cm}

霍尔器件将因通电流而发热。使在空气中的霍尔器件产生允许温升 ΔT 的控制电流，称为额定控制电流 I_{cm}。当 $I > I_{cm}$，器件温升将大于允许温升，器件特性将变坏。一般 I_{cm} 为几毫安到几百毫安，I_{cm} 与器件所用材料和器件尺寸有关。

2. 输入电阻 R_i 和输出电阻 R_o

霍尔组件控制电流极间的电阻为输入电阻 R_i；霍尔电压极间电阻为输出电阻 R_o。输入电阻和输出电阻一般为 100～2 000 Ω，而且输入电阻大于输出电阻，但相差不太大，使用时应注意。输出电阻和输出电阻是在(20±5)℃环境条件下测取。

3. 不等位电势 U_o 和不等位电阻 R_o

霍尔组件在额定控制电流作用下，不加外磁场时，其霍尔电势电极间的电势为不等电位电势(也称为非平衡电压或残留电压)。它主要是由于两个电极不在同一等位面上以及材料电阻率不均匀等因素引起的。其可以用输出的电压表示，也可以空载霍尔电压 U_H 的百分数表示，一般 $U_o < 10$ mV。不等位电阻 $R_o = U_o/I_{cm}$。

4. 灵敏度 K_H

灵敏度是在单位磁感应强度下，通以单位控制电流所产生的开路霍尔电压。

5. 霍尔电势温度系数 α

α 为温度每变化 1℃时霍尔电势变化的百分率。这一参数对测量仪器十分重要，仪器要求精度高时，要选择 α 值小的组件，必要时还要加温度补偿电路。

6. 电阻温度系数 β

β 为温度每变化 1℃时霍尔组件材料的电阻变化的百分率。

表 10-2 部分国产霍尔组件的性能参数

参数 \ 型号 材料	HZ-1	HZ-4	HT-1	HT-2
N 型 Ge[111]	N 型 Ge[000]	InSb	InSn	
输入电阻/Ω	110±20%	45±20%	0.8±20%	0.8±20%
输出电阻/Ω	100±20%	40±20%	0.5±20%	0.5±20%
灵敏度 K_H	>12	>4	1.8±20%	1.8±20%
额定控制电流 I_{cm}/mA	20	50	250	300
霍尔电势温度系数 α	0.05%	0.03%	-1.5%	-1.5%
电阻温度系数 β/℃	0.5%	0.3%	-0.5%	-0.5%
工作温度范围/℃	0~60	0~75	0~40	0~40

10.1.4 基本误差和补偿

由于霍尔组件采用的材料是半导体，因此，霍尔组件测量精度受到使用环境和半导体固有特性及制造工艺缺陷的影响。霍尔组件的测量误差主要来自于温度误差和零位误差。

1. 温度误差及补偿方法

用半导体材料制成的霍尔器件，与其他类型半导体器件一样，它的电阻率、迁移率和载流子都随温度的变化而变化。因此，霍尔电压也随温度变化发生相应变化，给测量带来不可忽略的误差，即温度误差。为了减小温度误差，器件除了选用霍尔电势温度系数较小的材料外，在测量上还可以加上适当的补偿电路。

(1) 分流电阻法

当环境温度变化，输入电阻 R_i 随之变化，输入电阻影响流过它的控制电流 I_c，由公式 $U_H = K_H I_e B$ 可知，霍尔电压也发生变化。为补偿 I_c 和 K_H 随温度的变化，采用了在输入端并联电阻 R，进行补偿，如图 10-4 所示。测量装置采用恒流源供电，使总电流 I 保持不变。如果初始温度为 T_0，霍尔组件的输入电阻为 r_0，控制电流为 I_{c0}，霍尔组件的灵敏系数为 k_{H0}，当温度升为 ΔT 时，以上参数分别改变为 r、I_c 和 K_H。并且有如下关系

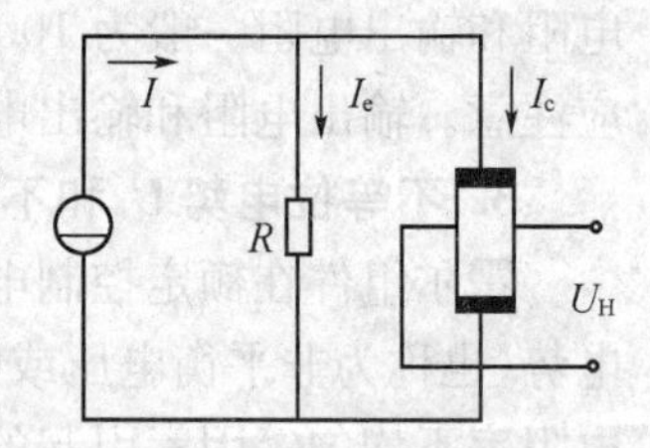

图 10-4 采用分流电阻法的温度补偿电路

$$r = r_0(1+\beta\Delta T) \tag{10-14}$$

$$K_H = K_{H0}(1+\alpha\Delta T) \tag{10-15}$$

$$I_{c0} = IR/(r_0+R) \tag{10-16}$$

$$I_c = IR/(r+R) \tag{10-17}$$

式中：α、β 分别为霍尔电势温度系数和输入电阻温度系数。

当温度影响完全补偿时，$U_{Ht} = U_{Ht_0}$，则

$$K_{H0} I_{c0} B = K_H I_c B \tag{10-18}$$

将式(10－14)、式(10－17)代入式(10－18)，可以求得

$$R=(\beta-\alpha)r_0/\alpha \tag{10-19}$$

依据式(10－19)选取合适的电阻，可以补偿温度造成的误差。

(2) 合理选择负载电阻

U_H和输出电阻R_0都是温度的函数，因此，负载电阻R_L上的电压为

$$U_L=\frac{U_{H0}[1+\alpha(t-t_0)]}{R_{o0}[1+\beta(t-t_0)]+R_L}R_L \tag{10-20}$$

式中：R_{o0}为温度t_0时的输出电阻；U_{H0}为霍尔器件在温度t_0时的电压。令$dU_L/dt=0$，得

$$R_L=R_{o0}\left(\frac{\beta}{\alpha}-1\right) \tag{10-21}$$

依据式(10－21)选取合适的电阻，可以补偿温度造成的误差。

霍尔电势的负载通常是放大器、显示器或记录仪的输入电阻，其阻抗值一定，但可用串联、并联电阻的方法满足上式，此方法的缺点是传感器的灵敏度将相应有所降低。

(3) 采用热敏组件

将前面两节中的补偿电阻，改为热敏组件是最常用的补偿方法。图10－5给出了几种补偿电路的例子，图10－5(a)并联补偿电路，图10－5(b)串联补偿电路，图10－5(c)串、并联补偿电路，图10－5(d)为电流源的补偿电路。图10－5(a)～(c)为恒压源输入，图10－5(d)为恒流源输入。R_i为恒压源内阻，$R(t)$和$R'(t)$为热敏电阻，其温度系数的正、负和数值要与U_H的温度系数配合选用。对于图10－5(b)的情况，如果U_H的温度系数为负值，随着温度上升，U_H要下降，则选用电阻温度系数为负的热敏电阻$R(t)$。当温度上升，$R(t)$变小，流过器件的控制电流变大，使U_H回升。当$R(t)$阻值选用适当，就可使U_H在精度允许范围内保持不变。经过计算，不难估算出所需$R(t)$。

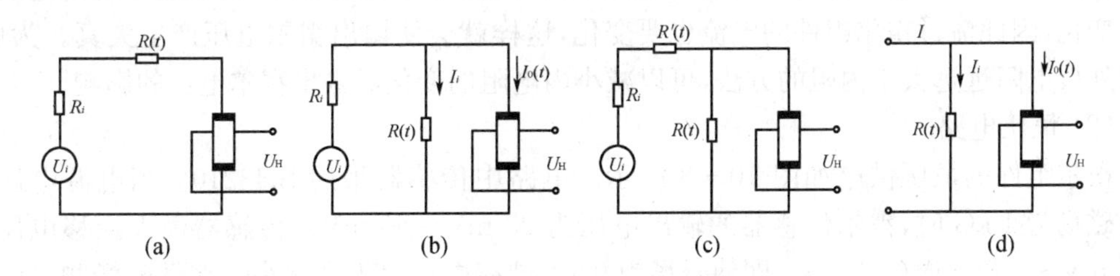

图10－5　热敏组件的温度补偿电路

2. 零位误差及其补偿

霍尔组件的零位误差主要有不等位电势U_o，不等位电势U_0产生的原因，是由于两个霍尔电极不可能对称地焊在霍尔片的两侧，致使两电极点不能完全位于同一等位面上。此外，霍尔片电阻率不均匀、或片厚薄不均匀、或控制电流极接触不良，都将使等位面歪斜，致使两霍尔电极不在同一等位面上而产生不等位电势，如图10－6(a)所示。

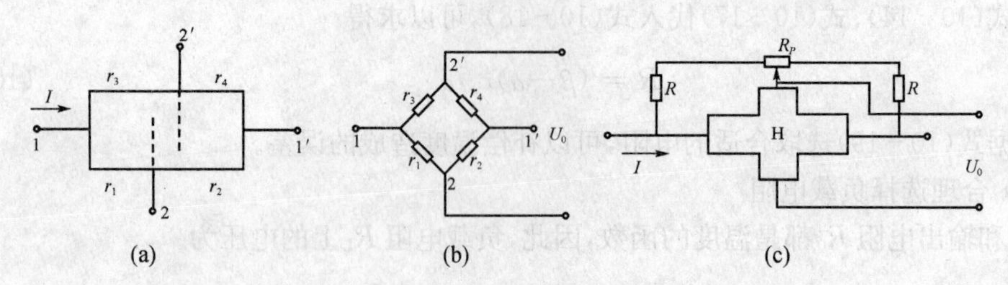

图 10－6 不等位电势补偿电路

通常采用补偿电路加以补偿。霍尔组件可等效为一个四臂电桥，如图 10－6(b)所示，当两霍尔电极在同一等位面上时，$r_1 = r_2 = r_3 = r_4$，则电桥平衡，$U_0=0$；当两电极不在同一等位面上时(如 $r_3>r_4$)，则有 U_o输出。可以采用图 10－6(c)所示方法进行补偿，外接电阻 R 值应大于霍尔组件的内阻，调控 R_p可使 $U_0=0$。

10.1.5 霍尔组件电路

1. 霍尔组件的驱动电路

(1) 基本电路

霍尔组件应用的基本电路如图 10－7 所示。流经霍尔组件的霍尔电流 I_H为

$$I_H = E_b/(R_A + R_B + R_{IN}) \qquad (10-22)$$

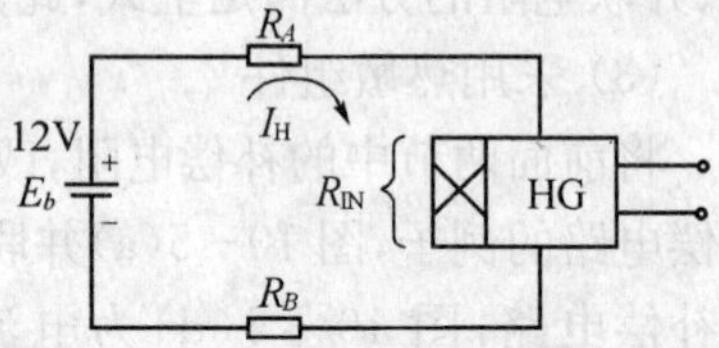

图 10－7 霍尔组件应用的基本电路

若 I_H为 5 mA，R_{IN}为 200 Ω，E_b为 12 V，则外接电阻 R_A+R_B根据上式计算为

$$R_A + R_B = (E_b - I_H R_{IN})/I_H = 2.2(\text{k}\Omega)$$

R 即外接电阻选用 2.2 kΩ。

需要指出的是，放在磁场中的还有磁阻效应，在测量磁场强度时，霍尔组件的内电阻会发生变化，因此流过霍尔组件的电流也要变化，这样就会使输出霍尔电压产生失真。为此，采用外接电阻远远大于内阻的方法，可以减小内电阻的变化对输出霍尔电压的影响。

(2) 恒压电路

霍尔组件的恒压供电如图 10－8 所示。电路中传感器采用 SH3210。当电源电压为 1 V，磁场为 1 kG 时，霍尔传感器的输出电压为 20 mV～55 mV。传感器最大漂移电压为 1.47 mV～3.85 mV(±7%)。即使磁场为 0 时，漂移电压也不会减小。在低磁场测量时会产生一些问题，必须采取相应措施，把漂移电压调到 0。

(3) 恒流电路

霍尔组件的恒流供电如图 10－9 所示。霍尔组件采用 THS103A，控制电流为 5 mA，磁场为 1 kG 时，THS103A 的输出电压为 50 mV～120 mV，最大漂移电压为 5 mV～12 mV。恒流工作电路适用于高精度测量。恒流工作时没有输入电阻变化与磁阻效应的影响，但电路较复杂。恒流电路与恒压电路相比，前者对漂移电压的稳定性差，特别是 InSb 霍尔组件，输入电阻的温度系数较大，漂移电压的影响更为显著。

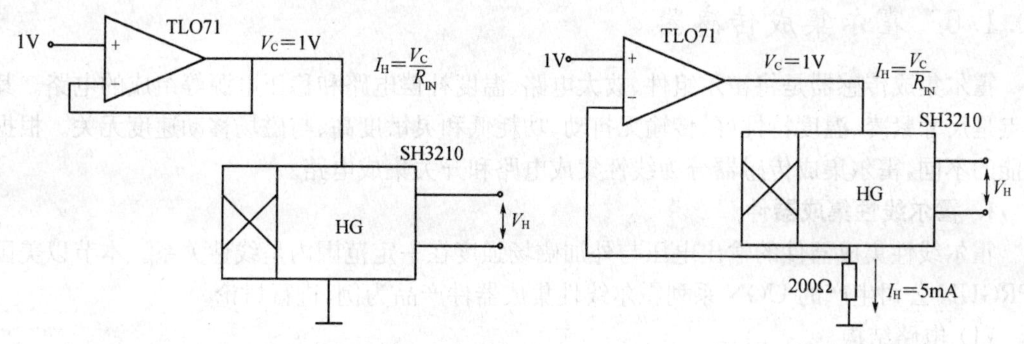

图 10-8　恒压供电电路　　　　图 10-9　恒流供电电路

2. 霍尔组件输出电路

霍尔组件的输出电压一般为几 mV 到几百 mV，使用时必须设置放大器，进行电压放大。图 10-10(a)是用单运放放大电路基本形式，图 10-10(b)是用三个运放组成的放大电路。采用单运放的放大电路时，由于运放输入阻抗与霍尔组件阻抗相差不大，对于测量精度影响较大。使用运放组放大电路，提高了运放的输入阻抗，可以解决此问题。霍尔组件输出电压既可以是交流信号，也可以是直流信号。如果霍尔组件输出仅为交流输出时，可以在其输出端采用隔直电容，滤掉组件输出的直流成分。

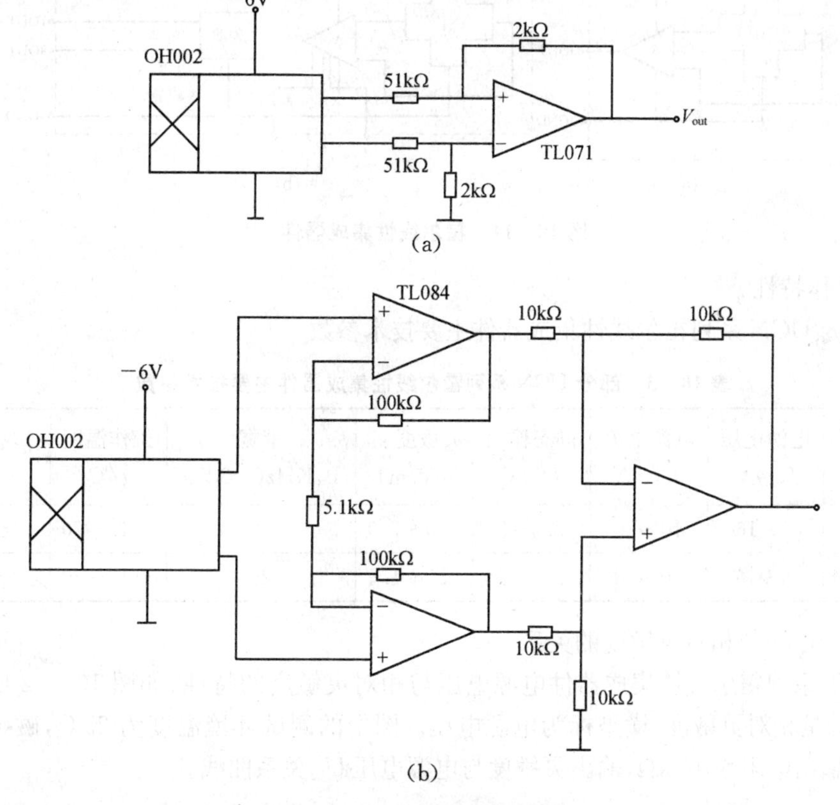

图 10-10　霍尔组件输出信号检测电路

10.1.6 霍尔集成传感器

霍尔集成传感器是将霍尔组件、放大电路、温度补偿电路和稳压电源等组成的电路。其特点是尺寸紧凑、温度特性好、传输无抖动、功耗低和灵敏度高、与磁场移动速度无关。根据功能的不同,霍尔集成传感器分为线性集成电路和开关集成电路。

1. 霍尔线性集成器件

霍尔线性集成器件的输出电压与外加磁场强度在一定范围内呈线性关系。本节以美国SPRGUN公司生产的UGN系列霍尔线性集成器件产品为例,进行讨论。

(1) 电路结构

器件的型号有UGN3501T、UGN3501U、UGN350lM。T、U两种型号为单端输出,区别仅是厚度不同,T型厚度为2.03 mm,U型为1.54 mm,其为扁平封装三端组件,如图10-11(a)所示,1脚为电源端,2脚为地,3件脚为输出。M型为差动输出,采用8脚DIP封装形式。其内部结构如图10-11(b)所示,1、8脚为输出,3脚为电源,4脚为地,5、6、7脚外接补偿电位器,2脚空。国产CS500系列霍尔线件集成器件与UGN系列相当,使用时可以参考。

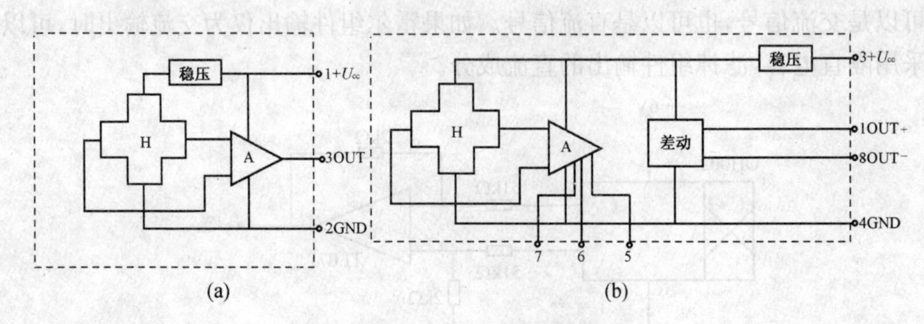

图10-11 霍尔线性集成器件

(2) 工作特性

① 部分UGN系列霍尔线性集成器件主要技术参数

表10-3 部分UGN系列霍尔线性集成器件主要技术参数

参数 / 型号	电源电压 U_{cc}/V	电源电流 I_c/mA	静态输出 U_o/V	灵敏度 k_H mV/mT	带宽 B_wKHz(-3dB)	工作温度 t/℃	线性范围 B_L/T
UGN3501T	8～16	10～20	2.5～5	3.5～7.0	25	-10～70	±0.15
UGN3501M	8～16	10～18	0.1～0.4	0.7～1.4	25	-10～70	±0.3

② 电源电压与相对灵敏度的关系

UGNT系列霍尔线性集成器件电源电压与相对灵敏度的特性,如图10-12所示。纵坐标表示的是相对灵敏度,横坐标为电源电压。图中的测试环境温度为25℃,磁感应强度为0.1 T,输出电阻为10 kΩ,输出灵敏度与电源电压U_{cc}关系曲线。

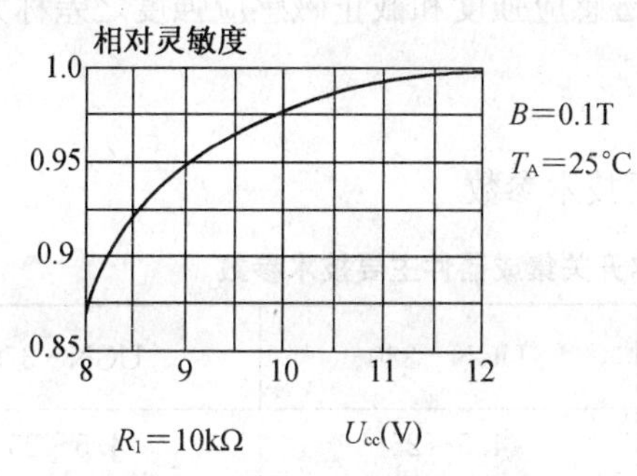

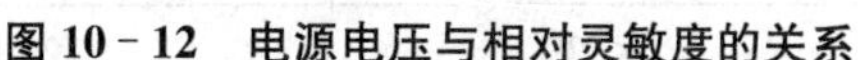

图 10－12　电源电压与相对灵敏度的关系

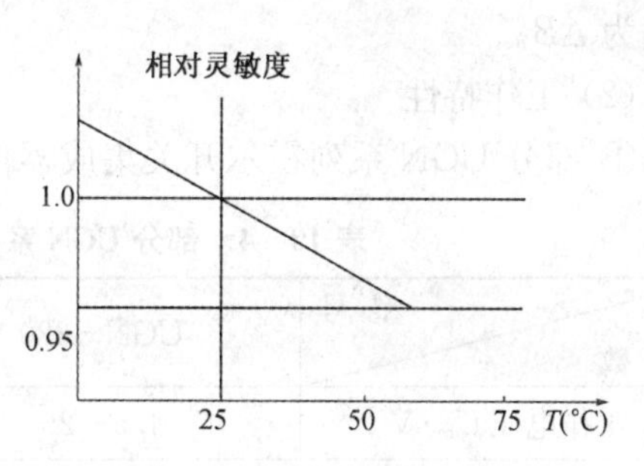

图 10－13　温度与相对灵敏度的关系

③ 温度与相对灵敏度的关系

UGNT 系列 3501T 的温度与相对灵敏度的特性，如图 10－13 所示，灵敏度随着温度的升高而下降。需要指出的是，要提高测量精度，必须增加温度补偿环节。

④ 输入磁场强度与输出电压关系

UGNT 系列 3501T 的输入磁场强度与输出电压，如图 10－14 所示，从图可以看出，磁感应强度在 $-0.22\sim0.18$T 范围，有较好的线性度。

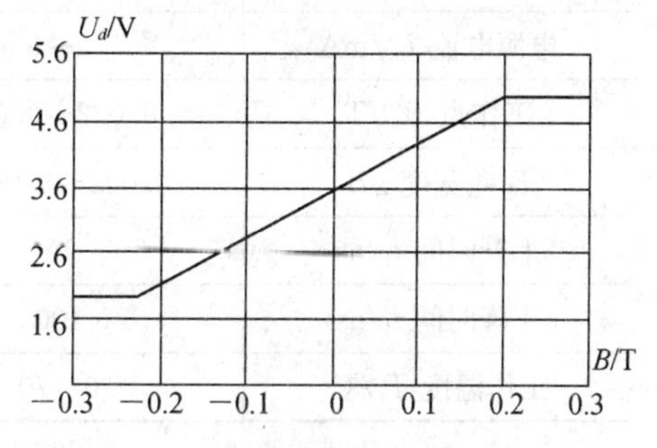

图 10－14　磁场强度与输出电压关系特性

2. 霍尔开关集成器件

霍尔开关集成器件输出信号是开关型的信号。它具有使用寿命长、无触点磨损、工作频率高、温度性能好等优点。

(1) 电路结构和原理

霍尔开关集成器件的原理框图，如图 10－15 所示，电路由稳压、恒流和霍尔器件、放大、整形电路和输出电路等几个部分组成。

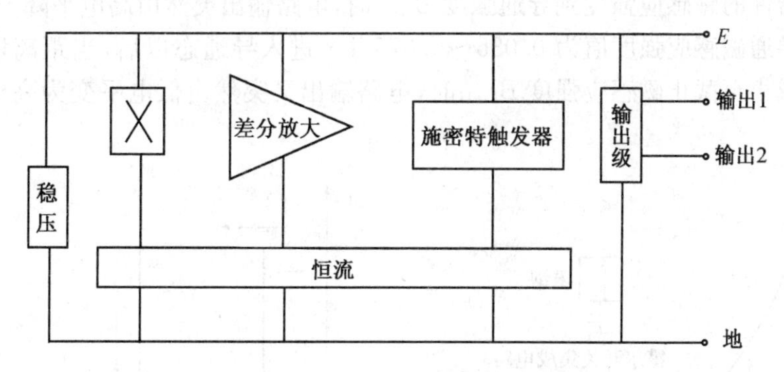

图 10－15　霍尔开关集成器件原理

当磁场 $B=0$ 时，器件的输出电压为高电平（$\approx E$）。当器件处于磁场感应强度为一定值的正向磁场时，霍尔电压被放大，由整形电路（一般为施密特触发器）把放大的霍尔电压整形为矩形脉冲。使输出级的放大管进入饱和状态，电路输出由零磁场下的高电平，突然转换成低电平。

使电路输出由高电平转换成低电平的正向磁感应强度 B 称为导通磁感应强度 $B_{H\to L}$，当正向磁场 B 由 $B_{H\to L}$ 减小到一定程度，电路输出又突然由低电平转换到高电平，这时的磁感应强度B称为截止磁感应强度 $B_{L\to H}$。导通磁感应强度和截止磁感应强度之差称为回差，宽度为 ΔB。

(2) 工作特性

① 部分UGN系列霍尔开关集成器件主要技术参数

表 10-4 部分UGN系列霍尔开关集成器件主要技术参数

参数 \ 型号	UGN-320	UGN-330	UGN-375
工作电压 U_{cc}/V	4.5～25	4.5～25	4.5～25
输出截止电压 U_o/V	≤25	≤25	≤25
输出导通电流 I_o/mA	≤25	≤25	≤25
输出低电平 V_{ol}/V	<0.04	<0.04	<0.04
输出漏电流 I_{ol}/μA	<2.0	<1.0	<1.0
电源电流 I_{oc}/mA	5～9	2.5～5	3～7
工作点 B_{op}/T	0.022～0.035	0.016～0.025	0.006～0.025
回差宽度 ΔB	0.002～0.005 5	0.002～0.005	0.01～0.02
上升时间 t_r/ns	15	100	100
下降时间 t_f/ns	100	500	200
工作温度 T_a/℃	0～70	−20～85	−20～85

② 磁特性

当器件与磁铁之间有相对移动时，霍尔器件的磁场随相对距离变化而变化，如图10-16所示。当霍尔器件处于零磁感应强度时，电路输出为高电平，电路处于关态。当距离变小，使作用霍尔器件的磁感应强度到导通强度 $B_{H\to L}$时，电路输出突然由高电平降至低电平进入开态。一般导通磁感应强度值为0.035～0.075 T。进入导通态以后，当距离增大时，作用于器件的量减小至截止磁感应强度 $B_{L\to H}$时，电路输出又突然由低电平变为高电平，进入关闭态。

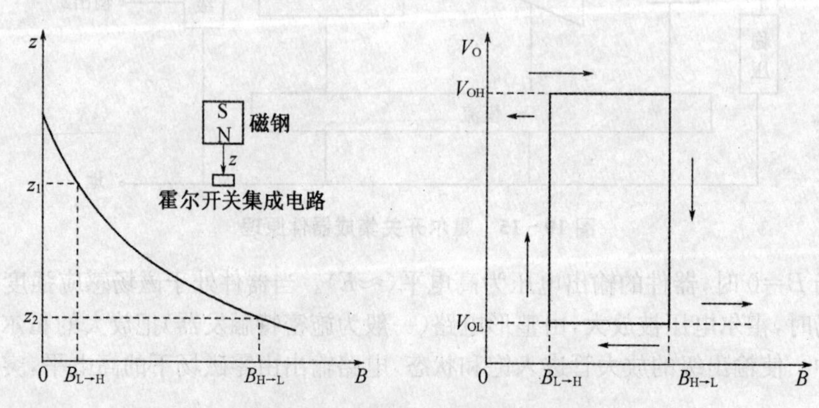

图 10-16 霍尔开关器件的磁特性

10.2　磁阻组件

磁阻组件是利用电流磁效应制成的传感器。其通常采用的材料有半导体和强磁性金属。磁阻传感器可以制成磁场探测仪、位移和角度检测器、安培计及磁敏交流放大器和测量仪器。

10.2.1　磁阻效应

磁阻效应是指材料的电阻随与电流垂直的外加磁场而变化的现象，其原理是由于材料中载流子受磁场洛伦兹力和霍尔电场力的作用。在材料中，速率不同的载流子所受到的洛伦兹力是不同的，当某一速度的载流子处于霍尔电场力和洛伦兹力作用平衡时，小于此速度的载流子将沿霍尔电场的方向偏转；大于此速度的载流子则沿相反方向偏转。偏转的载流子从一个电极流到另一个电极所通过的路径就要比无磁场时的路径长些，使得沿电场方向运动的载流子数减少，材料的电阻率增大，表现出明显的横向磁阻效应。

实验证明，磁阻效应不仅与磁感应强度有关，还与样品的几何形状及结构有关。一般不考虑形状和结构影响的磁阻效应称为物理磁阻效应，而将与半导体样品形状及结构有关的磁阻效应称为几何磁阻效应。

1. 物理磁阻效应

理论计算表明，在弱磁场下（$\mu^2B^2 \ll l$），物理磁阻效应的电阻率随磁场的相对变化率为

$$\frac{\Delta\rho}{\rho_0} \approx \zeta\mu^2B^2 \tag{10-23}$$

式中：ρ_0为材料在零磁场中的电阻率；$\Delta\rho$为材料在磁场中的变化电阻率；μ为载流子的迁移率；B为磁感应强度；$\zeta \approx 0.275 \sim 0.57$，为磁阻系数。

在强磁场下（$\mu^2B^2 \gg 1$），$\Delta\rho$与B无关，趋于饱和，物理磁阻效应较小。

2. 几何磁阻效应

无磁场时，载流子将沿外电场方向或其反方向作直线运动到对面电极，如图10－17(a)上图所示。当有外磁场时，横向同时出现霍尔电场，载流子在横向同时受到洛伦兹力与霍尔电场力的作用。如图10－17(a)下图所示，除了在两个电极附近以外，在中线的电流以直线方式运动。在两个电极附近区域，由于电极短路了附近的等位面，在此区域霍尔电场力减小，载流子向洛伦兹力方向偏转。当缩短两个电流电极间的距离，如图10－17(b)减小中间部分的半导体长度，电阻率将随磁场成倍地增长。半导体几何形状改变引起的磁阻，故称为几何磁阻效应。图10－17(c)的结构是一电极在圆形的中心，另一电极是环形电极在周边。无外磁场时，电流线为辐射状；有外磁场时，载流子在洛伦兹力作用下，沿近似于螺旋线的曲线运动到另一电极，具圆形状磁阻效应远大于矩形结构。此结构称为科比诺圆片。

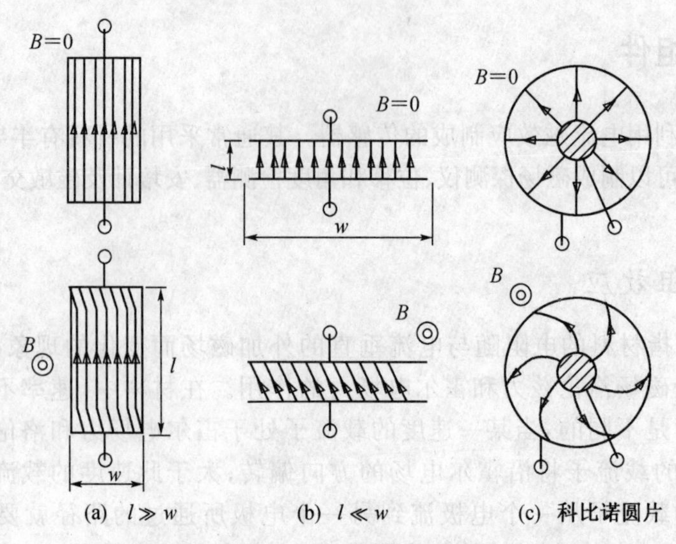

图 10－17　几何磁阻效应

10.2.2　磁阻组件

磁阻组件所使用的材料有半导体和强磁性金属，半导体材料主要有 InSb 和 GaAs 等，强磁性金属有 Ni－Fe 和 Ni－Co 等。强磁性金属磁阻组件的磁阻效应比较弱，要与偏置磁铁及高增益放大器组合使用。对于半导体磁阻组件，外加磁场，则磁阻组件内部电阻增大，对磁场表现为正磁性；对于强磁性金属磁阻组件，特性正好相反，外加磁场时其内部电阻减小，表现为负磁性。

1. 磁阻组件的结构及其主要特性

(1) 矩形磁阻组件

矩形磁阻组件如图 10－18 所示，半导体薄片的长度为 l，宽度为 w，厚度为 d，在 l 的两个端面形成两个欧姆接触做电流电极，构成矩形磁敏电阻。

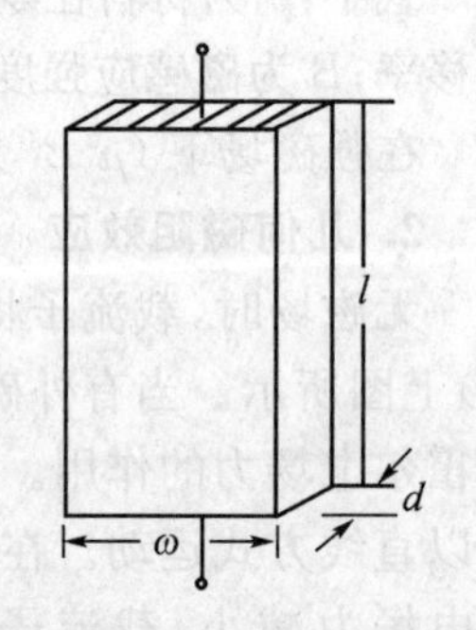

图 10－18　矩形磁阻组件

在弱磁场下 ($\mu^2 B^2 \ll 1$)，磁敏材料的阻值与磁感应强度的关系为

$$R_B/R_0 = 1 + mB^2 \qquad (10-24)$$

式中：R_0 和 R_B 分别为磁感应强度为零和 B 的电阻；R_B/R_0 为磁阻比；m 为磁阻平方系数，其与组件所用材料和几何形状有关。载流子迁移率愈大，l/w 越小，m 愈大。材料多选用电子迁移率大的 InSb。

在强磁场下 ($\mu^2 B^2 \gg 1$)，磁敏材料的阻值与磁感应强度的关系为

$$R_B = R_0 G \frac{\rho_B}{\rho_0} + B\frac{R_H}{d} \qquad (10-25)$$

式中：R_0为无磁场时材料的电阻；G为形状效应系数；ρ_B为磁感应强度为B的电阻率；ρ_0磁感应强度为零的电阻率；B为磁感应强度；R_H为霍尔系数。如果选择形状$l=w, G=0$和霍尔系数不随磁感应强度变化而变化的材料。式(10-25)化简为

$$R_B = B\frac{R_H}{d} \tag{10-26}$$

由式(10-26)可见，材料的电阻随磁感应强度成线性变化，图10-19所示的是一种使用InSb材料矩形磁阻组件电阻与磁感应强度的关系。

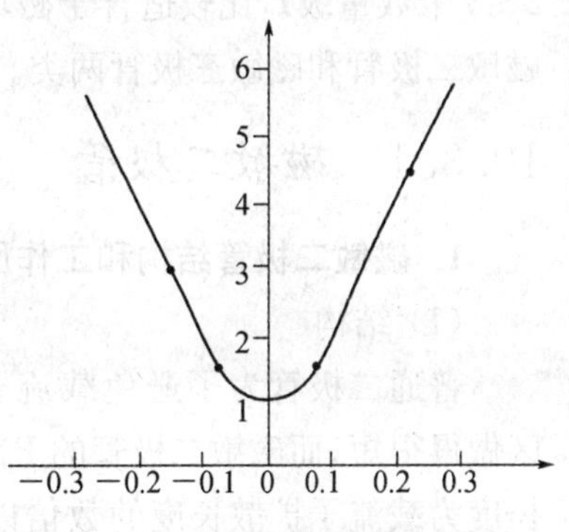

图10-19 矩形磁阻组件电阻与磁感应强度关系

(2) 栅格型磁阻组件

对矩形磁阻组件而言，仅当$w \gg l$时，才有较高的磁阻灵敏度。而这种短矩形的组件在磁感应强度为零时，电阻很小，这就限制了短矩形的霍尔组件的使用范围。若将多个短矩形的霍尔组件级联起来使用，既有较高的磁阻灵敏度，又有较大的零磁场电阻。

图10-20所示是采用多个级联短矩形的霍尔组件的集成器件。在半导体基片上，蒸发上许多等距离的、平行的导电金属窄条。这些导体金属把霍尔电压短路，使之不能形成电场力，于是电子运动方向总是斜向的。由于在电子运动路径上有很多金属导体条，把半导体片分成多个栅格，所以叫"栅格式"磁敏电阻。当金属条数是n时，栅格式器件的磁阻平方系数为$(n+1)m$。

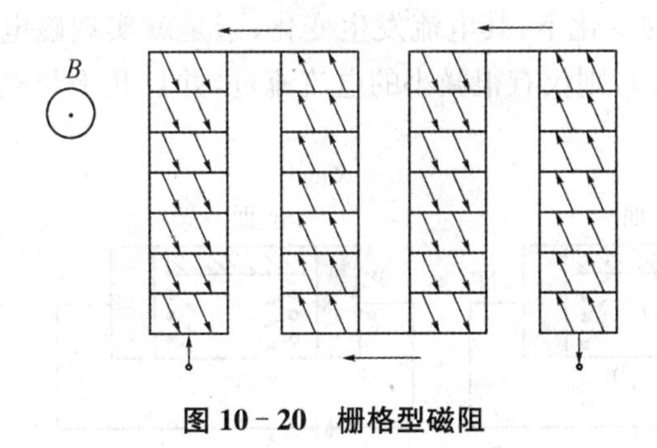

图10-20 栅格型磁阻　　**图10-21 InSb-NiSb共晶磁阻组件**

(3) 共晶磁阻组件

共晶磁阻组件使用材料是InSb和NiSb。将InSb和少量的NiSb熔化在一起，在冷却过程中，NiSb晶体从InSb中析出，NiSb晶体呈细长针状，平行地排列在InSb中，如图10-21所示。NiSb导电性能很好，起栅格金属条的作用，在InSb形成了栅格型磁阻。它有着很高的磁阻平方系数。

10.3 结型磁敏管

结型磁敏管与霍尔器件一样都是用半导体磁敏器件，其磁灵敏度比霍尔器件高得多(高

2～3 个数量级)，比较适合于磁场、转速、探伤等方面的检测和控制。结型磁敏管器件分为磁敏二极管和磁敏三极管两类。

10.3.1 磁敏二极管

1. 磁敏二极管结构和工作原理

(1) 结构

普通二极管为了避免载流子在基区里复合，PN 结的基区做得很短，而磁敏二极管的 PN 结之间有很长的基区，基区长度为载流子扩散长度的数倍以上，基区的材料选用是接近本征半导体的高阻材料。一般锗磁敏二极管基区材料电阻率为 $\rho=400\ \Omega\text{cm}$(锗本征半导体的 $\rho=500\ \Omega\text{cm}$)。在基区两端有 P 型和 N 型锗，若以 i 代表长基区，则磁敏二极管 PN 结实际上是由 Pi 结和 iN 结共同组成的 P^+-i-N^+ 结型。在长基区 i 的一个侧面处理粗糙表面，形成复合速率高复合区 r，另一相对侧面是光滑的低复合表面。磁敏二极管结构如图 10－22所示。

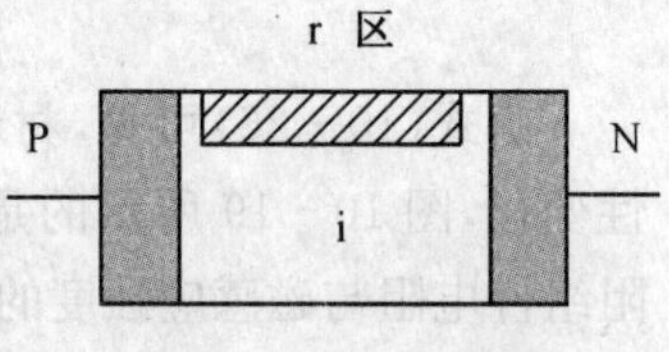

图 10－22 磁敏二极管结构

(2) 工作原理

在外磁场的作用下，流过半导体中的载流子受到洛伦兹力发生偏转。当磁场指向纸内，见图 10－23(b)，载流子偏转 r 区，由于 r 表面粗糙，电子和空穴的复合率变大。空穴和电子一旦复合就失去导电作用，意味着基区的等效电阻增大，电流减小。当磁场的方向改变后，见图 10－23(c)，载流子偏转到另一光滑面，电子和空穴复合速度变慢，基区的等效电阻变小，电流变大。利用磁敏二极管在磁场强度的变化下，其电流发生变化，于是就实现磁电转换。若在磁敏二极管上加反向偏压(P 区的负)，则仅有很微小的电流流过，并且几乎与磁场无关。因此，该器件仅能在单向偏压下工作。

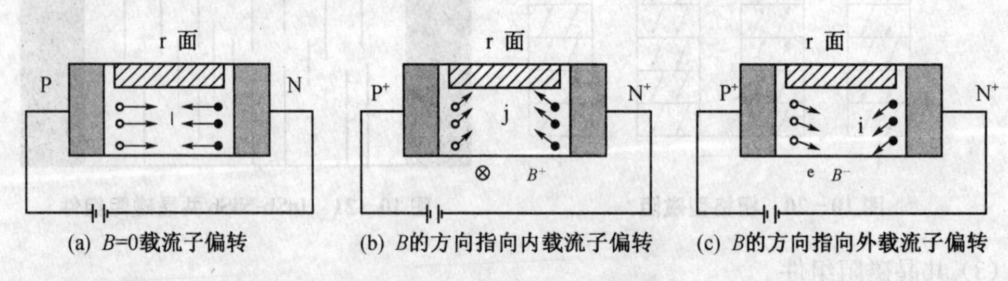

(a) B=0载流子偏转 (b) B的方向指向内载流子偏转 (c) B的方向指向外载流子偏转

图 10－23 磁敏二极管工作原理

2. 磁敏二极管的主要特性

(1) 伏安特性

磁敏二极管的伏安特性如图 10－24 所示，从图中可知，当磁感应强度不一样时，其伏安特性曲线不一样。当 $B\leqslant 0$ 时，曲线符合平方关系；当 $B>0$ 以后逐渐变为线性关系，曲线与普通电阻的欧姆定律接近。

图中 AB 为负载线，可见通过磁二极管的电流越大，灵敏度越高。在负向磁场作用下，二极管的电阻小，电流大。在正向磁场作用下，二极管的电阻大，电流小。

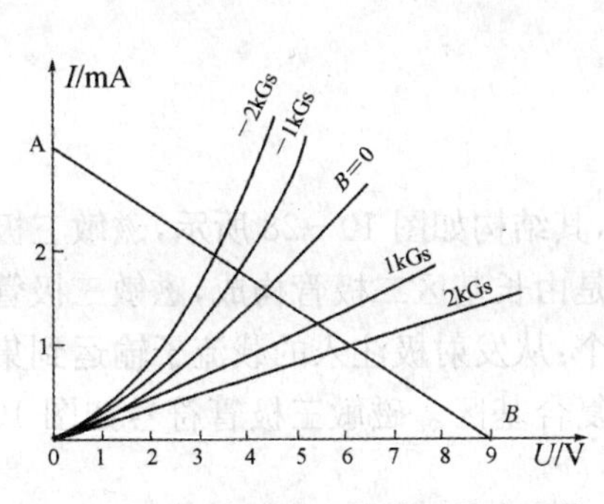

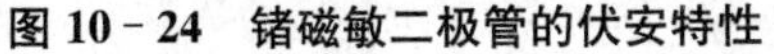

图 10－24　锗磁敏二极管的伏安特性

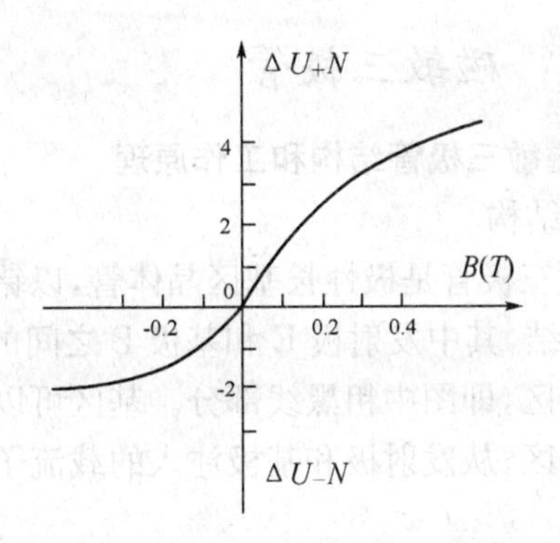

图 10－25　单个磁敏二极管磁电特性曲线图

（2）磁电特性

在确定的负载电阻条件下，磁敏二极管两端的输出电压与磁感应强度存在一定的关系。图 10－25 为磁敏二极管单个使用时的磁电特性曲线。输出电压与磁感应强度特性在正、负向磁场曲线对于原点是不对称的，也就是说，使用其测量正、负向磁场的灵敏度是不相同的。

将两只特性相同或相近的磁敏二极管，它们的高复合表面 r 相对或相背叠放，再串接于电路，如图 10－26 所示。当有外磁场时，由于两个管子对磁场的极性相反，组合器件的灵敏度是两只管子的灵敏度之和，它们磁电特性曲线对正、负向磁场对称，如图 10－27 所示。这种方法也称为互补方法。从图 10－27 可以看出，互补管在弱磁场下有较好的线性。

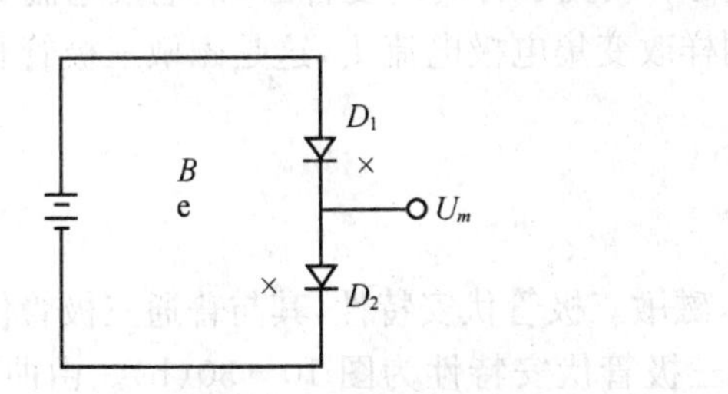

图 10－26　两个磁敏二极管互补连接方法

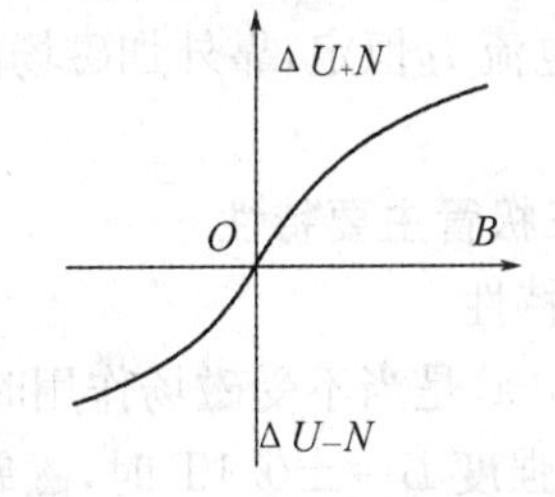

图 10－27　互补磁敏二极管磁电特性曲线

（3）磁敏二极管的温度特性

磁敏二极管受温度影响较大，对于锗磁敏二极管，在 0～40℃ 范围，输出电压的温度系数为－60 mV/℃；对于硅磁敏二极管，在－20～120℃ 范围，其输出电压温度系数为 10 mV/℃。另外，温度对磁敏二极管的磁灵敏度也有较大影响。锗管磁敏度温度系数为－1%/℃，在温度高于 60℃ 时，灵敏度很低，不能使用；硅管的磁灵敏度温度系数为－0.6%/℃，其 120℃时仍有较大的磁灵敏度。

（4）频率特性

磁敏二极管的频率特性由注入载流子在“基区”被复合和保持动态平衡的弛豫时间所决定。因为半导体的弛豫时间很短，所以有较高的响应频率。锗磁敏二极管的磁灵敏度截止频率为 2 kHz，而硅管可达 100 kHz。

10.3.2 磁敏三极管

1. 磁敏三极管结构和工作原理

(1) 结构

磁敏三极管是极性长基区晶体管，以锗管为例，其结构如图 10-28 所示，磁敏三极管有两个 PN 结，其中发射极 E 和基极 B 之间的 PN 结是由长基区二极管构成，磁敏三极管设置了高复合区，即图中粗黑线部分。基区可以分为两个：从发射极注入的载流子输运到集电极的输运基区；从发射极和基极注入的载流子复合的复合基区。磁敏三极管符号如图 10-29 所示。

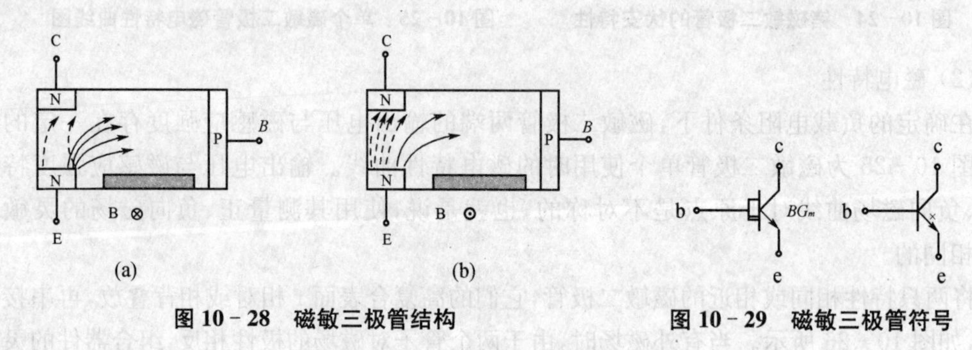

图 10-28 磁敏三极管结构 **图 10-29 磁敏三极管符号**

(2) 工作原理

图 10-28(a)表示在磁场 B 作用下，载流子受洛伦兹力而偏向高复合区，使集电极 c 的电流减少。图 10-28(b)是反向磁场作用下载流子背离高复合区，集电极电流 I_c增加。可见，即使基极电流 I_B恒定，靠外加磁场同样改变集电极电流 I_c，这是磁敏三极管和普通三极管不同之处。

2. 磁敏三极管主要特性

(1) 伏安特性

图 10-30(a)是当不受磁场作用时，磁敏三极管伏安特性，其与普通三极管伏安特性一样。当磁感应强度 $B=\pm0.1$T 时，磁敏三极管伏安特性为图 10-30(b)。由曲线可见，当 I_b不变时，改变磁感应强度 B 的大小和方向，电流 I_e都发生变化。

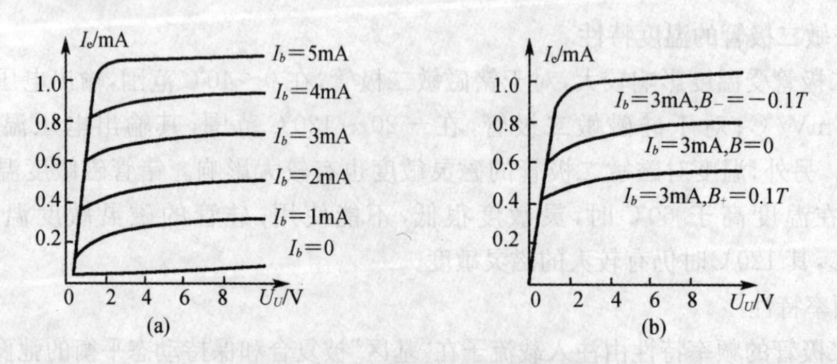

图 10-30 磁敏三极管伏安特性

(2) 磁灵敏度

磁敏三极管的磁灵敏度可以分为电流相对磁灵敏度和电压绝对磁灵敏度。电流相对磁

灵敏度是指在单位磁感应强度作用下，集电极电流变化的百分比，即

$$h_{i\pm}=\left|\frac{I_{CB\pm}-I_{C0}}{I_{C0}B_{\pm}}\right| \tag{10-27}$$

式中：I_{C0}为无磁场时的集电极电流；I_{CB}为磁感应强度为$B=\pm0.1\text{T}$时集电极电流；下标中的±号表示磁场的极性和相应的集电极电流。一般锗磁敏三极管集电极电流相对灵敏度为160%～200%/T，有的达350%/T；硅磁敏三极管平均为60%～70%/T，最大达到150%/T。

电压绝对磁灵敏度是指在单位磁感应强度作用下，输出电压的变化量，即

$$h_{u\pm}=\left|\frac{U_{B\pm}-U_0}{B_{\pm}}\right|=I_{C0}R_Lh_{i\pm} \tag{10-28}$$

U_0和U_B分别为$B=0$和$B=\pm0.1\text{T}$时的输出电压。测试在一定电源电压、一定基极电流和一定负载电阻R_L下进行。它与霍尔器件不同的是，磁敏三极管的磁灵敏度还与负载电阻有关。

(3) 温度特性

磁敏三极管的磁灵敏度对于温度的变化十分敏感。3ACM与3BCM型锗磁敏三极管为正温度系数，约0.8%/℃；3CCM型硅磁敏三极管为负温度系数，约−0.6%/℃。

从图10-31可知，温度对磁敏管的正向磁灵敏度影响不太大，对其负向磁灵敏度影响较大，当加负向磁场时，随温度升高，特性曲线与$B=0$的曲线相交，在交点的温度下，负向磁灵敏度为零，称为无灵敏度温度点。随着I_b的增大，无灵敏度温度点将变低。值得注意是，当温度高于无灵敏度温度点时，负向磁感应强度电流I_c与正向磁场强度的电流I_c相同，无法判断是负向磁场还是正向磁场。因此，无灵敏度温度点，是磁敏三极管磁灵敏度使用温度范围上限。3BCM磁敏三极管使用温度范围为−40～65℃，3CCM为−45～100℃。

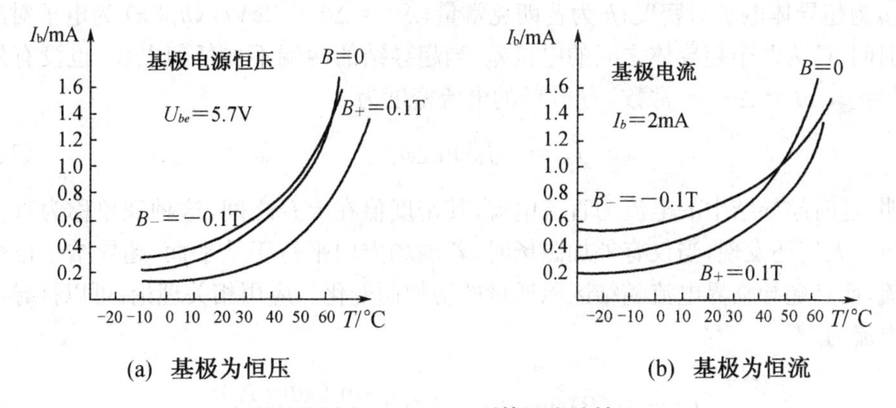

(a) 基极为恒压　　(b) 基极为恒流

图10-31　3BCM型管温度特性

(4) 频率特性

长基区磁敏三极管的截止频率主要取决于载流子渡越基区的时间。3CCM型硅磁敏三极管对可变磁场的响应时间约为0.4 μs，截止频率为25 MHz；3BCM型锗磁敏三极管对可变磁场的响应时间为1 μs，截止频率为1 MHz左右。

10.4　超导量子干涉器件

超导量子干涉器件是基于磁通量子化和约瑟夫森效应原理制成器件，它是目前探测微弱磁场最灵敏的器件，其对磁感应强度的分辨力可达 10^{-18} T 左右。SQUID 具有噪声低、响应速度极快、功耗极小的特点。因此，可用来测量微弱磁场、磁场稳定性和弱磁物质的研究。

10.4.1　约瑟夫森效应

在超导体中电子成对地结合在一起，以电子对的形式出现。当两块超导体之间夹有厚度很薄（10^{-7} cm 左右）的绝缘层时，两块超导体中的电子对，将从一超导体进入另一超导体，形成超导隧道电流，两边超导区的电子对的量子力学波函数，存在确定的相位关系，这种现象称为约瑟夫森效应。

1. 直流约瑟夫森效应

当两个超导体 A 和 B 之间距离较远时，超导体 A 中电子对波的相位和超导体 B 中电子对波的相位是互不相关的。当超导体 A 和超导体 B 之间距离减少到 1 nm 左右时，它们之间并有一绝缘薄层时，两个超导体中的电子对波，将有一定程度的耦合。两个超导体中的电子对波彼此制约，相位相互相关。此时，超导电子对就能隧穿绝缘层，形成超导隧道电流，两个超导体电子对波之间将有确定的相位关系。假设两个超导体形状相同，由同一种物质组成，则可认为两边超导体中的电子对密度相等和应用薛定谔方程，可以求得流过超导结的电流密度为

$$J_S = \pm J_0 \sin \Delta\theta \tag{10-29}$$

式中：$J_0 = 4eK\rho/(h/2\pi)$ 称为临界超导电流密度；e 为电子电量；K 为两个超导体的耦合系数；ρ 为超导体电子对密度；h 为普朗克常量；$\Delta\theta = \Delta\theta_0 + 2eVt/(h/2\pi)$ 为电子对的相位差；t 为时间；V 为两个超导体之间的电位差。当超导结的两端不加任何电压，也没有外磁场时，则 $V = 0, \Delta\theta = \Delta\theta_0 =$ 常数，超导结的电流密度为

$$J_S = \pm J_0 \sin \Delta\theta_0 \tag{10-30}$$

上式表明，这时超导结中的电流为直流电流，其密度值在 $\pm J_0$ 之间，这种现象称为直流约瑟夫森效应。人们还发现，当仅有外加磁场时，若磁场方向平行于结平面，超导结中也会出现直流电流，而且超导临界电流随结区磁通量的增加而变化。应用相关理论，可以推导出流过结的总电流为

$$I_S = I_0(B)\sin \Delta\theta_0 = I_c(0)\frac{\sin(\pi\Phi_J/\Phi_0)}{\pi\Phi_J/\Phi_0} \tag{10-31}$$

式中：$I_0(B) = I_0 \dfrac{\sin(\pi\Phi_J/\Phi_0)}{\pi\Phi_J/\Phi_0}$ 为外磁场为 B 时的临界电流；I_0 为无外场时临界电流；Φ_J 为超导结的有效截面积内的磁通量；$\Phi_0 = h/2e$ 为磁通量子；$I_c(0) = I_0 \sin \Delta\theta_0$ 为无外场时临界电流。临界电流 $I_0(B)$ 随结区磁通（Φ_J）的变化关系如图 10－32 所示。

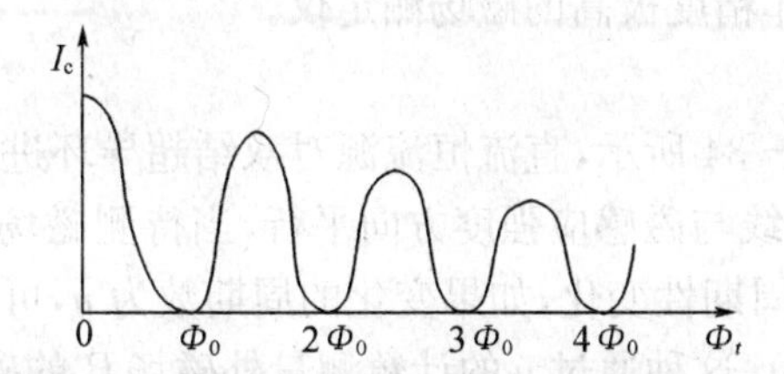

图 10－32　临界超导电流与超导结磁通量的关系

从图中可看出，它与光学中的单缝夫琅和费衍射图十分相似。因此，人们把这种现象称之为超导量子衍射现象，也称为单结磁衍射现象，是电子对波长程相干性的必然结果。图 10－32 表明，临界电流随结区磁通量的增加而减少，当结区的磁通量 Φ_I 等于磁通量子的整数倍时，即相位差 $\Delta\theta = n\pi$ 时，临界电流为零，可见临界电流随电子对的相位差变化而变化。

2. 交流约瑟夫森效应

若在超导结两边加一恒定电压 V，但无磁场时，由式(10－29)得到，超导结的电流密度为

$$J_S = \pm J_0 \sin(\omega t + \Delta\theta_0) \tag{10-32}$$

式中的 $\omega = 2eV/(h/2\pi)$，也称为约瑟夫森角频率。从式(10－32)可以看出，此时结中有频率为 ω 的交变电流流过。这种现象称为交流约瑟夫森效应，这种交变电流的频率称为约瑟夫森频率，其与超导结两端的电压 V 成正比。

10.4.2　超导量子干涉器件检测装置

1. 直流超导量子干涉器件

(1) 原理

直流超导量子干涉器件是由两个约瑟夫森结并联组成的超导环，如图 10－33 所示，设环的自感可以忽略，待测磁场垂直于环的平面，由于通过由 a 到达 2 路径中的磁场矢势方向，与通过 b 到达 2 路径中磁场矢势方向相反，电子对分别通过这两个路径后，有一个 $\Delta\theta = 2e\Phi_m/(h/2\pi)$ 的相位差(Φ_m 通过环路 | a2b | 的磁通)，在 2 点两个单结临界电流之间产生干涉效应，流过双结超导环临界电流的表达式(类似于光的双缝干涉公式)为

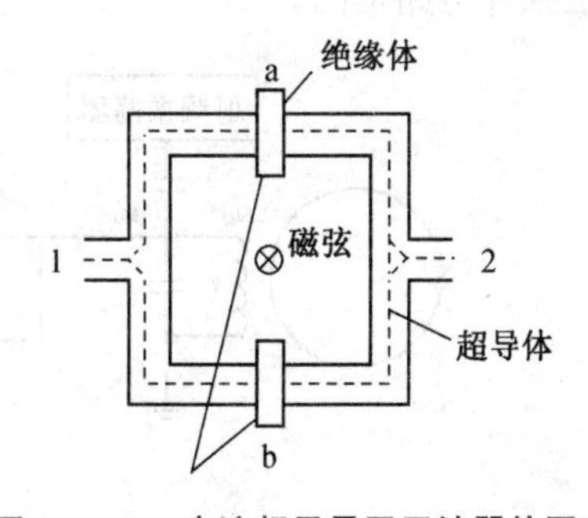

图 10－33　直流超导量子干涉器件原理

$$J = 2J_0 \sin\Delta\theta_0 \cos\frac{e\Phi_m}{(h/2\pi)} \tag{10-33}$$

式中：$\sin\Delta\theta_0$ 为单结衍射因子；$\cos\frac{e\Phi_m}{(h/2\pi)}$ 为双结干涉因子。当相因子 $\frac{e\Phi_m}{(h/2\pi)} = m\pi$($m$ 为整数）时电流为最大。当临界电流最大值变化一次，代表磁通 Φ_m 变化一个磁通量子值。故当环面积为 1 cm² 时，磁场的最小改变量约为 10^{-7} G 的数量级，这时有很精确的公认值。

因此可利用这种效应来制作精度极高的磁场测定仪。

(2) 测量电路

测量电路框图如图 10-34 所示，直流恒流源对双结超导环进行直流偏置。将超导环置于待测磁场，超导环面的法线与磁感应强度方向平行，当待测磁场从零增至与 B 过程中，超导环的输出信号 U 将出现周期性变化，如果变化的周期数为 n，可以求出外磁场的磁通量变化为 $\Phi_e = n\Phi_0(\Phi_0 = h/2e)$。这种通过 n 的计数测量外磁场 B 的磁强计称为计数式磁强计，对它的分辨率为一个磁通量子 Φ_0。为了提高信噪比，对测量信号进行锁相放大。低频振荡器向调制线圈输出频率为 f 的低频信号，通过调制线圈对超导环施加附加磁通量，其幅值稍小于 $\Phi_0/4$，附加磁通量对待测磁通 Φ_e 要进行调制。输出信号被放大后进入相敏检波器。相敏检波器依据由低频振荡器的信号解调为直流信号，即得 $U \sim \Phi_e$ 关系。

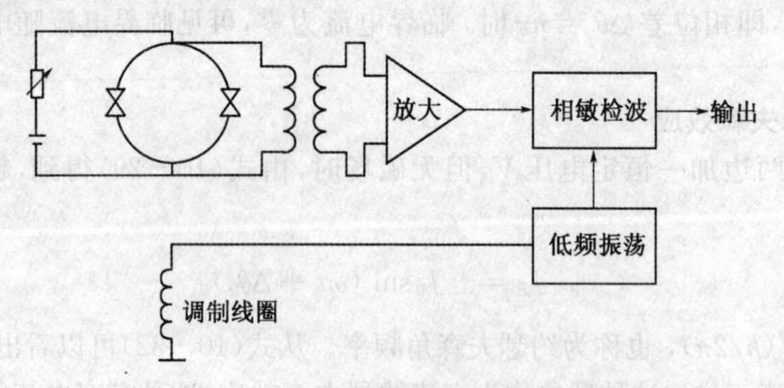

图 10-34　直流超导量子干涉器件测量电路

2. 射频超导量子干涉器件

射频超导量子干涉器件是只含一个超导结的超导环，在单结超导环中，除存在单结电流密度的宏观量子衍射现象以外，还存在磁通跃迁现象和回滞现象，其工作原理比较复杂，下面只简单介绍应用单结超导环测量磁场的锁定式射频超导磁强计原理，图 10-35 为射频超导磁强计电路框图。

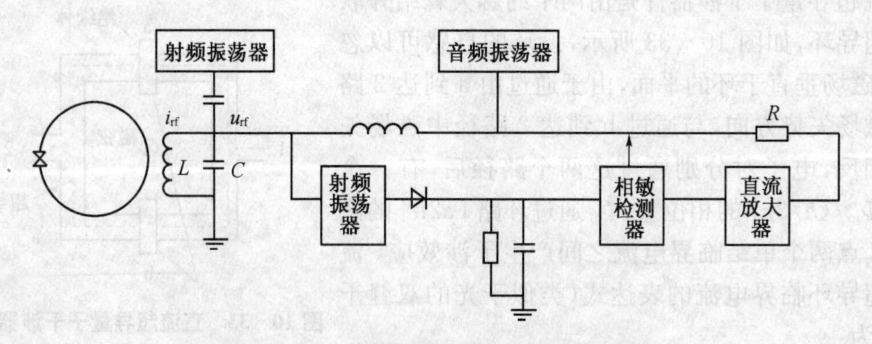

图 10-35　射频超导量子干涉器件测量电路

在单结超导环中无直流电源，在来自于射频振荡器所发射的电磁场作用下，超导环产生感生电流，射频感生电流 r_{rf} 正比于磁通 Φ_{rf} 的幅值。当有被测磁通 Φ_e 通过超导环，在超导环中还产生与 Φ_e 有关的感生电流。由于振荡电路 LC 与超导环耦合，振荡回路的输出电压 u_{rf} 与 Φ_{rf} 和 Φ_e 都有关系。当超导环中的电流稍大于临界电流 I_c 时，u_{rf} 为被测磁通 Φ_e 的周期函数，周期为磁通量子 Φ_0，经射频放大、检波之后，用电阻 R 反馈到振荡回路，由 R 上的压降就可得到被测磁场。在上面电路里，对振荡回路的输出电压 u_{rf} 进行音频调制，采用相敏检波器进行检波，提高仪器的信噪比。

10.5　磁通门式磁敏传感器

磁通门式传感器起源于二战时探雷和探潜的需要，由于它具有测磁灵敏度高、功耗低、结构简单、坚固小巧、使用灵活方便、工作稳定可靠和造价低廉等优点，被广泛应用于地磁研究、地震预报研究、探矿、星际间磁场测量和宇宙空间技术等领域。

10.5.1　磁通门式基本原理、结构和特点

1. 基本原理

磁通门现象也就是电磁感应现象，磁通门传感器的结构基本是变压器的结构。使用变压器效应的目的是对被测磁场进行调制，获得被测磁场。在高磁导率材料（坡莫合金）做成的铁芯上绕有激励线圈（相当于原线圈）和感应线圈（相当于副线圈）。激励线圈中通以一定频率、一定波形的交变电流进行激励，使铁芯往复磁化达到饱和。当铁芯处在直流（或极低频）外磁场中时，则铁芯中同时存在直流磁场和激励交变磁场。外磁场在铁芯中形成的磁通被交变磁场所调制，直流外磁场在一半周期内帮助激励磁场使铁芯提前到达饱和，而在另一半周期内使铁芯推迟饱和。在传感器的感应线圈输出电势中就会出现带有随被测量的磁场强度变化的信息。对被测磁场来说，好像是一道“门”，通过这道“门”，相应的磁通量即被调制，并产生带有被测量的磁场强度信息的感应电势。因此，采用这种特殊铁芯和工作方式，用于检测环境磁场的变压器式测量系统，被称为“磁通门”，其基本工作原理仍然是电磁感应。从本质上看，其特性和工作方式以及作用，与普通变压器显然相异。

2. 基本结构

磁通门传感器的铁芯对材料的要求是具有低矫顽力、低磁致伸缩、低损耗、高磁导率、高矩形比，一般采用高导磁率铁芯的玻莫合金材料。磁通门探头形状一般做成环型结构和柱形，如图 10－36 所示。W_e 为原线圈也是称为激励线圈，输入使铁芯饱和励磁磁化的交流电流；W_0 为副线圈也称为感应线圈，输出带有被测磁场的信息的激励电动势；W 为监测的线圈。环形铁芯与柱形铁芯相比，具有体积很小，空间分辨力高，闭合磁路使励磁电流比较小。

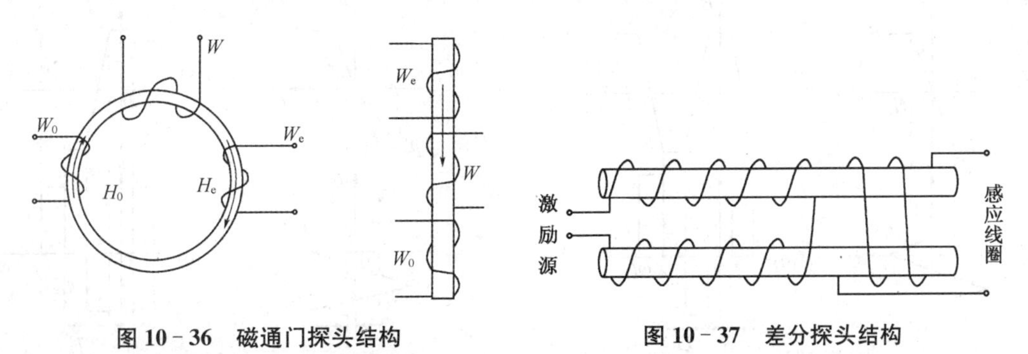

图 10－36　磁通门探头结构　　图 10－37　差分探头结构

磁通门传感器与变压器相比较，其感应线圈输出的被测磁场信号应相当微弱。为实现精确测量，磁通门传感器一般被设计成差分探头。差分探头可以消除变压器效应的感应电

势。如图 10-37 所示。激励线圈有两个部分，其绕线方向不同，激励电流所产生的磁场方向相反，在感应线圈中激励源产生感应电动势相互抵消，被测量磁场产生的信号相互叠加。

3. 技术主要特点

磁通门技术自形成以来，得到迅速发展和广泛的应用。其主要原因是它与传统的磁测量相比具有显著的优点和更优良的性能。

(1) 具有极好的矢量响应性能。能精确测量磁场矢量、标量、分量、梯度和角参数。

(2) 可以实现点磁测量。磁通门探头简单、小巧，现已出现外形尺寸仅为 2.5 cm×2.5 cm×2.5 cm 的空间对称结构的三轴探头。应用当今微机械技术，可实现微型化。

(3) 磁通门探头没有重复性误差、迟滞误差和灵敏阈值。非线性可通过系统闭环进行补偿，补偿到可以忽略的程度。系统信号零偏和标度因素梯度可调节、补偿和校正。因此，磁通门测量仪的精度主要取决于信号稳定度。

10.5.2 磁通门式传感器测磁方法

1. 测磁方法简介

使用磁通门测量磁场方法，目前尚无公认分类方法。如果从检测磁通门输出信号非对称的角度出发，可以分为峰差型、调相型和偶次谐波型。外磁场使磁通门输出的正、负脉冲信号的峰值发生非对称的变化，通过检测这种峰值的变化，实现对外磁场的测量，称为峰差型测磁方法；外磁场使磁通门输出信号的相位发生，通过检测相移测量外磁场，称为调相型测磁方法；根据外磁场使磁通门输出信号的波形发生非对称的变化而产生偶次谐波，其中主要分量是二次谐波，通过检测该二次谐波实现对外磁场的测量，也称为二次谐波测磁方法，这是目前磁通门测磁主要采用的方法，也是技术比较成熟的方法。

2. 二次谐波法机理

以环形探头磁通门为例，为了讨论问题方便，设铁芯的矫顽力极小(不考虑磁滞)，铁芯的磁滞回线用折线代替，如图 10-38(a)所示，当待测磁场 $H_0=0$ 时，如果在铁芯中交变励磁场 $H_e(\omega t)$为三角波，如图 10-38(b)所示。这时交变励磁场 $H_e(\omega t)$在铁芯中产生的磁感应强度 $B(\omega t)$曲线，如图 10-38(c)所示为梯形波。在感应线圈中将出现感应电压脉冲 $u(\omega t)$，如图 10-38(d)所示，由傅立叶级数知识可知，波形相对于原点对称，所以 $u(\omega t)$中只含有励磁磁场的奇次谐波分量，不含偶次谐波分量。

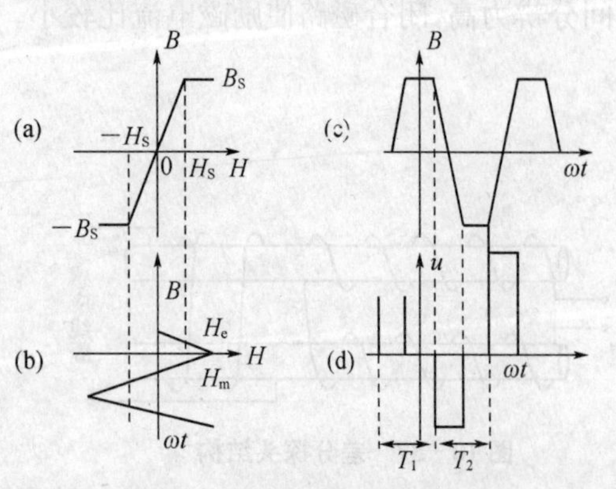

图 10-38 $H_0=0$ 时，铁芯中 $H_e(\omega t)$ 与 $u(\omega t)$ 关系

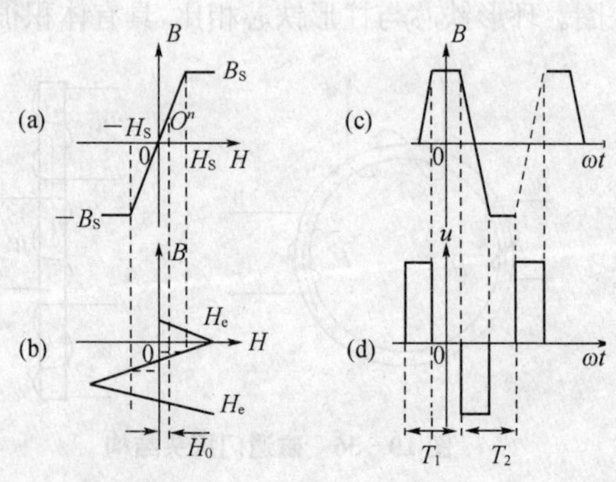

图 10-39 $H_0\neq 0$ 时，铁芯中 $H_e(\omega t)$ 与 $u(\omega t)$ 关系

当铁芯被叠加上直流弱磁场 H_0时，叠加在励磁磁场 H。工作点由被测磁场为零时，$B-H$曲线上的点，移到被测磁场为 H_0 时的O'点，如图 10－39(a)所示；相应的磁场$H_e(\omega t)$和磁感应强度 $B(\omega t)$曲线，分别如图 10－39(b)、(c)所示，它们的正、负半周不再对称。因此，在感应线圈的感应电压脉冲 $u(\omega t)$，波形不再关于原点，如图 10－39(d)所示。$u(\omega t)$中既含有励磁磁场的奇次谐波分量，又含有偶次谐波分量。把 $u(\omega t)$展为傅里叶级数，可得

$$u(\omega t)=-\frac{16NS\mu_d fH_m}{\pi}[\sin\frac{\pi(H_m+H_0)}{2H_m}\sin\frac{\pi H_s}{2H_m}\sin\omega t+\frac{1}{2}\sin\frac{2\pi(H_m+H_0)}{2H_m}\sin\frac{2\pi H_s}{2H_m}\sin 2\omega t+\frac{1}{3}\sin\frac{3\pi(H_m+H_0)}{2H_m}\sin\frac{3\pi H_s}{2H_m}\sin 3\omega t+\cdots] \tag{10-34}$$

式中：N、S 分别为检测线圈 W 的匝数和面积；μ_s为铁芯的微分磁导率；H_s为铁芯的饱和磁场强度；H_m为励磁磁场的幅值；H_0为被测直流磁场。

当 $H_m \gg H_0$ 时，对于奇数 n，则有

$$\sin\frac{n\pi(H_m+H_0)}{2H_m}=\begin{cases}+1, n=4m+1\\-1, n=4m+3\end{cases} \tag{10-35}$$

对于偶数 n，则有

$$\sin\frac{n\pi(H_m+H_0)}{2H_m}=\begin{cases}+\frac{n\pi H_0}{2H_m}, n=4m+4\\-\frac{n\pi H_0}{2H_m}, n=4m+2\end{cases} \tag{10-36}$$

式(10－35)、式(10－36)中，m＝0，1，2，…，由此可见，当有被测磁场 H_0时，感应线圈中感应电压的奇次谐波分量与 H_0无关；偶次谐波分量则与被测磁场 H_0成正比。由于二次谐波幅值大于其他偶次谐波幅值，所以通常用二次谐波电压来检测被测磁场 H_0。如果在测量中采用差分探头，如图 10－37 所示，在感应线圈中，感应电压的奇次谐波分量相互抵消，偶次谐波则相加，使灵敏度提高一倍。当取励磁磁场幅值 $H_m=2H_0$，可使偶次谐波电压幅值最大。

需要指出是，采用正弦波形磁场作为激磁磁场，也可以推出同样的结论。因为未饱和时段上余弦曲线与三角波斜线十分相近，只在饱和时段上二者才有明显不同。影响感应电势 e 的是激磁磁场在未饱和段的斜率。因此，把激磁磁场看作正弦波或三角波，并无多大区别。

励磁磁场的频率通常取 10 kHz～20 kHz，励磁磁场的频率太高会增大涡流损耗。

3. 二次谐波法测量电路

(1) 测量电路功能

磁通门探头输出信号是偶次谐波信号，其不能直接提供与被测物理量单一因素相对应的、直接进行显示、采集或控制的模拟电量。因而需要配备二次仪表的转换电路。尽管磁通门探头可以用于环境磁场的标量、矢量、梯度和差值，异常磁场、干扰磁场及其磁场源等多方面的检测，但是这些测量都是通过测量被测磁场在其轴向的分量实现的。因此，磁通门探头

所要实现的转换功能非常明确，就是将探头输出中的与被测磁场在其轴向的分量有关的信号检测出来，再转换成系统所要求的某种模拟电量。

磁通门电路所处理的信号方式有两种：一种是频谱法；另一种是谐波法。频谱法：将探头输出信号放大后，经过 A/D 转换，通过 DSP(或单片机)进行数字信号处理，得到二次谐波的数值。随着嵌入式微处理器的发展，这种处理方法已经逐渐被采用。目前广泛使用的谐波法有两种：一种是偶次谐波法，另一种是二次谐波法。当选择单铁心探头时，只能采用偶次谐波法，在电路中设置差值检波电路，消除所有奇次谐波噪声。此电路的动、静态特性都很差。当选择结构参数完全对称的双铁心探头时奇次谐波噪声可以彻底抵消，在实际电路上，这种选择是难以做到的。使用双铁心实际探头电路中输出信号的信噪比仍然较低，输出信号需要处理后，才能使用。

在二次谐波法检测电路中，还分为开环和闭环处理电路。开环电路：磁通门探头调制被测磁场转换成偶次谐波磁通门信号，磁通门电路选择其二次谐波分量并转换成模拟信号。磁通门开环电路的信号增益稳定度很差。系统精度很难达到 5%，当环境温度变化较大时，误差可超过 10%。闭环电路：为了克服开环电路增益稳定度很差的缺陷，将电路输出模拟信号反馈至设置在探头上的反馈线圈。反馈电流建立反馈磁场，抵消被测磁场的剩磁，使铁心工作在零场状态，这样就构成磁通门闭环电路。闭环系统提高了信号梯度的稳定度和线性度，拓宽了频带，但降低了分辨力。如果在前向通道设置积分器，还可构成一阶无差系统，改善动态性能。闭环使磁通门系统成为高精度测量系统。现在除了特别追求分辨力的应用场合，都尽可能采用磁通门闭环电路。

(2) 测量电路

二次谐波法测量电路的是由励磁、选频放大器(带通滤波器)、相敏解调器、积分滤波和反馈组成。如图 10-40 所示。

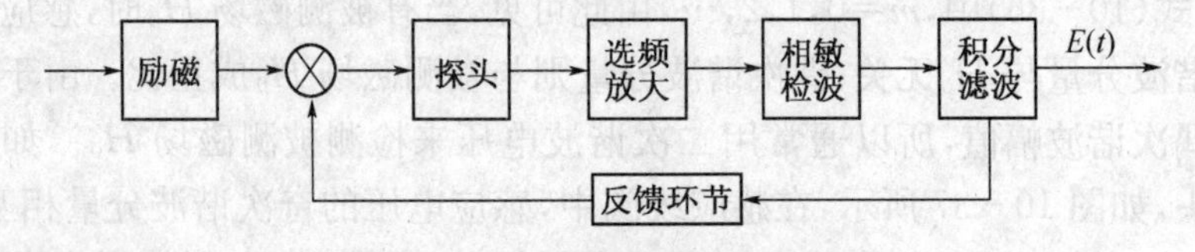

图 10-40 二次谐波法测量电路

① 励磁电路

磁通门探头励磁电路就是一个振荡电路。它包括频率源、分频和功率放大等电路。考虑到励磁频率与波形的变化，对探头的稳定性有较大的影响，一般选用石英晶体正弦波振荡器。石英晶振器振荡频率较高，采用分频方法获得探头所用的频率信号。功率放大电路是探头激磁电源关键组成部分，其性能是增益、相移和电压波形，并具有稳定度，且具有一定裕度。因为检测的信号是二次谐波，磁通门电路的励磁频率与相敏的基准频率必须准确保持 1∶2 的关系，而且相敏解调器控制信号和基准信号的相位一致。在电路中，相敏解调器的控制信号与激磁电源电压之间存在相位差，所以，与励磁电源电压同源的控制信号需要移相。只有当二次谐波分量信号与基准信号同相时，才能使通过相敏解调器时的效率最高，否则，效率就要降低。如果相差为 90°，效率降为零。图 10-41 所示是磁通门励磁电路。

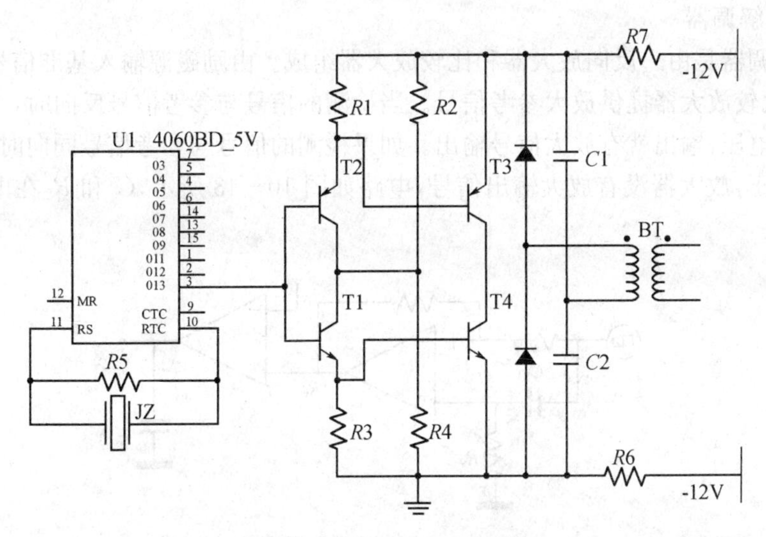

图 10 - 41　磁通门激励电路

在图 10 - 41 计数/振荡器集成电路中，CD4060BD 和电阻和石英晶振(2 MHz)，产生稳定的频率方波信号。其输出端分为两路，一路转换为探头激磁电源，其频率等于激磁磁场频率 f_1；另一路转换为相敏解调器基准信号源，其频率等于探头输出信号二次谐波分量频率 $2f_1$。通过调节电阻值，改变方波信号的相位，保证相敏解调器控制信号和基准信号严格同步。并采用低通滤波器，将方波转换为正弦波。

② 选频电路

由于探头噪声的基波和三次谐波恰好在信号二次谐波分量两侧，应当采用带通滤波电路，消除噪声。滤波器的设置会使磁通门系统的精度下降，因此，滤波器设计应考虑到以下几个方面的问题：(a) 品质因数不能过高，否则会出现振荡或增益不稳定。必要时可以多级滤波；(b) 滤波器所使用的电阻和电容，温度稳定性要好，高、低通截止频率或几级滤波器中心频率稍有交叉，牺牲一些选择性，这样做的目的，是为了防止有用信号通过滤波器时出现相移，影响后接相敏解调器的有效增益；(c) 磁通门探头和滤波器不能使用电感，电感组件会对探头测量产生干扰，如图 10 - 42 所示。

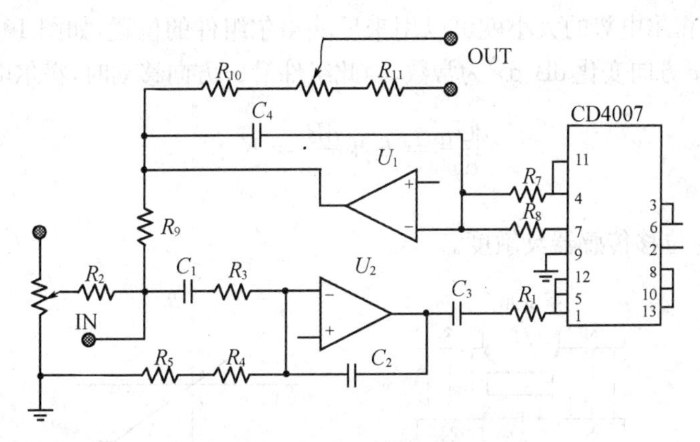

图 10 - 42　选频电路

③ 相敏解调器

相敏解调器是由一反向放大器和比较放大器组成。由励磁源输入基准信号经过反向放大器后，为比较放大器提供放大参考信号。当检测的信号与参考信号反向时，比较放大器输入端有输入电压，输出就有放大信号输出。如果检测的信号与参考信号同向时，放大器输入端无输入电压，放大器没有放大输出信号，电路如图 10－43 所示，C_9 和 R_9 在电路中起移相作用。

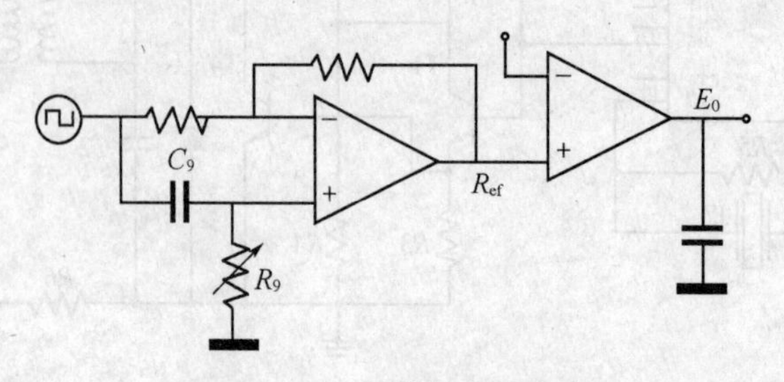

图 10－43　相敏解调器电路

④ 积分滤波电路

由于相敏解调器输出的是相敏整流脉动信号，经输出端滤波电容初步滤波后，仍为锯齿波信号，尚需经过平滑滤波。平滑滤波电路采用的是有源积分滤波器。

⑤ 反馈电路

磁通门探头本身不会产生零输入信号，通过反馈电流建立反馈磁场，抵消被测磁场剩磁，使铁心自动调零场。

10.6 磁敏传感器及其应用

10.6.1 霍尔传感器的应用

1. 位移传感器

当控制电流恒定时，霍尔电势与磁感应强度 B 成正比，若在磁场中霍尔组件磁感应强度 B 是位置的函数，则霍尔电势的大小就可以用来反映霍尔组件的位置，如图 10－44 所示。磁场在一定范围内沿 x 方向变化 $\mathrm{d}B/\mathrm{d}x$ 为常数，因此组件沿 x 方向移动时，霍尔电势的变化为

$$\frac{\mathrm{d}U_{\mathrm{H}}}{\mathrm{d}x}=k_{\mathrm{H}}I\,\frac{\mathrm{d}B}{\mathrm{d}x}=K \tag{10-37}$$

式中，$K=\dfrac{\mathrm{d}B}{\mathrm{d}x}$ 为位移传感器灵敏度。

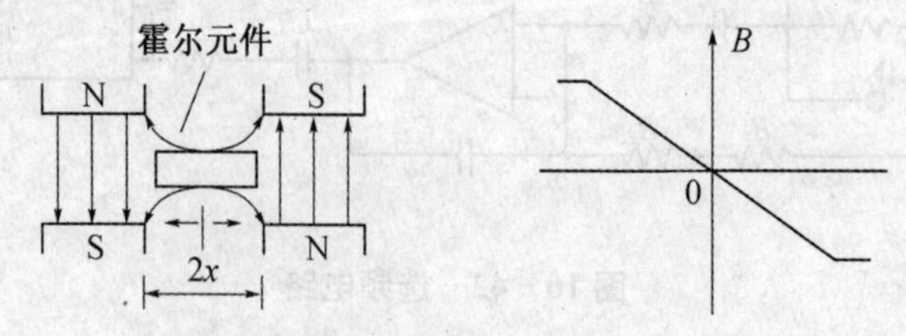

图 10－44　霍尔微位移传感器原理

式(10-37)的积分为

$$U_{\mathrm{H}} = Kx \tag{10-38}$$

式(10-38)表明霍尔电势与位移成正比。传感器的灵敏度 K,取决于磁场的梯度,梯度越大灵敏度越高。如设计的装置在其工作范围内,磁场梯度的大于 0.03 T/mm,传感器的分辨力可达 10^{-6} mm。组件位移的方向,决定霍尔电势的极性,输出线性度取决于磁场梯度均匀性。霍尔位移传感器可用来微位移、机械振动等测量。

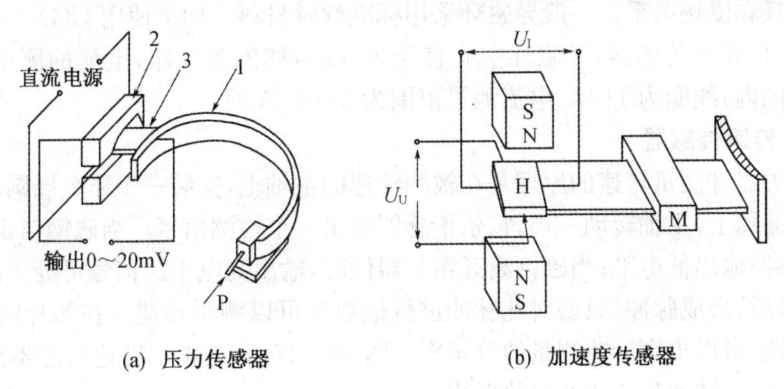

图 10-45　霍尔传感器

1—弹簧;2—磁铁;3—霍尔片

如果将霍尔传感器设置相应装置上,还可以用于其他相关量的测量。图 10-45(a)所示的是压力传感器,传感器由两部分组成:一部分是弹性组件,用来感受压力,并将压力转换为位移量;另一部分是霍尔器件和磁系统。通常将霍尔器件固定在弹性组件上,这样当弹性组件产生位移时,将带动霍尔器件在具有均匀梯度的磁场中移动,从而产生霍尔电势,完成将压力变换为电量的任务。图 10-45(b)所示的是加速度传感器。壳体上固定着均质弹簧片,在弹簧片的中部装有惯性块 M,其末端固定着测量位移的霍尔器件。在霍尔器件的上下方装有一对永久磁铁,它们的磁极性(N—N)相对安装。壳体固定在被测对象上,当它与被测对象一起做垂直向上的加速运动时,惯性块 M 在惯性力的作用下,使霍尔器件 H 产生一个相对于壳体的位移而产生霍尔电势,由霍尔电势值就可以求得加速度。

2. 电流测量

图 10-46 所示的是使用霍尔器件测量电流的装置,其工作方式是磁平衡式。通过被测电流 I_1的线圈 N_1,在导磁环中产生的磁感应强度为 B_1,嵌入导磁环中缝隙中的霍尔传感器检测磁场后,向放大器输出霍尔电势,放大器给反馈线圈 N_2提供 I_2电流。I_2电流在导磁环产生反向磁感应强度 B_2,I_2 使 U_{H} 电流总是为零。最后,在导磁环中达到磁平衡状态。根据电流和磁场强度的关系,在磁平衡状态时有

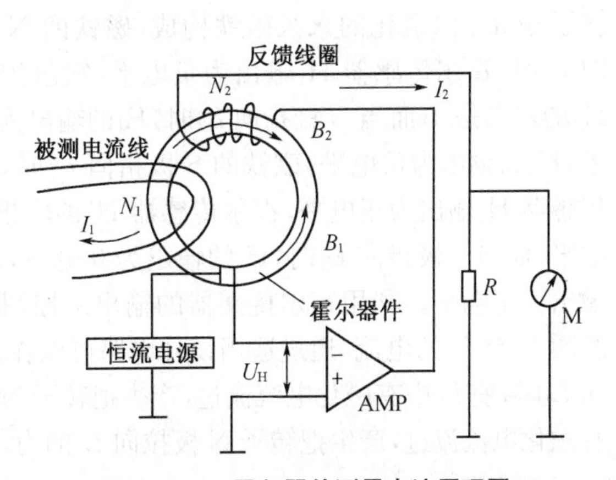

图 10-46　霍尔器件测量电流原理图

$$I_1N_1 = I_2N_2 \tag{10-39}$$

式中：N_1、N_2分别为被测电流线圈和反馈线圈的匝数。从式(10－39)得到，被测量的电流 I_1为

$$I_1 = \frac{I_2N_2}{N_1} \tag{10-40}$$

从上式可知，测电流仅与 N_1、N_2和 I_2有关，与温度和其他因素没有关系，改善了霍尔器件的温度关系和磁场关系。一般导磁环采用标准软磁材料。如果使用 UGN3501M(灵敏度为 14 mV/mT)霍尔传感器，导磁环中心直径 40 mm，线圈为 9 匝，电流的测量范围为 0～20 A电流范围内；线圈为 11 匝、电流测量范围为 0～50 A 时。

3. 霍尔转速传感器

霍尔开关器件测量转速的原理是在被测转速的主轴上，安装一个非金属圆形薄片，将磁铁嵌在薄片圆周上，主轴转动一周，霍尔传感器输出一个检测信号。当磁钢与霍尔器件重合时，霍尔传感器输出低电平；当磁钢离开霍尔器件时，输出高电平。信号可经非门(或施密特触发器)整形后，形成脉冲，只要对此脉冲进行记数就可以测得转速。在薄片圆周均匀的增加上多个磁铁，可以提高转速测量的分辨率。图 10－47(a)是霍尔转速传感器测量电路，图 10－47(b)为霍尔转速传感器的封装形式。

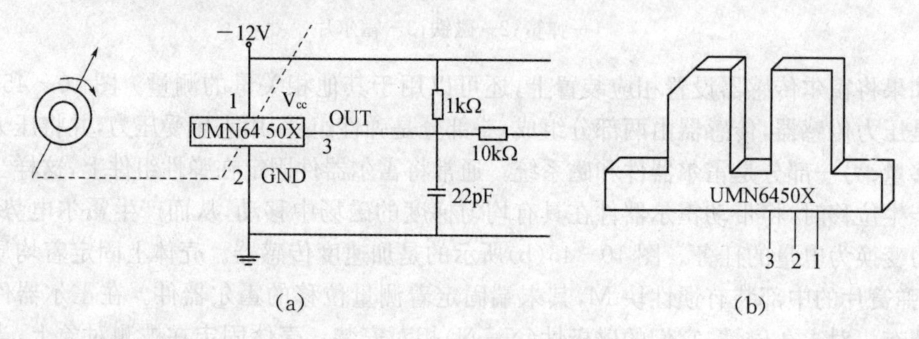

图 10－47 霍尔转速传感器

4. 霍尔无刷直流电机

图 10－48 所示是霍尔无刷直流电机的原理图。转子是由径向磁化的永久磁铁构成，磁铁的 N 极指向 L_1时，霍尔传感器 H_1输出为负电平，霍尔传感器 H_2的输出是 0；而当 N 极指向 L_2时，H_1的输出为 0 电平；H_2的输出为负电平，磁铁的 S 极指向 L_1时，霍尔传感器 H_1输出为正电平，霍尔传感器 H_2的输出是 0 电平；而当 S 极指向 L_2时，H_1的输出为 0 电平，H_2的输出为正电平。利用霍尔传感器的输出来控制通过线圈 L_1至 L_4的电流，通过适当设计电路可以在 N 指向 L_l时，使 L_2中有磁化电流流过，产生把转子 N 极拉向 H_2的力，而在 N 指向 L_2时，使 L_3中有磁化电流流过，产生把转子 N 极拉向 L_3的力，……，这样就可使转子不停地转动。

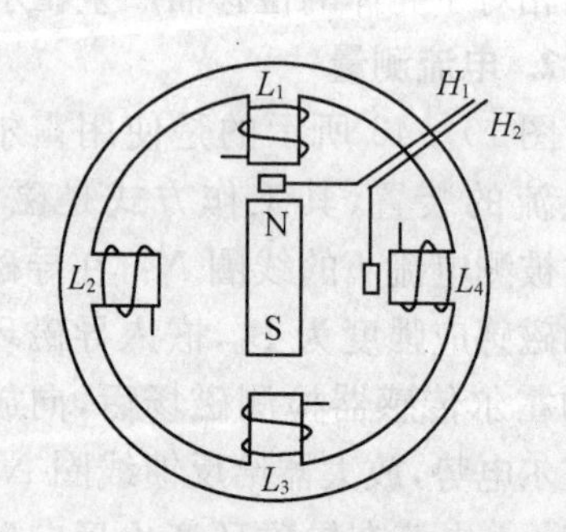

图 10－48 霍尔无刷直流电机的原理图

10.6.2　磁阻组件的应用

磁敏电阻的电阻值为 100 Ω 到几千欧，工作电压一般在 12 V 以下、频率特性好(可达千赫兹)。动态范围宽，信噪比高。从被测量信号角度上，将磁阻器件与霍尔器件比较，测量的都是磁感应强度，它们有许多共同使用范围。它们的不同点是霍尔电压只有毫伏数量级(几百毫伏)，而磁阻器件信号是伏级。磁阻器件只有两个电极，使用十分方便，另外作为无接触可变电阻器的应用是磁阻器件的独特优点。

1. 磁阻器件应用基本电路

图 10－49 是磁阻器件应用基本电路，图 10－49(a)是单个磁敏电阻的应用电路，磁敏电阻 R_M与电阻 R_P串联再接到电源 E_b上。R_p两端的输出电压 V_M即为

$$V_M = I_M R_P = \frac{R_P}{R_P + R_M} E_b \tag{10-41}$$

当 R_M随磁感应强度的变化时，输出电压 V_M也随着变化。这种结构是一种非接触式磁性分压器，具有分压作用，在机电有关的机构中广泛采用。在图 10－49(b)是两只性质相同的磁敏电阻 R_{M1}和 R_{M2}串联连接的电路结构。此电路具有温度补偿作用。

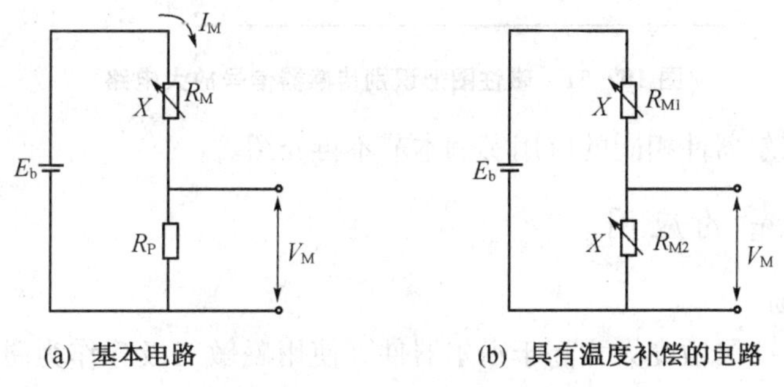

(a) 基本电路　　(b) 具有温度补偿的电路

图 10－49　磁阻器件的基本电路

2. 角度传感器

磁敏电阻非接触式角度传感器，如图 10－50(a)所示由两个半环形磁敏电阻和一个半圆形磁铁组成。半圆形磁铁与半环形磁敏电阻之间的间隙为 1/10 mm 数量级。磁铁处在不同的角度，两个磁阻的电阻值不同，相应的分电压比也发生变化。图 10－50(b)为电路原理图。传感器输出电压与角度关系，如图 10－50(c)所示，在 40～140°范围内具有很好的线性关系。

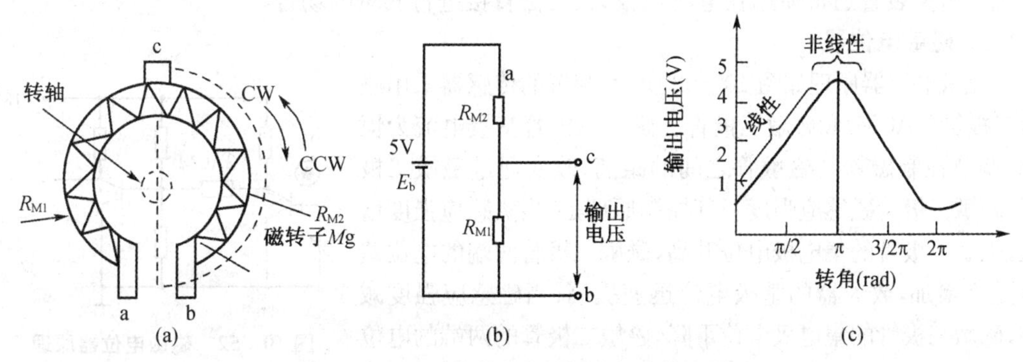

(a)　　(b)　　(c)

图 10－50　磁敏电阻非接触式角度传感器

3. 磁性图形识别传感器

纸币和重要的证件需要具有防伪和计算机识别功能。使用最多的是磁性识别技术，是在被识别物使用磁性油墨印制一些磁性图形。当这些带有不同磁性图形的被识别物，以一定速度通过磁敏电阻表面时，将有相对应的信号输出，通过计算机处理可以完成识别过程。图 10-51 所示是传感器输出信号放大电路。

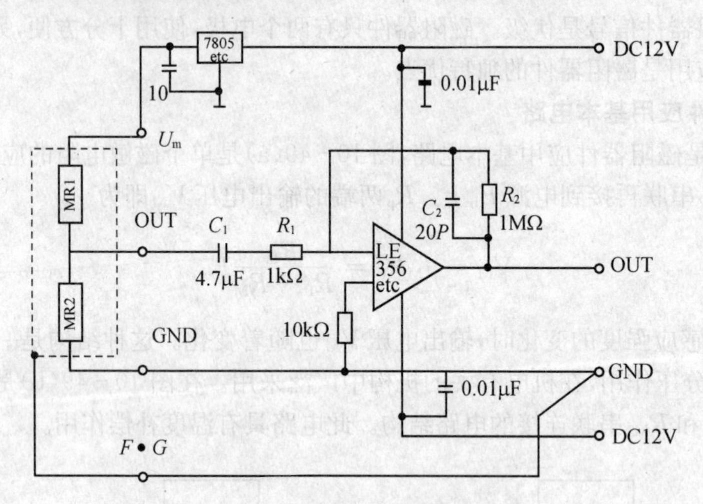

图 10-51　磁性图形识别传感器信号放大电路

磁敏电阻与霍尔器件相同的应用实例本节不再介绍。

10.6.3　磁敏管的应用

1. 测量弱磁场

磁敏三极管对磁灵敏度大大高于霍尔器件。使用磁敏三极管作为磁传感器，可用来进行弱磁场的检测，如剩磁、漏磁、地磁、弱磁体磁场的测量，它对磁场最小分辨可达 10^{-8} T。另外，磁敏三极管的磁传感器具有良好线性特性，在 $-0.1 \sim 0.1$ T 磁感应强度范围内，磁敏管输出基本上与磁感应强度 B 成正比。

2. 测量电流

磁敏管对电流进行测量的原理类似于霍尔器件，通电导线在其周围空间产生磁场，所产生磁场的大小与导线中的电流有关。磁敏管通过电流产生的磁场，从而测量出电导线中的电流。这类装置通常使用在电流值很大、无法直接进行测量的场合。

3. 磁敏电位器

磁敏电位器原理如图 10-52 所示，装置的传感器采用磁敏二极管(2ACM)和磁敏三极管。磁敏三极管基极电流为恒流，调节控制磁铁与磁敏管之间的距离，改变通过磁敏二极管、磁敏三极管磁感应强度。其控制原理是，当磁感应强度增大，磁敏三极管的集电极电位升高，磁敏二极管两端的电位差也随之增加，放大器的基极电位迅速提高；当磁感应强度减小，磁敏三极管的集电极电位下降，磁敏二极管的两端的电位

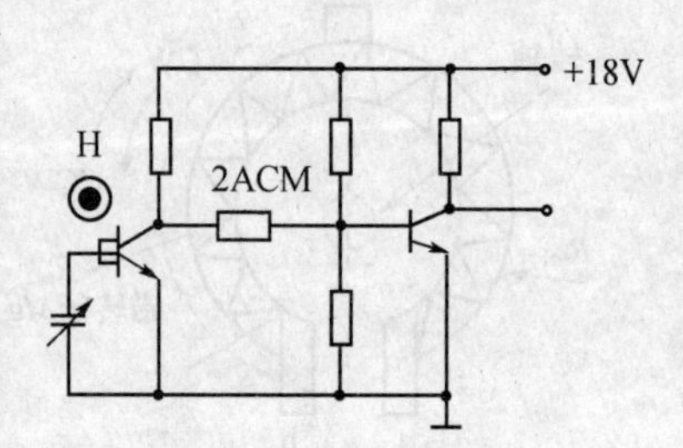

图 10-52　磁敏电位器原理

差也随之下降,放大器的基极电位迅速下降。当反向磁场出现时,电路无调节功能,限制反向磁场。磁感应强度变化范围 0～0.1 T,电路的输出电压在 0.7～15 V 之间连续变化,这样就等效于一个电位器,且无触点,因而该电位器可用于变化频繁、调节迅速、噪声要求低的场合,如电动车的无极调速和机床伺服机构的无极调速。

4. 漏磁探伤仪

磁敏二极管漏磁探伤仪原理如图 10－53 所示,将待测物(如钢棒 1)置于铁心之下,使之不断转动,在铁心线圈激磁后,钢棒被磁化。若钢棒上有裂纹,在裂纹处就出现泄漏磁通,探头将泄漏磁通量转换成电压信号,经放大器放大输出,根据指示仪表的示值可以得知待测棒的缺陷。

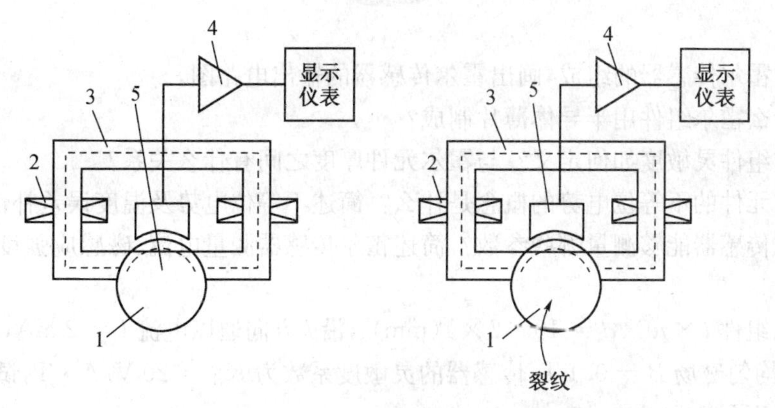

图 10－53　磁敏二极管漏磁探伤仪原理

1—激励线圈;2—铁心;3—放大器;4—磁敏二极管;5—探头

10.6.4　磁通门式传感器应用

磁通门技术应用广泛,磁通门器具种类繁杂。虽其直接测量的物理量只能是磁场强度,但它也可以用于非磁量的间接测量和控制。其中测量载体方位姿态角和电量的磁通门器具已经形成专用产品,其他非磁量磁测器具与测强仪器只有性能指标的区别。所以可将磁通门器具划分为测强、测角和测电三大类。

1. 磁通门测强技术

利用单探头磁通门,测量环境磁场总和在其探头轴向的分量;使用三探头使轴线构成三维坐标系,可以测量环境磁场总和的三轴分量,也可计算标量、矢量、磁倾角、磁偏角;使用磁通门还可以测量磁强的梯度测量仪和交流磁场。

2. 磁通门测角技术

利用探头与载体的纵、横、竖三轴保持一定关系,测量的地磁分量数据,通过数据处理,可以确定载体方位姿态。具有代表性的装置是摆式磁通门罗盘,将安装在载体上的磁通门探头悬吊在水平面内,并使其零位对准载体纵轴,便可根据磁通门信号确定载体纵轴与地磁子午线的夹角,即磁方位。如图 10－54 所示。在摆式磁通门罗盘原理基础上,配备适当机械机构计算机处理系统,可以制成摆式磁通门一方位

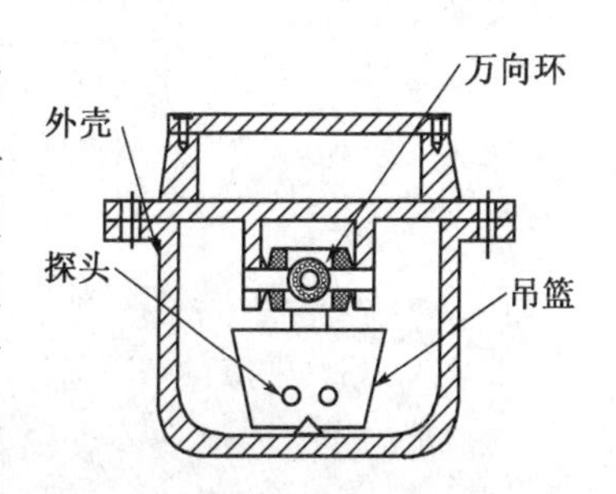

图 10－54　摆式磁通门罗盘

陀螺伺服系统和地磁—惯性方位姿态导航系统。

3. 磁通门测电技术

电信号直接输入在探头铁心上的信号线圈，探头将输出与被测电流或电压成比例的交流信号。显然，探头直接测量的仍然是磁场强度，但它不是环境磁场。可以在选用测量差分电路，消除环境磁场影响。利用磁通门测电技术制成电信号磁调制放大器、交流和脉动信号的变频放大器。

1. 简述霍尔传感器的组成，画出霍尔传感器的输出电路图。

2. 为什么霍尔组件用半导体薄片制成？

3. 霍尔组件灵敏度如何定义？与霍尔元件厚度之间有什么关系？

4. 霍尔元件的不等位电势的概念是什么？简述不等位电势及温度误差补偿的方法。

5. 霍尔传感器能够测量哪些参数？简述霍尔传感器测量电流、磁感应强度、微位移、压力的原理。

6. 霍尔组件 $l \times w \times d = 10 \times 2 \times 1(\mathrm{mm})^3$，沿 l 方向通以电流 $I = 2\,\mathrm{mA}$，在垂直于 lw 面方向加有均匀磁场 $B = 0.1\,\mathrm{T}$，传感器的灵敏度系数为 $K_H = 20\,\mathrm{V/A \cdot T}$，试求其输出霍尔电势及载流子浓度。

7. 将霍尔组件方在磁场中，得到 50mV 的霍尔电势，传感器的灵敏度系数为 $K_H = 20\,\mathrm{mV/mA \cdot T}$，传感器的控制电流为 60 mA。求磁场的强度，画出传感器的放置图，并标出磁场方向。

8. 采用分流电阻法对传感器进行温度补偿，传感器的霍尔电势温度系数 $\alpha = 2\%$，电阻温度系数 $\beta = 0.3\%$，在 27℃，霍尔组件的输入电阻为 $r_0 = 100$，求分流电阻值。

9. 在弱磁场下情况下，磁感应强度从 0 变化到 0.1 T，磁阻从 150 Ω 变化到 400 Ω，求磁阻平方系数。

10. 将磁阻 R_M 和电阻 $R_P = 1\,\mathrm{k\Omega}$ 按题图 10－55 连接，$E_b = 12\,\mathrm{V}$，磁感应强度为 0 T 时，$R_M = 800\,\Omega$ 磁感应强度从 0 变化到 0.08 T(弱磁场)，磁阻平方系数 50，求 V_M 电压变化范围。

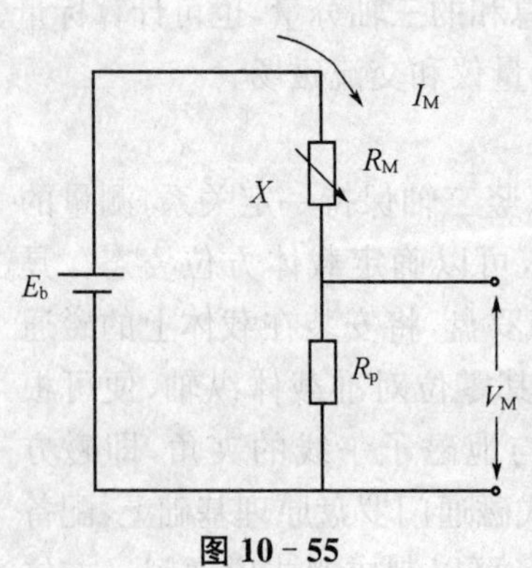

图 10－55

11. 磁敏二极管和磁敏三极管的主要用途是什么?

12. 磁敏三极管在无磁场时 $I_{C0}=10$ mA 集电极电流,磁感应强度为 $B=0.1$ T 时,集电极电流为 15 mA,求其电流相对磁灵敏度。

13. 简述磁敏三极管无灵敏度温度点的意义。

14. 简述磁敏二极管漏磁探伤仪工作原理。

15. 简述磁敏二极管和磁敏三极管的结构和工作原理。

16. 直流超导量子干涉器件和射频超导量子干涉器件,在结构上有什么区别。射频超导量子干涉器件的超导结中电流是如何输入的?

17. 简述磁通门式测磁传感器基本工作原理。

18. 差分磁通门式探头的工作原理。

第 11 章　气体传感器及其应用

气体传感器是指能将被测气体的类别、浓度和成分转换为与其成一定关系的电信号的装置或器件，用来提供有关待测气体的存在及其浓度大小的信息。气体传感器是气体检测系统的核心，通常安装在探测头内，探测头通过气体传感器对气体样品进行调理，通常包括滤除杂质和干扰气体、干燥或制冷处理、样品抽吸，甚至对样品进行化学处理，以便化学传感器进行更快速的测量。

气体传感器主要用于工业上天然气、煤气、石油化工等部门的易燃、易爆、有毒、有害气体的监测、预报和自动控制。气体传感器具有以下一些主要特性：

(1) 稳定性。稳定性是指传感器在整个工作时间内响应的稳定性，取决于零点漂移和区间漂移。零点漂移是指在没有目标气体时，整个工作时间内传感器输出响应的变化。区间漂移是指传感器连续置于目标气体中的输出响应变化，表现为传感器输出信号在工作时间内的降低。理想情况下，一个传感器在连续工作条件下，每年零点漂移小于 10%。

(2) 灵敏度。灵敏度是指传感器输出变化量与被测输入变化量之比，主要依赖于传感器结构所使用的技术。大多数气体传感器的设计原理都采用生物化学、电化学、物理和光学。首先要考虑的是选择一种敏感技术，它对目标气体的阈值限制或最低爆炸限的百分比的检测要有足够的灵敏性。

(3) 选择性。选择性也被称为交叉灵敏度，可以通过测量由某一种浓度的干扰气体所产生的传感器响应来确定。这个响应等价于一定浓度的目标气体所产生的传感器响应。这种特性在追踪多种气体的应用中是非常重要的，理想传感器应具有高灵敏度和高选择性。

(4) 抗腐蚀性。抗腐蚀性是指传感器暴露于高体积分数目标气体中的能力。在气体大量泄漏时，探头应能够承受期望气体体积分数 10～20 倍。在返回正常工作条件下，传感器漂移和零点校正值应尽可能小。

11.1　热导式气体传感器

每种气体都有固定的热导率，混合气体的热导率也可近似求得。由于以空气为比较基准的校正容易实现，所以，用热导率变化法测气体浓度时，一般以空气为基准比较被测气体。热导式气体传感器的基本测量电路是直流单臂电桥。热导率变化式气敏传感器一般不用催化剂，所以不存在催化剂影响而使特性变差的问题。它除用于测量可燃性气体外，也可用于无机气体及其浓度的测量，如皮拉尼(Pirani)真空计。

11.1.1　热线式气体传感器

图 11 - 1 是典型的热线热导率式气敏传感器及其测量电路，其中 R_1、R_2 可用不带催化剂的白金线圈制作，也可用热敏电阻。R_2 内封已知的比较气体，R_1 与外界相通，当被测气体

与其相接触时，由于热导率相异，R_1 的温度变化，R_1 的阻值也发生相应的变化，电桥失去平衡，电桥输出信号的大小与被测气体的种类或浓度有确定的关系。由于热线式气敏传感器的灵敏度较低，所以其输出信号小。这种传感器多用于油船或液态天然气运输船。

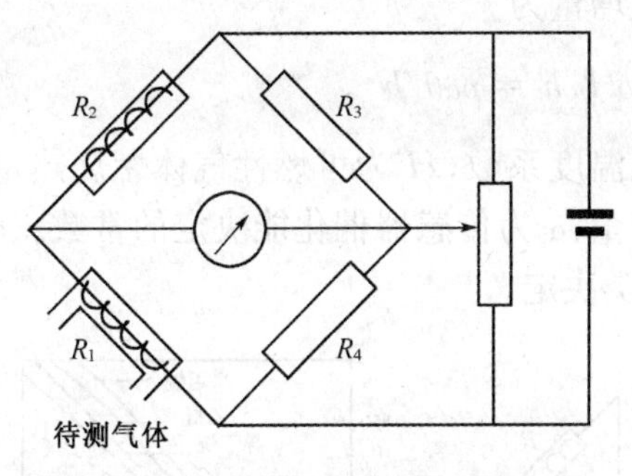

图 11-1　热线式气敏传感器典型电路

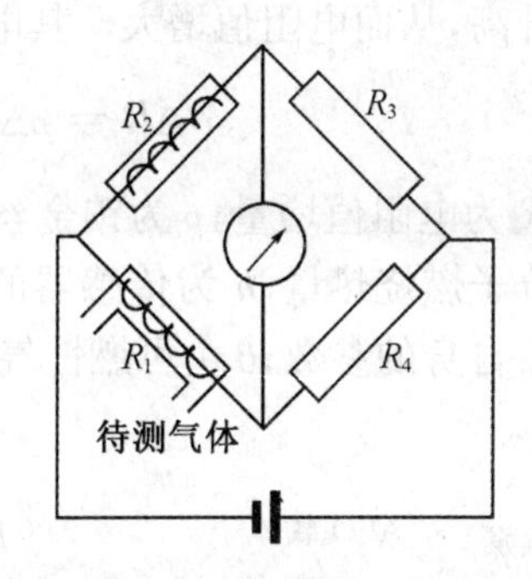

图 11-2　热敏电阻气敏传感器电路

11.1.2　热敏电阻气体传感器

热敏电阻传感器用热敏电阻作电桥的两个臂组成测量电桥，如图 11-2 所示。当热敏电阻通以 10 mA 的电流加热到 150～200℃时，R_1 一旦接触到甲烷等可燃性气体，由于热导率不同而产生温度变化，从而产生电阻值变化使电桥失去平衡。电桥输出信号的大小反映被测气体的种类或浓度。

11.2　接触燃烧式气敏传感器

一般将在空气中达到一定浓度、触及火种可引起燃烧的气体称为可燃性气体。表11-1列出了主要可燃性气体及其爆炸浓度范围。引起爆炸浓度范围的最小值称为爆炸下限；最大值称为爆炸上限。

表 11-1　典型可燃性气体的主要特性

待测气体		分子式	空气中的爆炸界限/Vol%	允许浓度/ppm	相对密度(空气=1)
碳化氢及其派生物	甲烷	CH_4	5.0～15.0		0.6
	丙烷	C_3H_8	2.1～9.5	1 000	1.6
	丁烷	C_4H_{10}	1.8～8.4		2.0
	汽油气		1.3～7.6	500	3.4
	乙炔	C_2H_2	2.5～81.0		0.9
	甲醇	C_2H_3OH	5.5～37.0	200	1.1
醇	乙醇	C_2H_5OH	3.3～19.0	1 000	1.6
醚	乙醚	C_2H_5O	1.7～48.0		2.6
无机气体	一氧化碳	CO	12.5～74.0	50	1.0
	氢	H_2	4.0～75.0		0.07

接触燃烧式气敏传感器结构与测量电路原理如图 11－3 所示，将铂金等金属线圈埋设在氧化催化剂中便构成接触燃烧式气敏传感器，见图 11－3(a)。一般在金属线圈中通以电流，使之保持在 300～500℃的高温状态，当可燃性气体与传感器表面接触，燃烧热进一步使金属丝温度升高，从而电阻值增大。其电阻值增量为

$$\Delta R = \rho\Delta T = \rho H/h = \rho\alpha\theta/h \tag{11-1}$$

式中：ΔR 为电阻值增量；ρ 为铂金丝电阻温度系数；H 为可燃性气体燃烧热量，θ 为可燃性气体的分子燃烧热量；h 为传感器的热容量；α 为传感器催化能决定的常数。ρ、h、α 为取决于传感器自身的参数；θ 由可燃性气体种类决定。

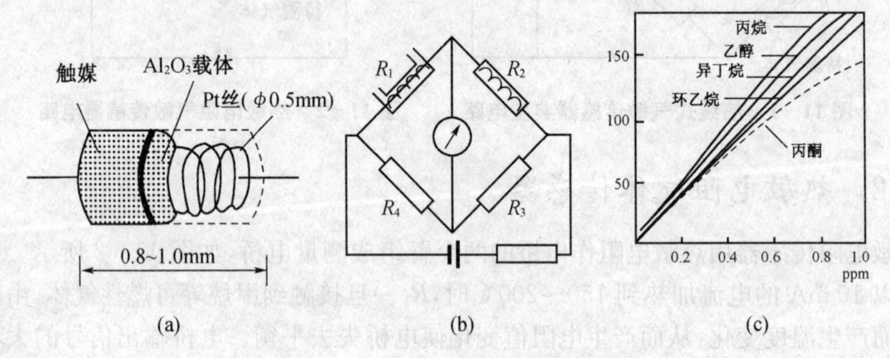

图 11－3　接触燃烧式气敏传感器

接触燃烧式气敏传感器测量电路如图 11－3(b)所示，R_1是气敏元件，R_2是温度补偿元件，R_3、R_4均为铂金电阻丝。R_1、R_2与 R_3、R_4组成惠斯通电桥，当不存在可燃性气体时，使电桥处于平衡状态；当存在可燃性气体时，R_1的电阻值增量 ΔR，使电桥失去平衡，输出与可燃性气体的种类或浓度成比例的电信号。图 11－3(c)是这种气敏传感器的几种典型特性曲线。

接触燃烧式气敏传感器的优点是对气体的选择性好，线性好，受温度、湿度等参数影响小，响应快。其缺点是对低浓度可燃性气体灵敏度低，敏感元件受催化剂侵害后其特性锐减，金属丝易断。

11.3　半导体气体传感器

11.3.1　半导体气体传感器及其分类

半导体气体传感器是利用半导体气敏元件同气体接触，造成半导体性质发生变化，以此检测特定气体的成分及其浓度。半导体气体传感器与其他气体传感器相比，具有快速、简便、灵敏等优点，因而有着广阔的发展前景。

表 11－2 给出了半导体气敏器件的分类，从表中看出，目前研究和使用的半导体气敏器件大体上可分为电阻式和非电阻式两大类。电阻式又可分成表面电阻控制型和体电阻控制型。非电阻式又可分为利用表面电位的、二极管整流特性的和晶体管特性的三种。

表 11-2　半导体气敏器件的分类

	物理特性	气敏元件举例	工作温度	检测气体
电阻型	表面电阻控制型	SnO_2,ZnO	室温～450℃	可燃性气体
	体电阻控制型	$\gamma-Fe_2O_3$ TiO_2	300～450℃ 700℃以上	乙醇、可燃性气体 O_2
非电阻型	表面电位	Ag_2O	700℃以上	硫醇
	二极管整流特性	Pb-CdS	室温～200℃	H_2、CO、乙醇
	晶体管特性	Pd-MOSFET	150℃	H_2、H_2S

电阻式半导体气体传感器用 SnO_2、ZnO 等金属氧化物材料制作敏感元件，利用其阻值的变化来检测气体浓度，常称半导体气敏电阻。气敏元件有多孔质燃结体、厚膜、以及薄膜等几种电阻式半导体传感器。根据气体的吸附和反应，利用半导体的功函数，对气体进行直接或间接的检测。正在开发的金属/半导体结型二极管和金属栅 MOS 场效应晶体管敏感元件，主要利用它们与气体接触后的整流特件以及晶体管作用的变化，制成对表面单位直接测定的传感器。

11.3.2　半导体电阻型气敏器件

电阻型半导体气敏元件的敏感部分是金属氧化物半导体微结晶粒子烧结体，它是由以金属氧化物为基体材料，添加不同物质在高温下绕结而成的，在烧结体的内部还装有测定电阻的电极。由于半导体材料的特殊性质，气体在半导体材料颗粒表面的吸附可导致材料载流子浓度发生相应的变化，从而改变半导体元件的电导率。气敏元件电阻值的变化是伴随着金属氧化物半导体表面对气体的吸附及释放而发生的。为了加速这种反应，通常在气敏元件中设置有加热器。加热器一般为加热丝结构，有的直接烧结在金属氧化物烧结体内，有的则放在烧结体的外部。在气敏元件的外部还装有不锈钢丝网罩对元件进行保护。用半导体气敏元件组成的气敏传感器主要用于工业上，如天然气、煤气、石油化工等部门的易燃、易爆、有毒、有害气体的监测、预报和自动控制。

1. 表面电阻控制型气敏器件

表面电阻控制型气敏器件是利用半导体表面因吸附气体引起半导体元件电阻值变化的特性而制成的一类传感器，多数以可燃性气体为检测对象，但如果吸附能力很强，即使非可燃性气体也能作为检测对象。这类传感器具有气体检测灵敏度高、响应速度快等优点，得到了较早的开发、研究和应用。表面电阻控制型气敏传感器的材料多数采用氧化锡、氧化铁等较难还原的氧化物，也有采用有机半导体材料的。为了提高气敏元件对某些气体成分的选择性和灵敏度，合成材料时经常会渗入一些催化剂，如钯(Pd)、铂(Pt)、银(Ag)等。

(1) 结构及原理

表面电阻控制型气体传感器的结构有烧结型、薄膜型、厚膜型以及多层结构型等。多孔质烧结体敏感元件如图 11-4(a)所示，是以多孔质 SnO_2、ZnO 等氧化物为基体材料，并在氧化物材料中添加激活剂以及黏结剂混合成型，采用传统制陶方法进行烧结，形成晶粒集合体后烧结而成。薄膜型敏感元件如图 11-4(b)所示，通常是以石英或陶瓷为绝缘基片，在基片的一面印上加热元件，在基片的另一面镀上测量电极，并利用真空溅射、化学气相沉积等工艺方法在绝缘基片上制作薄膜。厚膜型气敏元件如图 11-4(c)所示，一般是将传感器的氧化物材料如 SnO_2、ZnO 等粉末与适量的硅凝胶混合，然后将这种混合物印刷在事先安装有铂电极和加热元件的 Al_2O_3基片上，待自然干燥后再经 400～800℃温度烧结 1 h 而制成。厚膜型气敏元件不仅机械强度高，各传感器间的重复性好，适合于大批量生产，而且生产工艺简单，成本低。多层结构气敏元件如图 11-4(d)所示。

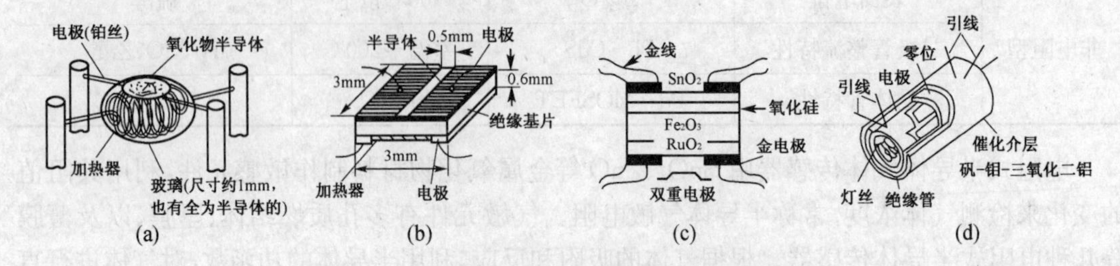

图 11-4　表面电阻控制型气体传感器的结构

为了加快气体分子在表面上的吸附作用，表面电阻控制型气敏传感元件需采用电加热器将器件加热到 150℃以上的温度下工作。根据不同的加热方式，半导体气敏元件又分为直热式和旁热式两种，直热式是将加热元件与测量电极一同烧结在氧化物材料及催化添加剂的混合体内，加热元件直接对氧化物敏感元件加热。旁热式传感器是采用陶瓷管作为基底，将加热元件装入陶瓷管内，加热元件经陶瓷管壁均匀地对氧化物敏感元件加热。

(2) 特性

采用敏感元件与基准电阻器串联，加外加电压，再根据基准电阻器上的电压值可求出气敏元件的电阻值。气体报警器就是利用测量的阻值变化作为蜂鸣器的报警信号。

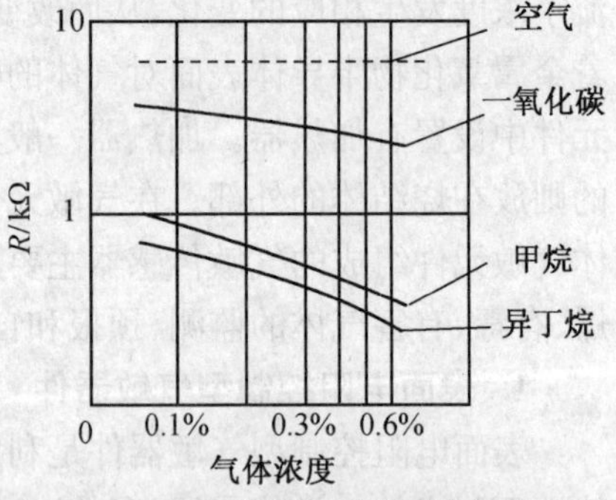

图 11-5　氧化锡气敏传感器阻值与被测气体浓度的关系

图 11-5 给出了氧化锡气敏传感器阻值与被测气体浓度的关系，气敏器件的阻值 R 与空气中被测气体的浓度 c 成对数关系变化，即

$$\lg R = m\lg c + n \tag{11-2}$$

式中：n 与气体检测灵敏度有关，除了随传感器材料和气体种类不同而变化外，还会由于测量温度和激活剂的不同而发生大幅度的变化；m 是随气体浓度而变化的传感器灵敏度，对于可燃性气体，$1/3 \leqslant m \leqslant 1/2$。

2. 体电阻控制型气敏器件

体电阻控制型半导体气敏器件与被检测气体接触时，引起器件体电阻改变的原因比较多。对热敏型气敏器件而言，在 600～900℃下，在半导体表面吸附可燃性气体时，被吸附气体将会燃烧，使器件的温度进一步升高，半导体的体电阻发生变化。另外，由于添加物和吸附气体分子在半导体能带中形成新能级的同时，母体中生成晶格缺陷，也会引起半导体的体电阻发生变化。利用这些特性可以检测各种气体。

目前常使用的有 $\alpha-Fe_2O_3$ 及 $\gamma-Fe_2O_3$ 气敏器件，其结构如图 11-6 所示。$\gamma-Fe_2O_3$ 或 $\alpha-Fe_2O_3$ 敏感材料，它们均属 N 型半导体，当其与还原性气体相接触时，由于表面受到还原作用转变为 Fe_3O_4，形成 Fe^{2+}，引起其电阻率 ρ 迅速下降，即元件的体电阻迅速下降，呈现气敏特性。进行这种转变时，晶体结构并不发生变化，使得这种转变又是可逆的，当被测气体脱离后又氧化而恢复原状态。它们之间的氧化-还原反应为

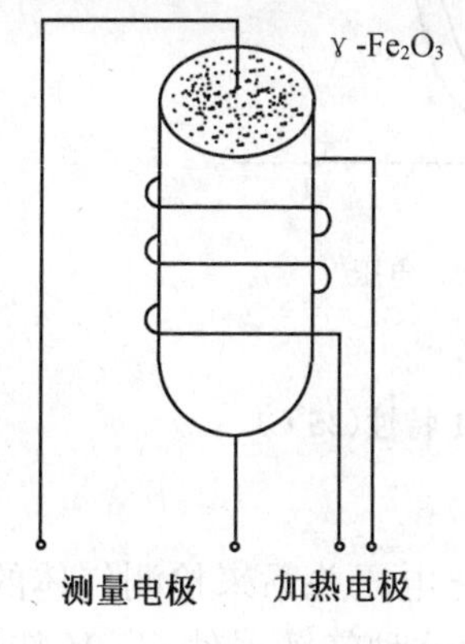

图 11-6　$\gamma-Fe_2O_3$ 气敏器件结构

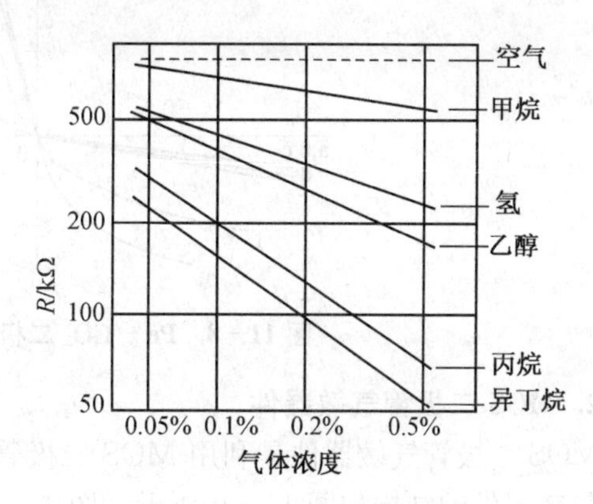

图 11-7　Fe_2O_3 气敏特性

$$\gamma-Fe_2O_3 \underset{\text{氧化}}{\overset{\text{还原}}{\rightleftharpoons}} Fe_3O_4 \tag{11-3}$$

$\gamma-Fe_2O_3$ 对丙烷、异丁烷等很敏感，但对甲烷不灵敏，而 $\alpha-Fe_2O_3$ 对甲烷和异丁烷都非常灵敏，对水蒸汽及乙醇都不灵敏。典型三氧化二铁气敏特性如图 11-7 所示。图中表明，它对异丁烷和丙烷很灵敏，这使得它可以作为家用燃气报警器，不会因水蒸气及乙醇的影响而发生误报警。由于 Fe_2O_3 系气敏元件对环境温度依存性小，抗湿能力强，寿命长，且不需使用贵金属作催化剂，是一种很有发展前途的元件。

11.3.3　非电阻控制型半导体气敏器件

除了上述的电阻控制型半导体气敏器件，目前还有一种非电阻控制型半导体气敏器件。这类器件虽然还未广泛应用，但由于可以利用半导体平面工艺，能做出小型、集成化、重复性、互换性和稳定性都很好的半导体气敏器件，受到日益重视。

1. 二极管气敏器件

当金属和半导体接触形成肖特基势垒时构成金属半导体二极管。在这种金属半导体二极管附加正偏压时，从半导体流向金属的电子流将增加；如果附加负偏压时，从金属流向半导体的电子流几乎没有变化，这种现象称为二极管的整流作用。如果在二极管的金属与半导体的界面吸附有气体且这种气体对半导体的禁带宽度有影响，则二极管的整流特性就会发生变化，根据这个原理就可以制作气敏传感器。

H_2 对钯-氧化钛二极管整流特性的影响如图 11-8 所示。图中，空气中 H_2 浓度为由 a→g 急剧增加，可以看出，在 H_2 浓度急剧增高的同时，正向偏置条件下的电流也急剧地增大。

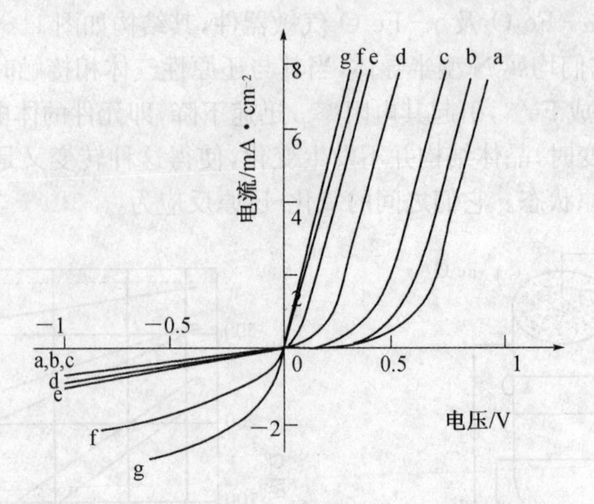

图 11-8　Pd-TiO_2 二极管的 *V*-*I* 特性（25℃）

2. MOS 二极管气敏器件

MOS 二极管气敏器件是利用 MOS 二极管的电容-电压关系来检测气体的敏感器件，这种气敏器件的结构如图 11-9 所示。图 11-10 表示这种气敏器件 *C*-*V* 特性的测试例子。同在空气中相比，在 H_2 中的 *C*-*V* 特性明显地有变化，并且 *C*-*V* 特性向左移动的程度随 H_2 浓度不同而不同，这是因为在无偏置的情况下，钯的功函数在 H_2 中低的原因。利用这种特性可以检测氢的浓度。这种 Pd-MOS 二极管气敏器件除了 H_2 以外，还对 CO 及丁烷也具有灵敏性。

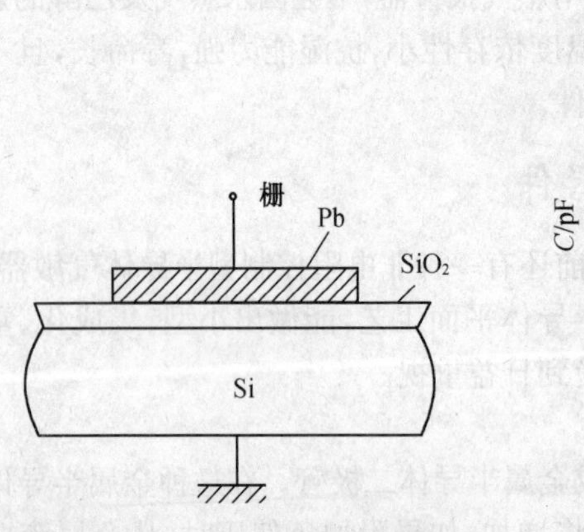

图 11-9　Pd-MOS 二极管气敏器件

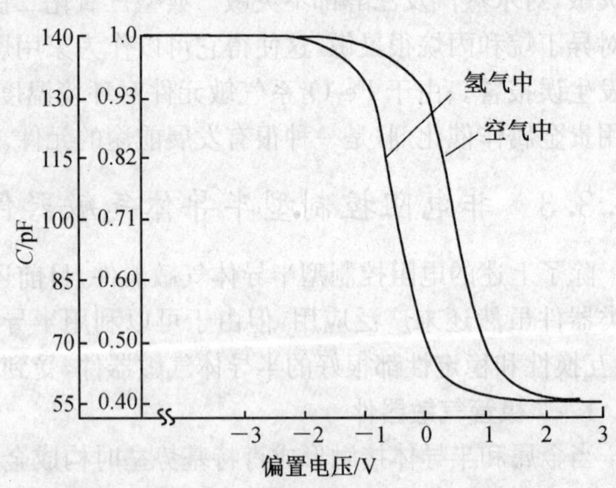

图 11-10　Pd-MOS 二极管的 *c*-*v* 特性

3. MOSFET 气敏器件

MOSFET 气敏器件具有产品一致性好、体积小、质量轻、可靠性高、气体识别能力强、便于大批量生产、与半导体集成电路有较好的工艺相容性等许多优点，日益受到人们的重视。

MOSFET 气敏器件是利用半导体表面效应制成的一种电压控制型元件，可分为 N 沟道和 P 沟道两种，N 沟道 MOSFET 气敏器件的结构如图 11-11 所示。

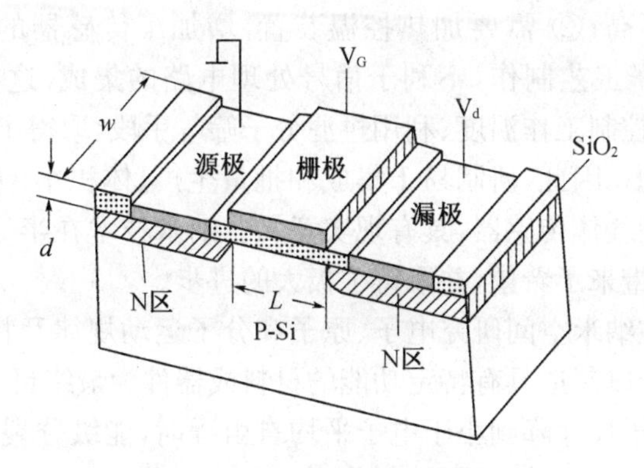

图 11-11　MOSFET 器件结构

MOSFET 气敏器件的漏极电流 I_D 由栅压控制。将栅极与漏极短路，在源极与漏极之间加电压 U，I_D 可由下式表示为

$$I_D = \beta(U - U_T)^2 \tag{11-4}$$

式中：U_T 为阈值电压，是 I_D 流过时的最小临界电压值；β 为常数。

对于钯-MOS 场效应管气敏器件，U_T 会随空气中所含 H_2 浓度的增高而降低，所以可以利用这一特性来检测 H_2。钯-MOS 场效应管传感器不仅可以检测 H_2，而且还能检测氨等可以或能够分解出 H_2 的气体。为了获得快速的气体响应特性，常使其工作在 120℃ 至 150℃左右温度范围内。

11.3.4　半导体气敏传感器的气敏选择性

选择性是检验化学传感器是否具有实用价值的重要尺度。欲从复杂的气体混合物中识别出某种气体，就要求该传感器具有很好的选择性。由前述可知，氧化物半导体气敏传感器的敏感对象主要是还原性气体，如 CO、H_2、甲烷、甲醇、乙醇等。为了能有效地将这些性质相似的还原性气体彼此区分开，达到有选择地检测其中某单一气体的目的，必须通过改变传感器的外在使用条件和材料的物理及化学性质来实现。

由于各种还原性气体的最佳氧化温度不同，因此首先可以通过改变氧化物传感器的工作温度来提高其对某种气体的选择性。例如，在某些催化剂如 Pd 的作用下，CO 的氧化温度要比一般碳氢化合物低得多，因此，在低温条件下使用可提高对 CO 气体的选择性。但对于 SnO_2 气敏传感器，在低温条件下不但对乙醇很敏感，对 CO 和 H_2 也很敏感，因此，仅通过改变传感器工作温度所能达到的气敏选择性是有限的，必须消除混合气体中与待检测气体无关的气体的干扰。其中一个很有效的措施是通过使用某种物理或化学的过滤膜，使单一的待检测气体能通过该膜到达氧化物半导体表面，而拒绝其他气体通过，从而达到选择性检测气体的目的。如石墨过滤膜，涂在厚膜氧化物传感器表面可以消除氧化性气体（如 NO_x）对传感器信号的影响。

11.3.5　纳米技术及 MEMS 技术在半导体气体传感器中的应用

半导体陶瓷气体传感器具有灵敏度高、结构简单、价格便宜等优点，得到了迅速发展，有相当数量的产品，至今已成为一大体系。但这类传感器存在着如下缺点：① 选择性差、灵敏度和精度低、稳定性不高；② 需要加热控温装置，增加了传感器的体积、功耗和复杂度；③ 不便用现行的微电子工艺制作，不利于信号处理电路的集成，这些都妨碍了它的应用。过去通过掺杂催化剂、控制工作温度、利用过滤分子筛等手段，取得了相当大的成功，但终究没有彻底解决这些问题。因此，研制易于集成和批量生产、体积小、无须加热、功耗低、可检测多种有机气体的新型气体传感器，具有现实意义。纳米技术在半导体陶瓷气体传感器中的应用，给这类传感器带来了希望，并取得了极大的进步。

纳米技术是一门在纳米空间研究电子、原子和分子运动规律及特性，通过操作单原子、分子和原子团、分子团，以制造具有特定功能的材料或器件为最终目的的一门技术。纳米材料有两大效应：一是粒子尺寸降到小于电子平均自由程时，能级分裂显著，这就是量子尺寸效应；另一个显著效应是表面效应，颗粒细化到一定的程度（100 nm 以内）后，粒子表面上的原子所占的比例急剧增大，当这些表面原子数量增加到一定程度，材料的性能更多地由表面原子，而不是由材料内部晶格中的原子决定，使之氧化还原能力增强，自身的催化活性更加活泼。当粒子进一步细化，将使粒子内部发生位错和滑移，所以纳米材料的性能多由晶粒界面和位错等表面缺陷所控制，从而产生材料表面异常活性。

典型的表面控制型气敏传感器由氧化锌、氧化锡等材料构成，敏感体表面在正常大气环境中，吸附大气中的活性气体氧气，以氧离子吸附形式塞积在晶粒间的晶界处，造成高势垒状态，阻挡载流子运动，使半导体器件处于高电阻状态，当遇到还原性气体如氢气、一氧化碳、烷类可燃性气体时，与吸附氧发生微氧化-还原反应，降低了吸附氧的体积分数，降低了势垒高度，从而推动载流子运动，使半导体器件的电阻减小，达到检测气体的目的。器件的表面活性越高，这种反应也就越激烈，器件的灵敏度、选择性也越好，这与纳米技术具有高活性的表面效应是相对应的。典型的体控制型传感器有 Fe_2O_3、钙钛矿型等气体传感器，它的机理为材料的内部原子也参与被检测气体的电子交换反应，而使之价态发生可逆的变化，所以粒子的尺寸越小，参与这种反应的数量和能量也越大，产生的气敏特性也就越显著，这种机理与纳米技术具有量子尺寸效应也是相适应的。往往一种传感器的气敏机理更多地表现为上述两种机理的组合。

MEMS 是微机电系统的缩写，主要包括微型机构、微型传感器、微型执行器和相应的处理电路等几部分，它是在融合多种微细加工技术，并应用现代信息技术的最新成果的基础上发展起来的高科技前沿学科，相对于传统的机械，它们的尺寸更小，最大的不超过一个厘米，甚至仅仅为几个微米，其厚度就更加微小。采用以硅为主的材料，电气性能优良，硅材料的强度、硬度和杨氏模量与铁相当，密度与铝类似，热传导率接近钼和钨。采用与集成电路类似的生成技术，可大量利用 IC 生产中的成熟技术、工艺，进行大批量、低成本生产，使性价比相对于传统机械制造技术大幅度提高。将 MEMS 技术应用到气体传感器领域，可以充分继承和发扬集成电路技术的巨大优势并得到微电子工业的强大支持，实现微型化、批量生产、高集成度、新颖的通用化的气体传感器结构，可以通过淀积不同的气体敏感薄膜而制作成不同的气体传感器。MEMS 气敏传感器要求其制造工艺与硅 IC 工艺相容，因此，传统气敏传感器的结构要作适当改变。

11.3.6　半导体气敏传感器测试电路

半导体气敏器件由于灵敏度高、响应时间和恢复时间短、使用寿命长、成本低，而得到了广泛的应用。目前，应用最广的是烧结型气敏器件，主要是 SnO_2、ZnO、$\gamma-Fe_2O_3$ 等半导体气敏器件。近年来薄膜型和厚膜型气敏器件也逐渐开始实用化。上述气敏器件主要用于检测可燃性气体、易燃或可燃性液体蒸汽。

气敏器件对各种不同气体的灵敏度特性可以用电路加以测量，烧结型 SnO_2 气敏器件基本测试电路如图 11-12 所示。

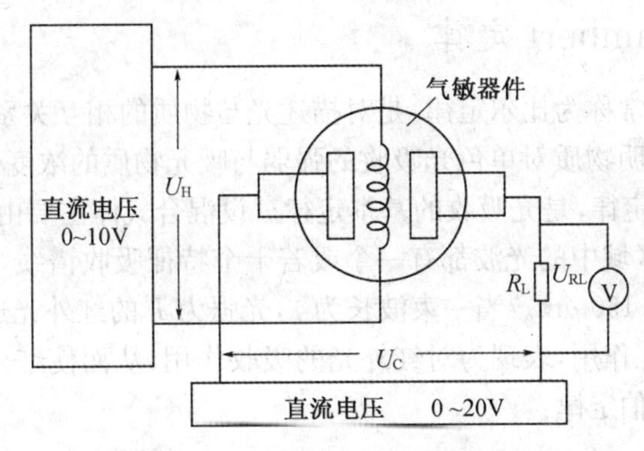

图 11-12　气敏器件测试电路

这是采用直流电压的测试方法。图中的 0～10 V 直流电源为半导体气敏器件的加热器电源，0～20 V 直流电源则提供测量回路电压 U_c。R_L 为负载电阻兼作电压取样电阻。从测量回路可得到回路电流 I_c 为

$$I_c = \frac{U_c}{R_s + R_L} \tag{11-5}$$

式中：R_s 为气敏器件电阻。另外，负载压降 U_{RL} 为

$$U_{RL} = I_c R_c = \frac{U_c}{R_s + R_L} R_L \tag{11-6}$$

从式(11-5)、式(11-6)可得气敏器件电阻 R_s，即

$$R_s = \frac{U_c - U_{RL}}{U_{RL}} R_L \tag{11-7}$$

可知半导体气敏器件的电阻 R_s 可由式(11-7)计算。同时，由于半导体气敏器件和某气体相互作用后，器件的 R_s 发生变化，U_{RL} 也相应地发生变化，从而能够知道有无某种气体的存在以及浓度的大小，达到检测某种气体的目的。图 11-13 表示半导体气敏器件 QM-N6 型半导体气敏器件的灵敏度特性，给出了 QM-N6 型气敏器件对不同气体的灵敏度。

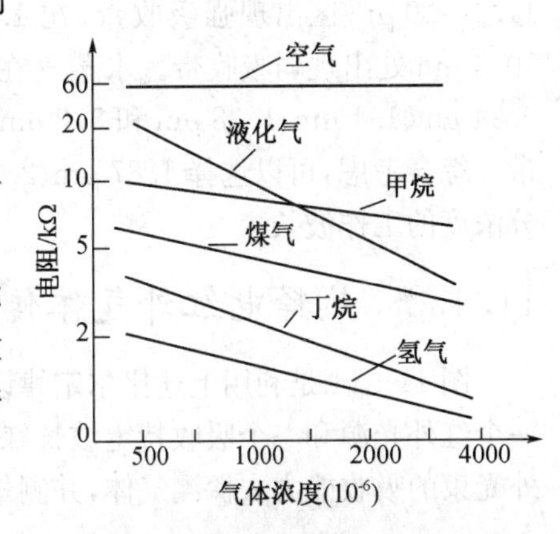

图 11-13　QM-N6 灵敏度特性

11.4 红外气敏传感器

当红外辐射通过被测气体时，其分子吸收光能量，不同气体对红外光有着不同的吸收光谱，某种气体的特征光谱吸收强度与该气体的浓度相关，非对称双原子和多原子分子气体（如 CH_4、CO、H_2、SO_2、NO 和 CO_2 等）在红外波段均有特征吸收峰。利用这一原理可以测量某种特定气体的浓度。气体分子对红外辐射有选择的吸收是红外传感器的设计基础。气体对红外辐射的吸收遵循比尔-朗伯(Beer-Lambert)定律。

11.4.1 Beer-Lambert 定律

比尔-朗伯定律通常称为比尔定律，是对描述光与物质的相互关系的麦克斯韦远场方程的简化描述，是用以说明物质对单色光吸收的强弱与吸光物质的浓度(c)和光通过气体介质的光程(l)间的关系的定律，是光吸收的基本定律。设混合气体主要由 CO、CO_2、H_2 等组成，每一种气体对于红外区域中的光波都有一个或若干个特征吸收谱线，例如甲烷的吸收谱线分别为 3.139 μm 和 7.160 μm。当一束波长为 λ，光强为 I_0 的红外光通过该混合气体，各气体分子将与红外光相互作用，表现为对红外光的吸收作用，从而使红外光线的强度减弱，其吸收关系服从比尔-朗伯定律：

$$I_\lambda = I_0 \exp(-\alpha c l) \tag{11-8}$$

式中：I_0 为入射光强；I_λ 为波长 λ(待测气体的振动吸收峰值波长)处的出射光强；α 为待测气体吸收系数；c 为待测气体浓度；l 为透射光路的长度。只要测得某一气体相对应的 I_λ、I_0、l，即可求得该气体的组分浓度。

工作波长的选择，是影响气体组分浓度测量结果可靠性的关键，它的选择方法和步骤如下：

(1) 尽可能全面地列出混合气体中存在的成分；

(2) 确定每种气体的辐射吸收波长，选定待测气体的特征波长为候选工作波长；

(3) 从候选工作波长中挑选出辐射吸收能力较强的作为正式工作波长。

例如对于某混合气体，其主要成分有 CO、CO_2、H_2O 等，其中 CO_2 在 2.7 μm、4.3 μm 及 11.4～20 μm 区出现强吸收带，在 1.4 μm、1.6 μm、2.0 μm、4.8 μm、5.2 μm、9.4 μm 和 10.4 μm 处出现弱吸收带。水蒸气在 1.87 μm、2.70 μm 和 6.27 μm 处出现强吸收带，在 0.94 μm、1.1 μm、1.38 μm 和 5.2 μm 处出现弱吸收带，CO 在 2.3 μm、4.6 μm 处有强吸收带。综合考虑，可以选择 1.87 μm、2.3 μm、4.3 μm 分别作为测量 H_2O、CO 及 CO_2 气体组分浓度的工作波长。

11.4.2 热释电红外气体传感器

图 11-14 是利用上述比尔定律设计的红外气体检测装置探测部分的简单示意图，它由一个红外光源和一个吸收特定波长红外光的气体传感器以及一个气腔组成，通过监控对红外光束的吸收能力去探测气体，并测量到它的浓度。

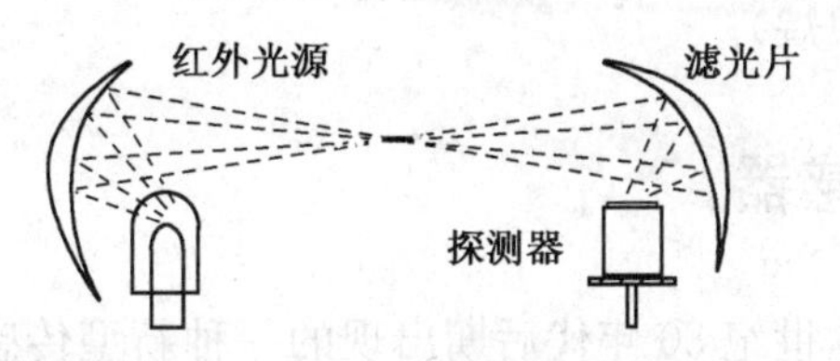

图 11-14　红外吸收示意图

如果一个特定波长的红外光与气体分子相互作用，它被一分子吸收的概率与厚度和吸收气体的浓度 c 成正比。设强度为 I_0 的光束通过 Δl 厚的气体介质，其强度将减少 ΔI，用公式表示为

$$\Delta I = -kIc\Delta l \tag{11-9}$$

其中，k 为比例常数，称为吸收系数。

根据比尔定律，对于长度为 L 的气室，气体探测器检测到的分子个数由强度比(I/I_0)所决定，这个比率是气体浓度的一个度量标准。通常情况下，通过检测这个光强的比值来检测浓度，设置适当的光电信号转换电路，最终求得一个与该比率相对应的电信号参量，结合一定的标定算法来求得浓度值。

检测红外光光强的传感器是该装置的关键器件，目前多使用热释电红外传感器。当受到热辐射而发生温度变化时，热释电材料介质的极化状态将随之变化，由于表面电荷的变化速度远小于内部电荷的变化速度，使得内、外层电荷出现“失步”现象，表面电荷在短暂时间内重新达到平衡状态时，将出现独立的电荷，这就是电介质的热释电效应。采用溶胶-凝胶法制作的热释红外气体传感器如图 11-15 所示，将锆酞酸铅敏感材料的上、下表面作为电极，表面上加一层黑色氧化膜作为红外吸收层，以提高红外吸收效率，采用双波长技术能够提高检测的准确度和灵敏度，并能消除外界环境因素带来的干扰，从而提高检测器的抗干扰能力。

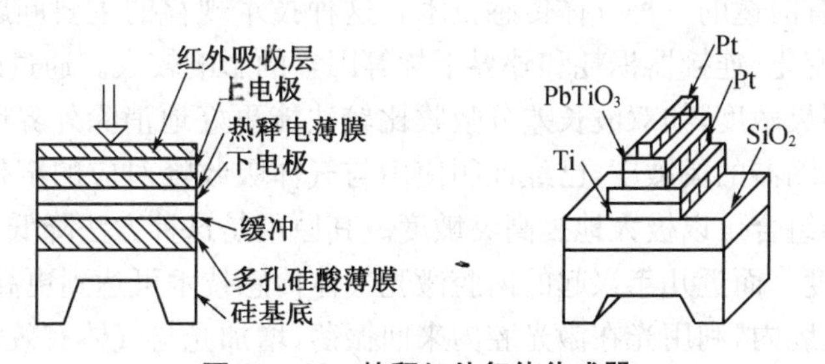

图 11-15　热释红外气体传感器

采用热释红外气体传感器，比目前普遍使用的载体催化型以及少量的热导传感器，具有如下独特的优点：① 不中毒，没有载体催化型传感器不可逆的中毒现象；② 寿命长，可高达五年；③ 有良好的选择性，利用气体特征吸收谱线原理选择性好；④ 体积小，可以制成便携式检测仪器；⑤ 精度高，红外瓦斯测量仪在 CH_4 气体浓度为 0～1 100%时的测量误差 ≤±0.10%；⑥ 量程宽，可在 0～4 100%和 0～9 919%浓度范围内自由切换。

在危险气体浓度检测领域，热释红外传感器将逐步代替载体催化型传感器。由这种传感器制作的气体检测仪器可以广泛应用于煤矿和石化等危险行业，特别适合于测量煤矿瓦斯气体浓度(主要成分是甲烷)。

11.5 光纤气敏传感器

光纤气体传感器是20世纪80年代后期出现的一种新型传感器,具有小型化、耐高温、抗腐蚀、成本低等优点,广泛地应用在工业控制、环境监测、医学应用、可燃性气体及毒性气体的实时监控等领域。特别是在一些恶劣环境下,光纤气体传感器表现出其他传感器无法比拟的优点,显示出其巨大的应用前景和市场潜力。

11.5.1 光谱吸收型气敏传感器

光谱吸收型气体传感器是最重要,也是最简单的一类光纤气体传感器,它利用气体的吸收光谱因气体分子化学结构、浓度和能量分布差异产生的不同进行检测,从而具有了选择性、鉴别性和气体含量的唯一确定性等特点。如果光源光谱覆盖一个或多个气体的吸收线,则光通过待测气体时就会发生衰减,输出光强 I_λ、输入光强 I_0 和气体的浓度 c 之间关系满足比尔-朗伯定理,即 $I_\lambda = I_0\exp(-\alpha cl)$,式中,$\alpha$ 为摩尔分子吸收系数;c 为气体浓度;l 为光和气体的作用长度(传感长度,单位:cm)。

上式可改写成以下形式:

$$c=-\frac{1}{\alpha l}\ln\left(\frac{I_\lambda}{I_0}\right) \tag{11-10}$$

若已知 α 和 l,通过检测 I_0 和 I_λ 即可得待测气体浓度 c;而通过确定吸收峰的位置可以进一步确定气体的种类,达到气体探测的目的。

与其他气体传感技术相比,这种传感技术具有测量灵敏度高,气体鉴别能力好,响应速度快,耐高温及耐潮湿能力强,气体传感探头(气体吸收盒)简单可靠以及易于形成网络等优点,因而是目前最有前途的一种气体传感技术。这种技术现存的主要问题是受光源强度的波动、光纤折射率变化,连接器损耗和外界干扰等因素的影响较大。通过改进测量方法可以提高传感器的探测灵敏度,如双波长差分吸收比较法能更好地消除外界因素的干扰。光源的选择也会影响探测器的灵敏度,已经证明使用与气体吸收峰对应的窄带激光器或宽带光源和梳状滤波器的组合可以极大地提高灵敏度。其原因是这种方法降低了背景噪声和模式噪声,提高了对比度。而近几年兴起的内腔激光气体传感技术可达到更高的灵敏度,它将气体吸收体放入激光腔内,利用光在激光腔内来回振荡,增加光与气体有效作用长度。

利用气体NIR吸收峰虽可对常见气体探测,但因其使用的不是吸收最强的特征谱线,探测灵敏度和精度有限。另外,该方法只能对在NIR区有吸收光谱的气体进行探测,而对在NIR区无吸收峰的气体如氯代烃类、氯氟化烃等则无能为力。近年来,中红外光纤技术的发展给人们提供了解决上述问题的手段,它使光纤的低损耗透射窗口与气体的特征吸收谱线相匹配,实现了气体吸收最强与传输损耗最小的统一。新一代中红外低耗光纤可以极大提高已有类型气体传感器的灵敏度,为实时在线检测环境、临床、食物及过程分析提供了有力的支持手段。

11.5.2　折射率变化型气敏传感器

在裸露纤芯表面或是端面涂敷一层与气体作用时折射率会发生变化的特殊材料，可引起波导的参数变化，如损耗、有效折射率、双折射等，运用强度模式或干涉等方法检测参数变化量就可实现对气体的成分和含量进行分析。

光波导以及光纤扰模理论可解释材料折射率和光纤光强间的相互作用。光纤光能的相对变化与介质折射率变化的关系：

$$\Delta I=\frac{E_1-E_0}{E_0}=y(A\cdot\Delta n+B+C) \tag{11-11}$$

式中：A 为光纤总弯曲角度；B 值大小由光纤包层和外界介质之间的界面缺陷以及外界介质的非均匀等因素决定；C 为外界介质对传播光的吸收造成光能的衰减；y 与微弯前后光锥夹角及光锥与光纤中心轴的夹角有关。

采用模式滤光检测法可提高这种传感器的灵敏度。传统方法是通过检测光纤端面处传输光的相对变化量来分析气体浓度，而模式滤光检测法则能检测光纤侧面光信号的变化。对两种测量方式而言，光强变化量是相同的，但模式滤光法背景光很小。这就意味着模式滤光测量法具有更高的信噪比和灵敏度，一般光纤模式滤光的信噪比是检测光纤末端出射光的信噪比的 10～100 倍。使用此法对甲苯进行检测可达到 0.03%(V/V)的探测极限，其他几种氯化物如二氯甲烷、氯仿、三氯乙烯的极限也可达到 1%以下，分别为 0.5%、0.2%、0.06%。此外，用静电自组织技术在多模光纤的端部制作聚合物光栅，可以很好地选择工作波长和参考波长，避免了吸收型气体传感器要求应用窄带光源的问题。

11.5.3　渐逝场光纤气体传感器

光在光密介质/光疏介质界面发生全反射时，并不是全部的光都反射回去了，而是在光疏介质中存在强度按指数规律衰减的渐逝场，其透射深度一般约为几个波长。光波导在光纤芯中传播时，包层中也存在以光轴为中心，向两侧迅速衰减的渐逝波。如果在渐逝场区域存在吸收介质(被测气体或燃料指示剂)，则全反射光能量减少，通过测量光能的衰减量就可以计算出气体的浓度，这就是用以测量气体浓度的渐逝场吸收探测器的受抑全反射原理。近些年渐逝场气体探测器得到了广泛的关注和快速的发展，主要归于其自身独特优点：传感长度比较长，结构稳定，有发展成为分布式及远距测量的探测器的潜力。

渐逝场光纤气体探测器的灵敏度主要取决于渐逝场能量占总能量的比例，比例越高，灵敏度也就越高。气体如果直接与裸露纤芯相互作用，因两者折射率相差很大，只有很小一部分能量分配到渐逝场，探测器灵敏度很低。在裸露纤芯表面加上氟化碳、多孔硅等多孔物质作为包层，由于这些物质的折射率只稍小于纤芯的折射率，因此会有很大一部分的光能量进入渐逝场区与气体相互作用，能提高探测器的灵敏度。此外，通过使用高阶波导模式或增加传感长度也可以提高探测的灵敏度。使用 D 型光纤也可以提高灵敏度，其结构如图 11-16 所示。

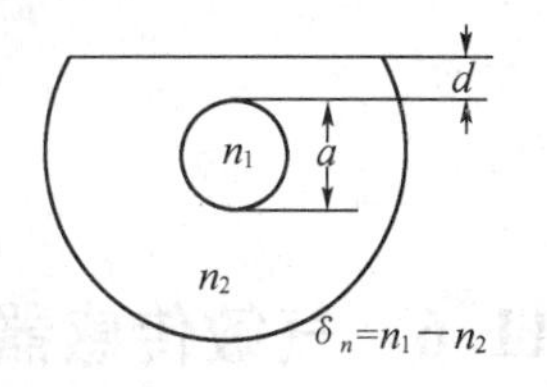

图 11-16　D 型光纤剖面

对于渐逝场传感器除了应采用几何优化的传感光纤外，最重要的是探寻适合于被测气体且敏感度高的敏感膜。例如，以基于铂/钯催化剂的 WO_3 薄膜制作的敏感介质的氢气探测器在室温附近有很高的氢气敏感度和线性传感特性，暴露于含 1%体积 H_2 的空气时有 75%的光强衰减。

11.5.4　光纤荧光气体传感器

荧光物质受特定波长激励光照射时，会产生波长大于激励波长的荧光，其波长差称为 strokes 位移。气体分子与某些荧光物质相互作用，导致荧光强度下降和荧光寿命减短，相应有两种传感机理：一是测量荧光的强度变化量；二是测量荧光的寿命变化量。其中第二种是基于气体分子对荧光的“淬灭”效应。若 I_0 和 I 分别表示没有和有气体时荧光的强度，τ_0 和 τ 为对应的荧光寿命，则气体的浓度和荧光的强度寿命之间的关系可以用 Stern-Volmer 方程来表示：

$$\frac{I_0}{I}=\frac{\tau_0}{\tau}=1+K_{sv}\cdot[c] \tag{11-12}$$

式中：K_{sv} 为 Stern-Volmer 系数；c 为待测气体的浓度。

由于荧光型气体传感器的激励光波长不同于吸收光波长，对荧光进行探测时可以达到较好的分辨率，从而提高探测器的灵敏度。在实际应用中应该选择 strokes 位移较大的荧光物质作为敏感物质。氧气荧光淬灭传感器是研究的较多和发展的较快的一种荧光气体传感器，它主要用于工业燃烧监测和医疗检查中。

光纤荧光气体传感器一般做成反射式结构，将荧光物质涂敷在单光纤的一端，激励光从另一端入射到荧光物质上产生荧光，受外界气体浓度调制的荧光再被端面反射回来被探测单元接收。使用单一光纤容易受到光源干扰以及端面散射的影响，如图 11-17(a)所示；选择双光纤将激励光波与荧光光波分离可以在一定程度上提高探测的精度和灵敏度，如图 11-17(b)所示。反射式探测器可以用浸渍了荧光物质的过滤膜作为传感元件，将荧光物质溶于某些表面活性剂、纤维素物质、溶水性高分子材料，然后涂于玻璃载玻片上可以取得比过滤纸更好的效果。

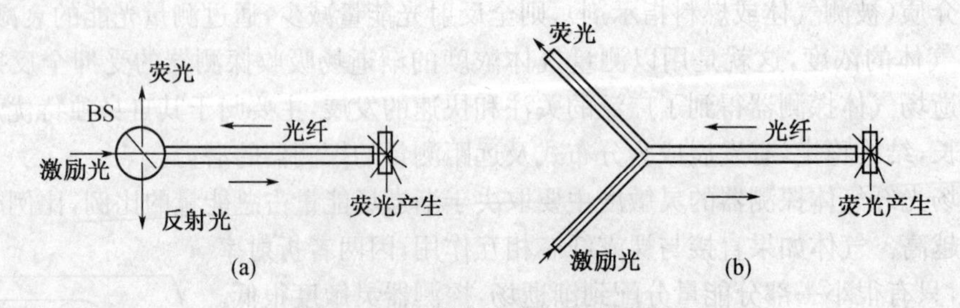

图 11-17　荧光光纤气体传感器

11.6　气敏传感器的应用实例

随着工农业的不断发展，易燃、易爆、有毒气体的种类和应用范围都得到了迅速的增加。这些气体在生产、运输、使用过程中一旦发生泄漏，将会引发中毒、火灾甚至爆炸事故，严重危害人民的生命和财产安全。由于气体本身存在的扩散性，发生泄漏之后，在外部风力和内部浓度梯度的作用下，气体会沿地表面扩散，在事故现场形成燃烧爆炸或毒害危险区，扩大了危害区域。为此必须在日常的生产中加强对这些气体进行监测，为此需要用到大量的气体传感器。表 11－3 给出了气体传感器的应用领域。

表 11－3　气体传感器的应用

气体分类	检测目标	应用场所
爆炸性气体	液化石油气、煤气 甲烷 可燃性煤气	家庭 煤矿 办事处
有毒气体	一氧化碳 硫化氢、含硫化合物 卤素、卤化物、氨气等	煤气灶 特殊场所 办事处
环境气体	氧气（防止缺氧） 二氧化碳（防止缺氧） 水蒸气（调节温湿度） 大气污染（SO_x、NO_x 等）	家庭、办公室 家庭、办公室 电子设备、汽车 温室
工业气体	氧气（调节燃料比） 一氧化碳（防止不完全燃烧） 水蒸气（食品加工）	发动机、锅炉 发动机、锅炉 电炊灶
其他	酒精、烟雾等	

11.6.1　家用气体报警电路

气体报警器可根据使用气体种类，安放于易检测气体泄漏的地方，这样就可以随时监测气体是否泄露，一旦泄漏气体达到危险的浓度，便自动发出报警信号。

图 11－18 是利用 QM－N6 型半导体气敏器件设计的简单而且廉价的家用气体报警器

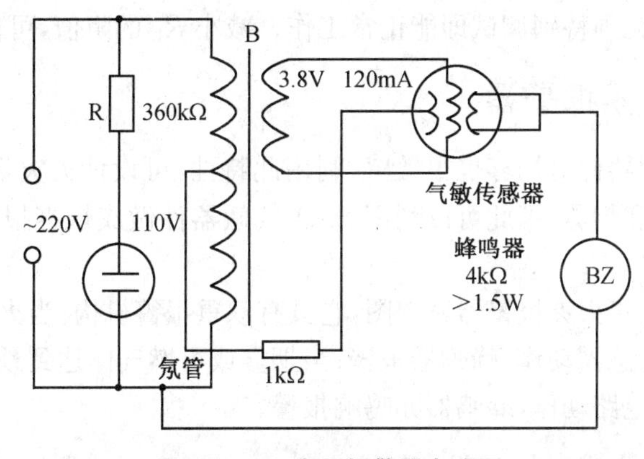

图 11－18　家用报警器电路图

电路图。这种测量回路能承受较高交流电压，因此，可直接由市电供电，不加复杂的放大电路，就能驱动蜂鸣器等来报警。这种报警器的工作原理是将蜂鸣器与气敏器件构成简单串联电路，当气敏器件接触到泄漏气体（如煤气、液化石油气等）时，其阻值降低，回路电流增大，达到报警点时蜂鸣器便发出警报设计报警器时，重要的是如何确定开始报警的浓度，一般情况下，对于丙烷、丁烷、甲烷等气体，都选定在其爆炸下限的十分之一。

11.6.2 煤气(CO)安全报警电路

图 11-19 是家用煤气(CO)安全报警电路，该电路由两部分组成。一部分是煤气报警器，在煤气浓度达到危险界限前发出警报。另一部分是开放式负离子发生器，其作用是自动产生空气负离子，使煤气中主要有害成分一氧化碳与空气负离子中的臭氧（O_3）反应，生成对人体无害的二氧化碳。

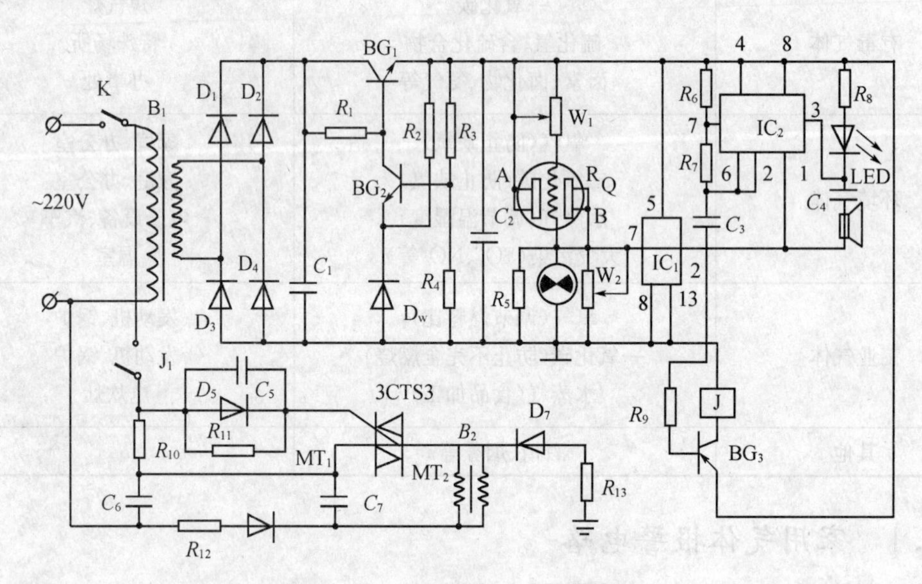

图 11-19　家用煤气安全报警电路

煤气报警电路包括电源电路、气敏探测电路、电子开关电路和声光报警电路。开放式空气负离子发生器电路由 R_{10}～R_{13}、C_5～C_7、3CTS3 及 B_2 等组成。这种负离子发生器，由于元件少，结构简单，通常无须特别调试即能正常工作。减小 R_{12} 的阻值，可使负离子浓度增加。

11.6.3 火灾烟雾报警器

烧结型 SnO_2 气敏器件对烟雾也很敏感，利用此特性，可设计火灾烟雾报警。在火灾初期会产生可燃性气体和烟雾，因此可以利用 SnO_2 气敏器件做成烟雾报警器，在火灾酿成之前进行预报。

图 11-20 是组合式火灾报警器原理图，它具有双重报警机构：当火灾发生时温度升高，达到一定温度时，热传感器动作，蜂鸣器报警；当烟雾或可燃气体达到预定报警浓度时，气敏器件发生作用使报警电路动作，蜂鸣器亦鸣响报警。

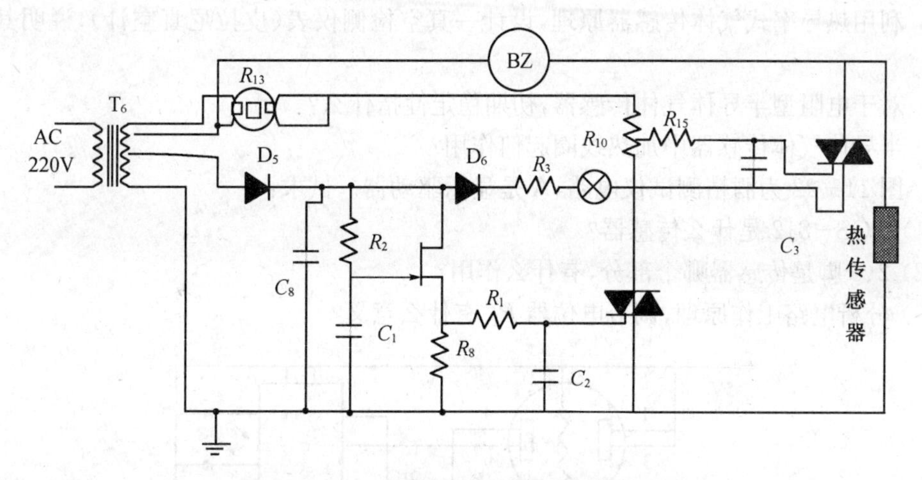

图 11－20　气敏热敏火灾烟雾报警电路

11.6.4　酒精探测器

图 11－21 是利用 SnO_2 气敏器件设计的携带式酒精探测仪电路原理图，拉杆用来接通 12 V 直流电源，经稳压后供给气敏器件作加热电源和工作回路电源。当探测到酒精气体时，气敏器件阻值降低，测量回路有信号输出，在 400 μA 表上有相应的示值，确定酒精气体的存在。

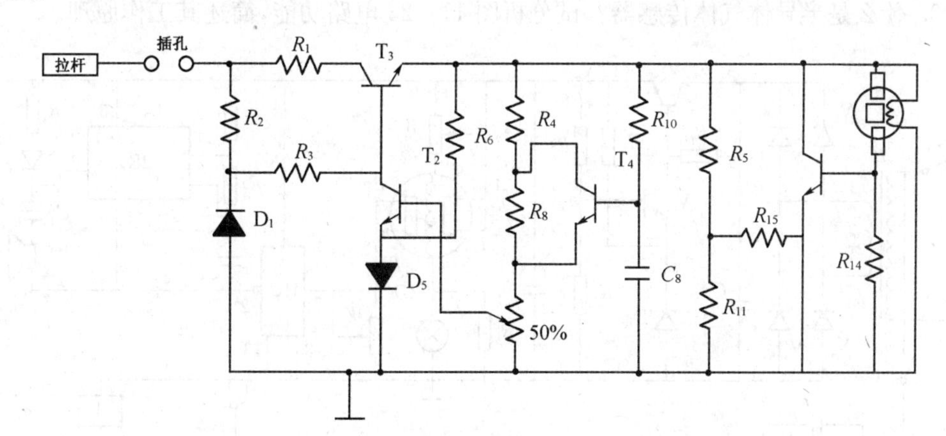

图 11－21　便携式酒精探测仪电路原理图

1. 半导体气敏传感器有哪几种类型？
2. 试叙述表面控制型半导体气敏传感器的结构与工作原理。
3. 试述 Pd－MOS 场效应晶体管(FET)和 MOS 二极管的气敏原理。
4. 为什么多数气敏器件都附有加热器？
5. 如何提高半导体气敏传感器对气体的选择性和气体检测灵敏度？

6. 利用热导率式气体传感器原理，设计一真空检侧仪表(皮拉尼真空计)，说明其工作原理。

7. 对于电阻型半导体气体传感器，初期稳定性指什么？

8. 半导体气体传感器中加热线圈起何作用？

9. 图 11-22 为酒精测试仪电路，A 是显示驱动器。试求：

(1) TGS-812 是什么传感器？

(2) 2、5 脚是传感器哪个部分，有什么作用？

(3) 分析电路工作原理，调节电位器 R_P 有什么意义？

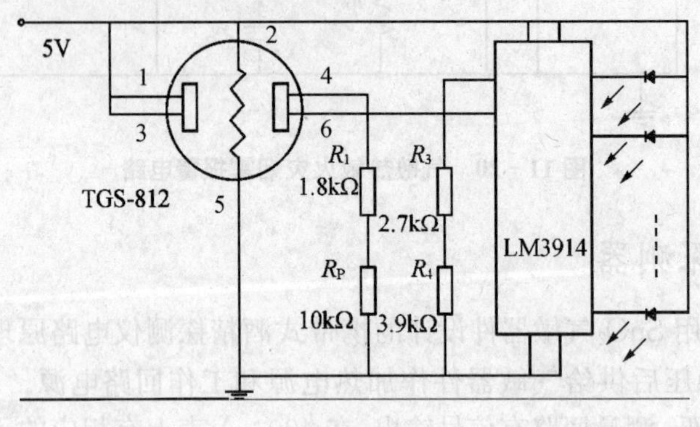

图 11-22

10. 什么是半导体气体传感器？试分析图 11-23 电路功能，简述其工作原理。

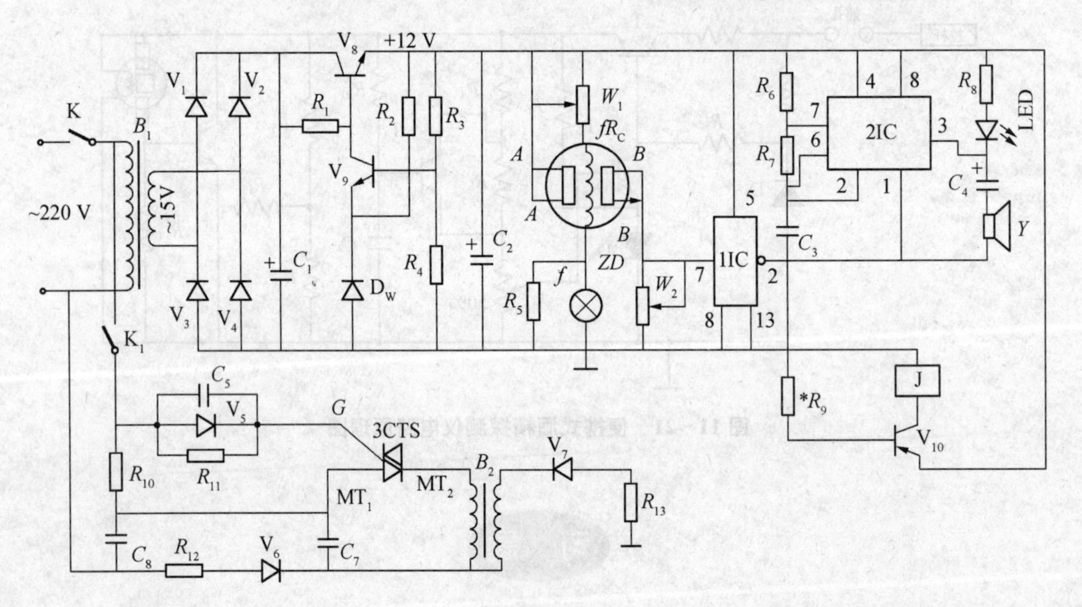

图 11-23

第12章　湿敏传感器及其应用

人类的生存和社会活动与湿度密切相关,特别是在工农业生产、气象、环保、国防、科研、航天等各个部门,经常需要对环境湿度进行测量及控制。但在常规的环境参数中,湿度是最难准确测量的一个参数。早在18世纪人类就发明了干湿球和毛发湿度计,这种方法早已无法满足现代科技发展的需要。近年来,国内外在电子式湿敏传感器研发领域取得了长足进步,湿敏传感器正从简单的湿敏元件向集成化、智能化、多参数检测的方向迅速发展。

12.1　湿敏传感器概述

12.1.1　湿度及其表示

大气中含有水分的多少直接影响大气的干、湿程度。在物理学和气象学中,对大气(空气)湿度的表征通常使用绝对湿度、相对湿度和露(霜)点湿度。

绝对湿度是指在一定温度和压力条件下,单位体积的混合气体中所含水蒸气的质量,以符号AH表示。根据定义有

$$P_V = \frac{m_V}{V} \tag{12-1}$$

式中:m_V为待测混合气体中所含水蒸气的质量;V为待测混合气体的总体积;P_V为待测混合气体的绝对湿度,其单位为g/m^3。

相对湿度(缩写为RH)是指气体的绝对湿度(P_V)与同一温度下水蒸汽已达到饱和状态的绝对湿度P_S的百分比。常表示为%RH,其表达式为

$$相对湿度 = (P_V/P_S) \times 100\%\ RH \tag{12-2}$$

根据道尔顿分压定律,空气中压强$P = P_a + P_V$(P_a为干空气分压,P_V为湿空气气压)和理想状态方程,通过变换,又可将相对湿度用分压表示:

$$相对湿度 = (P_V/P_W) \times 100\%\ RH \tag{12-3}$$

式中:P_V为待测气体的水汽分压;P_W为同一温度下水蒸汽的饱和水汽压。

保持压力一定而降温,使混合气体中的水蒸气达到饱和而开始结露或结霜时的温度称为露点温度(单位为℃),通常简称为露点。空气的相对湿度越高,就越容易结霜。混合气体中的水蒸气压,就是在该混合气体中露点温度下的饱和水蒸气压,因此,通过测定空气露点的温度,就可以测定空气的水蒸气压。

12.1.2　湿敏传感器分类及其特性

1. 湿敏传感器及其分类

湿敏传感器是指能够将湿度转换为与其成一定比例关系的电量输出的装置。能够用来制

造湿度传感器的吸湿物质必须满足湿度-电阻(或电容)特性可逆这一基本条件,同时应当具有良好的重复性。目前常用的湿敏传感器种类很多,主要有机械式湿敏传感器和电子式湿敏传感器。前者有利用脱脂处理后的毛发(现多改成竹膜、乌鱼皮膜、尼龙带等材料),在空气相对湿度增大时毛发伸长,带动指针转动构成的毛发式湿度计以及由两个完全相同的玻璃温度计,其中一个感温包直接与空气接触,指示干球温度,另一感温包外有纱布且纱布下端浸在水中经常保持湿润,指示的是湿球温度,由干球温度和湿球温度之差即可换算出相对湿度的干湿球湿度计。后者有电介质型、陶瓷型、高分子型和半导体型等多种。机械式的主要缺点是灵敏度和分辨率等都不够高,而且是非电信号的湿度测量,难以同电子电路和自动控制系统及仪器相联结。

根据水分子易于吸附在固体湿敏元件表面并渗透到固体内部的特性可以分为水分子亲和力型和非水分子亲和力型,如表 12-1 所示。

表 12-1 湿敏传感器分类

<table>
<tr><td rowspan="8">湿敏传感器</td><td rowspan="4">水分子亲和力型湿敏传感器</td><td>电阻式湿敏传感器</td></tr>
<tr><td>陶瓷式湿敏传感器</td></tr>
<tr><td>电容式湿敏传感器</td></tr>
<tr><td>电解质湿敏传感器</td></tr>
<tr><td rowspan="4">非水分子亲和力型湿敏传感器</td><td>热敏电阻式湿敏传感器</td></tr>
<tr><td>红外线式湿敏传感器</td></tr>
<tr><td>微波式湿敏传感器</td></tr>
<tr><td>超声波式湿敏传感器</td></tr>
</table>

2. 湿敏传感器特性

(1) 湿度量程

能保证一个湿敏器件正常工作的环境湿度的最大变化范围。湿度量程越大,其实际使用价值越大。理想的湿敏元件的使用范围应当是 0~100%RH 的全量程。

(2) 感湿特征量-相对湿度特性曲线

每种湿敏传感器都有其感湿特征量,如电阻、电容、电压、频率等,在规定的工作温度范围内,湿敏传感器的感湿特征量随环境相对湿度变化的关系曲线,称为相对湿度特性曲线,简称感湿特性曲线。有的湿敏传感器的感湿特征量随湿度的增加而增大,这称为正特性湿敏传感器;有的感湿特征量随湿度的增加而减小,这称为负特性湿敏传感器。人们希望特性曲线应当在全量程上是连续的,曲线各处斜率相等,即特性曲线呈线性关系。且斜率应适当,因为斜率过小,灵敏度降低;斜率过大,稳定性降低,这些都会给测量带来困难。图12-1为二氧化钛-五氧化二钒湿敏器件的感湿特性曲线。

(3) 感湿灵敏度

在某一相对湿度范围内,相对湿度改变 1%RH 时,湿敏传感器感湿特征量的变化值或百分率称为感湿灵敏度,简称灵敏度,又称湿度系数。因此,它应当是湿敏元件的感湿特性曲线的斜率。在感湿特性曲线是直线的情况下,用直线的斜率来表示湿敏元件的灵敏度是恰当而可行的。然而,大多数湿敏元件的感湿特性曲线是非线性的,在不同的相对湿度范围

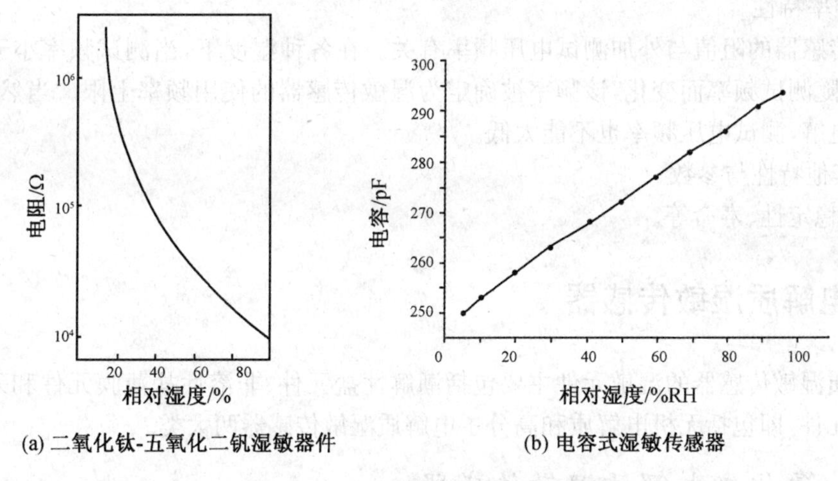

(a) 二氧化钛-五氧化二钒湿敏器件　　(b) 电容式湿敏传感器

图 12－1　湿敏器件的感湿特性曲线

内曲线具有不同的斜率。因此，这就造成用湿敏元件感湿特性曲线的斜率来表示灵敏度的困难。目前，虽然关于湿敏元件灵敏度的表示方法尚未得到统一，但较为普遍采用的方法是用元件在不同环境湿度下的感湿特征量之比来表示灵敏度。

(4) 温度系数

温度系数是反映湿敏传感器的感湿特征量-相对湿度特性曲线随环境温度而变化的特性参数。在不同的环境温度下，湿敏元件的感湿特性曲线是不相同的，感湿特征量随环境温度的变化越小，环境温度变化所引起的相对湿度的误差就越小。湿敏元件的湿度温度系数定义为：在湿敏元件感湿特征量恒定的条件下，该感湿特征量值所表示的环境相对湿度随环境温度的变化率，即

$$\alpha = \left.\frac{\mathrm{d}(RH)}{\mathrm{d}T}\right|_{k=\text{常数}} \tag{12-4}$$

式中：T 为绝对温度；k 为元件特征量；α 为湿度温度系数。

(5) 响应时间

在一定的温度下，当相对湿度发生跃变时，湿敏传感器的感湿特征量之值达到稳态变化量的规定比例所需要的时间称为响应时间，也称为时间常数，它反映了湿敏传感器对于相对湿度发生变化时，其反应速度的快慢。一般规定：响应相对湿度变化量的 63.2%时所需要的时间为响应时间。在标记时，应写明湿度变化区的起始与终止状态。人们希望响应时间快一些为好。

(6) 湿滞回线

湿敏传感器在吸湿和脱湿往返变化时的吸湿和脱湿特性曲线不重合，所构成的曲线叫湿滞回线。由于吸湿和脱湿特性曲线不重合，对应同一感湿特征量之值，相对湿度之差称为湿滞量。湿滞量越小越好，以免给湿度测量带来难度和误差。

(7) 电压特性

湿敏传感器感湿特征量之值与外加交流电压之间的关系称为电压特性。当交流电压较大时，由于产生焦耳热，对湿敏传感器的特性会带来较大影响。

(8) 频率特性

湿敏传感器的阻值与外加测试电压频率有关。在各种湿度下，当测试频率小于一定值时，阻值不随测试频率而变化，该频率被确定为湿敏传感器的使用频率上限。当然，为防止水分子的电解，测试电压频率也不能太低。

(9) 其他特性与参数

精度、稳定性、寿命等。

12.2 电解质湿敏传感器

电解质湿敏传感器的湿敏元件主要包括潮解性盐元件、非溶性盐薄膜元件和采用离子交换树脂元件，即包括无机电解质和高分子电解质湿敏传感器两大类。

12.2.1 氯化锂电解质湿敏传感器

第一个基于电阻-湿度特性原理的氯化锂湿敏元件是美国标准局的 F. W. Dunmore 研制出来的登莫式氯化锂湿敏传感器。图 12-2 为登莫式氯化锂湿敏传感器的结构示意图，A 为用聚苯乙烯包封的铝管，B 为用聚乙烯醋酸盐覆盖在 A 上的铝丝。图 12-3 为湿敏特性曲线。这种元件具有较高的精度，同时结构简单、价廉，适用于常温常湿的测控等一系列优点。氯化锂元件的测量范围与湿敏层的氯化锂浓度及其他成分有关。单个元件的有效感湿范围一般在 20%RH 以内。例如 0.05%的浓度对应的感湿范围约为(80%～100)%RH，0.2%的浓度对应范围是(60%～80)%RH 等。由此可见，要测量较宽的湿度范围时，必须把不同浓度的元件组合在一起使用。可用于全量程测量的湿度计组合的元件数一般为 5 个，采用元件组合法的氯化锂湿度计可测范围通常为(15%～100)%RH，国外有些产品声称其测量范围可达(2%～100)%RH。

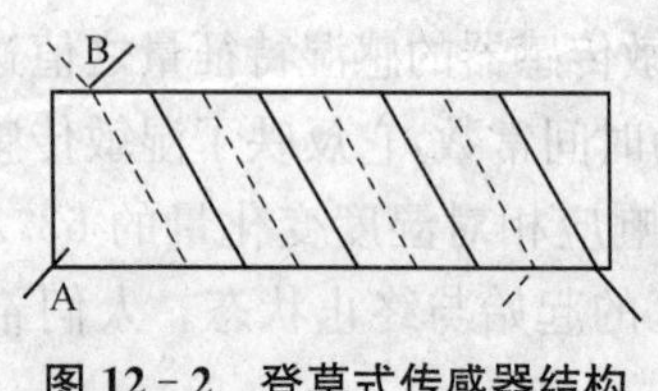

图 12-2 登莫式传感器结构

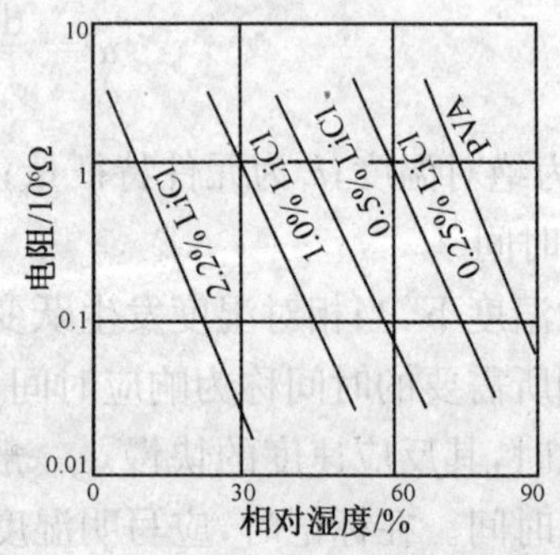

图 12-3 氯化锂湿敏特性曲线

露点式氯化锂湿度计是由美国的 Forboro 公司首先研制出来的，其后我国和许多国家都做了大量的研究工作。这种湿度计和上述电阻式氯化锂湿度计形式相似，但工作原理却完全不同，它是利用氯化锂饱和水溶液的饱和水汽压随温度变化而进行工作的。

浸渍式氯化锂湿敏传感器是在基片材料上直接浸渍氯化锂溶液构成的，与登莫式不同，它部分地避免了高湿度下所产生的湿敏膜的误差。由于采用了表面积大的基片材料，并直接在基片上浸渍氯化锂溶液，因此这种传感器具有小型化的特点，适应于微小空间的湿度检测。与登莫式传感器一样，若仅使用一个这种传感器，则所能检测的湿度范围狭窄。因此，为了能够对传感器材料所能检测的整个湿度范围都能进行检测，就必须使用几个特性不同的传感器。在这种方式的传感器中，还有在玻璃带上浸有氯化锂溶液的另一类浸渍式湿敏传感器，其结构如图 12-4(a)所示。图 12-4(b)为玻璃带上浸 LiCl 的湿敏传感器的感湿特性曲线，由曲线可知阻值的对数与相对湿度成线性关系。这种传感器的优点是：采用两种不同氯化锂溶液浓度的传感器就能够检测出 20%RH～80%RH 的相对湿度。表 12-2 为几种典型氯化锂湿敏传感器的主要技术特性。

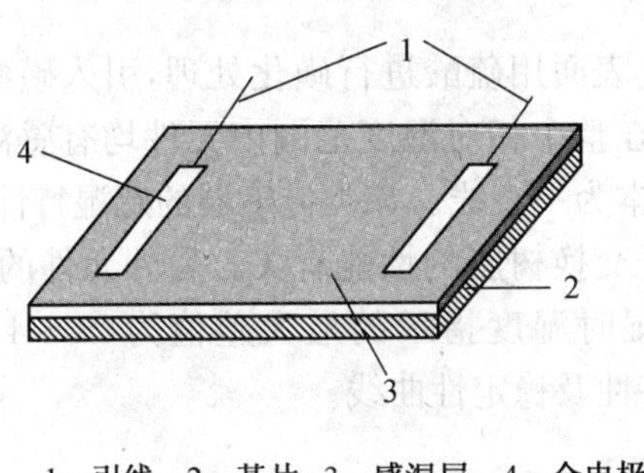

1—引线；2—基片；3—感湿层；4—金电极

(a)

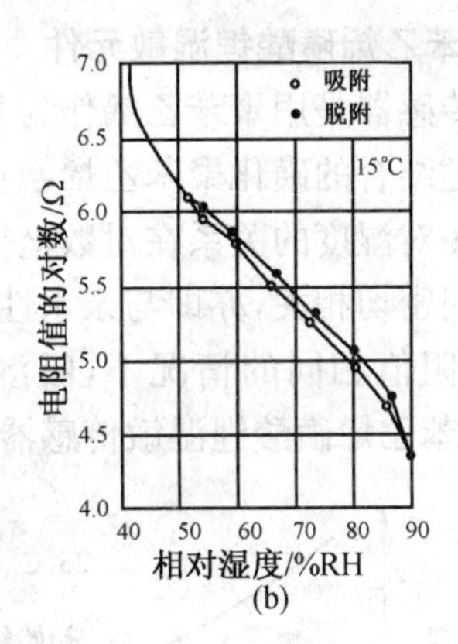

(b)

图 12-4　玻璃带上浸 LiCl 的湿敏传感器的结构及感湿特性曲线

表 12-2　典型氯化锂湿敏传感器的主要技术特性

湿敏元件名称	元件型号	精度(%RH)	测量范围(%RH)	工作温度(℃)	响应时间
氯化锂湿敏元件	MSK-1 MSK-1A	2～3 5	20～95 30～90	-5～+40 -10～+40	<60
氯化锂湿敏电阻器	MS	2～4	40～90	0～40	
光硬化树脂电解质湿敏元件		1～2	15～100	-10～+80	10～40
氯化锂湿敏元件	PL-1	5	20～100	-10～+40	
氯化锂湿敏元件	SL-2 SL-3	2	10～95 40～90	5～50 10～40	
氯化锂湿敏元件	PSB-1 PSB-2 PSB-3 PSB-4	2～3	45～65 55～75 30～70 40～80	5～50	

12.2.2　高分子电解质湿敏传感器

这是离子交换树脂型的湿敏元件，主要利用高分子电解质吸湿而导致电阻率发生变化的基本原理来进行测量。虽然这类元件的感湿膜是高分子聚合物，但是真正起到吸湿导电作用的敏感物质是电解质。当水吸附在强极性基高分子上时，随着湿度的增加吸附量增大，吸附水之间凝聚呈液态水状态。在低湿吸附量少的情况下，由于没有电离子产生，电阻值很高；当相对湿度增加时，凝聚化的吸附水就成为导电通道，高分子电解质的成对离子主要起载流子作用。此外，由吸附水自身离解出来的质子（H^+）及水和氢离子（H_3O^+）也起电荷载流子作用，这就使得载流子数目急剧增加，传感器的电阻急剧下降。利用高分子电解质在不同湿度条件下电离产生的导电离子数量不等使阻值发生变化，就可以测定环境中的湿度。根据高分子聚合物的不同，这类传感器有如下几种。

1. 聚苯乙烯磺酸锂湿敏元件

该类传感器是用聚苯乙烯作为基片，其表面用硫酸进行磺化处理，引入磺酸基团，形成具有共价键结合的磺化聚苯乙烯亲水层。在整个相对湿度范围内元件均有感湿特性，并且其阻值与相对湿度的关系在对数坐标上基本为一直线。该类传感器的感湿特性与基片表面的磺化时间密切相关，亦即与亲水性的离子交换树脂的性能有关。另外元件的湿滞回差亦较理想，在阻值相同的情况下，吸湿和脱湿时湿度指示的最大差值为（3～4）％RH。图12－5为聚苯乙烯磺酸锂湿敏传感器感湿特性及稳定性曲线。

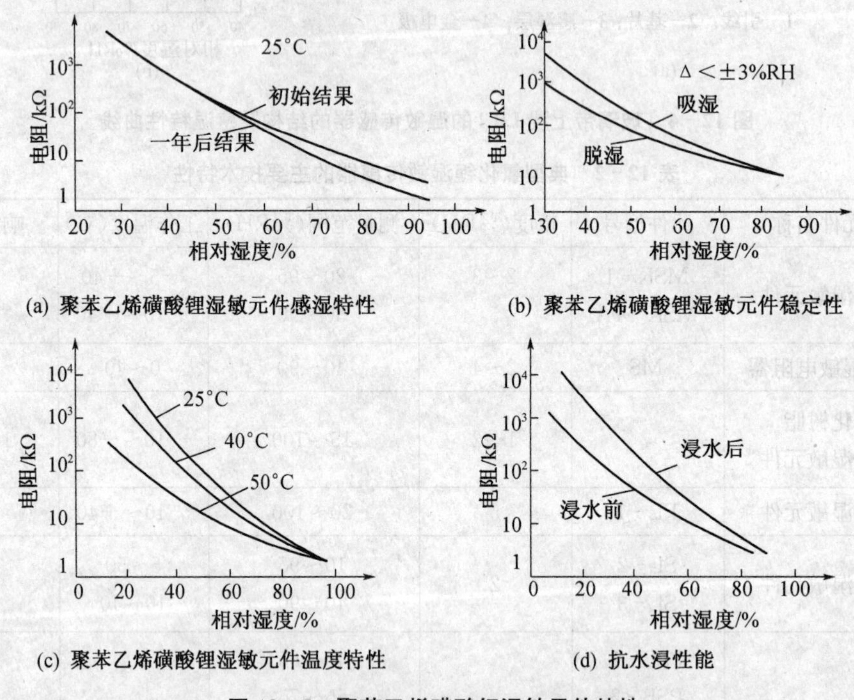

图 12－5　聚苯乙烯磺酸锂湿敏元件特性

2. 有机季铵盐高分子电解质湿敏元件

有机季铵盐高分子电解质湿敏元件的感湿原理为：当大气中的湿度越大，则感湿膜被电离的程度就越大，电极间的电阻值也就越小，电阻值的变化与相对湿度的变化成指数关系。表12－3为有机季铵盐高分子电解质湿敏元件的主要参数。该类元件在高温高湿条件下，有极好的稳定性，湿度检测范围宽，湿滞后小，响应速度快，并且具有较强的耐油性、耐有机溶剂及耐烟草等特性。

表 12－3　有机季铵盐高分子电解质湿敏元件的主要参数

精度(%RH)	工作温度范围(℃)	测湿范围(%RH)	滞后(%RH)	响应时间(s)	额定功率(mw)	额定电压(V)	额定电流(mA)
±2～3	－20～＋60	20～99.9	<±2	30	0.3	1.5(AC)	0.2

3. 聚苯乙烯磺酸铵湿敏元件

聚苯乙烯磺酸铵元件是在氧化铝基片上印刷梳状金电极，然后涂覆加有交联剂的苯乙烯磺酸铵溶液，再用紫外线照射，苯乙烯磺酸铵交联、聚合，形成体形高分子，再加保护膜，形成具有复膜结构的感湿元件。该元件测湿范围为 30%～100%RH；温度系数为－0.6%RH/℃；具有优良的耐水性，耐烟草性，一致性好。

12.3　有机物及高分子聚合物湿敏传感器

12.3.1　胀缩性有机物湿敏元件

有机纤维素具有吸湿溶胀、脱湿收缩的特性。利用这种特性，将导电的微粒或离子掺入其中作为导电材料，就可将其体积随环境湿度的变化转换为感湿材料电阻的变化。这一类湿敏元件主要有碳湿敏元件及结露敏感元件等。

1. 碳湿敏元件

图 12－6 为羟乙基纤维素碳湿敏感元件敏感功能结构，图 12－7 为羟乙基纤维素碳湿敏感元件的感湿特性曲线。

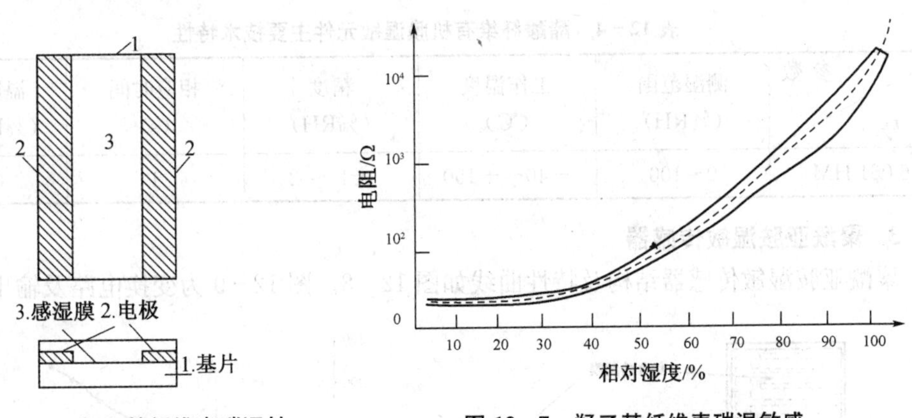

图 12－6　羟乙基纤维素碳湿敏感元件敏感功能结构

图 12－7　羟乙基纤维素碳湿敏感元件的感湿特性曲线

2. 结露敏感元件

结露敏感元件在低湿时几乎没有感湿灵敏度，而在高湿时，其阻值剧增，呈现开关式阻值变化特性。该元件的特点为：① 即使在使用中有灰尘和其他气体产生的表面污染，对元件的湿度特性影响很小；② 能够检测并区别结露、水分等高湿状态；③ 尽管存在滞后等因素会引起特性变化，但由于具有急剧的开关特性，故工作点变动较小；④ 能使用直流电压设计电路，因为是导电无极化现象，故可用直流电源。该元件被大量应用于检测磁带机、照像机结露及小汽车玻璃窗除露等。

12.3.2　高分子聚合物薄膜湿敏元件

作为感湿材料的高分子聚合物能随周围环境的相对湿度大小成比例地吸附和释放水分子。因为这类高分子大多是具有较小电介常数($\varepsilon_r=2\sim7$)的电介质,而水分子偶极矩的存在大大提高了聚合物的介电常数($\varepsilon_r=83$)。因此将此类特性的高分子电介质做成电容器,测定其电容量的变化,即可得出环境相对湿度。

1. 等离子聚合法聚苯乙烯薄膜湿敏元件

用等离子聚合法聚合的聚苯乙烯因有亲水的极性基团,随环境湿度大小而吸湿或脱湿,从而可引起介电常数的改变。主要是在玻璃基片上镀上一层铝薄膜作为下电极,用等离子聚合法在铝膜上镀一层(0.05 μm)聚苯乙烯作为电容器的电介质,再在其上一层多孔金膜做为上电极。该类元件的特点是测湿范围宽,有的可覆盖全湿范围;使用温度范围宽,有的可达－40～150℃;响应速度快,有的小于 1 s;尺寸小,可用于狭小空间的测湿;温度系数小,有的可忽略不计。

2. 醋酸纤维有机膜湿敏元件

醋酸纤维作为湿敏元件的感湿材料,为电容式湿敏元件。主要是在玻璃基片上蒸发梳状金电极作为下电极,将醋酸纤维按一定比例溶解于丙酮、乙醇(或乙醚)溶液中配成感湿溶液,然后通过浸渍或涂覆的方法,在基片上附着一层(0.5 μm)感湿膜,再用蒸发工艺制成上电极,其厚度为 20 μm 左右。这种湿敏元件响应速度快,重复性能好,由于是有机物,所以在有机溶剂环境下使用时有被溶解的缺点。最适宜的工作温度范围为 0～80℃。表 12-4 为醋酸纤维有机膜湿敏元件主要技术特性。

表 12-4　醋酸纤维有机膜湿敏元件主要技术特性

参数 型号	测湿范围 (%RH)	工作温度 (℃)	精度 (%RH)	相应时间 (s)	温度系数 (%RH/℃)
6 061 HM	0～100	－40～＋150	±1 ～ 2	1	0.05

3. 聚酰亚胺湿敏传感器

聚酰亚胺湿敏传感器结构及特性曲线如图 12-8。图 12-9 为变换电路及输出特性。

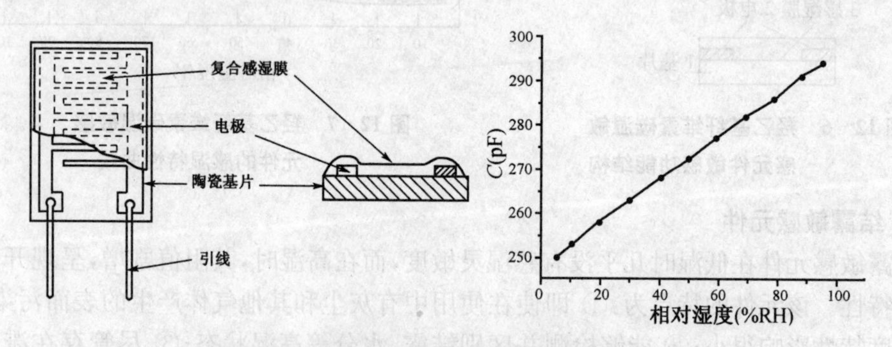

图 12-8　聚酰亚胺湿敏传感器结构及特性曲线

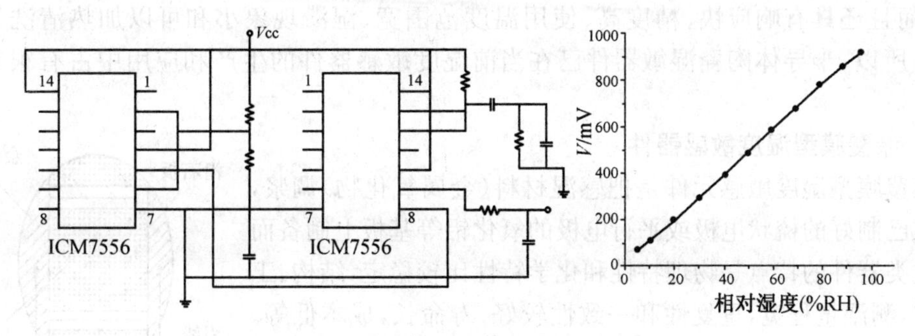

图 12－9　变换电路及输出特性

12.4　半导体湿敏传感器

半导体感湿元件具有工作范围宽、响应速度快等特点，是当前湿敏传感器的发展方向。按其制作材料可以分为元素半导体湿敏器件、金属氧化物半导体陶瓷湿敏器件、MOSFET湿敏器件等。按其制作工艺可分为涂覆膜型、烧结体型、厚膜型、薄膜型及MOS型等。

12.4.1　元素半导体湿敏器件

在电绝缘物表面上通过蒸发等工艺，制备一层具有吸湿性的元素半导体薄膜，随湿气的吸附与脱附过程，电阻值发生变化而形成湿敏电阻器。

图 12－10 为硒蒸发膜湿敏传感器的结构，在绝缘瓷管表面上镀一层铂膜，然后以细螺距将铂膜刻成宽约 0.1 cm 的螺旋状，以此作为两个电极。在两个电极之间蒸发上硒，A 为铂电极，B 为硒蒸发膜层。图 12－11 为硒蒸发膜湿敏传感器的电阻-湿度特性。由于这种传感器不使用吸湿性盐和固定剂，所以能够在高温下长期连续使用。

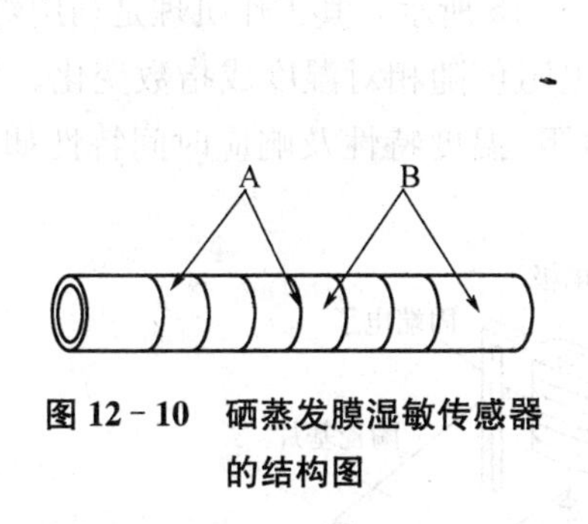

图 12－10　硒蒸发膜湿敏传感器的结构图

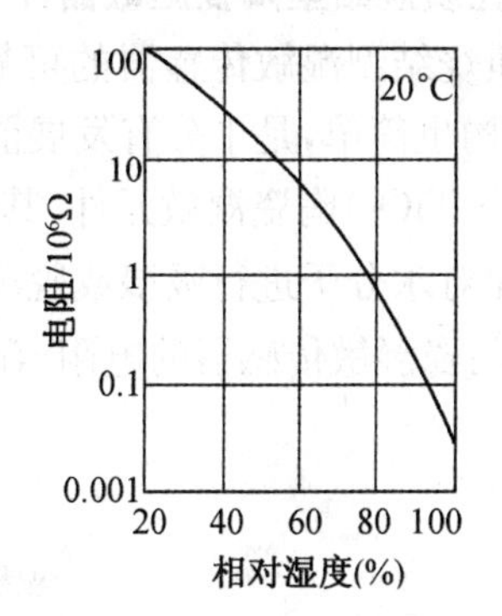

图 12－11　硒蒸发膜湿敏传感器电阻-湿度关系

12.4.2　金属氧化物半导体陶瓷湿敏器件

半导体陶瓷使用寿命长，可以在很恶劣的环境下使用几万小时，这是其他湿敏器件所无法比拟的。在湿度的测量方面，半导体陶瓷湿敏器件可以检测 1%RH 这样的低湿状态，而且还具有响应快、精度高、使用温度范围宽、湿滞现象小和可以加热清洗等各种优点。所以，半导体陶瓷湿敏器件已在当前湿度敏感器件的生产和应用中占有很重要的地位。

1. 涂覆膜型湿度敏感器件

涂覆膜型湿度敏感元件是把感湿材料（金属氧化物）调浆，涂覆在已制好的梳状电极或平行电极的氧化铝等基板上制备而成。这类器件的特点是物理特性和化学特性比较稳定，结构、工艺简单，测湿量程宽，重复性和一致性较好，寿命长，成本低等。其中比较典型的性能较好的是 Fe_3O_4 湿敏元件，如图 12－12。图 12－13 表示 Fe_3O_4 胶体膜传感器的电阻与湿度的关系，图 12－14表示 Fe_3O_4 湿敏元件的湿度湿滞曲线，最大湿滞回差约为±4%RH。

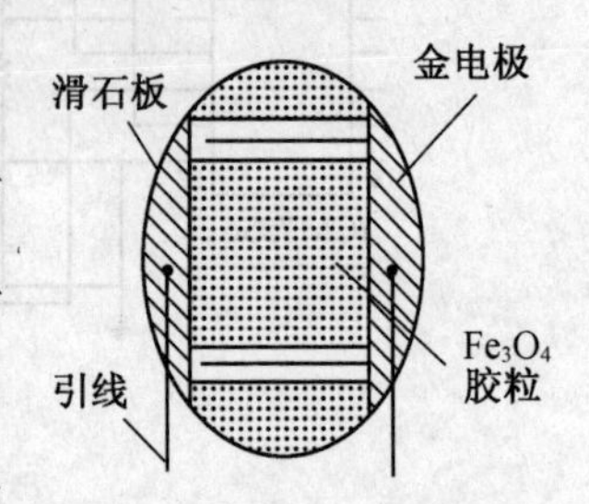

图 12－12　Fe_3O_4 胶体膜湿敏元件结构

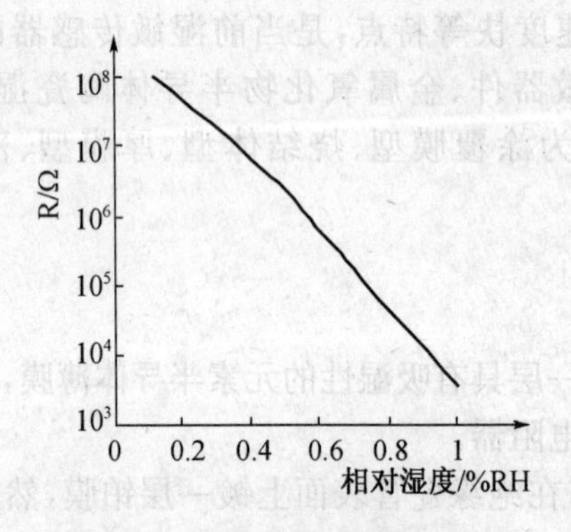

图 12－13　Fe_3O_4 胶体膜传感器的电阻与湿度的关系

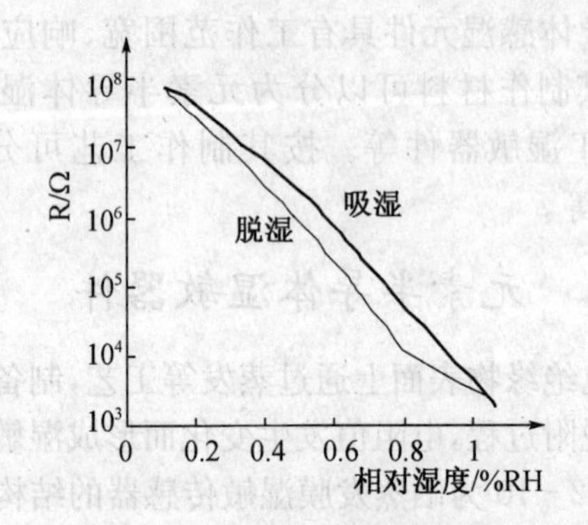

图 12－14　Fe_3O_4 湿敏元件湿度湿滞曲线

2. 多孔质烧结型陶瓷湿敏器件

多孔质烧结型湿敏传感器的可靠性、重复性等均比涂覆型传感器好，不存在表面漏电流，器件结构也简单，是十分有发展前途的湿敏元件，其中具有代表性的是铬酸镁-二氧化钛（$MgCr_2O_4-TiO_2$）陶瓷湿敏元件，其结构如图 12－15 所示。其工作机理是利用陶瓷烧结体微结晶表面对水分子进行吸湿或脱湿使电极间电阻值随相对湿度成指数变化。（$MgCr_2O_4-TiO_2$）系陶瓷湿敏传感器的电阻-湿度特性、电阻-温度特性及响应时间特性如图 12－16 所示。

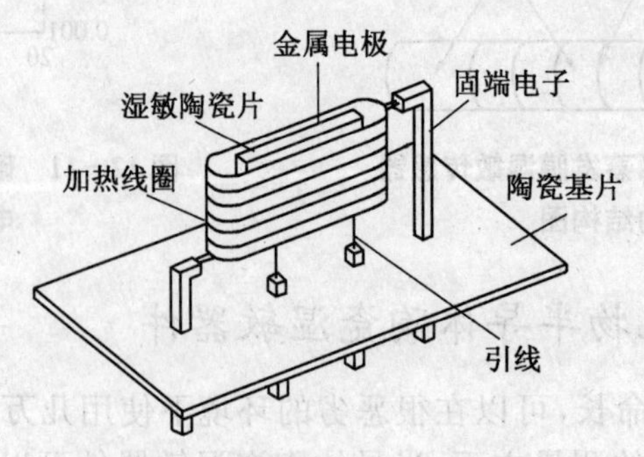

图 12－15　烧结型湿敏传感器结构

从电阻-湿度特性看出，随着相对湿度的增加，电阻值急剧下降，基本按指数规律下降，当相对湿度由0变到100%RH时，阻值从$10^7\,\Omega$下降到$10^4\,\Omega$，即变化了三个数量级。从电阻-温度特性中可看出，从20℃到80℃各条曲线的变化规律基本一致，具有负温度系数，其感湿负温度系数为−0.38%RH/℃。如果要精确测量湿度，对这种湿敏传感器需要进行温度补偿。从响应时间特性可知，响应时间小于10 s。

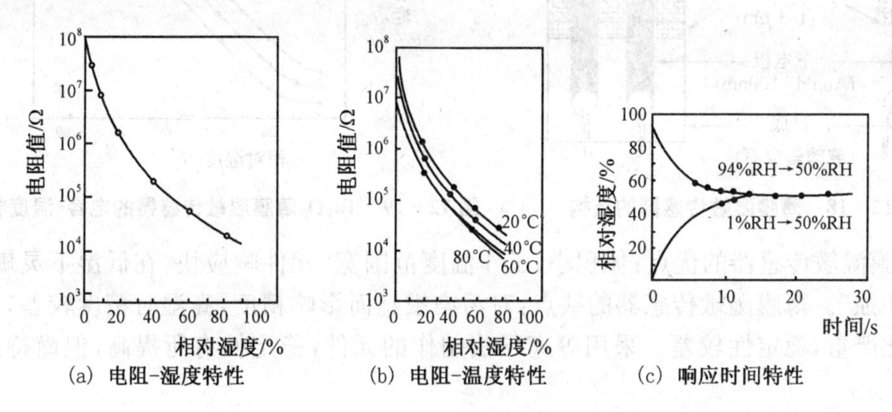

图12-16　$MgCrO_4$-TiO_2系陶瓷湿敏传感器的特性

3. 厚膜陶瓷湿敏传感器

厚膜湿敏传感器结构如图12-17所示，是在氧化铝基片上印刷梳状电极，梳状电极相互交错排列并成平行线。

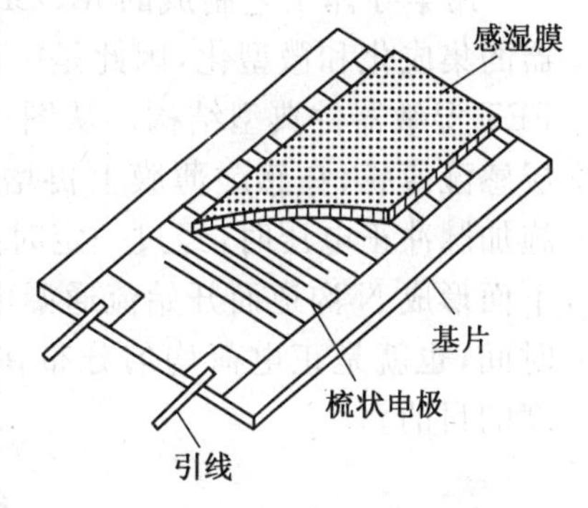

图12-17　厚膜湿敏传感器结构图

在常温下，相对湿度大于30%RH时，电阻值小于1 MΩ，当湿度从30%RH变化到90%RH时，电阻值约变化三个数量级。温度对电阻-湿度特性有影响，低湿时影响较大，相对湿度不变的情况下，随着温度升高，电阻值变小。

厚膜湿敏传感器由于阻值易调整，提高了产品的合格率；省掉贵重引线，使成本降低；由于膜比较薄，响应时间大大地加快；烧结温度低，节省了大量的能源；厚膜工艺易于大批量生产，提高了生产效率；不需要进行热清洗，体积小，质量轻，互换性好和易于集成化，目前备受人们关注。

4. 薄膜湿敏传感器

薄膜湿敏传感器的结构一般有两种形式：一种是在硼硅玻璃或蓝宝石衬底上沉积一层氧化物薄膜，然后在薄膜上再蒸发一对梳状电极；另一种是先在硼硅玻璃或蓝宝石衬底上，用真空蒸发方法制作下金电极，再用喷镀法或溅射法生成一层多孔质的氧化物薄膜，然后再在此薄膜上蒸发上金电极。薄膜湿敏传感器的感湿特征量往往都采用电容量，由于纯水的介电常数比较大，当环境相对湿度增加时，薄膜湿敏传感器所吸附的水分子增多，从而改变了其本身的介电常数，因而使电容量增大。由三氧化二铝做电介质做成的薄膜湿敏传感器的结构如图12-18所示。图12-19是Ta_2O_5薄膜湿敏传感器的电容-湿度特性。

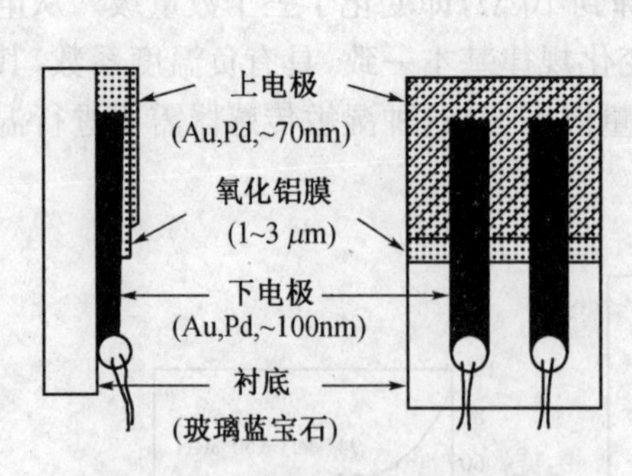

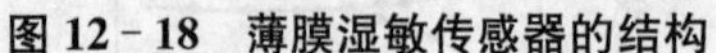
图 12-18 薄膜湿敏传感器的结构

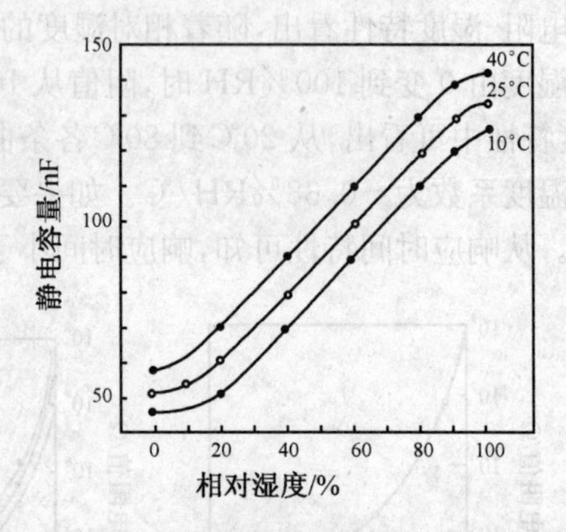

图 12-19 Ta_2O_5 薄膜湿敏传感器的电容-湿度特性

薄膜湿敏传感器的优点：体积小，工作温度范围宽，元件响应快，在低湿下灵敏度高，没有“冲蚀”。薄膜湿敏传感器的缺点：对污染敏感而影响精度，高湿时精度较差，工艺复杂，老化严重，稳定性较差。采用等离子法制作的元件，稳定性有所提高，但尚待进一步改进。

12.4.3 MOSFET 湿敏器件

用半导体工艺制成的 MOSFET 湿敏器件，由于是全固态湿敏传感器，有利于传感器的集成化和微型化，因此是一种很有前途和价值的湿敏传感器。图 12-20 为 MOSFET 湿敏器件典型结构。从图中看出，这种湿敏器件是在 MOSFET 的栅极上涂覆一层感湿薄膜，在感湿薄膜上再增加另一电极而构成。在 MOSFET 湿敏器件的栅极上施加脉冲正电压时，经过一定时间后，正电荷均匀分布感湿材料膜上，并在栅极绝缘层下面形成 N 沟道而开始流通漏电流。这时，环境的相对湿度的大小直接影响脉冲弛豫时间，也就是正电荷均匀分布在感湿膜上的时间随相对湿度而变化，从而达到测量湿度的目的。

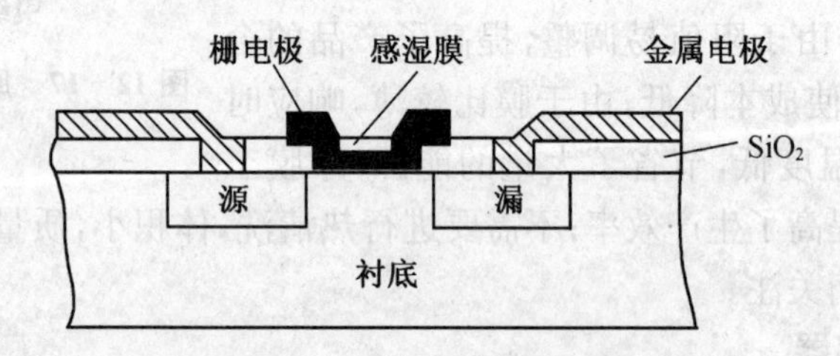

图 12-20 MOSFET 湿敏器件结构

12.4.4 结型湿敏器件

利用肖特基结或 PN 结二极管的反向电流或反向击穿电压随环境相对湿度的变化，可以制成一种结型湿度敏感器件。在结型湿度敏感器件中，二氧化锡湿敏二极管是比较有代表性的，图 12-21 表示二氧化锡湿敏二极管的结构。

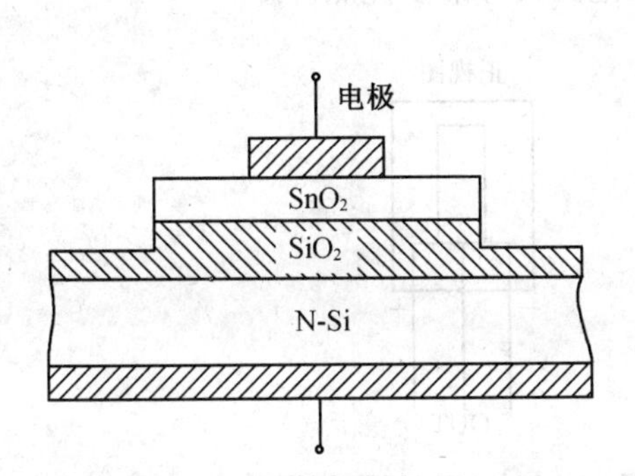

图 12-21　SnO_2 湿敏二极管的结构

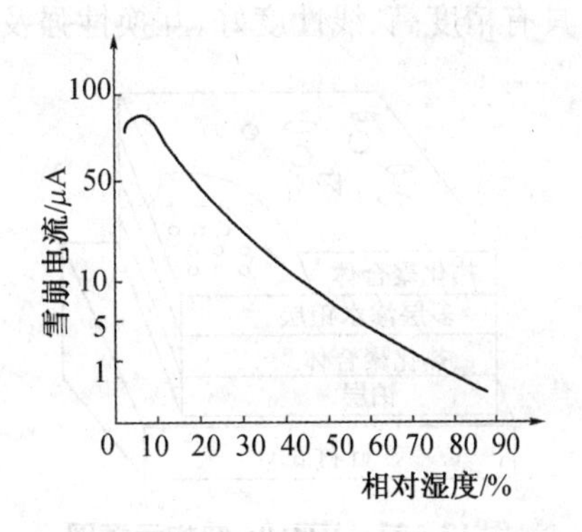

图 12-22　SnO_2 湿敏二极管雪崩电流与相对湿度关系

上述二极管的结区直接暴露于外界环境之中，在二极管处于反向偏压状态时，在雪崩击穿区附近，其反向电流直接与环境的相对湿度有关，或者说，其反向击穿电压随环境相对湿度而改变，即该二极管具有感湿特性。图 12-22 为 SnO_2 湿敏二极管雪崩电流与相对湿度的关系。从图中看出，随着相对湿度增加，反向电流减少。这是由于当二极管置于待测湿度的环境中时，二极管的势垒部分处就会有水分吸附，耗尽层即向硅衬底扩展，从而提高了二极管的雪崩击穿电压。如果保持反向击穿电压不变，那么当环境相对湿度增加时，雪崩电流就减小，利用这种特性即可测出相对湿度。

12.4.5　集成湿敏器件

目前，国外生产集成湿敏传感器的主要厂家及典型产品分别为 Honeywell 公司（IH-3602、IH-3605、IH-3610 型），Humirel 公司（HM1500、HM1520、HF3223、HTF3223 型），Sensiron 公司（SHT11、SHT15 型）。这些产品可分成以下三种类型：

1. 线性电压输出式集成湿敏传感器

典型产品有 IH3605/3610、HM1500/1520，其主要特点是采用恒压供电，内置放大电路，能输出与相对湿度呈比例关系的伏特级电压信号，响应速度快，重复性好，抗污染能力强。

2. 线性频率输出集成湿敏传感器

典型产品为 HF3223，它采用模块式结构，属于频率输出式集成湿敏传感器，在 55%RH 时的输出频率为 8 750 Hz，当湿度从 10%变化到 95%时，输出频率就从 9 560 Hz 减小到 8 030 Hz。这种传感器具有线性度好、抗干扰能力强、便于配数字电路或单片机、价格低等优点。

3. 频率/温度输出式集成湿敏传感器

典型产品为 HTF3223，它除具有 HF3223 的功能以外，还增加了温度信号输出端，利用负温度系数（NTC）热敏电阻作为温度传感器。当环境温度变化时，其电阻值也相应改变并且从 NTC 端引出，配上二次仪表即可测量出温度值。

IH3605 是 HONEYWELL 公司生产的集成湿敏传感器，内部的两个热化聚合体层之间形成的平板电容器电容量的大小可随湿度的不同发生变化，从而可完成对湿度信号的采集，热化聚合体层同时具有防御污垢、灰尘、油及其他有害物质的功能。IH3605 的结构及引脚定义分别如图 12-23 和图 12-24 所示。IH3605 采用 SOP 封装形式，内部集成了信号调理电路，具有精度高、线性度好、互换性强及输出电压范围大等诸多优点。

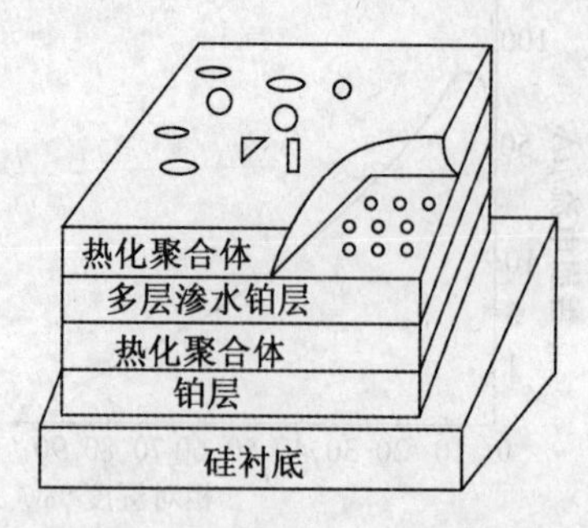

图 12-23　IH3605 结构示意图

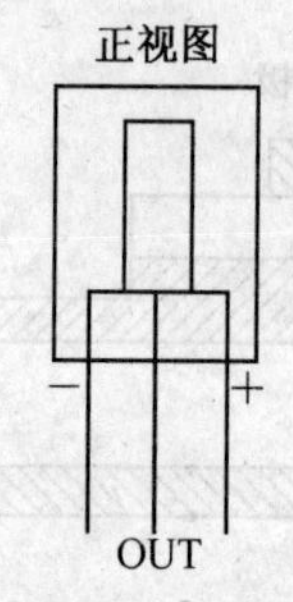

图 12-24　IH3605 引脚图

IH3605 的输出电压是供电电压、湿度及温度的函数。电源电压升高，输出电压将成比例升高，在实际应用中，通过以下两个步骤可计算出实际的相对湿度值。

(1) 首先根据下述计算公式，计算出 25℃温度条件下相对湿度值 RH_0。

$$V_{OUT} = V_{DC}(0.0062RH_0 + 0.16)$$

式中：V_{OUT}为 IH3605 的电压输出值；V_{DC}为 IH3605 的供电电压值；RH_0 为 25℃时的相对湿度值。

(2) 进行温度补偿，计算出当前温度下的实际相对湿度值 RH。

$$RH = RH_0/(1.0546 \sim 0.00216\,t)$$

式中：RH 为实际的相对湿度值；t 为当前的温度值，单位为℃。

IH3605 的输出电压与相对湿度的关系曲线如图12-25所示。

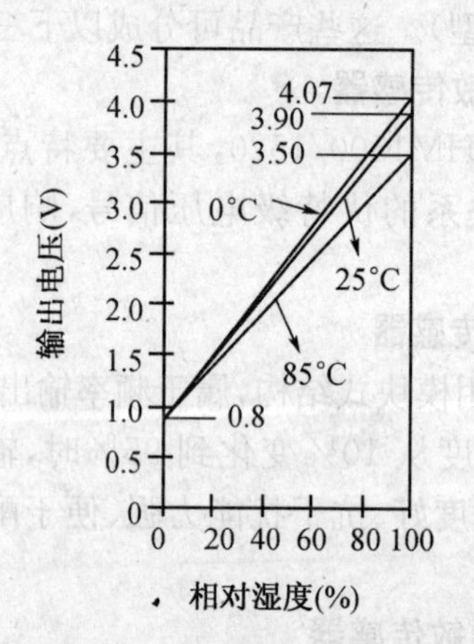

图 12-25　输出电压与湿度关系

由于 IH3605 的输出电压较高且线性较好，因此电路无需进行信号放大及信号调整。可以将 IH3605 的输出信号直接接到 A/D 转换器上，完成模拟量到数字量的转换。由于 IH3605 的输出信号范围为 0.8～3.9 V(25℃时)，所以在选择 A/D 转换器时应选择具有设定最小值和最大值功能的 A/D 转换器(比如 TLC1549)。

图 12-26 为采用 IH3605 设计的智能湿度监控系统，处理器采用 8 051 单片机，A/D 转换器采用 TI 公司的 TLC1549 十位串行 A/D 转换器，R_1、R_2、R_6 设定 A/D 转换器的最大输

入电压，R_3、R_4、R_7 设置 A/D 转换器的最小输入电压，温度探头 D_2 采用 DALLAS 公司的全数字式测温集成电路 DS1820，由 P10 口读入温度值，在单片机内将读到的湿度值进行温度校正，得到实际的相对湿度值。

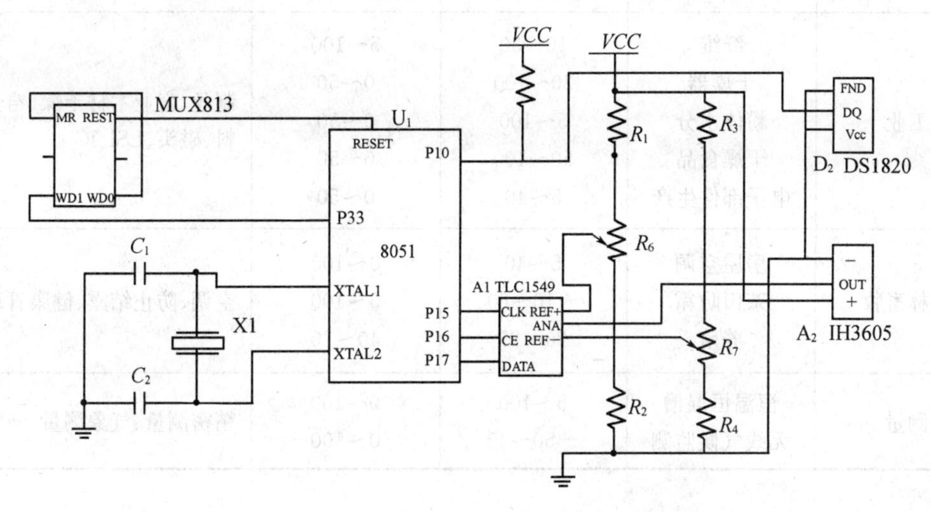

图 12-26　基于 IH3605 的智能湿度监控系统

系统初始化后，每次可以通过键盘设定需要控制的湿度值和上、下限报警范围，设定湿度采样的时间间隔。对湿度采样后，可根据实际应用场合，选用合适的数字滤波法，进行数据处理，处理后的湿度值一方面送 LCD 实时显示，同时连同当前采样时间一起存入存储器作为历史记录。另一方面，与需要控制的湿度值以及它们的上、下限报警范围进行比较，判断是否需要进行报警，同时，单片机根据判断结果控制加湿、通风装置进行正确的动作，以达到对湿度监控的目的。

12.5　湿敏传感器的应用实例

湿敏传感器广泛应用于军事、气象、工业、农业、医疗、建筑以及家用电器等场合的湿度检测、控制与报警，表 12-5 列出了湿敏传感器的主要应用范围和使用温度、湿度范围。

表 12-5　湿敏传感器的应用范围和使用温度、湿度范围

应用领域	使用设备	使用温度、湿度范围		备注
		温度(℃)	湿度(%RH)	
家用电器	空调机器 干燥机 电子炊具 VTR	5～40 5～80 5～100 −5～60	40～70 0～10 2～100 60～100	空调、烘干机、食品加热、烹调控制、防止结露
汽车	散热器	−20～80	50～100	防止结露
医疗	治疗器 保健设备	10～30 10～30	80～100 50～80	呼吸器系统、空调

（续表）

应用领域	使用设备	使用温度、湿度范围		备注
		温度(℃)	湿度(%RH)	
工业	纤维 干燥器 粉体水分 干燥食品 电子部件生产	10～30 30～100 5～100 50～100 5～40	5～100 0～50 0～50 0～50 0～50	制丝、窑业木材干燥、窑业原料、磁头、LSI、IC
农林畜牧	房屋空调 茶田防霜 养殖	5～40 −10～60 20～25	0～100 5～100 40～70	空调、防止结露、健康管理
测量	恒温恒湿槽 无线气候监测	5～100 −50～40	0～100 0～100	精密测量、气象测量

12.5.1　直读式湿度计

图 12－27 是直读式湿度计电路，其中 R_H 为氯化锂湿敏传感器。由 VT_1、VT_2、T_1 等组成测湿电桥的电源，其振荡频率为 250～1 000 Hz。电桥的输出经变压器 T_2，C_3 耦合到 VT_3，经 VT_3 放大后的信号，经 VD_1～VD_4 桥式整流后，输入给微安表，指示出由于相对湿度的变化引起电流的改变，经标定并把湿度刻划在微安表盘上，就成为一个简单而实用的直读式湿度计了。

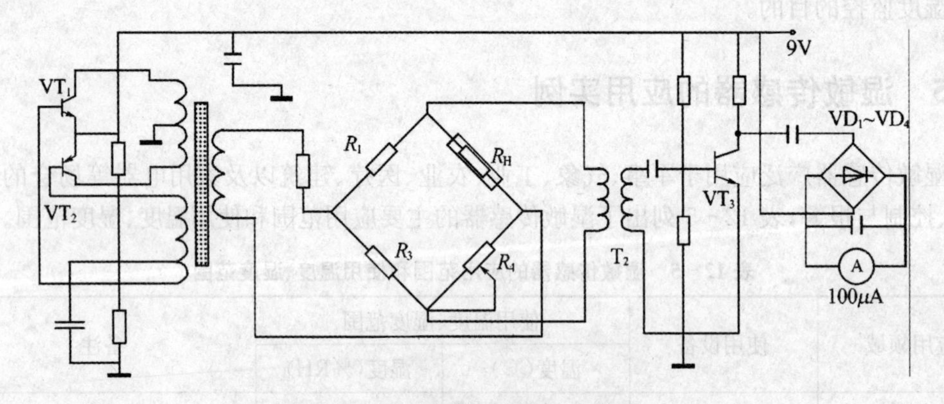

图 12－27　直读式湿度计电路图

12.5.2　微波炉湿度检测控制系统

图 12－28 为湿敏传感器安装在微波炉上的示意图，用于检测烹调时食品产生的湿气。使用时首先将电热器电源接通，使湿敏元件的温度升高到要求的工作温度。然后启动烹调设备，对食品加热，依据湿度变化来控制烹调过程的进行。

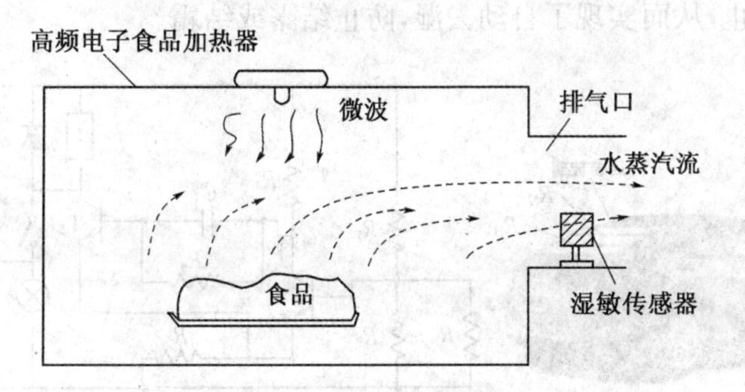

图12-28　微波炉中湿敏传感器安装示意图

图12-29所示为微波炉工作室湿度检测控制系统原理框图。R_H为湿敏元件，电热器用来加热湿敏元件至550℃工作温度。由于传感器工作在高温环境中，所以湿敏元件一般不采取直流电压供电，而采用振荡器产生的交流电供电，这是因为在高温环境中，当湿敏元件加上直流电时，很容易发生电极材料的迁移，从而影响传感器的正常工作。R_O为固定电阻，与传感器电阻R_H构成分压电路。交-直流变换器的直流输出信号经运算单元运算，输出与湿度成比例的电信号，并由显示器显示。图12-29中U_r是比较器用来判断是否停止加热的基准信号。比较器的输出可用来对烹调设备的加热进行控制。

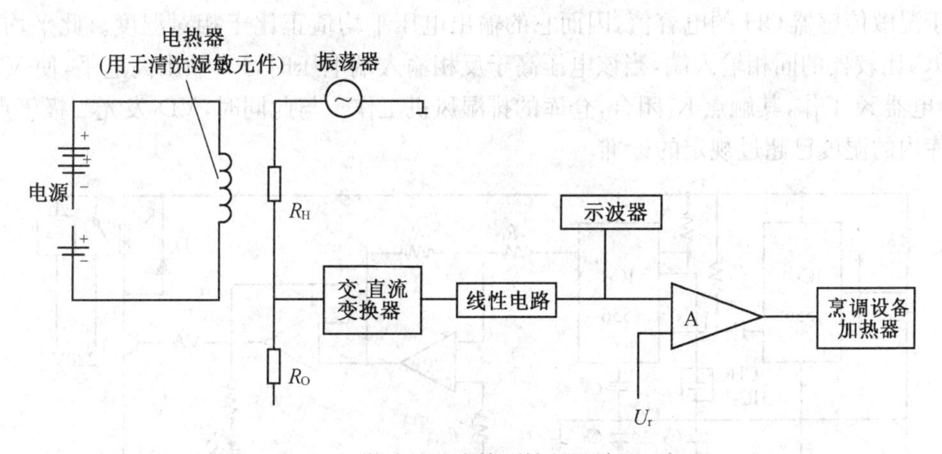

图12-29　微波炉湿度检测控制系统原理框图

12.5.3　汽车玻璃挡板结露控制电路

图12-30是一种用于汽车驾驶室挡风玻璃及后窗玻璃的自动去霜电路，其目的是防止驾驶室的挡风玻璃及后窗玻璃结露或结霜，保证驾驶员视线清楚，避免事故发生，该电路同样可以用于其他需要除霜的场合。

图12-30(a)中R_L为加热丝，将其埋入挡风玻璃内。R_H为结露传感器。图12-30(b)为其控制电路。晶体管T_1、T_2构成施密特触发电路，T_2的集电极负载为继电器J的线圈绕组。R_1、R_2为T_1的基极电阻，R_H为结露传感器的等效电阻。在低湿度时，调整R_1和R_2使T_1导通、T_2截止，J触点释放。当湿度增大到80%RH以上时，R_H值下降，由于R_H/R_2减小，使T_1截止T_2导通，则J的线包通电，常开点接通Ec，加热挡风玻璃中的加热丝，驱散湿气，避免挡风玻璃结露。当湿度减少到一定程度，R_H/R_2又回到不结露时的阻值，T_1、T_2恢复到

初始状态，加热停止，从而实现了自动去湿，防止结露或结霜。

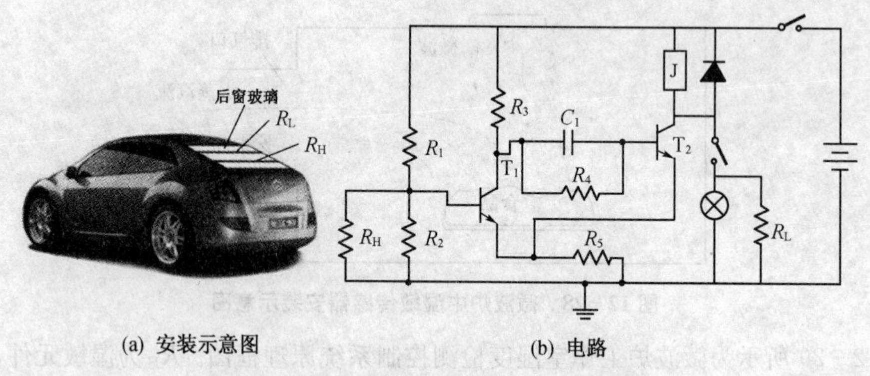

(a) 安装示意图 (b) 电路

图 12－30 汽车后窗玻璃自动去湿装置

12.5.4 粮仓湿度控制器

粮仓湿度控制电路见图 12－31 所示。其中 CH 为湿敏传感器等效电容，它的电容值随着环境相对湿度的增高而成比例的增大。由 IC_1 时基电路等组成检测电路，IC_{1a} 构成振荡频率为 1 kHz 的多谐振荡器，其输出下沿脉冲触发 IC_{1b} 构成的单稳电路，单稳输出的脉冲宽度正比于湿敏传感器 CH 的电容值，因而它的输出电压平均值正比于相对湿度。此平均电压加到 IC_3 比较器的同相输入端，当该电压高于反相输入端电压时，IC_4 输出高电平，使 VT_1 导通，继电器 K 工作，其触点 K_1 闭合，仓库的排湿风机工作。与此同时，VD_1 发光二极管点亮，告知库内的湿度已超过规定的标准。

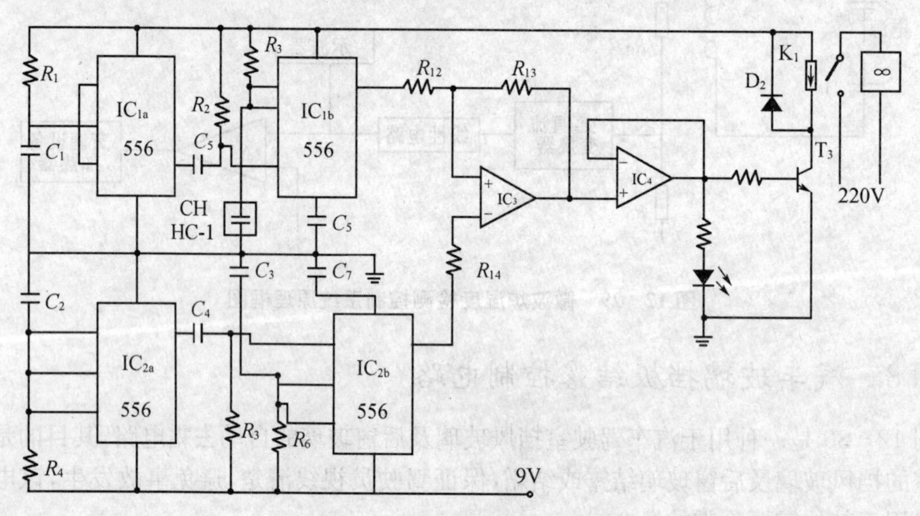

图 12－31 粮仓湿度控制电路

湿度预置电路由 IC_2 及外围元件组成，它与 IC_1 组成的电路完全相同。调节可变电容器 C_3，便可预置所要控制的相对湿度，它以加在 IC_3 比较器反相输入端的电压来体现。整机的电源，由交流电压整流，经 IC_5（7 809 稳压电源）稳压后供给。整机静态耗电＜25 mA，动态电流≤60 mA。

12.5.5　鸡、鸭雏室湿度控制器

为提高雏鸡、雏鸭的成活率，雏室内空气的相对湿度必须保持在一个合适的范围内。雏室湿度控制器可自动对雏室湿度进行控制。图12－32是雏室湿度控制器的电路原理图。其中湿敏传感器采用MS01－B型湿敏电阻，它的阻值随相对湿度的变化而改变。当相对湿度为70%RH时，传感器的电阻值为40 kΩ左右，相对湿度再增加时，阻值就开始小于40 kΩ了。由于传感器不能在直流电压下工作，所以先将交流220 V电压经变压器T变为8 V交流电压，再经D_1、D_2双向削波，变成平顶式交流电压。交流电流流经湿敏传感器RH，经桥式整流，就有直流电流流过电流表。显然，雏室内的相对湿度越高，流经电流表的电流就越大，这样就可以从电流表上读出湿度值了。

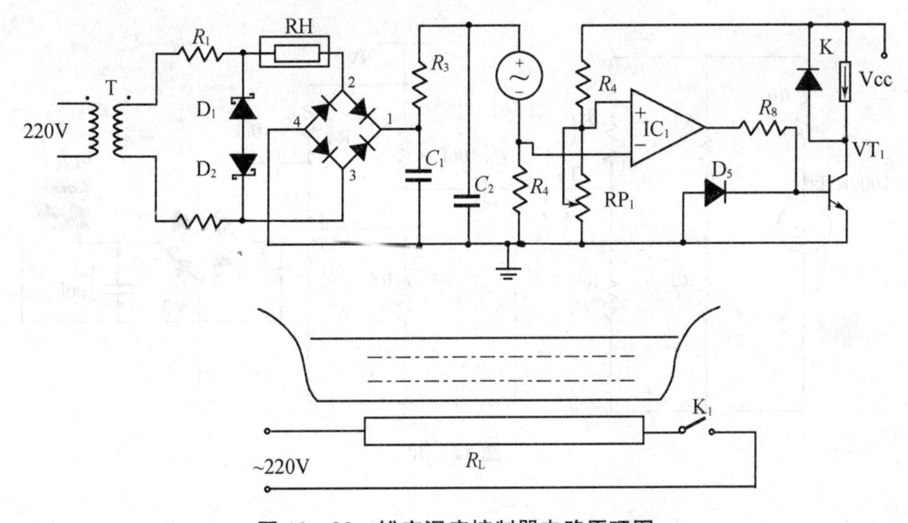

图12－32　雏室湿度控制器电路原理图

由IC_1等组成比较器，其基准电压加在IC_1的同相端，调节RP_1可设定上限控制湿度。湿度检测电路的输出电压加在IC_1的反相端，湿度较低时，它的电压值低于加于同相端电压值，IC_1输出高电平，使VT_1导通，继电器K工作，常开触点K_1闭合，电炉电阻丝开始对盆中的水加热，使水蒸汽不断扩散到空气中去，以增加空气的相对湿度。当湿度上升到设定值时，由于湿敏传感器RH的电阻值减小，IC_1反相输入端的电压等于同相端的基准电压，IC_1输出低电平，使VT_1截止，继电器K停止工作，中断对水的加热。控制器就这样反复的工作，使雏室相对湿度控制在给定的范围之内。

1. 什么叫绝对湿度？什么叫相对湿度？什么叫露点？
2. 氯化锂和半导体陶瓷湿敏电阻各有什么特点？
3. 什么叫水分子亲和力？这类传感器的半导体陶瓷湿敏元件的工作原理是什么？
4. 试述湿敏电容式和湿敏电阻式湿敏传感器的工作原理。

5. 怎样根据工作环境和传感器的特点选择湿敏传感器？

6. 半导体陶瓷湿敏传感器有哪些主要特性与参数？

7. 请按感湿量的不同列出所学过的各类湿敏元件。

8. 请利用 LiCl 电阻式湿敏元件设计一个恒湿控制装置，且恒湿的值可任意设定。

9. 为了保证棉纺织产品的质量，纺纱车间必须有一个良好的温度、湿度环境。试用学过的知识，对纺纱车间的工作环境进行优化控制设计。

10. 图 12－33 中 RH 为湿度传感器，仔细阅读电路后，试完成：

(1) 分析电路功能；

(2) 简要说明电路工作原理；

(3) 若要直接从微安表读出待测物理量，需要做哪些工作？

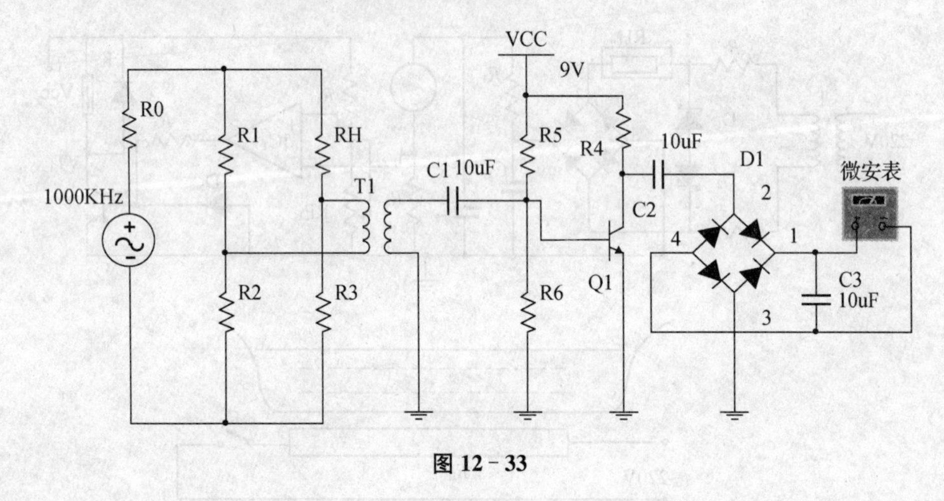

图 12－33

第 13 章　生物传感器及其应用

生物传感器是指由生物活性材料与相应转换器构成,并能测定特定的化学物质(主要是生物物质)的传感器,是近 20 年来发展起来的一门高新技术。20 世纪 60 年代发展起来的离子选择性电极具有操作简单、一般无需对样品预处理,同时具有分析迅速等特点,被称为无试剂快速分析,但多限于检测无机离子。1962 年,Clark 和 Lyons 最先提出生物传感器的设想,将酶与 ISE 结合,构成了利用酶分子进行识别的酶电极。1967 年,Updike 和 Hicks 组装成第一个酶电极-葡萄糖传感器,随后有机物无试剂分析技术得到极大的发展。

作为一种新型的检测技术,生物传感器的产生是生物学、医学、电化学、热学、光学及电子技术等多门学科相互交叉渗透的产物,与常规的化学分析及生物化学分析方法相比,具有选择性高、分析速度快、操作简单、灵敏度高、价格低廉等优点,在工农业生产、环保、食品工业、医疗诊断等领域得到了广泛的应用,具有广阔的发展前景。

13.1　生物传感器简介

13.1.1　生物传感器概念

生物的基本特征之一,是能够对外界的各种刺激作出反应。其所以能够如此,首先是由于生物能感受外界的各类刺激信号,并将这些信号转换成体内信息处理系统所能接收并处理的信号。由信号感受器和信号转换器组成的生物传感器是近几十年内发展起来的一种新的传感器技术,是在生命科学和信息科学之间发展起来的一门交叉学科。

随着微电子学、生物电子学及生物技术的不断发展,各类新型生物传感器正在不断涌现,人们很难对它下一个确切而严格的定义。就现有的生物传感器而言,它是用固定化的生物活性物质,如酶、抗原、抗体、激素、细胞、微生物、组织等为敏感元件,与适当的能量转换器结合,用来侦测生物体内或生物体外的环境化学物质的一种装置。生物传感器并不专指用于生物技术领域的传感器,它的应用领域还包括环境监测、医疗卫生和食品检验等。

13.1.2　生物传感器的基本结构和原理

1. 生物传感器的基本结构

各种生物传感器有以下共同的结构:① 分子识别部分(敏感元件),包括一种或数种相关生物活性材料(生物膜);② 转换部分(换能器),即能把生物活性表达的信号转换为电信号的物理或化学换能器。其中分子识别部分用以识别被测目标,是可以引起某种物理变化或化学变化的主要功能元件,也是生物传感器选择性测定的基础,而转换部分是实现智能化监测的基础,二者是相互结合、相互依赖的。图 13-1 为生物传感器基本结构组成示意图。

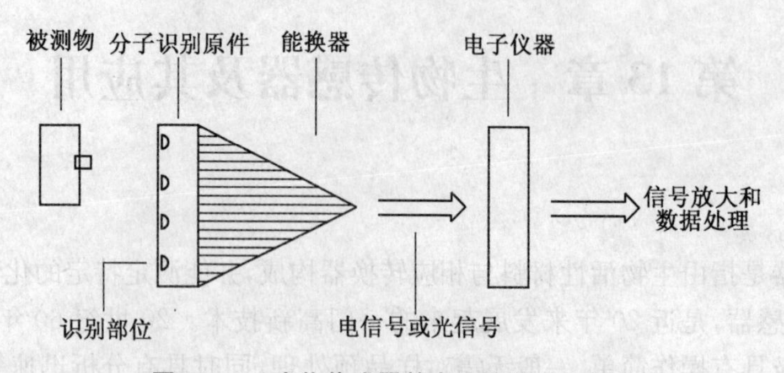

图 13-1　生物传感器基本结构组成示意图

2. 生物传感器基本原理

生物传感器的工作原理就是将待测物质经扩散作用进入固定生物膜敏感层，经分子识别而发生生物学作用，产生相应的光、热、音等信息，再经过相应的信号转换器变为可定量处理的电信号，再经二次仪表放大并输出，以电极测定其电流值或电压值，从而换算出被测物质的量或浓度，如图 13-2 所示。根据信号转换方式，生物传感器有以下几种工作方式：

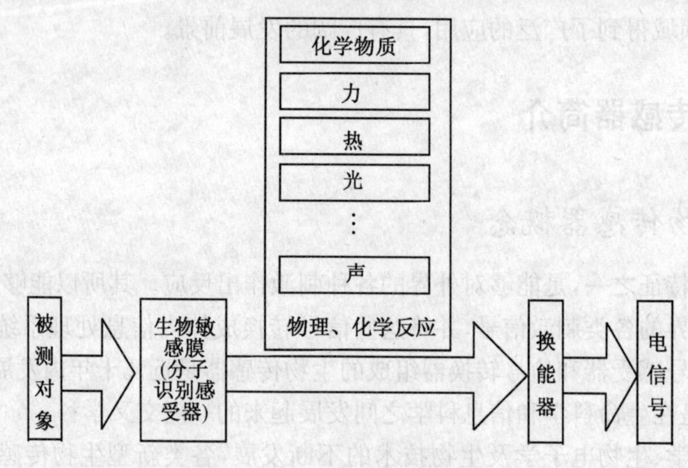

图 13-2　生物传感器原理图

(1) 将化学变化转变成电信号

以酶传感器为例，酶催化特定底物发生反应，从而使特定生成物的量有所增减。用能把这类物质的量的改变转换为电信号的装置和固定化酶耦合，即组成酶传感器。常用转换装置有氧电极、过氧化氢。

(2) 将热变化转换成电信号

固定化的生物材料与相应的被测物作用时常伴有热的变化。例如大多数酶反应的热焓变化量在 25～100 kJ/mol 的范围。这类生物传感器的工作原理是把反应的热效应借热敏电阻转换为阻值的变化，后者通过有放大器的电桥输入到记录仪中。

(3) 将光信号转变为电信号

例如，过氧化氢酶，能催化过氧化氢/鲁米诺体系发光，因此如设法将过氧化氢酶膜附着在光纤或光敏二极管的前端，再和光电流测定装置相连，即可测定过氧化氢含量。还有很多细菌能与特定底物发生反应，产生荧光，也可以用这种方法测定底物浓度。

(4) 直接产生电信号方式

这种方式可以使酶反应伴随的电子转移、微生物细胞的氧化直接(或通过电子递体的作用)在电极表面上发生,根据所得的电流量即可得到底物浓度。

前三种生物传感器具有共同点,即都是将分子识别元件中的生物敏感物质与待测物发生化学反应,将反应后所产生的化学或物理变化再通过信号转换器转变为电信号进行测量,这种方式统称为间接测量方式。第四种直接产生电信号,为直接测量。

13.1.3　生物传感器的分类

根据生物传感器中分子识别元件即敏感元件可分为五类:酶传感器、微生物传感器、细胞传感器、组织传感器和免疫传感器。显而易见,所应用的敏感材料依次为酶、微生物个体、细胞器、动植物组织、抗原和抗体。

根据生物传感器的换能器即信号转换器分类有:生物电极传感器、半导体生物传感器、光生物传感器、热生物传感器、压电晶体生物传感器等;换能器依次为电化学电极、半导体、光电转换器、热敏电阻、压电晶体等。

以被测目标与分子识别元件的相互作用方式进行分类有生物亲合型生物传感器、代谢型或催化型生物传感器。

以上分类方法之间实际互相交叉使用。图 13-3 表示生物传感器的结构和分类。

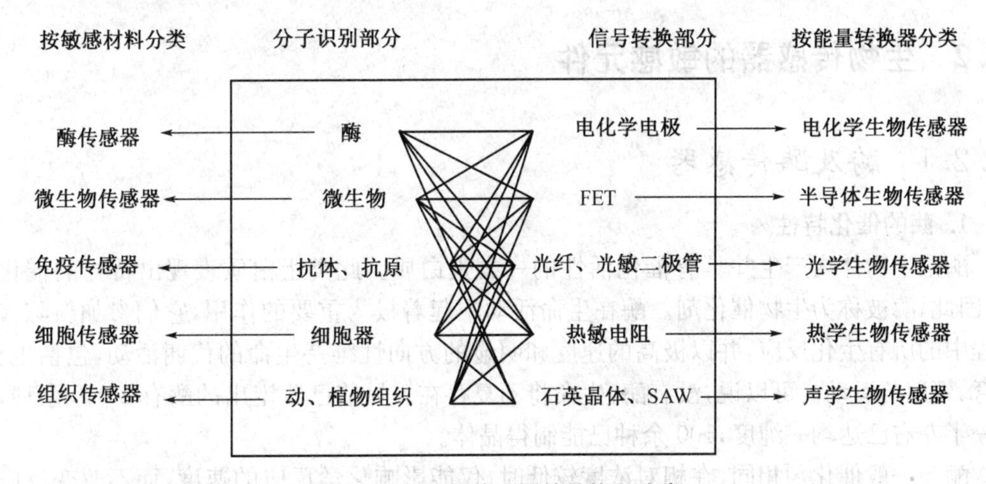

图 13-3　生物传感器的结构和分类

上述分类方法中,每一类又都包含许多种具体的生物传感器,例如,仅酶电极一类,根据所用酶的不同就有几十种,如葡萄糖电极、尿素电极、胆固醇电极、乳酸电极等。就是葡萄糖电极,有用 pH 电极或碘离子电极作为转换器的电位型葡萄糖电极,也有用氧电极或过氧化氢电极作为转换器的电流型葡萄糖电极等,实际上还可再细分。总之,生物传感器是传感器中类别较多、内容较广的一大类传感器,随着科学技术的不断发展,它所包含的内容也必将更为丰富。

13.1.4　生物传感器的特点

生物传感器与传统的检测手段相比有如下特点:① 生物传感器是由高度选择性的分子识

别材料与灵敏度极高的能量转换器结合而成的，因而它具有很好的选择性和极高的灵敏度；② 在测试时，一般不需对样品进行前处理；③ 响应快、样品用量少，可以反复多次使用；④ 体积小，可实现连续的在线监测；⑤ 易于实现多组分的同时测定；⑥ 成本远低于大型分析仪器，便于推广普及；⑦ 准确度和灵敏度高，一般相对误差不超过 1%；⑧ 可进入生物体内。

在实际使用生物传感器时，必须注意它的若干弱点。例如，不同酶的选择性有很大差异，尿素酶有严格的专一性，葡萄糖氧化酶有高度的专一性，而乙醇氧化酶和氨基酸氧化酶分别能识别广谱醇类和氨基酸类。由于生物材料的内在特征是无法改变的，故在这种情况下必须解决如何消除干扰的问题。对专一性好的生物敏感材料可选用普适能量转换器与之匹配。

生物传感器的工作条件是比较苛刻的。首先，生物敏感物质只有在最佳的 pH 范围内才有最大的活性，因此换能器的特性必须与之匹配。其次，除了少数酶能短时间承受高于 100℃高温外，绝大多数生物敏感物质的工作条件局限于 15～40℃的狭窄温度范围内。另外，许多生物敏感物质只能在短期内保持活性，为了延长生物传感器的寿命，往往需要特殊条件。例如在温度为 4℃的条件下贮存。

生物传感器的响应时间比单独的换能器的响应时间要长得多，这是因为待测物质进入生物敏感层内，其质量传递需要较长的时间，某些生化反应也需要一定时间。例如酶电极的响应时间在几秒至半分钟范围内；免疫传感器则需 15 min 左右；微生物传感器则在 20～30 min内。尽管如此，它们在实用中具有生命力是因为传统的检测方法需要更长的时间。

13.2 生物传感器的敏感元件

13.2.1 酶及酶传感器

1. 酶的催化特性

酶是生物体内产生并具有催化活性的一类蛋白质。此类蛋白质表现出特异的催化功能，因此，酶被称为生物催化剂。酶在生命活动中起着极为重要的作用，它们参加新陈代谢过程中的所有生化反应，并以极高的速度和明显的方向性维持生命的代谢活动，包括生长、发育、繁殖与运动。可以说，没有酶，生命将不复存在。目前已鉴定出的酶有 2 000 余种，其中一半左右已达均一纯度，100 余种已能制得晶体。

酶与一般催化剂相同，在相对浓度较低时，仅能影响化学反应的速度，而不改变反应的平衡点，反应前后其组成与质量均不发生明显改变。同时，酶又具有与一般催化剂所不同的地方：① 酶的催化效率比一般的催化剂高 10^6～10^{13}倍；② 酶催化反应条件较为温和，在常温、常压和近中性条件下即可进行；③ 酶的催化具有高度的专一性。

2. 酶的本质和分类

酶是一类有催化活性的蛋白质。酶可分为单纯蛋白酶与结合蛋白酶两大类。单纯蛋白酶除蛋白质以外不含其他成分，如胃蛋白酶、胰蛋白酶和脲酶等。结合蛋白酶是由蛋白和非蛋白两部分所组成，非蛋白部分若与酶蛋白结合牢固，不易分离则称辅基。若非蛋白部分与酶蛋白结合不牢，易于分开，在溶液中呈离解平衡状态，则称为辅酶。常见的辅酶有烟酰胺腺嘌呤二核苷酸(NAD，辅酶Ⅰ)和烟酰胺腺嘌呤二核苷酸磷酸(NADP，辅酶Ⅱ)，二者均称为脱氢酶的辅酶。辅基与辅酶多为维生素或某些金属(Cu、Fe、Mg、Zn、Co、Mn、Mo 等)的配合物。

3. 酶传感器

酶传感器是发展最早，也是目前最成熟的一类生物传感器。作为专一性很强的生物大分子，酶在生物传感器的研制开发中占有非常重要的地位。在固定化酶的催化作用下，生物分子发生化学变化后，通过换能器记录这种变化，从而间接测定出待测物的浓度。酶传感器在工作时先将活性物质酶覆盖在电极表面，酶与被测的有机物或无机物发生反应，形成一种能被电极响应的物质。1967 年 Hicks 等科学家将固定化的葡萄糖氧化酶膜结合在氧电极上，做成了第一支葡萄糖电极，葡萄糖电极具有如下缺点：① 溶解氧的变化可能引起电极响应的波动；② 由于氧的溶解度有限，当溶解氧贫乏时，响应电流明显下降而影响检测限；③ 传感器响应性能受溶液 pH 和温度影响较大。

随后发展出介体型生物传感器，常用的媒介体有有机染料、铁氰化物、导电有机盐类和二茂铁及其衍生物等，这类传感器称为第二代生物传感器。最近，人们开始关注酶与电极之间的直接电子传递研究，并用于设计第三代生物传感器。

目前国际上已研制成功的酶传感器有 20 余种，其中最成熟的是葡萄糖传感器。使用时将酶电极浸入到样品溶液中，溶液中的葡萄糖即扩散到酶膜上，在固定于酶膜上的葡萄糖氧化酶作用下生成葡萄糖酸，同时消耗氧气，通过氧电极测定溶液中氧浓度的变化，推测出样品中葡萄糖的浓度。

酶生物传感器具备高效率、高灵敏度、微型化的特点，已逐渐应用于病人的床头连续监护、工业发酵和环境污染的监控。酶传感器大致可分为酶电极、酶场效应晶体管传感器（FET-酶）和酶热敏电阻传感器等。表 13-1 给出了各种对应关系。

表 13-1　各种酶传感器对应关系

测定目标	使用的酶	使用电极	稳定性(d)	测定范围(mg/mL)
葡萄糖	葡萄糖氧化酶	氧电极	100	$1\sim5\times10^{2}$
胆固醇	胆固醇酯酶	铂电极	30	$10\sim5\times10^{3}$
青霉素	青霉素酶	pH 电极	7～14	$10\sim1\times10^{3}$
尿素	尿素酶	铵离子电极	60	$10\sim1\times10^{3}$
磷脂	磷脂酶	铂电极	30	$100\sim5\times10^{3}$
乙醇	乙醇氧化酶	氧电极	120	$10\sim5\times10^{3}$
尿酸	尿酸酶	氧电极	120	$10\sim1\times10^{3}$
L-谷氨酸	谷氨酸脱氨酶	铵离子电极	2	$10\sim1\times10^{4}$
L-谷酰胺	谷酰胺酶	铵离子电极	2	$10\sim1\times10^{4}$
L-酪氨酸	L-酪氨酸脱羧酶	二氧化碳电极	20	$10\sim1\times10^{4}$

13.2.2　电化学免疫传感器

与电化学免疫传感器相关联的概念有抗体和抗原，抗体是一种免疫球蛋白，抗原是一种进入机体后能刺激机体产生免疫反应的物质，它可能是生物体（如各种微生物），也可能是非生物体（如各种异类蛋白、多糖等）。通常，具有一定结构（如苯环或杂环等结构），分子量大于 10 000 的物质，均可成为抗原性物质，能有效地诱发产生抗体。有些分子量较小的物质，如某些药物和激素在动物体内并不产生抗体，但将这种小分子量的物质用化学法结合到某种载体(通常是大分子蛋白质)上，再用这种结合物可诱发产生抗体，通常把这样一些小分子量物质称为半抗原。待测物是具有特定结构的大分子蛋白质，可直接用来制备抗体；若为分子量较小的半抗原，则需将它进行化学修饰结合到大分子载体上才能诱发产生相应的抗体。

抗体对相应的抗原具有识别和结合的双重功能，在与抗原结合时，选择性强，灵敏度高，免疫传感器就是利用其双重功能将抗体或抗原和换能器组合而成的装置。由于蛋白质分子(抗体或抗原)携带有大量电荷、发色基团等，当抗原抗体结合时，会产生电学、化学、光学等变化，通过适当的传感器可检测这些参数，从而构成不同的免疫传感器，总的来说可分为非标记型和标记型两类。

图 13-4 为基于非标识法的免疫传感器。采用吸附法或共价键法将抗体(或抗原)固定在固体基体上，在基体表面形成抗原抗体复合体。形成抗原抗体复合体前后的物理性质发生了以下变化：① 膜电位：膜电位由透过离子产生的扩散电位和膜基体的界面电位构成，在膜表面形成抗原抗体复合体，膜电位就会发生变化；② 电极电位：抗原(或抗体)修饰的电极的电极电位因抗原抗体复合体的生成而发生变动；③ 压电特性：抗原(或抗体)修饰的压电体的特征频率随抗原抗体复合体的生成而变化；④ 光学特性：若在光学波导等的表面生成抗原抗体复合体，则表面的光学特性将发生变化。

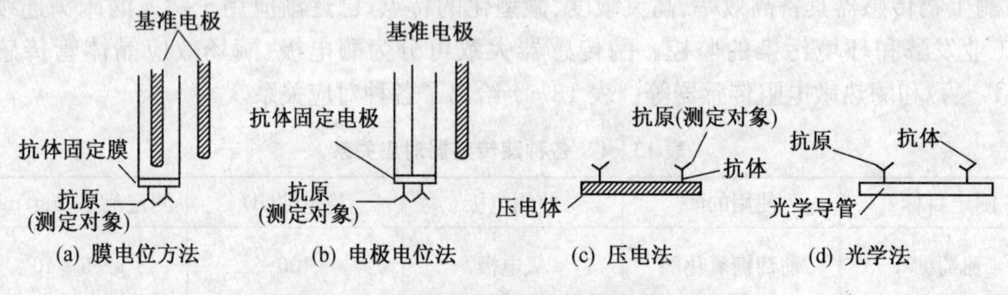

图 13-4 非标识法免疫传感器的各种方法

这些变化发生在抗体固定化基体表面的单分子层量级内，所以是非常微小的，为了将这些微小变化作为可测量取出，必须解决在表面的非特异吸附等问题。

若将抗原设想为测量对象，则标识免疫传感器可考虑为如图 13-5 所示的多种方式。这些方式大体分为两类：① 标识抗体的方式；② 标识抗原的方式。在每种方式中，最终都需要检测标识剂。可用于免疫传感器的标识剂有酶(过氧化物酶、过氧化氢酶、葡萄糖氧化

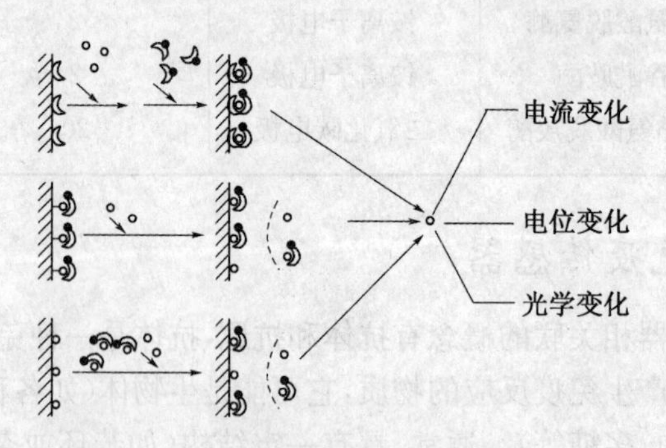

图 13-5 标识法免疫传感器的各种方法

酶等)、核蛋白体(含有标识离子等)、电化学性氧化还原物质、催化剂等。检测标识剂的方法有电位测定法、电流测定法、光量子计数法等。

将上述各种原理和检测方式进行组合,可构成多种多样的免疫传感器。如黄曲霉毒素传感器,它由氧电极和黄曲霉毒素抗体膜组成,加到待测样品中,酶标记的及未标记的黄曲霉毒素便会与膜上的黄曲霉毒素抗体发生竞争反应,测定酶标黄曲霉毒素与抗体的结合率,便可知样品中的含量。

13.2.3　组织传感器

组织传感器是以动植物组织薄片中的生物催化层与基础敏感膜电极结合而成的电化学传感器,也称为组织电极。该催化层以酶为基础,基本原理与酶传感器相同,为酶电极的衍生型电极。与酶电极比较,组织电极的酶活性较离析酶高,酶的稳定性增大、材料也易于获得。

动物肝组织中含有丰富的 H_2O_2 酶,可与氧电极组成测定 H_2O_2 及其他过氧化物的组织电极。1981 年 Mascini 等研究了数种哺乳动物和其他动物(鸟、鱼、龟)的肝组织电极,第二年,报道了基于牛肝组织的 H_2O_2 电极,图 13-6 为牛肝- H_2O_2 电极响应时间曲线。表 13-2 为各种组织传感器。

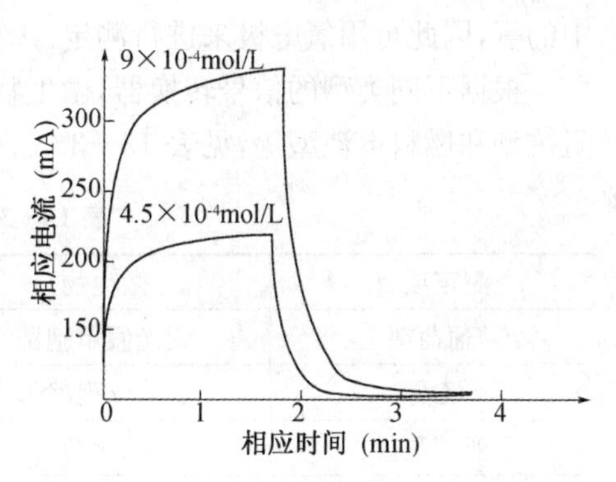

图 13-6　牛肝- H_2O_2 电极响应时间曲线

表 13-2　各种组织传感器

测定项目	组织膜	基础电极	稳定性(d)	线性范围(mol/L)
谷氨酸	木瓜	CO_2	7	$2\times10^{-4}\sim1.3\times10^{-2}$
尿素	夹克豆	CO_2	94	$3.4\times10^{-5}\sim1.5\times10^{-3}$
L-谷氨酰胺	肾	NH_3	30	$1\times10^{-4}\sim1.1\times10^{-2}$
多巴胺	香蕉	O_2	14	—
丙酮酸	玉米芯	CO_2	7	$8\times10^{-5}\sim3\times10^{-3}$
过氧化氢	肝	O_2	14	$5\times10^{-3}\sim2.5\times10^{-1}$

13.2.4　电化学 DNA 传感器

依据生物体内核苷酸顺序相对稳定,核苷酸碱基顺序互补的原理可以设计出 DNA 传感器,即基因传感器。基因传感器一般有 10～30 个核苷酸的单链核酸分子,能够专一地与特定靶序列进行杂交,从而检测出特定的目标核酸分子。

根据换能器种类不同可分为电化学型、光学型、压电型及表面等离子体共振型基因传感器,这种传感器可用于检测食品中的病原体。

13.2.5 微生物传感器

微生物传感器分为两类：一类是利用微生物在同化底物时消耗氧的呼吸作用；另一类是利用不同的微生物含有不同的酶。好氧微生物在繁殖时需消耗大量的氧，一般用氧浓度的变化来观察微生物与底物的反应情况。这种装置是由适合的微生物电极与氧电极组成。其检测原理是利用微生物的同化作用耗氧，通过测量氧电极电流的变化量来测量氧气的减少量，从而达到测量底物浓度的目的。例如，荧光假单胞菌，能同化葡萄糖；芸苔丝孢酵母可同化乙醇，因此可分别用来制备葡萄糖和乙醇传感器，这两种细菌在同化底物时，均消耗溶液中的氧，因此可用氧电极来进行测定。

根据不同类型的信号转换器，微生物传感器有电化学型、光学型、热敏电阻型、压电高频阻抗型和燃料电池型等，见表 13-3。

表 13-3 常见微生物传感器

测定项目	微生物	测定电极	检测范围(mg/L)
葡萄糖	荧光假单胞菌	O_2	5～200
乙醇	云苔丝孢酵母	O_2	5～300
亚硝酸盐	硝化菌	O_2	51～200
维生素 B_{12}	大肠杆菌	O_2	
谷氨酸	大肠杆菌	CO_2	8～800
赖氨酸	大肠杆菌	CO_2	10～100
维生素 B_1	发酵乳杆菌	燃料电池	0.01～10
甲酸	梭状芽孢杆菌	燃料电池	1～300
头孢菌素	费式柠檬酸细菌	pH	
烟酸	阿拉伯糖乳杆菌	pH	

13.3 生物传感器的信号转换器

生物传感器中的信号转换器是将分子识别元件进行识别时所产生的化学或物理的变化转换成可用信号的装置，用得最多的且比较成熟的是电化学电极，用它组成的生物传感器称为电化学生物传感器。可用作生物传感器的信号转换器的电化学电极，一般可以分为电位型电极和电流型电极两种。

13.3.1 电位型电极

1. 离子选择电极

离子选择性电极是一类对特定的阳离子或阴离子呈选择性响应的电极，具有快速、灵敏、可靠、价廉等优点，因此应用范围很广。离子选择性电极作为生物传感器的信号转换器只是它的一种应用，在生物医学领域也常直接用它测定体液中的一些成分（如 H^+、K^+、Na^+、Ca^{2+} 等）。

2. 氧化还原电极

氧化还原电极是不同于离子选择电极的另一类电位型电极，这里指的主要是零类电极。

13.3.2　电流型电极

电化学生物传感器中采用电流型电极为信号转换器的趋势日益增加，这是因为这类电极和电位型电极相比有以下优点：

(1) 电极的输出直接和被测物的浓度呈线性关系，不像电位型电极那样和被测物浓度的对数呈线性关系；

(2) 电极输出值的读数误差所对应的待测物浓度的相对误差比电位型电极的小；

(3) 电极的灵敏度比电位型电极的高。

13.3.3　氧电极

有不少酶特别是各种氧化酶和加氧酶在催化底物反应时要用溶解氧为辅助试剂，反应中所消耗的氧量就用氧电极来测定。此外，在微生物电极、免疫电极等生物传感器中也常用氧电极作为信号转换器，因此氧电极在生物传感器中用得很广。目前用得最多的氧电极是电解式的 Clark 氧电极，Clark 氧电极是由铂阴极、Ag/AgCl 阳极、KCl 电解质和透气膜所构成。

13.3.4　离子敏场效应晶体管

随着医学研究的进展以及临床诊断工作的需要，对传感器的要求有了新的发展，希望传感器能具有小型化、输出阻抗低、响应快、能同时完成多种成分测定、能够直接与计算机构成监测网络等特点。绝缘栅场效应管的应用，使得制造具有以上特点的生物敏感元件已成为现实。绝缘栅场效应管是一类能够对离子或分子敏感的半导体器件，称之为化学敏感半导体器件，其中对离子敏传感器件研究的成果较多。

离子敏场效应晶体管，即 ISFET，它与常用的绝缘栅型场效应晶体管构造基本相同。不同之处是在输入栅极做了一些改进，用产生电位的敏感膜取代金属极，让敏感膜直接与溶液接触，由于敏感膜对溶液中的离子有选择作用，从而调制 ISFET 的漏电流变化，利用这个特性就能检测溶液中的离子活度。图 13-7 表示离子敏场效应晶体管与 MOSFET 的结构对比。图 13-8 为离子敏场效应晶体管制作的 pH 测试电极。图 13-9 为离子敏场效应晶体管的输出特性曲线。图 13-10 表示 ISFET 的输出测试电路。

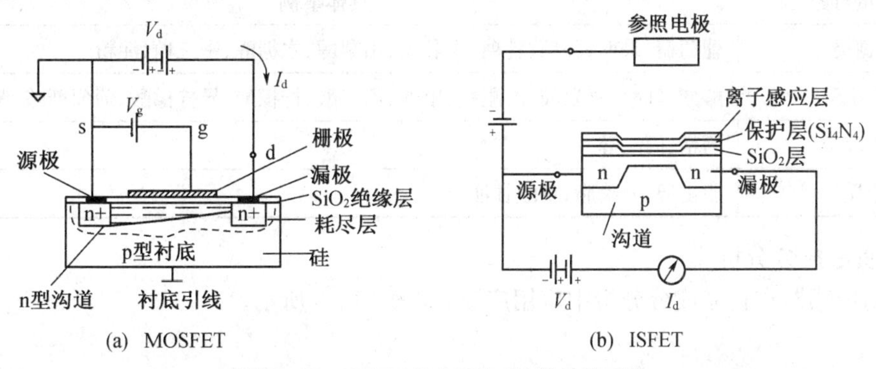

图 13-7　ISFET 与 MOSFET 的结构对比

图 13-8 离子敏场效应晶体管制作的 pH 测试电极

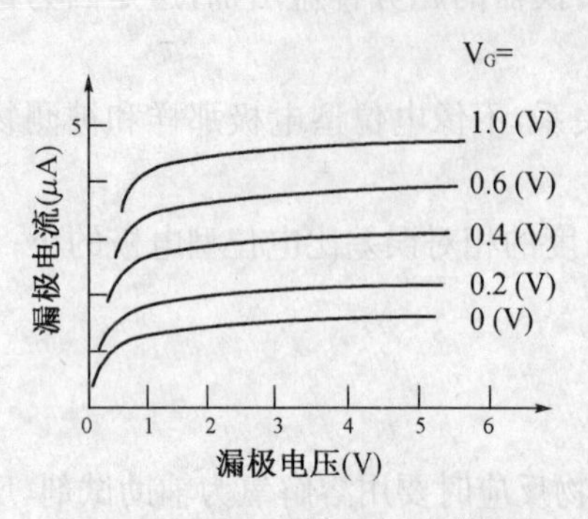

图 13-9 ISFET 的输出特性曲线

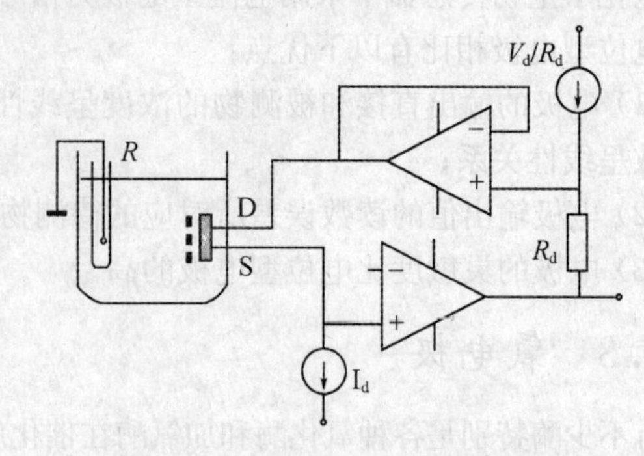

图 13-10 ISFET 的输出测试电路

13.4 生物传感器的应用实例

生物传感器在国民经济的各个领域有着十分广泛的应用，特别是食品、制药、环境监测、临床医学监测、生命科学研究等。测定的对象为物质中化学和生物成分的含量，如各种形式的糖类、尿酸、尿素、胆固醇、胆碱、卵磷脂等。目前，生物传感器的功能已发展到活体测定、多指标测定和联机在线测定，检测对象包括近百种常见的生化物质，在临床、发酵、食品和环保等方面显示出广阔的应用前景。

13.4.1 在食品工业中的应用

生物传感器引入食品工业较晚，表 13-4 列出了食品工业需要测定的一些项目，这些项目的测定可用现有的酶传感器进行，主要集中在食品成分分析、食品添加剂的分析、发酵工业等领域。

表 13-4 在食品工业中的测量对象

测量对象	具体事例
糖类	葡萄糖、果糖、蔗糖、乳糖、半乳糖、山梨醇、木糖醇、密三糖、淀粉
有机酸	醋酸、乳酸、苹果酸、丙酮酸、甲酸、乙二酸、柠檬酸、异柠檬酸、葡萄糖酸、苯酸
乙醇类	酒精、丙三醇
脂质类	胆甾醇、卵磷脂、草酸甘油酯

1. 食品成分分析

生物传感器在食品成分分析中应用广泛，如表 13-5 所示。

表 13－5　食品成分测定

食品成分	检测范围	检测界限(mol/L)	样品
葡萄糖			
半乳糖			发酵液
果糖	$2\times10^{-4}\sim2\times10^{-2}$ mol/L	3.5×10^{-4}	
抗坏血酸	$2\times10^{-5}\sim5.7\times10^{-4}$ mol/L		
L-赖氨酸	$1\times10^{-6}\sim1\times10^{-5}$ mol/L	2×10^{-7}	
谷氨酸		0.3	
烟酸			肉类
各种氨基酸	0.5～5 mg/L		发酵食品(啤酒) 非发酵食品(果汁)
卵磷脂			食用油脂
L-苹果酸	$10^{-6}\sim1\times10^{-3}$ mol/L		

2. 食品添加剂的分析

生物传感器可以用于检测食品添加剂，如表 13－6 所示。

表 13－6　食品添加剂测定

添加剂种类	线性范围(mol/L)	食品种类
亚硝酸盐	$0\sim6\times10^{-4}$	水果干、酒、醋、果汁和土豆片
苯甲酸盐		软饮料、酱油和醋
亚硝酸盐		肉类制品
甜味素	$2\times10^{-5}\sim1\times10^{-3}$	饮料、布丁、酱

以亚硝酸盐检测为例。硝化细菌利用亚硝酸盐作为唯一能源，进行呼吸作用耗氧。由固定化硝化细菌和氧电极构成的生物传感器可以用于测定亚硝酸盐。将带有固定化硝化细菌的多孔性膜切成圆片，并小心地贴在氧电极表面的 Teflon 膜上，再盖上一层透气膜(0.5 μm孔径)并用橡胶环固定好即可制成亚硝酸盐传感器探头，它的测量系统包括：① 带夹套的流通池，生物传感器探头置于其中；② 蠕动泵；③ 放大器；④ 记录仪。

保持流通池的温度在(30±1)℃，以 1.6 mL/min 的流量将氧饱和的缓冲液(pH 2.0)输入流通池，待电极电流达到某一稳态值后，以 0.4 mL/min 的流量将样品溶液送入流通池，历时 2 min。样品溶液(亚硝酸钠溶液)送入流通池后，在 pH 2.0 的条件下亚硝酸离子转变成二氧化氮，然后二氧化氮通过透气膜。在硝化细菌层内二氧化氮又转变成亚硝酸离子。亚硝酸离子被硝化细菌作为唯一的能源而被代谢。通过氧电极测出细菌膜附近的溶液的溶解氧消耗，由氧电极的电流降低值可以间接测定亚硝酸盐的浓度。

该传感器的电流随时间明显地减小，直到某一稳态值。10 min 之内可得到稳态电流。初始电流与稳态电流之差和亚硝酸盐的浓度之间呈线性关系。

3. 生物传感器在发酵工业中的应用

各种生物传感器中，微生物传感器最适合发酵工业一些参数的测定。因为发酵过程中常存在对酶的干扰物质，并且发酵液往往不是清澈透明的，不适用于光谱等方法测定。而应用微生物传感器则极有可能消除干扰，并且不受发酵液混浊程度的限制。同时，由于发酵工业是大规模的生产，微生物传感器成本低、设备简单的特点使其具有极大的优势。

(1) 原材料及代谢产物的测定

微生物传感器可用于原材料如糖蜜、乙酸等的测定，代谢产物如谷氨酸、乳酸、头孢霉素、甲酸、醇类等的测定。测量的原理基本上都是用适合的微生物电极与氧电极组成，利用微生物的同化作用耗氧，通过测量氧电极电流的变化量来测量氧气的减少量，从而达到测量底物浓度的目的。

在各种原材料中葡萄糖的测定对过程控制尤其重要，用荧光假单胞菌代谢消耗葡萄糖的作用，通过氧电极进行检测，可以估计葡萄糖的浓度。这种微生物电极和葡萄糖酶电极相比，测定结果是类似的，而微生物电极灵敏度高，重复性好，而且不必使用昂贵的葡萄糖酶。用固定化酵母，透气膜和氧电极组成的微生物传感器可以测定乙酸的浓度。

此外，还有用大肠杆菌组合二氧化碳气敏电极，可以构成测定谷氨酸的微生物传感器，将柠檬酸杆菌完整细胞固定化在胶原蛋白膜内，由细菌-胶原蛋白膜反应器和组合式玻璃电极构成的微生物传感器可应用于发酵液中头孢酶素的测定等。

(2) 微生物细胞总数的测定

在发酵控制方面，一直需要直接测定细胞数目的简单而连续的方法。人们发现在阳极表面，细菌可以直接被氧化并产生电流。这种电化学系统已应用于细胞数目的测定，其结果与传统的菌斑计数法测细胞数是相同的。

(3) 其他的应用

生物传感器在食品工业的其他领域也都有许多应用，如微生物和生物毒素的检测和食品鲜度的检测，分别见表 13－7 和表 13－8 所示。

表 13－7 微生物和生物毒素的检测

检测对象	使用的传感器	食物	检测下限(ng/mL)
肉毒杆菌毒素	光纤		5
葡萄球菌肠毒素	光纤免疫	火腿	0.5
黄曲霉毒素 B_1	光纤免疫	花生、玉米粉	0.05
伏马菌素(FB_1)	表面等离子体共振	玉米	50
金黄色葡萄球菌	光纤免疫		1
大肠杆菌	激动注射免疫		
沙门氏菌	酶标安培免疫		

表 13－8 食品鲜度的检测

检测对象	使用的传感器	食物	线性范围(mol/mL)
磷酸肌酐 肌酐(HXR) 次黄嘌呤(HX)	黄嘌呤氧化酶传感器	鱼类	$5\times10^{-5}\sim2\times10^{-4}$

（续表）

检测对象	使用的传感器	食物	线性范围(mol/mL)
海产品	鸟氨酸酶传感器		
单胺化合物	单胺氧化酶传感器	肉	$5\times10^{-6}\sim20\times10^{-6}$
细菌	菌数测定仪	牛乳	

13.4.2　在环境监测中的应用

生物传感器对于环境监测与保护意义重大，比如在水质分析、废气或环境大气的监测、农药和抗生素残留量的分析等方面都有广泛的应用。

1. 水质分析

生物传感器的一个典型应用是测定生化需氧量(BOD)，一般是将微生物夹膜固定在溶解氧探头上，溶解氧随缓冲溶液进入到生物膜层，部分的溶解氧被微生物消耗，剩余的溶解氧通过可透气的 Teflon 膜而被氧电极所检测到。当样品溶液通过检测系统时，可降解的有机物通过多孔渗透膜渗透到微生物层而被微生物氧化、吸收，从而引起膜周围溶解氧的减少，导致了氧电极的电流下降。将测定的电流与标准曲线进行对比，得到 BOD 浓度。

另外，利用微生物传感器也可以快速准确测定废水中酚的含量。这种方法是以微生物电极、酶电极和植物电极为传感器测定的。反应机理如下：

$$苯酚+O_2+2H^++酪氨酸酶\longrightarrow 邻苯二酚$$

$$邻苯二酚+O_2+酪氨酸酶\longrightarrow 邻苯二酚$$

当酚类物质与 O_2 一起扩散进入微生物膜时，由于微生物对酚的同化作用而耗氧，致使进入氧电极的 O_2 速率下降，传感器输出电流减小，并在几分钟内达到稳态。在一定的浓度范围内，电流降低值 ΔI 与酚的浓度之间呈线性关系，由此来测定酚的浓度。由于此反应需要酪氨酸酶，有学者用麦芽糊精修饰的酪氨酸酶碳糊电极构成电流型生物传感器来测定水中酚类污染物质。在外加电压为 -100 mV、pH 为 5.40 的磷酸盐缓冲溶液中，在苯酚的物质的量浓度为 $2.0\times10^{-7}\sim1.0\times10^{-5}$ mol/L 内电极电压与苯酚的物质的量浓度有良好的线性关系，其检测下限为 1.0×10^{-7} mol/L。

2. 废气或环境大气的监测

生物传感器可用于监测大气中的废气或环境中的有害气体，比如测定空气中 SO_2、NO_x、CO_2、NH_3、CH_4 等的含量。

SO_2 是酸雨酸雾形成的主要原因，传统的检测方法很复杂。将亚细胞类脂类-含亚硫酸盐氧化酶的肝微粒体固定在醋酸纤维膜上，和氧电极制成安培型生物传感器，可对 SO_2 形成的酸雨酸雾样品进行检测。将固定有类脂质的醋酸纤维膜附着在氧电极两层 Telflon 气体渗透层之间，当样品溶液经过氧电极表面时，微粒体氧化样品，消耗氧，使氧电极电流随时间延长而减小，10 min 达到稳定。在 SO_3^{2-} 小于 3.4×10^{-4} mol/L 时，电流与 SO_3^{2-} 浓度呈线性关系，检测限为 0.6×10^{-4} mol/L。新的生物传感器以噬硫杆菌和氧电极制作，将噬硫杆菌固定在两片硝化纤维膜之间，使微生物新陈代谢增加，溶解氧浓度下降，氧电极响应改变，从而测出亚硫酸物含量。

NO_x是引起光化学烟雾的最主要原因，利用硝化细菌以硝酸盐为唯一能源这一特点，用多孔气体渗透膜，固定化硝化细菌和氧电极组成微生物传感器，能有效测定样品中亚硝酸盐的含量。此传感器选择性很高，不易受乙酸、乙醇等挥发物质的干扰。当亚硝酸盐低于0.59 mmol/L时，通过氧电极的电流与硝化细菌的好氧量之间有良好的线性关系，检测限为0.01 mmol/L。

由固定化硝化细菌、聚四氟乙烯透气膜和氧电极所构成的生物传感器可用于氨的测定。从活性污泥中分离到的硝化细菌，包括亚硝化单胞菌和硝化杆菌被吸附固定在多孔膜上，把这种载菌膜装在氧电极端部，再在菌膜上覆盖一层透气膜就制成了氨生物传感器，硝化细菌以氨为唯一能源消耗氧。氨的浓度可通过检测氧电极上的固定化微生物的耗氧量来测定。测定在pH 9.0，温度30℃下进行，电流降低值(初始电流值与稳态电流值之差)与氨浓度之间呈线性关系。检测最大浓度为42 mg/L，最大电流降低值是4.7 μA，检测下限为0.1 mg/L。该传感器对各种挥发性物质(如醋酸、乙醇、二甲胺、丁胺等)无响应，表明传感器的选择性很好。利用氨生物传感器对33 mg/L氨样品测定，传感器输出电流在长达两周以上的测定中几乎不变。对人尿中氨含量进行测定，生物传感器法与氨电极法相关系数为0.9，该生物传感器已用于发酵厂排出液中氨的测定。

甲烷氧化菌同化甲烷时因呼吸而耗氧，利用此原理可以制备甲烷传感器，其中制备此传感器所用的细菌是甲基单胞菌。测量系统包括两个氧电极、两个反应器、一个电流放大器、两台真空泵和一个记录仪，两反应器容积均为55 mL，各含41 mL培养液。一个反应器载有细菌细胞，另一个反应器中没有细菌细胞。把两支氧电极分别安装在两个测量池中，用玻璃管或聚四氟乙烯管把测量池与整个系统连接起来。一个真空泵的用途是抽空管中的气体，另一个泵的作用是向系统中输送气体样品。整个系统保持严密性，不漏气，设计线路保持测量线路和参比线路的对称性。反应池外用恒温水浴控制在30℃±0.1℃。

甲烷传感器测量的是两个反应池中氧电极电流差值，电流值差由含氧量不同而引起。当含有甲烷的气体样品流过有细菌的反应池时，甲烷被细菌同化，引起细菌呼吸性增加，这样该反应池中氧电极电流减少至最低稳定状态。而另一支氧电极所在的反应池中不含有细菌，氧含量及电流值均不减少，所以两个电极电流之间的最大差值与气体样品中甲烷含量有关。该传感器系统在甲烷浓度为0～6.6 mmol/L范围内与电流差值有良好的线性关系，电流差值变化范围是0～3.5 μA，可检测的最低浓度是5 μmol/L，测定0.66 mmol/L的样品(25个)时，电流差值的重现性在5%以内，标准偏差是9.40 nA。

3. 农药和抗生素残留量的分析

用于农药残留检测的电化学传感器的分子识别元件大都为乙酰胆碱酯酶和丁酰胆碱酯酶。乙酰胆碱酯酶的活力受到有机磷和氨基甲酸酯杀虫剂的抑制，乙酰胆碱酯酶催化底物乙酰胆碱的水解反应为：

$$\text{乙酰胆碱} + H_2O \longrightarrow \text{胆碱} + \text{乙酸}$$

ALBAREDA SIRVENT等以一种可以重复使用的电流型生物传感器来检测自来水和果汁中的农药，在标准溶液中对氧磷和呋喃丹的检测极限分别达到10^{-10}和10^{-11} mol/L。表13-9是常见的用于检测农药和抗生素残留量的生物传感器。

表 13-9 常见的检测农药和抗生素残留量的生物传感器

传感器种类	传感器类型	备注
有机磷农药	电导型	以乙酰胆碱为敏感材料
氨基甲酯类杀虫剂	电位型	
硫胺二甲嘧啶	等离子体共振免疫	脱脂牛奶
多绿化联苯	敏感膜光纤免疫	水、牛奶

13.4.3 在医疗领域的应用

医疗领域是生物传感器的主要应用领域之一。目前生物传感器在医疗领域的应用主要集中在以下三个方面：

① 基础研究：生物传感器可实时监测生物大分子之间的相互作用。借助于这一技术动态观察抗原、抗体之间结合与解离的平衡关系，可较为准确地测定抗体的亲和力及识别抗原表位，帮助人们了解单克隆抗体特性，有目的地筛选各种具有最佳应用潜力的单克隆抗体。

② 临床应用：用酶、免疫传感器等生物传感器来检测体液中的各种化学成分，为医生的诊断提出依据。

③ 生物医药：利用生物工程技术生产药物时，将生物传感器用于生化反应的监视，可以迅速地获取各种数据，有效地加强生物工程产品的质量管理。

13.4.4 在酒精测试上的应用

由固定化酶膜和过氧化氢电极可以组合构成乙醇生物传感器。将 350 单位的乙醇氧化酶和 1 mL 5%(V/V)的聚乙烯亚胺及 3 mg 牛血清白蛋白溶液混合，并加入 0.2 mL 15%(V/V)的戊二醛溶液，在 5℃存放 4 h，再将这种酶的混合物包在聚碳酸酯膜和醋酸纤维素膜之间，并在 5℃风干 24 h。这些膜再用 0.02%(V/V)的戊二醛溶液处理，并用磷酸盐缓冲液(0.05 mol/L，pH 7.0)洗涤之后，获得该传感器的探头，它的测量系统主要包括带夹套的流通池、蠕动泵、自动进样器、放大器和记录仪。

在 0～3.0%(V/V)浓度范围内观测到的电流增加值和乙醇浓度呈线性关系。但在 3.0%(V/V)浓度以上，是呈非线性的。

13.4.5 在军事上的应用

现代战争往往是在核武器、化学武器、生物武器威胁下进行的战争。侦检、鉴定和检测是进行有效化学战和生物战防护的前提。由于具有高度特异性、灵敏性和能快速地探测化学战剂和生物战剂(包括病毒、细菌和毒素等)的特性，生物传感器将是最重要的一类化学战剂和生物战剂侦检器材。如烟碱乙酰胆碱受体生物传感器和某种麻醉剂受体生物传感器能在 10 s 内侦检出 10^{-9}量级的生化战剂，例如炭疽杆菌、甲型 H1N1 流感病毒、黄热病毒等。

13.4.6 生物传感器未来发展趋势

生物传感器具有快速、在线、连续监测的优点，越来越受到人们的重视。经过近 30 年的研究，生物传感器获得了很大发展，但真正应用于环境监测领域的实例并不太多，这主要是由于目前的生物传感器还存在诸多不足之处，如稳定性差、对许多有毒物质缺乏抵抗性、使用寿命短、维护较为复杂等，为此需要对生物传感器加以改进。未来生物传感器的发展主要集中在换能器的发展和检测元件的改进两个方面。

信号转换也是生物传感器研究的关键问题之一，如何在传感元件的氧化还原中心与电极换能器之间建立电子传递仍是一个技术难点。

生物传感器在工作过程中，往往会出现识别元件与待测物发生化学反应等不可逆的情况，这必然会影响传感器的检测能力，降低其灵敏度。因此，如何提高元件的使用寿命，选择灵活性强、选择性高的传感元件也是一个主要的研究方向。

活性物质的固定化技术在研究生物传感器的稳定性时占有重要位置，因此这个问题如果能得到很好的解决，必将极大推动生物传感器的发展，提高其实用性。

此外，便携式微型生物传感器的研究也是未来的一个发展方向，新生物材料的合成、纳米技术的应用等都将进一步推进生物传感器在环境监测领域的应用。

1. 生物传感器的信号转换方式有哪几种？

2. 简述生物传感器的种类，举出你在日常生活中见到的化学或生物传感器。

3. 依据信号转换器的类型，酶传感器大致可分为哪几种？相互间有何关系？试比较电势型和安培型传感器的优缺点。

4. 与酶电极比较，组织电极具有哪些优点？

5. 基因传感器一般有多少个核苷酸的单链核酸分子？简述其工作原理。

6. 简述微生物传感器分类及其原理。

7. 生物传感器的信号转换器有哪几种？到目前为止用得最多且比较成熟的是什么？可用作生物传感器的信号转换器的电化学电极，一般可以分为哪几种类型？

8. 试举例介绍应用于食品成分分析的传感器及其原理。

9. 举例说明生物传感器在环境监测方面的应用。

10. 目前生物传感器在医疗领域的应用主要集中在哪几个方面？

11. 生物传感器研制中的关键问题有哪些？生物传感器在今后的发展上应注意哪些问题？

12. 叙述测量某溶液 pH 的过程。

第14章 智能传感器及其应用

传统的传感器一般只能作为敏感元件，须配上变换仪表才能检测物理量、化学量等的变化。随着微电子技术及计算机技术的发展，出现了智能仪表。智能仪表采用超大规模集成电路，利用嵌入软件协调内部操作，在完成输入信号的非线性补偿、零点误差、温度补偿、故障诊断等基础上，还可完成对工业过程的控制，使测量系统的功能进一步增强。智能传感器是一种带有微处理器并兼有检测和信息处理功能的传感器，集成了传感器、智能仪表的全部功能，具有很高的线性度和低的温度漂移，降低了系统的复杂性、简化了系统结构、提高了系统的功能。智能型传感器被称为第四代传感器，具备感觉、辨别、判断以及自诊断等多种功能，是传感器的发展方向。

14.1 智能传感器概述

14.1.1 智能传感器的概念

智能传感器是一门现代化的综合技术，是当今世界正在迅速发展的高新技术，至今还没有形成规范化的定义。早期，人们简单、机械地强调在工艺上将传感器与微处理器两者紧密结合，认为“传感器的敏感元件及其信号调理电路与微处理器集成在一块芯片上就是智能传感器”；也有人对智能传感器做了这样的定义：“传感器与微处理器赋予智能的结合，兼有信息检测与信息处理功能的传感器就是智能传感器”；模糊传感器也是一种智能传感器。一般认为，智能传感器是指以微处理器为核心，能够自动采集、存储外部信息，并能自动对采集的数据进行逻辑思维、判断及诊断，能够通过输入输出接口与其他智能传感器(智能系统)进行通信的传感器。智能传感器扩展了传感器的功能，使之成为具备人的某些智能的新概念传感器。

14.1.2 智能传感器的功能

自动化领域所取得的一项最大进展就是智能传感器的发展与广泛使用，智能传感器代表了传感器的发展方向，这种智能传感器带有标准数字总线接口，能够自己管理自己，能将所检测到的信号经过变换处理后，以数字量形式通过现场总线与上位计算机或其他智能系统进行通信与信息传递。和传统的传感器相比，智能传感器具备以下一些功能：

(1) 复合敏感功能

智能传感器应该具有一种或多种敏感能力，如能够同时测量声、光、电、热、力、化学等多个物理或化学量，给出比较全面反映物质运动规律的信息；同时测量介质的温度、流速、压力和密度；同时测量物体某一点的三维振动加速度、速度、位移等。

(2) 自动采集数据并对数据进行预处理

智能传感器能够自动选择量程完成对信号的采集，并能够对采集的原始数据进行各种处理,如各种数字滤波、FFT 变换、HHT 变换等时频域处理,从而进行功能计算及逻辑判断。

(3) 自补偿、自校零、自校正功能

为保证测量精度,智能传感器必须具备上电自诊断、设定条件自诊断以及自动补偿功能,如能够根据外界环境的变化自动进行温度漂移补偿、非线性补偿、零位补偿、间接量计算等。同时能够利用 EEPROM 中的计量特性数据进行自校正、自校零、自标定等功能。

(4) 信息存储功能

智能传感器应该能够对采集的信息进行存储,并将处理的结果送给其他的智能传感器或智能系统。实现这些功能需要一定容量的存储器及通讯接口。现在大多智能传感器都具有扩展的存储器及双向通讯接口。

(5) 通信功能

利用通信网络以数字形式实现传感器测试数据的双向通信,是智能传感器的关键标志之一;利用双向通信网络,也可设置智能传感器的增益、补偿参数、内检参数,并输出测试数据。智能传感器的出现将复杂信号由集中型处理变成分散型处理,即可以保证数据处理的质量,提高抗干扰性能,同时又降低系统的成本。它使传感器由单一功能、单一检测向多功能和多变量检测发展,使传感器由被动进行信号转换向主动控制和主动进行信息处理方向发展,并使传感器由孤立的元件向系统化、网络化发展。在技术实现上可采用标准化总线接口进行信息交换。

(6) 自学习功能

一定程度的人工智能是硬件与软件的结合体,可实现学习功能,更能体现仪表在控制系统中的作用。可以根据不同的测量要求,选择合适的方案,并能对信息进行综合处理,对系统状态进行预测。

14.1.3 智能传感器的特点

与传统传感器相比,智能传感器具有如下特点:

(1) 精度高、测量范围宽

通过软件技术可实现高精度的信息采集,能够随时检测出被测量的变化对检测元件特性的影响,并完成各种运算,如数字滤波及补偿算法等,使输出信号更为精确,同时其量程比可达 100∶1,最高达 400∶1,可用一个智能传感器应付很宽的测量范围,特别适用于要求量程比大的控制场合。

(2) 高可靠性与高稳定性

智能传感器能够自动补偿因工作条件或环境参数变化而引起的系统特性的漂移,如环境温度变化而引起传感器输出的零点漂移,能够根据被测参数的变化自动选择量程,能够自动实时进行自检,能根据出现的紧急情况自动进行应急处理,这些都可以提高智能传感器系统的可靠性与稳定性。

(3) 高信噪比与高的分辨率

智能传感器具有数据存储和数据处理能力,通过软件进行各种数字滤波、小波分析及 HHT 等时频域分析,可以有效提高系统的信噪比与分辨率。

(4) 强的自适应性

智能传感器的微处理器可以使其具备判断、推理及学习能力,从而具备根据系统所处环境及测量内容自动调整测量参数,使系统进入最佳工作状态。

(5) 高的性能价格比

智能传感器采用价格便宜的微处理器及外围部件即可以实现强大的数据处理、自诊断、自动测量与控制等多项功能。

(6) 功能多样化

相比于传统传感器,智能传感器不但能自动监测多种参数,而且能根据测量的数据自动进行数据处理并给出结果,还能够利用组网技术构成智能检测网络。

14.2 智能传感器的实现技术

智能传感器视其传感元件的不同具有不同的名称和用途,而且其硬件的组合方式也不尽相同,但其结构模块大致相似,一般由以下几个部分组成:① 一个或多个敏感器件;② 微处理器或微控制器;③ 非易失性可擦写存储器;④ 双向数据通信的接口;⑤ 模拟量输入输出接口(可选,如 A/D 转换、D/A 转换);⑥ 高效的电源模块。按照实现形式,智能传感器可以分为非集成化智能传感器、集成化智能传感器以及混合式智能传感器三种结构。图14-1为典型的智能传感器结构组成示意图。

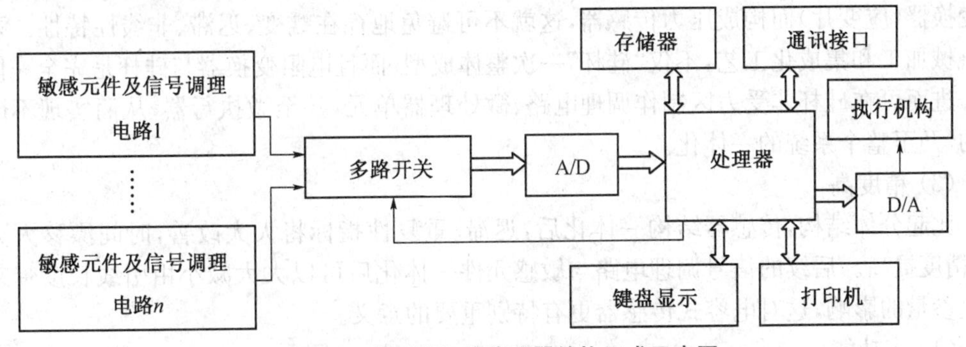

图 14-1　典型的智能传感器结构组成示意图

14.2.1 非集成化智能传感器

非集成化智能传感器就是将传统的经典传感器、信号调理电路、微处理器以及相关的输入输出接口电路、存储器等进行简单组合集成而得到的测量系统,如图 14-2 所示。在这种实现方式下,传感器与微处理器可以分为两个独立部分,传感器及变送器将待测物理量转换为相应的电信号,送给信号调理电路进行滤波、放大,再经过模数转换后送到微处理器。微处理器是智能传感器的核心,不但可以对传感器测量数据进行计算、存储、处理,还可以通过反馈回路对传感器进行调节。微处理器可以根据其内存中驻留的软件实现对测量过程的各种控制、逻辑推理、数据处理等功能,使传感器获得智能,从而提高了系统性能。

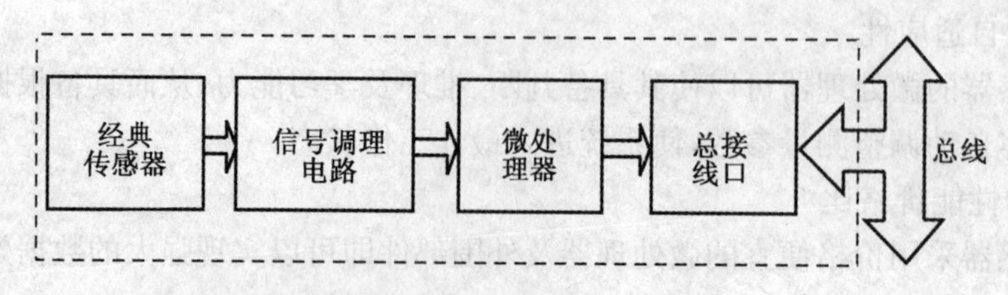

图 14-2 非集成式智能传感器框图

14.2.2 集成化智能传感器

传感器的集成化实现技术，是指以硅材料为基础，采用微米级的微机械加工技术和大规模集成电路工艺来实现各种仪表传感器系统的微米级尺寸化，国外也称它为专用集成微型传感技术。由此制作的智能传感器的特点是：

(1) 微型化

微型压力传感器已经可以小到放在注射针头内送进血管测量血液流动情况，装在飞机或发动机叶片表面用以测量气体的流速和压力。美国最近研究成功的微型加速度计可以使火箭或飞船的制导系统质量从几千克下降至几克。

(2) 一体化

压阻式压力传感器是最早实现一体化结构的。传统的做法是先分别由宏观机械加工金属圆膜片与圆柱状环，然后把二者粘贴形成周边固支结构的“金属杯”，再在圆膜片上粘贴电阻变换器(应变片)而构成压力传感器，这就不可避免地存在蠕变、迟滞、非线性特性。采用微机械加工和集成化工艺，不仅“硅杯”一次整体成型，而且电阻变换器与硅杯是完全一体化的。进而可在硅杯非受力区制作调理电路、微处理器单元，甚至微执行器，从而实现不同程度的，乃至整个系统的一体化。

(3) 精度高

比起分体结构，传感器结构一体化后，迟滞、重复性指标将大大改善，时间漂移大大减小，精度提高。后续的信号调理电路与敏感元件一体化后可以大大减小由引线长度带来的寄生参量的影响，这对电容式传感器更有特别重要的意义。

(4) 多功能

微米级敏感元件结构的实现特别有利于在同一硅片上制作不同功能的多个传感器，如霍尼韦尔公司生产的 ST-3000 型智能压力和温度变送器，就是在一块硅片上制作了感受压力、压差及温度三个参量的，具有三种功能(可测压力、压差、温度)的传感器。这样不仅增加了传感器的功能，而且可以提高传感器的稳定性与精度。

(5) 阵列式

微米技术已经可以在 1 cm^2 大小的硅芯片上制作含有几千个压力传感器阵列，如丰田中央研究所半导体研究室用微机械加工技术制作的集成化应变计式面阵触觉传感器，在 8 mm×8 mm 的硅片上制作了 1 024 个敏感触点，基片四周还制作了信号处理电路，其元件总数达 16 000 个。敏感元件构成阵列后，配合相应图像处理软件，可以构成多维图像传感器。

(6) 使用方便，操作简单

它没有外部连接元件，外接连线数量少，包括电源、通讯线可以少至四条，因此，接线极其简便。它还可以自动进行整体自校,无需用户长时间反复多环节调节与校验。“智能”含量越高的智能传感器,它的操作使用越简便,用户只需编制简单的使用主程序。

要在一块芯片上实现智能传感器系统存在着许多棘手的难题,如直接转换型 A/D 变换器电路太复杂,制作敏感元件后留下的芯片面积有限,需要寻求其他 A/D 转换的型式;由于芯片面积的限制,以及制作敏感元件与数字电路的优化工艺的不兼容性,微处理器系统及可编程只读存储器的规模、复杂性与完善性也受到很大限制。

14.2.3　混合式智能传感器

根据需要将系统各个集成化环节,如敏感单元、信号调理电路、微处理器单元、数字总线接口等,以不同的组合方式集成在两块或三块芯片上,并封装在一个外壳里。如图 14-3 中所示的几种方式。

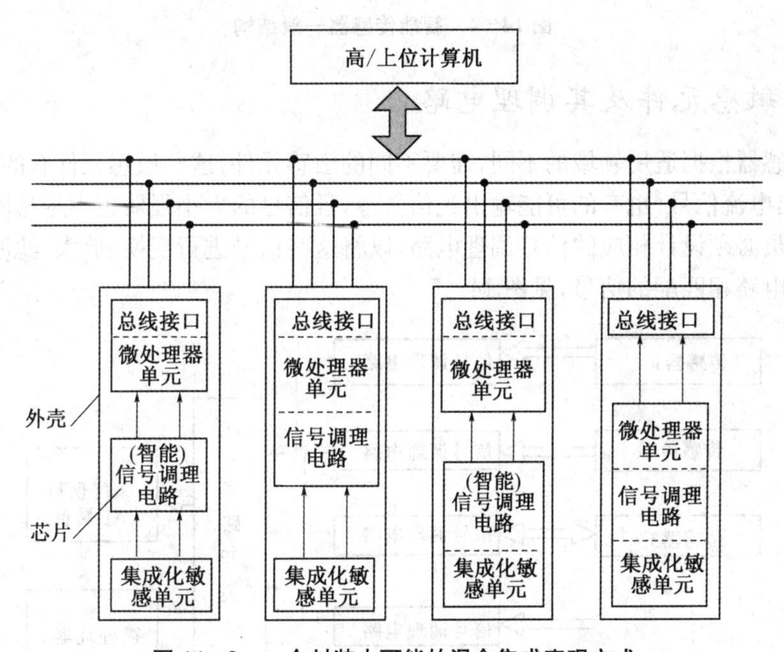

图 14-3　一个封装中可能的混合集成实现方式

集成化敏感单元包括各种敏感元件及其变换电路,信号调理电路包括多路开关、仪用放大器、基准、模/数转换器(ADC)等,微处理器单元包括数字存储器、I/O 接口、微处理器、数/模转换器等。

14.3　传感信号的采集

智能传感器能够按照预定的程序控制一系列测量测试的传感器依次采集数据,并对采集的数据进行存储、运算、分析判断、接口输出及自动化操作。传感信号的采集是智能传感器的重要组成部分,见图 14-4 所示虚线部分,A/D 转换器等部件在微处理器控制下完成信号的采集工作,下面对各部分作简单介绍。

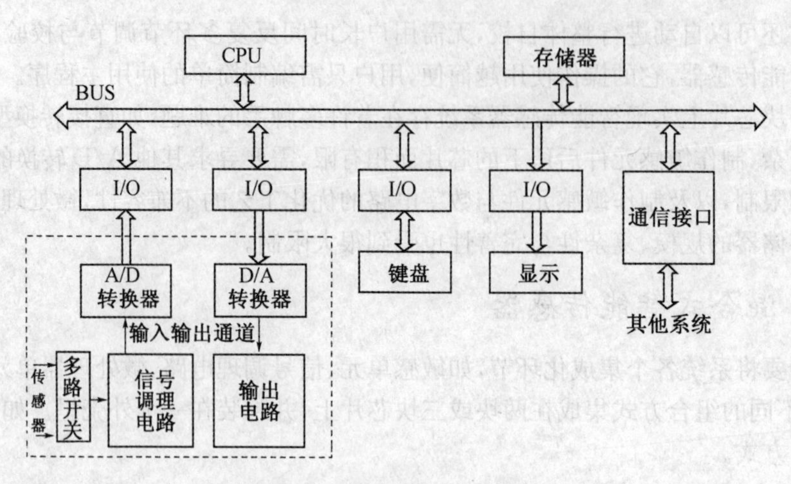

图 14-4 智能传感器一般结构

14.3.1 敏感元件及其调理电路

智能传感器根据适用领域的不同,需要不同的敏感元件,这些敏感元件有的输出电压信号,有的输出电流信号,也有的可能输出光信号等,且信号的大小强弱也不尽相同,这就要求工程技术人员必须设计相应的信号调理电路,以将这些信号进行变换、放大、滤波等处理,转换为与后级电路相匹配的信号,见图 14-5。

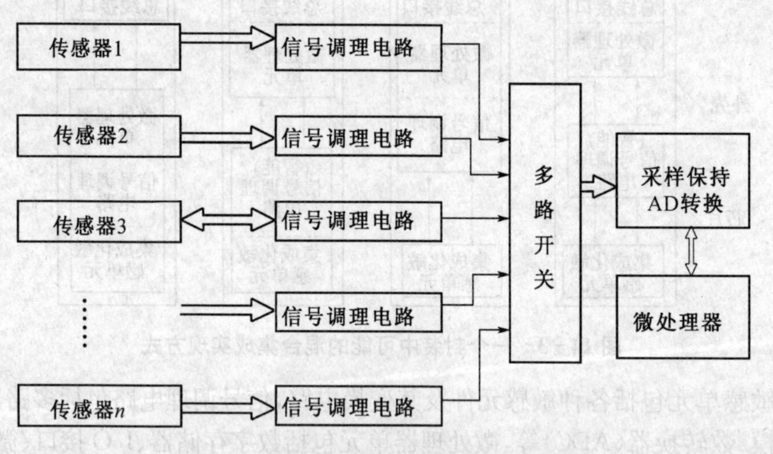

图 14-5 各种传感器及信号调理示意图

这些传感器可以是热电偶、热电阻等温度传感器,也可能是光学、应变、位移、加速度等传感器。热电偶可承受高温,可迅速感知温度的快速变化,但需要作冷端补偿。对于 RTDs,精度比热电偶高,不需要冷端补偿,需要电流源,输出需要线性化,2 路 RTDs 接线时简单,但要考虑接线电阻误差,3 路和 4 路 RTD 接线,消除了接线电阻误差。对于热敏电阻,需要电流源或电压源激励,非线性化严重,需要线性化。对于应变片,需要电压源供电,需要桥式电路设置,非线性化输出,需要线性化。下面以应变片为例介绍一下调理电路的设计问题。

应变电阻测量技术具有测量结果稳定可靠、应变丝体积小质量轻、易于同结构材料集成且不改变测试对象的原有性能、易于进行各种补偿等优点，广泛应用于各个领域。电阻应变元件一般采用应变片的形式，也可直接采用电阻应变丝。使用时将其埋入（粘贴）待测结构，应变片将随着结构变形而发生“电阻应变效应”，如图 14－6 所示。

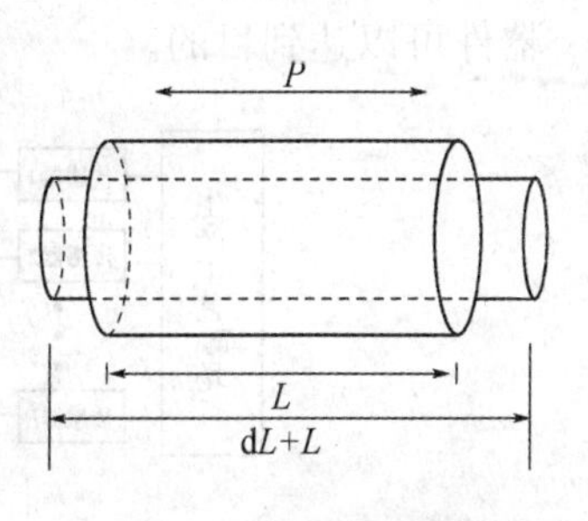

图 14－6　应变电阻效应

电阻应变丝的阻值变化反映了被测对象的应变变化，为了测量的方便，需要把它转化为电压信号，通常采用电桥形式，如图 14－7 所示，具体内容参见第 2 章有关章节。

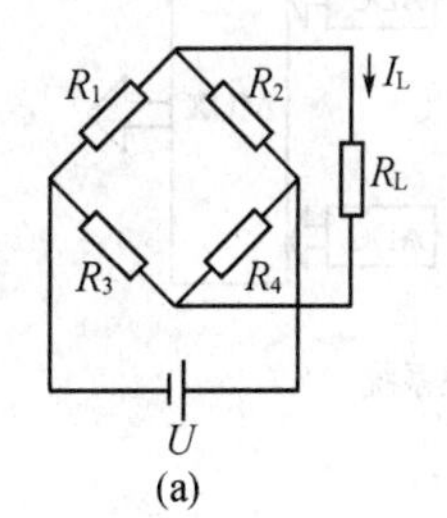

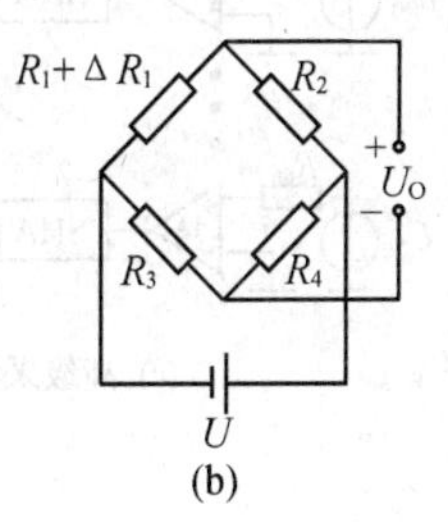

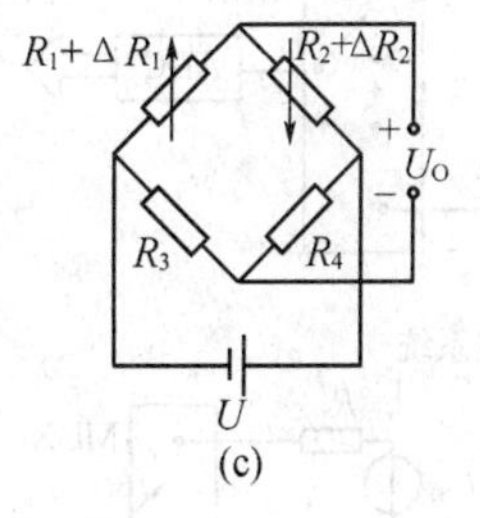

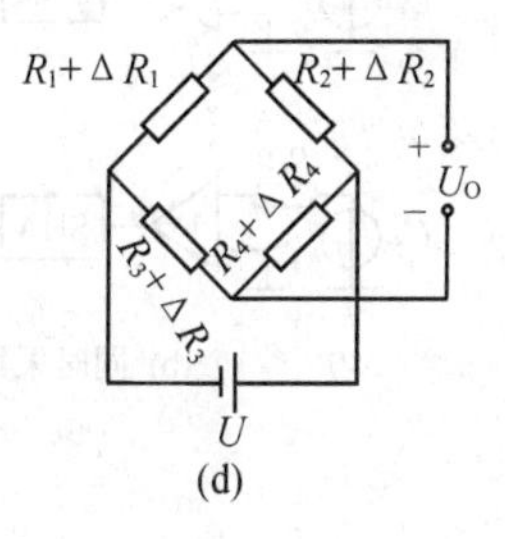

图 14－7　桥式电路

电桥输出信号还很小，需要进一步放大，并滤除混入的噪声，从而保证检测的精度，使信号达到 A/D 转换器所要求的满量程电平。仪用放大器是常用的放大电路之一，如图 14－8 所示，该测量放大器具有高的输入阻抗、低的输出阻抗、高的共模抑制比、较低的失调电压和温度漂移。

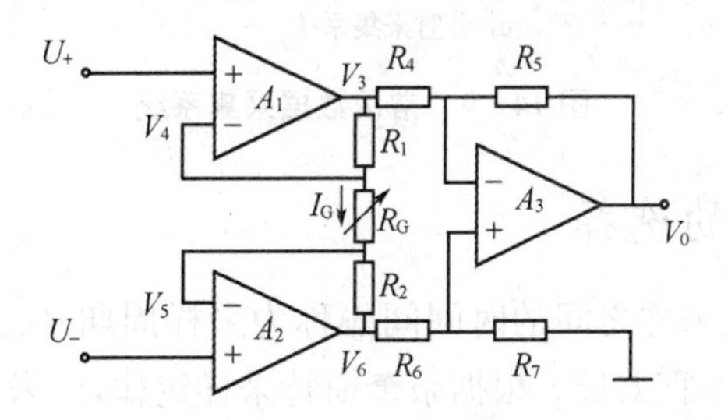

图 14－8　仪用放大器

14.3.2　数据采集电路的配置

传感器信号经上述处理成为 A/D 转换器所需要的电压信号，就可以送给 A/D 转换器并将其转换为数字信号。典型数据采集系统如图 14－9 所示，有的已实现集成化，图 14－9(a)是典型的数据采集系统配置方法，多个传感器的预处理电路的输出接入多路模拟开关，然后经过采样/保持电路和 A/D 转换后进入单片机。图 14－9 (b)是同时采集系统，可保证获得多个取样点在同一时刻的模拟量，这时，采样保持电路在多路模拟开关之前。图 14－9 (c)为高速采集系统，每个传感器有一个 AD 转换器再进入多路开关。这样，虽然系统的工作速度提高了，但系统所需的器件增加，设计成本提高。

以上几种方案的多路转换器结构全是单端输入的，各输入信号以一个公共点为参考点，这个公共点可能与预处理放大器和 AD 参考点处于不同电位而引入干扰电压，造成测量误差。采用图 14－9 (d)所示的差分配置方式可抑制共模干扰，采用双输出的 MUX 模拟开关器件可以达到目的。

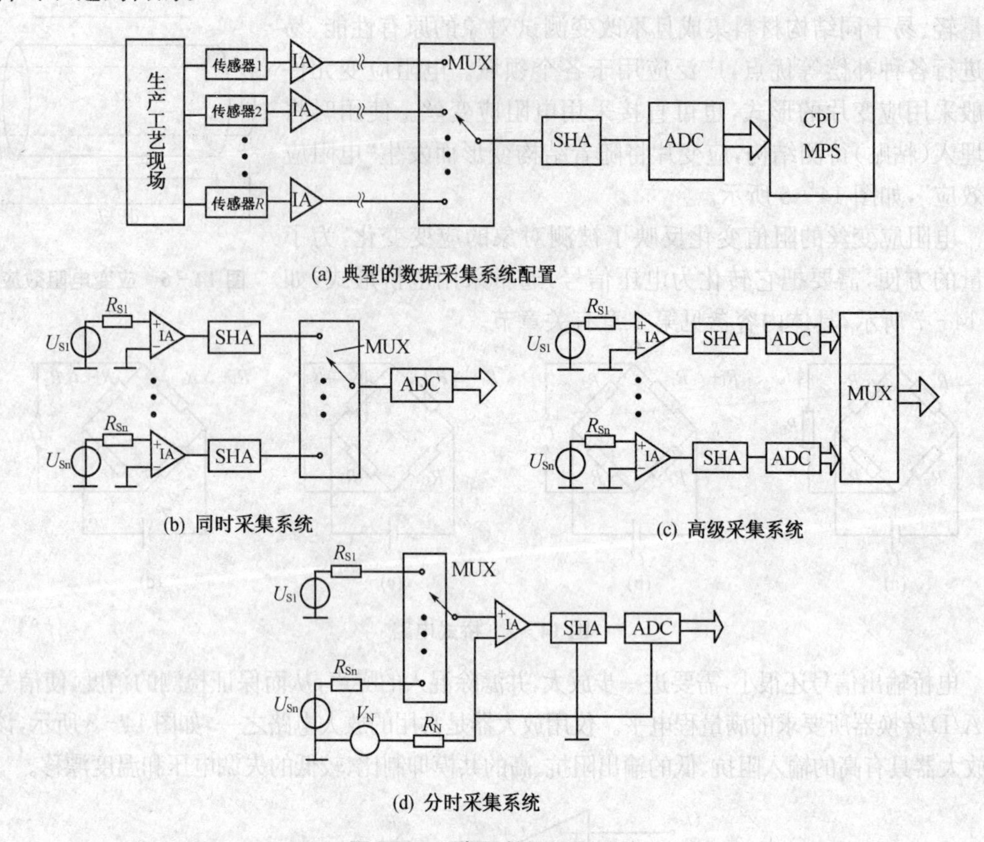

(a) 典型的数据采集系统配置

(b) 同时采集系统

(c) 高级采集系统

(d) 分时采集系统

图 14－9　常用数据采集系统

14.3.3　采样周期的选择

对输入信号进行两次采样之间的时间间隔称为采样周期 T_S。为了尽可能保持被采样信号的真实性,采样周期不宜太长。根据奈奎斯特采样定律,由采样得到的输出函数要能不失真地恢复出原来的信号,采样频率 f_s必须大于等于输入信号最大频率 f_{max}的两倍,根据实际情况,一般可以取 5～10 倍 f_{max}。

14.3.4　A/D 转换器的选择

A/D 转换器的种类很多,各性能指标也各不相同。A/D 转换器可以分为两大类:① 直接型:将输入的模拟电压直接转换成数字代码,如电荷再分配型 ADC、反馈比较型 ADC(逐次逼近式、跟踪计数式)、非反馈比较型(串联方式、并行方式、串并联方式);② 间接型:首先将模拟电压转换成中间量(如时间、频率、脉冲宽度),再将中间量转换为数字量,如电压-时间变换器(积分型、脉宽调制积分型)、电压-频率变换型(V－F 变换器)。

应用比较广泛的有逐次逼近型、双积分型和 V－F 变换型。逐次逼近 A/D 转换器转换速度高,有 8～14 位精度任选,输出响应快,但抗干扰能力较差。双积分 A/D 转换器有很强的抗噪声干扰能力,精度很高,分辨率可达 12～20 位,且价格便宜,但转换速度较慢。V－F 变换器响应速度快,抗干扰性能好,能连续转换,适用于输入信号动态范围宽和需要远距离传送的场合。

在使用 A/D 转换器之前要仔细分析系统采集信号的特征，结合 A/D 转换器的各项性能指标，仔细加以选择。选择过程中应该考虑转换位数、转换速率、工作电压和基准电压等参数。有的单片机内也含有 A/D 转换器，如 ATMEG128、MSP430 等，使用这样的单片机设计智能传感器将更加方便，特别是 MSP430 单片机的超低功耗特性，能设计出体积小、功能强的便携式智能传感器系统。

14.4　智能传感器的信号处理技术

传感器所处的环境一般都比较复杂，如航空航天飞行器就可能工作在强电磁干扰、振动和高温、低温环境下，这些环境因素会给被监测信号带来很多影响；传感器的灵敏度有限，待测对象的一些状态变化反映到传感器的监测信号中，往往信号微弱，因此需要对传感器网络监测到的信号进行处理以获得信噪比较高、较为精确的参数；由传感器网络所监测到的参数值，往往不是能直接表征系统状况的参数，如应力、应变、位移、温度、湿度等，这些参数也必须经过信号处理方法加以综合，并提取能直接反映待测对象状态的参数，才能对待测对象进行有效评判。因此，为提高检测精度，必须减少环境的影响，排除噪声干扰，把有用信息从混杂有噪声的信号中提取出来，从而需要对监测信号进行信号处理，以获得相应的特征参数。信号处理是智能传感器系统中必不可少的环节。所采用的信号处理技术主要有数字滤波、相关分析、统计平均处理、自动校准、非线性补偿等。

14.4.1　非线性补偿技术

为了实现传感器系统输入-输出特性为线性，可以从传感器硬件和软件两个方面进行考虑，进而设计合适的硬件或软件的非线性补偿器。作为智能传感器系统，不管系统前端的传感器及其调理电路至 A/D 转换器的输入-输出特性有多么严重的非线性，都能在后期的软件中加以处理，进而实现非线性补偿，如图 14－10 所示。智能传感器能自动按图14－10(c)所示的反非线性特性进行刻度转换，使输出 y 与输入 x 呈理想直线关系，如图14－10(d)所示，即系统能够进行非线性的自动补偿。具有这种非线性自校正功能所要求的条件仅仅是使前端传感器及其调理电路的输入-输出特性($x-u$)具有重复性。

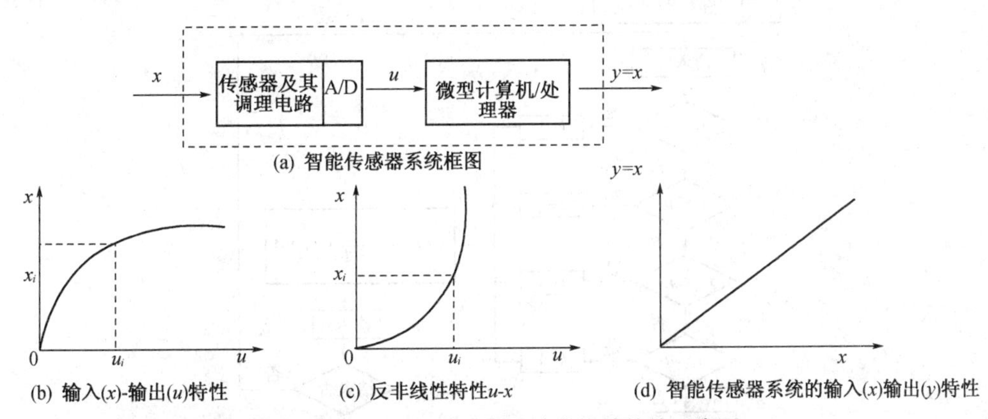

图 14－10　智能传感器系统非线性补偿示意图

非线性自补偿的常用方法有多种，下面主要介绍查表法和曲线拟合法。

1. 查表法

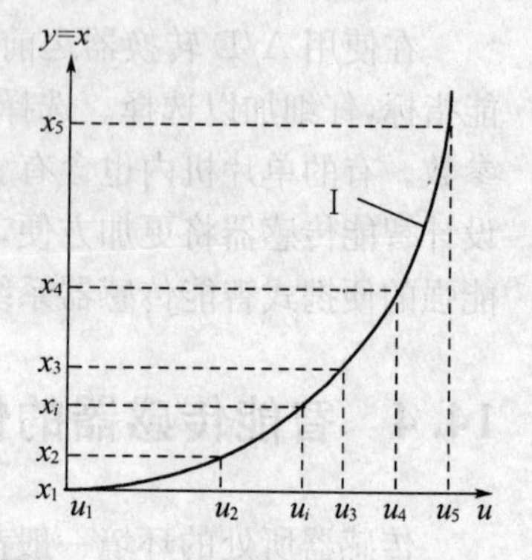

图 14－11　反非线性的折线逼近

查表法是一种分段线性插值法。它是根据精度要求对反非线性曲线进行分段，用若干段折线逼近曲线，将折点坐标值存入数据表中，如图 14－11 所示。测量时首先要明确对应输入被测量 x_i 的电压值 u_i 是在哪一段；然后根据那段的斜率进行线性插值，即得输出值 $y_i = x_i$。

下面以四段为例，折点坐标值为：

横坐标：u_1, u_2, u_3, u_4, u_5；

纵坐标：x_1, x_2, x_3, x_4, x_5；

各线性段的输出表达式为：

第Ⅰ段　$$y(\text{Ⅰ}) = x(\text{Ⅰ}) = x_1 + \frac{x_2 - x_1}{u_2 - u_1}(u_i - u_1) \tag{14-1}$$

第Ⅱ段　$$y(\text{Ⅱ}) = x(\text{Ⅱ}) = x_2 + \frac{x_3 - x_2}{u_3 - u_2}(u_i - u_2) \tag{14-2}$$

第Ⅲ段　$$y(\text{Ⅲ}) = x(\text{Ⅲ}) = x_3 + \frac{x_4 - x_3}{u_4 - u_3}(u_i - u_3) \tag{14-3}$$

第Ⅳ段　$$y(\text{Ⅳ}) = x(\text{Ⅳ}) = x_4 + \frac{x_5 - x_4}{u_5 - u_4}(u_i - u_4) \tag{14-4}$$

输出 $y = x$ 表达式的通式为

$$y = x = x_k + \frac{x_{k+1} - x_k}{u_{k+1} - u_k}(u_i - u_k) \tag{14-5}$$

式中：k 为折点的序数，四条折线有 5 个折点 $k = 1,2,3,4,5$。

由电压值 u_i 求取被测量 x_i 的程序框图，如图 14－12 所示。

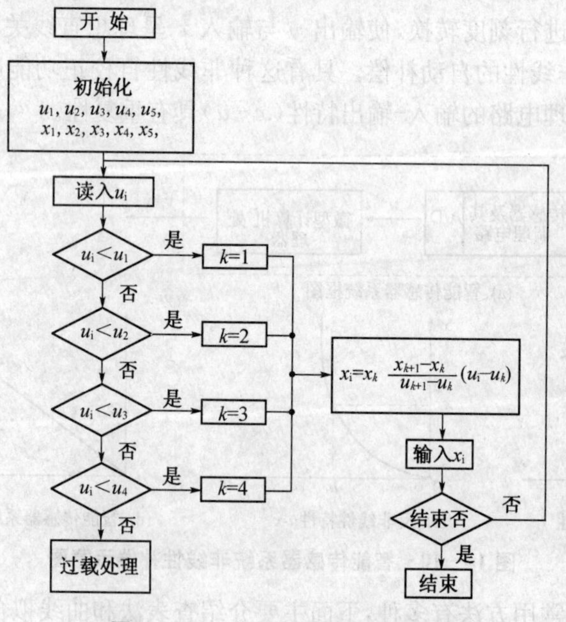

图 14－12　非线性自补偿流程图

折线与折点的确定有 Δ 近似法与截线近似法两种，如图 14－13 所示。两种方法所确定的折线段与折点坐标值都与所要逼近的曲线之间存在误差 Δ，按照精度要求，各点误差 Δ_i 都不得超过允许的最大误差界 Δ_m，即 $\Delta_i \leqslant \Delta_m$。

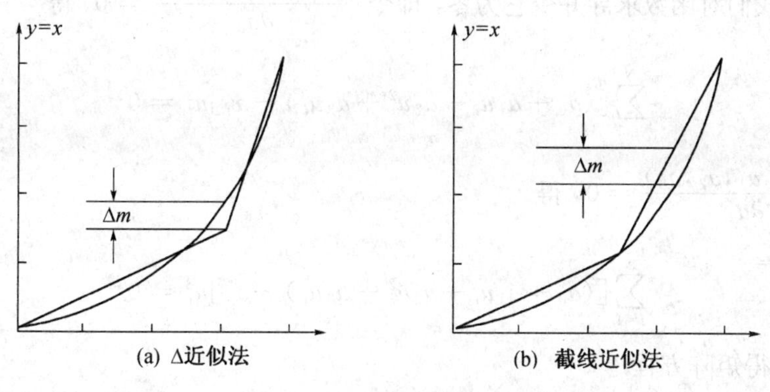

图 14－13　曲线的折线逼近

(1) Δ 近似法

折点处误差最大，折点在 $\pm\Delta_m$ 误差界上。折线与逼近的曲线之间的误差最大值为 Δ_m，且有正有负。

(2) 截线近似法

折点在曲线上且误差最小，这是利用标定值作为折点的坐标值。折线与被逼近的曲线之间的最大误差在折线段中部，应控制该误差值不大于允许的误差界 Δ_m，各折线段的误差符号相同，或全部为正，或全部为负。

2. 曲线拟合法

这种方法是采用 n 次多项式来逼近反非线性曲线。该多项式方程的各个系数由最小二乘法确定。其具体步骤如下：

(1) 列出逼近反非线性曲线的多项式方程；

(2) 对传感器及其调理电路进行静态实验标定，得校准曲线。标定点的数据为：

输入 $x_i: x_1, x_2, x_3, \cdots, x_N$

输出 $u_i: u_1, u_2, u_3, \cdots, u_N$

N 为标定点个数

$i = 1, 2, \cdots, N$

(3) 假设反非线性特性拟合方程为

$$x_i(u_i) = a_0 + a_1 u_i + a_2 u_i^2 + a_3 u_i^3 + \cdots + a_n u_i^n \tag{14-6}$$

n 的数值由所要求的精度来定。若 $n = 3$，则

$$x_i(u_i) = a_0 + a_1 u_i + a_2 u_i^2 + a_3 u_i^3 \tag{14-7}$$

式中：a_0, a_1, a_2, a_3 为待定常数。

(4) 求解待定常数 a_0, a_1, a_2, a_3。

$$\sum_{i=1}^{N}[x_i(u_i) - x_i]^2 = \sum_{i=1}^{N}[(a_0 + a_1 u_i + a_2 u_i^2 + a_3 u_i^3) - x_i]^2$$

$$= 最小值 = F(a_0, a_1, a_2, a_3) \quad (14-8)$$

上式是待定常数 a_0, a_1, a_2, a_3 的函数。为了求得函数 $F(a_0, a_1, a_2, a_3)$ 最小值时的常数 a_0, a_1, a_2, a_3，我们对函数求导并令它为零，即令 $\frac{\partial F(a_0, a_1, a_2, a_3)}{\partial a_0} = 0$，得

$$\sum_{i=1}^{N} [(a_0 + a_1 u_i + a_2 u_i^2 + a_3 u_i^3) - x_i] u_i^2 = 0 \quad (14-9)$$

令 $\frac{\partial F(a_0, a_1, a_2, a_3)}{\partial a_3} = 0$，得

$$\sum_{i=1}^{N} [(a_0 + a_1 u_i + a_2 u_i^2 + a_3 u_i^3) - x_i] u_i^3 = 0 \quad (14-10)$$

经整理后得矩阵方程

$$\left.\begin{aligned} a_0 N + a_1 H + a_2 I + a_3 J = D \\ a_0 H + a_1 I + a_2 J + a_3 K = E \\ a_0 I + a_1 J + a_2 K + a_3 L = F \\ a_0 J + a_1 K + a_2 L + a_3 M = G \end{aligned}\right\} \quad (14-11)$$

式中：N 为实验标定点个数；$H = \sum_{i=1}^{N} u_i$；$I = \sum_{i=1}^{N} u_i^2$；$J = \sum_{i=1}^{N} u_i^3$；$K = \sum_{i=1}^{N} u_i^4$；$L = \sum_{i=1}^{N} u_i^5$；$M = \sum_{i=1}^{N} u_i^6$；$D = \sum_{i=1}^{N} x_i$；$E = \sum_{i=1}^{N} x_i u_i$；$F = \sum_{i=1}^{N} x_i u_i^2$；$G = \sum_{i=1}^{N} x_i u_i^3$。

通过求解(14-11)式矩阵方程可得待定常数 a_0, a_1, a_2, a_3。

将所求得的常系数 $a_0 \sim a_3$ 存入内存，将已知的反非线性特性拟合方程写成下列形式：

$$x(u) = a_3 u^3 + a_2 u^2 + a_1 u^1 + a_0 = [(a_3 u + a_2) u + a_1] u + a_0 \quad (14-12)$$

为了求取对应有电压为 u 的输入被测值 x，每次只需将采样值 u 代入式(14-12)中进行循环运算，再加上常数 a_0 即可。当然，也可以用神经网络法来求解多项式的待定系数。

14.4.2 自校零与自动校准技术

在智能传感器系统中，可利用微处理器的计算控制功能，消弱或消除系统的各种误差。利用微处理器消弱系统误差的方法很多，下面介绍两种常用的方法。

1. 自动校零

这种方法的原理和实现都比较简单，首先测量输入端短路时的直流零电压，将测得的数据存贮到校准数据存贮器中，而后进行实际测量，并将测得值与输入短路电压数值相减，从而得到测量结果。

2. 自动校准

智能传感器中模拟电路部分的漂移、增益变化、放大器的失调电压和失调电流等都会给测量结果带来误差，可以利用微处理器实现自动校准或修正。图 14-14 是运算放大器误差

修正原理图。图中 ε 表示由于温漂、时漂等造成的运算放大器等效失调电压，U_x 为待测电压，U_s 为基准电压，A_0 为运放开环增益，R_1、R_2 为分压电阻，当开关 K 接于 U_x 处时，运放输出为

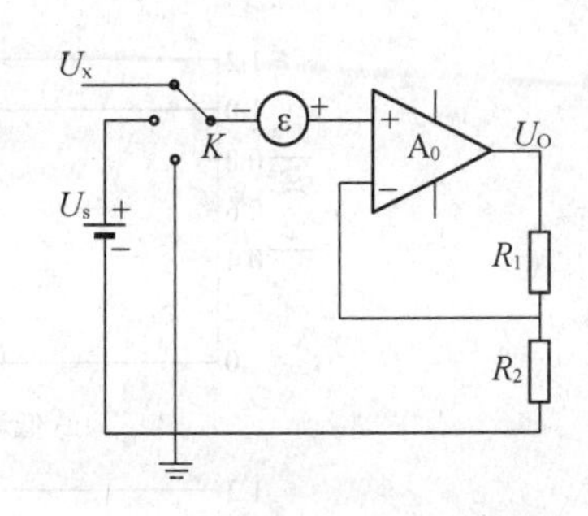

图 14 - 14　运放的自动校准原理

$$U_o = A_0\left[(U_x+\varepsilon) - U_o\frac{R_2}{R_1+R_2}\right] \quad (14-13)$$

设 $P=(R_1+R_2)/R_1$，上式可得

$$U_o = \frac{P\cdot U_x}{1+P/A_0} + \frac{P\cdot\varepsilon}{1+P/A_0} \quad (14-14)$$

若想得到理想稳定的闭环放大倍数比如 1，必须使 $P=1$，以及 $\varepsilon\to 0$ 和 $A_0\to\infty$。实际上 $A_0\to\infty$ 不可能做到，而由于温度漂移等因素，$\varepsilon\to 0$ 和 P 始终保持 1 也难以实现。此时，可以利用微处理器软件实现定时修正：通过程序控制输入端开关依次接通 U_x、U_s 以及接地端，分别得到输出电压 U_{ox}、U_{os}、U_{oz} 并加以存贮。

$$U_{ox} = \frac{PU_x}{1+P/A_0} + \frac{P\cdot\varepsilon}{1+P/A_0} \quad (14-15)$$

$$U_{os} = \frac{PU_s}{1+P/A_0} + \frac{P\cdot\varepsilon}{1+P/A_0} \quad (14-16)$$

$$U_{oz} = \frac{PU_s}{1+P/A_0} \quad (14-17)$$

由上述三式得到

$$U_x = \frac{U_{ox}-U_{oz}}{U_{os}-U_{oz}}\cdot U \quad (14-18)$$

14.4.3　数字滤波技术

数字滤波在数字信号处理中有两类作用：一是滤除噪声及虚假信号；一是对传感元件所监测到的信号进行补偿。

1. 滤除噪声及虚假信号

对传感器监测到的信号首先进行的处理就是信号滤波。常用的信号滤波方法主要分为高通滤波、低通滤波、带通滤波和带阻滤波。图 14 - 15 为上述四种滤波器的频谱图，图中 ω_0 为截止频率，ω_1 为下截止频率，ω_2 为上截止频率。高通滤波可以保留信号的高频部分，而滤去低频噪声。低通滤波则相反，它保留信号的低频部分而滤去高频噪声。带通滤波器则保留信号某一个频段总的信号，而去除其低频和高频部分，带阻又恰恰相反，仅去除信号某个频段上的干扰信号。滤波器在使用时，应考虑传感器的工作频段而加以选择，例如对于压电敏感元件，其监测信号一般为具有一定频率的动态信号，因此一般后接带通滤波器。应变电阻元件一般监测低频信号，一般后接低通滤波器。

在测量时，有效信号中常常混入高频干扰成分，例如大型桥梁、水坝、旋转机械等的振动测试及模态分析中，信号所包含的频率成分理论上是无穷的，而测试系统的采样频率不可能

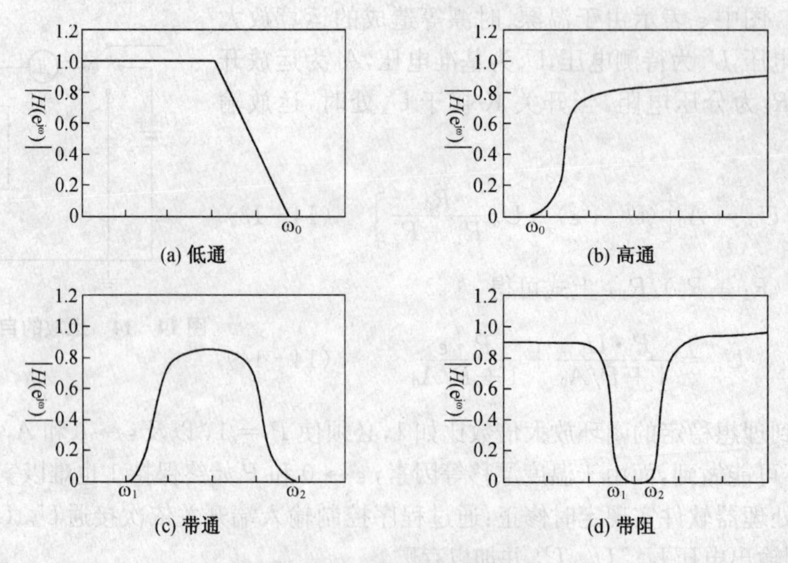

图 14-15　滤波器的幅频特性

无限高,因此信号中总存在频率混叠成分,如不去除混叠频率成分,将对信号的后续处理带来困难。为解决频率混叠,在对监测信号进行离散化采集前,通常采用低通滤波器滤除高于1/2 采样频率的频率成分,这种低通滤波器就称为抗混叠滤波器。

2. 信号补偿

数字滤波器也可用来对传感器所监测到的信号进行优化。例如,对于智能压电传感器,可采用数字滤波器对压电传感器的温度特性进行补偿。

图 14-16 是压电元件所监测到的碳纤维复合材料板中的 Lamb 波形,从波形上看,压电元件的灵敏度受温度影响较大。压电元件的这种温度效应可采用一阶 IIR 滤波器来实现温度补偿。该滤波器的传递函数见式(14-19),a_1,b_1为数字滤波器的参数。

$$G(Z)=\frac{Y(Z)}{X(Z)}=\frac{a_1}{1-b_1 Z} \tag{14-19}$$

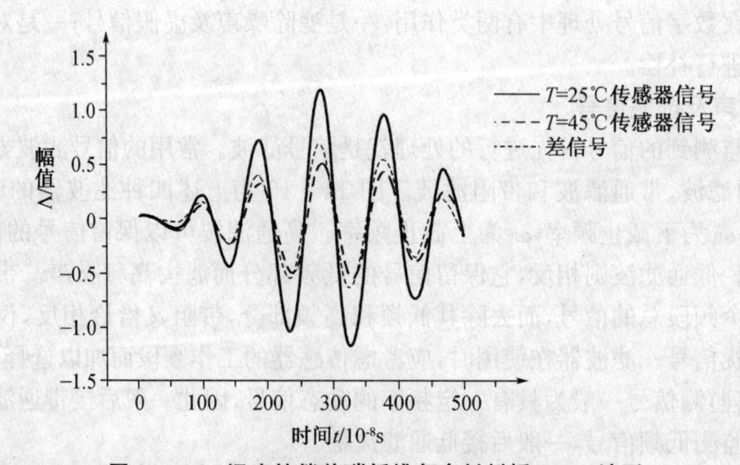

图 14-16　温度补偿前碳纤维复合材料板 Lamb 波形

在确定上述滤波器之前,首先将压电元件在各个温度上的特性进行标定,获得其在不同温度下的标准波形，用 $x_r(t)$ 表示。然后以常温 25℃下的波形作为参考波形，记作 $x_0(t)$。经滤波器补偿后，在各个温度下所得到的信号都应同常温 25℃下的信号相同，也即

$$x_r(t)G(Z) = x_0(t) \tag{14-20}$$

因此设 $e(t) = x_0(t) - x_r(t)G(Z)$，采用最小二乘法搜寻使 $e(t)$ 最小的 $G(Z)$ 的参数 a_1 和 b_1。这样可以获得各温度下的滤波器温度补偿系数。在实际应用时，通过温度传感器测得环境参数，并通过选定相应滤波器参数，对压电元件的温度特性进行优化补偿。图14－17是优化以后的信号，温度效应大大降低。

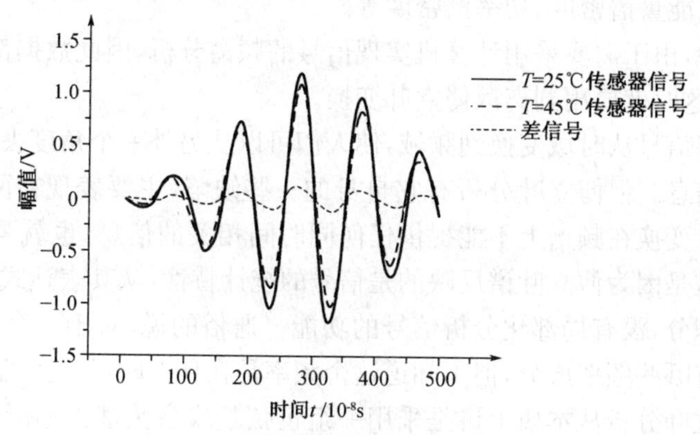

图 14－17　温度补偿后碳纤维板的 Lamb 波形

14.4.4　时域分析法

时域分析法主要包括时域信号波形参数及时域信号统计参数的提取。波形参数是对时域信号波形直接进行分析，提取参数的一种方法。时域信号统计参数则是提取信号的统计特征，一般被分析的信号为随机信号。

经常采用的时域波形特征有：信号的到达时间、上升时间、持续时间、信号的峰值、信号的能量、信号的响铃个数等，这些参数的定义如图 14－18 所示。

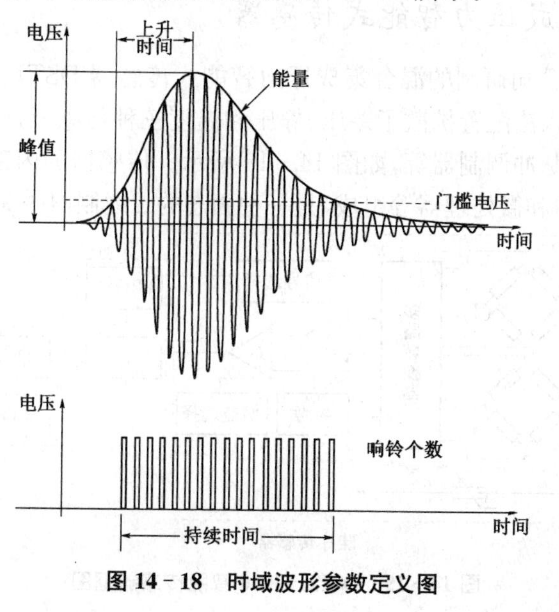

图 14－18　时域波形参数定义图

信号的时域统计特征，也是一类重要的信号特征，这些特征包括信号的均值、均方值、方差以及概率密度等函数等。

14.4.5 频域分析法

频域分析是信号处理方法中的重要应用工具之一，为人们提供了从另外一个角度观察信号的方法，也就是从频域观察信号特征的方法。常见的频域分析有傅立叶分析、小波分析等。根据信号的性质及变换方法的不同，傅立叶分析的结果可以表示为幅值谱、相位谱、功率谱、幅值谱密度、能量谱密度、功率谱密度等。

在实际应用中，由于需要采用计算机实现信号的频谱分析，因此数据都以离散点的形式存储在计算机中，这时就要用到离散傅立叶变换。

傅立叶变换将信号从时域变换到频域，使人们可以从另外一个角度去观测信号，以获得更多有关信号的信息。但傅立叶分析有它自身的一些缺陷，主要表现在两方面：① 不具备时域特性。傅立叶变换在频谱上不能提供任何同时间相关的信息，也就是信号在某个时刻上的频率信息。这是因为傅立叶谱反映的是信号的统计特性，从其表达式也可以看出，它是整个时间域内的积分，没有局部化分析信号的功能。通俗的说，对于一个信号，通过其频谱可以知道信号中有哪些频率成分，但不知道这个频率是在什么时候产生的。② 不适合分析非平稳信号。傅立叶分析从本质上讲是采用一组正弦基或余弦基去逼近信号，由于正弦和余弦函数都为无限长的周期信号，因此非平稳信号，特别是瞬态信号是无法采用它们去有效逼近的，这就是说傅立叶分析不适用于非平稳信号的分析。而工程应用中，大量的信号都是非平稳信号。为克服传统傅立叶方法的不足，各国学者研究并提出了不少新方法，如小波分析、Hilbert-Huang 变换等。

14.5 典型的智能传感器及其应用

14.5.1 混合集成压力智能式传感器

美国 Honeywell 公司研制的混合集成压力智能式传感器 DSTJ－3000，是在同一块半导体基片上用离子注入法配置扩散了差压、静压和温度三种传感元件，其组成包括变送器、现场通信器、传感器、脉冲调制器等，如图 14－19 所示。传感器的内部由传感元件、电源模块、输入、输出、存储器和微处理器等组成，是一种固态的二线制(4～20 mA)压力变送器。

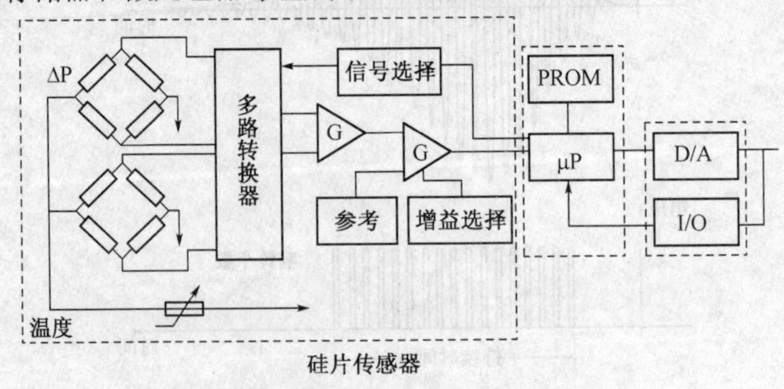

图 14－19 DSTJ－3000 智能传感器框图

DSTJ－3000型智能压力传感器的量程宽，可调到100∶1，用一台仪器可覆盖多台传感器的量程；精度高，达0.1%。为了使整个传感器在环境变化范围内均可得到非线性补偿，生产后逐台进行差压、静压、温度试验，采集每个测量头的固有特性数据并存入各自的PROM中。

14.5.2　集成智能式湿度传感器

HM1500和HM1520是美国Humirel公司于2002年推出的两种电压输出式集成湿敏传感器。它们的共同特点是将侧面接触式湿敏电容与湿度信号调理器集成在一个模块中封装而成的。由于集成度高，因此不需要外围元件，使用非常方便。

HM1500/1520内部包含由HS1101型湿敏电容构成的桥式振荡器、低通滤波器和放大器，能输出与相对湿度成线性关系的直流电压信号，输出阻抗为70 Ω，适配带ADC的单片机。HM1500测量范围是0～100%RH，输出电压范围是1～4 V，相对湿度为55%时的标称输出电压为2.48 V，测量精度为±3% RH，灵敏度为25 mV/RH，温度系数为0.1% RH/℃，响应时间为10 s。HM1520采用管状结构，不受水凝结的影响，长期稳定性指标为0.5%RH/年。HM1500/1520的外形如图14－20所示，湿敏电容位于传感器的顶部。其外形尺寸为34 mm(长)×22 mm(宽)×9 mm(高)，模块上有两个φ3.2 mm的安装孔。3个引脚分别是GND(地)，U_{cc}(＋5 V电源端)，U_o(电压输出端)。HM1500的输出电压与相对湿度的响应曲线如图14－21所示。在10%～95%RH范围内，T＝23℃时，输出电压与相对湿度的对应关系见表14－1。

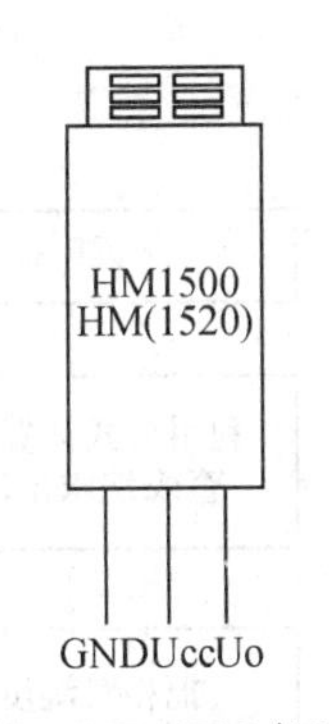

图14－20　HM1500/1520外形

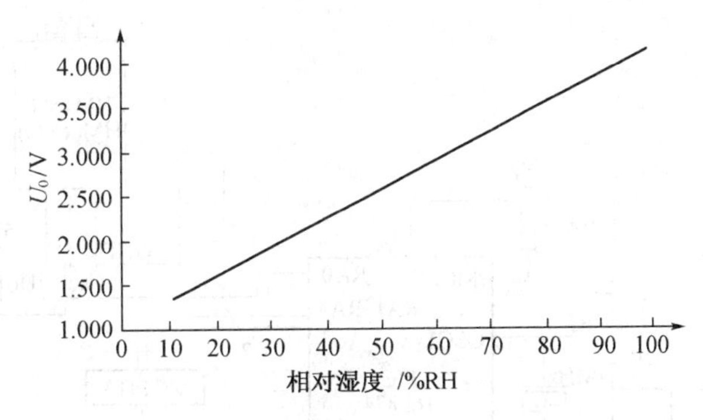

图14－21　HM1500的U_o－RH响应曲线

表14－1　HM1500的U_o与RH的对应关系(T=23℃)

RH(%)	10	15	20	25	30	35	40	45	50
U_o/V	1.325	1.465	1.600	1.735	1.860	1.990	2.110	2.235	2.360
RH(%)	55	60	65	70	75	80	85	90	95
U_o/V	2.480	2.605	2.370	2.860	2.990	3.125	3.260	3.405	3.555

当$T\neq+23$℃时，可按下式对读数值加以修正：

$$RH' = RH\cdot[1-2.4(T-23)e^{-3}] \tag{14-21}$$

对于HM1520，当$T\neq+23$℃时，U_o与RH的对应关系见表14－2，U_o还与U_{cc}成正比，

计算公式为

$$U_o = U_{cc}(0.197 + 0.0512\,\mathrm{RH}) \tag{14-22}$$

表 14-2 HM1520 的 U_o 与 RH 的对应关系(T=23℃)

RH(%)	0	1	2	3	4	5	6	7	8	9	10
U_o/V	/	1.013	1.038	1.064	1.089	1.115	1.141	1.166	1.192	1.217	1.243
RH(%)	11	12	13	14	15	16	17	18	19	20	
U_o/V	1.269	1.294	1.320	1.346	1.370	1.397	1.422	1.448	1.474	1.499	

由 HM1500/1520 型湿敏传感器构成的智能湿度测量系统如图 14-22 所示。该系统采用 PIC_16F874,这是一种高性价比的 8 位单片机,内含 8 路逐次逼近式 10 位 A/D 转换器,最多可对 8 路湿度信号进行模/数转换。4 MHz 石英晶体配上振荡器电容可为单片机提供 4 MHz 时钟频率。RA 口为 IO 接口,现利用 RA_0 口线来接收湿敏传感器所产生的电压信号。$RA_1 \sim RA_4$ 输出位扫描信号,经过 MC1413 获得反相后的位驱动信号。RB 口中的 $RB_0 \sim RB_6$ 输出 7 段码信号分别接 LED 显示器相应的 $a \sim g$。PIC16F874 还具有掉电保护功能,$\overline{\mathrm{MCLR}}$为掉电复位锁存端,当 U_{DD}从 +5 V 降至 +4 V 以下时,芯片就进入复位状态,一旦电源电压又恢复正常,必须经过 72 ms 的延迟时间才脱离复位状态,转入正常运行状态,在掉电期间 RAM 中的数据保持不变,不会丢失。系统读数过程的流程图如图 14-23 所示。

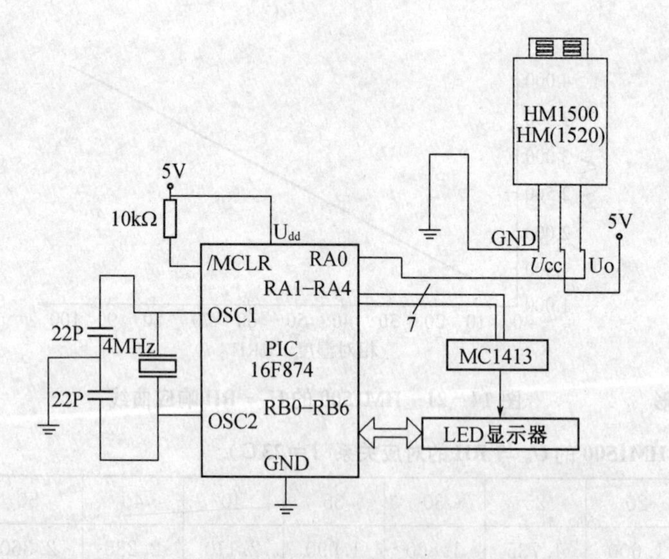

图 14-22 湿敏传感器和单片机构成的智能湿度测量系统

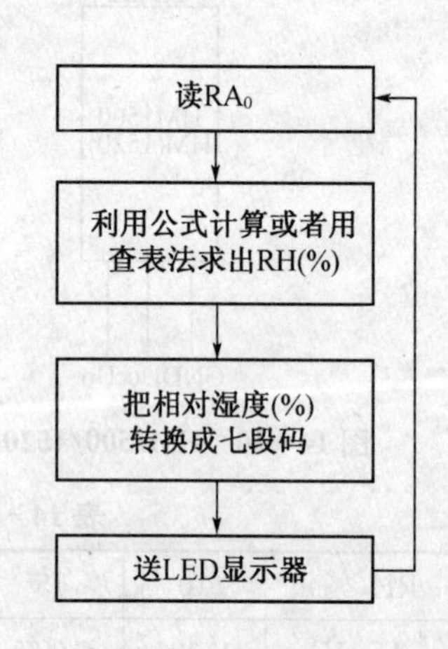

图 14-23 读数过程流程图

14.5.3 智能电机转速测量系统

转速是各种车辆生产、维护及正常行驶过程中重要的测量和控制对象。近年来,由于世界范围内对转速测量合理利用的日益重视,促使转速测量技术迅速发展,各种新型的测量传感器相继问世并越来越多地得到应用。

可以采用频率计数法来测量电机的转速，这种方法是在电机的转轴上安装一转盘，在这个转盘的边沿处挖出若干个圆形过孔，把红外光电传感器放在圆孔的圆心位置。每当转盘随着后轮旋转的时候，传感器将向外输出脉冲。把这些脉冲通过波形整形得到单片机可以识别的TTL电平，通过预先编制的计算程序即可算出轮子的转速。转盘圆孔的个数决定了测量的精度，个数越多，精度越高。系统结构如图14-24所示。

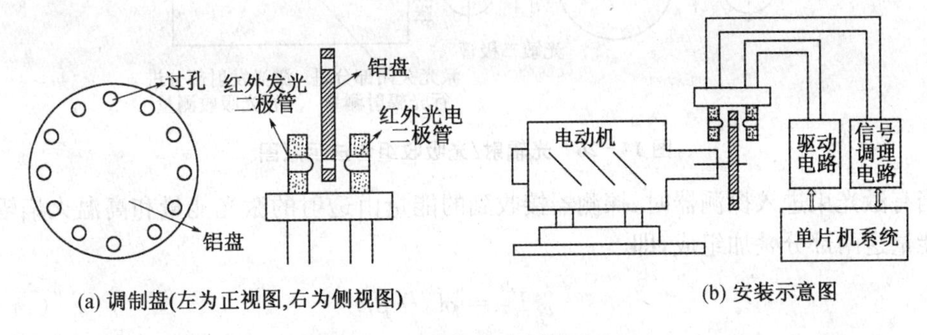

图14-24 电机转速测量系统

图14-25是该转速测量系统电路组成框图，系统由信号预处理电路、单片机STC89C51、系统化LED显示模块、串口数据存储电路等组成。信号调理电路对光电输出信号进行放大、波形变换和波形整形，从而得到可与单片机相连的TTL信号并送单片机计数，同时通过单片机的内部定时器 T_1 对计数时间进行控制，这样能精确地算出加到 T_0 引脚的单位时间内检测到的脉冲数。

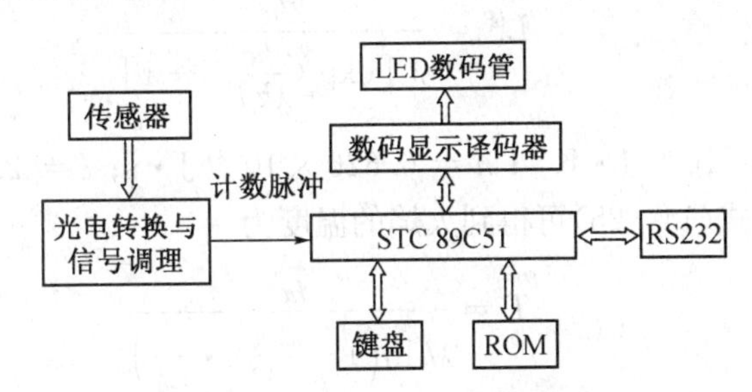

图14-25　系统电路原理框图

14.5.4　发动机多参数智能测试系统

发动机的燃烧产物具有高温、高压、高污染、极快的脉动速度等特点，在发动机研制及维修过程中对温度、压力、燃烧产物组分浓度的检测带来了很大的困难。为了实时检测PDE发动机工作过程中各参数的变化，可以利用激光诊断技术结合计算机技术来设计多参数自动测试系统。下面简要介绍系统的工作原理、系统硬件结构和软件的设计方法。

1. 测量原理

如图14-26所示，在发动机对称两侧开石英窗，并将激光二极管(发出的激光波长为λ)与光敏二极管对称地放置于发动机两侧，当无激光束进入探测器时，探测器接收到的是PDE内部高温火焰的辐射能，即

$$L_\lambda = \varepsilon_\lambda L_\lambda^{bb} \tag{14-23}$$

式中：ε_λ是温度为 T 的火焰在波长 λ 处的比辐射率；L_λ^{bb}是温度为 T 的黑体在波长 λ 处的单色辐射能。

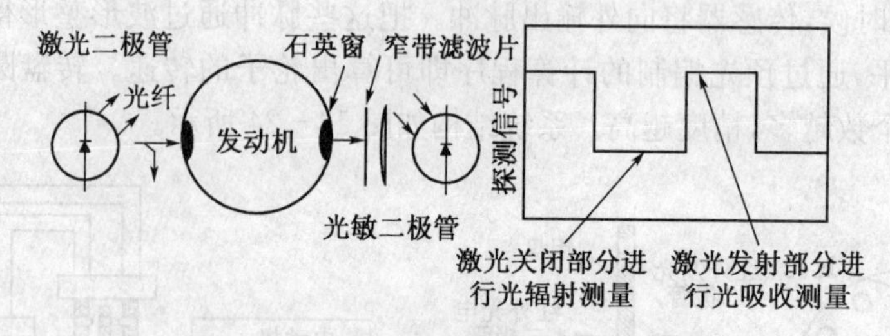

图 14-26　光辐射/光吸收组合法示意图

当有激光束进入探测器时，探测器接收到的能量由透射的激光能量和高温火焰辐射的红外能量这两部分叠加组成，即

$$I'_\lambda = \rho I_0 + \beta L_\lambda \tag{14-24}$$

式中：ρ 为高温燃气的透射率，记 $I_\lambda = \rho I_0$；β 为光学校正系数；I_0为入射的激光能量。

由基尔霍夫(Kirchhoff)定律，显然有

$$\varepsilon_\lambda = 1 - \frac{I'_\lambda - \beta L_\lambda}{I_0} \tag{14-25}$$

由普朗克(Planck)黑体辐射公式：

$$L_\lambda^{bb} = \frac{2hc^2}{\lambda^5\left[\exp\left(\frac{hc}{\lambda kT}\right) - 1\right]} \tag{14-26}$$

式中：$K = 1.38 \times 10^{-23}$ J·K^{-1}；$h = 6.626 \times 10^{-34}$ J·s；$c = 2.998 \times 10^8$ m/s。

结合式(14-24)、式(14-25)可得到火焰的温度为

$$T = \frac{hc}{\lambda k \ln\left(1 + \frac{2hc^2}{\lambda^5} \cdot \frac{\varepsilon_\lambda}{L_\lambda}\right)} \tag{14-27}$$

根据瑞利(Rayleigh)散射理论，有

$$\frac{I'_\lambda - \beta L_\lambda}{I_0} = \exp\left[-\frac{36\pi}{\lambda} Im\left(\frac{n^2-1}{n^2+2}\right) f_v L\right] \tag{14-28}$$

式中：n 为油烟的复折射率；f_v 为油烟的体积分数；L 为激光穿过油烟的长度。由式(14-28)可求得油烟的体积分数 f_v。

将入射激光束调制成一定频率开关，从而可将光辐射和光吸收方式组合在一起。另外激光具有强度高、准直性好、带宽窄等优点，能进行分辨率非常高的吸收光谱的测量，结合 Beer-Lambert 定律，根据窄带光通过长度为 L 的均匀介质后的透射量与入射量的关系，由测得的吸收光谱得到两路光谱吸收系数之比，求得相应的温度，再由温度和光谱吸收系数求得各燃烧产物组分浓度。

2. 系统硬件组成

基于上述原理，设计的发动机多参数测量系统由半导体激光器(脉冲调制输出)、光学传

感器、压电传感器、相关信号调理电路、数据采集装置、计算机以及相关软件组成，其系统硬件组成如图 14－27 所示。

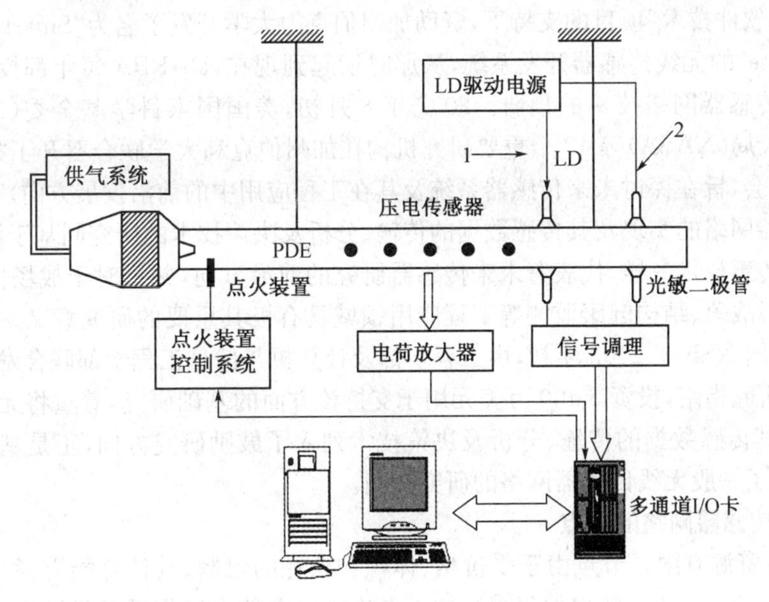

图 14－27　测试系统硬件组成示意图

光电接收电路是系统中一个重要的环节。光电接收电路由光电转换器件和信号调理电路组成，它的性能的好坏对测量结果有重要的影响。本系统宜选用光谱响应范围在 0.7～1.7 μm，响应速度<1 ns 的光敏二极管。由于光敏二极管光电流很小，接收的调制光的频率很高，因而在电路设计时必须考虑高增益、低噪声及高带宽的要求。

压电式传感器输出的电荷信号比较微弱，不能直接送数据采集卡采集，要先用电荷放大器将较弱的电荷信号转化成与数据采集卡相匹配的电压信号。电荷放大器是一种输出电压与输入电荷量成正比的放大器，它的核心是一个具有电容负反馈、高输入阻抗及高增益的运算放大器。

系统具有以下独特的优点：① 测量系统对测量对象的扰动小，测量方便准确；② 运用计算机可加快测量及数据的处理速度，对测量结果可以保存以备日后分析；③ 测量系统的光学部分采用了光纤及窄带滤波片，有效减小了外界光干扰，提高了系统测量精度；④ 传感器信号调理部分采用高速高精度运放，并采用多种措施优化电路设计，软件部分采用 LabWindows/CVI 和 MATLAB 混合编写，提高了开发效率；⑤ 整套测试系统成本低、体积小、使用方便、易于修改及升级。

14.5.5　无线智能传感器及其应用

1. 无线传感器网络概述

无线传感器网络是由大量依据特定的通讯协议，可进行相互通信的智能无线传感器节点组成的网络，综合了微型传感器技术、通信技术、嵌入式计算技术、分布式信息处理以及集成电路技术，能够协作地实时监测、感知和采集网络分布区域内的各种环境或监测对象的信息，并对这些信息进行处理和传送，在工业、农业、军事、空间、环境、医疗、家庭及商务等领域具有极其广泛的应用前景。

无线传感器网络的最初研究来源于美国军方。美国国防先进研究计划局于2001年在“网络嵌入式软件技术”项目的支持下，资助加州伯克力大学开发了名为“Smart Dust”(智能灰尘)或“Mote”的无线传感器开发系统，从那时期起到现在，DARPA每年都投入几千万美元进行无线传感器网络技术的预研。2002年8月初，美国国家科学基金委(NSF)、DARPA、航空航天局(NASA)等12个重要研究机构在加州伯克利大学联合召开了“未来传感系统”国家研讨会，旨在探讨未来传感器系统及其在工程应用中的前沿发展方向。会议讨论认为无线传感器网络的实现及其传感数据的传输、分析及决策技术的研究同基于微机械、纳米技术的新型传感技术一样，代表着未来传感器研究的前沿方向，并且对于战场信息感知、国土安全与反恐战争、结构健康监测等工程应用领域具有极其重要的研究意义。基于该次会议的讨论，美国NSF于2003年初，由工程学部及计算机与信息工程学部联合发布了传感及传感器网络研究指南，投资3 400万美元用于支持该方面的基础研究，着重将无线传感器网络的实现及其传感数据的传输、分析及决策技术列入了鼓励研究方向，正是基于这样的背景，国外掀起了一股无线传感器网络的研究热潮。

2. 无线传感器网络的特点

(1) 硬件资源有限。节点由于受价格、体积和功耗的限制，其计算能力、程序空间和内存空间比普通的计算机功能要弱很多。这一点决定了在节点操作系统设计中，协议层次不能太复杂。

(2) 电源容量有限。网络节点由电池供电，电池的容量一般不是很大。有些特殊的应用领域决定了在使用过程中，不能给电池充电或更换电池，因此在传感器网络设计过程中，任何技术和协议的使用都要以节能为前提。

(3) 无中心。无线传感器网络中没有严格的控制中心，所有结点地位平等，是一个对等式网络。结点可以加入或离开网络，任何结点的故障不会影响整个网络的运行，具有很强的抗毁性。

(4) 自组织。网络的布设和展开无需依赖于任何预设的网络设施，节点通过分层协议和分布式算法协调各自的行为，节点开机后就可以快速、自动地组成一个独立的网络。

(5) 多跳路由。网络中节点通信距离有限，一般在几百米范围内，节点只能与它的邻居直接通信。如果希望与其射频覆盖范围之外的节点进行通信，则需要通过中间节点进行路由。固定网络的多跳路由使用网关和路由器来实现，而无线传感器网络中的多跳路由是由普通网络节点完成的，没有专门的路由设备。这样每个节点既可以是信息的发起者，也是信息的转发者。图14-28是一个多跳的示意图。

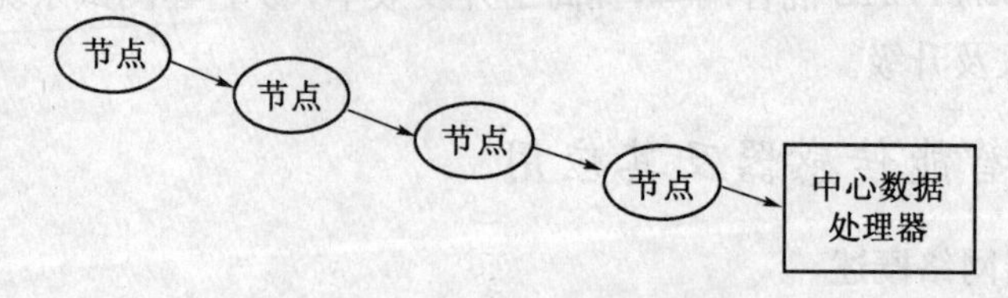

图14-28 一个多跳的示意图

(6) 动态拓扑。无线传感器网络是一个动态的网络，节点可以随处移动；一个节点可能会因为电池能量耗尽或其他故障，退出网络运行；一个节点也可能由于工作的需要而被添加到网络中。这些都会使网络的拓扑结构随时发生变化，因此网络应该具有动态拓扑组织功能。

3. 无线传感网络系统结构

典型的无线传感网络系统结构如图 14－29 所示，包括传感器节点(群)、接收发送器、汇点、英特网、用户端等。其中传感器节点的典型结构包括四个部分：传感单元、处理单元、通讯单元和电源单元。

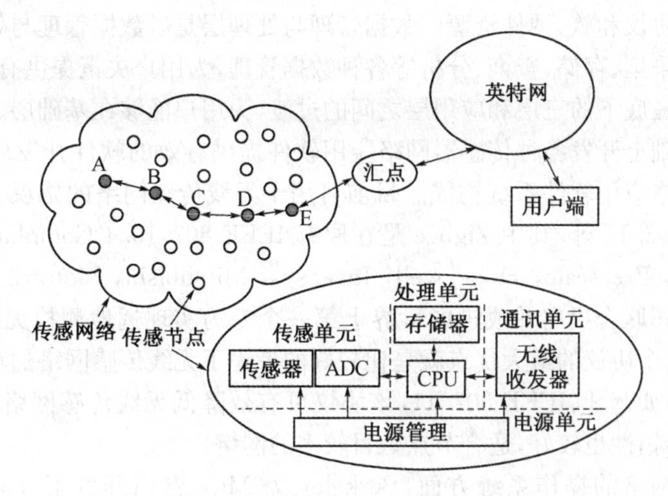

图 14－29　典型的无线传感网络及其节点结构

4. 无线传感节点的实现

无线传感节点的实现包括硬件与软件两部分，节点的硬件由信号调理电路、A/D 转换器、微处理器及其外围电路、射频电路、电源及其电源管理电路组成。节点的软件部分主要包括操作系统与协议实现。图 14－30 为一个典型的无线传感节点的组成框图。同常规传感器相比，无线传感器主要增加了射频电路部分及软件协议，另外无线传感器往往将低功耗作为一个着重考虑的性能指标，因此常常采用低功耗设计，将电池同节点集成在一起供电。无线传感节点在设计时可采用的微处理器种类较多，常用的有 Motorola 的 68HC16 系列，基于 ARM 的嵌入式处理器，Atmel 的 AVR 系列，TI 的 MSP430 等。传感节点的射频电路通常使用的频段为 315～916 MHz、2.4 GHz 及 5.8 GHz 的频段。

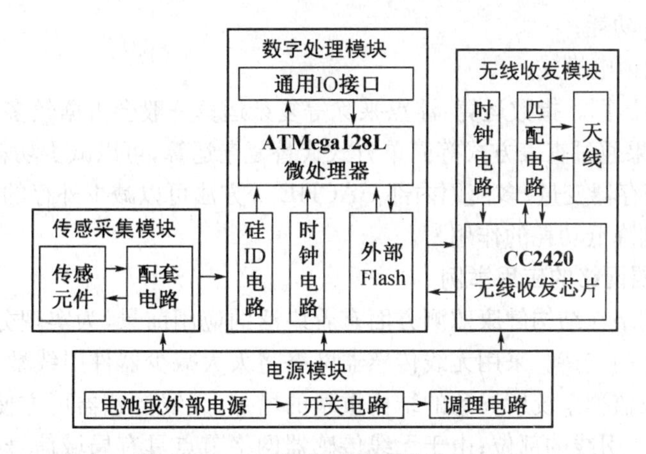

图 14－30　无线传感节点的组成框图

节点的软件部分包括节点上运行的系统软件及采集控制等应用软件，也包括无线传感网络的网络协议。网络协议分为基础层、网络层、数据管理与处理层、应用开发环境层和应用层。基础层以传感器集合为核心，包括每个传感器的软、硬件资源。基础层的功能包括监测感知对象、采集感知对象的信息、传输发布信息以及初步的信息处理。网络层以通信网络为核心，功能是实现传感器与传感器、传感器与用户之间的通信，网络层包括通信网络、支持网络通信的各种协议和软、硬件资源。数据管理与处理层是以数据管理与处理软件为核心，包括支持数据的采集、存储、查询、分析等各种数据管理，为用户决策提供有效的帮助。应用开发环境层作为最底下的三层和应用层之间的过渡，为用户能够在基础层、网络层和数据管理与处理层的基础上开发各种传感器网络应用软件提供有效的软件开发环境和软件工具。应用层由各种网络应用软件系统构成。目前可用于无线传感网络的协议主要有 Zigbee 协议、蓝牙、IEEE 802.11 等，其中 Zigbee 是在原有 IEEE 802.15.4 Compliant Radio 协议的基础上由 Ember，Freescale，Honeywell，Invensys，Mitsubishi，Motorola，Philips and Samsung 等八个公司联合提出并改进的世界上第一个专为实现远地测控无线传感网络而设计的网络协议，这个协议的最大优点就是比较好的考虑了无线传感网络的功耗问题，同其他已有的协议相比，如蓝牙、IEEE 802.11，该协议可有效降低无线传感网络的功耗。另外该协议的安全性、容错性也较好，适合节点数目较多的网络。

在无线传感网络的操作系统方面，Berkeley 为 Mica 专门开发了 TinyOS 操作系统。TinyOS 最初采用汇编和 C 语言编写，后来为更方便地支持面向传感器网络的应用，开发人员对 C 语言进行了扩展，提出了支持组件化编程的 nesC 语言，把组件化、模块化思想和基于事件驱动的执行模型结合起来，改进了 TinyOS 系统。TinyOS 的特征是面向组件的结构，这样就可以使嵌入式操作系统在代码实施要求非常严格的情况下做到尽可能的小。组件库包括网络协议、分布式服务、传感驱动器和数据采集工具。其他可应用于无线传感网络的操作系统有 uCos 以及 uCLinix，或者可以把这几种操作系统综合运用。在研究无线传感器节点时，应比较这些操作系统的性能，以选择更合适的无线传感网络操作系统。

在无线传感器进行组网时要充分考虑降低网络的功耗，可从硬件和软件两方面加以考虑。可采用的主要方法有：

(1) 将不需要的硬件处于休眠状态。一般的系统都不会到了忙不过来的地步，适当的休眠可以节省一些功耗；

(2) 充分利用掉电模式；

(3) 避免复杂运算。指数运算、浮点乘除等复杂运算一般会占据较多的系统时序，从而降低休眠时间，如果通过查表方式等简单方式代替复杂运算，可以减少功耗；

(4) 多使用寄存器变量、多使用内部 CACHE 等方法可以减少外存的访问次数，及时响应中断都可以起到降低功耗的作用。

5. 无线传感器网络的应用举例

无线传感器网络在结构健康监测方面有着广泛的应用前景，为实现分布式结构健康监测系统提供了很好的支持。采用无线传感器网络将大大减少器件引线数量，从而大大降低由于增加结构健康监测系统所导致的结构重量的增加；无线传感器可方便的安装于结构形状比较复杂，不便于引线的部位；由于无线传感器网络节点具有局域信号处理功能，很多信号信息处理工作可在传感节点附近局部完成，将大大减少所需传输的信息量，并将原来由中央处理器实现的串行处理、集中决策的系统，变为一种并行的分布式信息处理系统，将大大提高监测系统的运行速度及决策的可靠性和灵活性；另外无线传感网络在设计时所着重考虑的低功耗特点也可减少能源供给装置的重量并可实现结构长期在线监测。这些优点对于结构健康监测技术在大型结构，尤其是航空航天结构和土木工程结构中的实用化具有非常重要的意义。图 14－31 是采用无线传感网络监测建筑状态的示意图。

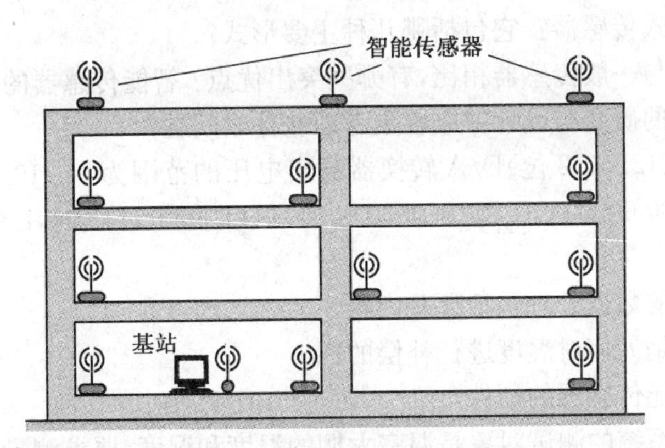

图 14－31　基于无线传感网络的建筑状态监测示意图

目前，无线传感器网络技术在结构健康监测中的研究主要集中在以下几方面：

（1）面向结构健康监测的智能无线传感节点

针对结构健康监测系统的主要监测对象，研究功耗低、通道数多，具备足够内存和采样频率的智能无线传感器网络节点的设计理论，可配接压电元件、光纤元件及电阻应变元件等多种敏感元件，同时适用于结构健康监测中的主动监测方法。

（2）无线传感网络的组织结构

考虑大型结构健康监测系统多参数测试、大面积监测的特点，应建立适合的无线传感器网络的组织结构，包括无线传感网络的层次结构，每层内的拓扑结构及各层次之间的连接方法。

（3）无线传感网络的网络协议的研究

面向结构健康监测的无线传感网络不同于传统无线网络，主要具有以下特征：① 网络中存在大量传感节点，密度较高，网络拓扑结构在节点发生故障时，有可能发生变化，应考虑网络的自组织能力、自动配置能力及可扩展能力；② 为保证有效的监测时间，传感点要保持良好的低功耗性；③ 传感网络的目标是监测相关对象的状态，而不仅是实现节点间的通信。因此，在研究无线传感网络的网络协议时，要针对以上特点，网络协议应该尽量简单，节点间的通讯开销应该尽可能的少，节点应该具有一定的抗干扰性，并且网络需要具有较强的容错能力。

（4）针对结构健康监测系统的无线传感网络实现及性能评价方法

针对典型结构健康监测系统，进行上述无线传感器网络关键技术的实验研究；同时探讨针对结构健康监测对象的无线传感器网络节点之间的协调、协作机制，以充分、高效地利用所有系统资源、提高系统运行速度及健康评估的鲁棒性和可靠性；探索对应用于结构健康监测的无线传感网络的性能评价方法。

1. 什么是智能式传感器？它包括哪几种主要形式？

2. 智能传感器与一般传感器相比，有哪些突出优点？智能传感器的实现途径有哪些？

3. 智能传感器的研究与设计中应着重考虑些什么问题？

4. 若要求 DAC1210(12 位)D/A 转换器输出电压的范围为 0～10 V 或±10 V。试确定二进制输入为 0000 0000 0001，1000 0000 0000，1111 1111 1111 时，DAC1210 输出电压的值。

5. 智能传感器的数据处理包括哪些内容？

6. 智能传感器是如何对温度进行补偿的？

7. 如何设计智能传感器的硬件？

8. 某智能测试系统的测试对象是温室大棚的温度和湿度，要求测量精度分别为±1℃、±3%RH，每 10 min 采集一次数据，应选择哪一种 AD 转换器和通道方案？

第 15 章　传感器实验

《传感器原理及其应用》课程，在高等院校测控技术与仪器类、电气信息类等相关专业的教学计划中，是一门重要的专业基础课，而《传感器原理及其应用》课程实验教学是课程教学的重要实践性环节。通过动手实践、验证、设计等环节，加深对课堂所讲授理论内容的理解；特别是加深对传感器的结构、工作原理、类型的选择及应用等有更深刻的认识，以达到提高学生的动手能力和学习兴趣、拓宽学生的知识领域、培养学生独立处理问题和解决问题的能力及科学思维和严谨的科研作风的目的。

本章以编者使用的浙江天煌教仪 THSRZ－1 型传感器系统综合实验装置为实验平台，精选实验项目 21 个，包含基础实验、设计性实验、综合性工程实验三个层次。基础实验主要是验证传感器的基本特性，巩固基础理论和提高基本技能；设计性实验和综合性工程实验主要是培养学生的创新精神、工程实践能力及综合应用知识的能力。

15.1　THSRZ－1 型传感器系统综合实验装置简介

“THSRZ－1 型传感器系统综合实验装置”是将传感器、检测技术及计算机控制技术有机结合而开发成功的新一代传感器系统实验设备。结合本装置的数据采集系统，可以完成大部分常用传感器的实验及应用，包括金属箔应变传感器、差动变压器、差动电容、霍耳位移、霍耳转速、磁电转速、扩散硅压力传感器、压电传感器、电涡流传感器、光纤位移传感器、光电转速传感器、集成温度传感器(AD590)、K 型、E 型热电偶、PT100 铂电阻、湿敏传感器、气敏传感器等多个实验。

实验装置主要由实验台部分、三源板部分、处理(模块)电路部分和数据采集与分析等部分组成。

1. 实验台部分

这部分设有 1 k～10 kHz 音频信号发生器、1～30 Hz 低频信号发生器、直流稳压电源±15 V、＋5 V、±2～±10 V、2～24 V 可调四种、数字式电压表、频率/转速表、定时器以及高精度温度调节仪组成。

2. 三源板部分

热源：0～220 V 交流电源加热，温度可控制在室温～120℃，控制精度±1℃。

转动源：2～24 V 直流电源驱动，转速可调在 0～4 500 RPM(转/分)。

振动源：装有振动台 1 Hz～30 Hz(可调)。

3. 处理(模块)电路部分

包括电桥、电压放大器、差动放大器、电荷放大器、电容放大器、低通滤波器、涡流变换器、相敏检波器、移相器、温度检测与调理、压力检测与调理等共十个模块。

4. 数据采集、分析部分

为了加深对自动检测系统的认识，本实验台增设了 USB 数据采集卡及微处理机组成的微机数据采集系统(含微机数据采集系统软件)。14 位 A/D 转换、采样速度达 300 kHz,利用该系统软件,可对学生实验现场采集数据,对数据进行动态或静态处理和分析,并在屏幕上生成十字坐标曲线和表格数据,对数据进行求平均值、列表、作曲线图等处理,能对数据进行分析、存盘、打印等处理,实现软件为硬件服务、软件与硬件互动、软件与硬件组成系统的功能。

15.2　实验项目

15.2.1　金属箔式应变片-单臂电桥性能实验

1. 实验目的

了解金属箔式应变片的应变效应,单臂电桥工作原理和性能。

2. 实验仪器

应变传感器实验模块、托盘、砝码、数显电压表、±15 V、±4 V 电源、万用表。

3. 实验原理

金属箔式应变片就是通过光刻、腐蚀等工艺制成的应变敏感组件。如图 15-1 所示,将四个金属箔应变片分别贴在双孔悬臂梁式弹性体的上下两侧,弹性体受到压力发生形变,应变片随弹性体形变被拉伸,或被压缩。

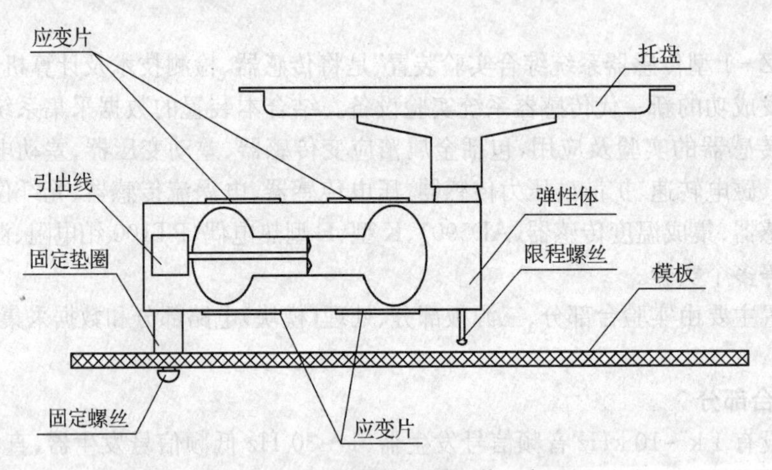

图 15-1　应变式传感器安装示意图

电阻丝在外力作用下发生机械变形时,其电阻值发生变化,这就是电阻应变效应,描述电阻应变效应的关系式为

$$\frac{\Delta R}{R}=k\cdot\varepsilon \tag{15-1}$$

式中:$\frac{\Delta R}{R}$为电阻丝电阻相对变化;k 为应变灵敏系数;$\varepsilon=\frac{\Delta l}{l}$为电阻丝长度相对变化。

通过这些应变片转换被测部位受力状态变化、电桥的作用完成电阻到电压的比例变化,如图 15-2 所示 R_5、R_6、R_7 为固定电阻,与应变片一起构成一个单臂电桥,其输出电压为

$$U_o=\frac{E}{4}\cdot\frac{\Delta R/R}{1+\frac{1}{2}\cdot\frac{\Delta R}{R}} \tag{15-2}$$

式中：E为电桥电源电压；R为固定电阻值。式(15-1)表明单臂电桥输出为非线性，非线性误差为 $L=-\frac{1}{2}\cdot\frac{\Delta R}{R}\cdot 100\%$。

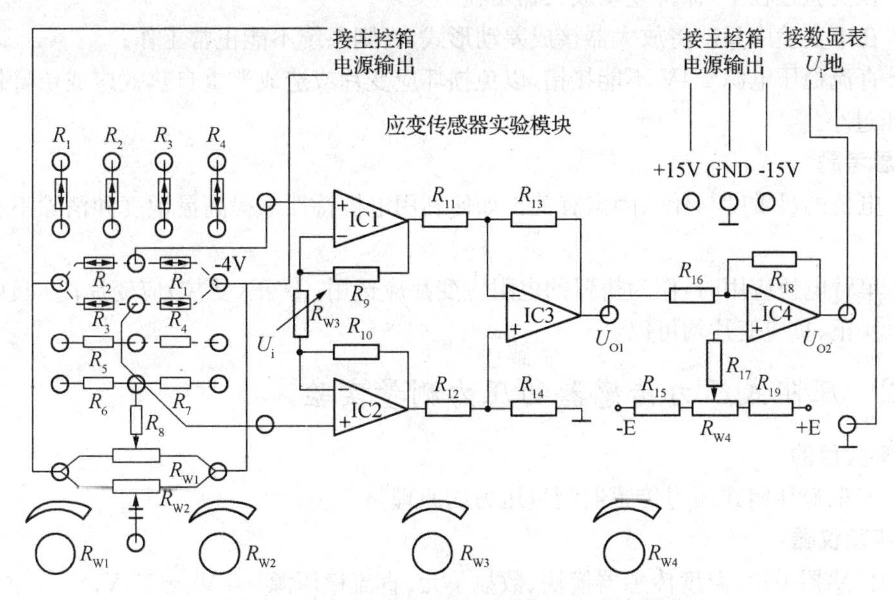

图15-2　应变式传感器单臂电桥实验接线图

4. 实验内容与步骤

(1) 应变传感器上的各应变片已分别接到应变传感器模块左上方的 R_1、R_2、R_3、R_4 上，可用万用表测量判别，$R_1=R_2=R_3=R_4=350\ \Omega$。

(2) 从主控台接入±15 V电源，检查无误后，合上主控台电源开关，将差动放大器的输入端 U_i 短接，输出端 U_{o2} 接数显电压表(选择2 V档)，调节电位器 R_{w4}，使电压表显示为0 V，R_{w4} 的位置确定后不能改动。关闭主控台电源。

(3) 将应变式传感器的其中一个应变电阻(如 R_1)接入电桥与 R_5、R_6、R_7 构成一个单臂直流电桥，见图15-2，接好电桥调零电位器 R_{w1}，直流电源±4 V(从主控台接入)，电桥输出接到差动放大器的输入端 U_i，检查接线无误后，合上主控台电源开关，调节 R_{w1}，使电压表显示为零。

(4) 在应变传感器托盘上放置一只砝码，调节 R_{w3}，改变差动放大器的增益，使数显电压表显示2 mV，读取数显表数值，保持 R_{w3} 不变，依次增加砝码和读取相应的数显表值，直到200 g砝码加完，计下实验结果，填入表15-1，关闭电源。

表15-1　单臂测量时，输出电压与负载重量的关系

重量(g)										
电压(mV)										

(5) 根据表15-1计算系统灵敏度 $S=\Delta U/\Delta W$(ΔU 输出电压变化量，ΔW 重量变化量)和非线性误差 $\delta f1=\Delta m/yF\cdot S\times 100\%$，式中 Δm 为输出值(多次测量时为平均值)与拟合

直线的最大偏差；$yF \cdot S$ 为满量程(200 g)输出平均值。

5. 注意事项

(1) 加在应变传感器上的压力不应过大，以免造成应变传感器的损坏！

(2) 在接线或更换应变片时应将电源关闭；

(3) 在实验过程中如有发现电压表发生过载，应将电压表量程扩大；

(4) 在实验过程中，保持差动放大器增益不变；

(5) 在本实验中只能将放大器接成差动形式，否则系统不能正常工作；

(6) 直流稳压电源±4V 不能接错，以免损坏应变片或造成严重自热效应或单臂桥电桥输出电压过小。

6. 思考题

(1) 电桥的灵敏度与什么因素有关？如何利用电桥特性来提高灵敏度和消除不利因素的影响？

(2) 单臂电桥应用时，作为桥臂的电阻应变片应选用：① 正(受拉)应变片；② 负(受压)应变片；③ 正、负应变片均可以。

15.2.2 压阻式压力传感器的压力测量实验

1. 实验目的

了解扩散硅压阻式压力传感器测量压力的原理与方法。

2. 实验仪器

压力传感器模块、温度传感器模块、数显单元、直流稳压源＋5 V、±15 V。

3. 实验原理

在具有压阻效应的半导体材料上用扩散或离子注入法，形成 4 个阻值相等的电阻条。并将它们连接成惠斯通电桥，电桥电源端和输出端引出，用制造集成电路的方法封装起来，制成扩散硅压阻式压力传感器。平时敏感芯片没有外加压力作用，内部电桥处于平衡状态，当传感器受压后芯片电阻发生变化，电桥将失去平衡，给电桥加一个恒定电压源，电桥将输出与压力对应的电压信号，这样传感器的电阻变化通过电桥转换成压力信号输出。

4. 实验内容与步骤

(1) 扩散硅压力传感器 MPX10 已安装在压力传感器模块上，将气室 1、2 的活塞退到 20 mL 处，并按图 15－3 接好气路系统。其中 P_1 端为正压力输入、P_2 端为负压力输入，PX10 有 4 个引出脚，1 脚接地、2 脚为 U_{o+}、3 脚接＋5 V 电源、4 脚为 U_{o-}；当 $P_1>P_2$ 时，输出为正；$P_1<P_2$ 时，输出为负。

(2) 检查气路系统，分别推进气室 1、2 的两个活塞，对应的气压计有显示压力值并能保持不动。

(3) 接入＋5 V、±15 V 直流稳压电源，模块输出端 U_{o2} 接控制台上数显直流电压表，选择 20 V 档，打开实验台总电源。

(4) 调节 R_{w2} 到适当位置并保持不动，用导线将差动放大器的输入端 U_i 短路，然后调节 R_{w3} 使直流电压表 200 mV 档显示为零，取下短路导线。

(5) 退回气室 1、2 的两个活塞，使两个气压计均指在“零”刻度处，将 MPX10 的输出接到差动放大器的输入端 U_i，调节 R_{w1} 使直流电压表 200 mV 档显示为零。

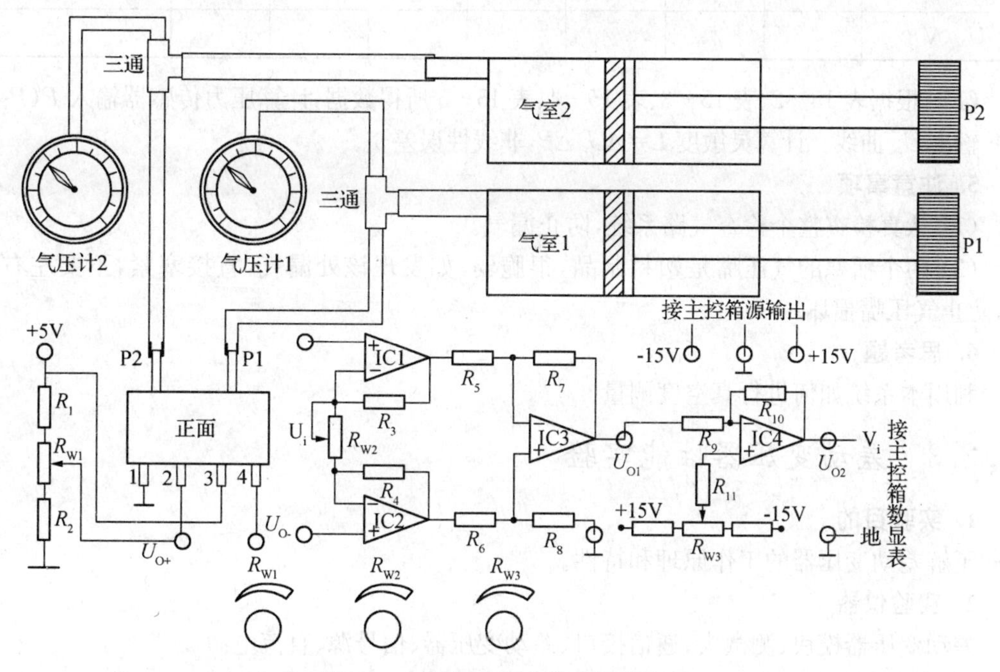

图 15-3 扩散硅压力传感器接线图

(6) 保持负压力输入 P_2 压力零不变，增大正压力输入 P_1 的压力，每隔 0.005 MPa 记下模块输出 U_{o2} 的电压值，直到 P_1 的压力达到 0.095 MPa，填入表 15-2。

表 15-2 压力传感器实验模块输出电压与输入压力的关系

P(MPa)										
U_{o2}(V)										

(7) 保持正压力输入 P_1 压力 0.095 MPa 不变，增大负压力输入 P_2 的压力，每隔 0.005 MPa记下模块输出 U_{o2} 的电压值，直到 P_2 的压力达到 0.095 MPa，填入表 15-3。

表 15-3 压力传感器实验模块输出电压与输入压力的关系

P(MPa)										
U_{o2}(V)										

(8) 保持负压力输入 P_2 压力 0.095 MPa 不变，减小正压力输入 P_1 的压力，每隔 0.005 MPa 记下模块输出 U_{o2} 的电压值，直到 P_1 的压力达到 0.0 MPa，填入表 15-4。

表 15-4 压力传感器实验模块输出电压与输入压力的关系

P(MPa)										
U_{o2}(V)										

(9) 保持负压力输入 P_1 压力 0 MPa 不变，减小正压力输入 P_2 的压力，每隔0.005 MPa 记下模块输出 U_{o2} 的电压值。直到 P_2 的压力达到 0.0 MPa，填入表 15-5。

表 15-5 表压力传感器实验模块输出电压与输入压力的关系

P(MPa)									
U_{o2}(V)									

(10) 根据表 15-2、表 15-3、表 15-4、表 15-5 所得数据，计算压力传感器输入 $P(P_1 \sim P_2)$-输出 U_{o2} 曲线。计算灵敏度 $L=\Delta U/\Delta P$，非线性误差 δ_f。

5. 注意事项

(1) 认真检查整个检查气路系统，防止漏气。

(2) 两个活塞的气压嘴是塑料制品，很脆弱，如发现该处漏气，直接塞紧，不要左右扭动，防止气压嘴损坏。

6. 思考题

利用本系统如何进行真空度测量？

15.2.3 差动变压器性能实验

1. 实验目的

了解差动变压器的工作原理和特性。

2. 实验仪器

差动变压器模块、测微头、通信接口、差动变压器、信号源、直流电源。

3. 实验原理

差动变压器由一只初级线圈和两只次级线圈及一个铁芯组成。铁芯连接被测物体，移动线圈中的铁芯，由于初级线圈和次级线圈之间的互感发生变化，促使次级线圈的感应电动势发生变化，一只次级感应电动势增加，另一只感应电动势则减小，将两只次级线圈反向串接(同名端连接)引出差动输出。输出的变化反映了被测物体的移动量。

4. 实验内容与步骤

(1) 根据图 15-4 将差动变压器安装在差动变压器实验模块上。

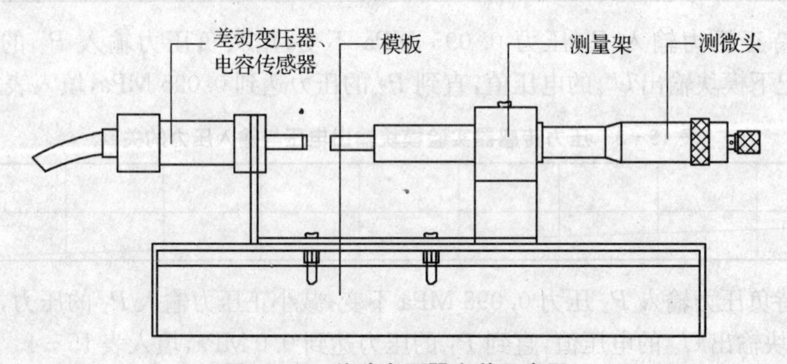

图 15-4 差动变压器安装示意图

(2) 将传感器引线插头插入实验模块的插座中，按图 15-5 接线(1、2 接音频信号，3、4 为差动变压器输出)，音频信号由振荡器的“0°”处输出，打开主控台电源，调节音频信号输出的频率和幅度(用频率/转速表和上位机软件监视)，使输出信号频率为 4 kHz～5 kHz，幅度为 Up-p=2 V。

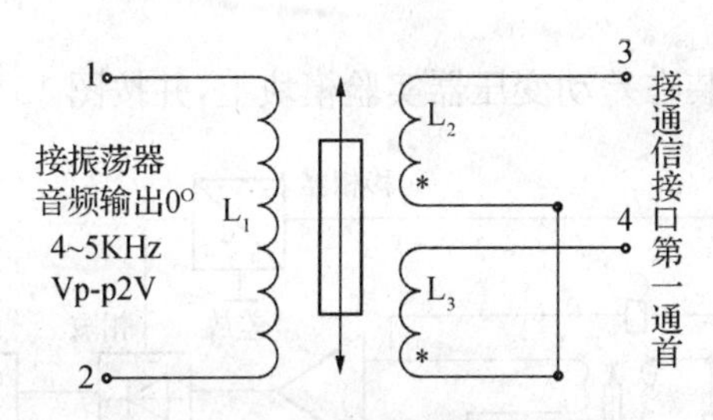

图 15-5　差动变压器接线示意图

(3) 用通信接口的 CH_1 观测差动变压器的输出，旋动测微头，使上位机观测到的波形峰一峰值 $Up-p$ 为最小，这时可以左右位移，假设其中一个方向为正位移，另一个方向位称为负，从 $Up-p$ 最小开始旋动测微头，每隔 0.2 mm 从上位机上读出输出电压 $Up-p$ 值，填入表 15-6，再从 $Up-p$ 最小处反向位移做实验，在实验过程中，注意左、右位移时，初、次级波形的相位关系。

表 15-6　差动变压器位移 X 值与输出电压数据表

U(mV)										
X(mm)										

(4) 实验过程中注意差动变压器输出的最小值即为差动变压器的零点残余电压大小。根据表 15-6 画出 $Uop-p-X$ 曲线，作出量程为 ±1 mm、±3 mm 灵敏度和非线性误差。

5. 注意事项

(1) 实验过程中加在差动变压器原边的音频信号峰峰值不能过大，一般不超过 6 V，以免烧毁差动变压器传感器。

(2) 模块上 L_2、L_3 线圈旁边的"＊"表示两线圈的同名端。

6. 思考题

(1) 测量频率的上限受什么影响？

(2) 试分析差动变压器与一般电源变压器的异同？

15.2.4　差动变压器测试系统的标定

1. 实验目的

了解差动变压器测量系统的组成和标定方法。

2. 实验仪器

信号源、差动变压器模块、相敏检波模块、直流稳压电源、数显单元。

3. 实验原理

差动变压器由一只初级线圈和两只次级线圈及一个铁芯组成。铁芯连接被测物体，移动线圈中的铁芯，由于初级线圈和次级线圈之间的互感发生变化促使次级线圈的感应电动势发生变化，一只次级感应电动势增加，另一只感应电动势则减小，将两只次级线圈反向串接(同名端连接)引出差动输出。输出的变化反映了被测物体的移动量。

4. 实验内容与步骤

(1) 将差动变压器安装在差动变压器实验模块上，并按图 15-6 接线。

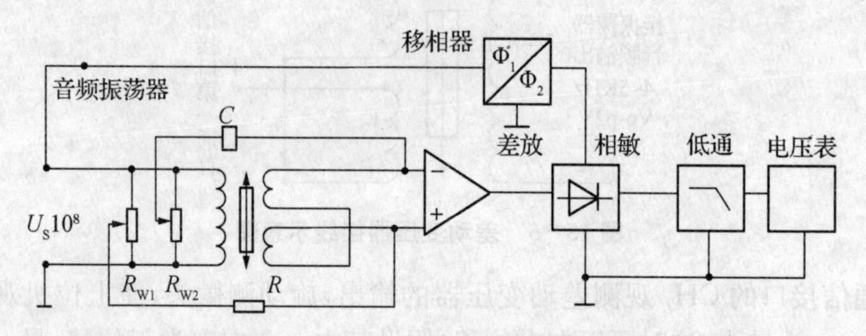

图 15-6 差动变压器系统标定接线图

(2) 检查连线无误后，打开实验台电源，调节音频信号源输出频率，使次级线圈波形不失真，用手将中间铁芯移至最左端，然后调节移相器，使移相器的输入输出波形正好是同相或反相时，将铁心重新安装到位移装置上，用测微仪将铁芯置于线圈中部，用示波器观察差分放大器输出最小，调节电桥 R_{w1}、R_{w2} 电位器使系统输出电压为零。

(3) 用测微仪分别带动铁芯向左和向右移动 5 mm，每位移 0.5 mm 记录一电压值并填入表 15-7。

表 15-7 差动变压器位移 X 值与输出电压数据表

位移(mm)											
电压(V)											

(4) 根据表 15-7 数据作出 $U-X$ 曲线，求出灵敏度 $S=\Delta U/\Delta X$，指出线性工作范围。

(5) 实验结束后，关闭实验台电源，整理好实验设备。

5. 注意事项

实验过程中加在差动变压器原边的音频信号幅值不能过大，以免烧毁差动变压器传感器。

6. 思考题

为何要对传感器进行标定?

15.2.5 电涡流传感器的位移特性实验

1. 实验目的

了解电涡流传感器测量位移的工作原理和特性。

2. 实验仪器

电涡流传感器、铁圆盘、电涡流传感器模块、测微头、直流稳压电源、数显直流电压表、测微头。

3. 实验原理

通过高频电流的线圈产生磁场，当有导电体接近时，因导电体涡流效应产生涡流损耗，而涡流损耗与导电体离线圈的距离有关，因此可以进行位移测量。

4. 实验内容与步骤

(1) 按图15-7安装电涡流传感器。

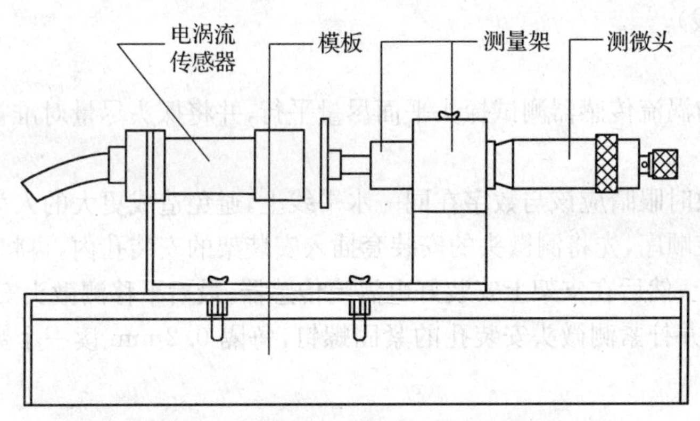

图15-7　电涡流传感器传感器安装示意图

(2) 在测微头端部装上铁质金属圆盘，作为电涡流传感器的被测体。调节测微头，使铁质金属圆盘的平面贴到电涡流传感器的探测端，固定测微头。

(3) 传感器连接按图15-8，将电涡流传感器连接线接到模块上标有"[电感符号]"的两端，实验范本输出端U_o与数显单元输入端U_i相接。数显表量程切换开关选择电压20 V，模块电源用连接导线从主控台接入+15 V电源。

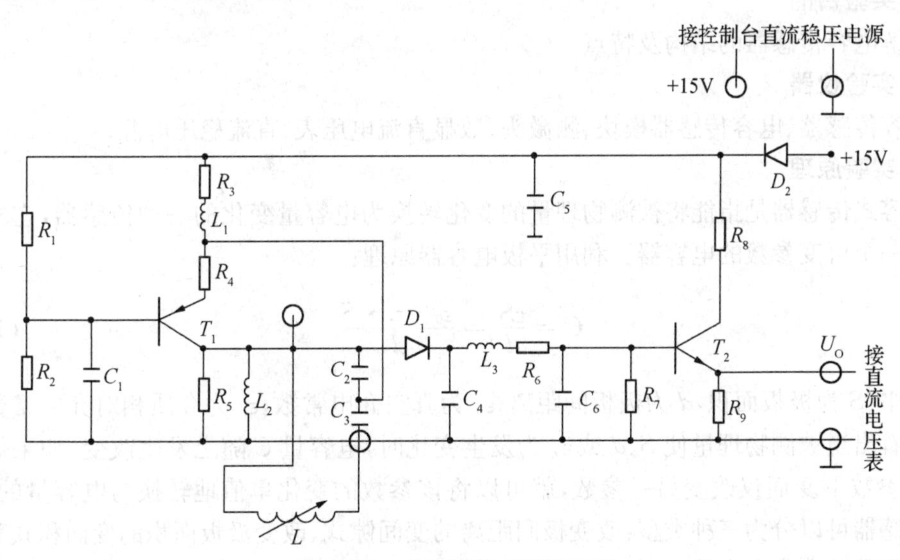

图15-8　电涡流传感器连接图

(4) 合上主控台电源开关，记下数显表读数，然后每隔0.2 mm读一个数，直到输出几乎不变为止，将结果列入表15-8。

表15-8　铁质被测体位移X值与输出电压数据表

X(mm)										
U_o(V)										

(5) 根据表 15-8 数据，画出 $U-X$ 曲线，根据曲线找出线性区域及进行正、负位移测量时的最佳工作点，并计算量程为 1 mm、3 mm 及 6 mm 时的灵敏度和线性度(可以用端点法或其他拟合直线)。

5. 注意事项

(1) 被测体与涡流传感器测试探头平面尽量平行，并将探头尽量对准被测体中间，以减少涡流损失。

(2) 读取示数时眼睛应该与数字在同一水平线上，避免造成更大的人为误差。

(3) 注意安装顺序，先将测微头的安装套插入安装架的安装孔内，再将被测体铁圆片套在测微头的测杆上；然后在支架上安装好电涡流传感器；最后平移测微头安装套使被测体与传感器端面相贴，并拧紧测微头安装孔的紧固螺钉，每隔 0.2 mm 读一个数，直到输出几乎不变为止。

6. 思考题

(1) 电涡流传感器的量程与哪些因素有关，如果需要测量 ±3 mm 的量程应如何设计传感器？

(2) 用电涡流传感器进行非接触位移测量时，如何根据量程使用选用传感器。

15.2.6 电容式传感器的位移特性实验

1. 实验目的

了解电容传感器的结构及特点。

2. 实验仪器

电容传感器、电容传感器模块、测微头、数显直流电压表、直流稳压电源。

3. 实验原理

电容式传感器是指能将被测物理量的变化转换为电容量变化的一种传感器，它实质上是具有一个可变参数的电容器。利用平板电容器原理：

$$C=\frac{\varepsilon S}{d}=\frac{\varepsilon_0\cdot\varepsilon_r\cdot S}{d} \tag{15-3}$$

式中：S 为极板面积，d 为极板间距离；ε_0 为真空介电常数；ε_r 为介质相对介电常数。由此可以看出当被测物理量使 S、d 或 ε_r 为发生变化时，电容量 C 随之发生改变，如果保持其中两个参数不变而仅改变另一参数，就可以将该参数的变化单值地转换为电容量的变化。电容传感器可以分为三种类型：改变极间距离的变间隙式、改变极板面积的变面积式和改变介质电常数的变介电常数式。这里采用变面积式，如图 15-9 为两只平板电容器共享一个

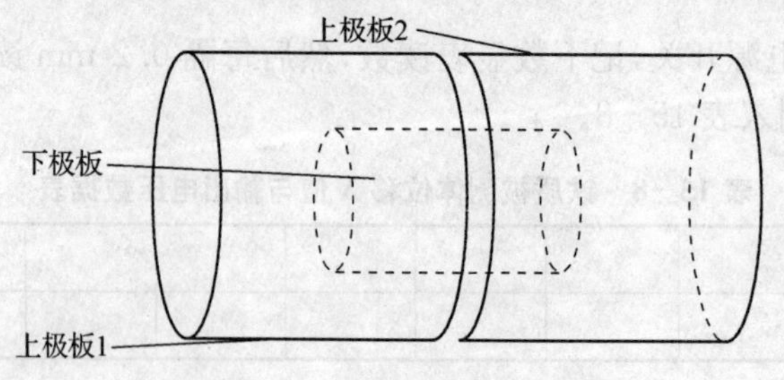

图 15-9 电容传感器示意图

下极板，当下极板随被测物体移动时，两只电容器上下极板的有效面积一只增大，一只减小，将三个极板用导线引出，形成差动电容输出。

4. 实验内容与步骤

按图 15－10 将电容传感器安装在电容传感器模块上，将传感器引线插入实验模块插座中。

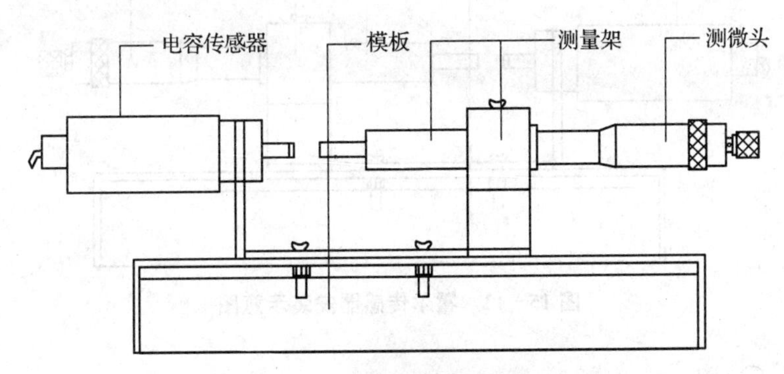

图 15－10　电容传感器安装示意图

(2) 将电容传感器模块的输出 U_o 接到数显直流电压表。

(3) 接入±15 V 电源，合上主控台电源开关，将电容传感器调至中间位置，调节 R_w，使得数显直流电压表显示为 0。

(4) 旋动测微头推进电容传感器的共享极板(下极板)，每隔 0.2 mm 记下位移量 X 与输出电压值 U 的变化，填入表 15－9 中。

表 15－9　电容式传感器位移与输出电压的关系

X(mm)										
U(mV)										

(5) 根据表 15－9 的数据，计算电容传感器的系统灵敏度 S 和非线性误差 δ_f。

5. 思考题

试设计一个利用 ε 的变化测谷物湿度的电容传感器？能否叙述一下在设计中应考虑哪些因素？

15.2.7　霍尔传感器的位移特性实验

1. 实验目的

了解霍尔传感器的原理与应用。

2. 实验仪器：

霍尔传感器模块、霍尔传感器、测微头、直流电源、数显电压表。

3. 实验原理

根据霍尔效应，霍尔电势 $U_H = K_H IB$，其中 K_H 为灵敏度系数，由霍尔材料的物理性质决定，当通过霍尔组件的电流 I 一定，霍尔组件在一个梯度磁场中运动时，就可以用来进行位移测量。

4. 实验内容与步骤

(1) 将霍尔传感器按图 15－11 安装，传感器引线接到霍尔传感器模块 9 芯航空插座。按图 15－12 接线。

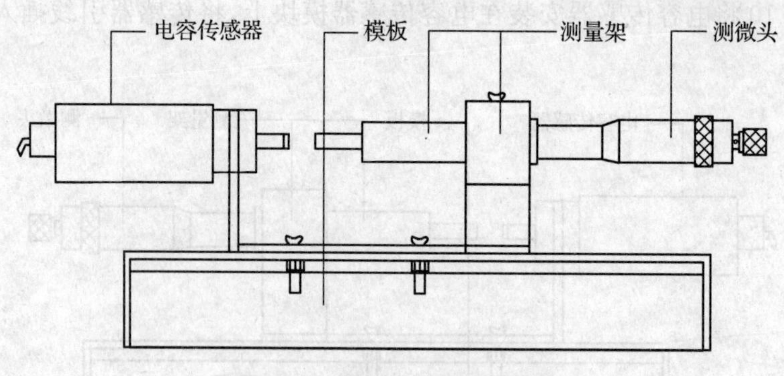

图 15－11 霍尔传感器安装示意图

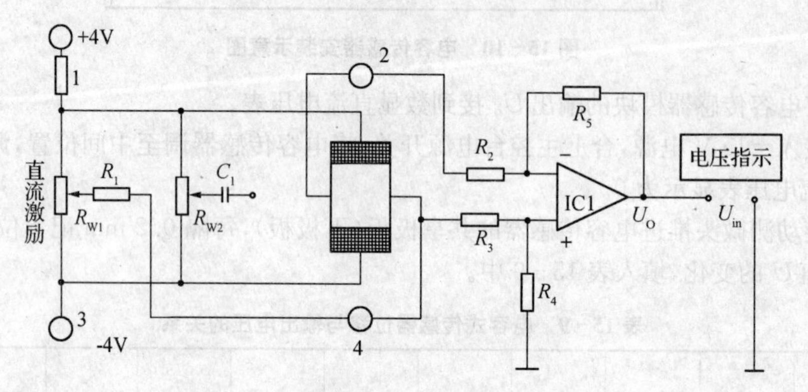

图 15－12 霍尔传感器直流激励接线图

(2) 开启电源，直流数显电压表选择“2 V”档，将测微头的起始位置调到“1 cm”处，手动调节测微头的位置，先使霍尔片大概在磁钢的中间位置（数显表大致为 0），固定测微头，再调节 R_{w1} 使数显表显示为零。

(3) 分别向左、右不同方向旋动测微头，每隔 0.2 mm 记下一个读数，直到读数近似不变，将读数填入表 15－10。

表 15－10 霍尔传感器位移与输出电压的关系

X(mm)	0.2	0.4	0.8	1.0	1.2	1.4	1.6	1.8	
U(mV)左									
U(mV)右									

(4) 根据表 15－10 的数据，作出 $U-X$ 曲线，计算不同线性范围时的灵敏度和非线性误差。

5. 注意事项

(1) 对传感器要轻拿轻放，绝不可掉到地上。

(2) 不要将霍尔传感器的激励电压错接成±16 V，否则将可能烧毁霍尔元件。

6. 思考题

利用霍尔元件测量位移和振动时,使用上有何限制?

15.2.8　铂电阻温度特性实验

1. 实验目的

了解铂热电阻的特性与应用。

2. 实验仪器

智能调节仪、PT100(2 只)、温度源、温度传感器实验模块。

3. 实验原理

利用导体电阻随温度变化的特性,热电阻用于测量时,要求其材料电阻温度系数大,稳定性好,电阻率高,电阻与温度之间最好有线性关系。当温度变化时,感温元件的电阻值随温度而变化,这样就可将变化的电阻值通过测量电路转换电信号,即可得到被测温度。

4. 实验内容与步骤

(1) 将温度控制在 600℃,在另一个温度传感器插孔中插入另一只铂热电阻温度传感器 PT100。

(2) 将±15 V 直流稳压电源接至温度传感器实验模块。温度传感器实验模块的输出 U_{o2} 接主控台直流电压表。

(3) 将温度传感器模块上差动放大器的输入端 U_i 短接,调节电位器 R_{w4} 使直流电压表显示为零。

(4) 按图 15-13 接线,并将 PT100 的 3 根引线插入温度传感器实验模块中 R_t 两端(其中颜色相同的两个接线端是短路的)。

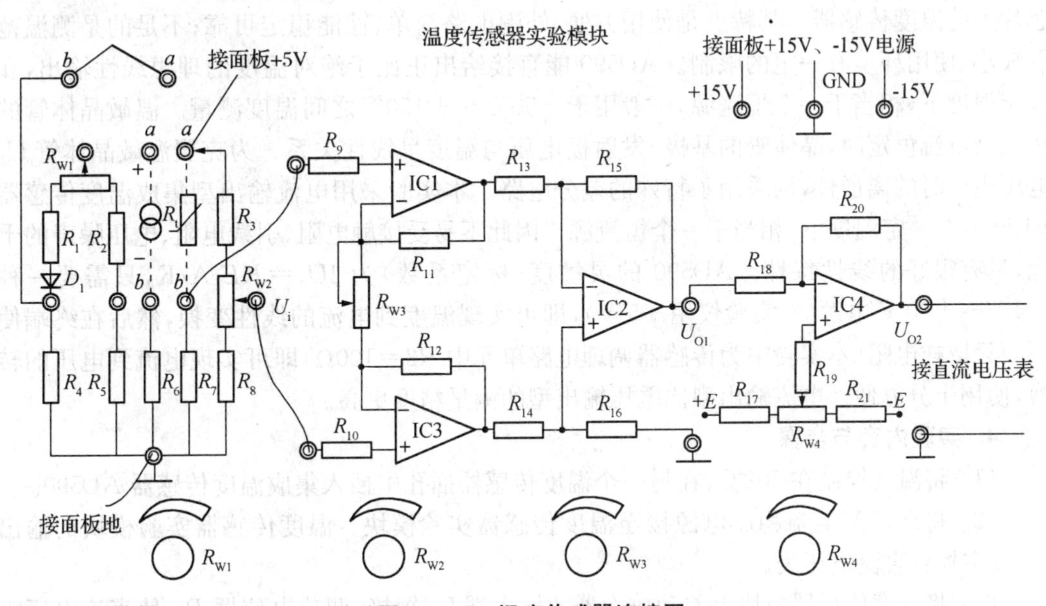

图 15-13　温度传感器连接图

(5) 拿掉短路线,将 R6 两端接到差动放大器的输入 U_i,记下模块输出 U_{o2} 的电压值。

(6) 改变温度源的温度每隔 50℃记下 U_{o2} 的输出值。直到温度升至 1 200℃。并将实验结果填入表 15－11。

表 15－11　温度传感器温度与输出电压的关系

T(℃)															
U_{o2}(V)															

(7) 根据表 15－11 的实验数据，作出 $U_{o2}-T$ 曲线，分析 PT100 的温度特性曲线，计算其非线性误差。

5. 注意事项

(1) 在进行实验以前用万用表检测两个 PT100 是否损坏；

(2) 在实验过程中要小心操作，防止烫伤。

6. 思考题

(1) 为什么传感器一般都加保护套？

(2) PT100 的测温原理是什么？

15.2.9　集成温度传感器的温度特性实验

1. 实验目的

了解常用的集成温度传感器(AD590)基本原理、性能与应用。

2. 实验仪器

智能调节仪、PT100、AD590、温度源、温度传感器实验模块。

3. 实验原理

集成温度传感器 AD590 是把温敏器件、偏置电路、放大电路及线性化电路集成在同一芯片上的温度传感器。其特点是使用方便、外围电路简单、性能稳定可靠；不足的是测温范围较小、使用环境有一定的限制。AD590 能直接给出正比于绝对温度的理想线性输出，在一定温度下，相当于一个恒流源，一般用于－50℃～＋150℃之间温度测量。温敏晶体管的集电极电流恒定时，晶体管的基极-发射极电压与温度呈线性关系。为克服温敏晶体管 U_b 电压生产时的离散性，均采用了特殊的差分电路。本实验采用电流输出型集成温度传感器 AD590，在一定温度下，相当于一个恒流源。因此不易受接触电阻、引线电阻、电压噪声的干扰，具有很好的线性特性。AD590 的灵敏度(标定系数)为 $1U_o = KE\varepsilon$A/K，只需要一种＋4 V～＋30 V 电源(本实验仪用＋5 V)，即可实现温度到电流的线性变换，然后在终端使用一只取样电阻(本实验中为传感器调理电路单元中 R2＝100Ω)即可实现电流到电压的转换，使用十分方便。电流输出型比电压输出型的测量精度更高。

4. 实验内容与步骤

(1) 将温度控制在 500℃，在另一个温度传感器插孔中插入集成温度传感器 AD590。

(2) 将±15 V 直流稳压电源接至温度传感器实验模块。温度传感器实验模块的输出 U_{o2} 接主控台直流电压表。

(3) 将温度传感器模块上差动放大器的输入端 U_i 短接，调节电位器 R_{w4} 使直流电压表显示为零。

(4) 拿掉短路线，按图 15－14 接线，并将 AD590 两端引线按插头颜色(一端红色，一端蓝色)插入温度传感器实验模块中(红色对应 a、蓝色对应 b)。

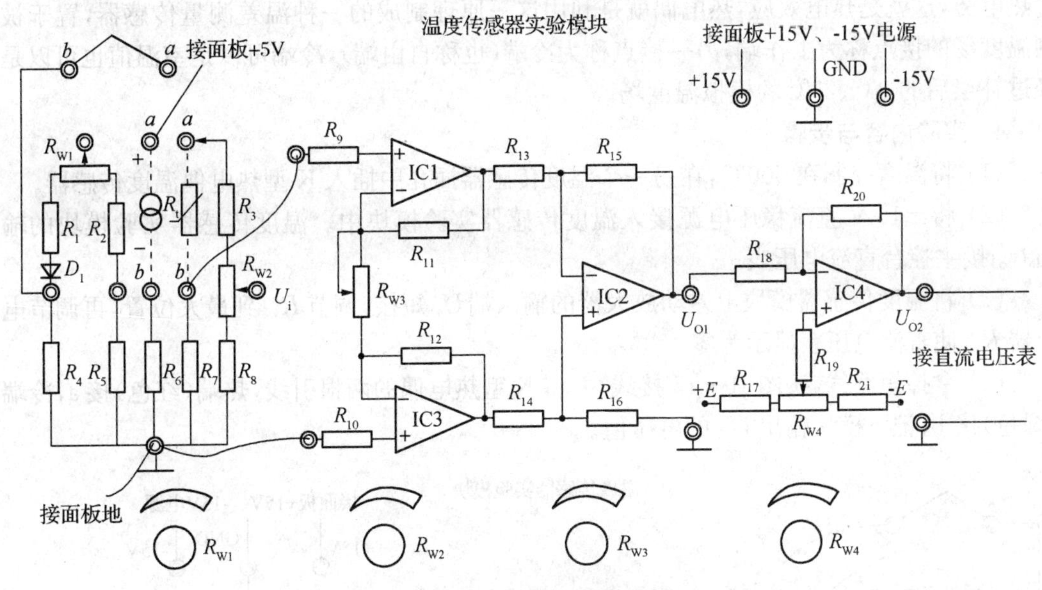

图 15-14 温度传感器连接图

(5) 将 R6 两端接到差动放大器的输入 U_i，记下模块输出 U_{o2} 的电压值。

(6) 改变温度源的温度每隔 50℃记下 U_{o2} 的输出值，直到温度升至 1200℃。并将实验结果填入表 15-12。

表 15-12 温度传感器温度与输出电压的关系

T(℃)															
U_{o2}(V)															

(7) 由表 15-12 记录的数据，计算在此范围内集成温度传感器的非线性误差。

5. 注意事项

(1) AD590 集成温度传感器的正负极性不能接错，红线表示接线电源正极；

(2) 在实验过程中要小心操作，防止烫伤。

6. 思考题

(1) 如何利用 AD590 来设计一个测温仪器，并画出该温度仪的结构。

(2) 大家知道在一定的电流模式下二极管 PN 结的正向电压与温度之间具有一定的线性关系，你若有兴趣可以利用普通二极管(1N4148、1N4007 等)在 50℃→100℃之间，实验它的 PN 结电压-温度特性，然后与 AD590 集成温度传感器的特性进行比较。

15.2.10 热电偶测温性能实验

1. 实验目的

了解 K 型热电偶的特性与应用。

2. 实验仪器

智能调节仪、PT100、K 型热电偶、温度源、温度传感器实验模块。

3. 实验原理

将两种不同的金属丝组成回路，如果两种金属丝的两个接点有温度差，在回路内就会产生热电势，这就是热电效应，热电偶就是利用这一原理制成的一种温差测量传感器，置于被测温度场的接点称为工作端，另一接点称为冷端(也称自由端)，冷端可以是室温值也可以是经过补偿后的0℃、25℃的模拟温度场。

4. 实验内容与步骤

(1) 将温度控制在500℃，在另一个温度传感器插孔中插入K型热电偶温度传感器。

(2) 将±15 V直流稳压电源接入温度传感器实验模块中。温度传感器实验模块的输出U_{o2}接主控台直流电压表。

(3) 将温度传感器模块上差动放大器的输入端U_i短接，调节R_{w3}到最大位置，再调节电位器R_{w4}使直流电压表显示为零。

(4) 拿掉短路线，按图15-15接线，并将K型热电偶的两根引线，热端(红色)接a，冷端(绿色)接b；记下模块输出U_{o2}的电压值。

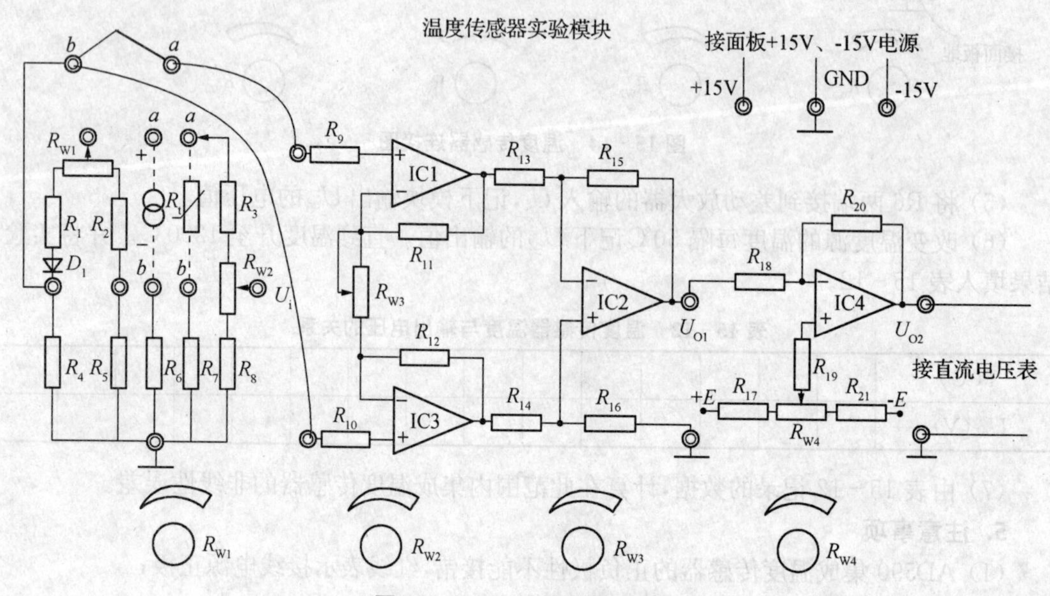

图15-15　温度传感器连接图

(5) 改变温度源的温度每隔50℃记下U_{o2}的输出值。直到温度升至1 200℃。并将实验结果填入表15-13。

表15-13　温度传感器温度与输出电压的关系

T(℃)															
U_{o2}(V)															

(6) 根据表15-13的实验数据，作出$U_{o2}-T$曲线，分析K型热电偶的温度特性曲线，计算其非线性误差。

(7) 根据中间温度定律和K型热电偶分度表，用平均值计算出差动放大器的放大倍数A。

5. 注意事项

(1) 热电偶的连接需要确认极性，带有红色标记的是正极，蓝色标记的为负极；

(2) 在实验过程中要小心操作,防止烫伤。

6. 思考题

(1) 热电偶参考端补偿的意义和方法有哪些?

(2) 本实验K型热电偶测温的误差来源主要有哪些方面?

(3) 如何利用K型热电偶的温度特性曲线来设计一个测温仪器,并画出该温度仪的结构。

(4) 热电偶测温与热电阻测温有什么不同?

表15-14　K型热电偶分度表(分度号:K;单位:mV)

温度(℃)	0	1	2	3	4	5	6	7	8	9
0	0	0.039	0.079	0.119	0.158	0.198	0.238	0.277	0.317	0.357
10	0.397	0.437	0.477	0.517	0.557	0.597	0.637	0.677	0.718	0.758
20	0.798	0.858	0.879	0.919	0.960	1.000	1.041	1.081	1.122	1.162
30	1.203	1.244	1.285	1.325	1.366	10407	1.4487	1.480	1.529	1.570
40	1.611	1.652	1.693	1.734	1.776	1.817	1.858	1.899	1.940	1.981
50	2.022	2.064	2.105	2.146	2.188	2.229	2.270	2.312	2.353	2.394
60	2.436	2.477	2.519	2.560	2.601	2.643	2.684	2.726	2.767	2.809
70	2.850	2.892	2.933	2.975	3.016	3.058	30100	3.141	3.183	3.224
80	3.266	3.307	3.349	3.390	3.432	3.473	3.515	3.556	3.598	3.639
90	3.681	3.722	3.764	3.805	3.847	3.888	3.930	3.971	4.012	4.054
100	4.095	4.137	4.178	4.219	4.261	4.302	4.343	4.384	4.426	4.467
110	4.508	4.549	4.600	4.632	4.673	4.714	4.755	4.796	4.837	4.878
120	4.919	4.960	5.001	5.042	5.083	5.124	5.161	5.205	5.2340	5.287
130	5.327	5.368	5.409	5.450	5.190	5.531	5.571	5.612	5.652	5.693
140	5.733	5.774	5.814	5.855	5.895	5.936	5.976	6.016	6.057	6.097
150	6.137	6.177	6.218	6.258	6.298	6.338	6.378	6.419	6.459	6.499

15.2.11　光纤传感器位移特性实验

1. 实验目的

了解反射式光纤位移传感器的原理与应用。

2. 实验仪器

光纤位移传感器模块、Y型光纤传感器、测微头、反射面、直流电源、数显电压表。

3. 实验原理

反射式光纤位移传感器是一种传输型光纤传感器,其原理如图15-16所示。光纤采用Y型结构,两束光纤一端合并在一起组成光纤探头,另一端分为两支,分别作为光源光纤和接收光纤。光从光源耦合到光源光纤,通过光纤传输,射向反射面,再被反射到接收光纤,最后由光电转换器接收,转换器接收到的光源与反射体表面的性质及反射体到光纤探头距离有关。当反射表面位置确定后，接收到的反射光光强随光纤探头到反射体的距离的变化而变化。显然，当光纤探头紧贴反射面时，接收器接收到的光强为零。随着光纤探头离反射面距离的增加，接收到的光强逐渐增加，到达最大值点后又随两者的距离增加而减小。反射式光纤位移传感器是一种非接触式测量，具有探头小，响应速度快，测量线性化(在小位移范围内)等优点，可在小位移范围内进行高速位移检测。

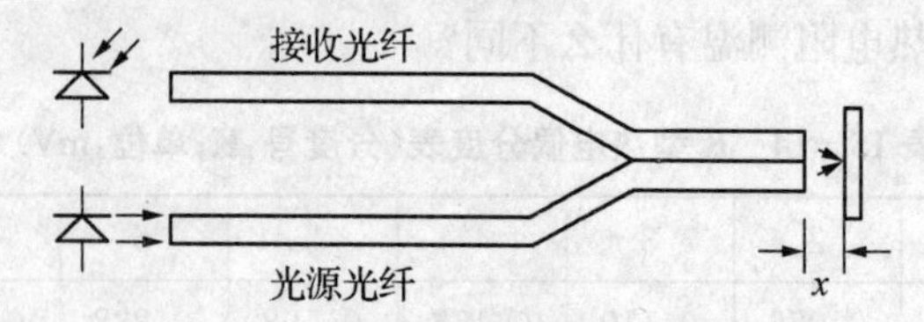

图 15-16 反射式光纤位移传感器原理图

4. 实验内容与步骤

(1) 光纤传感器的安装如图 15-17 所示，将 Y 型光纤安装在光纤位移传感器实验模块上。探头对准镀铬反射板，调节光纤探头端面与反射面平行，距离适中；固定测微头。接通电源预热数分钟。

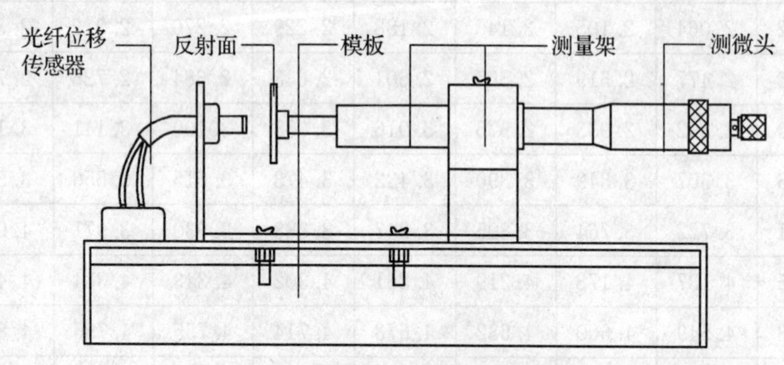

图 15-17 光纤位移传感器安装示意图

(2) 将测微头起始位置调到某一值不变，手动使反射面与光纤探头端面紧密接触，固定测微头。

(3) 实验模块从主控台接入±15 V 电源，合上主控台电源。

(4) 将模块输出“U_o”接到直流电压表，选择 20 V 档，仔细调节电位器 R_w，使电压表显示为零。

(5) 旋动测微器，使反射面与光纤探头端面距离增大，每隔 0.1 mm 读出一次输出电压 U 值，填入表 15-15。

表 15-15 光纤传感器位移与输出电压的关系

X(mm)										
U_o(V)										

(6) 根据所得的实验数据，确定光纤位移传感器大致的线性范围，并给出其灵敏度和非线性误差。

5. 注意事项

(1) 实验时请保持反射面的清洁和与光纤探头端面的垂直度。

(2) 工作时光纤端面不宜长时间直接照射强光，以免内部电路受损。

(3) 注意背景光对实验的影响，实验过程中应尽量避免一切光源干扰（人员走动、灯光闪烁等）以免强光直接照射反光表面，造成测量误差。

(4) 切勿将光纤折成锐角，保护光纤不受损伤。

(5) 光纤探头在支架上固定时，应保持其端口与反光面平行，切不可相擦，以免使光纤探头端面受损。

6. 思考题

查阅传感器相关理论知识，说明光纤位移传感器测位移时对被测体的表面有什么要求？

15.2.12　气敏传感器实验

1. 实验目的

了解气敏传感器原理及应用。

2. 实验仪器：

气敏传感器、酒精、棉球（自备）、差动变压器实验模块。

3. 实验原理

本实验所采用的 SnO_2（氧化锡）半导体气敏传感器属电阻型气敏元件，它是利用气体在半导体表面的氧化和还原反应导致敏感元件阻值变化：若气浓度发生，则阻值发生变化。根据这一特性，可以从阻值的变化得知吸附气体的种类和浓度。

4. 实验内容与步骤

(1) 将气敏传感器夹持在差动变压器实验模板上传感器固定支架上。

(2) 按图 15－18 接线，将气敏传感器接线端红色接＋5 V 加热电压，黑色接地；电压输出选择±10 V，黄色线接＋10 V 电压，蓝色线接 R_{w1} 上端。

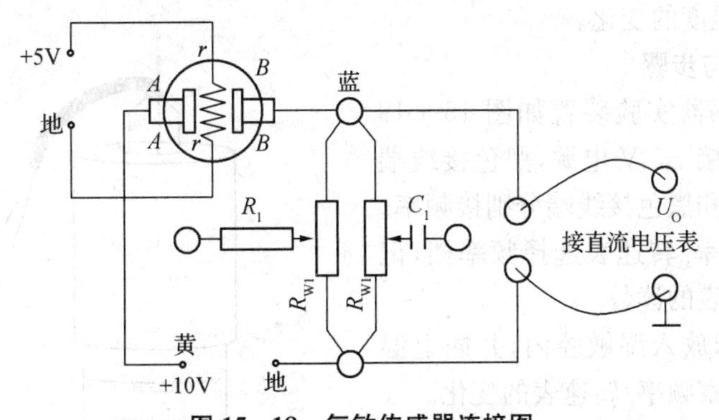

图 15－18　气敏传感器连接图

(3) 将±15 V 直流稳压电源接入差动变压器实验模块中。差动变压器实验模块的输出 U_o 接主控台直流电压表。打开主控台总电源，预热 5 分钟。

(4) 用浸透酒精的小棉球，靠近传感器，并吹 2 次气，使酒精挥发进入传感器金属网内，观察电压表读数变化。

(5) 酒精检测报警，常用于交通片警检查有否酒后开车，若要这样一种传感器还需考虑哪些环节与因素？

5. 注意事项

(1) 注意接线顺序,确保接线正确。

(2) 传感器必须要进行预热。

6. 思考题

利用本实验提供的设备,如何设计一个带数字显示的酒精测量仪?

15.2.13　湿敏传感器实验

1. 实验目的

了解湿敏传感器的原理及应用范围。

2. 实验仪器

湿敏传感器、湿敏座、干燥剂、棉球(自备)。

3. 实验原理

湿度是指大气中水分的含量,通常采用绝对湿度和相对湿度两种方法表示。绝对湿度是指单位体积中所含水蒸汽的含量或浓度,用符号 A_H 表示;相对湿度是指被测气体中的水蒸汽压和该气体在相同温度下饱和水蒸汽压的百分比,用符号 $\%R_H$ 表示。湿度给出大气的潮湿程度,因此它是一个无量纲的值。实验使用中多用相对湿度概念。湿敏传感器种类较多,根据水分子易于吸附在固体表面渗透到固体内部的这种特性(称水分子亲和力),湿敏传感器可以分为水分子亲和力型和非水分子亲和力型,本实验所采用的属水分子亲和力型中的高分子材料湿敏元件。高分子电容式湿敏元件是利用元件的电容值随湿度变化的原理。具有感湿功能的高分子聚合物,例如,乙酸-丁酸纤维素和乙酸-丙酸比纤维素等,做成薄膜,它们具有迅速吸湿和脱湿的能力,感湿薄膜覆在金箔电极(下电极)上,然后在感湿薄膜上再镀一层多孔金属膜(上电极),这样形成的一个平行板电容器就可以通过测量电容的变化来感觉空气湿度的变化。

4. 实验内容与步骤

(1) 湿敏传感器实验装置如图 15-19 所示,红色接线端接+5 V电源,黑色接线端接地,蓝色接线端和黑色接线端分别接频率/转速表输入端,频率/转速表选择频率档,记下此时频率/转速表的读数。

(2) 将湿棉球放入湿敏腔内,并插上湿敏传感器探头,观察频率/转速表的变化。

(3) 取出湿纱布,待数显表示值下降回复到原示值时,在干湿腔内被放入部分干燥剂,同样将湿度传感器置于湿敏腔孔上,观察数显表头读数变化。

(4) 输出频率 f 与相对湿度 R_H 值对应如表 15-16 所示,计算以上三种状态下空气相对湿度。

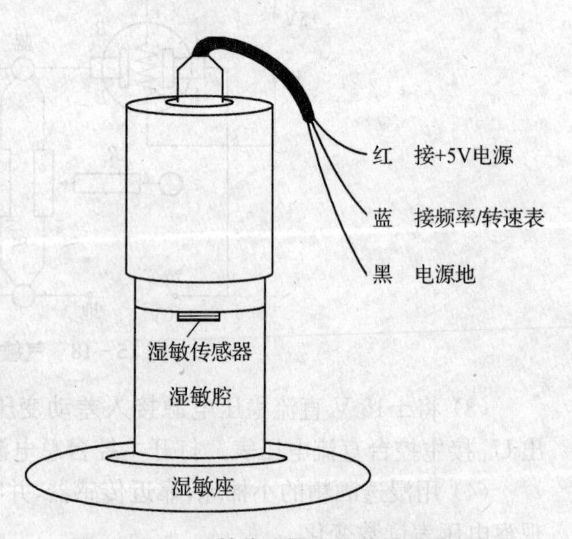

图 15-19　湿敏传感器实验装置示意图

表 15-16　输出频率 f 与相对湿度 R_H 值对应关系

RH(%)	0	10	20	30	40	50	60	70	80	90	100
Fre(Hz)	7 351	7 224	7 100	6 976	6 853	6 728	6 600	6 468	6 330	6 186	6 033

5. 注意事项

(1) 注意湿敏传感器接线顺序，确保接线正确。

(2) 等读数稳定后再记录数据。

6. 思考题

(1) 分析测量误差。

(2) 应用于测湿度的传感器还有哪些？简述其工作原理。

15.2.14　直流全桥的应用——电子秤实验

1. 实验目的

了解直流全桥的应用及电路的定标。

2. 实验仪器

应变传感器实验模块、托盘、砝码、数显电压表、电源(±16 V、±4 V)、万用表(自备)。

3. 实验原理

全桥测量电路中，将受力性质相同的两只应变片接到电桥的对边，不同的接入邻边，如图 15-20，当应变片初始值相等，变化量也相等时，其桥路输出为

$$U_o = KE\varepsilon \tag{15-4}$$

式中，E 为电桥电源电压；$\varepsilon=\dfrac{\Delta l}{l}$为电阻丝长度相对变化。

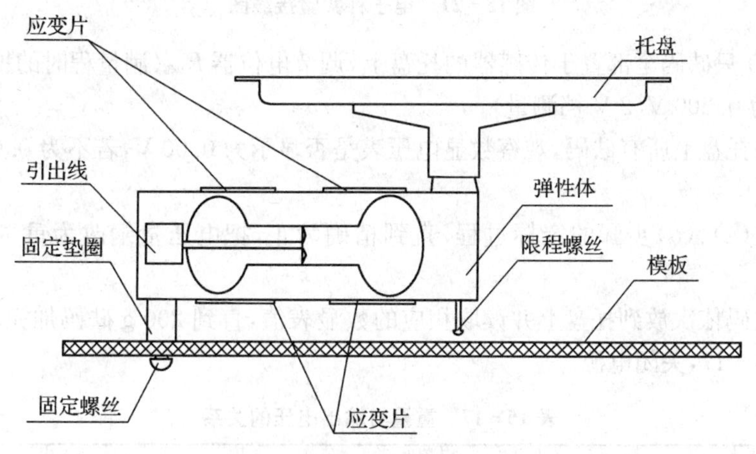

图 15-20　应变片安装示意图

式(15-4)表明，全桥输出灵敏度比半桥又提高了一倍，非线性误差得到进一步改善。通过调节放大电路对电桥输出的放大倍数使电路输出电压值为重量的对应值，电压量纲(V)改为重量量纲(g)即成一台比较原始的电子秤。

4. 实验内容与步骤

(1) 应变传感器已安装在应变传感器实验模块上，可参考图 15 - 20。

(2) 差动放大器调零，从主控台接入±15 V电源，检查无误后，合上主控台电源开关，将差动放大器的输入端 U_i 短接，输出端 U_{o2} 接数显电压表(选择 2 V 档)，调节电位器 R_{w4}，使电压表显示为 0 V。R_{w4} 的位置确定后不能改动。关闭主控台电源。

(3) 按图 15 - 21 接线，将受力相反(一片受拉、一片受压)的两只应变片接入电桥的邻边，接入电桥调零电位器 R_{w1}，直流电源±4 V(从主控台接入)，电桥输出接到差动放大器的输入端 U_i，检查接线无误后，合上主控台电源开关，调节 R_{w1}，使电压表显示为零。

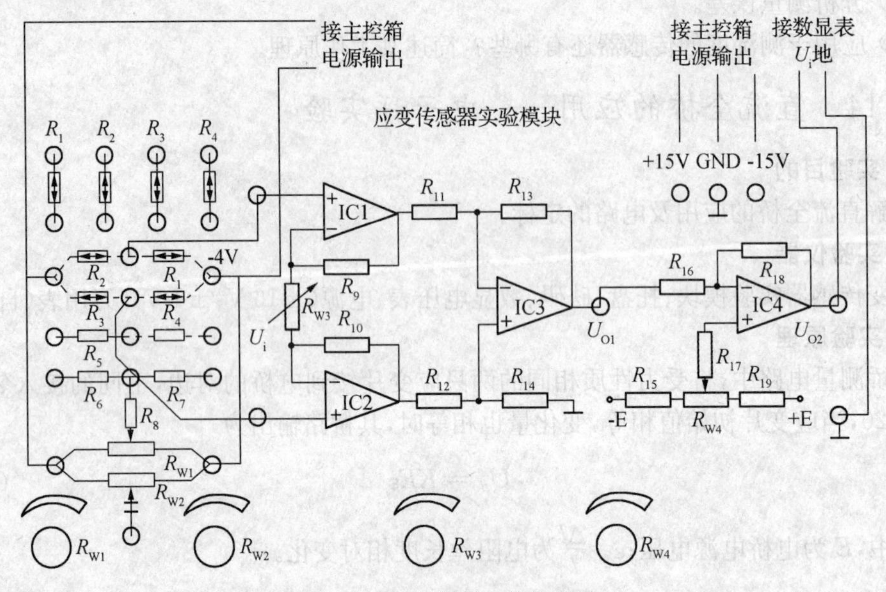

图 15 - 21 电子秤实验接线图

(4) 将 10 只砝码全部置于传感器的托盘上，调节电位器 R_{w3}(满量程时的增益)，使数显电压表显示为 0.200 V(2 V 档测量)。

(5) 拿去托盘上所有砝码，观察数显电压表是否显示为 0.00 V，若不为 0.00 V，再次调节 R_{w4} 调零。

(6) 重复(4)、(5)步骤的定标过程，直到精确为止，把电压量纲改为重量量纲即可以称重。

(7) 将砝码依次放到托盘上并读取相应的数显表值，直到 200 g 砝码加完，计下实验结果，填入表 15 - 17，关闭电源。

表 15 - 17 重量与输出电压的关系

重量(g)									
电压(mV)									

(8) 根据计入表 15 - 17 的实验数据，计算灵敏度 $L=\Delta U/\Delta W$，非线性误差 δ_f。

5. 注意事项

(1) 不要在砝码盘上放置过重的物体，一般不超过 1 kg，否则容易损坏传感器。

(2) 电桥的电压为±4 V,绝对不可接成±15 V。

6. 思考题

分析人体电子秤的构造和称重范围,并根据直流全桥的电子秤称重实验的原理来设计人体的数字电子秤。

15.2.15　压电式传感器振动实验

1. 实验目的

了解压电式传感器测量振动的原理和方法。

2. 实验仪器

振动源、低频振荡器、直流稳压电源、压电传感器模块、移相检波低通模块。

3. 实验原理

压电式传感器由惯性质量块和压电陶瓷片等组成(观察实验用压电式加速度计结构)工作时传感器感受与试件相同频率的振动,质量块便有正比于加速度的交变力作用在压电陶瓷片上,由于压电效应,压电陶瓷产生正比于运动加速度的表面电荷。

4. 实验内容与步骤

(1) 压电传感器已安装在振动梁的圆盘上。

(2) 将振荡器的"低频输出"接到三源板的"低频输入",并按图15-22接线,合上主控台电源开关,调节低频调幅到最大、低频调频到适当位置,使振动梁的振幅最大(达到共振)。

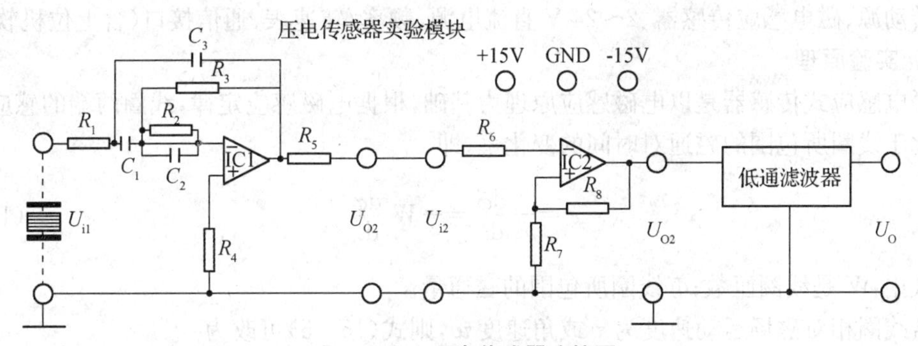

图15-22　压电传感器连接图

(3) 将压电传感器的输出端接到压电传感器模块的输入端U_i1,用上位机观察压电传感器的输出波形U_o。

(4) 观察并记录压电传感器在谐振时的输出波形U_o。

(5) 调整好示波器,低频振荡器的幅度旋钮固定至适中,测微头移开平行梁,低频振荡信号接入激振线圈,调节频率,调节时用频率表监测频率,改变低频输出信号的频率,记录振动源不同振幅下压电传感器输出波形的频率和幅值,用示波器读出峰值填入表15-18,作出幅度一频率曲线,找出系统的共振频率。

表15-18　压电传感器输出波形的频率和幅值

频率(Hz)									
幅值(mV)									

5. 注意事项

(1) 观察压电传感器的压电陶瓷片是否破损。

(2) 注意振动梁在振动过程中是否碰到振动线圈;如碰到,改变低频振荡器的频率和幅值。

(3) 低通滤波器的电源不能不接或接反。

6. 思考题

(1) 根据实验结果,可以知道振动台的自振频率大致多少?

(2) 试回答压电式传感器的特点。

(3) 相敏检波器输入含有一些直流成分与不含直流成分对电压表读数是否有影响,为什么?

(4) 根据实验数据,计算灵敏度的相对变化值,比较电压放大器和电荷放大器受引线电容的影响程度,并解释原因?

(5) 如何用压电传感器进行频率测量?

15.2.16 磁电式传感器的测速实验

1. 实验目的

了解磁电式传感器的原理及应用。

2. 实验仪器

转动源、磁电感应传感器、2~24 V 直流电源、频率/转速表、通信接口(含上位机软件)。

3. 实验原理

磁电感应式传感器是以电磁感应原理为基础,根据电磁感应定律,线圈两端的感应电动势正比于线圈所包围的磁通对时间的变化率,即

$$e = -\frac{\mathrm{d}\varphi}{\mathrm{d}t} = -W\frac{\mathrm{d}\varphi}{\mathrm{d}t} \tag{15-5}$$

式中:W 是线圈匝数;Φ 线圈所包围的磁通量。

若线圈相对磁场运动速度为 v 或角速度 w,则式(15-5)可改为

$$e = -WBlv \tag{15-6}$$

式中:l 为每匝线圈的平均长度;B 线圈所在磁场的磁感应强度。或者:

$$e = -WBSw \tag{15-7}$$

式中:S 每匝线圈的平均截面积。

4. 实验内容与步骤

(1) 按图 15-23 安装磁电感应式传感器。传感器底部距离转动源 4~5 mm(目测),"转动电源"接到 2~24 V 直流电源输出(注意正负极,否则烧坏电机)。磁电式传感器的两根输出线接到频率/转速表。

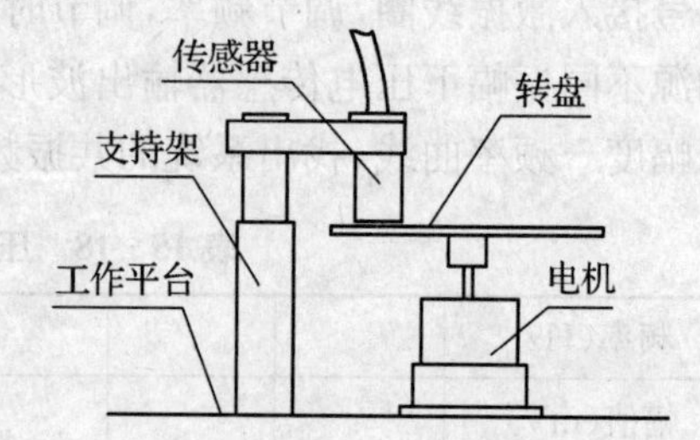

图 15-23 磁电感应式传感器安装示意图

(2) 调节 2~24 V 电压调节旋钮,改变转动源

的转速，通过通信接口的 CH_1 通道用上位机软件观测其输出波形。

(3) 分析磁电式传感器测量转速原理。

(4) 根据记录的驱动电压和转速，作 V - RPM 曲线。

5. 注意事项

(1) 转动源的正负输入端不能接反，否则可能击穿电机里面的晶体管。

(2) 转动源的输入电压不可超过 24V，否则容易烧毁电机。

(3) 转动源的输入电压不可低于 2V，否则由于电机转矩不够大，不能带动转盘，长时间也可能烧坏电机。

6. 思考题

(1) 为什么说磁电式传感器不能测很低速的转动，请说明理由？

(2) 磁电式传感器需要供电吗？

15.2.17　霍尔测速实验

1. 实验目的

了解霍尔组件的应用——测量转速。

2. 实验仪器

霍尔传感器、+5 V、2—24 V 直流电源、转动源、频率/转速表。

3. 实验原理

利用霍尔效应表达式：$U_H = K_H IB$，当被测圆盘上装有 N 只磁性体时，圆盘每转一周磁场就变化 N 次。每转一周霍尔电势就同频率相应变化，输出电势通过放大、整形和计数电路就可以测量被测旋转物的转速。

本实验采用 3144E 开关型霍尔传感器，当转盘上的磁钢转到传感器正下方时，传感器输出为低电平，反之输出为高电平。

4. 实验内容与步骤

(1) 安装根据图 15-24，霍尔传感器已安装于传感器支架上，且霍尔组件正对着转盘上的磁钢。

(2) 将+5V 电源接到三源板上“霍尔”输出的电源端，“霍尔”输出接到频率/转速表(切换到测转速位置)。“2～24 V”直流稳压电源接到“转动源”的“转动电源”输入端。

(3) 合上主控台电源，调节 2～24 V 输出，可以观察到转动源转速的变化。也可通过通信接口的第一通道 CH_1，用上位机软件观测霍尔组件输出的脉冲波形。

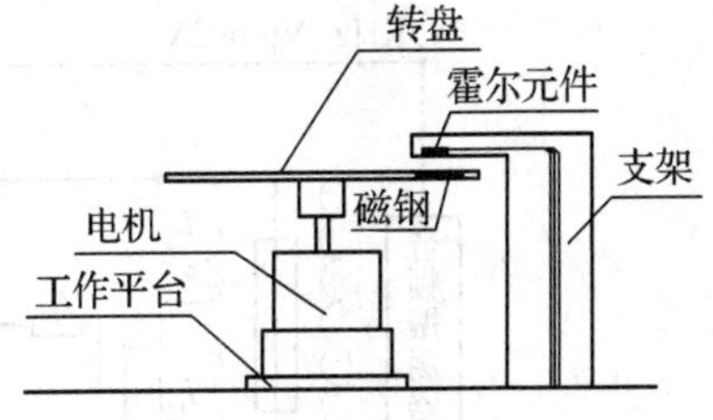

图 15-24　霍尔传感器安装示意图

(4) 根据表 15-19 的数据，分析测量转速与实际转速之间的关系，并绘制测量转速—电压曲线。

表 15-19　测量转速与实际转速之间的关系

输入电压(V)									
测量转速(r/min)									
实际转速(r/min)									

5. 注意事项

(1) 转动源的正负输入端不能接反，否则可能击穿电机里面的晶体管。

(2) 转动源的输入电压不可超过 24 V，否则容易烧毁电机。

(3) 转动源的输入电压不可低于 2 V，否则由于电机转矩不够大，不能带动转盘，长时间也可能烧坏电机。

6. 思考题

(1) 根据上面实验观察到的波形，分析为什么方波的高电平比低电平要宽。

(2) 测量转速还可以用什么传感器？

15.2.18　差动变压器的应用——振动测量实验

1. 实验目的

了解差动变压器测量振动的方法。

2. 实验仪器

振荡器、差动变压器模块、相敏检波模块、频率/转速表、振动源、直流稳压电源、通信接口(含上位机软件)。

3. 实验原理

利用差动变压器测量动态参数与测量位移的原理相同，不同的是输出为调制信号要经过检波才能观测到所测动态参数。

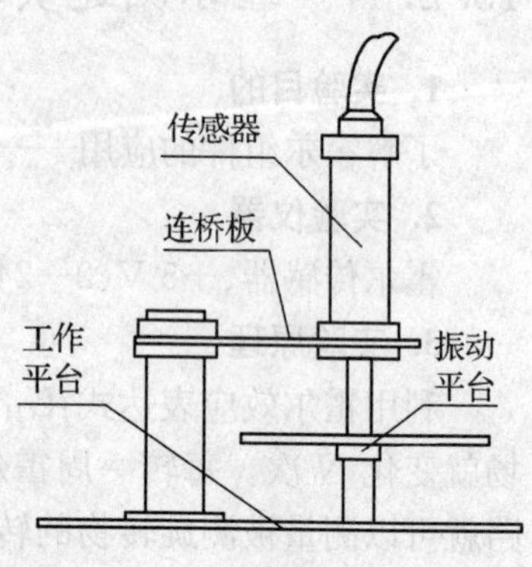

图 15－25　传感器安装示意图

4. 实验内容与步骤

(1) 将差动变压器安装图 15－25 安装在三源板的振动源单元上。

(2) 将差动变压器的输入输出线连接到差动变压器模块上，并按图 15－26 接线。

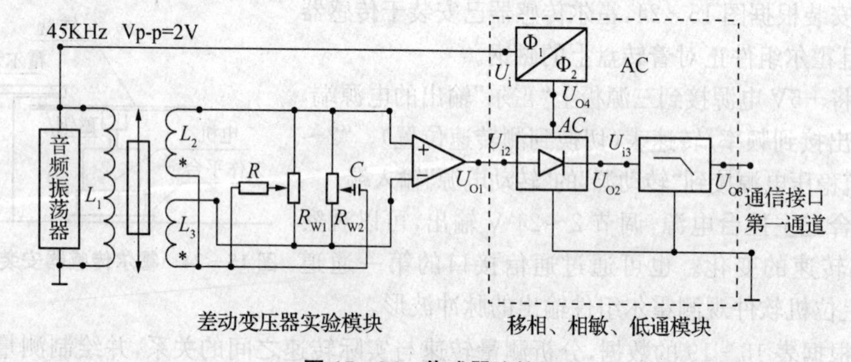

图 15－26　传感器连接图

(3) 检查接线无误后，合上主控台电源开关，用上位机观察音频振荡器“00”输出端信号峰-峰值，调整音频振荡器幅度旋钮使 $Up-p=2V$。

(4) 用上位机观察相敏检波器输出，调整传感器连接支架高度，使上位机显示的波形幅值为最小。

(5) 仔细调节 R_{w1} 和 R_{w2} 使相敏检波器输出波形幅值更小，基本为零点。用手按住振动平台(让传感器产生一个大位移)仔细调节移相器和相敏检波器的旋钮，使上位机显示的波形为一个接近全波整流波形。松手，整流波形消失变为一条接近零点线(否则再调节 R_{w1} 和 R_{w2})。

(6) 振动源“低频输入”接振荡器“低频输出”，调节低频输出幅度旋钮和频率旋钮，使振动平台振荡较为明显。分别用上位机软件观察放大器 U_{o1}、相敏检波器的 U_{o2} 及低通滤波器的 U_{o3} 的波形。

(7) 保持低频振荡器的幅度不变，改变振荡频率，用上位机软件观察低通滤波器的输出，读出峰-峰电压值，记下实验数据，填入表 15－20。

表 15－20　频率与输出电压之间的关系

f(Hz)										
Up－p(V)										

(8) 根据实验结果作出梁的振幅-频率特性曲线，指出自振频率的大致值，并与用应变片测出的结果相比较。

(9) 保持低频振荡器频率不变，改变振荡幅度，同样实验可得到振幅与电压峰-峰值 Up－p曲线(定性)。

5. 注意事项

低频激振电压幅值不要过大，以免梁在共振频率附近振幅过大。

6. 思考题

(1) 如果用直流电压表来读数，需增加哪些测量单元，测量线路如何？

(2) 利用差动变压器测量振动，在应用上有哪些限制？

15.2.19　转速控制实验

1. 实验目的

了解霍尔传感器的应用以及计算机检测系统的组成。

2. 实验仪器

智能调节仪、转动源。

3. 实验原理

利用霍尔传感器检测到的转速频率信号经 F/V 转换后作为转速的反馈信号，该反馈信号与智能调节仪的转速设定比较后进行数字 PID 运算，调节电压驱动器改变直流电机电枢电压，使电机的转速逐渐趋近设定转速(设定值 1 500～2 000 转/分)。转速控制原理框图如图 15－27 所示。

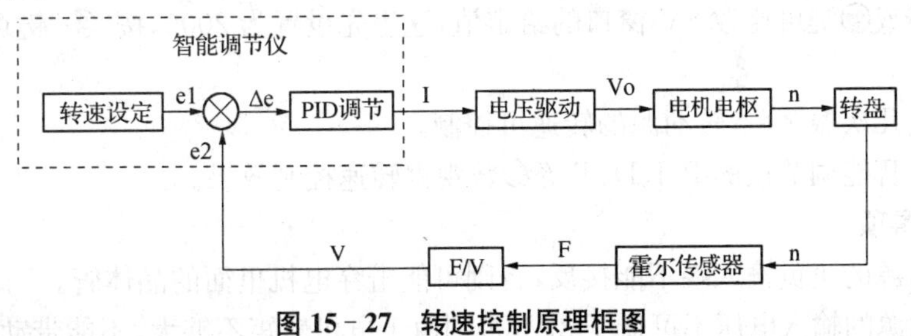

图 15－27　转速控制原理框图

4. 实验内容与步骤

(1) 选择智能调节仪的控制对象为转速,并按图 15-28 接线。开启控制台总电源,打开智能调节仪电源开关。调节 2～24 V 输出调节到最大位置。

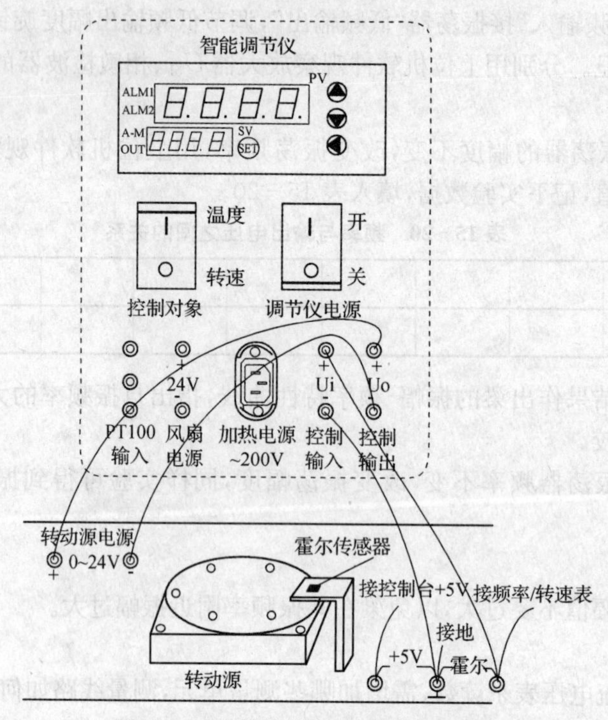

图 15-28 转速控制实验系统示意图

(2) 通过只能调节仪的面板按钮进行智能调节仪的参数设置,首先设置输入类型 Sn 为 34,小数点位数 Dp 为 0,按住“◀”键同时按住SET 3 秒或者等待 30 秒可回到初始状态,跳出参数设置。

(3) 按住SET 3 秒,继续设置其他有用参数,其他参数不用修改,设定值参考见表 15-21。

表 15-21 参数设定值参考表

参数名	ALM1	ALM2	Hy-1	Hy-2	Hy	At	I	P	d	t
设定值	5000	0	9999	9999	5	3	9600	0	410	1
参数名	Sn	dp	p-SL	p-SH	pb	oP-A	out-L	out-H	Al-P	CooL
设定值	34	0	0	5000	0	0	0	70	17	1

(4) 按▲或▼键可修改 SV 窗口的给定值,这里先设置为 2000,按“◀”键可改变小数点位置。

(5) 经过几次振荡后,转动源的转速可控制。

(6) 改变智能调节仪的 P、I、D、T 等参数观察转速控制效果。

5. 注意事项

(1) 转动源的正负输入端不能接反,否则可能击穿电机里面的晶体管。

(2) 转动源的输入电压不可低于 2 V,否则由于电机转矩不够大,不能带动转盘,长时间也可能烧坏电机。

(3) 注意接线顺序，确保接线正确，防止损坏霍尔传感器。

6. 思考题

分析转速测量实验的误差来源和对数据结果的影响。

15.2.20　光电转速传感器的转速测量实验

1. 实验目的

了解光电转速传感器测量转速的原理及方法。

2. 实验仪器

转动源、光电传感器、直流稳压电源、频率/转速表、通信接口(含上位机软件)。

3. 实验原理

光电式转速传感器有反射型和透射型两种，本实验装置是透射型的，传感器端部有发光管和光电池，发光管发出的光源通过转盘上的孔透射到光电管上，并转换成电信号，由于转盘上有等间距的6个透射孔，转动时将获得与转速及透射孔数有关的脉冲，将电脉计数处理即可得到转速值。

4. 实验内容与步骤

(1) 光电传感器已安装在转动源上，如图15-29所示。2～24 V电压输出接到三源板的“转动电源”输入，并将2～24 V调节到最小，+5 V电源接到三源板“光电”输出的电源端，光电输出接到频率/转速表的“fin”。

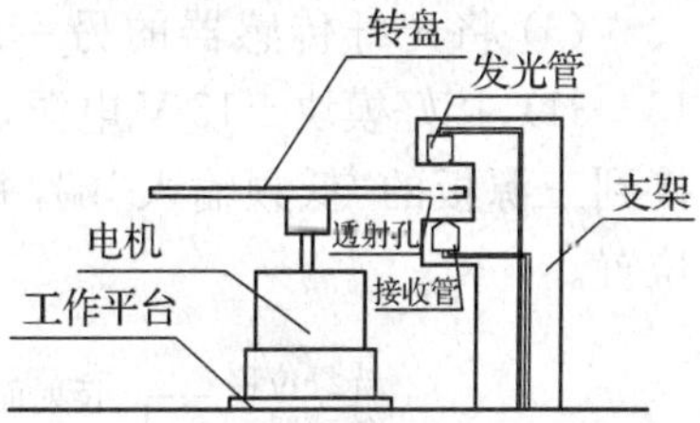

图15-29　光电传感器安装示意图

(2) 合上主控制台电源开关，逐渐增大2～24 V输出，使转动源转速加快，观测频率/转速表的显示，同时可通过通信接口的CH_1用上位机软件观察光电传感器的输出波形。

(3) 观察并记录光电传感器的输出波形。

(4) 根据表15-22分析测量转速与实际转速之间的关系，并绘制测量转速-电压曲线。

表15-22　输入电压与转速的关系

输入电压(V)									
测量转速(r/min)									
实际转速(r/min)									

5. 注意事项

(1) 转动源的正负输入端不能接反，否则可能击穿电机里面的晶体管。

(2) 转动源的输入电压不可超过24 V，否则容易烧毁电机。

(3) 转动源的输入电压不可低于2 V，否则由于电机转矩不够大，不能带动转盘，长时间也可能烧坏电机。

6. 思考题

(1) 转速测量还可以采用其他哪些传感器进行测量？

(2) 采用光电传感器测量转速的精度如何，怎样保证测量的准确性？

15.2.21 光纤传感器测量振动实验

1. 实验目的

了解光纤传感器动态位移性能。

2. 实验仪器

光纤位移传感器、光纤位移传感器实验模块、振动源、低频振荡器、通信接口(含上位机软件)。

3. 实验原理

利用光纤位移传感器的位移特性和其较高的频率响应,用合适的测量电路即可测量振动。

4. 实验内容与步骤

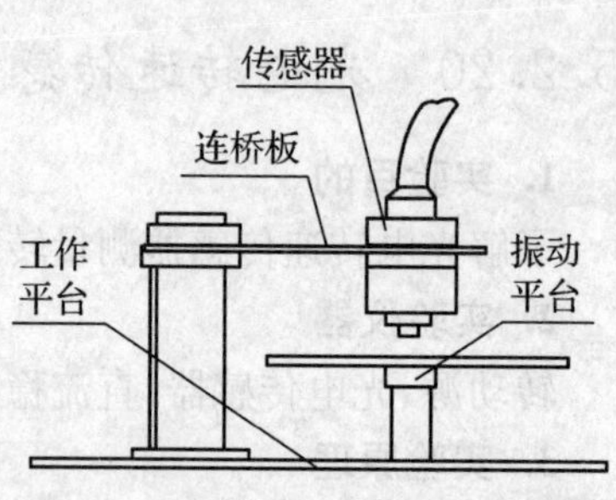

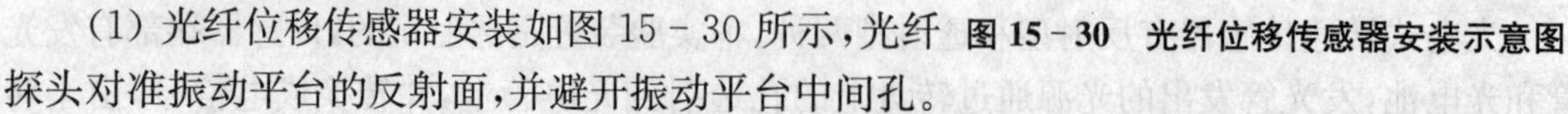

图 15-30 光纤位移传感器安装示意图

(1) 光纤位移传感器安装如图 15-30 所示,光纤探头对准振动平台的反射面,并避开振动平台中间孔。

(2) 根据实验 15.2.11 光纤传感器位移特性实验的结果,找出线性段的中点,通过调节安装支架高度将光纤探头与振动台台面的距离调整在线性段中点(大致目测)。

(3) 将光纤传感器的另一端的两根光纤插到光纤位移传感器实验模块上(参考图 15-31),接好模块±15 V电源,模块输出接到通信接口 CH_1 通道。振荡器的"低频输出"接到三源板的"低频输入"端,并把低频调幅旋钮打到最大位置,低频调频旋钮打到最小位置。

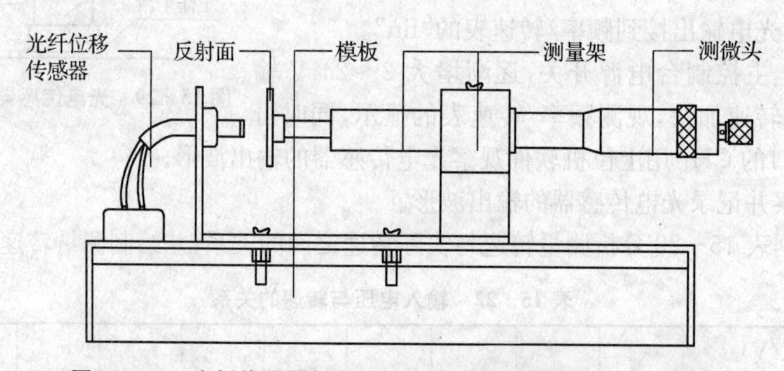

图 15-31 光纤传感器与光纤位移传感器实验模块连接示意图

(4) 合上主控台电源开关,逐步调大低频输出的频率,使振动平台发生振动,注意不要调到共振频率,以免振动梁发生共振,碰坏光纤探头,通过通信接口 CH_1 用上位机软件观察输出波形,并记下幅值和频率。

(5) 记录上位机输出波形。

(6) 根据所得的实验数据,分析三源板输入副值与上位机观察频率之间的关系?

5. 注意事项

(1) 实验时请保持反射面的清洁和与光纤探头端面的垂直度。

(2) 注意实验过程中不能使振动台面碰到传感器。

6. 思考题

试分析电容式、电涡流、光纤三种传感器测量振动的特点?

参考文献

1. 金篆芷,王明时.现代传感技术[M].北京:电子工业出版社,1995.
2. 吴兴惠.敏感元器件及材料[M].北京:电子工业出版社.1992.
3. 张福学.传感器电子学[M].北京:国防工业出版社,1991.
4. 牛德芳.半导体传感器原理及其应用[M].大连:大连理工大学出版社.1993.
5. 强锡富.传感器[M].北京:机械工业出版社,1989.
6. 袁慎芳.结构健康监控[M].北京:国防工业出版社,2007.
7. 贾伯年,俞朴.传感器技术[M].南京:东南大学出版社,1992.
8. 赵继文.传感器与应用电路设计[M].北京:科学出版社,2002.
9. 陶宝祺,袁慎芳.智能材料结构[M].北京:国防工业出版社,1997.
10. 郁有文.传感器原理及工程应用[M].西安:西安电子科技大学出版社,2001.
11. 严钟豪,谭祖根.非电量电测技术[M].北京:机械工业出版社,2001.
12. 周乐挺.传感器与检测技术.北京:机械工业出版社,2005.
13. 范晶彦.传感器与检测技术应用.北京:机械工业出版社,2005.
14. 张正伟.传感器原理与应用[M].北京:中央广播电视大学出版社,1991.
15. 李军,贺庆之.检测技术及仪表[M].北京:轻工业出版社,1989.
16. 宋文绪,杨帆.自动检测技术[M].北京:高等教育出版社,2000.
17. 杜维.过程检测技术及仪表[M].北京:化学工业出版社,1999.
18. 王家桢等.传感器与变送器[M].北京:清华大学出版社,1996.
19. 高晓蓉.传感器技术.成都:西南交通大学出版社,2003.
20. 吴桂秀.传感器应用制作入门[M].杭州:浙江科学技术出版社,2003.
21. 徐洁.电子测量与仪器[M].北京:机械工业出版社,2004.
22. 武昌俊.自动检测技术及应用[M].北京:机械工业出版社,2005.
23. 胡泓,姚伯威主编.机电一体化原理及应用[M].北京:国防工业出版社,1999.
23. 刘经燕.测试技术及应用[M].广州:华南理工大学出版社,2001.
24. 于永芳,郑仲民.检测技术[M].北京:机械工业出版社,2000.
25. 刘君华.智能传感器系统[M].西安:西安电子科技大学出版社,1999.
26. 李迅波.机械工程测试技术基础[M].四川:电子科技大学出版社,1998.
27. 单成祥.传感器的理论与设计基础及其应用[M].北京:国防工业出版社,1999.
28. 吴道悌.非电量电测技术[M].西安:西安交通大学出版社,2001.
29. 黄继昌,徐巧鱼,张海贵等.传感器工作原理及应用实例[M].北京:人民邮电出版社,1998.
30. 周杏鹏,仇国富,王寿荣等.现代检测技术[M].北京:高等教育出版社,2004.
31. 王伯雄.测试技术基础[M].北京:清华大学出版社,2003.
32. 刘国林,殷贯西等.电子测量[M].北京:机械工业出版社,2003.
33. 孙传友,孙晓斌.感测技术基础[M].北京:电子工业出版社,2001.
34. 张迎新.非电量测量技术基础[M].北京:北京航空航天大学出版社,2001.
35. 施文康,余晓芬.检测技术[M].北京:机械工业出版社,2000.
36. 常健生.自动检测技术[M].北京:机械工业出版社,2000.

37. 马西泰.检测与转换技术[M].北京:机械工业出版社,2000.

38. 夏士智.测量系统设计与应用[M].北京:机械工业出版社,1995.

39. 费业泰.误差理论与数据处理[M].北京:机械工业出版社,2005.

40. 董怀武.误差理论在电磁测量中的应用[M].北京:机械工业出版社,1986.

41. 黄贤武,郑筱霞.传感器原理与应用[M].成都:电子科技大学出版社,1995.

42. 王化祥,张淑英.传感器原理及应用[M].天津:天津大学出版社,2007.

43. 何希才.传感器及其应用电路[M].北京:电子工业出版社,2001.

44. 陈杰,黄鸿.传感器与检测技术[M].北京:高等教育出版社,2002.

45. 方佩敏.新编传感器原理应用电路详解[M].北京:电子工业出版社,1994.

46. 栾桂冬,张金铎,金欢阳.传感器及其应用[M].西安:西安电子科技大学出版社,2002.

47. 刘希芳,王君.地学传感器原理[M].北京:地质出版社,1993.

48. 李永敏.检测仪器电子电路[M].西安:西北工业大学出版社,1996.

49. 袁希光.传感器技术手册[M].北京:国防工业出版社,1986.

50. 吕俊芳.传感器接口与检测仪器电路[M].北京:北京航空航天大学出版社.1996.

51. 罗志增,薛凌云,席旭刚.测试技术与传感器[M].西安:西安电子科技大学出版社,2008.

52. 刘笃仁,韩保君.传感器原理及应用技术[M].西安:西安电子科技大学出版社,2003.

53. 施文康,余晓芬.检测技术[M].北京:机械工业出版社,,2005.

54. 程德福,王君,凌振宝等.传感器原理及应用[M].北京:机械工业出版社,,2008.

55. 何希才.传感器及其应用[M].北京:国防工业出版社,2001.

56. 薛文达.传感器应用技术[M].南京:东南大学出版社,1998.

57. 吴兴惠.王彩君.传感器与信号处理[M].北京:电子工业出版社,1998.

58. 阮智利,梁森,黄杭美.自动检测与转换技术[M].北京:机械工业出版社,1990.

59. 马西秦,许振中.自动检测技术[M].北京:机械工业出版社.1994.

60. 冯英.传感器电路原理与制作[M].成都:成都科技大学出版社,1997.

61. 杜润生,卢文祥.工程测试与信息处理实验[M].武汉:华中理工大学出版社,1995.

62. 邹云屏.检测技术及电磁兼容性设计[M].武汉:华中理工大学出版社,1995.

63. 林友德,郭亨礼.传感器及其应用技术[M].上海,上海科学技术文献出版社,1992.

64. 吴正毅,韩云台.测试技术[M].北京:机械工业出版社 1987.

65. 刘迎春.传感器原理、设计与应用[M].长沙:国防科技大学出版社.1989.

66. 周光远,谢文和,薛文达.非电物理量电测技术[M].北京:国防工业出版社.1989.

67. 郑黎,洪新华,何俊华等.采用密集波分复用技术的光纤水听器阵列研究.光子学报,2003,32(2).

68. 赵勇,荣民,廖延彪.用于海洋井下温度检测的反射式光纤改变传感器及补偿技术[J].中国激光,2003,30(1).

69. 张少君,刘月明.新型光纤压力传感器[J].光电工程,200027(4).

70. 阮驰,高应俊,刘志麟.光纤法布里-珀罗腔液位传感器[J].光子学报,2003,32(10).

71. 何玉钧,尹成群.布里渊散射分布式光纤传感技术[J].传感器世界,2001.12.

72. A. D. Kersey, M. A. Davis. Fiber grating sensors[J]. Journal Lighwave Technology, 1997,15(8).

73. S. M. Melle, K. Liu. A passive wavelength demodulation system for guided-wave Bragg grating sensors[J]. IEEE Photon. Technol. Lett., 1992,4.

74. H. J. Patrick, G. M. Williams. Hybrid fiber Bragg grating/long period fiber grating sensor for strain/temperature discrimination[J]. IEEE Photon. Technol. Lett., 1996,8.

75. Parker T R, et al. Temperature and strain dependence the power level and frequency of spontaneous Brillouin scattering optical fibers [J]. Optics letters, 1997, 22 (11):1476-1506.

76. Garus D, et al. Brillouin optical-fiber frequency-domain analysis for distributed temperature and strain measurments[J]. J. Lightwave Technol, 1997, 15 (4).

77. 任丰原,黄海宁,林闯. 无线传感器网络[J]. 软件学报,2003,14(7).

78. 李建中,李金宝,石胜飞. 传感器网络及其数据管理的概念、问题与进展. 软件学报[J]. 2003,14(10).

79. 黄玲. 无线传感器网络简述[J]. 传感器世界,2005.10.

80. 宋光明,葛运建. 智能传感器网络研究与发展[J]. 传感技术学报,2003,16(2).

81. 章吉良,周勇,戴旭涵等. 微传感器原理、技术及应用[M]. 上海:上海交通大学出版社,2005.

82. 李伟东,吴学忠,李圣怡. 一种硅压阻式微压力传感器[J]. 仪表技术与传感器,2006,7.

83. 叶湘滨,熊飞丽,张文娜,罗武胜. 传感器与测试技术[Ml. 北京:国防工业出版社,2007.

84. 蒋纂,罗均,谢少荣. 微型传感器及其应用[M]. 北京:化学工业出版社,2005.

85. 丁天怀,李源,冯冠平. 硅谐振式传感器研制中的关键技术[J]. 仪器仪表学报,1996,17(1).

86. 樊尚春. 热激励谐振式硅微结构压力传感器[J]. 科学技术与工程,2004,4(5).

87. 任森,苑伟政,邓进军. 一种硅微谐振式压力传感器的敏感膜片设计[J]. 传感技术学报,2006,19(5).

88. 李海娟,周浩敏. 硅谐振式压力微传感器闭环系统[J]. 北京航空航天大学学报,2005,(3).

89. 范崇阳. 生物传感器的发展和应用[J]. 传感器技术,1995,2.

90. CLARK L C. Biosensor [M]. Ann. N. Y. Acad / Sci. ,1962,102(29).

91. BAMBANG K, ROBRETO A, RAL Y N W. Optical fibre biosensors based on immobilised enzymes [J]. The Analyst,2001,l26(8).

92. 司士辉. 生物传感器[M]. 北京:化学工业出版社,2002.

93. KARUBE I, NOMURA Y, ARIKAWA Y. Biosense Technology Applied to Environment Monitoring [J]. TrAc,1995,14(7).

94. 叶裕才,王建龙. 生物传感器快速测定生化需氧量的研究[J]. 分析化学,2005,3.

95. 张悦. 生物传感器快速测定 BOD 的开发[J]. 高技术通讯,2001,21(4).

96. SOUZA S F D. Microbial biosensors [J] Biosensors & Bioeletronics,2001,16.

97. 穆东燕,崔莉风. 用酪氨酸酶生物传感器测水中酚类物质的研究[J]. 北京工商大学学报,2002,20(1).

98. 陈峻,林详钦. 乙酰胆碱/胆碱电化学生物传感器研究进展[J]. 分析科学学报,2001,17(6).

99. 蒋雪松,应义斌. 生物传感器在农药残留检测中的应用[J]. 农业工程学报,2005,21(4).

100. ALBAREDA SIRVENT M, MERKOCI A, ALEGRET S. Pesticide determination in tap water and juice samples using disposable amperometric biosensors made using thick-film technology[J]. Analytica Chimica Acta,2001,442.

101. MARTY J L, MIONETTO N, NOGURE T, et al. Applications and Prospects of Biosensor for Environment Monitoring [J]. Biosens Bioelectron,1993,8.

102. 郑怀礼,龚迎昆. 用于环境监测的生物传感技术[J]. 光谱学与光谱分析,2003,23(2).

103. 李彦文,杨仁斌. 生物传感器在环境污染物检测中的应用[J]. 环境科学动态,2004,1:27-29.

104. PAUL T C, PAUL R G, CHARLES H, et al. Applications and prospects of biosensor for environment monitoring [J]. Environ Sci. Technol. ,2000,34(21).

105. GIL G C, MITCHELL R J, SUK T C. A biosensor for the detection of gas toxicity using a recombinant bioluminescent bacterium[J]. Biosensors & Bioelectronics,2000,15(1/2).

106. 汤琳,曾光明. 基于抑制作用的新型葡萄糖氧化酶传感器测定环境污染物汞离子的研究[J]. 分析科学学报,2005,21(2).

107. ANDREEACU S,SADIK O A. Correlation of analyte strutures with biosensor responses using the detection of phenolic estrogens as a model[J]. Anal Chem.,2004,76(3).

108. SHIMOMUM M,NOMURA Y,ZHANG W,et a1. Simple and rapid detection method using surface plasmon resonance for dioxins,polychlorinated biphenyls and atrazine[J]. Analytica Chimica Acts,2001,434(2).

109. HAN T S,KIM Y C,SASAKI S,et al. Microbial sensor for trichloroethylene determination[J]. Anal Chim Acta,2001,43.

110. 胡辉,谢静.叶绿素 a 在监视赤潮和评价水环境中的应用[J].环境监测管理与技术,2001,13(5).

111. SARA R M,MARIA J. Biosensors for environmental monitoring a global perspective[J]. Talanta,2005,65.

112. 刘刚,余岳辉,史济群.半导体器件—电力、敏感、光子、微波器件[M].北京:电子工业出版社,2000.

113. 卢文科,朱长纯,方建安.霍尔元件与电子检测应用电路[M].北京:中国电力出版社,2005.

114. 李科杰.新编传感器技术手册[M].北京国防工业出版社,2002.

115. 何道清.传感器与传感器技术[M].北京:科学出版社,2002.

116. 吴东鑫.新型实用传感器应用指南[M].北京:电子工业出版社,1998.

117. 王兴宇,袁伟青.基于 AT89S51 单片机控制的新型温室温度采集监测系统[J].农机化研究,2010(9):9-12.

118. 宋永飞.基于 PLC 和组态思想的智能温室控制系统[J].工业控制计算机.2009(01):7-9.

119. 吴辉,于军琪.基于 ZigBee 的温室房间温度传感器数据融合技术[J].农机化研究,2009(04):158-160.

120. 郭文川,程寒杰,李瑞明等.基于无线传感器网络的温室环境信息监测系统[J].农业机械学报,2010,41(7):181-185.

121. 李立扬,王华斌,白凤山.基于 ZigBee 和 GPRS 网络的温室大棚无线监测系统设计[J].计算机测量与控制,2012,20(12):3148-3150.

122. 赵春江,屈利华,陈明.基于 ZigBee 的温室环境监测图像传感器节点设计[J].农业机械学报,2012,43(11):192~195.

123. 张彦光.基于 WSN 的粮仓自动监控系统的设计研究[D].天津,河北工业大学,2014.

124. 秦永和.湿度传感器测试系统[D].哈尔滨:哈尔滨工程大学,2013.

125. 郭健.大型桥梁健康监测系统及损伤识别理论[M].北京:人民交通出版社,2013.

126. 传感器实验指导书[M].天煌教仪,2007.

127. “传感器原理及应用”实验指导书[M].南京邮电大学,2007.

128. 林杏申,黄文风.家用电器中的传感器技术[M].福建:福建科学技术出版社,1994.

129. 沈聿农.传感器及应用技术[M].北京:化学工业出版社,2001.